LE
CANAL DE SUEZ

PAR

VOISIN BEY

INSPECTEUR GÉNÉRAL DES PONTS ET CHAUSSÉES EN RETRAITE
ANCIEN DIRECTEUR GÉNÉRAL DES TRAVAUX DE CONSTRUCTION DU CANAL

TOME CINQUIÈME

II
DESCRIPTION
DES TRAVAUX DE PREMIER ÉTABLISSEMENT

DEUXIÈME PARTIE

EXÉCUTION DES TRAVAUX

PARIS
Vve CH. DUNOD, ÉDITEUR
49, Quai des Grands-Augustins, 49

1904

LE

CANAL DE SUEZ

TOME CINQUIÈME

LE
CANAL DE SUEZ

PAR

VOISIN BEY

INSPECTEUR GÉNÉRAL DES PONTS ET CHAUSSÉES EN RETRAITE
ANCIEN DIRECTEUR GÉNÉRAL DES TRAVAUX DE CONSTRUCTION DU CANAL

TOME CINQUIÈME

II
DESCRIPTION
DES TRAVAUX DE PREMIER ÉTABLISSEMENT

DEUXIÈME PARTIE

EXÉCUTION DES TRAVAUX

PARIS
Vve CH. DUNOD, ÉDITEUR
49, Quai des Grands-Augustins, 49

1904

LE CANAL DE SUEZ

DESCRIPTION
DES TRAVAUX DE PREMIER ÉTABLISSEMENT

DEUXIÈME PARTIE
EXÉCUTION DES TRAVAUX

ENTREPRISE BOREL-LAVALLEY ET Cie [1]
1864-1869

L'Entreprise Borel-Lavalley et Cie, ainsi que l'on en jugera par les chiffres mentionnés ci-dessous, a pris une part considérable, tout à fait prépondérante, dans l'exécution des travaux du Canal :

En ce qui est des dépenses des travaux :

La dépense totale de construction proprement dite du Canal maritime et des ports et ouvrages accessoires, à la date du 31 décembre 1869, — date à laquelle ont été arrêtés provisoirement les comptes de premier établissement, — a été, y compris le montant des frais généraux de la Direction générale des travaux figurant dans le chiffre total des dépenses pour un quantum d'environ 18 0/0, de ci.... 287.192.528 fr. 24

Dans ce chiffre total, les dépenses pour travaux de

1. La véritable place de la matière traitée dans ce volume serait, d'après l'ordre chronologique, vers le milieu du volume suivant. Il a été jugé préférable, en raison de la grande importance de l'entreprise Borel-Lavalley et Cie, de réunir tout ce qui la concerne en un volume distinct.

terrassements et dragages figurent pour une somme de ci .... 218.656.071 fr. 57

Et, sur cette somme, la part de l'Entreprise Borel-Lavalley et Cie a été de ci.................... 164.334.264 fr. 35

Soit, d'un peu plus des trois quarts de la dépense totale desdits travaux de terrassements et dragages.

La part de l'Entreprise se trouve être, en même temps, les 0,57 ou un peu moins des trois cinquièmes dans le chiffre du prix total de revient du Canal ;

En ce qui est des travaux mêmes de terrassements et dragages :

Le cube total des terrassements et dragages exécutés pour le creusement du canal maritime et des ports a été de ci................................ 74.141.892^mc,67

Sur ce cube total, la part de l'Entreprise Borel-Lavalley et Cie est représentée par un chiffre de ci.. 56.794.040^mc,34

Soit — à peu près même proportion que pour les dépenses — d'un peu plus des trois quarts du cube total exécuté.

MARCHÉS ET ACTES ADDITIONNELS PASSÉS AVEC L'ENTREPRISE BOREL-LAVALLEY ET Cie

Premiers marchés des 26 mars et 12 décembre 1864

HISTORIQUE

Les travaux du Canal maritime et du port de Port-Saïd ont été d'abord exécutés par voie de régie intéressée, et cette première période d'exécution a duré près de quatre années, depuis l'origine même des travaux, en avril 1859, jusqu'en février 1863, époque à laquelle le traité de régie intéressée a été résilié par la Compagnie, d'un commun accord avec le régisseur général, M. Hardon.

A la suite de cette résiliation, et en attendant des offres d'entrepreneurs se chargeant d'exécuter les travaux à prix ferme, les travaux furent provisoirement continués en régie par la Compagnie.

Le 1er octobre 1863, la Compagnie traitait avec M. Couvreux pour le creusement du Canal maritime à la traversée du seuil d'El Guisr, sur une longueur de 15 kilomètres. Le 20 du même mois, marché avec MM. Dussaud frères pour la construction des jetées de Port-Saïd. Le 13 janvier 1864, marché avec M. Aiton, de Glasgow, pour le creusement du Canal depuis la Méditerranée jusqu'à l'extrémité sud des lacs Ballah, point kilométrique 60k,5.

Ainsi qu'il est expliqué au chapitre concernant l'entreprise Aiton[1], un cahier des charges type avait été dressé à la date du 24 octobre 1863, ayant pour objet les travaux de dragages à exécuter pour le creusement de certaines portions du Canal maritime, savoir : creusement du chenal et du bassin de Port-Saïd et de la portion du canal à la suite

1. Voir tome VI.

jusqu'au kilomètre 60k,5 (ces travaux formaient deux lots d'entreprises et comportaient ensemble un cube de déblais de 21.700.000 mètres cubes, et c'était l'ensemble de ces deux premiers lots qu'avait soumissionné M. Aiton, moyennant certaines modifications et additions au cahier des charges type); creusement du chenal et du bassin du port de Suez et du canal à la suite, jusqu'à l'extrémité nord des lagunes (ces travaux formaient un troisième lot d'entreprise et comportaient un cube de déblais de 7.100.000 mètres cubes).

Le programme d'exécution de l'ensemble des travaux de creusement du Canal ne semblait, en effet, comporter à cette époque que les travaux de dragages qui viennent d'être indiqués : le creusement du Canal à la traversée du seuil d'El Guisr — ainsi qu'il est dit ci-dessus — venait d'être concédé à M. Couvreux; et l'on comptait pouvoir exécuter à sec le creusement du Canal à la traversée du seuil du Sérapéum ainsi qu'à la traversée des petits lacs Amers, du seuil de Chalouf et de la plaine de Suez.

PREMIER MARCHÉ, EN DATE DU 26 MARS 1864, POUR L'EXÉCUTION DES TRAVAUX DE TERRASSEMENTS ET DE DRAGAGES ENTRE LE SEUIL D'EL GUISR ET LA MER ROUGE

Le premier marché avec MM. Borel-Lavalley et Cie pour l'exécution de travaux de terrassements et dragages du Canal maritime a été passé le 26 mars 1864. Il comprenait toute la portion sud du Canal depuis le seuil d'El Guisr jusqu'à la mer Rouge et comportait un cube approximatif de déblais de 24.500.000 mètres cubes. Le devis et cahier des charges annexé à la soumission des entrepreneurs différait notablement du cahier des charges type de 1863.

MM. Borel-Lavalley et Cie avaient présenté leur soumission à la Compagnie dans le courant de février.

A l'occasion de l'examen de cette soumission, ils donnèrent à la Compagnie les explications suivantes :

Leur intention — dirent-ils — était d'enlever exclusivement au moyen de la drague le cube total dont ils soumissionnaient l'exécution. Ce moyen, dispendieux en apparence pour les déblais au-dessus de l'eau, était le seul, dans l'état d'alors de la pratique des terrassements, et avec l'inexpérience où l'on était encore de la puissance des engins mécaniques (tous, d'ailleurs, d'invention récente) imaginés pour travailler à sec, qui pût inspirer une sécurité suffisante dès qu'il n'y aurait plus à compter sur le travail des fellahs.

Ils laissaient à la Compagnie la faculté d'enlever, à l'aide des contingents, 8 millions de mètres cubes moyennant l'allocation, en leur faveur, d'une indemnité de 0 fr. 10 par mètre cube. Finalement, dans le marché, ce chiffre de mètres cubes a été réduit à 5 millions, et l'indemnité de 0 fr. 10 n'a été applicable qu'au cube excédant 2 millions de mètres. Quelle que fût d'ailleurs la quantité qui leur serait concédée, ils s'engageaient à avoir terminé les travaux pour le 1er janvier 1868, sauf en ce qui était des bancs de roche situés au-dessous de la ligne d'eau.

Comme moyen préalable, ils réclamaient : que la Compagnie fît écrêter environ 2 millions de mètres cubes sur des parties hautes qu'ils indiquaient ; qu'elle exécutât deux branchements du Canal d'eau douce dirigés, l'un vers le Sérapéum, l'autre vers le seuil de Chalouf el Terraba ; qu'il leur fût consenti, au fur et à mesure de la commande du matériel, des avances successives égales, en tout, aux neuf dixièmes de sa valeur, et dont la dernière ne serait payée pour chaque engin qu'après qu'il aurait été reconnu en bon état de fonctionnement. Les installations donneraient lieu aussi à des avances quand elles seraient achevées. L'ensemble de toutes ces avances, à quelque titre qu'elles fussent faites, ne dépasserait pas les trois dixièmes du montant des travaux. Le matériel de dragage, d'enlèvement et de transport des déblais et les installations immobilières resteraient, à la fin de l'Entreprise, la propriété de la Compagnie.

Quant à l'exécution proprement dite, MM. Borel-Lavalley et Cie demandaient à être assurés dans le canal d'eau douce d'un tirant d'eau d'au moins 1m,20, et, dans les ouvrages à établir sur son parcours, d'une largeur qui permît à leurs dragues de se porter d'un point à un autre de leurs travaux; enfin, si les contingents continuaient à être fournis par le Gouvernement égyptien, qu'un tiers en fût mis à leur disposition.

Tels étaient, en dehors des points de détail et des conditions générales imposées aux autres entrepreneurs et qu'ils acceptaient, les points principaux de leur soumission.

Quant aux prix, tout en étant disposés à faire, comme le demandaient les ingénieurs, un rabais sur leurs chiffres primitifs, ils déclaraient n'être en état de les formuler avec précision et d'une manière définitive que quand toutes les conditions du cahier des charges auraient été arrêtées d'un commun accord avec eux.

Un premier examen des propositions de MM. Borel-Lavalley et Cie suggéra à la Compagnie les réflexions suivantes :

Le mode de travail qui faisait la base de la soumission était très onéreux ; il constituait, en effet, sur l'exécution par les fellahs, une perte très considérable; il ne pouvait donc être consenti qu'autant que la Compagnie serait dans la certitude d'être obligée de renoncer définitivement au travail des contingents égyptiens. La réserve d'après laquelle la Compagnie restait maîtresse de faire enlever 8 millions de mètres cubes par les contingents atténuerait, il est vrai, l'importance de la perte, mais sans l'annuler complètement, attendu que la quantité de travail susceptible d'être faite à sec dépassait notablement le chiffre de 8 millions de mètres cubes.

Les branchements réclamés par les soumissionnaires pouvaient, si leur débit n'était pas convenablement réglé, si leur entretien était insuffisant, altérer d'une manière essentielle le régime du Canal d'eau douce.

D'un autre côté, la Compagnie n'étant pas encore maîtresse de la prise d'eau au Nil, elle ne pouvait être rendue responsable des variations que le débit du Canal pouvait éprouver de ce fait. Elle ne pouvait donc pas être recherchée pour les perturbations momentanées que ces variations seraient susceptibles d'apporter dans les travaux de l'Entreprise.

Il était, par conséquent, utile que, dans le marché, des réserves fussent faites sous ce double rapport.

Une des conséquences nécessaires du traité proposé serait la construction d'écluses sur le parcours du canal d'eau douce entre Suez et le premier des branchements du Canal. C'était, en effet, à Suez que paraissaient devoir être les ateliers de montage et de réparations de l'immense matériel appelé à desservir le lot de travaux faisant l'objet du marché. C'était par Suez et par Ismaïlia (cette dernière ville à cause des arrivages par Port-Saïd) que viendraient les approvisionnements en matières premières, charbon, vivres, enfin de tous objets à destination de la vaste entreprise. Cette disposition des deux centres d'où devaient rayonner tous les transports, le grand mouvement que comportait le faible délai accordé pour l'exécution, développeraient inévitablement une circulation très active sur le Canal. D'un autre côté, les nouvelles sujétions imposées rendaient nécessaire de diminuer, par tous les moyens possibles, les déperditions d'eau pour se mettre à l'abri des inconvénients d'une alimentation insuffisante. On ne pouvait donc plus se contenter des simples barrages à poutrelles primitivement adoptés. Ces barrages avaient pu être jugés suffisants, alors que les transports semblaient devoir se borner aux seuls approvisionnements pour les fellahs, et que l'on n'avait pas encore à se préoccuper des nécessités d'une navigation plus active; mais l'acceptation de la soumission de MM. Borel-Lavalley et Cie modifierait complètement la situation et rendrait indispensable la construction d'écluses en remplacement des barrages. Les ouvrages d'art à construire entre le premier branchement et la mer Rouge devraient, d'ailleurs, être élargis. Les entrepreneurs voulaient, en effet, pouvoir faire circuler leur matériel d'un point quelconque du canal d'eau douce à un autre et dans le chenal de Suez, et cette facilité ne pouvait, dans l'intérêt commun, leur être refusée. Or leurs dragues, d'après les renseignements qu'ils avaient fournis, devaient avoir 8 mètres de largeur entre les bordés; les ouvrages devraient donc être établis avec une largeur d'environ 8m,50. Il importerait, d'ailleurs, que cette mesure fût généralisée et étendue à tous les ouvrages hydrauliques du canal d'eau douce, et notamment au pertuis de Néfiche et aux écluses d'Ismaïlia : il n'était pas, en effet, difficile de prévoir des circonstances où il serait très désirable que le matériel employé dans la partie nord du Canal maritime pût être amené dans la partie sud et réciproquement.

Au cours de l'examen de la soumission de MM. Borel-Lavalley et Cie, la Compagnie reçut trois autres soumissions pour l'exécution de parties restreintes de la portion du Canal faisant l'objet de la première soumission.

Une des trois nouvelles soumissions avait pour objet la partie du Canal comprise entre le lac Timsah et les lacs Amers (traversée du seuil du Sérapéum) et comportait un cube approximatif de déblais de 9 millions de mètres. Le prix demandé par le soumissionnaire était de 1 fr. 90 par mètre cube pour les terrains ordinaires; et toutes réserves étaient faites en cas de rencontre de terrains d'une difficulté imprévue, soit au-dessus, soit au-dessous de la ligne d'eau. Le soumissionnaire déclara d'ailleurs, ayant été interrogé à ce sujet, qu'il ne pourrait s'engager à étendre son lot, c'est-à-dire à exécuter, en outre, les travaux compris entre les lacs Amers et le lot de l'extrémité sud du Canal, lequel, ainsi qu'il va être expliqué, faisait l'objet de chacune des deux autres soumissions.

Ces deux autres soumissions avaient effectivement pour objet le troisième lot de dragages, tel qu'il était défini au cahier des charges de 1863, comprenant le creusement du chenal et du bassin du port de Suez et d'une portion de Canal de 10 kilomètres à la suite, et comportant un cube approximatif de déblais de 7 millions de mètres.

L'un des soumissionnaires demandait 2 fr. 75 par mètre cube pour les sables et les argiles ; pour les roches formées d'éléments divers dans lesquelles une drague de la force de 35 chevaux de 200 kilogrammètres ne pourrait faire qu'un travail de 300 mètres cubes au plus et 100 mètres cubes au moins par journée de dix heures, 11 francs par mètre cube; enfin, pour les roches de même nature inattaquables à la drague et pour lesquelles il faudrait employer d'autres procédés d'extraction, le prix serait établi contradictoirement en cours d'exécution: ces distinctions se rapportaient aux trois catégories de terrains qu'avaient révélées de nombreux forages que le soumissionnaire avait fait exécuter dans l'étendue du 3e lot. Il estimait d'ailleurs que le tracé du canal — tel qu'il était alors — comporterait l'enlèvement d'environ 400 à 500.000 mètres cubes de roches dures ou tendres. Le même soumissionnaire déclara, à son tour, que sa soumission ne pourrait être étendue jusqu'aux lacs Amers, en vue de combler la lacune qui se trouverait exister entre son lot et celui de la traversée du Sérapéum.

Enfin, le troisième soumissionnaire demandait 2 fr. 50 par mètre cube. Il se déclarait disposé à s'entendre avec le soumissionnaire du lot du Sérapéum pour présenter une soumission embrassant toute la portion du canal du lac Timsah à Suez.

En même temps que les trois soumissions ci-dessus parvenaient à la Compagnie, MM. Borel, Lavalley et Cie faisaient connaître leurs conditions définitives de prix, qui étaient les suivantes, savoir : 1 fr. 95 par mètre cube pour les déblais ordinaires à la traversée du Sérapéum et 2 fr. 45 pour les déblais de la partie du Canal comprise entre les lacs Amers et Suez; pour les terrains au-dessous de la cote 19m,00 qui ne rentreraient pas dans la catégorie de ceux qui figuraient dans les sondages de la Commission internationale, le prix resterait à établir en cours d'exécution.

Dans la situation qui lui était faite par les diverses soumissions produites, la Compagnie considérant,

Que, si elle acceptait les soumissions partielles qui lui étaient proposées, elle resterait sans entrepreneur pour toute la portion du canal comprise entre les lacs Amers et le troisième lot;

Que de nouveaux et peut-être d'assez longs délais seraient à craindre avant qu'un entrepreneur se présentât pour cette portion du canal; que, dans l'absolue nécessité où l'on était de terminer une masse considérable de travaux avant le 1er janvier 1868, il importait de trancher le plus tôt possible toutes les questions préliminaires;

Que, d'un autre côté, lorsqu'il s'agissait d'organiser le travail libre sur une aussi vaste échelle, il était désirable que cette organisation fût pour ainsi dire dans une seule main, afin de ne pas s'exposer à une hausse immodérée de salaires par le seul fait de la concurrence que pourraient se faire les entrepreneurs de trois sections, dont les intérêts ne seraient pas communs et identiques;

Que MM. Borel, Lavalley et Cie présentaient toutes les garanties; que les prix demandés par eux ne s'écartaient pas notablement des limites que le Directeur général des travaux avait indiquées comme des maximums; que l'on était d'accord avec eux sur les conditions du cahier des charges;

Enfin que la suppression des contingents égyptiens était probable à bref délai [1];

1. Nous rappellerons à ce sujet que, par lettre vizirielle du 1er août 1863, le Vice-Roi avait été invité, en conformité d'une note de la Sublime Porte du 5 avril précédent, à s'entendre avec la Compagnie pour abolir le plus tôt

Par toutes ces considérations, la Compagnie estima qu'il n'y avait pas lieu d'attendre de nouvelles offres ou de nouvelles combinaisons; et la soumission finale de MM. Borel, Lavalley et Cie, datée du 26 mars 1864, avec le devis et cahier des charges annexé, fut définitivement approuvée par décision du Conseil d'administration du 31 du même mois.

DEUXIÈME MARCHÉ, EN DATE DU 12 DÉCEMBRE 1864, POUR L'EXÉCUTION DES TRAVAUX ENTRE LA MER MÉDITERRANÉE ET L'EXTRÉMITÉ SUD DES LACS BALLAH

Un second marché, en date du 12 décembre 1864, a été passé avec MM. Borel, Lavalley et Cie pour l'exécution de la partie du canal qui constituait l'ancien lot de M. Aiton, dont l'entreprise venait d'être résiliée. Ce nouveau marché comprenait donc le creusement du chenal et du bassin de Port-Saïd et de la portion de canal jusqu'au kilomètre $60^{km},5$, et il comportait un cube approximatif de déblais de 21.700.000 mètres cubes.

Après la résiliation du marché Aiton, MM. Borel, Lavalley et Cie demandèrent à ajouter le lot de l'entreprise résiliée à celui dont ils étaient déjà chargés en vertu de leur premier marché du 26 mars 1864. Le Directeur général des travaux avait reçu également d'autres propositions de divers entrepreneurs, mais qui ne lui avaient pas paru de nature à être

---

possible sur le Canal le travail forcé: que la solution des diverses questions pendantes entre le Gouvernement égyptien et la Compagnie, parmi lesquelles la suppression des contingents moyennant une indemnité à fixer, avait été, au commencement de l'année 1864, remise d'un commun accord à la décision de l'Empereur; enfin, que, dès le 3 mars, sur la proposition du Ministre des Affaires Etrangères de France, l'Empereur avait nommé une Commission chargée d'un examen préalable des questions soumises à sa décision.

Telle était la situation au moment où la Compagnie s'occupait de l'examen du marché Borel-Lavalley et Cie, passé finalement le 26 mars 1864.

En fait, pendant les trois premiers mois de l'année 1864, le chiffre moyen des contingents fournis par le Gouvernement égyptien, qui était précédemment de 20.000 hommes, n'avait pas dépassé 12 à 13.000; et ce chiffre continua ensuite à décroître jusque dans le courant de mai, époque à laquelle la Compagnie fit prévenir le Gouvernement qu'il pouvait retirer tous les ouvriers des contingents.

prises en considération. La soumission de MM. Borel, Lavalley et Cie, avec un nouveau devis et cahier des charges annexé, fut donc seule soumise par lui à l'approbation de la Compagnie.

La soumission stipulait pour les déblais un prix de 2 francs par mètre cube, au lieu du prix de 1 fr. 35 du marché Aiton.

Quant au nouveau devis et cahier des charges, il présentait, par comparaison avec celui du précédent marché, les principales différences suivantes :

Remises de matériel aux entrepreneurs. — En outre du matériel qui figurait au marché Aiton, la Compagnie remettait aux entrepreneurs 10 porteurs à vapeur, provenant des commandes faites à Glasgow et en Belgique par le précédent entrepreneur.

Mode d'exécution des travaux. — Pour la portion du Canal comprise entre les kilomètres 10km,5 et 20km,5, un nouveau profil était adopté, comportant pour la cuvette du Canal des talus pouvant atteindre jusqu'à l'inclinaison de 5 de base pour 1 de hauteur. Comme conséquence, et afin de laisser en place la banquette Afrique, l'axe du Canal était déplacé de 16 mètres vers l'Est.

Pour la portion du Canal comprise entre les kilomètres 20km,5 et 38km,5, des expériences de dragages à toutes profondeurs devaient être faites en quelques points, en vue de se rendre compte de la tenue des talus des terres.

En ce qui concernait le creusement du chenal et du bassin de Port-Saïd, un cube de 200.000 mètres, sur le produit des dragages, devait être employé à la confection du remblai du terre-plein de la ville de Port-Saïd, travail qui se ferait sans augmentation de prix, à la condition que la distance des transports ne dépassât pas 700 mètres et que la Compagnie mît gratuitement à la disposition des entrepreneurs les deux grues et le matériel de voies et de wagons affectés jusqu'alors à ce travail.

En ce qui concernait, enfin, d'une manière générale,

l'ordre à suivre dans l'exécution des travaux, les entrepreneurs devaient diriger leurs travaux de manière :

1° A créer le plus tôt possible et à entretenir toujours ensuite en bon état : d'une part, entre la mer et le grand bassin du port, un chenal d'accès d'une profondeur d'au moins 3 mètres, qui serait augmentée progressivement au fur et à mesure de l'avancement des jetées ; d'autre part, à travers le grand bassin, des canaux de 2 mètres au moins de profondeur destinés à desservir les différentes parties du port ; enfin une rigole de navigation de 2 mètres de profondeur et d'une vingtaine de mètres de largeur dans toute la longueur du Canal comprise au marché ;

2° A permettre à la Compagnie de faire progressivement, et sans attendre le complet achèvement du Canal, les travaux d'enrochements de protection des berges.

Charges et obligations de la Compagnie. — La Compagnie fournissait gratuitement aux entrepreneurs la quantité d'eau douce nécessaire, non seulement à leur personnel (comme dans le précédent marché), mais aussi à l'alimentation de toutes leurs machines. Toutefois un maximum par jour était fixé.

Elle mettait à leur disposition, pour toute la durée de leurs travaux, un certain nombre de bâtiments, qui étaient désignés, parmi lesquels tous les bâtiments construits par le précédent entrepreneur sur la berge de rive ouest de l'origine du Canal ;

Elle leur faisait remise du prix de loyer de 50.000 francs des ateliers de Port-Saïd et la cession gratuite des charbons, — environ 8 à 10.000 tonnes, — qu'elle avait en approvisionnement dans ses magasins de Port-Saïd. (Cette remise de loyer et cette cession de charbon étaient faites en compensation d'une réduction de 0 fr. 075 sur le prix de 2 fr. 075 le mètre cube de déblais qui était demandé d'abord par les entrepreneurs).

Délais d'exécution. — Le délai d'exécution des travaux

était fixé à la date du 1er juillet 1868, et le même délai était adopté pour le lot de Suez au lieu de la date précédemment fixée de la fin de 1867.

Enfin, le chenal navigable de 1m,20 de profondeur, que la Compagnie, dans le marché relatif au lot de Suez, avait garanti aux entrepreneurs pour le libre passage de leur matériel et de leurs approvisionnements, n'était plus obligatoire, ni dans la longueur du Canal maritime correspondant au lot Couvreux, ni dans le Canal d'eau douce, avant le 1er janvier 1866. Au cas où cette date serait dépassée, le retard qui en résulterait ne donnerait aux entrepreneurs aucun droit de réclamation d'indemnité ou de dommage, s'il n'excédait pas trois mois; seulement les entrepreneurs jouiraient alors d'une prolongation du délai d'exécution égale à la durée du retard en question.

Dans son examen de la nouvelle soumission de MM. Borel, Lavalley et Cie et du devis et cahier des charges annexé, la Compagnie considérant,

Qu'en vue de l'avancement de l'œuvre et pour satisfaire aux engagements qu'elle avait pris relativement au lot de Suez, elle se trouvait dans la nécessité d'imprimer la plus grande activité aux travaux du lot de Port-Saïd ; que, dès lors, il ne lui était pas loisible d'attendre d'autres propositions qui pourraient ne pas être plus favorables ;

Que le choix de MM. Borel, Lavalley et Cie présentait des avantages importants; qu'en restreignant à la traversée du lot Couvreux et au Canal d'eau douce la garantie qui leur avait été donnée pour le passage de leur matériel et de leurs approvisionnements, et en ajournant à dix-huit mois l'exécution de cette garantie, il faisait disparaître le risque des difficultés graves qui paraissaient devoir surgir à bref délai avec ces Entrepreneurs ; que, d'un autre côté, puisque les seules routes que les marchandises européennes à destination de Suez paraissaient pouvoir prendre en Égypte pour arriver régulièrement, sûrement et à temps, étaient le Canal maritime et les autres voies navigables de la Compagnie, il n'était pas sans intérêt que l'exécution du lot de Port-Saïd fût confiée aux mêmes mains que celle du lot de Suez; qu'ainsi la circulation dans la première partie du Canal maritime se trouverait sous la responsabilité exclusive de ceux qui en avaient le principal besoin;

En ce qui concernait le prix de 2 francs par mètre cube de déblai demandé par les nouveaux soumissionnaires :

Que le prix de 1fr.35, précédemment consenti par M. Ayton, s'appliquait à une situation qui avait été, depuis, gravement modifiée : que MM. Borel, Lavalley et Cie avaient accepté quelques obligations nouvelles;

Par ces diverses considérations la Compagnie approuva la nouvelle soumission présentée par MM. Borel, Lavalley et Cie, ainsi que le devis et cahier des charges y annexé.

TEXTE DES MARCHÉS DES 26 MARS ET 12 DÉCEMBRE 1864

I. — SOUMISSIONS DES ENTREPRENEURS ET OBJET DU DEVIS ET CAHIER DES CHARGES ANNEXÉ A CHAQUE SOUMISSION

(PLANCHES XVI ET XVII)

1° SOUMISSION DU 26 MARS 1864

(Lot de Suez)

Soumission[1]. — Les soussignés Borel, Lavalley et Cie, entrepreneurs de travaux publics demeurant à Paris, 72, rue de Provence ;

Après s'être rendus en Égypte et avoir parcouru les lieux ; après s'être rendu compte de la situation actuelle des choses à tous les points de vue que comportait l'entreprise qu'ils soumissionnaient, des ressources du pays, de la nature des terrains à traverser et de l'importance et de la nature des travaux à exécuter ; après avoir pris connaissance du devis et cahier des charges de l'entreprise avec plans généraux, profils en long et profils en travers types annexés, duquel devis et cahier des charges ils acceptaient toutes les clauses et conditions ;

Déclaraient soumissionner les travaux mentionnés à l'article 1er du devis et cahier des charges annexé aux prix suivants :

---

1. Par un deuxième Acte additionnel aux marchés primitifs, en date du 4 décembre 1866, de nouveaux profils, à grande largeur, ont été adoptés pour certaines portions du Canal.

1° Déblais entre le point kilométrique 75km,400 (entrée du canal maritime dans le lac Timsah du côté de la Méditerranée) et les grands fonds des lacs Amers, au prix de 1 fr. 95 le mètre cube;

2° Déblais entre les grands fonds des lacs Amers et l'extrémité du chenal dans la rade de Suez, au prix de 2 fr. 45 le mètre cube;

3° Les déblais qui, à sec, n'étaient exécutables qu'au pic, à la pince et à la mine, et qui étaient situés au-dessus de la cote 19m,00, au prix de 3 fr. 50 le mètre cube;

4° Pour les déblais du banc de roche de l'îlot du Tertre, à Suez, ainsi que pour ceux situés au-dessous de la cote 19m,00, le prix serait établi contradictoirement en cours d'exécution.

Dans le cas où la Compagnie déciderait que le Canal maritime dût contourner les lacs Amers, elle aurait le droit d'étendre la présente soumission à tous les travaux qui résulteraient du changement du tracé, et ce aux clauses et conditions du même devis et cahier des charges, et moyennant un prix à déterminer à l'amiable avec le Directeur général des travaux.

Dans le cas de décès de l'un des soumissionnaires, les travaux seraient continués jusqu'à leur achèvement par l'associé survivant.

Les soumissionnaires déclaraient faire élection de domicile à Paris, 72, rue de Provence.

Article 1er du devis et cahier des charges (*Objet du devis. Définition des travaux*). — Le devis avait pour objet les travaux de terrassements et de dragages à exécuter pour le creusement, à une profondeur variant de 8 jusqu'à 9 mètres en contre-bas du niveau moyen de la Méditerranée, du chenal et du bassin du port de Suez, et pour le creusement, à la profondeur uniforme de 8 mètres en contre-bas du même niveau, suivant les profils annexés, de la portion du Canal maritime comprise entre l'extrémité du Seuil d'El Guisr et le port de Suez.

Le cube total des déblais à exécuter par les entrepreneurs était évalué approximativement à environ, ci.......... 24.500.000 mètres cubes, se répartissant ainsi qu'il suit, savoir :

1° Portion du Canal maritime comprenant la traversée du lac Timsah et le percement du Seuil du Sérapéum jusqu'aux lacs Amers.................................. 9.300.000 mètres cubes.

2° Portion du canal maritime comprise entre les lacs Amers et le port de Suez, chenal et bassin du port...... 15.200.000 mètres cubes.

2° SOUMISSION DU 12 DÉCEMBRE 1864

(*Lot de Port-Saïd*)

Soumission[1]. — Les soussignés Borel, Lavalley et Cie, entrepreneurs de travaux publics demeurant à Paris, rue de Provence, n° 72 ;

1. Par le deuxième Acte additionnel en date du 4 décembre 1866, un nouveau

Déjà chargés de l'exécution des travaux de terrassements et de dragages entre le Seuil d'El Guisr et la mer Rouge, en vertu d'une soumission du 26 mars dernier, approuvée par le Président de la Compagnie le 1er avril suivant;

Après un séjour de sept mois en Égypte pour l'installation de leur première entreprise, pendant lequel ils avaient parcouru et étudié avec soin et à diverses reprises la partie du Canal comprise entre la mer Méditerranée et le Seuil d'El Guisr; après s'être rendu compte de la situation actuelle des choses à tous les points de vue que comportait l'entreprise qu'ils soumissionnaient, des ressources du pays, de la nature des terrains à traverser, de l'importance et de la nature des travaux à exécuter; après avoir examiné et vu fonctionner la partie du matériel de la Compagnie qui était déjà en activité sur les lieux; après avoir assisté aux essais des nouvelles dragues et des grues; après avoir reçu tous renseignements utiles sur le système de construction et la force des porteurs que la Compagnie devait encore ajouter à son matériel; enfin, après avoir pris connaissance du devis et cahier des charges, du profil des sondages, du plan général des bassins et du chenal de Port-Saïd, du profil général en long et des profils types en travers du Canal annexés à la présente soumission sous les nos 1, 2 et 3;

Déclaraient accepter toutes les clauses et conditions dudit devis et cahier des charges, et soumissionner l'ensemble des travaux qui y étaient spécifiés à l'article 1er au prix de 2 francs le mètre cube.

Dans le cas de décès de l'un des soumissionnaires, les travaux seraient continués jusqu'à leur entier achèvement par l'associé survivant.

Les soumissionnaires déclaraient faire élection de domicile à Paris, rue de Provence, n° 72.

Article 1er du devis et cahier des charges (Objet du devis). — Le devis avait pour objet les travaux de terrassements et de dragages à exécuter pour le creusement, jusqu'à 8 mètres de profondeur en contre-bas du niveau moyen de la Méditerranée, du chenal et des bassins de Port-Saïd, et pour le creusement du Canal maritime à la même profondeur et suivant les profils annexés, depuis l'origine de ce Canal jusqu'au point kilométrique 60km,5, situé à l'extrémité du dernier lac Ballah, avec une gare dont l'emplacement et les dimensions seraient ultérieurement indiqués.

---

profil, à grande largeur, a été adopté pour une notable partie de la portion de Canal faisant l'objet du lot d'entreprise, notamment pour la traversée du lac Menzaleh.

D'après le même Acte additionnel, au lieu du prix unique de 2 francs le mètre cube, on aurait à appliquer deux prix distincts, savoir :

Pour le chenal et les bassins de Port-Saïd et pour la longueur de canal à la suite, jusqu'au kilomètre 8 : 1 fr. 65.

Pour la portion de canal du kilomètre 8 au kilomètre 60km,5 : 2 fr. 25.

Le cube total des déblais à exécuter était évalué approximativement à ci. . . . . 21.700.000 mètres cubes, mesurés à la fouille.

II. — DISPOSITIONS COMMUNES, SAUF QUELQUES VARIANTES, DES DEUX DEVIS ET CAHIERS DES CHARGES ANNEXÉS AUX SOUMISSIONS DES ENTREPRENEURS.

Variation possible du cube total des déblais. — Les cubes indiqués à l'article 1er des devis n'étaient qu'approximatifs. Ils pourraient varier en plus ou en moins et résulteraient, en somme, de l'exécution du projet définitif des portions de Canal faisant l'objet de chaque marché, déduction faite des cubes exécutés directement par la Compagnie (lot de Suez), ou bien déduction faite des cubes déjà exécutés à l'époque où les entrepreneurs prendraient possession des chantiers (lot de Port-Saïd).

Matériel à fournir par les Entrepreneurs et travaux d'installation [1]. — Tout le matériel (en dehors de celui dont la livraison par la Compagnie était prévue par le marché du lot de Port-Saïd), les installations de toute nature : ateliers, dépôts, magasins, maisons d'habitation, etc., nécessaires pour la complète exécution de l'entreprise, étaient à la charge exclusive des entrepreneurs.

Le matériel spécial de dragages, de chargement, de transport, de remorquage ou de déchargement des déblais et les installations immobilières deviendraient à la fin des travaux la propriété de la Compagnie.

Les entrepreneurs s'obligeaient à maintenir et à rendre le matériel spécial ci-dessus en bon état d'entretien et de fonctionnement. Ce matériel devrait pouvoir produire pendant un mois au moins, avec un entretien normal, un travail égal au travail moyen exécuté par mois pendant le courant des douze derniers mois de son service dans l'entreprise.

Les installations immobilières seraient livrées à la Compagnie dans l'état où elles se trouveraient à la fin des travaux, sans qu'aucune de leurs parties ait été enlevée ou détruite.

Tout le reste du matériel, les outillages d'ateliers et le mobilier de tout genre, demeuraient la propriété des entrepreneurs ; mais la Compagnie se réservait le droit d'acquérir tout ou partie de ce matériel à dire d'experts.

Avance sur le matériel fourni par les entrepreneurs [2]. — Au fur et à

---

1. Au sujet du matériel remis par la Compagnie aux entrepreneurs tel qu'il était prévu par le marché du lot de Port-Saïd, voir plus loin au paragraphe 2e du chapitre III, intitulé *Dispositions distinctes des deux devis et cahiers des charges.*

2. Cet article des marchés du 26 mars et du 12 décembre 1864 et l'article suivant ont été annulés par le deuxième Acte additionnel du 4 décembre 1866

mesure que le matériel de toute nature fourni par les entrepreneurs se trouverait en voie de fonctionnement régulier, ce qui aurait généralement lieu après un délai d'une couple de mois à partir de sa mise en activité, la Compagnie ferait des avances sur ledit matériel jusqu'à concurrence de sa valeur totale arbitrée par le Directeur général des travaux, en tenant un juste compte à la fois de son prix réel de revient et de son bon fonctionnement.

Ces avances seraient faites sans attendre le délai ci-dessus et dès leur présentation au Directeur général des travaux pour tous les appareils complets dont les premiers similaires auraient été reconnus par lui capables d'un bon fonctionnement, alors même que quelques parties d'un appareil ne seraient pas assemblées à cause de la nécessité de le transporter jusqu'au lieu de son travail dans le Canal, ce dont le Directeur général des travaux serait juge.

Il serait fait également des avances du montant de leur valeur arbitrée sur les installations des entrepreneurs, telles que : maisons d'habitation, ateliers, magasins, etc.

Le montant ensemble desdites avances ne pourrait toutefois dépasser les deux dixièmes du montant total de la valeur des travaux à exécuter.

Les modifications ou améliorations apportées en cours de travaux ne donneraient pas lieu à avances.

Le matériel et les installations sur la valeur desquels la Compagnie aurait fait des avances deviendraient sa propriété jusqu'à complet remboursement desdites avances. Ce remboursement aurait lieu par un prélèvement régulier des deux dixièmes sur le montant respectif des décomptes mensuels, lequel prélèvement commencerait à être appliqué dès le début des travaux.

Prêts d'argent pour les acquisitions de matériel[1]. — Antérieurement

---

et remplacés par deux nouveaux articles figurant audit acte intitulés : « Avances d'argent aux entrepreneurs » et « Prêts d'argent pour les acquisitions de matériel ».

Dans le marché relatif au lot de Suez, les avances sur matériel et installations ne devaient être que des neuf dixièmes de la valeur arbitrée. Les avances sur matériel ne devaient être faites que sur le matériel en fonctionnement, et le montant ensemble des avances pouvait atteindre jusqu'aux trois dixièmes du montant total de la valeur des travaux à exécuter : mais, en même temps, les prélèvements réguliers à faire sur le montant des décomptes mensuels pour le remboursement des avances — ainsi qu'il sera expliqué plus loin — devaient être également des trois dixièmes de ce montant.

Lors de la passation postérieure du marché relatif au lot de Port-Saïd, il fut stipulé par un des articles de ce marché que les avances sur le matériel et les installations de l'entreprise du lot de Suez, sauf en ce qui concernait la limite maximum de ces avances (et les autres avances et paiements), seraient régies par les mêmes conditions que pour le lot de Port-Saïd. Ce sont ces conditions qui figurent dans le texte libellé ci-dessus.

1. Ainsi qu'il a été déjà mentionné dans une note précédente, cet article des

aux avances sur le matériel à faire par la Compagnie au fur et à mesure de la mise en fonctionnement, ou, suivant l'article précédent, de l'arrivée sur les lieux de ce matériel, il serait fait aux entrepreneurs des prêts d'argent sans intérêt destinés à faciliter les acquisitions dudit matériel.

Les entrepreneurs transmettraient par délégation sur la Caisse de la Compagnie ces prêts d'argent aux constructeurs chargés par eux de la fourniture de ce matériel. Ceux-ci deviendraient alors, nonobstant la responsabilité générale des entrepreneurs, responsables desdits prêts envers la Compagnie jusqu'à la livraison suivant les termes de leurs marchés avec les entrepreneurs. Les entrepreneurs devraient traiter sous cette condition avec les constructeurs, qu'ils s'obligeaient d'ailleurs à faire agréer par la Compagnie.

Les avances ainsi faites à titre de prêts sans intérêt seraient distribuées comme suit: au moment même des commandes, une première avance, qui ne pourrait dépasser les vingt-cinq centièmes de l'importance desdites commandes; lors de l'embarquement pour l'Égypte, au vu du connaissement et de la police d'assurance, une seconde avance qui ne pourrait dépasser les trente-cinq centièmes de la valeur des objets portés auxdits connaissement et police d'assurance, ladite valeur calculée d'après les marchés de commandes.

Pour aucune des fournitures, les prêts successifs ne pourraient dépasser les avances qui seraient spécifiées avec le fournisseur dans chaque marché ; et, dans aucun cas, le montant total de ces prêts n'excéderait les quatorze centièmes de la valeur totale des travaux à exécuter.

Lesdits prêts s'amortiraient en venant respectivement en déduction des avances prévues à l'article concernant les avances sur le matériel fourni par les entrepreneurs.

Mode d'exécution des travaux [1]. — Les prescriptions suivantes devraient être observées dans l'exécution des travaux.

En ce qui concernait le creusement du Canal maritime:

---

marchés des 26 mars et 12 décembre 1864 a été annulé par le deuxième Acte additionnel du 4 décembre 1866 et remplacé par un nouvel article figurant sous le même titre audit acte.

Dans le marché relatif au lot de Suez, le montant total des prêts ne devait pas excéder les trois vingtièmes (ou quinze centièmes) de la valeur totale des travaux à exécuter. D'après l'article du marché du lot de Port-Saïd rappelé à la note précédente, le maximum des prêts devait désormais, dans le lot de Suez, être le même que pour le lot de Port-Saïd, soit de quatorze centièmes de la valeur totale des travaux à exécuter.

1. L'article concernant le mode d'exécution des travaux dans chacun des deux marchés des 26 mars et 12 décembre 1864 a été annulé par le deuxième Acte additionnel du 4 décembre 1866, qui a stipulé de nouvelles dispositions s'appliquant à l'ensemble des deux marchés.

Les entrepreneurs se conformeraient aux profils annexés aux marchés, avec faculté pourtant de faire varier lesdits profils à leur gré pendant la période d'exécution, mais sous réserve que les modifications temporaires n'auraient pas pour résultat de faire substituer des remblais à du terrain naturel dans les profils définitifs.

Les talus exécutés sous l'eau pourraient, si les entrepreneurs le demandaient, au lieu d'avoir l'inclinaison régulière marquée sur le profil, être disposés de telle sorte que cette inclinaison fût seulement formée par les arêtes des sillons produits dans le dragage. Dans ce cas, le maximum de profondeur et de hauteur des sillons serait déterminé d'un commun accord avec le Directeur général des travaux.

A part les terres nécessaires pour la constitution des banquettes sur les portions du canal où le terrain naturel se trouvait en contre-bas desdites banquettes, tous les autres produits des dragages pourraient être déposés de telle manière et sur tels points que l'entrepreneur jugerait convenables, ou transportés à la mer. Toutefois, à la traversée du lac Menzaleh (dans le lot de Port-Saïd) et à la traversée des lagunes de Suez et des lacs (dans le lot de Suez), les terres ne pourraient être déposées en cavalier au delà des banquettes, et ce, aux risques des entrepreneurs, que sur les portions du Canal où le sous-sol présenterait assez de résistance pour ne pas faire redouter les conséquences d'une pareille surcharge. Sur les points du canal où le creusement progressif ferait reconnaître que le sous-sol présente peu de résistance, les dépôts ne pourraient avoir lieu au delà de la banquette normale qu'en les arasant au niveau de ladite banquette, ou en les reportant à la distance minimum qui serait fixée par le Directeur général des travaux.

Ce n'était qu'en adoptant cette dernière disposition et à la condition que les talus des fouilles auraient été taillés suivant l'inclinaison prescrite que les entrepreneurs cesseraient d'être responsables des éboulements qui viendraient à se produire dans les berges.

Les terres enlevées en dehors des profils normaux ne seraient pas comptées aux entrepreneurs.

Dispositions spéciales du marché relatif au lot de Suez. — En ce qui concernait le creusement du chenal et des bassins du port de Suez :

Ce creusement devrait être effectué sur les longueurs et largeurs qui seraient indiquées en cours d'exécution.

Les produits des dragages seraient portés à la mer. Toutefois la Compagnie se réservait le droit d'exiger :

D'une part, qu'une portion des produits des dragages des bassins fût employée à la constitution, au pourtour desdits bassins, de digues de protection semblables à celles bordant le Canal maritime ;

D'autre part, qu'une portion des terres de dragages des bassins et du chenal du port fût affectée à la confection de terre-pleins respectivement autour desdits bassins et sur le banc longeant le chenal à l'ouest, lesquels terre-pleins devaient être établis à un mètre au-dessus du quai de Suez. Dans ce cas, les entrepreneurs devraient, sans supplément de prix, livrer les produits des dragages dans les wagons que leur fournirait la Compagnie sur les voies établies au niveau même du terre-plein. Cette livraison, dont l'importance serait dénoncée aux entrepreneurs assez à temps pour leur permettre de se procurer, s'il y avait lieu, le matériel spécial nécessaire, serait dans tous les cas l'objet d'un travail continu en rapport avec la puissance des appareils dragueurs qui pourraient y être affectés;

En troisième lieu, enfin, qu'une portion des produits du dragage du chenal et des bassins du port fût versée directement dans des mahonnes appartenant à la Compagnie, pour être livrée par elle comme lest aux navires.

Les terres portées à la mer devraient être déposées aux points qui seraient indiqués par la Compagnie, dans un rayon d'au plus huit kilomètres du bâtiment de la quarantaine.

Les transports faits au delà de cette limite sur l'ordre du Directeur général des travaux donneraient lieu à un supplément de prix réglé amiablement avec les entrepreneurs.

Dispositions spéciales du marché relatif au lot de Port-Saïd. — 1° En ce qui concernait le creusement du Canal maritime :

Pour la portion du Canal comprise entre les points kilométriques $10^{km},5$ et $20^{km},5$, d'une longueur de 10 kilomètres, où les profils-types annexés indiquaient que les talus du Canal devaient être dressés à 3 de base pour 1 de hauteur, et les banquettes se trouver à 16 mètres en arrière de la crête du talus, la banquette de rive ouest devant toutefois rester dans la position qu'elle occupait, ce qui obligerait de reculer en conséquence le plafond du canal vers l'Est, les produits des dragages devraient être en totalité portés à la mer, à l'exception de la quantité de terre indispensable pour la confection de la nouvelle banquette de l'Est, et, au besoin, pour le renforcement de la banquette de l'Ouest, sans que la quantité nécessaire pour ce dernier travail pût dépasser 50 mètres cubes par mètre courant.

Au cas où les talus de la cuvette du canal ne se tiendraient pas à l'inclinaison prévue, les Entrepreneurs seraient tenus de faire au même prix du mètre cube, et sans prolongation du délai d'exécution, les dragages supplémentaires indispensables pour arriver à la stabilité des talus, au besoin jusqu'à l'inclinaison limite de 5 de base pour 1 de hauteur, et cela pourvu que la Compagnie eût décidé cette question avant le 1er janvier 1866, et que, de leur côté, les entrepreneurs eussent conduit leurs travaux de manière à permettre à la Compagnie de faire en temps utile les expériences nécessaires.

Pour la portion du canal comprise entre les kilomètres $20^{km},5$ et $38^{km},5$, avant d'entamer en grand les dragages suivant le profil normal, les entrepreneurs creuseraient de suite le Canal à profondeur sur quelques points en se tenant le plus près possible de la limite Est du plafond du canal et en rejetant toutes les terres derrière la banquette de rive Est avec confection d'un cavalier selon le profil spécial annexé, le tout en vue de permettre aux Ingénieurs de la Compagnie d'étudier la manière dont se comporteraient les talus du Canal avec ou sans surcharge de terre derrière les banquettes.

Ces dragages d'expérimentation auraient principalement lieu au droit des points kilométriques 24, 27, 30 et 33.

Au cas où les faits que constateraient les expérimentations feraient reconnaître la nécessité de modifier le profil du Canal en donnant simplement à la cuvette des talus plus doux, les entrepreneurs seraient tenus de faire le cube supplémentaire qui en résulterait au prix même de leur soumission. Mais si, indépendamment de l'augmentation de largeur et de cube résultant de l'adoucissement des talus, il était reconnu que les produits du dragage ne pouvaient être déposés en cavalier derrière les banquettes et qu'il fallût ou bien les étendre à de grandes distances par voie de wagonnage, ou bien les conduire à la mer, en un mot recourir à des moyens d'exécution autres que ceux employés dans les parties suffisamment résistantes du lot d'entreprise et entraînant un surcroît de dépense, les entrepreneurs auraient droit à un supplément de prix qui serait arrêté de concert entre eux et le Directeur général des travaux. En aucun cas les entrepreneurs ne pourraient prétendre à une prolongation du délai d'exécution, pourvu que la Compagnie et les entrepreneurs eussent fait le nécessaire, comme il était dit ci-dessus, pour que la question fût décidée avant le 1er janvier 1866.

La Compagnie laissait aux Entrepreneurs, dans toute l'étendue de leur entreprise, la libre et entière disposition des deux rives du Canal pour y déposer les déblais, sous la réserve qu'ils se conformeraient, pour l'établissement définitif de ces rives, aux conditions stipulées dans les paragraphes précédents (y compris les paragraphes concernant les dispositions communes aux deux marchés).

Les Entrepreneurs seraient tenus de déposer sur la rive ouest la quantité de déblais que la Compagnie jugerait nécessaire pour protéger le Canal et pour assurer son service, sans augmentation de prix, jusqu'au maximum de 150 mètres cubes par mètre courant. Ils se conformeraient, à cet égard, aux indications qui leur seraient données par le Directeur général des travaux.

2° En ce qui concernait le creusement du chenal et du bassin du port de Port-Saïd :

Ce creusement devrait être effectué sur les longueurs et largeurs qui seraient ultérieurement indiquées sur les bases du plan général annexé.

Les produits des dragages seraient portés à la mer, à l'exception d'un cube de 200.000 mètres à employer à la confection du remblai du terre-plein de la ville de Port-Saïd, lequel était établi à 2 mètres au-dessus du niveau moyen de la Méditerranée.

Ce travail de remblai se ferait sans aucune augmentation de prix, à la condition que la distance des transports ne dépasserait pas 700 mètres ; mais la Compagnie mettrait gratuitement à la disposition des Entrepreneurs les deux grues et le matériel de voies et de wagons qui était affecté à ce travail, la remise dudit matériel et sa restitution ultérieures devant être faites dans les formes et aux conditions stipulées aux articles du marché concernant, d'une manière générale, la remise de matériel aux Entrepreneurs, le mode d'évaluation de ce matériel et sa restitution à la Compagnie à la fin des travaux (Voir ci-après le texte complet des dispositions spéciales du marché relatif au lot de Port-Saïd).

La Compagnie se réservait, d'ailleurs, le droit d'exiger :

D'une part, qu'une portion du produit des dragages des bassins fût employée à la constitution, au pourtour desdits bassins, de digues de protection semblables à celles bordant le Canal maritime ;

D'autre part, qu'une portion des produits des dragages du chenal et des bassins du port fût versée directement dans des mahonnes appartenant à la Compagnie, pour être livrée par elle comme lest aux navires.

Les terres portées à la mer devraient être déposées à 2 kilomètres au moins de distance du chenal vers l'Est.

3° En ce qui concernait enfin d'une manière générale l'ordre à suivre dans l'exécution des travaux :

Les Entrepreneurs devraient diriger les travaux de manière à créer le plus promptement possible et entretenir toujours ensuite en bon état :

D'une part, un chenal d'accès entre la mer et le grand bassin du port d'une profondeur d'au moins 3 mètres, qui serait augmentée progressivement au fur et à mesure de l'avancement des jetées ;

D'autre part, à travers le grand bassin, des canaux de 2 mètres au moins de profondeur destinés à desservir les différentes parties du port ;

Enfin, une rigole de navigation de 2 mètres de profondeur et d'une vingtaine de mètres de largeur dans toute la longueur du Canal comprise au marché.

Les Entrepreneurs devraient également diriger leurs travaux de manière à permettre à la Compagnie de faire, progressivement et sans attendre le complet achèvement du Canal, les travaux d'enrochements de protection des berges. Toutes choses seraient disposées par les Entrepreneurs de manière à ce que la Compagnie pût commencer lesdits travaux d'enrochements au plus tard le 1er juillet 1866 et les conduire ensuite d'une manière régulière jusqu'à entière exécution.

Mode de métrage. — Les travaux de dragages exécutés seront mesurés au déblai à l'aide de profils levés contradictoirement avant et après l'exécution desdits travaux.

Les profils seront rapportés à des repères fixes indiquant le niveau moyen de la Méditerranée.

Dispositions spéciales du marché relatif au lot de Suez. — Dans les cas exceptionnels où le mode de métrage au moyen de profils ne pourrait pas être employé, il y serait pourvu par tel autre mode établi d'accord entre les Entrepreneurs et le Directeur général des travaux.

Dispositions spéciales du marché relatif au lot de Port-Saïd. — Exceptionnellement, pour les dragages du chenal de Port-Saïd, jusqu'à ce que la construction des jetées ait réalisé dans ledit chenal un calme relatif mettant les Entrepreneurs à l'abri d'apports non susceptibles d'être régulièrement constatés et exactement mesurés, les travaux exécutés seraient métrés au chaland-porteur avec déduction d'un dixième pour foisonnement.

Cette proportion du foisonnement pourrait être revisée pour les diverses natures de terrains, soit à la demande de la Compagnie, soit à la demande des Entrepreneurs, et elle serait alors déterminée dans les divers cas au moyen de constatations contradictoires; mais la proportion stipulée du dixième s'appliquerait invariablement à tous les déblais exécutés avant les constatations contradictoires.

Prix consentis. — *Dépenses à la charge des Entrepreneurs.* — Les prix consentis par les Entrepreneurs (sous la réserve des conditions prévues au marché relatif au lot de Port-Saïd au sujet de fournitures de matériel par la Compagnie) comprenaient l'acquisition, l'installation et l'entretien du matériel de toute nature, tous les travaux d'installation, toutes les dépenses en fournitures et main-d'œuvre pour l'extraction et le transport des terres, pour le dressement des talus des fouilles et pour le dressement des banquettes jusqu'au pied des cavaliers, et pour l'établissement des défenses provisoires qui pourraient être nécessaires pendant la période d'exécution en vue d'empêcher les terres de retomber dans les fouilles; enfin tous frais, faux frais et bénéfices.

Tous les matériaux provenant des fouilles seraient la propriété de la Compagnie.

Dispositions spéciales du marché relatif au lot de Suez. — Les prix consentis s'appliqueraient indistinctement aux natures du sol semblables ou analogues à celles qui se trouvaient indiquées sur les coupes des puits de sondages figurées au profil en long de 1859, et ce, quelles que fussent la position et la proportion de chaque nature de terrain. S'il se rencontrait au-dessous de la cote 19m,00 des natures de sol s'écartant notablement de celles indiquées, le prix d'extraction en serait établi contradictoirement en cours d'exécution. Au-dessus de ce niveau, les Entrepreneurs seraient tenus à l'enlèvement des terrains de toute nature aux prix consentis dans leur soumission.

DISPOSITIONS SPÉCIALES DU MARCHÉ RELATIF AU LOT DE PORT-SAÏD. — Le prix consenti s'appliquerait indistinctement aux natures de sol semblables ou analogues à celles qui se trouvaient indiquées sur le dessin figuratif des sondages annexé au marché, sauf toutefois en ce qui concernait le gypse ; et ce, quelles que fussent la position et la proportion réelle de chaque nature de terrain. S'il se rencontrait des natures de sol s'écartant notablement de celles indiquées, le prix d'extraction en serait établi contradictoirement en cours d'exécution. Il serait de même établi un prix spécial d'extraction pour le gypse.

Maintien de la liberté de circulation sur le Canal. — Les Entrepreneurs seraient tenus, sous peine de dommages et intérêts, de disposer leurs appareils de manière à entraver le moins possible la circulation des embarcations dans le Canal maritime et des piétons sur le chemin de halage. Ils déplaceraient au besoin lesdits appareils, lâcheraient les câbles d'amarres, feraient enfin toutes les manœuvres utiles pour le rétablissement momentané de la liberté de circulation, chaque fois qu'un convoi ou qu'une embarcation se présenteraient.

La Compagnie s'engageait de son côté à régler cette circulation de manière à la rendre le moins préjudiciable possible aux Entrepreneurs.

Concours des Entrepreneurs en cas d'urgence ou de travaux accidentels. — En cas d'urgence ou pour des travaux accidentels que la Compagnie se verrait dans la nécessité d'effectuer et qui n'incomberaient pas aux Entrepreneurs, ceux-ci seraient tenus, sur la réquisition du Directeur général des travaux, ou d'effectuer immédiatement ces travaux, ou de mettre sans délai à la disposition de la Compagnie le matériel nécessaire à leur exécution, pourvu toutefois que ce matériel ne dépassât pas, savoir : pour le lot de Suez, le dixième de celui occupé à l'ensemble des ateliers de dragages; pour le lot de Port-Saïd, celui correspondant à quatre ateliers de dragages.

L'exécution du travail ou la location du matériel se feraient, suivant les cas, à prix débattu entre les Entrepreneurs et le Directeur général des travaux.

Charges et obligations de la Compagnie. — Par exception aux stipulations générales mentionnées à l'article concernant les prix consentis et les dépenses à la charge des Entrepreneurs, la Compagnie prenait à sa charge les obligations suivantes :

1° Les soins médicaux, y compris la fourniture des médicaments, seraient donnés gratuitement par la Compagnie à tout le personnel des Entrepreneurs, et ce, dans les mêmes conditions que celles appliquées au personnel de la Compagnie. Pour ceux des agents et ouvriers qui seraient soignés dans les hôpitaux ou ambulances, la Compagnie percevrait un prix de 2 francs par jour;

2° La Compagnie mettrait à la disposition des Entrepreneurs les terrains nécessaires à l'installation de ses dépôts, ateliers, magasins et habitations le long de la ligne des travaux. Le choix de l'emplacement de ces terrains demeurerait, sur la proposition des Entrepreneurs, à la convenance de la Compagnie, laquelle ne pourrait, d'ailleurs, être tenue de faire sur lesdits terrains aucuns travaux de remblai ou d'appropriation ;

3° Les Entrepreneurs jouiraient de la faculté, pour eux et tout leur personnel, de circuler librement, mais à leurs frais, sur les canaux de la Compagnie, en se conformant aux règlements de police existant ou à intervenir. La même faculté, sous la même condition, s'étendrait aux tâcherons de transports qu'ils pourraient juger utile d'employer, à la charge de les accréditer auprès du Directeur général des travaux et sous la condition expresse qu'ils ne transporteraient que du matériel et des approvisionnements à destination des travaux;

4° La Compagnie ferait, d'ailleurs, jouir les Entrepreneurs de ses tarifs en usage pour les transports que, sur leur demande, elle ferait pour leur compte, étant bien entendu que la Compagnie resterait seule maîtresse d'apprécier si elle pouvait ou non effectuer les transports qui lui seraient demandés. Elle les ferait également jouir de toutes les facilités et réductions de prix qui lui étaient ou lui seraient accordées pour les transports de tout genre, matériel et personnel, tant en Égypte que hors d'Égypte.

Quant aux déchargements que les Entrepreneurs auraient à faire à Port-Saïd pour les besoins de leur entreprise, ils seraient effectués à leurs frais et par leurs moyens personnels.

Dispositions spéciales du marché relatif au lot de Suez. — 1° La Compagnie fournirait gratuitement aux Entrepreneurs toute la quantité d'eau douce nécessaire à leurs besoins de toute nature, mais à charge par eux d'aller prendre eux-mêmes cette eau et à leurs frais dans les rigoles, réservoirs et canaux existants ;

2° La Compagnie s'engageait à établir ses ouvrages sur le Canal d'eau douce entre la mer, à Suez, et le branchement amont le plus éloigné de Suez, vers Néfiche, de manière à permettre le passage dans cette partie du Canal, depuis la mer, à des bateaux d'une largeur hors œuvre de 8 mètres. Elle s'engageait aussi à maintenir, autant qu'il dépendrait d'elle, une profondeur d'eau minimum de 1m,20 dans ceux de ses canaux ou rigoles nécessaires aux Entrepreneurs pour le transport de leur matériel et de leurs approvisionnements entre Suez et Port-Saïd et leurs chantiers. Dans le cas où la profondeur serait inférieure à ce minimum et rendrait le transport plus onéreux ou impossible avec les moyens employés par les Entrepreneurs, la Compagnie aurait le choix ou d'indemniser ces derniers de l'excédent de leurs dépenses, ou de faire elle-même les transports en ne taxant les Entrepreneurs qu'aux prix auxquels revenaient à ceux-ci lesdits transports par leurs moyens habituels[1];

3° Jusqu'au moment où la Compagnie serait complètement maîtresse de tout le parcours du Canal d'eau douce jusqu'à son origine dans le Nil, les Entrepreneurs ne pourraient élever contre elle-même aucune réclamation en dommages et intérêts à l'occasion des variations momentanées que le régime du Canal pourrait subir par suite de faits étrangers à la Compagnie.

Par contre, l'exécution des travaux faisant l'objet du marché étant basée sur l'emploi, pendant une certaine période de temps, des eaux

---

1. Un article du marché, relatif au lot de Port-Saïd, a édicté, au sujet des engagements de la Compagnie faisant l'objet du paragraphe ci-dessus, les nouvelles stipulations suivantes :

La Compagnie ne serait tenue de livrer aux entrepreneurs le passage assuré et permanent de 1m,20 de tirant d'eau stipulé par le marché du lot de Suez, ni dans la longueur du Canal maritime correspondant au lot Couvreux, ni dans le canal de jonction et le Canal d'eau douce, avant le 1er janvier 1866, étant entendu, toutefois, qu'elle livrerait le plus tôt possible le passage par les écluses d'Ismaïlia et mettrait à la même époque de l'eau douce dans la longueur du Seuil d'El Guisr et d'El Ferdane, si les Entrepreneurs le demandaient.

La Compagnie serait dégagée de toute autre responsabilité à ce sujet vis-à-vis des entrepreneurs, en ce qui concernait le passage à travers le lot Couvreux, si elle satisfaisait aux conditions suivantes :

1° Si elle faisait pousser assez activement les travaux du lot en question, en vue de la création et de l'élargissement successif, le long de la rive ouest de la rigole actuelle, d'une banquette susceptible de recevoir les produits des déblais faits à la drague dans ladite rigole pour que, dès le 1er mai (1865), six petites dragues pussent être installées dans la longueur du lot, chacune avec un chantier libre devant elle d'au moins 500 mètres, et pour que lesdites dragues pussent avancer ensuite régulièrement d'au moins 10 mètres par jour, en portant la largeur de la rigole à 20 mètres mesurés à la ligne d'eau, sauf dans la partie correspondante aux grandes hauteurs du seuil, où la largeur serait réduite à 15 mètres, et en lui donnant la profondeur convenable depuis un minimum de 1m,50 jusqu'à un maximum de 2 mètres;

2° Si elle chargeait les entrepreneurs de faire eux-mêmes ce travail de dragages.

Les entrepreneurs prenaient d'avance l'engagement de faire ledit travail avec les propres moyens dont ils disposeraient pour le lot de Port-Saïd, soit à la tâche, à un prix qui serait débattu au moment de l'exécution, soit en régie à la condition du simple remboursement de toutes leurs dépenses, sans bénéfice.

Au cas où, par suite de circonstances impossibles à prévoir, le passage du matériel des entrepreneurs pour l'exécution du lot de Suez ne pourrait avoir lieu librement, soit à travers le lot Couvreux, soit dans le canal d'eau douce, à partir de la date indiquée ci-dessus du 1er janvier 1866, le retard qui en résulterait ne donnerait aux Entrepreneurs aucun droit à réclamation d'indemnité ni de dommage s'il n'excédait pas trois mois; seulement les entrepreneurs jouiraient alors, dans le délai d'exécution des travaux du lot de Suez, d'une prolongation égale à la durée du retard en question.

tirées du Canal d'eau douce pour le dragage dans des rigoles et bassins fermés et sur l'état actuel du régime du Canal, si les variations de ce régime pendant la période ci-dessus, par suite de circonstances indépendantes de la volonté des Entrepreneurs, entraînaient une diminution d'activité ou une suspension momentanée des travaux, la Compagnie tiendrait compte aux Entrepreneurs du temps perdu et des frais et excédents de dépenses qui en résulteraient pour eux, indépendamment de ce qui était dû ci-dessus pour les transports. Les Entrepreneurs devraient signaler au Directeur général des travaux, dans le plus bref délai, les faits qui donneraient lieu à l'application de cette clause. L'évaluation des retards et des frais à compter serait réglée immédiatement, d'accord entre le Directeur général des travaux et les Entrepreneurs.

Dispositions spéciales du marché relatif au lot de Port-Saïd. — 1° La Compagnie fournirait gratuitement aux Entrepreneurs, jusqu'à concurrence d'un volume maximum de 400 mètres cubes par jour, la quantité d'eau douce nécessaire à l'alimentation de tout leur personnel (agents et ouvriers), dans les conditions et suivant les quantités en usage sur les autres chantiers de la Compagnie, ainsi qu'à l'alimentation de leurs machines d'enlèvement et de transport à terre des déblais, et machines quelconques, mais à charge par lesdits Entrepreneurs d'aller prendre cette eau dans les réservoirs et autres organes de distribution établis sur la ligne des travaux.

Le maximum de 400 mètres cubes serait réparti ainsi qu'il suit, savoir : 250 mètres cubes dans la partie du Canal comprise entre Port-Saïd et l'îlot du Cap, et 150 mètres cubes sur la longueur restante. Ce maximum ne serait exigible qu'à partir du 1er juillet 1866. Jusque-là la Compagnie ne pourrait être tenue à livrer plus de 200 mètres cubes par jour aux Entrepreneurs, cette quantité étant répartie dans la même proportion que celle indiquée ci-dessus[1];

---

1. L'établissement hydraulique d'Ismaïlia et la pose d'une première conduite d'eau douce d'Ismaïlia à Port-Saïd, exécutée pour le compte de la Compagnie en conformité d'un marché du 11 juillet 1862, et qui avaient été achevés en avril 1864, n'avaient été conçus qu'en vue d'un débit total de 350 mètres cubes par jour.

En vertu d'un nouveau marché, en date du 15 décembre 1864, passé avec le même constructeur, une seconde conduite, capable de donner un débit supplémentaire de 500 mètres cubes par jour, devrait être établie entre Ismaïlia et l'îlot du Cap (point kilométrique 39k,200) et être terminée dans le délai de quinze mois.

Plus tard, enfin, en conformité d'un troisième marché du 27 mars 1865, l'établissement hydraulique d'Ismaïlia fut agrandi et la seconde conduite fut prolongée jusqu'à Port-Saïd. Le débit de l'ensemble des deux conduites devait être au minimum de 1.000 mètres cubes par jour.

La double conduite a fonctionné régulièrement depuis Ismaïlia jusqu'à Port-Saïd, à partir de la fin de juillet 1866.

2° La Compagnie mettrait gratuitement à la disposition des Entrepreneurs pour toute la durée de leurs travaux :

D'une part, aussitôt qu'elle en aurait la libre disposition, un chalet situé à Port-Saïd près de la caserne des Grecs et tous les bâtiments construits par l'ex-Entrepreneur sur la berge de rive ouest à l'origine du Canal ;

D'autre part, le grand bâtiment qui servait précédemment de magasin à Ras-el-Ech.

Ces divers bâtiments seraient remis aux Entrepreneurs en l'état où ils se trouvaient, sur inventaire descriptif, à charge par lesdits Entrepreneurs de les entretenir et de les remettre au moins dans le même état à la Compagnie, sauf la dépréciation normale ;

3° La Compagnie faisait remise aux Entrepreneurs du prix du loyer de 50.000 francs par an qui avait été stipulé par le marché spécial du 27 juin 1864 concernant la location des ateliers de Port-Saïd et ce, depuis la date de la prise de possession jusqu'au 1er juillet 1868, date fixée pour l'achèvement des travaux [1].

---

1. L'article final du marché relatif au lot de Port-Saïd déclarant maintenues toutes les clauses du traité du 27 juin 1864, relatif à la location des ateliers de Port-Saïd, auxquelles il n'était pas dérogé par ledit marché, le traité en question se trouvait faire partie intégrante du marché.

Nous en reproduisons ici le texte :

Convention du 27 juin 1864

ENTRE LE DIRECTEUR GÉNÉRAL DES TRAVAUX, DUMENT AUTORISÉ A CET EFFET PAR LE PRÉSIDENT DE LA COMPAGNIE, ET MM. BOREL, LAVALLEY ET Cie, ENTREPRENEURS DES TRAVAUX DE TERRASSEMENTS DU CANAL POUR LA PARTIE COMPRISE ENTRE LE LAC TIMSAH ET LA MER ROUGE.

ARTICLE PREMIER. — La Compagnie cédait à loyer, à MM. Borel, Lavalley et Cie, les ateliers qu'elle possédait à Port-Saïd avec les terrains en dépendant enclos par des palissades, mais non compris le grand chantier de dépôt des bois, pour une période de quatre années qui commencerait à courir du 1er octobre, et, dans tous les cas, pour toute la durée de leur entreprise jusqu'à complet règlement de ladite entreprise avec la Compagnie en Egypte.

L'ensemble desdits ateliers comprenait, savoir : un atelier de scierie, un atelier de menuiserie, un atelier de chaudronnerie, un atelier de forges, un atelier d'ajustage, un atelier de fonderie, un magasin des ateliers métallurgiques.

ART. 2. — Le prix de location était fixé à la somme de 50.000 francs, payable en deux termes à l'expiration de chaque semestre. Ce paiement aurait lieu sous la forme de retenue exercée sur le montant des décomptes des entrepreneurs.

ART. 3. — Les ateliers seraient livrés aux preneurs à la date fixée par l'article premier dans l'état où ils se trouveraient à ladite date, sans que la Compagnie pût être tenue à aucun travail ni aucune dépense, sous prétexte de nécessité de remise en état de certaines parties du matériel, des machines et de l'outillage.

La Compagnie serait tenue seulement de remettre, si besoin était, les bâtiments en bon état d'entretien.

ART. 4. — Au moment de la prise de possession des ateliers par les

Elle leur faisait en outre la cession gratuite de la quantité totale de charbon de terre qui se trouvait en approvisionnement dans ses magasins à la date du marché. Ne se trouvaient pas compris dans cette

---

preneurs, il serait dressé contradictoirement un état détaillé des lieux. Cet état ferait connaître notamment : d'une part, les dimensions des bâtiments, leur mode de construction, l'état dans lequel ils se trouvaient ; d'autre part, l'étendue des terrains attenants et le mode de clôture : en troisième lieu, enfin, il donnerait la description succincte des machines à vapeur, des appareils de transmission et des machines-outils existant dans chaque atelier.

ART. 5. — Étaient compris dans la cession à loyer tous les petits outils de main existant au jour de la prise de possession dans les ateliers, alors même qu'ils ne faisaient pas partie intégrante des machines et appareils, à la condition, toutefois, que, par exception aux stipulations de l'article 6 ci-dessous, les preneurs seraient tenus de rendre à la Compagnie, à la fin de leur bail, la même quantité d'outils, dans le même état.

ART. 6. — Les preneurs étaient et demeureraient chargés de l'entretien et des réparations des bâtiments et de tout le matériel faisant l'objet de la location. A l'expiration de leur bail de location, ils seraient tenus de remettre à la Compagnie lesdits bâtiments et matériel en bon état. Toutefois, ils ne seraient pas responsables de la dépréciation résultant de l'usure naturelle du matériel.

ART. 7. — Les preneurs seraient tenus de faire les réparations de tout le matériel appartenant à la Compagnie et exploité directement par elle ou par des tâcherons aux prix stipulés dans une série de prix arrêtée d'accord entre eux et le directeur général des travaux. En cas de désaccord pour l'établissement de certains prix de cette série, le différend serait soumis à l'arbitrage de la Société des Forges et Chantiers de la Méditerranée, qui statuerait d'une manière définitive pour la fixation du prix litigieux.

ART. 8. — Jusqu'à ce que la Compagnie eût trouvé l'emploi de tous les approvisionnements et du matériel qu'elle avait en dépôt dans les cours des ateliers, ce dépôt continuerait de subsister sans que les preneurs pussent, à ce sujet, soulever aucune réclamation.

ART. 9. — La circulation le long du petit bassin de l'Arsenal au devant des ateliers pourrait être interdite au public par les preneurs ; mais ils devraient, dans ce cas, établir à leurs frais un moyen de passage public par eau à l'entrée dudit bassin.

ART. 10. — Les preneurs ne pourraient sous-louer tout ou partie des ateliers qu'avec l'agrément de la Compagnie. Ils ne pourraient, de même, sans l'autorisation préalable de la Compagnie, ériger des constructions nouvelles sur les terrains loués, ni modifier les constructions actuellement existantes.

ART. 11. — Les Ingénieurs de la Compagnie et les Agents sous leurs ordres dûment accrédités à cet effet auprès des preneurs devraient toujours avoir libre et facile accès dans les ateliers et leurs dépendances.

ART. 12. — Les preneurs seraient soumis aux conditions du cahier des charges de leur entreprise de terrassement en ce qui concerne les mutations du personnel spécial des ateliers et la police générale des chantiers.

ART. 13. — Si, à l'expiration du présent bail, la Compagnie décidait de continuer à donner ses ateliers en location au lieu de les exploiter directement elle-même, MM. Borel, Lavalley et Cie auraient la préférence, à conditions égales.

ART. 14. — Toutes contestations auxquelles pourrait donner lieu l'application des présentes conventions seraient soumises au jugement arbitral du Consul général de France à Alexandrie.

cession les charbons existant dans les magasins et lieux de dépôt du précédent Entrepreneur, que la Compagnie aurait à reprendre et qu'elle réservait pour ses propres besoins.

Cautionnement. — DISPOSITIONS SPÉCIALES DU MARCHÉ RELATIF AU LOT DE SUEZ. — Dans les huit jours qui suivraient la notification à eux faite de l'approbation de leur soumission, les Entrepreneurs devraient verser, à titre de cautionnement, dans la caisse de la Compagnie à Paris, une somme de 30.000 francs, soit en titres agréés par la Compagnie, soit en espèces.

Le cautionnement, s'il était versé en espèces, serait productif d'intérêts à 5 0/0 l'an.

DISPOSITIONS SPÉCIALES DU MARCHÉ RELATIF AU LOT DE PORT-SAÏD. — La moitié du cautionnement déjà versé par les Entrepreneurs entre les mains de la Compagnie pour l'entreprise des travaux du lot de Suez, soit une somme de 150.000 francs, formerait le cautionnement de la nouvelle entreprise.

Le cautionnement relatif aux travaux précédemment soumissionnés se trouvait ainsi réduit à 150.000 francs.

Conditions de paiement. — Les paiements seraient faits régulièrement dans les dix premiers jours de chaque mois, d'après des situations mensuelles des travaux faits jusqu'au 25 du mois précédent, établies au moyen de métrages contradictoires.

Seraient portés en compte dans les situations, aux neuf dixièmes de leur valeur, fixée dès à présent à 65 francs la tonne pour le charbon et 80 francs le mètre cube pour le bois, les approvisionnements de charbon et de bois existant dans les magasins ou chantiers des Entrepreneurs, et exclusivement destinés à leurs travaux. Antérieurement aux situations, il serait fait des avances aux Entrepreneurs pour leurs approvisionnements de charbon et de bois, pour moitié des prix de leur valeur ci-dessus, contre la production des connaissements et polices d'assurance, au départ des navires chargés de ces matières.

Il serait tenu compte aux Entrepreneurs de tous leurs autres approvisionnements de toutes matières et de menu matériel et outillage au moyen d'un abonnement fixe de 300.000 francs payable en trois termes égaux, les 1er mars, 1er mai, et 1er juillet 1865. Cette avance serait couverte au moyen d'une retenue d'un dixième sur le montant des décomptes mensuels après que la retenue de garantie stipulée aurait été complétée.

En ce qui est des dispositions faisant l'objet des deux paragraphes précédents, le marché relatif au lot de Suez disait simplement que « seraient portés en compte dans les situations mensuelles aux quatre cinquièmes de leur valeur, fixée dès à présent à 65 francs la tonne, les approvisionnements de charbon existant dans les magasins et chantiers des Entrepreneurs et exclusivement destinés à leurs travaux ».

Mais, ainsi que la remarque en a déjà été faite dans une note précédente, un des articles du marché relatif au lot de Port-Saïd stipula que les conditions réglant les avances et paiements pour ce lot — telles qu'elles sont formulées ci-dessus — s'appliqueraient également au lot de Suez.

En ce qui est d'ailleurs, spécialement, des dispositions du dernier paragraphe ci-dessus, le deuxième Acte additionnel intervenu le 4 décembre 1866 a stipulé dans un article intitulé « Avances d'argent aux entrepreneurs » que l'abonnement fixe de 300.000 francs, mentionné au susdit paragraphe, s'appliquerait seulement aux matières de consommation proprement dites, en dehors du menu matériel et outillage, pour lequel des dispositions spéciales concernant les avances à faire sur ledit menu matériel et outillage ont été édictées par le même article du deuxième Acte additionnel.

Les paiements auraient lieu, au choix des Entrepreneurs, soit à Paris, soit à l'une quelconque des caisses de la Compagnie en Égypte, à charge par eux d'aviser le Directeur général des travaux un mois au moins à l'avance du lieu où devait se faire chaque paiement.

Sur la demande des Entrepreneurs, et moyennant avis préalable donné le mois précédent au Directeur général des travaux, une partie des paiements devrait être faite en espèces d'or et d'argent. Cette partie ne dépasserait pas la moitié (le marché du lot de Suez avait stipulé seulement le tiers) de la totalité de chacun de ces paiements, sauf les exceptions qui pourraient être admises par le Directeur général des travaux, eu égard à la nécessité de compter en espèces toutes les sommes à payer en Égypte.

Retenue de garantie. — Indépendamment des retenues mentionnées à l'article concernant les avances sur matériel et destinées à faire rentrer la Compagnie dans ses avances sur matériel fourni et mis en activité par les Entrepreneurs, il serait opéré sur le montant de chaque décompte mensuel, dès le début des travaux, une retenue de 10 0/0 destinée à constituer retenue de garantie pour assurer la bonne exécution des travaux et leur achèvement dans les délais assignés.

Cette retenue de garantie cesserait de croître quand elle aurait atteint : pour le lot de Suez, le chiffre de 700.000 francs ; pour le lot de Port-Saïd, le chiffre de 500.000 francs.

Réception définitive. — Les réceptions définitives des travaux auraient lieu par portion continue de Canal d'un kilomètre au moins de longueur complètement achevée conformément au profil normal.

Sous les réserves mentionnées à l'article concernant le mode d'exécution des travaux, les Entrepreneurs seraient entièrement responsables des modifications que pourrait subir le profil du Canal par suite d'éboulements causés par leur faute pendant chaque période d'exécution. La Compagnie ne tiendrait compte que des apports de sable occasionnés par les vents, ou de vase amenée par les courants, ou des éboulements survenant malgré la conduite régulière du travail, lorsqu'ils seraient constatés contradictoirement en temps utile.

La réception définitive d'une portion de travaux donnerait droit aux

Entrepreneurs au remboursement d'une partie correspondante de la retenue de garantie, mais seulement à partir du moment où la valeur des travaux restant à recevoir définitivement deviendrait inférieure à 5 millions de francs, et en tant que l'on serait bien assuré par leur marche normale que lesdits travaux seraient terminés dans le délai assigné. Cette appréciation était laissée exclusivement au Directeur général des travaux.

Délais d'exécution[1]. — DISPOSITIONS SPÉCIALES DU MARCHÉ RELATIF AU LOT DE SUEZ. — Les Entrepreneurs devraient avoir terminé la totalité des travaux compris à leur lot d'entreprise pour la fin de l'année 1867.

Cette obligation était absolue, en tenant compte toutefois des retards provenant des faits prévus aux paragraphes 2° et 3° de l'article concernant les charges et obligations de la Compagnie en ce qui était des dispositions spéciales du marché relatif au lot de Suez. Il n'était fait exception que pour les parties de rochers situées au-dessous de la cote 19m,00 que les Entrepreneurs ne seraient pas parvenus à avoir traversées malgré tous leurs efforts, après s'être conformés à toutes les mesures et avoir employé tous les moyens que la Compagnie leur aurait prescrits pour ne pas dépasser les délais. Ce n'était qu'à cette condition, loyalement et scrupuleusement exécutée, que les Entrepreneurs pourraient être, pour ces parties seulement, exonérés de la pénalité stipulée à l'article suivant pour le cas de retard dans la date d'achèvement de la totalité des travaux.

Le travail total serait réparti ainsi qu'il suit :

Depuis la date de la conclusion du marché jusqu'au 31 décembre 1865	les 15 centièmes ;
Du 1er janvier 1866 au 30 juin 1866	les 20 —
Du 1er juillet 1866 au 31 décembre 1866	les 25 —
Du 1er janvier 1867 au 30 juin 1867	les 25 —
Du 1er juillet 1867 au 31 décembre 1867	les 15 —

1. Ainsi qu'on le verra plus loin, le deuxième Acte additionnel passé à la date du 4 décembre 1866 a fixé de nouveaux délais d'exécution respectivement pour la portion du Canal comprise entre Port-Saïd et le kilomètre 60km,5, pour la portion comprise entre le kilomètre 60km,5 et l'extrémité de la grande tranchée de Toussoum, enfin pour la portion comprise entre Toussoum et Suez.

Plus tard, le troisième Acte additionnel passé le 13 avril 1867 a fixé définitivement la date du 1er octobre 1869 comme date d'achèvement du Canal tout entier.

Le délai d'exécution des travaux du lot de Suez avait d'ailleurs été déjà modifié comme suit par l'un des paragraphes d'un article du marché relatif au lot de Port-Saïd déjà cité en partie dans une note précédente relative aux charges et obligations de la Compagnie.

« Les délais d'exécution des travaux du lot de Suez, qui, d'après le marché relatif à ces travaux, avaient été fixés à la fin de l'année 1867, seraient reculés jusqu'au 1er juillet 1868, même date que celle fixée pour l'achèvement des travaux du lot de Port-Saïd.

« En conséquence, chacune des périodes semestrielles d'exécution des travaux du susdit lot de Suez serait prorogée de six mois. »

Dispositions spéciales du marché relatif au lot de Port-Saïd. — Les Entrepreneurs devraient avoir terminé la totalité des travaux compris à leur entreprise, suivant les cubes qui ressortiraient des calculs de déblais sur les profils définitifs, selon ce qui était dit à l'article concernant le mode d'exécution des travaux, pour le 1er juillet 1868.

Le travail total serait réparti ainsi qu'il suit :

Depuis la date de la conclusion du marché jusqu'au 30 juin 1866	les 15	centièmes :
Du 1er juillet 1866 au 31 décembre 1866	les 20	—
Du 1er janvier 1867 au 30 juin 1867	les 25	—
Du 1er juillet 1867 au 31 décembre 1867	les 25	—
Du 1er janvier 1868 au 30 juin 1868	les 15	—

Cas de résiliation et pénalité. — La Compagnie aurait le droit de résilier le marché sans indemnité ni dédommagement quelconque, et le cautionnement des Entrepreneurs lui serait acquis ainsi que la retenue de garantie, si, à l'expiration de chaque période semestrielle, les Entrepreneurs n'avaient pas exécuté la totalité des cubes de déblais prévus.

Dans le cas où le délai définitif serait dépassé et où la Compagnie n'aurait pas jugé nécessaire d'user du droit que lui conférait le paragraphe précédent, les Entrepreneurs subiraient, sur les prix du mètre cube par eux consentis, une retenue d'un centime par chaque mois de retard et pour la totalité des travaux concédés, étant tenu compte des travaux exécutés en régie ou du matériel prêté en vertu de l'article concernant le concours des Entrepreneurs en cas d'urgence ou de travaux accidentels.

Plus-value en cas d'achèvement des travaux avant le terme fixé. — Si la totalité des travaux compris aux deux lots de Suez et de Port-Saïd se trouvait complètement terminée avant le terme du 1er juillet 1868, fixé par l'un des articles précédents, les Entrepreneurs recevraient une indemnité de 500.000 francs par mois d'avance.

Il était bien et formellement entendu que l'éventualité de cette indemnité ne saurait, en aucun cas, ouvrir matière à réclamation quelconque de la part des Entrepreneurs, sous prétexte de retards qu'ils auraient eu à subir par le fait de la Compagnie et qui leur feraient perdre le bénéfice espéré de la marche rapide imprimée par eux aux travaux.

Cas de suspension des travaux; cas de guerre, révolution, hostilités, etc. — Au cas où, par suite de guerre, de révolution, d'hostilités ou toute autre circonstance de force majeure, la Compagnie se trouverait obligée de suspendre indéfiniment les travaux :

D'une part, le matériel, les travaux d'installation et les approvisionnements seraient repris aux Entrepreneurs à dire d'experts, sauf la portion considérée comme déjà amortie par les travaux exécutés avant l'ordre de suspension; en outre, la Compagnie ferait son affaire des marchés de matériel et d'approvisionnements passés par les Entrepreneurs;

D'autre part, la Compagnie allouerait aux Entrepreneurs une indemnité calculée sur les bases suivantes :

Si la suspension avait lieu avant le 1er juillet 1866, l'indemnité serait de 5 0/0 sur le montant des travaux restant à exécuter au moment de leur suspension;

Si elle avait lieu pendant le cours de l'année comprise du 1er juillet 1866 au 1er juillet 1867, l'indemnité serait réduite à 4 0/0;

Enfin, si la suspension avait lieu, pendant la dernière année de travail, du 1er juillet 1867 au 1er juillet 1868, l'indemnité, portant toujours sur les travaux à exécuter, serait de 3 0/0.

Si, par suite des mêmes circonstances, les conditions normales dans lesquelles était conclu le marché étaient assez altérées pour que les travaux pussent réellement continuer, mais avec plus de difficultés et de dépenses pour les Entrepreneurs, ceux-ci pourraient être tenus à continuer lesdits travaux, à charge par la Compagnie de les indemniser de ces difficultés et excédents de dépenses.

Mutations de personnel. — Il était interdit aux Entrepreneurs, durant tout le cours de leurs travaux, de prendre aucun ouvrier ou employé travaillant ou ayant travaillé dans un chantier quelconque de l'Isthme sans l'autorisation de la Compagnie.

Par réciprocité, aucun des agents ou ouvriers des Entrepreneurs ne pourrait, sans leur acquiescement, être employé dans les autres chantiers de travaux de la Compagnie ou des Entrepreneurs.

La Compagnie se réservait d'ailleurs le droit absolu d'ordonner le renvoi de tel agent ou ouvrier qu'elle croirait utile d'éloigner des chantiers.

Police des chantiers. — Les Entrepreneurs devraient se conformer à tous les règlements en usage dans la Compagnie concernant la police des chantiers.

Résidence des Entrepreneurs. — Les Entrepreneurs seraient tenus de résider sur les lieux ou d'y avoir un représentant muni de pleins pouvoirs, accrédité auprès de la Compagnie et agréé par elle.

Ils devraient, en outre, pour l'exécution des conditions de leur marché, faire à Paris élection d'un domicile où leur seraient valablement notifiés tous actes judiciaires ou extrajudiciaires. Le délai de distance à raison de la résidence en Égypte était fixé, dès à présent, à un mois.

Désignation d'un tiers arbitre pour le règlement de certaines questions. — Dans tous les cas où le marché stipulait que certaines questions seraient réglées d'accord entre les Entrepreneurs et le Directeur général des travaux et qu'en cas de désaccord les deux parties nommeraient un tiers arbitre amiable, s'il y avait défaut d'entente au sujet de la nomination de cet arbitre, ladite nomination serait déférée au Président du Tribunal de Commerce de la Seine, étant convenu, dès à présent, que le tiers arbitre devrait alors être choisi parmi les Ingénieurs des Ponts et Chaussées de France.

Contestations. — Toutes contestations auxquelles pourrait donner lieu l'application des dispositions du marché seraient déférées au Tribunal de Commerce de la Seine.

Les frais d'enregistrement de la soumission à intervenir et du présent cahier des charges seraient à la charge de celle des deux parties ayant succombé dans l'instance qui aurait rendu nécessaire l'accomplissement de cette formalité.

III. — DISPOSITIONS DISTINCTES DES DEUX DEVIS ET CAHIERS DES CHARGES

1° DEVIS ET CAHIER DES CHARGES DU LOT DE SUEZ

Emploi des contingents. — La Compagnie se réservait le droit de continuer à occuper directement sur les chantiers de l'Entreprise les contingents d'ouvriers fellahs qu'elle pourrait conserver. Le maximum des déblais qu'elle pourrait faire ainsi exécuter sans avoir à payer une indemnité aux Entrepreneurs était fixé à 2 millions de mètres cubes à compter du 1er avril prochain (1864).

Pour tout le cube qui dépasserait ce chiffre, il serait alloué aux Entrepreneurs une indemnité de 10 centimes par mètre cube, étant stipulé qu'en aucun cas la quantité totale de déblais ainsi effectués par la Compagnie ne pourrait dépasser 5 millions de mètres cubes.

La Compagnie ferait connaître aux Entrepreneurs, avant le 1er janvier 1865, le cube définitif qu'elle entendait faire exécuter par les contingents jusqu'à concurrence des 5 millions de mètres cubes indiqués ci-dessus.

Ordre des travaux des contingents. — Dans le cas où la Compagnie continuerait à occuper des contingents, elle les emploierait avant tout, et dans l'ordre qui serait arrêté de concert entre le Directeur général des travaux et les Entrepreneurs, aux travaux suivants :

a. — Déblaiement de la tranchée du Canal maritime sur toute sa largeur jusqu'aux hauteurs suivantes, savoir :

1° Dans la portion du Sérapéum (Voir le profil en long);

De l'origine, kil.	75km,4	au kil.	88km,4	jusqu'à la cote	17m,68 ;
Du kil.	88 ,4	—	92 ,2	—	23 ,50 ;
—	92 ,2	—	95 ,0	—	19 ,00 ;
—	95 ,0	—	97 ,7	—	19 ,68 ;

2° Dans la portion de Suez (Voir le profil en long);

Du kil.	155km,7	au kil.	142km,0,	jusqu'à la cote	17m,00 ;
—	142 ,0	—	137 ,1	—	22 ,68 ;
—	137 ,1	—	136 ,630	—	20 ,68 ;
—	136 ,630	—	134 ,1	—	18 ,20 :
—	134 ,1	—	129 ,8	—	16 ,00 ;

b. — Vers le kilomètre 128,9, fermeture du bassin des petits lacs, de manière à y mettre l'eau à la cote 15m,60.

Nota. — Les longueurs et hauteurs ci-dessus pourraient être modifiées d'un commun accord entre les Entrepreneurs et le Directeur général des travaux.

c. — Exécution, dans le délai de six mois au plus, de deux rigoles reliant le Canal d'eau douce aux tranchées de l'étage supérieur du Canal maritime : l'une d'elles devrait être établie sur le seuil du Sérapéum; l'autre, sur le seuil de Chalouf-el-Terraba. Leurs dimensions seraient telles que les dragues pussent passer d'un canal dans l'autre.

L'exécution des uns et des autres de ces travaux, tant définitifs que préparatoires, ne constituait pas une obligation rigoureuse pour la Compagnie, qui ne serait tenue d'y employer que les contingents fournis par le Gouvernement égyptien, et ceux-ci dans une proportion qui ne pût préjudicier à des travaux plus urgents.

Au cas où tout ou partie de ces travaux ne pourraient pas être effectués par la Compagnie en temps opportun, ceux qui resteraient à exécuter seraient purement et simplement englobés dans l'Entreprise.

Mode de dépôt des déblais exécutés par les contingents. — Les déblais provenant, soit de la tranchée préalable, soit d'un approfondissement de cette tranchée par les soins de la Compagnie, seraient déposés dans la limite des cavaliers sur les points à convenir entre le Directeur général des travaux et les Entrepreneurs, afin que l'application du mode de transport choisi par ces derniers ne fût pas gêné ultérieurement.

Ouvriers des contingents à la disposition des Entrepreneurs. — A partir de l'expiration de la première année qui suivrait la signature du marché, la Compagnie s'engageait à mettre à la disposition des Entrepreneurs un quart des contingents qui lui seraient fournis par le Gouvernement égyptien.

Les Entrepreneurs, quand ils emploieraient ces contingents, seraient substitués à la Compagnie dans toutes les charges résultant pour elle des conventions passées à ce sujet avec le Gouvernement égyptien. La Compagnie ne prenait d'ailleurs aucun engagement au sujet du maintien de l'emploi des contingents dans l'Isthme. Les Entrepreneurs s'engageaient à n'élever aucune réclamation contre elle si elle venait à cesser de s'en servir.

L'emploi de tout ou partie de cette fraction des contingents serait purement facultatif pour les Entrepreneurs qui devraient faire connaître leurs besoins sous ce rapport au moins deux mois à l'avance.

Maintien du débit du Canal d'eau douce et entretien des branchements. — Les Entrepreneurs restaient chargés de l'entretien des branchements du Canal d'eau douce faits en vue de leurs travaux. Ils régleraient leur débit de manière à ne pas altérer le régime du Canal principal. A la première réquisition du Directeur général des travaux, ils devraient exécuter sur ces branchements tous les ouvrages qui seraient jugés par lui nécessaires et suffisants pour assurer l'accomplissement de cette condition.

2° DEVIS ET CAHIER DES CHARGES DU LOT DE PORT-SAÏD

Remise de matériel à l'Entrepreneur. — La Compagnie remettrait aux Entrepreneurs, gratuitement et sans exiger aucune location, le matériel de dragage et de transport des déblais qu'elle possédait actuellement et celui qu'elle avait en voie d'exécution en vertu de commandes, savoir :

D'une part :

20 petites dragues de différents systèmes[1] ;

20 grandes dragues provenant, les unes de la Société des Forges et Chantiers, les autres de la maison Ernest Gouin et Cie, avec les pièces

---

1. Au cours des travaux, à la date du 24 septembre 1866, les Entrepreneurs demandèrent à la Compagnie :

D'une part, une indemnité destinée à les couvrir des dépenses anormales que leur avaient occasionnées le mauvais état et la cherté d'emploi des petites dragues qui leur avaient été livrées ;

D'autre part, l'allocation d'une somme destinée à l'achat d'un nouveau matériel propre à parer à l'insuffisance desdites dragues pour l'accomplissement du travail qu'elles devaient effectuer.

A l'appui de la première demande, les Entrepreneurs présentaient les considérations suivantes :

20 petites dragues leur avaient été promises et devaient leur être remises en bon état de fonctionnement : 18 seulement de ces dragues leur avaient été livrées.

Pour approprier ces 18 dragues au travail auquel elles étaient destinées, les entrepreneurs avaient dépensé une somme de 689.030 francs, dont ils réclamaient tout d'abord le remboursement.

En outre, suivant le contrat passé entre eux et la Compagnie, et comme élément de prix, les 20 petites dragues devaient effectuer 5.700.000 mètres cubes de déblais. Or elles n'avaient produit jusqu'alors que 1.100.000 mètres cubes et elles ne pourraient plus être utilisées lorsqu'elles auraient produit un nouveau cube de 500.000 mètres. De plus, les déblais faits avec ces petites dragues étaient extrêmement onéreux. Les Entrepreneurs réclamaient en conséquence une indemnité de 1.089.056 fr. 53, représentant la différence entre le prix réel de revient des dragages et le prix sur lequel ils avaient compté au moment de la passation du marché. Pour la même raison, ils réclamaient une indemnité supplémentaire de 300.000 francs pour l'excédent de dépense

de rechange ayant fait l'objet de commandes supplémentaires déjà exécutées ;

20 grues à déblais avec leurs patins, dont 15 déjà sur les lieux et 5 restant à livrer par la Société des Forges et Chantiers ;

120 chalands en tôle, dont 40 pontés ;

600 caisses à déblais.

Tout ce matériel serait livré aux Entrepreneurs sur la ligne du Canal aux points mêmes où il se trouvait installé ou en dépôt et dans l'état où il était et se comportait. Pour la partie de ce matériel qui était en cours de livraison ou qui restait à livrer par les constructeurs, la Compagnie mettait d'ores et déjà les Entrepreneurs en son lieu et

---

qu'ils prévoyaient dans l'extraction des 500.000 mètres cubes que produiraient encore les petites dragues.

En résumé, l'indemnité totale réclamée en raison des dépenses anormales occasionnées par l'emploi des petites dragues s'élevait ainsi au chiffre de 2.278.106 fr. 55.

Au sujet de la seconde demande, les Entrepreneurs faisaient observer que, pour déblayer les 4.100.000 mètres cubes que les petites dragues devaient encore extraire et qu'elles seraient dans l'impuissance absolue d'exécuter, ils poursuivaient la création d'un matériel dont ils évaluaient la dépense d'achat à 2.178.000 francs, et ils demandaient cette somme à la Compagnie.

La Compagnie,

Considérant, d'une part, qu'en promettant aux entrepreneurs la livraison des vingt petites dragues, on n'avait pas tenu compte du service qu'avaient fait ces mêmes dragues, d'abord dans les mains du précédent entrepreneur, puis dans le cours des travaux en régie qui avaient suivi ; que l'insuffisance notable de ces dragues lors de leur remise aux entrepreneurs était incontestable et qu'il était dès lors équitable de rembourser à ceux-ci la somme qu'ils avaient dépensée pour mettre lesdites dragues en bon état de fonctionnement, mais que la Compagnie n'avait pas à entrer dans la considération du prix de revient des travaux avec les petites dragues ;

Considérant, d'autre part, en ce qui était de la création d'un matériel nouveau pour remplacer les petites dragues et pour suivre sans interruption le travail qu'elles ne pouvaient achever, que, si les Entrepreneurs avaient prévu la nécessité de ce supplément de matériel, ils auraient stipulé dans leur marché l'amortissement de la dépense correspondante ; qu'il était juste, par conséquent, de les couvrir de cette dépense, l'intérêt du prompt achèvement des travaux et l'équité rendant nécessaire l'allocation réclamée ;

Décida, à la date du 8 octobre 1866,

Qu'une indemnité totale de 2.867.050 francs serait accordée aux entrepreneurs, ladite indemnité se décomposant comme suit :

1° Remboursement des dépenses faites par les Entrepreneurs pour approprier et mettre en bon état de fonctionnement les 18 petites dragues qui leur avaient été livrées par la Compagnie	689.050 fr.
2° Création d'un matériel nouveau pour suppléer à l'insuffisance desdites dragues	2.178.000
TOTAL ÉGAL	2.867.050 fr.

La Compagnie décida en même temps qu'il serait dérogé dans ce cas spécial au principe des marchés et aux clauses qui statuaient la remise de ces appareils en bon état de fonctionnement à la fin des travaux.

place vis-à-vis d'eux pour la réception de ce matériel ; le tout sans que lesdits Entrepreneurs pussent exercer au sujet de l'état et des qualités de ce matériel aucune réclamation, ni répétition quelconque contre la Compagnie ;

D'autre part :

10 porteurs à vapeur provenant des commandes faites à Glasgow et en Belgique par le précédent entrepreneur, M. Aiton, et qui étaient en ce moment en cours de construction. Ces dix porteurs seraient livrés aux Entrepreneurs au fur et à mesure de leur arrivée à Port-Saïd, et au plus tard dans le délai de six mois pour les quatre premiers et de neuf mois pour les six autres, ces délais comprenant un mois pour la traversée, événement de mer en dehors. Les Entrepreneurs pourraient déléguer un de leurs agents pour assister celui de la Compagnie dans la vérification devant précéder la réception définitive qui devait avoir lieu à la résidence même des constructeurs ; mais la Compagnie resterait seule maîtresse de prononcer cette réception définitive aux conditions qu'il lui aurait été possible d'obtenir, sans que les Entrepreneurs pussent la rechercher ultérieurement sous aucun prétexte au sujet des porteurs en question. Au cas où, pendant leur transport jusqu'à Port-Saïd, les porteurs auraient subi des avaries, les réparations en seraient faites par les Entrepreneurs, sur état, aux frais de la Compagnie ; le temps que pourraient nécessiter ces réparations serait en dehors des délais de livraison de six mois et neuf mois spécifiés ci-dessus. Le tout, si mieux n'aimaient les Entrepreneurs reprendre eux-mêmes les marchés aux lieu et place de la Compagnie, en poursuivre l'exécution à leurs frais, risques et périls, et se charger des transports jusqu'à Port-Saïd, moyennant l'allocation d'une somme totale de 150.000 francs par porteur.

Dans le cas où un ou plusieurs porteurs viendraient à se perdre pendant la traversée, la Compagnie ne serait tenue envers les Entrepreneurs qu'à leur fournir la somme nécessaire pour remplacer les porteurs perdus, et ce, dans les conditions stipulées ci-dessous ; les Entrepreneurs ne pourraient arguer de cette circonstance pour réclamer, soit des indemnités, soit une prolongation du délai d'exécution.

Dans le cas, enfin, où les démarches faites en ce moment par la Compagnie pour la reprise des marchés passés avec M. Aiton au sujet desdits porteurs resteraient infructueuses, les Entrepreneurs fourniraient eux-mêmes le matériel de transport qu'ils jugeraient utile en remplacement de ces porteurs, et ce, dans les formes et les conditions stipulées aux articles du marché concernant le matériel à fournir par les Entrepreneurs et les avances sur ce matériel, jusqu'à concurrence d'une valeur arbitrée totale de 1.500.000 francs, mais avec cette différence, toutefois, que ledit matériel rentrerait immédiatement dans la catégorie de celui prêté par la Compagnie, et que, l'amortissement de la somme susmentionnée ne figurant pas dans le prix du mètre cube, cette somme n'aurait pas à être remboursée par les Entrepreneurs au moyen de retenues sur les décomptes mensuels.

La Compagnie ferait connaître aux Entrepreneurs la solution définitive à ce sujet dans un délai de trois mois au plus à partir du jour de la signature du marché.

L'emploi du matériel livré par la Compagnie n'était point obligatoire pour les Entrepreneurs, qui pourraient, pendant la durée de leur marché, en opérer la restitution en tout ou en partie sous les conditions stipulées dans l'article ci-après concernant la restitution, en fin de travaux, du matériel prêté par la Compagnie.

Mode d'évaluation du matériel prêté aux Entrepreneurs. — La remise de tout le matériel spécifié à l'article précédent serait opérée sur inventaires descriptifs des objets livrés. Ces inventaires, dressés contradictoirement à dire d'experts désignés respectivement par le Directeur général des travaux et par les Entrepreneurs, constateraient surtout l'état de fonctionnement des appareils, ainsi que les dimensions et le degré d'usure des divers organes qui ne seraient pas neufs.

En cas de désaccord, les deux experts seraient départagés, pour l'appréciation des objets qui auraient provoqué le désaccord, par un tiers amiable choisi par eux et qui prononcerait en dernier ressort.

Restitution du matériel prêté, à la fin des travaux. — Les Entrepreneurs s'obligeaient à entretenir en bon état de conservation et à maintenir dans l'état de fonctionnement constaté par l'inventaire, sauf l'usure naturelle résultant du service de ce matériel jusqu'à la fin de l'entreprise, le matériel qui leur aurait été remis, et à le rendre, au moment de la restitution à la Compagnie, dans un état de réparation et d'entretien tel qu'il pût produire pendant un mois au moins, avec un entretien normal, un travail égal au travail moyen exécuté par mois dans le courant des douze derniers mois de fonctionnement au service des Entrepreneurs.

Les Entrepreneurs n'auraient à payer aucune indemnité à raison de la dépréciation générale résultant naturellement du fonctionnement plus ou moins prolongé de ces appareils.

Les Entrepreneurs ne pourraient, dans aucun cas, se prévaloir des modifications ou améliorations qu'ils auraient pu apporter dans le travail.

Acte additionnel du 27 mars 1865 au marché du 12 décembre 1864, pour les travaux compris entre le kilomètre $60^{km},5$ et le lac Timsah.

HISTORIQUE

A la date du 27 mars 1865, a été passé avec MM. Borel, Lavalley et Cie, pour l'exécution de travaux à sec et de dragages sur la partie du Canal comprise entre le kilomètre $60^{km},5$ et le lac Timsah, un Acte additionnel au marché passé avec lesdits Entrepreneurs, le 12 décembre précédent, pour le creusement du Canal entre Port-Saïd et le kilomètre $60^{km},5$.

Il est longuement expliqué au chapitre rendant compte des travaux de l'Entreprise Couvreux, — Creusement du Canal à la traversée du Seuil d'El Guisr[1], — dans quelles circonstances et par quels motifs une partie du lot de travaux primitivement concédé à cet Entrepreneur par un premier marché en date du 1er octobre 1863 lui avait été retirée pour être confiée à MM. Borel, Lavalley et Cie, déjà chargés, en vertu d'un marché du 12 décembre 1864, du creusement de la première partie du Canal s'étendant de Port-Saïd (origine du kilométrage) à l'entrée du Seuil (kilomètre $60^{km},5$).

Il est également expliqué, au même chapitre, que le partage de la première entreprise Couvreux avait donné lieu à deux nouveaux marchés passés le 27 mars 1865, l'un avec cet entrepreneur, l'autre — l'Acte additionnel dont il est maintenant question — avec MM. Borel, Lavalley et Cie.

Les travaux faisant l'objet de l'Acte additionnel consistaient (après certaines réductions consenties d'un commun accord, notamment la suppression des déblais à sec) dans les dragages à effectuer pour le creusement du Canal à toute

1. Voir tome VI.

largeur et à profondeur dans toute la traversée du Seuil d'El Guisr, soit sur une longueur d'environ 15 kilomètres, et comportaient un cube total de dragages de 4.200.000 mètres cubes. Les travaux préalables de déblais à sec pour l'ouverture de la tranchée au-dessus de la cote $18^{m},00$, ainsi que les travaux d'élargissement et d'approfondissement de la rigole maritime sur la même partie de Canal, faisaient de leur côté l'objet, pour une partie, de l'entreprise Couvreux, et, pour l'autre partie, devaient être exécutés par un chantier de régie organisé par la Compagnie.

On voit par là que MM. Borel, Lavalley et Cie, par leurs deux marchés principaux des 26 mars et 12 décembre 1864 et par l'Acte additionnel du 27 mars 1865, se sont trouvés chargés du creusement du Canal sur toute sa longueur, à la seule exception de la grande tranchée à sec et de l'élargissement et approfondissement de la rigole maritime à la traversée du Seuil d'El Guisr.

Nous nous contenterons de signaler ici que les Entrepreneurs s'engageaient à terminer les travaux faisant l'objet du nouveau marché pour la même date du 1er juillet 1868 que celle fixée pour les deux lots de Port-Saïd et de Suez, mais, toutefois, avec les restrictions suivantes :

Si l'égalité des niveaux entre le lac Timsah et la rigole maritime n'était établie qu'après le 1er avril 1866, ce retard ne donnerait aux entrepreneurs aucun droit à réclamation d'indemnité ou de dommages-intérêts, s'il n'excédait pas trois mois ; mais le délai pour l'exécution finale des travaux de dragages serait reculé de la quantité correspondante à ce retard.

Il n'y aurait, d'ailleurs, lieu à réclamation contre la Compagnie et à prolongement de délai, en raison du retard dans le remplissage du lac Timsah, qu'autant que la rigole maritime aurait été amenée aux dimensions, prévues dans le marché du 12 décembre 1864, de 20 mètres de largeur et de 2 mètres de profondeur, sur les $60^{km},500$ premiers kilomètres du Canal, avant le 1er janvier 1866, et continuellement maintenue à partir de ladite date à ces dimensions.

DISPOSITIONS DE L'ACTE ADDITIONNEL

Objet de la soumission. — Nature des travaux. — Les Entrepreneurs s'engageaient à exécuter les travaux suivants, en addition de ceux dont ils étaient chargés par leur marché en date du 12 décembre 1864 :

1° Entre les kilomètres 60km,500 et 66km,720.

a. — Élargissement à sec, du côté ouest, de manière à amener la tranchée du canal à une largeur de 36 mètres au niveau de la cote 18m,00. Élargissement et creusement de la rigole maritime actuelle, de manière à porter sa largeur à 20 mètres, mesurée à la cote 17m,50, et sa profondeur à 2 mètres au-dessous de ladite cote.

b. — Enlèvement, après les travaux ci-dessus, de tous les déblais à sec restant à faire au-dessus de la cote 18.

c. — Dragage du surplus des terres inférieures à cette cote, de manière à amener le canal à ses dimensions définitives, conformément aux profils annexés, c'est-à-dire à une largeur de 58 mètres au niveau des eaux de la Méditerranée, et à une profondeur de 8 mètres au-dessous dudit niveau.

La Compagnie se réservait de diminuer, s'il y avait lieu, l'inclinaison sur la verticale des talus de la rive Afrique.

2° Entre les kilomètres 66km,720 et 75km,400 (limites du lot Couvreux) :

c'. — Dragage (après l'exécution de la rigole préalable, laquelle n'aurait dans cette longueur que 15 mètres de largeur à la cote 17m,50 et qui était réservée à M. Couvreux) des déblais compris au-dessous de la cote 18, de manière à amener le canal à sa largeur et à sa profondeur définitives.

Les déblais, de quelque nature qu'ils fussent, seraient transportés et déposés par les Entrepreneurs, soit en dehors des banquettes définitives du Canal, partout où il leur conviendrait, soit dans le lac Timsah, à une distance suffisante des emplacements que la Compagnie croirait devoir réserver.

Les travaux divers pouvaient être évalués ainsi :

Élargissement de la tranchée	180.000	mètres cubes
Creusement de la rigole entre les kilomètres 60km,500 et 66km,720	180.000	—
Terrassements à sec (catégorie *b*)	300.000	—
Dragages (catégories *c* et *c'*)	4.200.000	—

Ces cubes n'étaient qu'approximatifs et résulteraient en somme de l'exécution des profils définitifs de ces portions de Canal et des quantités qui auraient été exécutées, soit par M. Couvreux, soit par la Compagnie elle-même, au moment où MM. Borel, Lavalley et Cie prendraient possession des divers chantiers.

Nota. — Si dans un délai de 4 mois la Compagnie leur en faisait la demande, MM. Borel, Lavalley et Cie se chargeraient du creusement en régie de tout ou partie de la rigole réservée à M. Couvreux.

Mode d'exécution des travaux. — Délai dans lequel les travaux devaient être terminés. — Les travaux de la catégorie *a* seraient exécutés en régie. Ils devraient être commencés dans le plus bref délai possible, et MM. Borel, Lavalley et Cie y consacreraient tous les moyens dont ils pourraient disposer, l'intention commune des parties étant qu'ils fussent terminés pour le 1er janvier 1866, au plus tard.

400 hommes et trois dragues au moins devaient y être employés avant trois mois.

Les Entrepreneurs se conformeraient en tous points aux ordres de service du Directeur général des travaux.

Il était d'ailleurs entendu que la Compagnie restait toujours maîtresse de faire cesser la régie à sa volonté en prévenant 15 jours à l'avance.

Les travaux des catégories *b*, *c* et *c'* seraient exécutés entièrement aux frais, risques et périls des Entrepreneurs; ils seraient conduits de manière à être terminés le 1er juillet 1868 au plus tard, sauf le cas prévu par le paragraphe 1°, 3e alinéa, de l'article ci-après relatif aux charges et obligations de la Compagnie, et seraient répartis de la manière suivante dans l'ensemble de leur durée :

Depuis la date de la conclusion du marché jusqu'au 31 décembre 1866	les 25	centièmes ;
Du 31 décembre 1866 au 1er juillet 1867	les 30	—
Du 1er juillet 1867 au 31 décembre 1867	les 30	—
Du 31 décembre 1867 au 1er juillet 1868	les 15	—

Charges et obligations de la Compagnie. — 1° La Compagnie, en outre du creusement de la rigole de 15 mètres de largeur et 2 mètres de profondeur, entre les kilomètres 66km,720 et 75km,400, dont elle se chargeait, ferait établir à ses frais, sur cette rigole, au delà du kilomètre 75km,400, un déversoir susceptible de remplir, avant le 1er avril 1866, le lac Timsah, à l'aide des eaux de la Méditerranée, tout en maintenant dans la rigole un tirant d'eau minimum de 1m,50.

Les Entrepreneurs acceptaient dès maintenant la construction en régie de ce déversoir, et ils y procéderaient dans le plus bref délai.

Si l'égalité des niveaux entre le lac Timsah et la rigole n'était établie qu'après le 1er avril 1866, ce retard ne donnerait aux Entrepreneurs aucun droit à réclamation d'indemnité ou de dommages-intérêts s'il n'excédait pas trois mois; mais le délai pour l'exécution finale des travaux de dragages serait reculé de la quantité correspondante à ce retard.

Il n'y aurait d'ailleurs lieu à réclamation contre la Compagnie et à prolongement de délai, en raison du retard dans le remplissage du lac Timsah, qu'autant que la rigole maritime aurait été amenée aux dimensions, prévues dans le marché du 12 décembre 1864, de 20 mètres de largeur et de 2 mètres de profondeur, sur les 60^{km},500 premiers kilomètres du canal avant le 1er janvier 1866, et continuellement maintenue, depuis ladite date, à ces dimensions;

2° Les terrassements à sec entre les kilomètres 66^{km},720 et 75^{km},400 faits par M. Couvreux ou la Compagnie devraient être conduits de manière à permettre à MM. Borel, Lavalley et Cie de draguer simultanément cette partie du Canal. A cet effet ces déblais à sec seraient exécutés par tranches successives, s'étendant sur toute la longueur et sur toute la hauteur du lot, et d'une largeur approximative de 15 mètres à la cote 18^{m},00.

Une première bande de 15 mètres au moins devrait être exécutée le 1er janvier 1866, au plus tard, et, à la même époque, la rigole maritime aurait été aussi complètement élargie et approfondie.

La première tranche enlevée, il serait procédé successivement à l'enlèvement de chacune des deux autres, dans des conditions telles que la seconde fût achevée le 31 décembre 1866, la troisième le 31 décembre 1867, et que dix dragues pussent être installées dans la largeur de chacune d'elles et avoir chacune, devant elle, une longueur libre de 500 mètres, trois mois au moins avant leur achèvement respectif;

3° La Régie paierait sa part proportionnelle dans les frais des campements que les Entrepreneurs établiraient pour l'exécution des travaux entre les kilomètres 60^{km},500 et 66^{km},720.

Matériel. — Le matériel et les installations de toute nature, nécessaires pour l'exécution des travaux non en régie (*b. c* et *c'*), seraient en totalité à la charge des Entrepreneurs et fournis par eux.

10 grandes dragues et le matériel de transport correspondant seraient immédiatement commandés.

Toutes les conditions du marché du 12 décembre 1864 relatives au matériel, aux installations, prêts d'argent, remboursement (sauf en ce qui concernait la retenue pour ce remboursement), propriété et autres, seraient applicables au présent marché.

MM. Borel, Lavalley et Cie prenaient à leur charge les deux dragues commandées par M. Couvreux, à prix de facture, moyennant qu'elles leur fussent remises en bon état : elles leur seraient livrées à Port-Saïd ou sur le lieu des travaux.

Prix. — Pour tous les travaux en régie (catégorie *a*), y compris les frais d'amenée des dragues, depuis le lieu où elles auraient été livrées par la Compagnie, la Compagnie paierait les dépenses, sur la production des états et factures, le montant desdits états et factures étant augmenté de 10 0/0 pour les frais généraux, sans bénéfice.

Les terrassements au-dessus de la cote 18 (catégorie *b*) seraient payés au prix de 2 fr. 50 le mètre cube, mesuré au profil du déblai, et les dragages au-dessous de la cote 18 (catégories *c* et *c'*) mesurés également au profil du déblai, au prix de 2 fr. 70 indistinctement, et quelles que fussent la position et la proportion de chaque nature de terrain.

Néanmoins, pour les terrains qui ne pourraient être enlevés par les grandes dragues du type de celles fournies par la Compagnie des Forges et Chantiers de la Méditerranée ou par la maison Gouin et Cie, il serait fait des prix spéciaux en cours d'exécution.

Mode de paiement. — Les travaux faits en régie pour le creusement de la rigole seraient payés par les Entrepreneurs : la Compagnie mettrait à leur disposition, sur leurs demandes, faites suffisamment à l'avance, les sommes nécessaires, de manière qu'ils n'eussent pas à être découverts pour ces travaux; elle aurait le droit de faire assister aux paies ses ingénieurs et agents principaux et de faire viser par eux les pièces de paiement.

Pour les autres travaux, les paiements seraient effectués, et les approvisionnements en bois et en charbon seraient portés en compte dans chaque situation, conformément au marché du 12 décembre 1864.

Il serait tenu compte aux Entrepreneurs de tous les autres approvisionnements en toutes matières et en menu matériel, par un abonnement fixé à 100.000 francs, payable le 1er janvier 1866.

Retenue. — La Compagnie se rembourserait des avances qu'elle aurait faites sur le matériel et de l'abonnement mentionné à l'article précédent, par un prélèvement régulier des quatre dixièmes sur le montant respectif des décomptes mensuels jusqu'à parfait paiement des avances faites: ce prélèvement ne commencerait qu'après l'exécution des premiers 500.000 mètres cubes, et ne s'exercerait que sur les quantités excédant ces 500.000 mètres cubes.

Il ne serait fait sur le montant des situations aucune retenue de garantie.

Primes en cas d'avance. — Pénalité en cas de retard. — Si la totalité des travaux faisant l'objet du marché étaient terminés avant le terme du 1er juillet 1868, augmenté, s'il y avait lieu, des délais prévus à l'article des charges et obligations de la Compagnie, les Entrepreneurs recevraient une prime de 100.000 francs par mois d'avance, à la condition toutefois que les travaux de leurs deux autres entreprises fussent achevés à la même époque.

Par contre, si les Entrepreneurs étaient en retard sur ce délai, ils subiraient une retenue de un centime par mètre cube et par mois de retard.

Cautionnement. — Il n'était exigé pour le présent lot de travaux aucun cautionnement spécial.

Fourniture gratuite d'eau douce. — Par dérogation aux stipulations de l'article y relatif du marché du 12 décembre 1864, la Compagnie fournirait gratuitement à MM. Borel, Lavalley et Cie l'eau douce à prendre sur l'ensemble du débit des deux conduites qui devaient exister entre Ismaïlia et Port-Saïd jusqu'à concurrence d'un maximum de 800 mètres cubes, étant compris dans cette quantité les 400 mètres cubes spécifiés dans l'article susmentionné. Ce volume serait réparti sur toute l'étendue des travaux entre Ismaïlia et Port-Saïd suivant les indications des Entrepreneurs ; mais il ne serait exigible par eux au delà de 400 mètres cubes qu'aux époques et de la manière fixée dans le traité conclu, à la même date que le présent marché, avec l'Entrepreneur de la distribution d'eau douce entre Ismaïlia et Port-Saïd.

Toutes les stipulations du marché du 12 décembre 1864, auxquelles il n'était pas dérogé par les dispositions qui précèdent, étaient applicables au nouveau marché.

Réserve au sujet des travaux régiels. — Le marché ne serait exécutoire pour les travaux à faire en régie (déblais de la catégorie *a* et déversoir) que sur la demande du Directeur général des travaux ; l'intention commune des parties était d'ailleurs de transformer la régie en marché à prix ferme et délai déterminé aussitôt qu'une étude spéciale faite sur les lieux leur aurait permis de se rendre compte des conditions dudit marché.

Deuxième Acte additionnel, en date du 4 décembre 1866

HISTORIQUE

Un deuxième acte additionnel « aux marchés passés avec MM. Borel, Lavalley et Cie pour l'exécution des travaux de creusement du Canal » fut passé avec les mêmes entrepreneurs, édictant les clauses et conditions d'exécution d'un supplément de cube approximatif de 9 millions de mètres cubes qui résultait de l'adoption par la Compagnie, d'accord avec les Entrepreneurs, et sur leur proposition, de profils à grande largeur pour diverses parties du Canal.

Il a été longuement rendu compte à la *Description des dispositions définitivement adoptées en exécution*, chapitre III concernant les *Profils en travers du Canal*[1], des études faites et des pourparlers engagés au sujet desdits profils entre la Compagnie et les Entrepreneurs, et qui, commencés dès le début de l'année 1866, ont, en dernière analyse, à la fin de cette même année, abouti à l'adoption, par la Compagnie, de profils en grande largeur pour de notables portions du Canal et à la passation du deuxième Acte additionnel avec les Entrepreneurs.

Nous ne reviendrons pas sur la question des types des nouveaux profils, qui sont, d'ailleurs, minutieusement décrits dans l'un des articles de l'Acte additionnel, et nous nous contenterons de signaler ici les principales dispositions du nouveau marché, destinées à régler les conditions d'exécution, à la fois des cubes définitivement prévus et du cube supplémentaire d'environ 9 millions de mètres cubes devant résulter de l'adoption de nouveaux profils.

A l'article concernant le mode d'exécution des travaux,

---

1. Voir tome IV, page 223.

§ 10°, des dispositions nouvelles ont été stipulées : les unes, spécifiant un mode de dragages propre à assurer la réalisation de talus ne dépassant pas l'inclinaison correspondante à la nature des terres; une autre disposition fixant une limite de tolérance pour les saillies laissées par les dragues au fond du Canal.

Le matériel supplémentaire prêté gratuitement aux entrepreneurs leur a été accordé dans le double but : d'une part, du maintien des prix primitifs pour des cubes égaux à ceux des anciens marchés et de l'adoption des mêmes prix, dégrevés de la part afférente à l'amortissement du matériel, pour les cubes supplémentaires; d'autre part, d'une prolongation de délai, en raison de ces cubes supplémentaires, aussi réduite que possible.

Au sujet de la restitution du matériel en fin de travaux, une nouvelle disposition stipule que les clauses des précédents marchés relatives à cette restitution ne s'appliqueraient pas au matériel fourni par les Entrepreneurs, lequel serait remis par ceux-ci à la Compagnie simplement dans l'état où il se trouverait lors de l'achèvement des cubes supplémentaires.

Les articles relatifs aux avances et aux prêts d'argent ainsi qu'à l'amortissement des avances n'ont fait que réunir dans un seul et même acte certaines modifications, déjà consenties en fait par la Compagnie, aux articles correspondants des anciens marchés.

Au sujet des prix consentis : Conformément à une remarque précédente, il n'a rien été changé aux prix des trois marchés primitifs pour des cubes égaux à ceux qui devaient résulter de l'exécution de ces marchés. Toutefois, pour le lot de Port-Saïd, au lieu du prix moyen de 2 francs qui était porté au marché du 12 décembre 1864, on devait appliquer les prix élémentaires suivants, savoir : pour le chenal et le bassin de Port-Saïd et pour le Canal, jusqu'au kilomètre 8, 1 fr. 65 ; pour la portion du Canal du kilomètre 8 au kilomètre 60km,5,

2 fr. 25. Pour les cubes supplémentaires, les prix fixés à forfait pour chacune des diverses sections du Canal avaient été calculés en prenant pour base les prix des premiers marchés, ceux-ci diminués de la part afférente à l'amortissement du matériel, mais augmentés par contre des dépenses supplémentaires résultant d'un entretien plus coûteux.

Enfin, en ce qui est des délais d'exécution, ces délais étaient fixés comme suit :

Pour la portion du Canal comprise entre Port-Saïd et le kilomètre 60km,5, dans un délai de trente-quatre mois à partir du 1er décembre 1866 (soit à la date du 1er octobre 1869) ;

Pour la portion du Canal comprise entre le kilomètre 60km,5 et l'extrémité Sud de la grande tranchée de Toussoum, dans un délai de trente mois à partir du jour où les dragues pourraient pénétrer dans le lac Timsah ;

Enfin, pour la portion du Canal comprise entre Toussoum et Suez, dans le plus long de ces deux délais : soit le délai précédent, soit un délai de trente-quatre mois à partir du jour où la première drague aurait pu effectuer son passage dans le Canal d'eau douce.

DISPOSITIONS DU DEUXIÈME ACTE ADDITIONNEL

Objet de la Convention. — La Compagnie ayant adopté pour plusieurs points du Canal, d'accord avec les Entrepreneurs et sur leur proposition, de nouveaux profils décrits ci-après, MM. Borel, Lavalley et Cie s'engageaient envers elle à exécuter les travaux de creusement dont ils étaient chargés en vertu de leurs marchés et conventions avec la Compagnie selon ces nouveaux profils et à enlever le supplément de cube provenant de leur adoption.

Ce supplément, venant s'ajouter aux cubes qui résultaient de l'application des marchés des 26 mars et 12 décembre 1864 et de l'acte additionnel du 27 mars 1865, était évalué approximativement à 9 millions de mètres cubes mesurés à la fouille.

Cette augmentation de l'importance des travaux confiés aux Entrepreneurs était consentie de part et d'autre aux clauses et conditions ci-après.

Adoption de nouveaux profils. — Mode d'exécution des travaux [1]. — Les articles des marchés des 26 mars et 12 décembre 1864 concernant le mode d'exécution des travaux étaient annulés et remplacés par le présent article, qui s'appliquerait à l'ensemble des deux marchés.

1° La partie du Canal comprise entre la rive sud du bassin de Port-Saïd et le kilomètre 60^{km},5 serait exécutée suivant le profil n° 1 annexé.

L'axe actuel du Canal était reporté parallèlement à lui-même de 20 mètres vers le côté Asie.

(Suivait la description détaillée du profil.)

Les Entrepreneurs pourraient toujours, à leur gré, éloigner davantage de l'axe du Canal que ne l'indiquait le profil, les talus des banquettes ou cavaliers de dépôt.

A la traversée du lac Menzaleh, le plan supérieur des banquettes ou cavaliers de dépôt ne devrait pas être plus haut que la cote 23^{m},20 ni plus bas que la cote 20^{m},20. Ce plan supérieur serait dressé horizontalement à partir de la crête intérieure du talus, sur une largeur de 7 mètres, de manière à former chemin de halage.

2° Le profil n° 1 ne s'appliquerait du côté de la berge Afrique du Canal, où se trouvait installée la double conduite d'eau d'alimentation des chantiers, en ce qui concernait les talus au-dessus de l'eau, que dans la mesure qui pourrait se concilier avec les conditions de conservation et de facilités de visite de la conduite d'eau. Les dispositions définitives à adopter de ce côté seraient arrêtées ultérieurement sur les lieux mêmes par le Directeur général des travaux, mais dans des conditions telles, toutefois, qu'il n'en dût résulter pour les Entrepreneurs aucune modification dans leurs moyens d'exécution, et réserve faite des aggravations de dépense qui pourraient en être la conséquence.

3° Le profil n° 1 serait également adopté dans la partie du Canal comprise entre le kilomètre 60^{km},5 et les grands fonds des lacs Amers aux approches du kilomètre 100, sur les points où la hauteur moyenne du terrain naturel était comprise entre les cotes 20^{m},20 et 16^{m},45 ; et même en dessous de cette dernière cote, suivant l'appréciation du Directeur général des travaux, sur les points où les procédés d'exécution permettraient de former avec des déblais pris dans le profil des berges d'une largeur et d'une solidité suffisantes.

Sur les points où les procédés d'exécution adoptés par les Entrepreneurs permettraient de faire à sec une certaine quantité de déblais en contre-bas de la cote 18^{m},20 et n'exigeraient pas ultérieurement une

1. Comme on le verra plus loin, trois nouveaux Actes additionnels ont apporté successivement, par rapport aux stipulations du présent article et de l'article ci-après concernant les prix consentis, d'importantes modifications dans le mode et les conditions d'exécution de certaines portions du Canal entre le Seuil du Sérapéum et Suez.

hauteur d'eau de plus d'un mètre au-dessus des risbermes, on prolongerait les talus à l'inclinaison de 10 de base pour 1 de hauteur jusqu'à la profondeur de 1^m,00, c'est-à-dire à la cote 17^m,20, et, à cette cote, on établirait des risbermes horizontales dont le plan se prolongerait jusqu'aux talus de la cuvette du Canal.

4° Dans la même partie du Canal comprise entre le kilomètre 60^{km},5 et les grands fonds des lacs Amers, sur les points où le terrain était au-dessus de la cote 20^m,20, il n'était rien changé aux profils annexés aux marchés des 26 mars 1864 et 27 mars 1865.

5° Dans la partie du Canal comprise entre les grands fonds des lacs Amers et Suez, sur les points où la hauteur moyenne du terrain ne dépassait pas la cote 20^m,50, le Canal serait exécuté suivant les profils n° 2 et n° 2 *bis* annexés.

(Suivait la description détaillée des profils.)

En ce qui était spécialement des deux risbermes horizontales créées au moyen du dragage, lesdites risbermes seraient établies, savoir : sur les points bas où les Entrepreneurs comptaient employer exclusivement les couloirs, d'abord les couloirs courts, puis les couloirs longs, à la cote 17^m,45 au plus bas ; et, sur les points plus élevés où les Entrepreneurs comptaient employer les couloirs courts, puis les élévateurs, à la cote 16^m,68 au plus bas.

Les Entrepreneurs auraient toujours le droit d'écarter davantage, à leur gré, de l'axe du Canal, les berges ou cavaliers de dépôt.

6° Dans la même partie du Canal comprise entre les grands fonds des lacs Amers et Suez, sur les points où le terrain naturel était audessus de la cote 20^m,50, il n'était rien changé aux profils annexés au marché du 26 mars 1864.

7° Sur tous les points du Canal où le terrain naturel serait à une cote inférieure à 16^m,45, telle que les procédés d'exécution ne permettaient pas de former avec des déblais pris dans le profil des berges suffisantes, le chenal ne serait pas endigué et le profil serait déterminé par un plafond de 22 mètres de largeur et par la tenue naturelle du terrain dragué, les talus étant faits toutefois, en tant que de besoin, à 2 de base au minimum pour 1 de hauteur.

8° En ce qui concernait le creusement du chenal et des bassins de Port-Saïd :

(Reproduction des dispositions du marché du 12 décembre 1864.)

9° En ce qui concernait le creusement du chenal et du bassin du port de Suez :

(Reproduction des dispositions du marché du 26 mars 1864.)

10° Pour l'exécution des risbermes des profils nos 1, 2 et 2 *bis* par voie de dragage, les Entrepreneurs auraient le droit de faire mordre les godets des dragues dans les rives en s'écartant de l'axe un peu plus loin que ne l'indiquait la largeur de risberme indiquée aux profils, lorsque ce serait indispensable, et pourvu que les talus définitifs stables après éboulement des terrains des rives ne dépassassent pas le pied du talus à 5 de base pour 1 de hauteur du profil.

Quant à la cuvette du Canal, les Entrepreneurs pourraient draguer par tel nombre de passes et par telles épaisseurs de couches qui leur conviendraient, à la condition de limiter le papillonnage pour toutes les couches, sauf la dernière, depuis le minimum de largeur de 22 mètres jusqu'à des largeurs telles que les talus naturels produits par les dragages successifs restassent toujours en dedans des lignes de talus tirées des rives du plafond avec la limite d'inclinaison que l'expérience ferait préjuger pour la pente naturelle définitive des talus, selon la nature des terrains. Ce point était réservé, dans chaque cas, à la décision du Directeur général des travaux, rendue sur la demande des Entrepreneurs.

Dans les terrains suffisamment résistants pour cela, les talus des fouilles opérées par voie de dragage, au lieu d'avoir une inclinaison continue, pourraient être disposés suivant la ligne brisée résultant des sillons de dragage. Dans ce cas, le maximum de profondeur et de hauteur des sillons serait déterminé d'un commun accord avec le Directeur général des travaux, et la forme du talus se définirait par les lignes passant par la demi-profondeur moyenne des sillons.

Il en serait de même pour le plafond, qui présenterait généralement une surface sillonnée. Le plan passant par la demi-profondeur moyenne des sillons devrait être à la cote même du fond du Canal indiquée sur les profils, et la saillie tolérée des arêtes des sillons au-dessus de cette cote ne devrait pas dépasser 10 centimètres.

Métrage. — Lorsque toutes les conditions ci-dessus auraient été remplies, tous les déblais compris entre les profils relevés après l'achèvement de chaque portion de Canal, et le terrain tel qu'il était au moment de la prise de possession par les Entrepreneurs, leur seraient payés aux prix convenus.

Les terres enlevées en dehors des profils prescrits ne seraient pas comptées aux Entrepreneurs.

Par exception expresse, les cubes de déblais non rejetés dans le Canal qui avaient été exécutés jusqu'alors pour l'ouverture du premier chenal navigable entre Port-Saïd et le kilomètre 60km,5, dans les parties correspondantes aux emplacements définitifs des risbermes, travail qui avait exigé sur certains points que le fond de la rigole fût descendu au-dessous de la cote 16m,45, seraient payés intégralement aux Entrepreneurs, tels qu'ils résultaient des profils levés dans ces parties après exécution de ladite rigole.

Pour donner aux profils définitifs les formes des nouveaux profils nos 1, 2 et 2bis, les Entrepreneurs seraient obligés de remanier un certain cube de déblais existant actuellement sur les deux bords du Canal ou qui y seraient déposés ultérieurement durant les travaux. Ils seraient indemnisés de ce travail de remaniement par une allocation fixée à forfait à 12 francs par mètre courant de canal, partout où les nouveaux profils seraient appliqués.

Toutefois, sur la portion du Canal comprise entre Port-Saïd et le kilomètre 60km,5 où la forme définitive de la berge Afrique était provisoirement réservée, il n'était fait quant à présent de prix à forfait que pour le dressement de la berge Asie, et ce prix était fixé à 6 francs par mètre courant de Canal. Les remaniements de terre à faire sur la berge Afrique, pour la constitution du profil qui serait définitivement adopté de ce côté, seraient néanmoins exécutés par les Entrepreneurs, et ce, moyennant un prix à forfait également à arrêter d'un commun accord, en prenant pour bases le cube des terres à remanier et le prix de 1 franc par mètre cube.

Évaluation du cube supplémentaire. — Le cube supplémentaire indiqué ci-dessus à l'article concernant l'objet de la convention n'était qu'approximatif. Il résulterait, en dernière analyse, de l'exécution définitive des travaux, conformément aux projets et suivant les profils indiqués.

Comme point de départ de l'évaluation de ce cube supplémentaire, on convenait d'adopter à forfait les quantités suivantes comme représentant dans cette partie les cubes qui seraient résultés de l'application des profils annexés aux marchés des 26 mars et 12 décembre 1864 et 27 mars 1865.

1re Partie. — Chenal et bassin de Port-Saïd et longueur de canal à la suite jusqu'au kilomètre 8...	6.100.000	mètres cubes
2e Partie. — Du kilomètre 8 au kilomètre 60km,5, y compris la gare de Kantara....................	16.090.000	—
3e Partie. — Du kilomètre 60km,5 au kilomètre 75km,4, entrée du lac Timsah..........................	4.050.000	—
4e Partie. — Du kilomètre 75km,4 aux grands fonds des lacs Amers, vers le kilomètre 100............	8.800.000	—
5e Partie. — Des grands fonds des lacs Amers jusqu'à l'extrémité du chenal, en rade de Suez......	15.200 000	—
CUBE TOTAL........	50.240.000	mètres cubes

Les cubes qui, dans chaque partie, excéderaient les quantités ci-dessus, seraient les cubes supplémentaires partiels dont l'addition formerait le cube supplémentaire total.

Exhaussement des huit dernières dragues des Entrepreneurs. — Matériel supplémentaire prêté par la Compagnie. — En vue de l'exécution du cube supplémentaire, les Entrepreneurs n'avaient pas à fournir de matériel; mais la Compagnie y pourvoyait de la façon suivante :

Elle prenait à sa charge les dépenses nécessitées par la surélévation des huit dernières dragues commandées par MM. Borel, Lavalley et Cie à la Société des Forges et Chantiers de la Méditerranée, et pour l'allongement du couloir de ces dragues, le tout conformément aux lettres adressées par le Président de la Compagnie aux Entrepreneurs, les 22 juin et 16 juillet 1866 ;

Elle mettrait à la disposition des Entrepreneurs à titre gratuit et dès leur achèvement, savoir :

4 dragues à long couloir que la Compagnie avait commandées à la Société des Forges et Chantiers, en vertu d'un marché daté du 14 août 1866, et d'une lettre de commande datée du 16 octobre 1866 ;

2 nouvelles dragues à long couloir que la Compagnie commanderait immédiatement à ladite Société ;

Ces six appareils, du même type que les dernières dragues surhaussées et à long couloir qui venaient d'être exécutées pour MM. Borel, Lavalley et Cie, par les mêmes constructeurs.

Dans l'exécution des marchés relatifs à la fourniture de ces appareils, la Compagnie déléguait ses pouvoirs aux Entrepreneurs pour, en son lieu et place, discuter les conditions techniques, surveiller la construction, faire les réceptions provisoires et définitives et les essais, observer les stipulations de garantie de fonctionnement, rédiger les procès-verbaux, armer, équiper et mettre les appareils en train.

Les Entrepreneurs ne pourraient exercer au sujet des qualités et du délai de livraison de ce matériel, ni pour tout autre motif, aucune réclamation ni répétition quelconque envers la Compagnie. Ils acceptaient vis-à-vis d'elle l'intervention définie comme il vient d'être dit et la substitution de responsabilité qui en était la conséquence.

Pour les indemniser des soins qu'ils devaient donner à ces commandes, des frais d'études, d'essais définitifs et de mise en fonctionnements après la livraison, il leur serait payé, aussitôt après la réception provisoire, une somme égale aux 20 0/0 de l'importance totale des commandes, ce quantum comprenant 10 0/0 pour frais généraux.

L'armement des appareils, comprenant la fourniture de tout ce qu'il y aurait à mettre à bord, en plus de ce que les Forges et Chantiers avaient à livrer à la Compagnie en vertu du marché précité du 14 août 1866 et de la lettre de commande du 16 octobre 1866, et en vertu du nouveau marché à passer par la Compagnie, serait fait à forfait par les Entrepreneurs pour une somme de 27.405 francs par drague, qui leur serait payée en même temps que les 20 0/0 ci-dessus.

Enfin il était convenu que le transport par mer de tous les éléments constitutifs des six appareils, y compris leur armement, serait fait par bateau à vapeur. Les Entrepreneurs demeuraient chargés de l'exécution de cette convention et la Compagnie leur paierait la somme à forfait de 100.000 francs pour les couvrir du total de tous excédents de dépense résultant de ce mode de transport.

En outre des six appareils dont il vient d'être parlé, la Compagnie mettrait à la disposition des Entrepreneurs, dans les conditions prévues par les précédents marchés, à partir du moment où elle n'aurait plus à l'utiliser, le matériel actuellement employé par elle aux travaux en régie d'El Ferdane :

Restitution du matériel à la fin des travaux. — Eu égard au temps pendant lequel les six dragues mentionnées à l'article précédent auraient à travailler, les clauses du marché du 12 décembre 1864 relatives à la restitution du matériel prêté par la Compagnie s'appliqueraient à ces six dragues et à leurs chalands et couloirs ; mais ces clauses, ainsi que celles des articles des marchés des 26 mars et 12 décembre 1864 et de l'acte additionnel du 27 mars 1865, relatives à la remise à la Compagnie du matériel fourni par les Entrepreneurs, ne seraient plus applicables à tout le reste du matériel, qui, devant travailler pour l'exécution du cube supplémentaire, serait remis par les Entrepreneurs dans l'état où il se trouverait lors de l'achèvement dudit cube supplémentaire.

Dès à présent, il était entendu que les petites dragues prêtées par la Compagnie lui seraient rendues dans l'état où elles se trouveraient lors de leur remise, à charge par les Entrepreneurs de justifier que les dragues et pièces détachées non représentées avaient été consommées par eux dans les travaux, et de faire la remise des appareils aux points qui seraient désignés par le Directeur général des Travaux.

Avances d'argent aux Entrepreneurs. — Les articles des marchés des 26 mars et 12 décembre 1864, relatifs aux avances sur le matériel et aux prêts d'argent pour les acquisitions de matériel, étaient annulés et remplacés par le présent article et par le suivant.

Il serait fait aux Entrepreneurs des avances d'argent pour acquisitions de matériel et d'approvisionnements et pour installations en Égypte, jusqu'à concurrence d'une somme de 40 millions de francs, dans les conditions suivantes :

A. En ce qui concernait le matériel principal ou gros matériel, qui était généralement livré aux Entrepreneurs par leurs fournisseurs, rendu en Égypte, et qui comprenait les grandes unités, telles que les dragues, les chalands et couloirs, les appareils élévateurs, les bateaux porteurs, les gabarres à clapets, les chalands de transport, les remorqueurs, les canots à vapeur ;

Au fur et à mesure qu'il se trouverait en voie de fonctionnement régulier, ce qui aurait généralement lieu après un délai d'une couple de mois à partir de sa mise en activité, la Compagnie ferait des avances sur ledit matériel jusqu'à concurrence de sa valeur totale arbitrée par le Directeur général des travaux en tenant un juste compte à la fois de son prix réel de revient et de son bon fonctionnement. Ces avances seraient faites sans attendre le délai ci-dessus et dès leur présentation au Directeur général des travaux pour tous les appareils complets, dont les premiers similaires auraient été reconnus par lui capables d'un bon fonctionnement, alors même que quelques parties d'un appareil ne seraient pas assemblées à cause de la nécessité de le transporter jusqu'au lieu de son travail dans le Canal. Le Directeur général serait juge de cette dernière circonstance.

La liquidation à Paris des arbitrages de matériel principal par le Directeur général des Travaux devrait être faite dans les délais maximum suivants, comptés à partir de la date des demandes faites par les Entrepreneurs en Egypte, savoir : dans le délai de deux mois pour le premier appareil de chaque type distinct; dans le délai d'un mois pour les appareils similaires. En cas de retard des formalités de ladite liquidation sur ces délais, les Entrepreneurs auraient droit au paiement d'acomptes représentant le montant approximatif de la liquidation, à moins que ce retard fût expressément motivé dans lesdits délais par la déclaration qu'il n'y avait pas encore lieu d'arbitrer envoyée à Paris par le Directeur général des travaux.

B. En ce qui concernait le matériel accessoire ou petit matériel, qui était généralement livré aux Entrepreneurs par leurs fournisseurs rendu au port d'embarquement en France :

Il était arbitré à forfait à sa valeur d'achat rendu au port d'embarquement en France, augmentée d'une plus-value de 66 0/0 pour celui qui avait été commandé jusqu'au 8 octobre 1866, et de 50 0/0 pour celui commandé après cette date.

Les Entrepreneurs auraient droit à cette avance trois mois après l'expédition de France, sur la production du connaissement et de la police d'assurance.

C. En ce qui concernait les installations des Entrepreneurs en Égypte, telles que maisons d'habitation, ateliers, magasins, etc. :

Elles donnaient lieu à des avances égales au montant de leur valeur arbitrée par le Directeur général des travaux.

D. Les avances réglées à forfait par abonnement, ainsi qu'il résultait du troisième paragraphe de l'article du marché du 12 décembre 1864 relatif aux conditions de paiement et du troisième paragraphe du marché du 27 mars 1865 relatif au mode de paiement, à la somme totale de 400.000 francs et qui avaient été déjà complètement effectuées, s'appliquaient seulement aux matières de consommation proprement dites : huiles, graisses, suifs, chiffons, étoupes, peintures, brais, goudrons, produits chimiques, harnachements de chevaux et mulets; le menu matériel et outillage dont il était parlé dans les susdits articles était compris dans le matériel accessoire ou petit matériel mentionné au paragraphe *B*.

L'ensemble des avances auxquelles auraient droit les Entrepreneurs sur les articles *A*, *B*, *C*, *D* qui précèdent était limité, ainsi qu'il est dit ci-dessus, au chiffre de quarante millions de francs au delà duquel il ne serait plus fait d'avances par la Compagnie.

Le matériel, les installations et les approvisionnements, sur la valeur desquels la Compagnie aurait fait des avances, deviendraient sa propriété jusqu'à complet remboursement desdites avances par le mode qui est décrit ci-après.

Prêts d'argent pour les acquisitions de matériel. — Antérieurement aux avances sur matériel stipulées ci-dessus, il serait fait aux Entrepreneurs des prêts d'argent sans intérêts destinés à faciliter les acquisitions dudit matériel, savoir :

A. En ce qui concernait le matériel principal ou gros matériel :

Les Entrepreneurs transmettraient par délégations sur la caisse de la Compagnie ces prêts d'argent aux constructeurs chargés par eux de la fourniture du matériel ; ceux-ci deviendraient alors, nonobstant la responsabilité des Entrepreneurs, responsables desdits prêts envers la Compagnie jusqu'à la livraison, suivant les termes de leurs marchés avec les Entrepreneurs. Les Entrepreneurs devraient traiter sous cette condition avec les constructeurs, qu'ils s'obligeaient d'ailleurs à faire agréer par la Compagnie.

Les avances faites ainsi, à titre de prêt sans intérêts, seraient distribuées comme suit : Au moment même des commandes, une première avance qui ne pourrait dépasser les 25 centièmes de l'importance desdites commandes ; lors de l'embarquement pour l'Égypte, au vu du connaissement et de la police d'assurance, une seconde avance qui ne pourrait dépasser les 35 centièmes de la valeur des objets portés auxdits connaissement et police d'assurance, ladite valeur calculée d'après les marchés ou commandes.

Pour aucune des fournitures, les prêts successifs ne pourraient dépasser les avances qui seraient spécifiées avec le fournisseur dans chaque marché.

B. En ce qui concernait le matériel accessoire ou petit matériel, il serait fait directement aux Entrepreneurs selon leurs conditions avec leurs fournisseurs ; savoir : ou bien,

1° Au moment de la commande, un premier prêt d'argent de 40 0/0 de la valeur d'achat rendu au port d'embarquement en France, sur production de la copie de cette commande ;

Et 2° au moment de l'embarquement, un second prêt de 60 0/0 de la même valeur, sur la production des connaissement et police d'assurance ;

Ou bien, au moment de l'embarquement, un seul prêt égal au total de la même valeur, sur la production d'un duplicata de la facture et des connaissements et polices d'assurance.

Les prêts indiqués à chacun des paragraphes ci-dessus s'amortiraient en venant respectivement en déduction des avances prévues à l'article précédent.

En aucun cas et pour aucun motif, le montant total de ces prêts ne pourrait dépasser le chiffre de 20.000.000 de francs.

Amortissement des avances. — Les avances faites aux Entrepreneurs en vertu de l'article ci-dessus concernant lesdites avances seraient amorties sur le montant total des travaux à exécuter par eux jusqu'à concurrence du cube résultant des trois marchés du 26 mars 1864, du 12 décembre 1864 et du 27 mars 1865, c'est-à-dire de 50.240.000 mètres cubes, ainsi qu'il est dit précédemment à l'article concernant l'évaluation du cube supplémentaire; cet amortissement se ferait par des prélèvements sur l'ensemble des montants bruts respectifs des situations régulières de l'Entreprise, en suivant l'échelle progressive ci-après :

1° Sur les premiers 30.000.000 de francs, 25 centièmes;

2° Sur les 30.000.000 de francs suivants, 30 centièmes;

3° Sur les 40.000.000 de francs suivants, 40 centièmes;

4° Sur le reste du montant de l'Entreprise des trois marchés précités, et jusqu'à complet amortissement, 50 centièmes.

Le compte d'amortissement serait d'ailleurs crédité, en outre, de la somme de 2.178.000 francs, allouée à l'Entreprise par décision de la Compagnie en date du 8 octobre 1866, à titre de paiement du matériel en remplacement des petites dragues.

Quant au matériel des travaux autres que ceux auxquels s'appliquaient les prix énoncés dans les trois marchés précités et dans le présent marché, comme il serait payé à l'Entreprise, soit sur facture, soit intrinsèquement dans le prix de ces travaux, selon les conventions de chaque cas particulier; comme les comptes de ces travaux seraient dressés et réglés à part des situations mensuelles générales et que néanmoins ce matériel, confondu avec tout le matériel principal et accessoire de l'Entreprise, aurait été l'objet de prêts d'argent et d'avances, l'amortissement de ces avances serait effectué par l'amortissement général stipulé ci-dessus.

Toutefois, pour le matériel employé aux travaux de régie de Chalouf, dont la valeur devait être remboursée aux Entrepreneurs suivant un mode de règlement spécial qui avait été arrêté d'un commun accord, il était convenu, par exception aux stipulations précédentes, que la Compagnie, dans le paiement qu'elle aurait à faire aux Entrepreneurs à ce sujet, retiendrait, en vue de rentrer dans ses avances par arbitrage sur ledit matériel, les trois quarts du montant de la valeur totale qui en serait définitivement facturée. Le montant de cette retenue serait porté au crédit du compte d'amortissement des avances sur matériel.

Approvisionnements de bois et de charbons. — La valeur des approvisionnements de bois et de charbons portés en situation, et les avances faites sur ces approvisionnements antérieurement aux situations en vertu des articles du marché du 12 décembre 1864 et de l'acte additionnel du 27 mars 1865 concernant les conditions de paiement, s'amortissant au fur et à mesure par le jeu normal des situations régulières, il n'y avait lieu à aucune nouvelle stipulation à ce sujet.

Prix consentis[1]. — Il n'était rien changé aux prix des trois marchés primitifs précités pour un cube égal à celui qui résulterait de l'exécution de ces marchés et qui, pour l'application de la présente clause, était réglé et réparti comme il est dit à l'article concernant l'évaluation du cube supplémentaire. Toutefois, au lieu du prix moyen de 2 francs, qui est porté au marché du 12 décembre 1864, et qui représente le chiffre moyen résultant de l'application de prix élémentaires différents à deux parties distinctes du Canal, on attribuerait ces prix élémentaires eux-mêmes à chacune de ces parties, savoir :

1° Chenal et bassin de Port-Saïd et longueur de Canal à la suite jusqu'au kilomètre 8 : 1 fr. 65 le mètre cube.

2° Du kilomètre 8 au kilomètre 60km,5 : 2 fr. 25 le mètre cube.

Quant au cube supplémentaire faisant l'objet de la présente convention, les prix suivants seraient appliqués à chacun des cubes supplémentaires partiels qui le composeraient:

Première partie : chenal et bassins de Port-Saïd et longueur du Canal à la suite jusqu'au kilomètre 8 : 1 fr. 45 le mètre cube ;

Deuxième partie : Du kilomètre 8 au kilomètre 60km,5 : 1 fr. 98 le mètre cube ;

Troisième partie : Du kilomètre 60km,5 au kilomètre 75km,4 : 1 fr. 78 le mètre cube ;

Quatrième partie : Du kilomètre 75km,4 aux grands fonds des lacs Amers : 1 fr. 50 le mètre cube ;

Cinquième partie : Des grands fonds des lacs Amers jusqu'à l'extrémité du chenal en rade de Suez : 1 fr. 89 le mètre cube ;

Ces prix fixés à forfait, représentant les prix des premiers marchés, diminués, d'une part, des portions de ces prix afférentes à l'amortissement du matériel, amortissement qui aurait été fait lors de l'exécution d'un cube égal à celui qui résultait desdits premiers marchés, et, d'autre part, augmentés de la dépense supplémentaire résultant, soit de l'entretien plus coûteux du matériel, soit de toute autre cause.

Délais d'exécution[2]. — Attendu l'accroissement des ressources en matériel apportées par le prêt des 6 appareils mentionnés précédemment, le cube total de 59.240.000 mètres cubes, comprenant le cube primitif évalué à 50.240.000 mètres cubes et le cube supplémentaire

---

1. Ainsi que la remarque en a déjà été faite dans une note précédente, les trois nouveaux actes additionnels : 3e, 4e et 5e, dont le texte se trouve plus loin, ont apporté, par rapport aux stipulations du présent article et de l'article précédent concernant le mode d'exécution des travaux, d'importantes modifications dans le mode et dans les conditions de prix d'exécution de certaines portions du Canal entre le Seuil du Sérapéum et Suez.

2. Comme on le verra plus loin, le troisième Acte additionnel, passé le 13 avril 1867, a fixé définitivement la date du 1er octobre 1869 comme date d'achèvement du Canal tout entier.

évalué à 9.000.000 de mètres cubes, serait terminé dans les délais suivants, savoir :

Pour la portion du Canal comprise entre Port-Saïd et le kilomètre 60km,5, dans un délai de trente-quatre mois, à partir du 1er décembre 1866 ;

Pour la portion du Canal comprise entre le kilomètre 60km,5 et l'extrémité sud de la grande tranchée actuelle de Toussoum, dans un délai de trente mois à partir du jour où les dragues pourraient pénétrer dans le lac Timsah ;

Enfin, pour la portion du Canal comprise entre Toussoum et Suez, dans le plus long des deux délais ci-après, savoir : soit dans un délai de trente-quatre mois à partir du moment où la première drague aurait pu effectuer son passage dans le Canal d'eau douce, étant admis qu'aucun obstacle indépendant des Entrepreneurs ne viendrait s'opposer au passage successif des autres dragues; soit dans un délai de trente mois à partir du moment où les dragues pourraient pénétrer dans le lac Timsah.

Le délai final résultant des indications ci-dessus était basé, ainsi qu'il est dit plus haut, sur la prévision d'un cube total de 59.240.000 mètres cubes. Il serait augmenté ou diminué, en cas d'augmentation ou de diminution de cube, à raison de vingt jours par chaque million de mètres cubes.

Stipulations des anciens marchés. — Il n'était rien modifié aux stipulations des marchés des 26 mars 1864, 12 décembre 1864 et 27 mars 1865, auxquelles il n'était pas dérogé par les stipulations qui précèdent.

Troisième Acte additionnel, en date du 13 avril 1867

HISTORIQUE

Dans le courant de mars 1867, MM. Borel, Lavalley et Cie remirent à la Compagnie une note dans laquelle ils exposaient la nécessité, suivant eux, d'exécuter à sec la plus grande partie des travaux qui, d'après les marchés primitifs, devaient être faits à la drague, sur la partie du Canal s'étendant depuis les grands fonds des lacs Amers, kilomètre 114, jusqu'à l'extrémité Nord de la plaine de Suez, kilomètre 142, soit sur une longueur de 28 kilomètres.

Aux yeux des Entrepreneurs, cette nécessité s'imposait par suite de la présence, révélée par de récents sondages, de terrains durs dans certaines parties de la portion de Canal en question, et de l'éventualité, contre laquelle rien ne garantissait, de la rencontre d'autres terrains semblables dans les intervalles des sondages ou latéralement à ces sondages. Ces terrains durs, disaient-ils, se trouvaient en masses plus ou moins volumineuses, plus ou moins agrégées, partout où des poches de sable étaient superposées à l'argile, laquelle formait dans ces parties la masse inférieure de la formation ; ils se composaient : les uns de bancs plus ou moins disjoints ou de blocs de grès ; les autres de roches en formation ; enfin, d'une argile tellement compacte que, même à sec, il ne serait possible d'en avoir raison qu'à l'aide de profonds havages et de coups de mine. Dans cette situation, en raison de l'impossibilité d'une extraction courante par les dragues, les Entrepreneurs considéraient comme indispensable, pour ne pas être exposés à arrêter ou à ralentir la marche des travaux, de modifier dans certaines parties le programme d'exécution et d'y faire à sec les travaux primitivement prévus à la drague. Ils déclaraient, d'ailleurs, que leurs moyens d'action en ouvriers et en matériel de fouille et de transport étaient suffisants pour assurer l'achèvement des parties du Canal à faire par le nouveau mode de travail, même avant le terme prescrit par l'acte additionnel du 4 décembre 1866, mais que c'était toutefois à la condition que la question fût résolue immédiatement et que les programmes fussent modifiés et le matériel supplémentaire commandé sans perdre un seul jour.

Des pourparlers dans cet ordre d'idées s'engagèrent en Égypte entre les ingénieurs de la Compagnie et les Entrepreneurs et aboutirent à l'Acte additionnel du 13 avril 1867, qui reçut, un mois plus tard, la sanction de l'Administration.

Indépendamment de la désignation des parties qui devaient être faites à sec dans la portion du Canal comprise entre les lacs Amers et Suez et qui comportait sur certains points des modifications de profil, l'Acte additionnel mentionnait également l'exécution à sec du Canal à son débouché dans les lacs Amers, du côté du Sérapéum, sur une longueur de 2.800 mètres.

Des suppléments de prix étaient fixés pour chacune des parties du Canal à faire à sec.

Le chiffre total des avances sur matériel et installations, fixé à 40 millions par le deuxième Acte additionnel, était augmenté de 600.000 francs.

En vue de l'opération du remplissage des lacs Amers par les eaux de la Méditerranée et de la mer Rouge, les déblais à sec devaient être terminés pour le 1er juillet 1869.

Enfin, eu égard à l'avantage que retireraient les Entrepreneurs, au point de vue de la rapidité d'exécution de l'ensemble de leurs travaux, de la possibilité d'affecter aux autres parties du Canal le matériel de dragage et de transport qui devait être employé aux parties destinées maintenant à être faites à sec, le délai d'exécution de toute la portion de Canal s'étendant du kilomètre 60km,5 à Suez était rapproché d'un mois et vingt jours, en sorte que la date d'achèvement du Canal tout entier se trouvait finalement fixée au 1er octobre 1869.

A l'appui des modifications qu'ils proposaient à la Compagnie dans le mode d'exécution de certaines parties du Canal, les Entrepreneurs, indépendamment des raisons générales mentionnées plus haut, avaient présenté les considérations suivantes :

La dépense totale d'exécution de la portion de Canal comprise entre les kilomètres 114 et 142, si cette exécution pouvait se faire dans les conditions du marché primitif, serait la suivante :

	Francs
6.250.000 mètres cubes de déblais à 2 fr. 45 le mètre cube.	15.312.500
150.000 mètres cubes de déblais rocheux de Chalouf....	2.164.000
DÉPENSE TOTALE..............	17.476.500
Dans le nouveau programme, cette dépense (non compris le travail à faire en régie pour l'extraction du rocher du kilomètre 135) s'élèverait à ci........................	24.407.500
DIFFÉRENCE EN PLUS...........	6.931.000

Cet excédent de dépense se décomposait comme suit :

1° Supplément résultant du changement de profil en travers entre les points 114km,0 et 133km,9 (changement nécessité par la nature des déblais qui étaient imprégnés de sel et de gypse, en sorte que les digues constituées avec ces déblais eussent coulé dans la cuvette du canal si elles avaient été construites suivant le projet primitif), savoir :

	Francs
270.000 mètres cubes à 1 fr. 30 le mètre cube...........	351.000
1.780.000 mètres cubes à 1 franc........................	1.780.000
	2.131.000

2° Supplément pour la traversée du seuil de Chalouf :

2.400.000 mètres cubes à 2 francs......................	4.800.000
TOTAL ÉGAL A LA DIFFÉRENCE CI-DESSUS...	6.931.000

Le premier de ces deux suppléments de dépense provenait

d'une modification de profil qui, dans tous les cas, s'imposait à la Compagnie.

Le second supplément, seul, pouvait à la rigueur être discuté ; mais les Entrepreneurs estimaient qu'en calculant même étroitement l'imprévu qui pouvait résulter de l'enlèvement sous l'eau de terrains durs susceptibles d'être rencontrés et d'argiles aussi compactes que celles qui avaient été constatées en différents points ; qu'en y ajoutant les indemnités pour entraves et temps perdu des dragues et de leurs appareils de desserte, on se trouverait entraîné, sans préjudice des pertes d'intérêt et de l'accroissement de frais généraux provenant de ces retards, à une dépense supplémentaire de 2 millions.

D'après ces bases, la différence entre le minimum de dépenses en augmentation à prévoir et celle qu'ils proposaient, se réduisait à 2.800.000 francs.

Mais, dans l'hypothèse de l'extraction à sec, les Entrepreneurs consentaient à rapprocher d'un mois et vingt jours le délai d'exécution des travaux. La Compagnie se trouverait donc, par ce fait, allégée des charges qu'elle aurait eu à s'imposer, dans ce laps de temps, en intérêts de capital et en frais généraux. Or ces charges, à cette époque, étaient évaluées à 2 millions de francs par mois : ce serait donc pour la Compagnie une diminution de dépense de 3.666.000 francs.

En sorte que, par l'adoption du système des Entrepreneurs, la Compagnie acquerrait tout le bénéfice d'une complète certitude d'exécution sans augmentation de dépense finale.

Les considérations présentées par les Entrepreneurs suggéraient les observations suivantes :

Les Entrepreneurs présentaient leurs propositions comme formant un ensemble dont toutes les parties étaient solidaires et dont aucun point ne pouvait être modifié sans réduire le tout à néant. C'était donc l'ensemble qu'il fallait examiner, ou pour l'admettre ou pour le rejeter en entier.

Or, une étude très détaillée de la nature des terrains sur toute la partie du Canal comprise dans la proposition des Entrepreneurs avait été faite par les Ingénieurs de la Compagnie d'après les résultats des sondages. Ces sondages, exécutés tous les 100 mètres, distants de 50 mètres seulement dans les parties sableuses, plus multipliés encore sur les points où l'on avait trouvé des terrains durs, avaient accusé la présence de terrains durs dans les parties suivantes du Canal :

1° Dans les petits lacs, entre les points $122^{km},1$ et $127^{km},3$, couches de grès en formation ou de calcaires à fossiles relativement tendres ;

Vers la séparation des petits lacs et des grands lacs, couche de grès arrivant à peine au plafond du Canal. Plus au Nord, on ne rencontrait que des sables plus ou moins argileux et contenant parfois des plaquettes isolées de faible épaisseur ;

2° Vers le seuil de la partie sud des petits lacs, couches de marne très dure, dans le sous-sol seulement;

3° Au nord du seuil de Chalouf, vers l'origine des petits lacs, au kilomètre 135, couches de sable gypseux et de grès durs de 30 à 40 centimètres d'épaisseur, sur toute la profondeur du canal, à la séparation de l'argile et du sable ;

4° Enfin, dans le seuil de Chalouf, vers le point $138^{km},57$, au-dessous du rocher déjà enlevé à la partie supérieure du terrain, blocs de 3 à 4 mètres de diamètre, dans des poches de sable, également à la séparation du sable et de l'argile.

D'après ces données, et bien qu'il ne fût pas démontré que les couches ou plaquettes de grès en formation ou de calcaires à fossiles trouvées entre les points $122^{km},1$ et $127^{km},3$ ne pussent pas être enlevées à la drague, il semblait pourtant préférable de faire à sec cette partie du Canal, en y ajoutant même, en vue de constituer un chantier bien complet, toute la partie au nord du point $122^{km},1$ jusqu'aux grands fonds des lacs Amers. Le chantier à sec comprendrait ainsi la partie de Canal depuis les grands fonds des lacs Amers, kilomètre 114, jusqu'au kilomètre 127km,3.

Dans tout le reste de la portion de Canal faisant l'objet de la proposition des Entrepreneurs, à partir du kilomètre 127km,3 jusqu'à l'extrémité nord de la plaine de Suez, kilomètre 143, le terrain étant presque exclusivement argileux à partir d'une profondeur de 2m,50 au-dessous du niveau de la mer, la nécessité de l'exécution à sec de certaines parties de cette portion de Canal ne semblait pas s'imposer, sauf, bien entendu, en ce qui était des régions rocheuses du kilomètre 135 et du kilomètre 138km,7.

Les parties restreintes du Canal où il y avait tout au moins utilité incontestable à faire les déblais à sec présentaient un cube total d'environ 1.272.000 mètres cubes. Ce travail ne pourrait être fait qu'en régie.

C'était cette combinaison de l'exécution à sec, en régie, d'une partie restreinte seulement du Canal, qui était à comparer avec le système proposé par les Entrepreneurs.

		Francs
Or, ainsi qu'il a été dit précédemment, le système des entrepreneurs devait se traduire par une augmentation de dépense de ci		6.931.000
L'augmentation de dépense qu'entraînerait la combinaison de l'exécution en régie paraissait pouvoir s'établir comme suit :		
Augmentation résultant des travaux en régie, approximativement : 1.272.000 mètres cubes à 2 francs par mètre cube	2.544.000fr	
Imprévu dans le reste des travaux à faire à la drague, au-dessous de la cote 19m,10, imprévu qui ne pouvait être évalué à moins de 1/10 de la dépense totale (3.470.500 mètres cubes à 2 fr. 45 le mètre cube, 8.500.000 fr.)	850.000	
		3.394.000
DIFFÉRENCE		3.537.000

Le système des Entrepreneurs ne présentait donc sur

l'autre combinaison qu'un surcroît de dépense d'environ 3.537.000 francs, lequel était plus que couvert par la réduction de 3.666.000 francs dans les charges de la Compagnie, par suite du raccourcissement du délai d'exécution.

Dans ces conditions, les Ingénieurs de la Compagnie avaient estimé qu'il n'y avait pas à hésiter à adopter les propositions des Entrepreneurs, qui donnaient, sans supplément final de dépense, toute sécurité dans l'exécution et supprimaient toutes les éventualités, et de retard, et d'augmentation de dépense, en dehors de celles prévues[1].

DISPOSITIONS DU TROISIÈME ACTE ADDITIONNEL

Objet de la Convention. — Exécution à sec de certaines parties du Canal. — Nouveaux prix. — Les modifications suivantes étaient apportées dans le mode et les conditions d'exécution de certaines portions du Canal maritime entre le seuil du Sérapéum et Suez, savoir :

---

1. **Conventions des 28 juin 1867 et 10 juillet 1868**

Il a été expliqué au chapitre de la description des profils en travers du Canal, article concernant les profils exceptionnels, que les ingénieurs, dans le courant de juillet 1867, avaient soumis à l'approbation de l'Administration, pour la traversée du seuil de Chalouf sur une longueur de 5.400 mètres, un projet de modifications du profil type n° 5 de 1863 annexé au marché du 26 mars 1864, ladite modification consistant à créer un talus en plage à la partie supérieure de la cuvette du Canal et à ménager une large banquette un peu au-dessus du niveau de l'eau. Cette modification, qui se traduisait par un élargissement de la section transversale du Canal, devait entraîner à un cube supplémentaire de déblais d'environ 466.000 mètres cubes.

Les Entrepreneurs, avec qui la modification de profil avait été concertée, demandaient, pour l'exécution des cubes supplémentaires, les prix suivants, savoir : Pour les déblais au-dessous de la cote 16m,68, le maintien pur et simple du prix de 4 fr. 45 fixé par le troisième Acte additionnel du 13 avril 1867 pour les déblais de toute nature du seuil de Chalouf; et, pour les déblais au-dessus de la cote 16m,68, le prix de 3 fr. 50 seulement, au lieu de 4 fr. 45. (Ce prix de 3 fr. 50 était le prix alloué par le marché du 26 mars 1864 pour les terrains durs au-dessus de la cote 19 mètres et se justifiait par la dureté exceptionnelle du terrain.)

Les Entrepreneurs avaient déclaré, d'ailleurs, ne demander aucun accroissement de délai à raison du surcroît de terrassements, à la condition que la décision de l'Administration leur fût communiquée avant le 1er août.

Le Directeur général des travaux, en adressant, à la date du 15 juillet, le projet de modification du profil à l'Administration, l'avait informée en même temps que, comptant sur une décision favorable, et pour ne pas fournir de motif aux Entrepreneurs de retirer leur engagement qu'il considérait comme avantageux pour la Compagnie, il avait dû, par lettre du 28 juin 1867 aux Entrepreneurs, confirmant les conventions arrêtées d'un commun accord,

1° Depuis les grands fonds des grands lacs Amers, kilomètre 114, jusqu'au kilomètre 129^{km},5 (en marchant vers le sud), le Canal serait fait complètement à sec jusqu'à profondeur. Sur toute la partie s'étendant du kilomètre 123 au kilomètre 126^{km},2, la cunette serait établie avec une largeur de 44 mètres au plafond.

Depuis le kilomètre 129^{km},5 jusqu'au kilomètre 133^{km},9, le Canal serait creusé à sec jusqu'à la profondeur d'environ 3^{m},50 (le reste à faire ultérieurement à la drague aux conditions du marché primitif), cette profondeur étant admise comme représentant la moyenne de celles figurées au projet annexé remis par les Entrepreneurs et qui étaient nécessaires pour exécuter les digues en remblai dudit projet dans cette étendue[1].

Les terres seraient déposées sur les rives du Canal conformément aux plan, profil en long et profils en travers du projet susmentionné.

Pour tous ces déblais à sec, il était alloué aux Entrepreneurs un supplément de 1 franc sur le prix du marché, sauf en ce qui concernait la portion du Canal s'étendant du kilomètre 118^{km},3 au kilomètre 120, pour laquelle le supplément de prix serait de 1 fr. 30.

---

autoriser ceux-ci à commencer l'exécution des travaux dans la portion de Canal où le plan incliné n° 1 terminait sa tâche, puis successivement sur les autres points, au fur et à mesure que l'exigerait l'avancement du travail des plans inclinés.

En vertu de cette convention du 28 juin 1867, la modification de profil ci-dessus décrite a été exécutée, sur chacune des rives du Canal, dans la partie nord du seuil, entre les points 136^{km},7 et 138^{km},6, soit sur une longueur de 1.900 mètres.

Par une seconde convention du 10 juillet 1868, un nouveau type d'amélioration du talus supérieur de la cuvette du Canal a été, par des considérations d'économie, substitué au précédent pour la partie sud du seuil. Le nouveau type de profil différait peu du profil normal annexé au marché de 1864. La modification consistait simplement à supprimer la risberme sous-marine et à réunir le talus inférieur à 2 pour 1 de la cuvette, et le talus supérieur à 45° par une pente continue d'à peu près 4 de base pour 1 de hauteur. Les conditions de prix pour l'exécution de la nouvelle disposition adoptée étaient les mêmes que celles établies par la convention précédente. La nouvelle disposition a été appliquée entre les points 138^{km},6 et 142^{km},0, soit sur une longueur de 3.400 mètres.

1. Le débouché du Canal dans les petits lacs, en venant du Sud, se trouvait présenter, d'après le projet annexé des Entrepreneurs, les dispositions suivantes :

Du kilomètre 133^{km},9 au kilomètre 133^{km},4, deux digues évasées insubmersibles arasées à la cote 20^{m},00 ;

Du kilomètre 133^{km},4 au kilomètre 131^{km},9, une seule digue insubmersible, côté Afrique ;

— 131^{km},9 — 129^{km},5, deux cavaliers submergés arasés à la cote 17^{m},45.

Au delà, dans les petits lacs, régnaient deux cavaliers submergés arasés à la cote 16^{m},25.

Les nouveaux prix s'appliqueraient indistinctement à toutes natures de terrain.

2° Pour la portion du Canal comprise entre les kilomètres 133km,9 et 136km,6, qui serait faite à la drague, il n'était dérogé en rien aux conditions et prix du marché, sauf en ce qui concernait le banc de rocher récemment révélé par les sondages vers le kilomètre 135 et qui serait extrait en régie, aux conditions fixées par la décision de la Compagnie en date du 8 octobre 1866, pour le banc de la tranchée de Chalouf[1].

3° Depuis le kilomètre 136km,6 jusqu'au kilomètre 142, le Canal serait fait à sec jusqu'à profondeur, moyennant l'allocation d'un supplément de prix de 2 francs par mètre cube.

Le nouveau prix de 4 fr. 45 s'appliquerait indistinctement à toutes natures de terrain.

Tous les déblais exécutés dans cette partie du Canal, jusqu'au 15 mars 1867 inclus, seraient comptés pour les quantités et aux prix qui figuraient dans les situations dressées jusqu'à cette date, savoir 2 fr. 45 le mètre cube pour les terrains ordinaires et 3 fr. 50 le mètre cube pour les terrains durs au-dessus de la cote 19, et invariablement au prix de 2 fr. 45 pour tous les déblais faits au-dessous de ladite cote.

4° Pour le débouché du Canal dans les grands lacs Amers, du côté du Sérapéum, il serait adopté des dispositions analogues à celles figurées sur les dessins produits par les Entrepreneurs pour le débouché dans les petits lacs, du côté de Chalouf, savoir :

Du kilomètre 95km,7 au kilomètre 96, deux digues évasées insubmersibles ;

Du kilomètre 96 au kilomètre 96km,7, une seule digue insubmersible ;

Du kilomètre 96km,7 au kilomètre 98km,5, deux cavaliers submergés.

---

1. Ces conditions étaient les suivantes :

Les Entrepreneurs porteraient en compte toutes les dépenses justifiées pour travaux et acquisitions de matériel; ils ajouteraient à ce relevé de leurs dépenses réelles 10 0/0 pour frais généraux et 15 0/0 pour bénéfice; ils reprendraient le matériel pour 40 0/0 de sa valeur d'achat, c'est-à-dire avant addition des quantums pour frais généraux et bénéfice; enfin dans le cas où, plus tard, ils auraient à utiliser de nouveau ce matériel dans des travaux en régie, ils ne le feraient figurer dans les comptes, à un titre quelconque, pour un prix plus élevé que celui de la rétrocession.

A l'occasion de l'arrangement relatif à l'extraction du rocher de Chalouf, il avait été convenu, en même temps, que, pour les travaux en régie que les Entrepreneurs auraient à exécuter à l'avenir, les quantums pour frais généraux et pour bénéfice seraient fixés l'un en l'autre à 10 0/0 (quantums qui avaient servi de base à tous leurs marchés), sauf à élever le dernier quantum seulement dans des circonstances exceptionnelles difficiles, à fixer d'accord avec le Directeur général des travaux.

Ces dispositions comportaient le déblai du Canal à la profondeur moyenne de 3m,50, depuis le kilomètre 95km,7 jusqu'au kilomètre 97km,8, et à toute profondeur, depuis le kilomètre 97km,8 jusqu'aux grands fonds des lacs Amers.

Ces travaux seraient faits à sec, moyennant un supplément de prix de 1 franc par mètre cube.

Le nouveau prix de 2 fr. 95 s'appliquerait indistinctement à toutes natures de terrain.

Délais d'exécution des déblais à sec. — Les Entrepreneurs s'engageaient à avoir terminé tous les déblais à sec mentionnés à l'article précédent, dans les délais suivants, savoir :

Ceux faisant l'objet des paragraphes 1°, 2° et 3°, pour le 1er juillet 1869 ;

Ceux faisant l'objet du paragraphe 4°, pour le 1er juillet 1868.

Si les déblais à sec n'étaient pas complètement terminés pour les époques respectivement prescrites, les Entrepreneurs ne seraient passibles d'aucune pénalité; mais ils ne pourraient s'opposer à faire ou laisser entrer l'eau de la mer dans les parties de Canal correspondantes ; et, dans ce cas, ils termineraient les parties qui devaient être faites à sec en vertu de la présente convention, toujours moyennant les suppléments de prix ci-dessus, mais alors, soit par voie de dragage, soit autrement, à leurs risques et périls, et quelle que fût la nature des terrains de ces parties restant à fouiller, dans le délai restant à courir jusqu'à la date fixée pour l'achèvement complet du Canal.

Avances supplémentaires sur matériel et mode de remboursement. — A raison du supplément de matériel qui serait nécessaire pour le nouveau mode d'exécution des travaux, le chiffre total des avances à faire par la Compagnie aux Entrepreneurs sur matériel et installation, qui avait été fixé par décision de la Compagnie, en date d'octobre 1866, au chiffre total de 40 millions, serait augmenté de 600.000 francs.

Ce supplément d'avances serait remboursé par les Entrepreneurs de la manière suivante :

Les suppléments de prix qui leur étaient alloués pour les déblais à sec figuraient à part dans les situations, et l'on appliquerait aux chiffres de dépenses en résultant une retenue d'un dixième jusqu'à complet remboursement de l'avance totale supplémentaire de 600.000 francs.

Réduction du délai d'exécution pour le complet achèvement du Canal. — Eu égard à l'avantage qu'ils retireraient, au point de vue de la rapidité d'exécution de l'ensemble des travaux de leur entreprise, de la possibilité d'affecter aux autres parties du Canal le matériel de dragage et de transport qui devait être employé aux portions destinées à être maintenant faites à sec, les Entrepreneurs consentaient à rapprocher de un mois et vingt jours les délais d'exécution stipulés à l'article de l'Acte additionnel du 4 décembre 1866 relatif auxdits délais, en ce qui concernait les deux portions du Canal s'étendant ensemble depuis le kilomètre 60^{km},5 jusqu'à Suez. De telle sorte que, la première drague étant arrivée à Suez le 20 janvier dernier, si les dragues pouvaient entrer dans le lac Timsah pour le 20 mai [1], et si, d'ailleurs, toutes les autres conditions des marchés et actes additionnels qui pouvaient influer sur les délais d'exécution, et auxquelles il n'était pas dérogé par la présente convention, se trouvaient remplies, la date d'achèvement du Canal tout entier serait celle du 1er octobre 1869.

1. La première drague n'est entrée dans le lac Timsah que le 20 juin.

Quatrième Acte additionnel, en date du 15 janvier 1868

HISTORIQUE

Dans les premiers jours d'août 1867, les Ingénieurs signalèrent à l'administration la nécessité d'apporter des modifications dans le mode d'exécution des travaux sur certaines parties de la portion de la plaine de Suez de 6.500 mètres de longueur faisant suite au seuil de Chalouf.

Leurs propositions à ce sujet étaient accompagnées d'un cahier de sondages et de profils géologiques des terrains traversés.

Les nouveaux sondages, exécutés par des maîtres-sondeurs sur le tracé du Canal avaient amené la découverte de calcaires coquilliers dans lesdits terrains. Deux puits avaient été creusés : l'un au point $147^{km},5$, l'autre au point $147^{km},3$, pour se rendre compte de la dureté de ces terrains : le premier puits avait traversé, à une profondeur de $4^{m},75$ au-dessous du sol, une formation compacte de $1^{m},50$ d'épaisseur composée d'une agglomération de grosses coquilles réunies par un ciment calcaire; le second puits avait révélé une formation semblable. Le temps avait malheureusement manqué pour faire un plus grand nombre de puits. Mais on pouvait conclure par analogie que tous les terrains de la région qui étaient désignés par les maîtres-sondeurs sous le nom de calcaires coquilliers étaient de même nature et aussi compacts que ceux que ces puits avaient permis de reconnaître.

Les sondages avaient en définitive révélé l'existence de formations rocheuses sur deux parties de la plaine de Suez faisant suite au seuil de Chalouf : la première, de 1.400 mètres de longueur, entre les points $143^{km},7$ et $145^{km},1$; la seconde, de 2.400 mètres de longueur, entre les points $146^{km},1$ et $148^{km},5$. Ces formations rocheuses constituaient ainsi deux espèces d'îlots, d'une épaisseur moyenne de $1^m,89$, séparés par un intervalle de 1 kilomètre. Le cube de roche à extraire était évalué approximativement à 231.000 mètres cubes. De pareils terrains, en raison de leur dureté, de leur épaisseur et de leur importance, ne pouvaient évidemment être enlevés à la drague.

Deux puits avaient été également creusés dans la partie sud de la plaine, aux points kilométriques 149 et 151. En raison tout à la fois de la nature moins compacte et de la faible étendue des formations rocheuses, les terrains de cette région pourraient, au contraire, être enlevés à la drague.

Les ingénieurs étaient donc d'avis de modifier le mode d'exécution des travaux dans les deux parties de la Plaine signalées ci-dessus et de ne le modifier que là.

Deux solutions se présentaient : l'une consistait à abandonner complètement les dragages et à creuser le Canal à sec sur toute la profondeur, et cette solution, en dehors des considérations de dépense, avait l'avantage de mettre un renfort de dragues à la disposition des autres parties du Canal ; l'autre solution consistait à draguer d'abord jusqu'à la rencontre du rocher, puis à achever à sec le creusement.

Dans le premier système, le cube des déblais à sec s'élèverait, indépendamment des rigoles superficielles, à environ 1.512.000 mètres cubes ; dans le second système, à 504.000 mètres cubes seulement.

L'une ou l'autre solution pouvait être admise par la Compagnie et laissée au choix des entrepreneurs, suivant que telle ou telle solution serait jugée par eux devoir se concilier le mieux avec leur programme d'exécution.

Dans l'hypothèse de la première solution, la Compagnie pourrait offrir le choix aux entrepreneurs, soit de traiter ferme avec eux, comme pour le seuil de Chalouf (troisième Acte additionnel), au prix de 4 fr. 85 pour toutes natures de terrains et toutes dépenses à leur charge, soit d'exécuter en régie pour compte de la Compagnie.

Dans l'hypothèse de la seconde solution, les dragages jusqu'à la rencontre des couches rocheuses devraient être faits aux conditions des marchés, et l'extraction du rocher et du terrain au-dessous serait faite en régie par les entrepreneurs au compte de la Compagnie.

Dans l'un ou l'autre cas, les travaux en régie se régleraient en ajoutant au montant de toutes les dépenses justifiées 25 0/0 pour frais généraux et pour bénéfice.

Les entrepreneurs consultés présentèrent sur la question les observations suivantes :

En ce qui concernait le mode d'exécution, ils ne croyaient pas avantageux, pour la facilité, la célérité et l'économie du travail, d'enlever à la drague le terrain supérieur aux couches dures. Ils voyaient même des inconvénients à passer du travail sous l'eau au travail à sec, et ils donnaient la préférence au système d'exécution complètement à sec.

En ce qui concernait l'établissement d'un prix à forfait pour l'extraction du rocher et des terres, ils firent observer que le nombre des puits creusés était insuffisant pour leur permettre de se rendre compte de la nature du terrain et de la difficulté du travail ; ils annoncèrent, d'ailleurs, que, conformément à une demande précédente de la Compagnie, ils allaient exécuter un certain nombre d'autres puits, de manière à obtenir des renseignements aussi exacts que possible sur l'épaisseur et la dureté de l'ensemble des terrains ; ils ajoutaient qu'ils ne croyaient pas pouvoir être en mesure de présenter des propositions définitives avant un délai de trois mois.

Dans tous les cas, comme il ne paraissait pas douteux que l'extraction des terrains en question ne dût être faite à sec, les Entrepreneurs considéraient comme urgent de commander de suite six plans inclinés, des pompes d'épuisement et le petit matériel nécessaire.

La Compagnie fit immédiatement cette commande.

En même temps, et pour ne pas laisser chômer les chantiers jusqu'à l'époque où une décision pourrait être prise sur les conditions de l'exécution à sec des deux parties de Canal considérées, il fut convenu d'un commun accord que les Entrepreneurs feraient à la partie supérieure des terrains un premier déblai à sec, à la brouette, jusqu'à concurrence d'un cube d'environ 200.000 mètres, au prix de 3 fr. 25 le mètre cube, l'augmentation de 0 fr. 80 sur le prix du marché se justifiant par la nature glaiseuse du terrain et par les sujétions spéciales des travaux. [Le quatrième Acte additionnel, conclu quelques mois plus tard, n'a pas fait de distinction entre ces premiers déblais et ceux de toute la tranchée auxquels s'appliquait le nouveau marché.]

La question des conditions de l'exécution à sec des déblais dans les deux parties de la plaine de Suez, comprises, l'une entre les points 143^{km},7 et 145^{km},1, l'autre entre les points 146^{km},1 et 148^{km},5, ne revint devant l'administration que dans le courant de décembre (1867).

Les Entrepreneurs firent connaître alors le prix auquel ils consentiraient à se charger à forfait des travaux. Ils demandaient un prix de 6 fr. 20 par mètre cube, lequel représentait un supplément de 3 fr. 75 sur le prix du marché primitif. Pour justifier ce prix, ils donnèrent les explications suivantes :

La totalité des déblais à extraire dans les deux parties de Canal considérées était de 1.600.000 mètres cubes, sur lesquels il y avait 250.000 mètres cubes de rocher.

Les travaux devant se faire par le système des plans inclinés, comme dans le seuil de Chalouf, les Entrepreneurs avaient calculé leur prix de revient en le déduisant de celui qui avait été admis pour ce dernier chantier, mais en apportant dans certains éléments de dépense les modifications dont la nécessité résultait pour eux des différences qu'ils avaient été à même d'observer.

Les différences principales consistaient dans l'importance

relativement beaucoup plus grande du cube de rocher à extraire et dans la grande abondance de l'eau dont les terrains étaient imprégnés.

Les Entrepreneurs estimaient que la fouille, charge et décharge du rocher comportait une plus-value de 3 francs par mètre cube, laquelle, reportée sur la totalité du déblai, formait une augmentation moyenne de 0 fr. 47.

Quant à la plus-value due à la plus grande quantité des eaux, ils l'évaluaient à 0 fr. 19. La plaine de Suez, disaient-ils, était constamment inondée; les terrains étaient profondément imbibés par les eaux de la mer, en même temps que par les infiltrations du Canal d'eau douce ; de là, des épuisements plus considérables et plus de difficultés dans la fouille, charge et décharge des terrains (qui pour la plupart contenaient de l'argile), dans la traction par mulets, dans l'installation des plans inclinés.

Un autre élément de plus-value provenait du matériel à amortir. La Compagnie avait commandé 6 plans inclinés coûtant 100.000 francs chaque. A ce matériel, ils ajouteraient les 6 plans alors occupés à Chalouf ; le remplacement et la réparation des pièces défectueuses de ces derniers appareils, les frais de transport et de mise en place occasionneraient une dépense de 300.000 francs. C'était donc une somme de 900.000 francs à amortir et, par suite, une charge de 0 fr. 563 par mètre cube, dépense plus élevée de 0 fr. 063 que celle qui correspondait au chantier de Chalouf.

En outre, il y avait lieu de tenir compte des frais de baraquement. Le baraquement existait déjà à Chalouf et, par suite, n'avait pas grevé le prix de revient.

Enfin, il y avait lieu également de tenir compte des frais d'entretien et de renouvellement des chaînes de traction dont la force devait être doublée. L'évaluation de cet élément de la dépense, qui avait été primitivement faite à 0 fr. 15, était trop faible et devait être portée à 0 fr. 30.

En ajoutant à toutes ces plus-values les frais généraux, les frais imprévus, un bénéfice de 10 0/0 sur l'ensemble des dépenses (tandis qu'à Chalouf le bénéfice avait été limité à 10 0/0 sur le prix primitivement fixé de 2 fr. 45), les Entrepreneurs arrivaient, comme le montre le tableau ci-dessous, au chiffre de 6 fr. 20 par mètre cube, alors que le prix de Chalouf n'était que de 4 fr. 45.

OBJET DES DÉPENSES	ÉLÉMENTS du prix de Chalouf	PLUS-VALUE pour la plaine de Suez	ÉLÉMENTS du prix pour la plaine de Suez
	Francs	Francs	Francs
Installation des plans inclinés	0,13	0,02	0,15
Epuisements	0,38	0,19	0,57
Fouille, charge et décharge pour terrain ordinaire. / Supplément en raison des déblais de rocher	1,65	0,20 / 0,47	2,32
Frais d'outils et surveillance : 10 0/0	0,165	0,067	0,232
Traction par mulets	0,31	0,155	0,465
Traction par plans inclinés	0,38	0,12	0,50
Matériel / Entretien et renouvellement des chaînes	0,50	0,063 / 0,15	0,713
Baraquements	»	0,10	0,10
Compensation pour pertes antérieures	0,25	-0,25	»
	3,765	1,285	5,05
Frais généraux : 10 0/0	0,377		0,505
	4,142		5,555
Imprévu	0,063		0,081
	4,205		5,636
Bénéfice	0,245		0,564
PRIX DU MÈTRE CUBE	4,45		6,20

C'était donc ce prix de 6 fr. 20 par mètre cube que demandaient les Entrepreneurs.

Ce prix, après examen et discussion de chacun de ses éléments, ayant été finalement accepté par la Compagnie, intervint, à la date du 15 janvier 1868, le quatrième Acte additionnel.

Il restait bien entendu, d'après une stipulation dudit Acte, que le nouveau mode d'exécution des travaux à sec ne changerait en rien les époques fixées antérieurement pour l'achèvement complet et la mise en eau du Canal dans la plaine de Suez.

Le montant total du chiffre des avances sur matériel, précédemment fixé à 40.600.000 francs, était augmenté de 6 millions [1].

---

1. **Convention du 16 septembre 1868**

Dans une note du mois de décembre 1867, MM. Borel, Lavalley et Cie avaient formulé diverses réclamations relatives aux dépenses supplémentaires auxquelles les entraînait l'exécution à la drague des deux parties du Canal, l'une comprise entre les points 142km,0 et 143km,7, l'autre entre les points 145km,1 et 146km,1 dans la plaine de Suez, lesquelles parties se trouvaient au milieu d'autres qui, par suite de conventions successives, étaient faites à sec.

Les réclamations n'ayant pas été admises par la Compagnie, les Entrepreneurs les ont transformées en une proposition ayant pour objet l'exécution à sec des deux parties de Canal en question.

La proposition était formulée comme suit dans une lettre de MM. Borel, Lavalley et Cie, en date du 25 juin 1868 :

« Les Entrepreneurs s'engageaient à exécuter à sec les deux portions de Canal s'étendant du point 142km,0 à 143km,7 et du point 145km,1 à 146km,1, dans le plaine de Suez, en renonçant à toutes réclamations quelconques à raison des dépenses accessoires occasionnées par les travaux du rocher faisant l'objet du quatrième Acte additionnel en date du 15 janvier 1868, moyennant l'allocation d'un supplément de prix de 0 fr. 20 par mètre cube sur l'ensemble des déblais formant un cube total d'environ 1.154.000 mètres cubes.

« S'il se rencontrait du rocher dans les déblais à exécuter, le prix d'extraction en serait débattu au moment de l'exécution, ou bien l'extraction en serait faite en régie aux conditions habituelles des travaux de régie, demeurant entendu, dès à présent, que ces travaux de déblais de roche, pas plus que les déblais ordinaires, ne participeraient aux dépenses d'épuisement, à moins que l'existence du rocher n'ait pour conséquence de prolonger les épuisements au delà de la date à laquelle, sans cela, on les eût fait cesser. Dans ce cas, les épuisements deviendraient naturellement à la charge de la régie. »

La Compagnie, par décision du 26 septembre 1868, approuva l'engagement de MM. Borel, Lavalley et Cie, tel qu'il était libellé dans leur lettre du 25 juin 1868, en stipulant d'ailleurs les conditions accessoires suivantes :

Le montant de la plus-value de 0 fr. 20 par mètre cube sur chaque situation mensuelle donnerait lieu, par pièce de recette de même montant, à un retranchement correspondant dans le compte des avances sur installations jusqu'à complet amortissement successif, savoir :

D'une somme de 17.240 francs représentant la totalité des avances délivrées sur les travaux d'approfondissement du Canal des Pharaons;

D'une somme de 33.466 francs à valoir sur la totalité des dépenses du branchement de la plaine de Suez.

Les retranchements ci-dessus seraient opérés dans le compte général des avances sur installations, sans que le montant total consenti desdites avances eût à profiter de la réduction.

DISPOSITIONS DU QUATRIÈME ACTE ADDITIONNEL

Objet de la convention. — Exécution à sec de certaines parties du Canal. — Nouveaux prix. — Les modifications suivantes étaient apportées dans le mode et les conditions d'exécution de certaines portions du Canal maritime entre le seuil de Chalouf et Suez, savoir :

Les deux portions du Canal maritime comprises l'une entre les kilomètres 143km,7 et 145km,1 et l'autre entre les kilomètres 146km,1 et 148km,5 seraient complètement exécutées à sec jusqu'à toute profondeur suivant les profils en travers adoptés pour cette section.

Tous les déblais exécutés dans ces deux parties du Canal, jusqu'au 15 août 1867, seraient comptés et payés au prix de 2 fr. 45 du marché primitif.

Pour tous les déblais exécutés après le 15 août 1867, quelles que fussent les natures de terrain et l'abondance des eaux, dont les frais d'épuisement étaient entièrement à la charge de MM. Borel, Lavalley et Cie, il était alloué aux Entrepreneurs un supplément de 3 fr. 75 sur le prix du marché primitif, soit un prix total de 6 fr. 20 par mètre cube, mais seulement jusqu'à concurrence de 1.600.000 mètres cubes ; le surplus, s'il y en avait, serait payé 3 fr. 25 le mètre cube, soit un supplément de 0 fr. 80 sur le prix du marché primitif.

Délais d'exécution. — Il restait bien entendu que ce nouveau mode d'exécution des travaux à sec ne changerait en rien les époques fixées antérieurement pour l'achèvement complet et la mise en eau du Canal maritime dans la plaine de Suez.

Avances supplémentaires sur matériel. — La Compagnie mettrait à la disposition des Entrepreneurs, pour l'exécution des travaux indiqués ci-dessus, le matériel des six plans inclinés commandé directement par elle, et dont la valeur était d'environ 500.000 francs.

Le montant réel et définitif des sommes payées pour ce matériel par la Compagnie, et justifié par les comptes et factures, serait à la charge des Entrepreneurs, et remboursé par eux comme il est dit plus loin.

Le crédit primitif de 40.600.000 francs, alloué par la Compagnie pour avances ou acompte sur matériel aux entrepreneurs, stipulé par les articles relatifs auxdites avances du deuxième et du troisième Acte additionnels, serait, en outre, augmenté de 6 millions.

Le montant des dépenses faites par la Compagnie pour les six plans inclinés ci-dessus serait remboursé par les Entrepreneurs de la manière suivante :

Le supplément de prix qui leur était alloué pour les déblais à sec ci-dessus spécifiés figurerait à part dans les situations, et l'on appliquerait aux chiffres de dépenses en résultant une retenue d'un dixième jusqu'à complet remboursement de la dépense faite par la Compagnie pour l'achat de ce matériel.

Quant à l'amortissement de la nouvelle avance de 6 millions sur matériel, il aurait lieu par continuation du prélèvement de 50 centièmes du montant brut des situations régulières de l'Entreprise, indiqué au paragraphe 4° de l'article du deuxième Acte additionnel concernant l'amortissement des avances.

Stipulations des anciens marchés. — Il n'était absolument rien modifié aux stipulations des anciens marchés des 26 mars et 12 décembre 1864, et des Actes additionnels des 27 mars 1865, 4 décembre 1866 et 13 avril 1867, auxquelles il n'était pas dérogé par les stipulations qui précèdent.

Cinquième Acte additionnel, en date du 30 octobre 1868

HISTORIQUE

En octobre 1868, c'est-à-dire un an avant la date fixée pour l'ouverture du Canal à la navigation (1er octobre 1869), la situation était la suivante :

Un certain nombre d'importants points litigieux restaient à régler entre la Compagnie et l'Entreprise, et le prix à appliquer pour les cubes supplémentaires de déblais à Port-Saïd restait à établir d'un commun accord ;

Les Ingénieurs avaient signalé la nécessité d'exécuter à sec une nouvelle portion de Canal dans la plaine de Suez ;

Les Entrepreneurs réclamaient un supplément de prix pour les terrains durs du Sérapéum au-dessous de la cote 19m,00 ;

L'existence d'autres terrains durs, en dehors de ceux jouissant d'une plus-value spéciale, avait été constatée en divers points du Canal ;

La Compagnie avait à prendre, sans tarder, les mesures nécessaires pour assurer le remplissage des lacs Amers en temps opportun ;

Enfin, elle avait à fixer la date à partir de laquelle serait appliquée la prime d'achèvement, compte tenu des retards éprouvés, en dehors de leur fait, par les Entrepreneurs.

Dans cette situation, la Compagnie entra en pourparlers avec les Entrepreneurs, non seulement en vue du règlement des points litigieux, mais encore et surtout pour chercher à régler à l'avance et à forfait toutes les dépenses extraordinaires que pouvait entraîner l'achèvement du Canal.

Ce sont les études à ce sujet qui aboutirent finalement à la passation du cinquième Acte additionnel.

Nous donnerons quelques explications sommaires sur les diverses dispositions du nouveau marché.

Règlement de tous les comptes litigieux en suspens. — Tous les chiffres des réclamations ayant été débattus, le montant desdites réclamations a été définitivement arrêté à la somme totale de 1.400.000 francs.

Cubes supplémentaires de déblais à Port-Saïd. — Des apports assez considérables avaient eu lieu et se produisaient encore dans le chenal de Port-Saïd, provenant en majeure partie des sables de la plage de l'Ouest passant à travers les interstices des blocs de la jetée.

D'un commun accord, ces apports ont été assimilés aux cubes supplémentaires provenant de l'adoption des profils à grande largeur du Canal et il a été décidé en conséquence qu'on leur appliquerait le prix de 1 fr. 45 indiqué au deuxième Acte additionnel.

Toutefois le foisonnement des déblais mesurés dans les bateaux-porteurs a été porté à 20 0/0 au lieu de 10 0/0 du marché primitif du 12 décembre 1864.

Exécution à sec d'une nouvelle portion du Canal dans la plaine de Suez. — Au delà des portions du Canal de la plaine de Suez qui s'exécutaient à sec en conformité du quatrième Acte additionnel et qui s'étendaient jusqu'au point 148km,5, il y avait encore, pour arriver jusqu'à Suez, environ 10 kilomètres de canal qui devaient se faire à la drague. Or, dans la région voisine des susdites portions de Canal, les Ingénieurs reconnurent que les dragues n'avaient pas un rendement suffisant pour assurer l'achèvement des travaux au terme fixé et qu'il y aurait avantage à faire à sec les 2.800 mètres de Canal, de 148km,5 à 151km,3, formant la dernière partie de la section de la Plaine de Suez.

Ce mode d'exécution ayant été décidé, il restait à arrêter, d'accord avec les Entrepreneurs, le prix d'exécution.

Pour les portions précédentes de la Plaine de Suez, exécutées à sec, le prix adopté avait été de 6 fr. 20, et ce fut naturellement ce prix qui fut offert aux Entrepreneurs.

Les Entrepreneurs demandèrent 7 fr. 20, et, pour justifier ce chiffre, ils présentèrent les considérations suivantes : Le travail leur serait beaucoup plus onéreux que dans les portions précédentes, attendu qu'ils étaient certains de trouver l'eau en abondance dans les tranchées et d'avoir ainsi des frais considérables d'épuisement ; en outre, ils s'attendaient à trouver un terrain beaucoup plus dur que dans les susdites portions de Canal ; le prix de 6 fr. 20 adopté pour celles-ci avait été un prix moyen qui avait été appliqué aussi bien aux terrains supérieurs, d'une extraction facile, qu'aux terrains plus durs de la partie inférieure ; enfin, il y avait à considérer que le délai d'exécution était très court : les travaux devaient être exécutés en six mois au lieu de dix ; dès lors la quantité de matériel à affecter à ce travail était relativement plus considérable, et par conséquent le quantum d'amortissement de ce matériel se trouvait augmenté ; de plus, il y aurait des travaux de nuit.

Les Entrepreneurs insistèrent donc pour obtenir le prix de 7 fr. 20, auquel consentit finalement la Compagnie.

Supplément de prix pour les terrains durs du Sérapéum au-dessous de la cote 19m,00. — Les Entrepreneurs réclamaient sur le prix du marché une plus-value de 1 fr. 45 par mètre cube.

Leur réclamation, de ce chef, se traduisait par la demande d'une indemnité de 3.593.100 francs, calculée à forfait sur la base d'un cube approximatif de 2.478.000 mètres cubes.

A l'appui de leurs réclamations, les Entrepreneurs firent valoir qu'ils avaient fait des pertes considérables dans les travaux exécutés sur deux sections importantes du Canal, à savoir : à Port-Saïd, 1.700.000 francs; au Sérapéum, 4.100.000 francs. Ils ne cachaient pas que c'était pour se couvrir en partie de ces pertes qu'ils demandaient cette plus-value de 1 fr. 45.

(La dépense s'appliquait à un cube déterminé ; et, pour

ce cube, la moyenne avait été fixée à 1 fr. 45. On avait observé que le déblai qui restait encore à exécuter pour mettre le Canal à profondeur coûterait moins que celui qui avait été exécuté jusqu'alors, et l'on avait alors appliqué le prix moyen. Ainsi, en réalité, le forfait ne s'appliquait qu'à une partie de la somme de 3.593.100 francs ; il y en avait une partie qui s'appliquait à des travaux antérieurs.)

La demande des Entrepreneurs fut admise par la Compagnie.

Allocation d'une somme à forfait pour tous terrains durs en dehors de ceux jouissant d'une plus-value spéciale. — Dans la portion du Canal traversant les terrains de la Quarantaine (entre l'extrémité Sud de la plaine de Suez et Suez), portion s'exécutant à la drague, on rencontrait encore des bancs rocheux que les dragues, il est vrai, parvenaient à enlever. D'un autre côté, au seuil d'El Guisr et dans la région de Kantara, le calcaire dominait en divers endroits. On avait à craindre de rencontrer également des terrains durs et même des roches dans d'autres sections du Canal. L'extraction de ces déblais ferait naître des réclamations semblables à celles qui avaient été déjà plusieurs fois produites.

Or la Compagnie tenait à ne plus avoir d'imprévu pour l'avenir. Les Entrepreneurs consentaient, moyennant un forfait de 1.719.400 francs en dehors de leurs marchés, à ne plus rien demander à la Compagnie.

La Compagnie accepta la proposition.

Remplissage des lacs Amers. — Les Entrepreneurs, pour se charger de l'opération du remplissage, demandaient 3 millions, savoir :

1 million pour les travaux d'art ;

1 million pour la gêne et les pertes qui résulteraient pour eux de l'opération du remplissage ;

1 million pour leurs peines et soins.

Pour justifier le premier chiffre, les Entrepreneurs firent

observer que chacun des deux ouvrages destinés à régler l'entrée de l'eau de chacune des deux mers dans les lacs Amers aurait six fois la largeur de l'ouvrage qui avait servi au remplissage du lac Timsah avec les eaux de la Méditerranée, et qui, exécuté par eux en régie pour compte de la Compagnie, avait coûté 150.000 francs. Or, au lieu de demander 900.000 francs pour chaque ouvrage, ils ne demandaient que 500.000 francs.

Au sujet du second chiffre, les Entrepreneurs firent observer que, lorsqu'il leur faudrait introduire l'eau dans les lacs Amers, il s'établirait un très grand courant qui rendrait leurs mouvements plus difficiles; qu'ils étaient obligés de hâter l'achèvement des travaux à sec en cours d'exécution et que les efforts qu'ils seraient obligés de faire leur occasionneraient une plus grande dépense dont il était juste de leur tenir compte.

En ce qui était du troisième chiffre, les Entrepreneurs consentirent à y renoncer à la condition que la Compagnie, d'une part, prendrait à sa charge une réclamation que leur avaient adressée leurs entrepreneurs de déchargements à Port-Saïd, MM. Savon frères, ladite réclamation montant à 345.000 francs; d'autre part, renoncerait à recevoir les intérêts, montant à 100.000 francs, d'une somme de 2 millions qu'elle leur avait prêtée.

Au sujet de la réclamation de MM. Savon frères, les Entrepreneurs expliquèrent qu'ils avaient fait avec ces derniers un contrat par lequel ils avaient obtenu que les déchargements fussent faits à un certain prix à la condition d'un tonnage minimum à l'entrée. Or ce tonnage minimum n'avait jamais été fourni, en sorte qu'il en était résulté pour MM. Savon frères une perte considérable dont ils réclamaient le dédommagement auprès des Entrepreneurs; et ceux-ci se retournaient vers la Compagnie, disant que c'était elle qui était la cause des pertes subies, parce qu'elle avait modifié ses projets. Finalement le litige a été réglé par l'allocation à MM. Borel, Lavalley et Cie d'une somme de 200.000 francs, moyennant laquelle ils sont restés chargés de désintéresser leurs entrepreneurs de déchargements. Cette somme se trouve comprise dans le chiffre total alloué par le premier article de l'Acte additionnel pour règlement de tous les comptes litigieux en suspens.

Fixation de la prime d'achèvement des travaux. — La Compagnie avait déjà décidé, l'année précédente, qu'il serait tenu compte aux Entrepreneurs des divers retards qu'ils avaient eu à supporter, provenant soit de circonstances de force majeure, soit du fait de la Compagnie. Parmi les premières causes de retard se trouvait le chômage occasionné par l'épidémie de choléra de 1865. Parmi les autres causes, les principaux éléments de la prolongation de délai à accorder pour l'achèvement des travaux étaient le retard du remplissage du lac Timsah et le retard du passage des dragues par le Canal d'eau douce. Il y avait aussi à tenir compte de ce fait que l'Entreprise avait eu à prêter des dragues à la Compagnie et qu'il en était résulté un certain ralentissement de ses propres travaux.

C'était en tenant compte de toutes ces causes de retard que, dans le nouveau marché, la prime à allouer aux Entrepreneurs s'ils achevaient les travaux pour la date du 1er octobre avait été fixée à 2.800.000 francs; ce qui correspondait à un retard total de cinq mois et vingt jours et revenait à dire que la prime d'achèvement de 500.000 francs stipulée par le marché primitif du 12 décembre 1864 leur était allouée pour une période de cinq mois et vingt jours précédant la date fixée pour l'achèvement des travaux.

Réduction de la prime d'achèvement en cas de retard dans la livraison du Canal. — En même temps que la prime d'achèvement était fixée par l'article précédent au chiffre de 2.800.000 francs, il avait été bien entendu que, dans le cas où les Entrepreneurs ne livreraient pas le Canal, avec les lacs Amers remplis, pour la date fixée du 1er octobre 1869, ils subiraient sur le chiffre de la prime une réduction calculée sur le chiffre de 500.000 francs par mois.

A l'Assemblée générale des Actionnaires du 2 août 1869, le Président de la Compagnie annonça qu'il avait fixé définitivement au 17 novembre suivant l'inauguration du Canal et sa mise en exploitation.

Le Tribunal arbitral chargé de régler les différends existant entre la Compagnie et les Entrepreneurs au moment de la liquidation de l'Entreprise (fin décembre 1869), décida, par sa sentence du 16 août 1870, que c'était ladite date du 17 novembre 1869 qui devait être assignée comme le terme convenu de l'achèvement des travaux, en sorte que le retard d'achèvement ne devait être évalué qu'à partir de cette date. Le retard ayant été évalué par le Tribunal arbitral à deux mois, la prime d'achèvement s'est trouvée réduite à 1.800.000 francs.

But et conséquence de la présente Convention. — Dans un article final, la nouvelle Convention stipule nettement que, moyennant les forfaits consentis (qui s'élevaient en totalité au chiffre de 15 millions de francs), les Entrepreneurs considéraient comme définitivement réglées toutes réclamations pour faits antérieurs et renonçaient pour l'avenir jusqu'à la fin des travaux à toutes réclamations quelconques pour les faits réglés par la Convention.

DISPOSITIONS DU CINQUIÈME ACTE ADDITIONNEL

Règlement de tous les comptes litigieux en suspens. — Tous les comptes se rapportant à des faits antérieurs à ce jour, et comprenant notamment ceux relatifs aux objets ci-dessous, savoir :

Changement du tracé du canal à Suez et dans la plaine de Suez ;

Boghaz du kilomètre 3 ;

Terrains durs rencontrés par les dragues 58,30 et 52 ;

Déblais de gypse dans les lacs Ballah depuis l'origine jusqu'au complet achèvement ultérieur des travaux ;

Terrains durs du Sérapéum au-dessus de la cote 19 ;

Terrains litigieux de tout le reste de la ligne du Canal jusqu'à la situation du 15 octobre courant inclusivement ;

Défaut de mise en état de la rigole du seuil d'El-Guisr pour l'époque fixée par les marchés;

Déchargements de Port-Saïd;

Etc., etc.

Étaient et demeuraient définitivement arrêtés et réglés à la somme totale de 1.400.000 francs, qui serait immédiatement payée aux Entrepreneurs à Paris.

Cubes supplémentaires de déblais à Port-Saïd. — Les déblais qui seraient à exécuter à Port-Saïd, en supplément des cubes prévus par le deuxième Acte additionnel du 4 décembre 1866, seraient payés aux Entrepreneurs au prix de 1 fr. 45 le mètre cube.

Le foisonnement pour les déblais vaseux était fixé d'un commun accord à 20 0/0, aussi bien pour l'avenir que pour les déblais vaseux qui étaient en litige pour le passé. Il était entendu, d'ailleurs, que, pour lesdits déblais, les bateaux-porteurs devraient, après complet remplissage, rester un certain temps encore sous le couloir de la drague, savoir : dix minutes au moins quand il y aurait un autre bateau-porteur en attente, et un quart d'heure dans les autres cas.

Exécution à sec d'une nouvelle portion du Canal dans la plaine de Suez. — Les Entrepreneurs exécuteraient à sec la portion du Canal comprise entre les kilomètres $148^{km},5$ et $151^{km},3$ dans la plaine de Suez, moyennant l'allocation, en plus du prix normal de 2 fr. 45 par mètre cube, d'une somme totale fixée invariablement et à forfait à 3.487.500 francs, quelle que fût la nature des terrains rencontrés, roches comprises, et l'importance des épuisements. Cette somme serait payée au fur et à mesure de l'exécution des travaux à partir de la situation du 15 août dernier exclusivement, au moyen d'un supplément de prix de 4 fr. 65 par mètre cube, lequel serait appliqué jusqu'à complet paiement de ladite somme, qui avait été ainsi évaluée d'un commun accord sur la base d'un cube approximatif de 750.000 mètres cubes, et quel que fût en réalité le cube exécuté en plus ou en moins de ce chiffre entre les kilomètres $148^{km},5$ et $151^{km},3$ après le 15 août 1868, pour arriver au profil normal du Canal.

Les Entrepreneurs rembourseraient immédiatement à la Compagnie, à Paris, le montant des paiements qu'elle avait déjà effectués pour les acquisitions du matériel spécial destiné aux travaux dont s'agit, et ils resteraient chargés de tous paiements ultérieurs relatifs à ce matériel. En conséquence, l'allocation supplémentaire ci-dessus ne serait soumise à aucune retenue pour remboursement d'avances sur matériel.

Supplément de prix pour terrains durs du Sérapéum au-dessous de la cote $19^{m},00$. — A raison des terrains durs qui avaient été rencontrés dans les déblais déjà exécutés au seuil du Sérapéum, au-dessous de la cote $19^{m},00$, entre les kilomètres $87^{km},025$ et $94^{km},100$, et de ceux qui se rencontreraient encore dans les déblais restant à exécuter au-dessous de la même cote entre les mêmes points pour la mise à fond du Canal suivant le profil normal, il était alloué aux Entrepreneurs une somme totale fixée invariablement et à forfait à ci 3.593.100 francs, laquelle serait payée au moyen d'un supplément de prix de 1 fr. 45 par mètre cube de déblais de toute nature, devant s'appliquer dès à présent à tout le cube déjà fait entre les points ci-dessus, et au-dessous de la cote 19m,00, et, au fur et à mesure, à tout le cube restant à faire dans ces mêmes limites, jusqu'à complet paiement de ladite somme, qui avait été ainsi évaluée d'un commun accord sur la base d'un cube approximatif total de 2.478.000 mètres cubes, et quel que fût en réalité le cube exécuté en plus ou en moins de ce chiffre pour arriver au profil normal du Canal.

Allocation d'une somme à forfait pour tous terrains durs en dehors de ceux jouissant d'une plus-value spéciale. — Pour tous les terrains durs qui pourraient, jusqu'au complet achèvement des travaux, se rencontrer encore dans le Canal maritime et dans les chenaux et bassins des ports, en un mot dans toute l'étendue de l'Entreprise, en dehors de ceux jouissant déjà d'une plus-value spéciale en vertu des marchés antérieurs et des dispositions des articles précédents de la présente Convention, il était alloué aux Entrepreneurs une somme fixée invariablement et à forfait à 1.719.400 francs, laquelle somme leur serait payée par allocations mensuelles de 140.000 francs, à partir de la situation du 15 octobre courant inclusivement, la dernière allocation devant être de 179.400 francs.

Remplissage des lacs Amers. — Les Entrepreneurs étaient chargés du remplissage des lacs Amers moyennant l'allocation d'une somme fixée invariablement et à forfait à 2.000.000 francs, comprenant à la fois le montant des dépenses d'exécution des travaux et ouvrages d'art nécessaires pour l'opération du remplissage, le remboursement de tous les frais et dommages que pourrait occasionner cette opération dans tous les chantiers de l'Entreprise, enfin la réparation de toutes dégradations que les courants pourraient produire dans le Canal et ses dépendances.

La somme susindiquée serait payée aux Entrepreneurs de la manière suivante, savoir :

Deux sommes de 500.000 francs chacune, pour les deux grands ouvrages d'art et travaux accessoires destinés respectivement à régler l'introduction des eaux de la Méditerranée et de la mer Rouge dans les lacs; chacune de ces deux sommes répartie en deux paiements égaux, dont le premier, un mois après la mise en train, et le second, immédiatement après l'achèvement de chacun desdits ouvrages et travaux ;

Deux autres sommes de 500.000 francs chacune, pour les dommages respectivement causés dans les deux régions du Canal, chacune de ces deux sommes étant répartie en paiements mensuels égaux sur toute la période de temps comprise entre le jour de l'introduction des eaux par l'ouvrage d'art correspondant et le jour de la livraison du Canal, compté, à l'effet de ces paiements, au 1er octobre 1869 ; demeurant entendu toutefois que le dernier paiement mensuel afférent à chacune de ces sommes aurait lieu seulement aussitôt après la livraison du Canal.

Fixation du montant de la prime d'achèvement des travaux. — La prime qui serait due aux Entrepreneurs en vertu des marchés, s'ils achevaient les travaux pour la date du 1er octobre 1869, était fixée d'un commun accord, compte tenu de toutes les causes de retard qui s'étaient produites jusqu'à ce jour, à la somme de 2.800.000 francs, qui serait payée aussitôt après la livraison du Canal.

Réduction de la prime d'achèvement en cas de retard dans la livraison du Canal. — Dans le cas où les Entrepreneurs ne livreraient pas le Canal, avec les lacs Amers remplis, pour la date fixée du 1er octobre 1869, ils subiraient sur le chiffre de la prime une réduction calculée sur le pied de 500.000 francs par mois.

Et, si le retard venait à se prolonger au delà des six mois à l'expiration desquels la prime se trouverait complètement supprimée, ladite réduction se transformerait en une amende calculée sur le même pied de 500.000 francs par mois.

But et conséquence de la présente Convention. — Il était et demeurait bien entendu entre les parties que, moyennant les forfaits consentis d'un commun accord comme ci-dessus, les Entrepreneurs considéraient comme définitivement réglées toutes réclamations pour faits antérieurs à la date de ce jour ; qu'en outre, ils renonçaient pour l'avenir jusqu'à la fin des travaux à toutes réclamations quelconques pour les faits réglés par la présente Convention, notamment pour tout ce qui concernait les natures et les prix des déblais de tout genre, les infiltrations et les épuisements dans les tranchées, le remplissage des lacs Amers, les délais d'exécution et la prime d'achèvement, étant entendu que la Compagnie continuerait à remplir, comme elle l'avait fait, par exemple dans la dernière année écoulée prise comme période type, toutes les autres conditions à sa charge d'après les marchés existants (telles que fourniture d'eau douce, navigabilité du Canal d'eau douce, etc...), les Entrepreneurs dégageant toutefois la Compagnie de toute responsabilité pour passage éventuel de dragues dans le Canal d'eau douce.

Stipulations des anciens marchés. — Il n'était absolument rien modifié aux stipulations des anciens marchés des 26 mars et 12 décembre 1864, et des Actes additionnels des 27 mars 1865, 4 décembre 1866, 13 avril 1867 et 15 janvier 1868, auxquelles il n'était pas dérogé par la présente Convention.

Convention du 26 novembre 1868 sur les tolérances admises par la Compagnie pour la réception des travaux.

HISTORIQUE

Au cours des conférences qui eurent lieu en octobre 1868 entre la Compagnie et MM. Borel, Lavalley et Cie pour la préparation du cinquième Acte additionnel, les Entrepreneurs avaient demandé, en vue de l'application de la prime d'achèvement, qu'une certaine tolérance, lors des réceptions définitives, leur fût accordée dans l'exécution du profil normal.

A l'appui de leur demande, ils avaient présenté les observations suivantes :

Il pouvait arriver — disaient-ils — que des éboulements survinssent, et, dans tous les cas, on devait comprendre qu'il était fort difficile, avec les appareils dont on disposait, d'arriver à une exactitude mathématique dans les dimensions à donner au Canal. On concevait, d'ailleurs, que ces dimensions dépendaient en grande partie du niveau de l'eau ; même en s'en tenant au niveau moyen, on ne pouvait être sûr de ne pas laisser derrière soi quelque inégalité dans les profils du Canal. Les Entrepreneurs désiraient donc que le Canal fût reconnu achevé aussitôt qu'il pourrait donner passage aux grands navires tels que les paquebots des Messageries Impériales et ceux de la Compagnie Péninsulaire et Orientale, et cela dans le but de faire courir la prime offerte pour l'achèvement du Canal nonobstant les exhaussements et rétrécissements qui pourraient être signalés dans le parcours. Ils s'engageaient d'ailleurs à rectifier ces inégalités dans le plus bref délai.

Sur l'observation qui leur fut faite que la Compagnie ne pouvait prendre d'engagements sur des termes aussi vagues, c'est-à-dire sans être bien fixée sur le maximum de tolérance à accorder, lequel devait la mettre à l'abri de toutes éventualités d'avaries et d'embarras de la navigation, les Entrepreneurs avaient complété leurs premiers dires par les explications suivantes :

En demandant que la prime d'achèvement leur fût acquise au 1er octobre 1869, lors même qu'à cette date on rencontrerait encore, dans quelques passages du Canal, certains reliefs ou bosses provenant de terres du talus, ou lors même que ces terres enlevées aux talus auraient produit non seulement un exhaussement du sol, mais encore une diminution de la largeur au plafond, les Entrepreneurs avaient en vue l'intérêt de la Compagnie autant que leur propre intérêt. Ils avaient le droit de livrer à la Compagnie le canal par parties à mesure de leur achèvement. On comprenait que, s'ils procédaient ainsi, ils pouvaient, longtemps avant l'achèvement du Canal, livrer à la Compagnie des sections qui, au 1er octobre 1869, n'auraient ni la largeur ni la profondeur nécessaires. Au lieu de procéder ainsi, ils avaient l'intention de faire dans les trois derniers mois un curage général qui assurerait la largeur et la profondeur voulues, à l'exception de quelques passages où un accident aurait fait glisser des terres. Ils ne croyaient pas que ces accidents fussent de nature à leur faire refuser la prime au moment de la livraison. Ils s'engageaient d'ailleurs à enlever plus tard les obstacles dont il s'agissait et qui auraient été constatés au moment de la livraison. Il serait bien entendu que la tolérance qu'ils demandaient ne dépasserait pas, pour les exhaussements partiels, une hauteur de 0m,30 et que la largeur, en aucun endroit, ne pourrait être moindre de 15 mètres au plafond : cette tolérance était uniquement pour fixer la date de la prime, et les Entrepreneurs n'en seraient pas moins tenus d'achever, après livraison, le Canal dans les dimensions prévues aux marchés.

La demande des Entrepreneurs fut admise en principe

par la Compagnie, qui décida que les dispositions à adopter relativement aux profils de tolérance seraient définitivement concertées entre eux et le Directeur général des travaux.

Les dispositions adoptées d'un commun accord et rappelées par la lettre mentionnée plus haut de MM. Borel, Lavalley et Cie au Directeur général des travaux étaient les suivantes :

DISPOSITIONS RELATIVES AUX PROFILS DE TOLÉRANCE

Lettre du 26 novembre 1868 de MM. Borel, Lavalley et Cie au Directeur général des travaux,

CONFIRMANT CE QUI AVAIT ÉTÉ CONVENU RÉCEMMENT ENTRE EUX DANS LEURS CONFÉRENCES SPÉCIALES TENUES A PARIS AU SUJET DE LA RÉCEPTION DES TRAVAUX DE CREUSEMENT DU CANAL.

Aux termes des articles des marchés des 26 mars et 12 décembre 1864 concernant les réceptions définitives des travaux, ces réceptions devaient avoir lieu par portion continue de Canal d'un kilomètre au moins de longueur complètement achevée conformément au profil normal.

Dans les portions du Canal exécutées à sec, l'exécution de la clause ci-dessus ne donnait lieu à aucune observation, d'autant plus que toutes ces portions seraient terminées sensiblement avant l'époque fixée pour la mise en eau du Canal et pour son ouverture à la navigation.

Pour les portions de Canal exécutées par voie de dragages sous l'eau, il était nécessaire au contraire de mettre les conditions de réception en rapport avec les exigences inévitables de ce mode de travail.

Lorsque la Compagnie avait demandé aux entrepreneurs de prendre l'engagement formel de livrer le Canal mis complètement en eau à la date du 1er octobre 1869, il avait été entendu que les tolérances indispensables leur étaient accordées pour l'exécution pratique des travaux dans ce délai, c'est-à-dire pour l'achèvement du Canal à la date fixée, dans des conditions convenables pour la navigation et de manière qu'il ne restât plus à faire ensuite qu'un dernier curage général; le tout, ainsi qu'il est expliqué ci-après :

Comme les portions draguées du Canal devaient être achevées presque toutes en même temps et dans le dernier mois avant sa livraison, il avait paru à peu près impossible que la Compagnie pût faire lever immédiatement après l'exécution et dans un temps très court, comme l'entreprise croyait être en droit de l'exiger, les profils définitifs devant servir aux réceptions définitives. D'autre part, si l'entreprise dirigeait ses dragages de manière à livrer des kilomètres de Canal complètement terminés assez longtemps avant l'époque fixée pour l'ouverture, il pourrait se produire dans lesdits kilomètres, jusqu'à ladite époque, des détériorations, des éboulements que la Compagnie serait dans l'impossibilité de réparer, n'ayant ni matériel ni moyens pour cela. L'entreprise avait proposé alors, en échange des tolérances qui lui étaient accordées, de conduire ses travaux de dragages de manière à amener le Canal, partout à la fois, à peu près à la profondeur et à la largeur normales; et, à l'exception des portions exécutées à l'aide des appareils élévateurs, de ne faire que pendant la période des trois derniers mois avant la livraison le curage complet devant donner au Canal sa section définitive. Excepté pour les portions où les élévateurs étaient employés, les réceptions définitives seraient demandées seulement pendant ces trois derniers mois, et, sans attendre qu'elles fussent terminées, le Canal serait considéré comme livré et l'entreprise serait réputée avoir rempli ses engagements quant au délai, pourvu qu'au moment de l'ouverture l'état des travaux satisfît aux conditions énumérées plus loin.

La section définitive à donner au Canal dans ses diverses parties avait été fixée en adoptant, comme niveau moyen de tenue du plan d'eau, la cote 18^{m},20, et c'était au-dessous de cette cote que la profondeur normale de 8 mètres avait été calculée : mais on savait que le niveau réel des eaux du Canal n'était jamais et ne serait jamais absolument invariable : les marées, l'évaporation, l'action des vents et des courants faisaient varier continuellement le niveau entre certaines limites. Les dragues, qui travaillaient en flottant sur l'eau, suivaient les variations du niveau, et il était impossible de modifier à chaque instant la hauteur de suspension de l'élinde de manière à corriger les effets de ces variations. D'ailleurs, la drague elle-même oscillait incessamment sous l'action très inégale des résistances des terrains divers qu'elle rencontrait sur un même point, sous l'effet de l'agitation de l'eau par le vent, et le fond était creusé plus ou moins inégalement tant par ces causes que par la flexibilité et le mou de la chaîne dragueuse. En outre, le chef dragueur n'avait et ne pouvait avoir aucun repère suffisamment fixe pour lui permettre d'apprécier les variations incessantes du niveau de l'eau. Ces causes d'irrégularité de creusement en profondeur produisaient aussi des irrégularités dans les mouvements et les largeurs de papillonnage et, par conséquent, dans l'inclinaison et le dressement des talus de la cuvette. Cette inclinaison et ce dressement étaient encore variables suivant la nature et le degré de compacité des diverses couches de terrains qui se succédaient dans la profondeur de 8 mètres au-dessous du niveau de l'eau que devait avoir le Canal.

Enfin, il se ferait inévitablement sur bien des points et dans les angles de la cuvette au plafond un petit dépôt de légers éboulis provenant des talus.

Par toutes ces considérations, avait été convenu d'un commun accord ce qui suit (Voir le dessin Pl. XVII) :

Il n'y avait pas à se préoccuper des risbermes du profil à grande largeur. Les conditions prescrites n'affectaient que la cuvette du Canal, son plafond et ses talus.

Le profil en gros traits représentait le profil normal théorique de la cuvette. Ce profil s'appliquait réellement dans les portions exécutées à sec, et les réceptions définitives desdites portions devaient se faire suivant ce profil avec la tolérance fixée par les instructions du Directeur général des travaux du 15 juin 1868[1].

Quant aux portions exécutées par voie de dragages, la cuvette du Canal devrait, lors des réceptions définitives, présenter des profils compris entre les deux profils tracés en traits de grosseur moyenne et qui figuraient : l'un, le profil limite inférieur ; l'autre, le profil limite supérieur.

Le premier profil avait son plafond à 7m,70 de profondeur au-dessous de la cote moyenne 18m,20 et sur une largeur horizontale de 15m,00 prolongée de chaque côté par un talus de 5 de base pour 1 de hauteur et de 3m,20 de projection horizontale aboutissant à des talus de cuvette de 2 de base pour 1 de hauteur.

Le second profil avait son plafond à 8m,30 de profondeur au-dessous de la cote moyenne 18m,20 et sur une largeur de 17m,50 aboutissant à des talus de cuvette de 3 de base pour 1 de hauteur.

L'Entreprise devrait livrer la section entièrement déblayée jusqu'aux

---

1. A la suite d'une conférence tenue à Ismaïlia avec MM. Borel, Lavalley et Cie, le Directeur général des travaux, à la date du 15 juin 1868, avait adressé aux ingénieurs chefs de division les instructions suivantes expliquant et complétant ses instructions précédentes concernant les réceptions définitives des portions achevées du Canal maritime :

1° Les instructions précédentes recommandaient aux chefs de section de la Compagnie de vérifier, avec plus de précision que pour les situations mensuelles ordinaires, les profils des portions de Canal déclarées par l'Entreprise en état de réception. Les nouvelles instructions, en rappelant les précédentes, avaient soin de mentionner que ladite vérification devait, aussi bien que toutes les autres opérations servant à l'établissement des situation, être faite contradictoirement ;

2° Les instructions précédentes disaient que le chef de section de la Compagnie devait signaler immédiatement au chef de section de l'Entreprise, pour qu'il y fût aussitôt remédié par celui-ci, les défectuosités que feraient ressortir les vérifications de profils déclarés en état de réception. Les instructions nouvelles faisaient remarquer que, par suite de l'observation ci-dessus, cette recommandation devait être regardée désormais comme non avenue; que le chef de section de la Compagnie devait seulement, en signant les profils levés contradictoirement, déclarer que tel ou tel profil lui avait été désigné comme correspondant à une portion de Canal terminée, ce qui impliquerait implicitement la déclaration de la vérification contradictoire des cotes avec toute l'exactitude requise ;

3° Les instructions nouvelles édictaient les dispositions suivantes, visées

lignes du profil limite inférieur, et, d'autre part, elle ne serait pas payée de tous les déblais qui excéderaient les lignes du profil limite supérieur. Elle serait payée de tous les déblais réellement exécutés entre les deux profils limites.

Le profil limite inférieur devrait être fourni exactement à la date de la livraison du Canal dans les parties exécutées à l'aide des appareils élévateurs.

Quant aux autres parties, l'Entreprise serait considérée comme ayant livré le Canal dans les délais et conditions stipulés au cinquième Acte additionnel, si, à la date de cette livraison, aucune des saillies et irrégularités qui pourraient encore exister à cette date ne dépassait la ligne-enveloppe représentée par le profil tracé en traits fins, et à la condition que ces saillies et irrégularités n'existeraient que sur une somme totale de longueurs cumulées de parties du Canal qui n'excéderait pas le cinquième de la longueur totale des portions exécutées par voie de dragages.

Après la livraison ainsi faite, l'Entreprise devrait enlever partout, dans le délai maximum de trois mois, lesdites saillies et irrégularités, de manière que, dans toute l'étendue des parties exécutées par voie de dragages, le Canal présentât au moins le profil limite inférieur.

Il était évident qu'il serait facile à la Compagnie de vérifier, pour ainsi dire immédiatement et en suivant pas à pas l'exécution, si la section déblayée du Canal était renfermée dans les limites du profil tracé en traits fins. Elle prenait donc l'engagement de faire cette vérification au fur et à mesure, derrière le dragage.

---

plus spécialement par le paragraphe ci-dessus de la Convention du 26 novembre 1868 :

Pour les réceptions définitives, on admettrait une tolérance de $0^m,10$ en plus ou en moins, mesurée verticalement sur tout le contour du profil : on aurait ainsi un profil minimum et un profil maximum. On admettrait également une tolérance de $0^m,10$ à droite et à gauche dans la position de l'axe. Dès lors, pour constater si un profil était en état de réception, il suffirait de vérifier si ledit profil pouvait être circonscrit à l'une des positions du profil minimum entre les deux positions extrêmes résultant de la tolérance d'axe. S'il ne remplissait pas cette condition indispensable, le chef de section de l'Entreprise devrait nécessairement remettre des ouvriers, et cela sans qu'il fût besoin de le prévenir, puisque ses propres documents lui auraient révélé les défectuosités : c'était au contraire le chef de section de l'Entreprise qui devait donner avis à celui de la Compagnie, afin que ce dernier pût faire suivre le travail de règlement des défectuosités et éviter ainsi la nécessité de nouvelles vérifications. Les cubes de déblais seraient calculés d'après les profils réels d'exécution. Toutefois il ne serait rien compté aux Entrepreneurs pour tous déblais enlevés au delà du contour du profil maximum de tolérance : mais il allait sans dire que cette circonstance ne serait pas une cause de refus de réception définitive, à moins que la situation créée par ces déblais non comptés parût à l'Ingénieur Chef de division ne pas satisfaire aux règles de l'art, ou, ce qui revenait au même, à la stabilité des talus.

Quant aux réceptions définitives, qui exigeaient une vérification plus minutieuse et des levés de profils assez détaillés pour servir de base au calcul rigoureux des mètres cubes à payer, il était convenu que l'Entreprise présenterait les travaux à la réception définitive dans les trois derniers mois avant l'ouverture et au besoin dans le délai supplémentaire maximum de trois mois après l'ouverture. Cette présentation se ferait par longueurs continues d'au moins 1 kilomètre, et la Compagnie prenait l'engagement de faire connaître sa décision relative à la réception dans le délai de dix jours après chaque présentation.

Toutefois, pour les portions qui auraient été exécutées à l'aide des appareils élévateurs, pour lesquelles il n'était pas possible de faire au dernier moment un curage rapide, l'entreprise ayant pris l'obligation de les terminer conformément aux profils à traits moyens avant la livraison du Canal, elle les présenterait à la réception par longueur continue d'au moins 1 kilomètre à toute époque, avant et pendant les trois derniers mois précédant la livraison pour l'ouverture, et la décision de la Compagnie devrait être rendue dans les dix jours de chaque présentation.

Il demeurait enfin entendu que, moyennant les tolérances spécifiées ci-dessus, l'entreprise ferait, sans prolongation de délai et sans que cela modifiât en rien les conventions du cinquième Acte additionnel, les nouvelles gares indiquées ci-dessous, savoir :

Sept gares de 500 mètres de longueur et de 10 mètres de largeur (dont 5 mètres de chaque côté de l'axe) placées vers les kilomètres 11, 22, 33, 55, 63, 135 et 146, et une gare dans le lac Timsah d'environ 1 kilomètre de longueur, et d'une largeur telle que le cube des déblais pour la création de cette gare fût d'environ 150.000 mètres cubes.

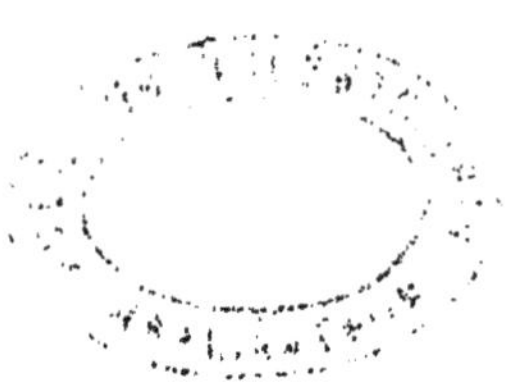

EXÉCUTION DES TRAVAUX DU LOT DE PORT-SAID

Marché du 12 décembre 1864
et Acte additionnel du 4 décembre 1866

Ainsi qu'il est expliqué au chapitre concernant l'entreprise Aiton (Voir tome VI), MM. Borel, Lavalley et Cie, par le marché du 12 décembre 1864 « pour l'exécution des travaux du Canal entre la mer Méditerranée et l'extrémité sud des lacs Ballah (point kilométrique 60^{km},500, origine du seuil d'El Guisr) », ont été substitués au précédent entrepreneur dont le contrat d'entreprise pour lesdits travaux avait été résilié à l'amiable le 6 du même mois.

Par suite de l'opposition de M. Aiton à la remise, par la Compagnie, des chantiers, installations et matériel de son entreprise à un nouvel entrepreneur avant le complet règlement de tous ses comptes et le paiement de toutes les sommes qui lui seraient dues en vertu de la convention de résiliation, les Ingénieurs de la Compagnie durent prendre provisoirement en main, pour un certain temps, la continuation des travaux. Les nouveaux entrepreneurs, du reste, ne désiraient prendre possession des chantiers qu'après avoir bien étudié les conditions d'exécution des travaux et achevé leurs propres installations. Les travaux exécutés, en attendant, par les Ingénieurs de la Compagnie eurent principalement pour objet, ainsi que la remarque en est faite au chapitre concernant l'entreprise Aiton : de refaire des parties de la digue Est du Canal qui, faute d'un relief suffisant, avaient été coupées par les tempêtes de l'hiver; de renforcer certaines parties de la digue Ouest qui avaient également souffert des tempêtes ; d'agrandir le chenal d'accès à la gare du chantier de l'entrepreneur de la construction des jetées en fournissant en même temps à celui-

ci du sable pour la confection des blocs. On expérimentait d'ailleurs, en même temps, les différents modes de mise à terre des déblais que permettait le matériel dont on disposait alors ; ainsi, indépendamment du déchargement direct des terres sur les berges au moyen des dragues à couloir, on déchargeait les terres avec des grues mobiles sur la berge ; on déchargeait également avec une grue installée sur appontement fixe, et, ensuite, wagonnage le long de la berge; enfin, on essayait sur quelques points le mode d'enlèvement des terres par double reprise à la drague. Le champ d'expérience ainsi constitué ne pouvait qu'être fort utile aux Entrepreneurs dans leur étude des procédés d'exécution à employer pour mener sûrement à bonne fin leur entreprise.

Les nouveaux Entrepreneurs prirent possession des chantiers le 20 avril 1865.

CONDITIONS D'EXÉCUTION DES TRAVAUX

Au début des travaux, les conditions d'exécution étaient naturellement réglées par la soumission des Entrepreneurs et le cahier des charges annexé du 12 décembre 1864. Nous en rappellerons ici les principales dispositions :

1° Les travaux devaient être exécutés conformément aux profils annexés à la soumission, lesquels comportaient une largeur de 22 mètres au plafond avec talus à 2 de base pour 1 de hauteur et une largeur de 58 mètres à la ligne d'eau ; lesdits profils applicables à toute la partie du Canal faisant l'objet du lot de travaux, à l'exception toutefois de la portion s'étendant du kilomètre 10 au kilomètre 20,5 où le profil, avec la même largeur de 22 mètres au plafond, comporterait des talus à 3 pour 1 et une largeur de 100 mètres à la ligne d'eau ;

2° Le prix du mètre cube de déblais était fixé à 2 francs ;

3° Le cube total des déblais était évalué approximativement à 21.700.000 mètres cubes ;

4° La Compagnie mettait gratuitement à la disposition des entrepreneurs le matériel suivant :

20 petites dragues de différents systèmes ;

20 grandes dragues, dont 10 provenant de la Société des Forges et Chantiers et 10 de la maison E. Gouin et Cie ;

20 grues à déblais avec leurs patins ;

120 chalands en tôle, dont 40 pontés ;

600 caisses à déblais ;

Enfin, dès qu'ils seraient arrivés à Port-Saïd, 10 porteurs à déblais provenant de commandes faites à Glasgow et en Belgique.

A la date du 4 décembre 1866, à la suite de l'adoption par la Compagnie, — d'accord avec les entrepreneurs et sur leur proposition, — pour plusieurs portions de la longueur totale du Canal, de nouveaux profils devant entraîner un cube supplémentaire de déblais d'environ 9 millions de mètres cubes, intervint le deuxième Acte additionnel, dont les principales dispositions concernant spécialement le lot de Port-Saïd étaient les suivantes :

1° Pour toute la partie du Canal comprise dans l'étendue du lot, un nouveau profil était uniformément adopté, différant peu du profil exceptionnel du marché primitif, présentant, comme celui-ci, une largeur de 22 mètres au plafond et une largeur de 100 mètres à la ligne d'eau.

2° Le cube qui serait résulté de l'application du profil primitif était rectifié comme suit :

	Mètres cubes
Chenal et bassin de Port-Saïd et Canal à la suite jusqu'au kilomètre 8	6.100.000
Portion de Canal du kilomètre 8 au kilomètre 60.5	16.000.000
CUBE TOTAL	22.100.000

Le cube en excédent sur le chiffre ci-dessus constituerait le cube supplémentaire.

3° (Disposition s'appliquant à l'ensemble du Canal) En vue de l'exécution du cube supplémentaire total d'environ

9 millions de mètres cubes devant résulter de l'adoption du profil à grande largeur sur les divers points du Canal où il devait être appliqué, la Compagnie :

D'une part, prenait à sa charge les dépenses nécessitées par la surélévation des 8 dernières dragues commandées par les Entrepreneurs à la Société des Forges et Chantiers et pour l'allongement du couloir de ces dragues;

D'autre part, mettrait gratuitement à la disposition des Entrepreneurs, dès leur achèvement, savoir : 4 dragues à long couloir qu'elle avait commandées à la Société des Forges et Chantiers, et 2 nouvelles dragues à long couloir qu'elle commanderait immédiatement.

4° Les prix à appliquer par mètre cube de déblais seraient les suivants :

A Port-Saïd et sur le Canal à la suite jusqu'au kilomètre 8 :

Jusqu'à concurrence du cube total de déblais calculé d'après les profils primitifs	1 fr.	65
Pour le cube supplémentaire	1	45
Sur la portion de Canal du kilom. 8 au kilom. 60,5 :		
Pour le cube calculé d'après les profils primitifs	2	25
Pour le cube supplémentaire	1	98

5° Les travaux devaient être terminés dans un délai de 34 mois à partir du 1er décembre 1866, soit le 1er octobre 1869.

PROGRAMME D'EXÉCUTION. — NATURE DU MATÉRIEL EMPLOYÉ

Comme il est mentionné ci-dessus, les Entrepreneurs prirent possession des chantiers du lot de Port-Saïd le 20 avril 1865, et ils mirent aussitôt la main à l'œuvre.

Dans une communication faite à la Société des Ingénieurs civils dans ses séances des 7 et 21 septembre 1866, M. Lavalley a rendu compte comme il suit des premiers travaux exécutés jusqu'alors par l'Entreprise sur le lot en question et du programme qu'elle se proposait de suivre pour la continuation des travaux.

Il faisait remarquer d'ailleurs que les appareils et le mode de procéder employés par l'Entreprise pour ledit lot devaient s'appliquer à toute la partie du Canal, d'une longueur d'environ 75 à 80 kilomètres, où le terrain était à peu près au niveau de la mer, et qui comprenait, indépendamment des 60 kilomètres du lot de Port-Saïd, la traversée de la plaine et des lagunes de Suez.

Dans sa communication, M. Lavalley rappelait d'abord, au sujet du bassin et du chenal de Port-Saïd, que, pendant la période qui avait précédé la prise de possession des chantiers par l'Entreprise, la Compagnie, au moyen de ses petites dragues, avait commencé à creuser à Port-Saïd quelques chenaux dans l'emplacement des bassins et quelques espaces nécessaires à la mise à l'eau des dragues plus puissantes qui devaient achever le Canal; qu'en outre elle avait ouvert à travers le lido une première communication qui permettait aux allèges chargées du matériel et des approvisionnements amenés par les navires de pénétrer dans les bassins et d'arriver jusqu'aux quais de déchargement.

Parmi les dragues qui avaient été employées à ces travaux, les unes déchargeaient les déblais directement sur berge, les autres versaient leurs produits dans des caisses portées par des chalands et que des grues enlevaient ensuite et vidaient dans des wagons.

Dans les derniers temps de la Régie, des dragues plus puissantes que les premières petites dragues avaient été livrées à la Compagnie, et des bateaux à vapeur porteurs de déblais avaient été commandés.

L'Entreprise, après la remise qui lui avait été faite de ce matériel, avait pu (juillet 1865) se mettre sérieusement à l'œuvre pour les dragages du port.

Une, puis deux, puis trois grandes dragues sortirent des chenaux du grand bassin du port par l'étroite communication qu'avaient pratiquée les petites dragues; et le chenal entre la mer et le bassin fut ouvert en partant des fonds de 5 mètres du large et en marchant vers la terre.

A la date de la communication de M. Lavalley à la Société des Ingénieurs civils, le travail était vigoureusement en train. Une ouverture de 200 mètres de largeur avait percé le lido; le bassin de Port-Saïd se creusait. Sept grandes dragues, desservies par quinze porteurs (l'Entreprise avait fait à son tour des commandes de ces appareils), faisaient mensuellement un cube dépassant 100.000 mètres. Le rendement des dragues allait croissant à mesure que les équipages se formaient, que les appareils recevaient les perfectionnements qu'indiquait l'expérience, que de plus larges espaces ouverts facilitaient la circulation et l'accostage de bateaux porteurs de déblais.

Les premières dragues avaient commencé à travailler en mer sans abri, au delà de la partie de la jetée ouest déjà construite. Quelques apports de sable avaient eu lieu, amenés par les coups de vent; mais bientôt l'avancement rapide des deux jetées avait écarté les courants, et, depuis lors, le chenal que les dragues approfondissaient et allongeaient successivement était resté intact.

Le dragage du chenal et du bassin de Port-Saïd devait être entièrement achevé comme il avait été commencé. A part les difficultés inhérentes à tous les chantiers de l'Isthme et inhérentes au climat, à la distance d'Europe, etc., le chantier ne présentait rien de saillant.

Au sujet du Canal maritime, M. Lavalley rappelait également que la Compagnie avait ouvert précédemment, sur toute la longueur de la partie du Canal faisant l'objet du lot d'entreprise, c'est-à-dire de Port-Saïd à El Ferdane, deux rigoles, une sur chaque rive.

Sur les 20 premiers kilomètres, où le terrain était sous l'eau, ces rigoles avaient été creusées au moyen des petites dragues déposant directement leurs déblais sur la rive à l'aide de leurs couloirs successivement allongés, relevés et amenés à des inclinaisons de plus en plus faibles : en draguant de façon à faire amener par les godets, à la fois ou alternativement, des déblais et de l'eau, le sable et la vase descendaient facilement sur une pente ne dépassant pas 10 centimètres par mètre.

Sur le reste de la longueur du Canal, les rigoles, avec des dimensions moindres, avaient été creusées à bras d'homme par les ouvriers des contingents égyptiens.

Les terres déposées sur le bord des rigoles avaient constitué des digues ou banquettes continues, limitant sur chaque rive la section du Canal, isolant ainsi celui-ci du lac Menzaleh. La banquette Afrique, faite assez forte pour résister à l'eau du lac, que poussaient souvent assez violemment les vents d'ouest, avait reçu la conduite en fonte amenant l'eau douce jusqu'à Port-Saïd.

L'Entreprise, après sa prise de possession des chantiers et du matériel, eut tout d'abord à élargir et approfondir les premières rigoles creusées par la Compagnie.

Sur les 20 premiers kilomètres, elle parvint, avec des couloirs allongés jusqu'à 18 mètres, à réaliser des rigoles de 18 à 20 mètres de largeur, en déposant les déblais sur les bords mêmes de ces rigoles.

Sur le reste de la longueur, depuis le kilomètre 20 jusqu'à El Ferdane, les difficultés s'étaient présentées plus grandes. Sur cette partie de Canal, en effet, le terrain était un peu plus élevé que sur la première partie; le cube des déblais par mètre courant était donc plus considérable, le cavalier de dépôt plus volumineux, et ce cavalier, reposant sur un terrain plus élevé, avait son sommet à une plus grande hauteur au-dessus du niveau de l'eau. En outre, les déblais d'argile, plus compacts, s'étendaient moins loin à leur chute du couloir et relevaient encore la hauteur du cavalier.

Or on ne pouvait employer à ce travail d'agrandissement des rigoles que les petites dragues de la Compagnie, car des appareils légers pouvaient seuls naviguer sur les rigoles peu profondes et se répartir sur les 40 kilomètres pour les attaquer simultanément sur un grand nombre de points.

On avait alors procédé ainsi :

Abandonnant la rigole Afrique à la circulation des bateaux qui portaient sur tous les chantiers les approvisionnements arrivant par mer à Port-Saïd, on avait élargi la rigole Asie, en général moins profonde et moins large que l'autre.

Afin de réduire le cube que le couloir de la drague devait déposer en cavalier, on avait fait déblayer à bras le terrain au-dessus de l'eau sur la zone nécessaire à l'élargissement à donner à la rigole, et les déblais avaient été portés sur la rive plus loin que la drague ne devait déposer ses produits ; mais, malgré cette précaution, il fallut allonger encore les couloirs et leur donner une pente plus faible.

Grâce à de certaines additions aux dragues ayant pour objet d'augmenter leur stabilité, on put leur adapter des couloirs d'une longueur de 20 à 22 mètres, avec une inclinaison de 6 à 8 0/0. Sur deux seulement des dragues avaient été installées des pompes pour verser de l'eau dans le couloir.

Seize petites dragues ainsi modifiées avaient servi à faire environ 30 kilomètres d'un chenal ayant de 18 à 20 mètres de largeur avec une profondeur variant de 2 à 3 mètres.

Des travaux de renforcement de berges, de creusement des rigoles aux abords de Port-Saïd, avaient d'ailleurs été faits au moyen des grandes dragues de la Compagnie auxquelles l'Entreprise avait fait adapter des couloirs de 25 mètres et des pompes supplémentaires.

Les terrains rencontrés avaient varié du sable à l'argile, de l'argile compacte à l'argile vaseuse assez molle.

Pendant que s'exécutaient les travaux qui viennent d'être décrits, les faits suivants avaient été observés :

Sur plusieurs points, les talus de la cuvette du Canal ne tenaient pas tout à fait à l'inclinaison prévue de 2 de base pour 1 de hauteur ; ces talus s'adoucissaient jusqu'à 2 1/2 et 3 pour 1. Il fallait donc, ou élargir le plan d'eau ou réduire la largeur au plafond.

En même temps on remarquait que le passage des embarcations, et surtout des canots à vapeur, attaquait assez fortement les berges dressées à l'inclinaison de 2 pour 1 et les faisait s'ébouler. Des enrochements avaient bien été prévus pour défendre les berges contre le batillage ; mais, avant qu'ils pussent être exécutés, la banquette qui devait les recevoir était elle-même attaquée, et il se formait dans la région du plan d'eau une plage douce sur laquelle, alors, les lames s'étalaient sans faire de dommage.

L'expérience indiquait donc les modifications à apporter au projet primitif : elle faisait ressortir la nécessité de porter les cavaliers de dépôt à un écartement tel que non seulement les talus de la cuvette du Canal pussent s'adoucir sans entraîner l'éboulement des berges et des cavaliers, mais encore que l'on pût former aux environs de la ligne d'eau une plage à pente faible suffisamment étendue.

On avait été conduit ainsi à donner au plan d'eau une largeur de 100 mètres (au lieu de 58 mètres), suffisante dans tous les cas, et à reporter les crêtes intérieures des cavaliers à 120 mètres de distance l'une de l'autre, soit à 60 mètres de l'axe du Canal.

De cet élargissement et de l'inclinaison probable plus douce des talus devait résulter en même temps une augmentation du cube des déblais et par conséquent du volume des cavaliers.

L'Entreprise avait eu, en conséquence, à chercher le moyen de mettre sur chaque rive au moins 200 mètres cubes de déblais par mètre courant; et « puissamment aidée — dit M. Lavalley dans sa communication — par le concours éclairé et dévoué de l'Ingénieur en chef de la Société des Forges et Chantiers, M. Lecointre », elle avait fort heureusement trouvé la solution complète du problème, dont les conditions s'étaient aggravées, dans l'adoption de dragues surhaussées pourvues de couloirs de 70 mètres.

Les avantages du mode de transport des déblais par les longs couloirs n'avaient pas besoin d'être énumérés. Ce mode de transport supprimait d'un coup les grues et les caisses, les pontons de débarquement, les wagons, les rails, etc. Il enlevait surtout l'incertitude de réussite du wagonnage sur des remblais de vase, d'argile détrempée ameublie par l'arrachement des godets.

Le couloir était un organe inerte non susceptible de dérangement; la drague qui en était munie n'était plus solidaire pour son travail d'une série d'appareils; elle n'était plus exposée à être arrêtée par une rupture d'essieu, un déraillement de wagon, un retard dans le ripement d'une voie. Avec des chalands, des porteurs à faire accoster, le travail de nuit était impossible. Avec le couloir, au contraire, il devenait facile ; à la clarté de quelques fanaux, la drague se manœuvrait aussi bien la nuit que le jour.

Afin de parer à toutes les éventualités que pouvait faire naître la lenteur d'écoulement des déblais d'argile sur le couloir, l'Entreprise se proposait de munir celui-ci d'une chaîne sans fin de même longueur, portant de distance en distance des palettes ou traverses en bois, et recevant de la drague un mouvement continu. Les palettes reposant sur le fond du couloir aideraient les déblais à descendre et remplaceraient ainsi les hommes poussant les rabots.

En outre, pour le cas où les pompes rotatives installées sur les dragues ne donneraient pas, pour certains déblais, assez d'eau, le chaland de support du couloir recevrait une locomobile faisant mouvoir une pompe d'un débit de 150 mètres cubes à l'heure. L'eau de cette pompe serait conduite presque en haut du couloir par un tuyau qui en suivrait ensuite toute la longueur : en perçant sur ce tuyau des trous de distance en distance, on pourrait, s'il le fallait, jeter de l'eau en différents points du couloir.

Plusieurs dragues à long couloir travaillaient déjà et réalisaient, dépassaient même les espérances que l'on avait fondées sur elles.

Les avantages de ces appareils étaient tels que l'Entreprise avait dû chercher à en étendre l'emploi le plus possible. (La Société des Forges et Chantiers de la Méditerranée en construisait vingt pour l'Entreprise. — Ce nombre a été porté plus tard à vingt-deux.)

Les limites d'emploi auxquelles s'était arrêtée l'Entreprise avaient été déterminées de la manière suivante :

Il y avait lieu de remarquer d'abord que, le plafond du Canal étant à un niveau invariable et sa section étant celle d'un trapèze dont les côtés étaient très ouverts, le cube de déblai par mètre courant croissait très rapidement à mesure que s'élevait le terrain. Comme, en même temps, la hauteur de l'extrémité du couloir limitait la hauteur du cavalier de dépôt, et comme ce cavalier avait aussi une forme trapézoïdale, mais encore plus ouverte que le profil du Canal, son volume décroissait avec le relèvement du terrain naturel plus rapidement encore que n'augmentait le déblai. Il en résultait que la hauteur à donner à l'extrémité du couloir et par conséquent à la drague augmentait beaucoup plus rapidement que la hauteur du terrain, et que l'on arrivait bientôt à des dimensions d'appareils telles que la dépense de premier établissement atteignait et dépassait l'économie que l'on recherchait dans leur emploi.

L'entreprise n'avait pas été aussi loin que cette considération seule lui eût permis d'aller, et voici pourquoi :

L'expérience lui avait appris les proportions à donner aux parties des dragues ayant une hauteur de 8 à 9 mètres. Si l'on augmentait cette hauteur, il fallait augmenter la solidité des charpentes, des liaisons de toutes sortes, mais dans des proportions assez incertaines. En outre, les articulations, les maillons des chaînes dragueuses avaient déjà atteint des dimensions très fortes, des poids gênants pour les réparations.

Le surhaussement des dragues allongeait l'élinde, augmentait le poids de la chaîne de godets, exigeait des organes plus lourds encore.

Dans l'accroissement de hauteur des dragues, l'entreprise avait donc dû marcher prudemment, parce qu'il fallait, sous peine de perdre beaucoup de temps et d'argent, produire des appareils fonctionnant, dès leurs premiers essais, régulièrement, économiquement. Elle avait, en conséquence, fait faire les quatre premières dragues à couloir avec 3 mètres de plus de hauteur que les anciennes. (Le couloir était installé de la même manière que dans les anciennes dragues et n'avait que 35 mètres de longueur.)

Le bon fonctionnement des dragues ainsi exhaussées avait autorisé l'Entreprise à augmenter de 3 mètres encore l'exhaussement, et elle s'était arrêtée pour toutes les autres dragues à une hauteur de l'axe du tourteau de 14m,70 au-dessus de l'eau. (Les premières dragues, au bout de peu de temps, ont été exhaussées et rendues semblables aux autres.)

Cette hauteur devait permettre de creuser au couloir la section entière du Canal sur toute la traversée des lacs de la Méditerranée, de la plaine de Suez et des abords des grands lacs, à l'exception seulement de quelques parties assez courtes où le terrain était un peu trop haut

Il eût fallu, pour ces dernières parties, des dragues dépassant de beaucoup la hauteur de 14m,70. On ne pouvait y songer et une autre solution devenait nécessaire.

On avait espéré jusqu'alors trouver cette solution dans l'emploi de grues roulantes et tournantes desservies par un système de wagonnage ordinaire. Ces grues, d'une volée de 10 mètres, portées par les berges du Canal, devaient enlever des caisses chargées de déblais par les dragues et amenées dans des chalands ; leur portée ne permettant de loger immédiatement en cavalier qu'un cube très faible, le surplus des déblais devait être emmené par un wagonnage ordinaire à distance convenable. Ce système exigeait d'abord que le sol formé par les berges eût une résistance suffisante, que les talus de ces berges tinssent à l'inclinaison de 2 pour 1 pour permettre l'approche des chalands chargés de caisses, que le remblai formé par le wagonnage fût assez compact pour porter les voies et les wagons chargés ; enfin, et surtout, il exigeait une main-d'œuvre considérable et beaucoup d'ouvriers. On l'avait toutefois essayé ; mais, après des tentatives de quelques mois sur les parties les plus favorables du Canal, l'adoucissement des talus des berges par l'action des eaux du Canal, la résistance insuffisante de ces berges pour le poids des grues, l'inconsistance des remblais mouillés provenant du dragage, enfin la dépense excessive de fonctionnement n'avaient pas tardé à montrer les défauts du système. Il devenait enfin inapplicable pour l'exécution du profil élargi avec berges à faible pente.

L'Entreprise avait cherché alors à combiner un appareil qui, mobile dans le sens longitudinal, mais fixe dans le sens transversal, permît de loger du premier coup en cavalier, et sans reprise ni wagonnage, un cube égal à la moitié au moins du cube à extraire par mètre courant du Canal élargi selon le dernier profil adopté. Il suffisait alors d'employer un appareil sur chaque rive. L'Entreprise, — dit M. Lavalley dans sa communication, — « munie d'indications précieuses qui lui furent données dans ce sens par le Directeur général des travaux », imagina le nouvel appareil dit *Appareil élévateur*.

Les déblais fournis par les dragues seraient reçus dans des caisses portées par des chalands. Ceux-ci amèneraient ensuite les caisses jusqu'à l'élévateur, qui les enlèverait et déchargerait les terres en cavalier sur la berge.

Chaque drague serait desservie par deux élévateurs placés en face l'un de l'autre, l'un sur la rive Asie, l'autre sur la rive Afrique. La drague serait toujours le plus près possible de ses deux élévateurs de façon à réduire au minimum la distance de transport. Pour cela le travail serait ainsi conduit :

Les dragues desservies par les élévateurs creuseraient le Canal à toute section par longueur de 300 à 400 mètres. Si toute la profondeur du Canal devait être prise en trois ou quatre passes successives, la drague ayant fait une première passe serait ramenée en arrière, ferait la seconde, puis la troisième passe.

Pendant ce temps les élévateurs, qui formaient des cavaliers égaux au cube total du Canal, auraient avancé en une seule fois de la longueur que la drague aurait parcourue en plusieurs.

Cette façon de procéder réduisait au minimum le temps perdu par le déplacement des dragues, par le déplacement des ancres d'avance et de retenue et des amarres à terre des chaînes de papillonnage.

La hauteur considérable que les élévateurs permettaient de donner aux cavaliers de dépôt correspondait à un très grand cube, même avec les talus assez raides que prenaient les terres tombant des caisses. Ce cube pourrait, en cas de besoin, être augmenté dans une très forte proportion. Il suffirait, pour cela, de faire tomber sur le talus extérieur l'eau qu'une pompe placée sur le chaland de l'excavateur donnerait en quantité aussi grande qu'il serait nécessaire.

La mise en chantier des dragues à long couloir et des élévateurs ne présentait pas de difficulté sur toute la traversée des lacs de la Méditerranée où, comme il a été dit, existaient, à droite et à gauche, des chenaux d'une vingtaine de mètres de largeur sur près de 2 mètres de profondeur. Sur toute cette étendue, les dragues, les couloirs, les élévateurs, construits à Port-Saïd, arrivaient tout montés par ces chenaux.

Dans une nouvelle communication à la Société des Ingénieurs civils (séance du 26 juillet 1867), M. Lavalley a donné les renseignements suivants sur la manière dont s'accomplissait le programme exposé par lui dans sa communication précédente :

Les bassins de Port-Saïd étaient, l'année précédente, complètement dessinés.

De grandes dragues, à couloir de 25 mètres, en avaient suivi tous les contours. Les déblais tombant des couloirs avaient fait tout autour du grand bassin des berges que longeait un chenal de 2m,50 à 3 mètres de profondeur et d'une vingtaine de mètres de largeur.

En outre, des dragues desservies par des porteurs étaient parties du large et, se dirigeant vers la terre, avaient ouvert un chenal d'environ 5 mètres de profondeur sur 50 mètres de largeur; puis, arrivées dans le bassin, elles en avaient creusé à la même profondeur une certaine surface.

Aussi, depuis près d'un an déjà, tous les bâtiments qui arrivaient à Port-Saïd entraient dans le bassin, les plus grands allégés au besoin par un commencement de déchargement en rade.

Lorsque l'Entreprise eut obtenu à la profondeur de 5 mètres un espace suffisant pour les manœuvres de ses bâtiments, de ses porteurs, des convois de chalands chargés de porter à tous les chantiers de l'Isthme leurs approvisionnements, deux dragues revinrent sur leurs pas, se dirigeant alors vers le large et creusant à 6m,50 et 7 mètres de profondeur. Bientôt, sortant du bassin, elles donnaient au chenal cette nouvelle profondeur sur une largeur de 100 mètres.

Il y avait peu de semaines, profitant de la belle saison, et pour hâter l'achèvement de ce chenal, l'Entreprise avait conduit au large deux autres dragues qui, partant des fonds de 7 mètres, marchaient à la rencontre des précédentes.

Deux années s'étaient passées depuis l'ouverture du chenal de 5 mètres. Le chenal n'était alors protégé que du côté Ouest par la jetée qui ne s'avançait pas beaucoup au delà des fonds de 5 mètres. Depuis lors, cette jetée Ouest avait fait de rapides progrès : elle s'étendait à 2.200 mètres de la plage et atteignait les fonds de 7 à 8 mètres. La jetée Est, enracinée à 1.400 mètres de la première, mais se dirigeant obliquement au rivage de manière à se rapprocher de l'autre jetée, était moins avancée.

A bref délai, les dragues venant du large rencontreraient celles parties du bassin, et Port-Saïd serait alors accessible à tous les bâtiments tirant jusqu'à 6m,50, c'est-à-dire, non seulement à tous les voiliers, mais à tous les bâtiments à vapeur du commerce naviguant dans la Méditerranée.

Il y avait un grand intérêt à pouvoir faire le plus tôt possible dans le port les déchargements qui, sur rade, étaient chose difficile et mettaient souvent les bâtiments en surestaries. Aussi l'Entreprise avait-elle consacré à cette partie de son travail un matériel considérable : sept dragues et dix-huit porteurs y étaient affectés.

Entre Port-Saïd et El Ferdane, le Canal traversait, sur une longueur de 60 kilomètres, les lacs Menzaleh et Ballah. Il était creusé dans cette partie par des dragues à couloir de 70 mètres, et, dans les portions, assez courtes du reste, où le terrain était à plus de 80 centimètres au-dessus de l'eau, par des dragues desservies par des élévateurs.

Les 7 premiers kilomètres vers le Nord, les 16 derniers vers le Sud, étaient dans du sable fin un peu limoneux ; le reste du terrain était d'argile plus ou moins compacte. Sur d'assez larges espaces, cette argile reposait sur des terrains plus mous, mais beaucoup plus consistants que ne le ferait supposer la désignation de vases fluides que lui avaient donnée les premiers sondeurs.

Sur plusieurs points, les grandes dragues l'avaient rencontrée en creusant le Canal jusqu'à 6 et 7 mètres. Les talus y tenaient à une inclinaison variant de 1 à 1 1/2 pour 1. Les cavaliers, du reste fort allongés et très peu hauts, formés par la drague à long couloir, n'avaient pas enfoncé les berges, et l'on n'avait eu nulle part de ces affaissements, de ces éboulements que l'on avait craints.

Sur certaines parties où le cavalier d'une des rives avait reçu tout le déblai qu'il devait contenir, la plage avait été réglée au talus du dixième. Cette faible pente paraissait être inférieure à celle de l'équilibre stable et devoir ôter toute inquiétude sur la tenue des berges.

Les dragues à long couloir avaient continué à rendre d'excellents services. Le rendement de 55.000 mètres cubes en un mois, de 180 mètres cubes par heure de travail payée à l'équipage, avait été atteint. Le chiffre de 40.000 mètres cubes était très souvent dépassé ; il fallait des circonstances tout à fait exceptionnelles pour que celui de 30.000 mètres cubes ne fût pas atteint.

Mention avait été faite, lors de la précédente communication, de l'addition que l'entreprise comptait apporter, aux grands couloirs, d'une chaîne sans fin portant des rabots pour aider à la descente des déblais d'argile. L'Ingénieur en chef de la Société des Forges et Chantiers avait réalisé l'idée, qu'il avait eue également, et l'expérience était venue justifier la confiance qu'avait l'Entreprise dans l'efficacité du nouvel organe.

Enfin, par une troisième communication à la Société des Ingénieurs civils (séance du 27 novembre 1868), M. Lavalley a ajouté aux renseignements précédents, sur l'exécution des travaux du lot de Port-Saïd, les nouveaux renseignements suivants :

Le chenal de Port-Saïd était maintenant ouvert à 7 et 8 mètres, et sur une bonne partie de sa largeur définitive jusqu'aux fonds de 8 mètres.

Le grand bassin, c'est-à-dire la partie du port plus spécialement destinée aux bâtiments en transit, était creusé à 7m,50 et 8 mètres sur toute son étendue. Il ne restait plus à faire qu'une dernière passe de règlement.

Trois bassins étaient réservés au trafic local :

Le premier bassin, dit du Commerce, était déjà depuis plus d'un an livré aux navires qui y déchargeaient les marchandises destinées à la consommation de l'Isthme et celles qui transitaient en empruntant depuis Ismaïlia jusqu'à Suez le Canal d'eau douce.

Le bassin dit des Ateliers, qui servait à l'entretien des dragues et des porteurs de la section de Port-Saïd, aux chalands du service des transports de l'entreprise, etc., n'avait provisoirement que 4 à 5 mètres de profondeur. Une plus grande profondeur eût rendu plus difficile le sauvetage des outils, des appareils, que les ouvriers laissaient souvent tomber dans l'eau, d'une drague ou d'un bateau que les travaux d'entretien des coques exposaient à couler.

Le troisième bassin n'était que sur un quart environ de sa superficie creusé à 5 et 6 mètres de profondeur; son pourtour était tracé par un chenal de 2m,50 de profondeur sur 25 à 30 mètres de largeur.

Port-Saïd était maintenant touché régulièrement par tous les services qui desservaient les échelles du Levant.

Ainsi qu'il avait été mentionné dans les communications précédentes, l'exécution du Canal à travers les lacs de la Méditerranée avait commencé par le creusement de deux chenaux de 20 à 25 mètres de largeur sur 2 mètres environ de profondeur, et dont les bords extérieurs devaient être ceux du canal définitif.

Ces chenaux laissaient entre eux un terre-plein que les dragues à long couloir dans les parties où le terrain était très bas, les dragues à élévateurs dans les parties plus élevées, avaient attaqué en rejetant les déblais par delà les cavaliers produits par le creusement de ces chenaux-bordures.

Ce terre-plein avait disparu partout; puis les dragues, abaissant successivement leurs élindes, avaient attaqué la cuvette proprement dite. Sur plusieurs points, le Canal avait déjà atteint 7m,50 et 8 mètres de profondeur, et chaque jour de nouvelles portions arrivaient à cet état d'avancement. Ce ne serait qu'à la fin seulement, c'est-à-dire au moment de livrer le Canal, que l'entreprise ferait une dernière passe de règlement.

Les profils levés dans les parties argileuses montraient des talus partout inclinés à moins de 2 pour 1; dans les sables légèrement limoneux, à 2 et 2 1/2 pour 1.

Sur les 60 kilomètres qui séparaient la Méditerranée du seuil d'El Guisr, les talus intérieurs des cavaliers étaient partout réglés au profil normal, lequel, on le sait, comportait, à partir de la ligne d'eau, d'abord une ligne inclinée à 10 pour 1 sur 7 mètres de largeur, formant une espèce de plage qui s'élevait jusqu'à 0m,70 au-dessus du niveau moyen de l'eau, puis, au delà, un talus à 2 pour 1.

Les cavaliers déposés par les dragues à petit couloir qui avaient creusé les chenaux latéraux avaient une forme assez irrégulière. Les couloirs de 25 mètres, dont la longueur était limitée par la faible hauteur des dragues, avaient déposé les déblais en dedans du profil normal. Il avait fallu remanier les terres, qui faisaient ainsi saillie sur le profil. On s'était servi de ces terres en les plaçant sur le dessus des cavaliers pour former un fort bourrelet derrière lequel les couloirs de 70 mètres versaient leurs déblais sans possibilité de retour dans le Canal.

La plage inclinée à 10 pour 1 résistait très bien au batillage considérable qui se produisait au passage des canots à vapeur marchant à grande vitesse dans les chenaux latéraux dont la section était très petite par rapport à celle de ces canots.

OBSERVATIONS SUR LA NATURE DES TERRAINS TRAVERSÉS ET SUR LA TENUE DES TERRES

(COMMUNICATIONS DES 7 ET 21 NOVEMBRE 1866.)

Dans le travail déjà considérable exécuté dans le lot de Port-Saïd, l'entreprise avait observé les faits suivants :

1° Les sables fins (les seuls qui avaient été rencontrés) descendaient facilement avec une inclinaison de couloir de 4 à 5 0/0 et une quantité d'eau égale à peu près à la moitié du déblai solide.

En tombant du godet, le sable s'arrêtait en tas vers le bas de la courbe qui raccordait le papillon de la drague avec le couloir.

L'eau que l'on versait ruinait ce tas de déblai et l'entraînait jusqu'au bout du couloir avec une vitesse qui ne permettait pas la séparation du sable et de l'eau ;

Quand le couloir avait une pente de moins de 4 0/0, cette séparation se faisait, le sable se déposait tout le long du couloir en couches toujours croissantes. Il fallait alors, avec des pelles, le remuer et l'agiter. L'addition d'une plus grande quantité d'eau ne semblait pas être un remède suffisant.

Quand le sable fin contenait une certaine quantité de coquillages, ceux-ci, malgré leur légèreté, se déposaient, même dans les couloirs inclinés à 5 0/0. Ils se plaçaient naturellement à plat, ralentissaient le courant des filets inférieurs de l'eau, ce qui amenait un dépôt de sable ; de nouveaux coquillages s'y déposaient, et la couche allait ainsi en croissant.

Il fallait, dans ce cas encore, agiter avec des pelles, ou, mieux encore, augmenter la pente du couloir. On n'avait pas remarqué qu'une augmentation dans la quantité d'eau pût, ici encore, remplacer une plus grande inclinaison du couloir.

La hauteur que l'on donnait aux cavaliers était la plus grande possible. Il s'ensuivait que le courant d'eau et de sable tombait toujours d'une faible hauteur.

La section du cavalier était à peu près un trapèze; le côté supérieur était sensiblement droit et horizontal et avait une longueur égale à celle du déplacement horizontal de la drague; le talus intérieur était plus ou moins raide suivant les moyens employés pour le maintenir ou le raidir : palplanches ou bourrelets en terre ou sable qu'on élevait à mesure que grossissait le dépôt; le talus extérieur variait de 4 à 6 0/0 : plus le sable était vaseux, plus faible était la pente.

Quand le cavalier avait moins de hauteur; quand, par conséquent, la chute du mélange d'eau et de sable était plus forte, l'inclinaison extérieure du cavalier s'adoucissait encore.

Le foisonnement était presque nul : des profils levés avec le plus grand soin n'avaient accusé qu'une différence de 2 à 3 0/0 entre le vide de la fouille et le cube du cavalier. Cela tenait peut-être à ce qu'une portion de la vase était entraînée au loin par l'eau.

L'Entreprise pouvait garantir l'exactitude des observations ci-dessus, faites avec soin sur une très grande échelle, en recommandant toutefois de ne pas oublier que les moindres circonstances pouvaient changer les résultats trouvés : ainsi, des sables plus ou moins gros, plus ou moins vaseux, un couloir plus ou moins grand, à section plus ou moins aplatie, pouvaient exiger des inclinaisons plus ou moins grandes.

2° Les vases se conduisaient comme les sables, pourvu qu'elles fussent assez molles pour se délayer facilement. Elles descendaient alors dans des couloirs d'inclinaison presque insensible.

Les talus que prenaient les cavaliers pouvaient être adoucis autant qu'on le voulait en augmentant la quantité d'eau versée dans les couloirs.

Quand les vases étaient tout à fait molles, comme celles provenant d'un simple curage de chenaux déjà anciens faits dans l'argile, il était inutile d'ajouter de l'eau.

3° Les argiles, quelque grande ou quelque faible que fût leur ténacité, se comportaient tout autrement que le sable. L'eau versée sur le papillon n'en délayait qu'une très petite partie et divisait à peine les morceaux.

Voici alors ce qu'on observait :

Quand la drague commençait à marcher, le contenu du premier godet tombait en un ou plusieurs morceaux qui, descendant rapidement, dépassaient la courbe de raccordement du couloir. S'ils glissaient bien droit, ils arrivaient rapidement au bout du couloir. Le plus souvent ils descendaient en serpentant, leur vitesse s'amortissait vite, ils s'arrêtaient; l'eau passait autour de l'obstacle. Le contenu du godet suivant rattrapait le premier, l'avançait de 2 ou 3 mètres; le troisième augmentait le barrage, l'eau montait et passait à côté, à travers, par-dessus; bientôt la masse, ayant 30 à 40 centimètres d'épaisseur, atteignait l'origine de la courbe de raccordement. La chute alors de chaque godet déterminait un petit mouvement, la masse s'allongeait, la partie antérieure diminuait de hauteur, les différents paquets qui la composaient semblaient s'écarter un peu; puis des parties de 1 à 2 mètres se détachaient successivement, descendaient tranquillement, régulièrement. Il se faisait alors un courant de déblai toujours en morceaux, dont la vitesse moyenne variait de 30 à 40 centimètres par seconde avec le plus ou moins de facilité qu'avait l'argile à se lisser, à se savonner par-dessous au contact de la tôle, avec le plus ou moins de pente du couloir.

La pente des couloirs avait varié, pour l'argile, de 6 à 8 0/0. Avec une pente ne dépassant pas 5 à 6 0/0 au moment où la drague commençait à fonctionner, le déblai engorgeait le couloir sur une certaine longueur. La drague sous ce poids prenait de la bande, l'inclinaison du couloir augmentait, et son contenu partait. Le déblai marchait ainsi avec une certaine intermittence.

Avec la pente de 7 à 8 0/0, le fonctionnement était plus régulier.

Les argiles qui avaient présenté le plus de difficulté étaient celles qui, se trouvant en contact avec un banc de sable, s'en trouvaient mélangées. La surface de chaque morceau était alors comme une râpe dont les grains de sable formaient les dents. Les morceaux ne glissaient les uns sur les autres et sur le fond du couloir qu'avec beaucoup de peine. L'eau lavait ces morceaux, en détachait les particules d'argile molle, rendant ainsi les grains de sable plus saillants, plus mordants, et semblait nuire au lieu d'aider au mouvement.

L'addition de l'eau paraissait aussi quelquefois nuisible quand les godets amenaient en même temps de la vase et de l'argile dure; sans autre eau que celle contenue naturellement dans le déblai, la vase graissait les morceaux d'argile et en facilitait la descente. L'eau additionnelle lavait et entraînait la vase, l'argile restait seule et descendait plus difficilement.

En résumé, avec l'expérience alors acquise, on croyait pouvoir dire que, pour le sable, l'injection de l'eau par une pompe supplémentaire était absolument indispensable; qu'elle ne l'était pas pour les vases et l'argile; que, pour faire descendre l'argile, il suffisait de verser assez d'eau pour baigner la masse et la soulever, la pente du couloir devant faire le reste. Si l'on versait plus d'eau, l'excédent se répartissait sur la surface très irrégulière du déblai, coulait en se divisant autour des aspérités, et par conséquent s'échappait assez lentement sans force d'entraînement. Peut-être obtiendrait-on, par de très grandes quantités d'eau, l'action d'un torrent sur son lit; mais la dépense serait très considérable, parce que le couloir devait être grand et que la surface du déblai ferait au torrent un lit très large.

Des jets lancés fortement aplatissaient les aspérités sur lesquelles ils frappaient et ne divisaient pas les morceaux. Ils n'avaient pas donné de résultats satisfaisants.

L'auxiliaire le plus commode, le plus simple qui avait été employé, avait consisté dans le travail de trois ou quatre hommes qui, marchant sur des planchers, faisant passerelle le long du couloir, aidaient à la descente en poussant avec des rabots. L'effort qu'ils exerçaient était toujours très faible et correspondait à un travail très minime. On pouvait substituer facilement à ces hommes un moyen mécanique mû par la machine de la drague et d'une simplicité telle qu'on n'aurait pas à craindre qu'il ajoutât à la drague une cause de dérangement.

Le talus extérieur des cavaliers dépendait de la dureté de l'argile et de la quantité d'eau amenée. Son profil, au lieu d'être, comme pour le sable, sensiblement droit, affectait la forme d'une courbe concave par-dessus, dont la tangente au point le plus haut était inclinée à 10 et 12 0/0. La courbe, au point le plus bas, était devenue presque horizontale. Cette forme de cavalier s'expliquait très bien : les parties les plus dures du déblai restaient à peu près au point où elles étaient tombées du couloir ; les parties molles délayées coulaient au loin, entraînant quelques parties dures. Aussi le bas du talus présentait-il la surface lisse de la boue liquide; puis, à mesure qu'on remontait sur le cavalier, on voyait saillir sur sa surface, et de plus en plus rapprochés, les angles des morceaux d'argile; enfin, le dessus du cavalier était composé de morceaux irréguliers, dont les intervalles étaient remplis comme d'un mortier de vase.

A moins d'avoir affaire à des argiles très dures et très homogènes, on pouvait compter que le cube contenu dans le talus extérieur du cavalier était égal à celui d'un talus rectiligne incliné à 6 ou 7 0/0.

Telles étaient les diverses observations qu'avait faites l'Entreprise sur les trois espèces de terrains qu'elle avait traversées. Il y avait lieu d'ajouter que, pour les unes comme pour les autres, la difficulté qu'éprouvait le déblai à descendre était toujours la plus grande dans les 12 ou 15 premiers mètres de la longueur du couloir. Quand, avec une certaine inclinaison, le déblai avait franchi cette longueur, il continuait son chemin sur cette même pente sans aucune difficulté.

On ne devait pas non plus oublier de dire que, toutes les fois que le cavalier s'était élevé assez haut pour toucher au couloir, celui-ci s'était engorgé, quelle que fût la nature du déblai, quelle que fût la quantité d'eau versée. Dans ce cas, en effet, le déblai se déposait sur le cavalier devant le couloir, l'eau s'échappait tout autour, le dépôt augmentait, barrait la sortie du couloir, qui se remplissait alors et s'engorgeait indéfiniment.

Il était donc absolument nécessaire de tenir l'extrémité du couloir suffisamment élevée pour permettre au déblai de tomber franchement; ou, pour préciser davantage, il fallait que, dans ses oscillations verticales, l'extrémité du couloir laissât toujours au-dessous d'elle une hauteur au moins égale à celle du plus gros morceau qui pouvait en sortir.

M. Lavalley avait cru utile d'entrer dans tous ces détails et de bien préciser les résultats d'observations faites dans un dragage de près d'un million de mètres cubes, tant à cause des conséquences qu'en avait tirées l'Entreprise pour l'exécution du Canal, qu'à cause de l'intérêt qu'ils pouvaient offrir en vue d'autres applications.

Parmi les faits consignés ci-dessus, deux surtout étaient fort importants et méritaient de fixer l'attention, à savoir : d'abord la très faible inclinaison du talus extérieur du cavalier, ou, autrement, le grand cube que pouvait contenir un cavalier de faible hauteur; puis, la très faible pente nécessaire au couloir.

QUESTION DE LA TENUE DES TALUS DE LA CUVETTE DANS LES PARTIES VASEUSES DU LAC MENZALEH

On était déjà parvenu (novembre 1866) à une profondeur de 2 à 3 mètres dans l'excavation des terrains vaseux et les talus se tenaient parfaitement; nulle part il ne s'était produit de soulèvement dans la fouille. Le talus naturel de ces terrains était même plus raide que celui des sables, qui pouvaient être considérés comme les terrains nécessitant la plus douce inclinaison de talus. Or cette inclinaison n'avait pas besoin de dépasser 3 de base pour 1 de hauteur. Si, dans les profils à grande largeur finalement adoptés, on avait adouci dans une plus grande proportion encore la partie supérieure du talus, c'était surtout afin d'éviter les enrochements prévus pour la consolidation des berges. Dans l'origine du travail, les talus se dégradaient sensiblement sous l'action des lames produites par les passages des bateaux à vapeur. Cette considération, jointe à celle de la distance, imprévue dans le principe, à laquelle il avait été possible de reculer les cavaliers formés par les déblais, avait décidé la Compagnie à porter la largeur du canal à la ligne d'eau de 58 mètres à 100 mètres.

Communication du 27 novembre 1868. — C'était dans les parties où les sondages à la cuiller avaient indiqué les terrains les moins résistants que l'Entreprise avait d'abord creusé le Canal à toute profondeur. Sur ces points, on rencontrait une argile sableuse facilement pénétrable à la sonde et à laquelle avait été donné à tort le nom de vases fluides. De là, les craintes que l'on avait conçues, puis exagérées, sur la tenue des talus du Canal.

Les profils levés dans ces parties argileuses montraient des talus partout inclinés à moins de 2 pour 1.

Les sables légèrement limoneux des autres parties tenaient très bien à 2 1/2 pour 1.

Sur les 60 kilomètres qui séparaient la Méditerranée du seuil d'El Guisr, les talus intérieurs des cavaliers étaient partout réglés au nouveau profil normal. Ce profil était formé à partir de la ligne d'eau par une ligne inclinée à 10 pour 1 en s'étendant sur 7 mètres de longueur : on faisait ainsi une espèce de plage qui s'élevait jusqu'à 0m,70 au-dessus du niveau moyen de l'eau. A partir de ce point, le talus se redressait à 2 pour 1.

Les cavaliers déposés par les dragues à petit couloir qui avaient creusé les chenaux latéraux avaient une forme assez irrégulière ; les couloirs de 25 mètres, dont la longueur avait été limitée par la faible hauteur des dragues, avaient déposé les déblais en dedans du profil normal. Il avait fallu remanier les terres qui faisaient ainsi saillie sur le profil. L'Entreprise s'était servie de ces terres remaniées pour former un fort bourrelet derrière lequel les couloirs de 70 mètres versaient leurs déblais sans que ceux-ci pussent revenir dans le Canal.

La plage inclinée à 10 pour 1 résistait fort bien au batillage considérable qui se produisait au passage des canots à vapeur marchant à grande vitesse dans les chenaux latéraux dont la section était très petite par rapport à celle de ces canots.

On avait dit que jamais on ne ferait tenir le Canal à travers le lac Menzaleh à cause des vases. Or, comme il est dit ci-dessus, l'Entreprise avait mis ses premières dragues à l'endroit le plus difficile, à Ras-el-Ech. C'était là que passait autrefois la branche Tanitique, qui, en se déplaçant peu à peu, avait dû occuper successivement un espace de 3 à 4 kilomètres, où elle avait déposé un sable fin et limoneux. C'était là que l'on avait commencé à faire le Canal, et l'on a vu que la fouille y tenait avec un talus de 1 1/2 pour 1.

Nul affaissement de berge n'avait été constaté. On disait que les terres que l'on mettait sur la berge refluaient par-dessous ; que cela avait été pour le précédent entrepreneur un motif de résiliation de son marché. Or, en ces points, le Canal était depuis longtemps déjà creusé à 8 mètres et aucune déformation ne s'était produite. Le sol supportait à merveille les cavaliers, et l'on n'avait pas le moindre boursouflement.

MODES D'EXÉCUTION ET MARCHE DES TRAVAUX [1]

Le marché du 12 décembre 1864, ainsi qu'il est mentionné précédemment, avait pour objet l'exécution des

1. Nous croyons utile, avant d'entamer l'exposé des modes d'exécution et de la marche des travaux, de rappeler ici tout d'abord les dispositions faisant l'objet du paragraphe 3 de l'article du devis et cahier des charges annexé au marché d'entreprise du 12 décembre 1864, intitulé *Mode d'exécution des travaux*.

Ledit paragraphe réglait d'une manière générale, comme suit, l'ordre à suivre dans l'exécution des travaux :

travaux du Canal maritime entre la mer Méditerranée et l'extrémité sud des lacs Ballah.

Ce lot d'entreprise, dit lot de Port-Saïd, se trouvait ainsi comprendre le creusement des bassins et du chenal d'accès du port de Port-Saïd et le creusement du Canal maritime jusqu'au point kilométrique 60^{km},5.

Le lot fut divisé par l'Entreprise en quatre sections, comme suit :

Section de Port-Saïd, comprenant le creusement des bassins du port et du chenal d'accès ;

Section de Ras-el-Ech, s'étendant primitivement du point 0^{km},8 (rive sud du grand bassin du port ou origine du

---

« Les Entrepreneurs devaient diriger les travaux de manière à créer le plus promptement possible et entretenir toujours en bon état :

« D'une part, un chenal d'accès entre la mer et le grand bassin du port, d'une profondeur d'au moins 3 mètres, qui serait augmentée progressivement au fur et à mesure de l'avancement des jetées ;

« D'autre part, à travers le grand bassin, des canaux de 2 mètres au moins de profondeur, destinés à desservir les différentes parties du port ;

« Enfin, une rigole de navigation de 2 mètres de profondeur et d'une vingtaine de mètres de largeur dans toute la longueur du Canal comprise au marché.

« Les Entrepreneurs devaient également diriger leurs travaux de manière à permettre à la Compagnie de faire, progressivement et sans attendre le complet achèvement du Canal, les travaux d'enrochements de protection des berges. Toutes choses seraient disposées par les Entrepreneurs de manière à ce que la Compagnie pût commencer lesdits travaux d'enrochements au plus tard le 1er juillet 1866, et les conduire ensuite d'une manière régulière jusqu'à entière exécution. »

Nous croyons également utile de mentionner ici les renseignements suivants :

Matériel de dragues dont disposait l'Entreprise pour l'ensemble de ses travaux :

20 petites dragues provenant de la Compagnie ;

20 grandes dragues provenant également de la Compagnie, dont 10 avaient été livrées par la Société des Forges et Chantiers de la Méditerranée, et 10 par la maison Ernest Gouin et Cie ;

18 grandes dragues commandées par l'Entreprise à la maison E. Gouin ;

22 grandes dragues à long couloir commandées également par l'Entreprise à la Société des Forges et Chantiers.

Soit, en tout, 20 petites dragues et 60 grandes dragues.

Emplacements des principaux campements établis sur la ligne du Canal dans l'étendue du lot d'entreprise :

Ras-el-Ech	au kil.	13.8
Kil. 34	—	34
Kantara	—	44,1
El Ferdane	—	63

Canal maritime) au kilomètre 23. — En juillet 1868, la section fut prolongée jusqu'au kilomètre 27 ; plus tard, en mai 1869, jusqu'au kilomètre 30 ;

Section du Cap, s'étendant primitivement du kilomètre 23 au point 43^{km},8 (Kantara). — En juillet 1868, la limite nord de la section fut reculée jusqu'au kilomètre 27 ; plus tard, en mai 1869, jusqu'au kilomètre 30 ;

Section des lacs Ballah, s'étendant du point 43^{km},8 au point 60^{km},5, extrémité du lot d'entreprise.

Les deux premières sections se trouvaient comprises dans la première division du service de contrôle de la Compagnie, dite *division de Port-Saïd*.

Les deux autres sections, avec la traversée du seuil d'El Guisr, s'étendant du point 60^{km},5 au point 75^{km},5 et dont MM. Borel, Lavalley et Cie étaient également chargés en vertu de l'Acte additionnel du 27 mars 1865, correspondaient à la deuxième division du service de contrôle de la Compagnie, dite *division d'El Guisr*.

RETARD ET LENTEURS DE LA MISE EN TRAIN DES TRAVAUX

On a vu précédemment par suite de quelles circonstances, bien que la signature du marché concernant le lot de Port-Saïd remontât au 12 décembre 1864, les Entrepreneurs n'avaient pourtant commencé à mettre la main à l'œuvre pour l'exécution proprement dite des travaux que le 20 avril 1865. Les travaux, commencés dans des conditions très restreintes, ne purent d'ailleurs se développer qu'avec une extrême lenteur pendant tout le cours de cette année 1865.

Les causes du retard apporté par l'Entreprise à la mise en train des chantiers de dragage (indépendamment de celles déjà mentionnées provenant du fait du précédent entrepreneur), puis, de la lenteur du développement des travaux pendant la première année d'exécution, étaient les suivantes :

1° *Premières installations de l'Entreprise.* — L'entreprise, avant de se mettre à l'œuvre aux travaux de dragages, devait forcément, tout d'abord, procéder à de premières installations, qui étaient indispensables pour logements d'employés et ouvriers, pour magasins, etc.

On sait que, d'après l'un des articles du marché du 12 décembre 1864, la Compagnie devait mettre gratuitement à la disposition de l'Entreprise : à Port-Saïd, un de ses chalets, ainsi que tous les bâtiments construits par l'ex-Entrepreneur sur la berge de rive Ouest à l'origine du Canal ; à Ras-el-Ech, un grand bâtiment servant précédemment de magasin.

En outre de ces bâtiments — dont l'Entreprise avait pris immédiatement possession — la Compagnie vint en aide dans une large mesure aux Entrepreneurs pour leurs installations, en mettant encore à leur disposition, savoir : à Port-Saïd, un certain nombre de maisons contenant ensemble 84 pièces d'habitation et représentant une surface couverte de 1.789 mètres carrés ; à Ras-el-Ech, deux maisons de quatre pièces chacune, sur la rive Afrique, pour ses employés, et toutes les vieilles constructions de l'ancien campement de la rive Asie pour logements d'ouvriers ; à Kantara, des logements provisoires pour les agents.

Nous devons mentionner, à propos des premières installations de l'Entreprise, que MM. Borel, Lavalley et Cie, au commencement de l'année 1865, avaient confié le service de leur économat à une importante maison de commerce de Port-Saïd, la maison Bazin et Cie, qui s'était occupée aussitôt d'organiser le service dans toute l'étendue de l'Isthme. La Compagnie avait déjà livré aux Entrepreneurs les caves de Port-Saïd. Elle leur livra alors les caves d'Ismaïlia et celles des autres campements.

Indépendamment des locaux mis ainsi à leur disposition, les Entrepreneurs eurent à ériger sur les divers points un grand nombre de constructions pour compléter leurs installations. La Compagnie leur vint encore très utilement en aide pour ces constructions en leur livrant des quantités considérables d'approvisionnements de diverse nature qu'elle avait heureusement en magasin. Sans cette ressource, la mise en train des travaux se fût trouvée, bien probablement, retardée de plusieurs mois (le premier navire chargé de bois pour l'Entreprise, malgré la date déjà ancienne de la commande, n'arriva à Port-Saïd que dans la seconde quinzaine de mai)[1].

2° *Nécessité de réparations et de modifications au matériel livré par la Compagnie à l'Entreprise.* — Dès le début des travaux, les Entrepreneurs signalèrent à la Compagnie la nécessité de faire à la presque totalité du matériel livré par elle à l'Entreprise des réparations et modifications plus ou moins considérables.

En ce qui était des petites dragues :

Les vingt petites dragues livrées aux Entrepreneurs avaient été très fatiguées pendant la gestion de la précédente entreprise et pendant les trois mois de régie qui avaient suivi. Notamment, d'importantes réparations étaient nécessaires à la fonçure complètement usée de six de ces dragues; les

---

1. Les premières constructions érigées par les Entrepreneurs ont été les suivantes :

A Port-Saïd :

		m. carrés
Maisons en aggloméré	surface couverte	248
2 maisons en pans de bois et briques	—	477
2 maisons avec revêtements en planches, nattes et mortier.	—	1.612
Bâtiments divers en planches	—	1.263
	Surface totale couverte	3.610

A Kantara :

Un bâtiment pour le chef de section;
Des bâtiments pour ateliers et magasins.

Résumé des principales fournitures faites par la Compagnie à l'Entreprise, tant pour leurs installations du lot de Port-Saïd que pour celles du lot de Suez :

Planches de Trieste	nombre	28.670
— de Caramanie	mètres carrés.	9.785
Voliges	nombre	1.000
Liteaux	—	20.000
Bois de charpente	mètres cubes.	1.875
Ciment	kilogrammes.	12.600
Briques	nombre	70.000
Clous et pointes	kilogrammes.	5.100
Serrures et paumelles	nombre	600
Etc.		

Entrepreneurs se chargèrent de faire ces réparations au prix de 10.000 francs par drague.

D'un autre côté, les Entrepreneurs comptaient se servir de la majeure partie des petites dragues pour ouvrir la rigole de la rive Asie, là où elle n'existait pas encore, en déversant directement sur berge les terres de dragages; mais, pour cela, il fallait de longs couloirs (de 18 mètres), et, pour permettre l'installation de ces couloirs, il fallait relever les charpentes des dragues.

Enfin, les dragues à long couloir déjà existantes avaient besoin de réparations.

En ce qui était des grandes dragues :

Considérées à un point de vue général, les grandes dragues ne pourraient travailler d'une manière avantageuse que quand elles seraient convenablement desservies par des moyens rapides d'enlever les terres. Or on n'était pas prêt encore sous ce rapport : la totalité des chalands livrés à l'Entreprise, à l'exception d'un petit nombre desservant trois petites dragues en activité, étaient occupés aux transports d'approvisionnements de toute nature; les grues, d'ailleurs, avaient besoin de réparations; enfin, il fallait attendre les porteurs et les gabares à clapets.

En ce qui concernait plus particulièrement les dragues des Forges et Chantiers, les Entrepreneurs se proposaient de changer les dispositions des chaînes de papillonnage en les faisant passer par des écubiers : les commandes pour cette transformation avaient été faites en France. Les couloirs avaient besoin d'être allongés pour pouvoir déverser dans les porteurs. Les Entrepreneurs avaient l'intention d'adapter à quelques-unes de ces dragues de très longs couloirs supportés par un chaland, de manière à pouvoir déverser sur berge en montant des déblais très liquides : c'étaient principalement ces dragues à long couloir qui devaient être employées à l'amélioration de la rigole de navigation depuis Port-Saïd jusqu'au seuil d'El Guisr.

En ce qui concernait les dragues Gouin, elles ne pourraient être mises en service qu'après que les fournisseurs y auraient apporté diverses modifications auxquelles ils avaient consenti sur la demande des Entrepreneurs agissant au nom et pour compte de la Compagnie.

Enfin, en ce qui était des grues :

Les Entrepreneurs se montraient peu enclins à employer les grues comme mode d'enlèvement des déblais. En tout cas, ils estimaient ne pouvoir utiliser les appareils livrés par la Compagnie qu'après y avoir introduit certaines modifications qu'ils jugeaient indispensables.

3° *Lenteur de construction des appareils commandés directement par l'Entreprise.* — Le premier matériel commandé par les Entrepreneurs pour l'ensemble de leurs deux lots d'entreprises comprenait notamment, vers le milieu de l'année 1865, les appareils ci-dessous désignés :

Suivant commande à la maison E. Gouin et Cie : 18 grandes dragues; 42 gabares à clapets ; 90 chalands pour transports de caisses à déblais; 15 bateaux pour transports d'approvisionnements; 20 locomobiles sur roues.

Suivant commande à la Société des Forges et Chantiers de la Méditerranée : 30 élévateurs (réduits à 18); 15 porteurs à vapeur; 4 canots à vapeur.

4° *Enfin, insuffisance du nombre des ouvriers employés dans les ateliers métallurgiques.* — On sait qu'en vertu d'un marché spécial du 27 juin 1864, survenu à la suite du marché du 26 mars de la même année concernant l'entreprise des travaux du lot de Suez, les ateliers de la Compagnie à Port-Saïd avaient été donnés en location à MM. Borel, Lavalley et Cie au prix de 50.000 francs par an, et que, par le marché du 12 décembre suivant concernant le lot de Port-Saïd, remise avait été faite aux Entrepreneurs de ce loyer annuel jusqu'à l'achèvement des travaux.

Les ateliers de Port-Saïd étaient appelés à jouer un très grand rôle dans la double entreprise de MM. Borel,

Lavalley et Cie, même pour les seuls travaux de réparations et de modifications du matériel que l'on ne pouvait faire que sur place. Ils devaient donc être parfaitement montés en ouvriers. Or, malgré leurs démarches instantes et réitérées en France, les Entrepreneurs ne pouvaient parvenir à recruter assez promptement les ouvriers indispensables.

MARCHE DES TRAVAUX PENDANT L'ANNÉE 1865

Port de Port-Saïd[1]. — Afin de préparer la place pour la mise en activité aussi rapprochée que possible de grandes dragues desservies par des porteurs, les premières petites dragues remises en état furent employées dans le grand bassin du port à l'élargissement et à l'approfondissement des chenaux qui sillonnaient ce bassin.

Trois des petites dragues en question, desservies par des chalands porteurs de caisses à déblais et par des grues à terre pour le déchargement des caisses, commencèrent à fonctionner dans les derniers jours d'avril. L'une de ces dragues, placée en deçà de la barre de la plage, approfondissait le chenal d'accès du port en marchant de l'intérieur vers le large ; elle fournissait du sable pur qui était utilisé par les Entrepreneurs de la construction des jetées pour la fabrication des blocs artificiels. Les produits des deux autres dragues étaient employés à l'extension des remblais de Port-Saïd par application de l'article du marché d'après lequel les Entrepreneurs étaient tenus de faire ces remblais sans augmentation de prix jusqu'à concurrence de 200.000 mètres cubes.

---

1. Pour permettre de bien juger de la marche progressive des travaux de creusement du chenal de l'avant-port, nous croyons utile de faire connaître sommairement ici la disposition des lieux pendant les diverses périodes de l'exécution desdits travaux (Voir, pour plus amples détails à ce sujet, au chapitre concernant le port de Port-Saïd, tome VI).

Le chenal de l'avant-port commençait à la rive Nord du grand bassin du port; et, à partir de ce point de départ, en marchant vers le large, il présenta successivement, en ce qui était des circonstances influant sur ses conditions d'exécution, les particularités décrites ci-dessous :

Chenal intérieur :

Portion du chenal comprise entre la rive Nord du grand bassin et la balise I, limite de l'ancienne plage et origine de l'appontement. Longueur .... 323m,70.

La limite de l'ancienne plage formait maintenant, à l'est du chenal, la limite du terre-plein du chantier de fabrication des blocs artificiels. Le chenal intérieur se trouvait donc compris entre deux berges insubmersibles.

Chenal extérieur :

Le chenal extérieur était bordé par la jetée de l'ouest, qui fut successivement constituée par les ouvrages suivants :

Dans le courant de juin, une grande drague (des Forges et Chantiers), desservie par des porteurs allant vider les déblais au large, fut installée au delà de la barre pour approfondir le chenal de l'avant-port en marchant du large vers l'intérieur du port. La drague pour trouver une profondeur d'eau permettant aux porteurs de l'accoster, avait dû être conduite à une centaine de mètres au delà de l'appontement, et elle se trouvait ainsi exposée à l'action directe de la mer qui, par les moindres gros temps, rendait difficile et dangereux l'accostage des porteurs. Dans ces conditions, c'est-à-dire jusqu'au moment où la drague put enfin arriver à l'abri de l'appontement, sa marche en avant, entravée par de fréquentes interruptions de travail, ne put naturellement avoir lieu avec toute l'activité qui eût été désirable. Il y a lieu de signaler d'ailleurs qu'indépendamment

---

I. Portion de jetée construite, soit entièrement en enrochements naturels, soit en enrochements naturels recouverts de blocs artificiels :

1° Appontements, avec pieux en charpente sur une longueur de 220 mètres et pilots en fer sur une longueur de 180 mètres, remplis entièrement en enrochements naturels; longueur totale.. 400 mètres

Le battage des pieux en charpente commença dès les premiers mois de l'année 1859 : l'enfoncement des pilots en fer, au début de l'année 1863 : le remplissage de l'appontement en blocs artificiels fut terminé pendant la seconde moitié de l'année 1864.

Une barre régnait constamment dans le chenal vers l'extrémité de l'appontement.

2° Portion de jetée en enrochements naturels recouverts de blocs artificiels entre l'extrémité de l'appontement et l'îlot en fer du large ; longueur.................................... 445

La jetée sous-marine en enrochements naturels était arasée à 3 mètres en moyenne au-dessous du niveau de la mer ; commencée vers le milieu de l'année 1864, elle était terminée dans les derniers mois de l'année 1865.

L'immersion du premier bloc artificiel au-dessus du massif de base en enrochements naturels eut lieu vers le milieu d'août 1865. Dès le commencement de l'année 1866, la jetée sous-marine se trouvait, sur toute sa longueur, recouverte jusqu'à fleur d'eau par des blocs artificiels.

3° Ilot en fer construit dans les fonds de 5 mètres, et bouts de jetée en enrochements naturels s'élevant jusqu'au niveau de l'eau ; longueur ensemble, conformément au détail ci-dessous.. 155

Portion de jetée en deçà de l'îlot.............	75 mètres
Longueur de l'îlot en fer....................	65 —
Portion de jetée au delà de l'îlot.............	15 —

L'origine de l'îlot se trouvait à une distance de 920 mètres de la balise I, à 520 mètres de l'extrémité de l'appontement.

La construction de l'îlot, ainsi que son remplissage en enrochements naturels, remontait à l'année 1862. Les deux bouts de jetée en enrochements naturels construits en deçà et au delà de l'îlot étaient achevés au moment de la passation du marché Dussaud frères (20 octobre 1863) pour l'achèvement de la construction des jetées à l'aide de blocs artificiels.

Longueur totale de la 1re partie de la jetée................. ——— .... 1.000 mètres

II. Portion de jetée construite entièrement en blocs artificiels, longueur.. 1.500

Cette partie de la jetée, commencée dans les premiers mois de l'année 1866, fut terminée dans le courant de décembre 1868.

La jetée atteignait à son extrémité les fonds de 9 mètres.

Longueur totale de la jetée de l'ouest.................................. 2.500 mètres

des interruptions de travail dues à l'agitation de la mer, la drague était encore soumise à de fréquents arrêts auxquels l'obligeait le passage, dans un chenal étroit, de nombreuses embarcations de toutes grandeurs.

L'ouverture d'un bon chenal entre le port et la mer était le travail le plus utile et le plus urgent que l'on eût à faire à Port-Saïd. L'insuffisance de la largeur et de la profondeur du chenal d'accès du port, au début de l'entreprise, empêchait les Entrepreneurs de développer leurs travaux dans le chenal même, dans le grand bassin du port et dans la première partie du Canal maritime, par l'emploi de grandes dragues desservies par des porteurs. Elle entravait en même temps le travail d'immersion des blocs de la jetée qui, en développant l'abri formé par la jetée, devait permettre d'affecter en toute sécurité un certain nombre de dragues à l'amélioration du chenal. On ne pouvait sortir de la difficulté qu'avec de la patience et de sérieux efforts. Le but que l'on désirait atteindre était d'obtenir le plus tôt possible un chenal suffisamment large et profond pour permettre aux navires de faible tonnage de pénétrer jusque dans l'intérieur du port sans gêner la circulation des chalands affectés à l'immersion des blocs, ni celle des porteurs conduisant à la mer les produits des dragages du bassin de Port-Saïd et de la première partie du Canal maritime.

Une désertion considérable d'ouvriers grecs pendant l'épidémie de choléra qui sévit dans l'Isthme en juin et juillet amena un grand ralentissement, à la fois dans les travaux des ateliers et dans le travail des dragues. (Il n'y eut toutefois que peu de départs parmi les ouvriers d'art des ateliers.)

La première grande drague primitivement affectée à l'amélioration du chenal au delà de la barre dut, dans la première quinzaine de septembre, rentrer aux ateliers pour y subir des réparations. Elle fut immédiatement remplacée par une autre (également des Forges et Chantiers).

A la même date du milieu de septembre, indépendamment des trois petites dragues travaillant dans le bassin dans les conditions indiquées ci-dessus, une quatrième petite drague destinée à concourir à son tour aux remblais de Port-Saïd fut d'abord employée à fermer la communication du bassin avec le lac Menzaleh.

Au commencement de novembre, la situation était la suivante :

La première passe du chenal d'accès, ouverte à une profondeur de $2^m,50$ par la grande drague venant du large, était terminée. La drague qui avait ouvert cette passe à travers la barre continuait à marcher vers l'intérieur du port, toujours desservie par deux porteurs, en élargissant le chenal de $3^m,50$ de profondeur déjà existant dans cette partie de manière à porter sa largeur à 70 mètres.

Malgré l'achèvement de la première passe du chenal de l'avant-port, à la profondeur de 2m,50, profondeur qui se trouvait ainsi satisfaire à la condition du marché de la construction des jetées stipulant que « la Compagnie était tenue d'établir et d'entretenir en bon état un chenal de 2 mètres au moins de profondeur, depuis l'embarcadère du chantier des blocs jusqu'à l'extrémité de la portion de la jetée de l'Ouest en construction », les Entrepreneurs des jetées, MM. Dussaud frères, ne pouvaient pourtant encore transporter sur leurs chalands qu'un seul bloc, au lieu de trois, par suite de l'obstruction partielle du chenal de service conduisant à la gare d'embarquement des blocs. MM. Dussaud s'occupaient personnellement de remédier à cette situation au moyen d'un matériel de dragages (comprenant une grande drague des Forges et Chantiers avec les chalands et caisses à déblais nécessaires), qui venait d'être mis à leur disposition par MM. Borel, Lavalley et Cie, en vertu d'un marché récemment passé avec ces Entrepreneurs. Dès que l'amélioration de leur chenal de service serait terminée, MM. Dussaud devaient porter dans le chenal même de l'avant-port la grande drague dont ils disposaient pour ouvrir un chenal spécial et direct vers la mer, d'une profondeur de 3m,50. Cette drague, destinée à fournir le sable nécessaire à la confection des blocs, et continuant d'être desservie par des chalands porteurs de caisses à déblais et par deux grues à terre, devait être placée au point où le sable de la plage de l'Est, entraîné par le courant de remous habituel, ou cheminant sous l'action des rares gros temps de la région Est, tendait sans cesse à venir obstruer le chenal.

Une autre grande drague des Forges et Chantiers, desservie par deux porteurs, avait été conduite à 170 mètres au delà de l'extrémité de l'appontement, où elle se trouvait d'ailleurs abritée par la portion de jetée déjà construite, pour, en marchant vers le port, élargir à 70 mètres et approfondir à 4 mètres le chenal d'avant-port déjà ouvert par la première drague.

Les deux grandes dragues à porteurs, malgré les conditions difficiles où elles se trouvaient, travaillant dans un chenal étroit qui rendait très laborieuses les manœuvres des porteurs, et où un passage fréquent d'embarcations de toute nature obligeait à larguer souvent les chaînes de manœuvres, faisaient en moyenne 1.000 mètres cubes par jour.

Enfin, une quatrième grande drague des Forges et Chantiers était prête à fonctionner pour ouvrir à travers le grand bassin un chenal large et profond, capable de donner passage à toute la circulation des porteurs appelés à desservir les dragues qui travailleraient dans la première partie du Canal maritime. A partir de l'extrémité même de la portion déjà ouverte, le nouveau chenal à ouvrir devait pénétrer obliquement, d'abord, dans les lagunes de la partie Est du grand bassin, puis, arrivé à la rencontre de la direction prolongée du Canal, se retourner pour suivre exactement cette direction. Par l'adoption de cette disposition, on échapperait, dans le travail d'ouverture du nouveau chenal, aux causes de retard qui résulteraient pour les dragueurs du passage d'une nombreuse navigation. La nouvelle drague devait être desservie provisoirement par des gabares à clapets de fond (destinées aux travaux du lot de Suez), dont quelques-unes venaient d'être livrées par les constructeurs. La grande drague employée à ces travaux fonctionna depuis le 9 novembre jusqu'au milieu de janvier 1866.

Ainsi donc, au commencement de novembre, quatre des grandes dragues des Forges et Chantiers étaient en activité à Port-Saïd. Une cinquième drague était prête à remplacer une de ces quatre dragues en cas d'avarie. Les cinq autres dragues des Forges et Chantiers avaient déjà travaillé et elles avaient besoin de réparations et d'un nettoyage général, que l'on comptait faire en même temps que l'on transformerait ces dragues pour leur adapter de plus longs couloirs.

Quant aux dix dragues de la maison Gouin, elles ne pouvaient être utilisées avant d'avoir subi d'importantes modifications, notamment en ce qui était des treuils de manœuvres.

Les Entrepreneurs avaient fait travailler pendant un temps assez long quelques-unes des grues de la maison Gouin et de la Société des Forges et Chantiers, et cette expérience leur avait démontré que l'emploi de ces appareils était extrêmement onéreux. Ils avaient donc pris la résolution d'y renoncer d'une manière définitive. En conséquence, et par application d'une des dispositions de leur marché, ils avaient demandé à faire restitution immédiate de ce matériel à la Compagnie, et cette restitution était en train de se faire.

Canal maritime[1]. — *Partie du Canal comprise entre Port-Saïd et Kantara (kilomètre 44).* — Peu après le début des travaux, dans le courant de mai 1865, la situation sur le Canal maritime était la suivante :

1. Avant d'entreprendre l'exposé de la marche des travaux de terrassements et de dragages exécutés sur la portion du Canal maritime comprise au marché du 12 décembre 1864, nous croyons utile de rappeler :

D'une part, que, d'après ledit marché, le Canal devait être exécuté conformément aux profils annexés, lesquels comportaient une largeur de 22 mètres au plafond, et une largeur de 58 mètres à la ligne d'eau, à l'exception de la portion du Canal s'étendant du kilomètre 10 au kilomètre 20,5, où le Canal, avec la même largeur au plafond, aurait une largeur de 102 mètres à la ligne d'eau ;

D'autre part, qu'en vertu d'une décision de l'Administration, de février 1866, le profil à grande largeur devait être appliqué également à la portion du Canal s'étendant du kilomètre 20,5 au kilomètre 38,5 ;

Enfin, que, d'après le 2e Acte additionnel du 4 décembre 1866, le profil à grande largeur (largeur fixée finalement à 100 mètres) devait définitivement être appliqué (parmi d'autres) à toute la portion de Canal, faisant l'objet du marché du 12 décembre 1864, s'étendant de Port-Saïd au kilomètre 60,5. Il importe toutefois de faire observer que la décision de l'Administration approuvant l'extension du profil à grande largeur remontait au 19 juillet 1866

Parmi les petites dragues destinées à fonctionner sur le Canal, cinq étaient en réparation dans les ateliers de Port-Saïd ; quatre se trouvaient dans la section de Ras-el-Ech, dont deux en petite réparation sur le Canal même dans les environs du campement, et les deux autres devaient être envoyées aux ateliers pour subir de grosses réparations; enfin, trois dragues se trouvaient dans la section du Cap : l'une, récemment réparée, avait été amenée du kilomètre 37, côté Afrique, au kilomètre 34 [1], côté Asie, pour ouvrir une rigole en déversant sur berge ; elle devait marcher vers Port-Saïd, allant ainsi à la rencontre d'une autre drague qui venait d'être conduite au kilomètre 20 pour faire un travail semblable en marchant vers le Sud ; enfin, la troisième drague avait été reculée du kilomètre 40 au kilomètre 38, pour achever le creusement de la rigole Afrique qui présentait encore, dans cette partie du Canal, une lacune d'environ 700 mètres de longueur à profondeur insuffisante.

On avait commencé, à partir du point 15^{km},5 en marchant vers le nord, à reporter à bras d'hommes la banquette Asie, sur la limite correspondant au profil à grande largeur applicable, d'après le marché, à la portion de Canal comprise entre les kilomètres 10 et 20,5. Dès que les deux dragues qui étaient en réparation sur le Canal même, devant Ras-el-Ech, seraient en état de fonctionner, elles devaient être employées au creusement de la nouvelle rigole à grande section de la rive Asie.

A la fin de septembre, les entrepreneurs en étaient encore, pour ainsi dire, en ce qui était des travaux du Canal proprement dit, à la période d'installation. La situation était la suivante :

L'installation du campement de Kantara, centre d'une double section de travaux, était à peu près complètement terminée. L'un des deux chefs de section associés était de retour de France, où il était allé recruter des mécaniciens pour les dragues.

Vis-à-vis et au delà de Ras-el-Ech, deux petites dragues à couloir de 20 mètres, après avoir coupé la berge primitive, étaient occupées au creusement de la nouvelle rigole rive Asie du profil à grande largeur, l'une, partie du point 13^{km},150, marchant vers le sud, l'autre, partie du

---

et avait reçu immédiatement son application en Egypte sans attendre la passation de l'acte destiné à régler définitivement toutes les conditions de cette application.

Nous rappellerons également que, d'après l'Acte additionnel, l'élargissement du Canal, dans toute la portion comprise au marché du 12 décembre 1864, devait se faire entièrement du côté Asie.

1. Nous croyons utile de rappeler ici, une fois pour toutes, que l'Entreprise avait établi au kilomètre 34 (point souvent cité dans les détails donnés ci-après sur la marche des travaux) le campement — avec ateliers de réparations — de sa section de travaux dite *Section du kilomètre* 34 (correspondant à peu près à la section de la Compagnie dite *Section du Cap*).

point 15km,400, marchant à la rencontre de la précédente. La première drague avait fait jusqu'à 700 mètres cubes par jour, l'autre jusqu'à 1.000 mètres cubes : partout où le terrain contenait des coquillages, le déblai se faisait dans d'excellentes conditions. La seconde des deux dragues, abandonnant le travail précédent, se mit en route le 1er octobre pour aller améliorer la partie de la rigole Afrique comprise entre le point 19km,500, où les canots à vapeur étaient alors obligés de s'arrêter, et le kilomètre 20, où était établi le relais.

Au delà du kilomètre 20, il n'y avait encore qu'une seule petite drague à couloir de 20 mètres travaillant à la confection de la rigole à grande section de la rive Asie. Elle avait commencé son travail juste au kilomètre 20, en élargissant et approfondissant d'abord une petite portion de rigole anciennement exécutée ; elle faisait maintenant son chemin devant elle ; le déblai était difficile, les terres se moulaient dans les godets, qui faisaient parfois deux ou trois tours sans se vider; puis, quand elles avaient fini par tomber, elles ne coulaient que très difficilement sur le long couloir à faible pente.

D'autres petites dragues à couloir de 20 mètres étaient arrivées aux kilomètres 23, 27 et 31 et étaient entrées dans les fosses qu'il avait fallu leur préparer pour leur permettre de passer d'une rive à l'autre ; mais elles n'avaient pas encore commencé à travailler.

Enfin, une petite drague était employée à améliorer la rigole Afrique au sud du Cap (kilomètre 38,9) en rejetant les terres dans le Canal.

Situation au commencement de novembre :

Dix petites dragues étaient échelonnées sur la partie du Canal s'étendant du kilomètre 0,8 au kilomètre 34 et réparties ainsi : huit dragues sur la portion de 0km,8 au kilomètre 23, et deux dragues seulement sur la portion au sud de la précédente.

Ces dragues étaient occupées aux travaux suivants :

1° Sur la portion du Canal de 0km,8 au kilomètre 23 :

Deux dragues, étaient employées à fournir des terres pour le renforcement de la berge Afrique, l'une au kilomètre 3,2, déchargeant ses produits sur chalands pontés, l'autre au kilomètre 11,5, draguant en reprise et versant sur berge. Il était d'une extrême importance que le travail de renforcement de la berge Afrique fût fait avant les gros temps de l'hiver, et deux nouvelles dragues devaient, à bref délai, être affectées à ce travail ;

Deux dragues, marchant à la rencontre l'une de l'autre entre les kilomètres 14 et 15, creusaient la nouvelle rigole Asie, et deux autres dragues, marchant de même à la rencontre l'une de l'autre entre les kilomètres 20,7 et 22,8, creusaient le chenal Asie ;

Une drague était en chômage au kilomètre 20,2 ;

Enfin, une drague, au kilomètre 20, approfondissait la rigole Afrique ;

elle devait s'avancer jusqu'au kilomètre 20,5 et alors s'arrêter, pour aller au renforcement de la berge.

2° Sur la portion de Canal du kilomètre 23 au kilomètre 34 :

Une drague, partie du kilomètre 31 et marchant vers le sud, était occupée au creusement de la rigole Asie; une seconde drague était en installation au kilomètre 27 et deux autres dragues devaient être installées à bref délai pour le même travail.

Les Entrepreneurs comptaient pouvoir compléter pour la fin de l'année le nombre de quatorze dragues qu'ils avaient reconnu nécessaire pour le prompt achèvement de la rigole Asie. Ils faisaient de très sérieux efforts pour mettre le plus promptement possible en état le matériel destiné à ces travaux.

Pendant la seconde quinzaine de novembre :

Cinq des sept dragues en activité sur la première portion du Canal étaient occupées à fournir des terres pour le renforcement de la berge Afrique, savoir :

Au kilomètre 2,1, la drague déjà mentionnée versant ses déblais sur des chalands pontés; au kilomètre 11,2, deux dragues, dont l'une draguant au milieu du Canal et rejetant ses déblais près de la berge, l'autre drague en arrière de la précédente, draguant en reprise et versant sur berge; enfin, au kilomètre 16, deux dragues fonctionnant dans les mêmes conditions que les deux précédentes;

Les deux autres dragues affectées à la première portion de Canal étaient placées aux kilomètres 21,2 et 22,8 et creusaient la rigole Asie en marchant l'une vers l'autre.

Sur la seconde portion de Canal, deux dragues placées aux kilomètres 27 et 31,2 creusaient de même la rigole Asie en marchant l'une vers l'autre.

Situation à la fin de décembre :

Sur la première portion de Canal, sept petites dragues continuaient d'être en activité : une de ces dragues, au kilomètre 4,8, continuait à fournir des terres pour le renforcement de la berge; deux dragues, parties du kilomètre 13,3 et marchant en sens contraire, travaillaient à l'approfondissement du chenal Afrique; deux dragues, placées aux kilomètres 14,3 et 15,9, étaient occupées au creusement de la nouvelle rigole Asie; enfin deux dragues placées aux kilomètres 21,2 et 22,4 creusaient le chenal Asie.

Sur la seconde portion de Canal, deux dragues continuaient de travailler au creusement du chenal navigable de la rive Asie, l'une au kilomètre 27, l'autre au kilomètre 31. La petite drague précédemment employée à l'amélioration de la rigole Afrique au sud du Cap était arrivée au kilomètre 39,5, ayant effectué la traversée du Cap sur une longueur d'environ 500 mètres, et elle continuait de marcher vers Kantara en déversant ses déblais à l'intérieur du Canal. Enfin, en outre des travaux de dragages, des terrassements à la brouette avaient été exécutés au Cap (kilomètre 38,9), sur environ 200 mètres de longueur, pour réduire les talus de la berge Asie aux cotes du profil normal.

MARCHE DES TRAVAUX PENDANT L'ANNÉE 1866 [1]

Port de Port-Saïd. — *Avant-port.* — La situation au commencement de l'année 1866 était la suivante :

Trois grandes dragues, desservies par des porteurs, creusaient le chenal de l'avant-port, par passes successives, à une profondeur de 4m,50, sur une largeur de 100 mètres. La drague, mise à la disposition des Entrepreneurs de la construction des jetées, achevait l'ouverture du chenal spécial destiné à permettre, à bref délai, de charger trois blocs, au lieu d'un seul, sur les chalands.

A partir de janvier jusqu'en août, ces quatre grandes dragues furent employées d'une manière permanente au creusement du chenal de l'avant-port ; les dragues qui, en cours de service, avaient besoin de réparation, étaient aussitôt remplacées par d'autres.

Pendant l'année 1865, les grandes dragues employées au creusement du chenal de l'avant-port et du grand bassin du port étaient toutes des dragues des Forges et Chantiers provenant de la Compagnie. Pendant l'année 1866, indépendamment des dragues Gouin de même provenance, l'Entreprise mit successivement en service de nouvelles dragues provenant de ses propres commandes aux mêmes constructeurs.

A partir du mois d'août jusqu'à la fin de l'année, il n'y eut plus en service dans le chenal de l'avant-port qu'une seule drague, en outre de la drague employée à fournir du sable au chantier des blocs artificiels. Les dragages de l'avant-port cessèrent même complètement dans le courant de novembre pour n'être repris qu'après les gros temps de l'hiver.

Nous mentionnerons les quelques observations suivantes au sujet des travaux exécutés pendant la première période :

En avril, les travaux de creusement du chenal s'étendaient sur une longueur de 900 mètres à partir du grand bassin (soit jusqu'à une distance d'environ 180 mètres de l'extrémité de l'appontement), avec une profondeur de 4m,50 et une largeur moyenne de 100 mètres dans le chenal intérieur, de 60 mètres dans le chenal extérieur.

---

1. Ainsi qu'il est expliqué dans une note précédente, la jetée sous-marine entre l'extrémité de l'appontement et l'îlot en fer était entièrement recouverte de blocs artificiels dès le commencement de l'année 1866, de telle sorte que le chenal extérieur de l'avant-port se trouva, dès lors, abrité sur une longueur de 1.000 mètres par la partie déjà construite de la jetée dont l'extrémité atteignait les fonds de 5 mètres à 5m,50.

A partir de juin, une des dragues dut être fréquemment employée à l'entretien de l'entrée du chenal intérieur, entre l'origine de l'appontement et la pointe du petit port du chantier Dussaud où l'on avait à combattre des apports incessants de sable, amenés du large par les remous et par les forts vents d'Est.

A partir également du mois de juin, la drague employée à fournir du sable au chantier des blocs fut desservie, indépendamment des chalands porteurs de caisses à déblais, par un porteur destiné à conduire en mer les déblais qui n'étaient pas pris par les grues. Son rendement fut ainsi notablement augmenté. La drague eut d'ailleurs à prendre diverses positions dans le chenal pour trouver du sable de qualité convenable.

En août, au moment du ralentissement des dragages, les travaux de creusement du chenal de l'avant-port s'étendaient jusqu'à l'îlot en fer, c'est-à-dire sur une longueur d'environ 1.240 mètres à partir du grand bassin (de 520 mètres à partir de l'extrémité de l'appontement), avec une profondeur moyenne de 6 mètres dans le chenal extérieur, de 5 à 6 mètres dans le chenal intérieur, et une largeur moyenne sur tout le parcours d'environ 100 mètres. (Pour réaliser la profondeur de 6 mètres dans le chenal extérieur, les dragages étaient poussés jusqu'à la profondeur de 7 mètres.) La situation était la même à la fin de l'année.

Grand bassin du port. — Au cours de l'année 1866, les travaux de creusement des bassins du port de Port-Saïd furent effectués par un nombre variable de grandes dragues, les unes à couloir de 30 mètres, déversant directement leurs produits sur berge, les autres desservies par des porteurs, et par une petite drague à couloir ordinaire desservie tantôt par des chalands pontés, tantôt par des chalands porteurs de caisses à déblais.

Pendant les trois premiers mois de l'année, il n'y eut en service qu'une seule grande drague ; en avril et mai, deux dragues; en juin et juillet, trois dragues; à partir d'août jusqu'à la fin de l'année, quatre dragues. En outre de ces dragues en service régulier, les nouvelles dragues, faisant leurs essais dans le port, contribuèrent dans une certaine mesure au creusement des bassins.

Les travaux exécutés pendant l'année ont été les suivants :

Ouverture d'un chenal de 30 *mètres de largeur et de* 3 *mètres de profondeur à la limite Est du grand bassin.* — On a vu précédemment qu'au commencement de novembre 1865 une grande drague desservie par des gabares à clapets de fond avait été employée à ouvrir à travers la partie sud-est du grand bassin un chenal oblique se dirigeant vers le Canal maritime. Ce travail fut terminé dans la première quinzaine de janvier, et la drague alla en remplacer une autre dans l'avant-port. Elle fut bientôt remplacée elle-même par une autre grande drague, à couloir de 30 mètres, destinée à ouvrir à la limite Est du grand bassin (prolongeant la rive Est du canal maritime) un chenal de 30 mètres de largeur et de 3 mètres de profondeur. La drague entama son travail à partir du Canal maritime en marchant vers le nord. Le chenal de délimitation était terminé vers le milieu d'avril. La drague alors se retourna d'angle sur l'alignement de la rue du Commerce pour établir la jonction dudit chenal avec le chenal de l'avant-port. Grâce à la communication ainsi établie, on pouvait aller directement, sans transbordement, de la rade au Canal maritime par un chenal ayant des fonds de $2^{m},50$ à 3 mètres, et une largeur d'une trentaine de mètres.

Confection d'un terre-plein destiné à l'installation des bureaux et magasins de l'Entreprise. — Dans les premiers jours d'avril, une grande drague à couloir de 30 mètres fut employée à creuser un chenal de 30 mètres de largeur et de 3 mètres de profondeur sur tout le pourtour de l'emplacement que devait occuper le terre-plein destiné à l'installation des bureaux et magasins de l'Entreprise. Les produits de la drague, déversés directement sur berge, servaient à constituer le terre-plein. Ce terre-plein, situé entre l'entrée du petit bassin de l'Arsenal et la partie Nord-Ouest du grand bassin, se présentait sous forme d'une traverse de 125 mètres de largeur formant saillie de 200 mètres sur la rive Ouest de ce grand bassin et délimitant ainsi, au nord, un petit bassin qui devint le bassin du Commerce.

Le creusement du chenal de ceinture était terminé vers le milieu de juillet.

Les produits des dragages du chenal ayant été insuffisants pour achever le remblai de la traverse, un cube de 1.880 mètres de déblais provenant des dragues en essai furent versés dans le chenal et repris par la drague pour concourir audit remblai.

La petite drague employée à divers déblais dans le grand bassin contribua également à compléter le remblai de la traverse en versant ses produits sur des chalands pontés qui les transportaient jusqu'à la traverse où ils étaient déchargés à bras d'hommes.

Après une courte interruption, la grande drague reprit son travail vers le milieu d'août en se portant au côté Sud de la traverse pour élargir et approfondir le chenal de pourtour afin de réaliser ainsi le complément de remblais encore nécessaire. La drague versait d'abord les déblais dans le chenal, et elle les reprenait ensuite pour les déverser sur la traverse.

Dans le même temps, la drague enleva la petite langue de terre qui rétrécissait, du côté Nord, l'entrée du bassin de l'Arsenal, et les déblais servirent également au remblai de la traverse.

La traverse était complètement terminée dans la première quinzaine d'octobre.

Chenal de pourtour d'un nouveau bassin, dit bassin du Four-à-Chaux (dénommé plus tard bassin Chérif), créé au sud des ateliers. — Dès le commencement de l'année, la Compagnie avait reconnu la nécessité de créer un nouveau bassin, dont l'emplacement fut choisi au sud des ateliers : on étouffait dans les chenaux du grand bassin et l'on manquait absolument de terre-pleins bordés de chenaux pour la construction du matériel de l'entreprise.

Les travaux de creusement du nouveau bassin, désigné à l'origine sous le nom de bassin du Four-à-Chaux, furent commencés dans la première quinzaine d'avril. Ils n'eurent d'abord pour objet que l'ouverture, sur tout le pourtour du bassin, d'un chenal de 35 mètres de largeur et de 3 mètres de profondeur, et ce premier travail fut exécuté par une grande drague à couloir de 25 mètres déversant directement les déblais sur berge.

Le chenal en question fut terminé dans la seconde quinzaine de juillet.

En même temps qu'il s'exécutait, une autre grande drague à couloir de 30 mètres procédait à l'élargissement à 30 mètres, avec profondeur de 3 mètres, de l'ancien chenal de la rive Sud du grand bassin entre le Canal maritime et l'entrée du nouveau bassin.

Enfin, dans la seconde quinzaine de décembre, une grande drague fut placée dans le chenal Sud de pourtour du bassin du Four-à-Chaux pour l'élargir d'une vingtaine de mètres, avec des fonds de 3 mètres, dans le but de faciliter l'installation des élévateurs sur leurs flotteurs.

Bassin du Commerce. — La construction de la traverse de l'Entreprise décrite précédemment avait eu pour résultat, ainsi que la remarque en a déjà été faite, de constituer un petit bassin de 200 mètres de côtés qui reçut le nom de bassin du Commerce. Par le double fait des chenaux anciennement ouverts sur le pourtour de la partie Ouest du grand bassin et du chenal récemment ouvert le long de la rive nord de la traverse, le nouveau bassin se trouvait pourvu d'un chenal sur tout son pourtour.

Pendant le cours de l'année, des dragues qui faisaient leurs essais dans l'emplacement de ce bassin enlevèrent une partie des terrains qui apparaissaient encore au-dessus du niveau de l'eau. Une partie des déblais fournis par ces dragues était employée aux remblais de Port-Saïd ; une autre partie, conduite à la mer par des porteurs.

En novembre, l'îlot que formaient les terres émergentes était complètement enlevé; les fonds laissés par les dragues étaient de 4 à 5 mètres.

Un dernier travail eut lieu, consistant dans l'exécution, le long de la rive sud du bassin, en se maintenant à 40 mètres de distance de la ligne d'eau, d'une passe de 50 mètres de largeur à la profondeur de 6 mètres. On créa ainsi un excellent mouillage pour les petits navires appelés à séjourner dans le port.

Travaux d'élargissements successifs du chenal ouvert dans le grand bassin en prolongement du chenal de l'avant-port. — Les grandes dragues employées aux travaux de creusement du grand bassin étaient desservies par des porteurs.

Vers le milieu de l'année fut commencé, dans le prolongement de la partie Ouest du chenal de l'avant-port et en marchant du Nord au Sud, le travail d'élargissement à 60 mètres et d'approfondissement à 5 mètres, de l'ancien chenal, dit chenal d'Ismaïlia, précédemment créé pour établir une communication directe entre la rade et le Canal maritime; l'axe prolongé du chenal de l'avant-port formait la limite Est du chenal élargi. Chemin faisant, la drague employée à ces travaux d'élargissement eut successivement à enlever la bande de terre qui séparait le nouveau chenal de la traverse de l'Entreprise; à franchir et enlever l'ancien terre-plein que la Compagnie avait fait établir pour servir à la maison Gouin de chantier de montage du matériel; finalement à s'ouvrir son passage à travers le terrain vierge qui existait encore dans toute la région de l'angle Sud-Ouest du grand bassin. A la fin de l'année, le travail d'élargissement et d'approfondissement était fait sur une longueur de 640 mètres à partir de l'entrée du bassin; il ne restait donc plus à faire qu'une longueur de 120 mètres pour atteindre le pied du talus de la rive Sud du bassin (à 40 mètres de la ligne d'eau) devant le débarcadère dit du Cheik Karpouty, au droit de l'ancien boghaz de même nom.

Peu après la mise en train de l'élargissement du chenal d'Ismaïlia, une autre grande drague entreprit un nouvel élargissement dudit chenal par le creusement, à la profondeur de 5 mètres, d'un nouveau chenal d'une largeur de 50 mètres, portant ainsi à 110 mètres la largeur du chenal à profondeur de 5 mètres maintenant ouvert dans le grand bassin en prolongement du chenal de l'avant-port. A la fin de décembre, le nouveau chenal était exécuté sur une longueur de 400 mètres à partir de l'entrée du bassin.

Enfin, dans les derniers jours de novembre, une nouvelle grande drague entreprit le creusement, toujours à la profondeur de 5 mètres, d'un troisième chenal, de 50 mètres de largeur, ayant ainsi sa limite Est à 100 mètres de distance dans l'Est de l'axe du chenal de l'avant-port. A la fin de décembre, la drague se trouvait à une distance de 200 mètres de la rive Nord du grand bassin. (Elle n'avait pas eu à draguer dans le chenal précédemment ouvert le long de cette rive en retour du chenal de la rive Est.)

On voit, par ce qui précède, que la largeur totale du chenal de 5 mètres de profondeur en cours d'exécution à la fin de l'année 1866 dans le grand bassin se trouvait être de 160 mètres. Ce chenal, à mesure de l'avancement de la troisième drague ci-dessus mentionnée, ne se trouverait donc plus séparé de celui précédemment décrit de

30 mètres de largeur au plafond et de 3 mètres de profondeur, formant la limite Est du grand bassin, que par une bande de terrain vierge d'environ 60 mètres de largeur dont l'enlèvement devait avoir lieu par une nouvelle passe de drague. Après l'achèvement de cette quatrième passe de drague (à la suite des trois passes précédentes), la surface d'eau se trouverait complète dans toute l'étendue de la partie Est du grand bassin.

Travaux divers exécutés par la petite drague. — Pendant les premiers mois de l'année, la petite drague en service exécuta successivement dans le port les travaux suivants :

Achèvement d'un chenal précédemment commencé autour de l'îlot réservé à M. Gouin pour lui servir de chantier de montage des appareils qu'il avait à livrer à la Compagnie ;

Curages dans le chenal de pourtour Ouest du grand bassin, les produits des dragages étant employés en remblai pour la confection du terre-plein de la Société des Forges et Chantiers ;

Curages du petit bassin de l'Arsenal ; les produits des dragages employés aux remblais de Port-Saïd ;

Creusement du grand bassin vis-à-vis du quai des Caves ; les produits employés, partie aux remblais de Port-Saïd et partie au terre-plein des Forges et Chantiers ; une autre partie portée à la mer.

A partir d'avril :

Approfondissement du chenal de la rive Ouest du grand bassin ; les produits employés aux remblais de Port-Saïd.

Pendant les derniers mois de l'année :

Curages pour l'amélioration des chenaux existants et curages du petit bassin de l'Arsenal.

(A propos du bassin de l'Arsenal, on mentionnera que, dans les premiers jours de novembre, une grande drague fut employée à approfondir à 6 mètres une partie déjà précédemment draguée en dehors de la ligne d'eau Ouest du bassin pour l'établissement de grandes cales de halage. Le travail était exécuté en vue de faciliter la mise à l'eau des grands porteurs sur cale.)

Enlèvement de divers petits îlots empêchant ou gênant les communications entre les chenaux existants.

A partir du milieu de juillet, la drague cessa de fournir des terres pour les remblais de Port-Saïd, qui furent alors interrompus. Ainsi qu'il a été mentionné précédemment, la drague versait ses déblais sur des chalands pontés qui les transportaient à la partie Sud de la traverse de l'Entreprise.

Approfondissement du chenal Ouest du grand bassin. — Dans le courant de décembre, une grande drague fut employée à approfondir le chenal Ouest du grand bassin devant le chantier de montage de la Société des Forges et Chantiers de la Méditerranée, qui occupait la portion de la rive Ouest du grand bassin comprise entre le bassin de l'Arsenal et le nouveau bassin du Four-à-Chaux.

En résumé, la situation à la fin de l'année, en ce qui était du grand bassin, était la suivante :

Le chenal d'avant-port, ouvert à une largeur de 100 mètres au plafond avec des fonds de 5 à 6 mètres, avait été prolongé dans le grand bassin, avec des fonds de 5 mètres, sur une longueur de 640 mètres, en sorte qu'il ne restait plus à ouvrir qu'une longueur de 120 mètres pour atteindre le pied du talus du bassin. Sur une longueur de 400 mètres, le chenal ouvert dans le grand bassin avait une largeur de 100 mètres au plafond; sur le reste de la longueur, une largeur de 60 mètres seulement.

Dans l'angle Nord-Est du grand bassin, près du chantier Dussaud, il y avait une superficie draguée d'environ 14.000 mètres carrés. Dans l'angle rentrant Sud-Est, il ne restait plus à draguer qu'un îlot de 1.500 mètres carrés de superficie pour que cette partie du bassin eût toute sa surface d'eau avec des fonds variant de 3 à 5 mètres.

Le bassin du Commerce, qui, depuis le mois de novembre, avait toute sa surface d'eau avec des fonds de 4 à 5 mètres, avait maintenant dans sa partie Sud une passe de 50 mètres de largeur avec des fonds de 4 à 5 mètres.

Enfin, le bassin de l'Arsenal ainsi que les divers chenaux secondaires du bassin, parmi lesquels le chenal de pourtour du nouveau bassin du Four-à-Chaux, avaient des fonds de $2^{m},50$ à 3 mètres.

Canal maritime[1]. — *Section de Ras-el-Ech.* (*Du kilomètre* 0,8 *au kilomètre* 23.) — On a vu précédemment que, pendant les derniers mois de 1865, indépendamment d'importants dragages exécutés dans la rigole Afrique pour se procurer les terres nécessaires à un renforcement urgent de diverses parties de la berge de la rive Afrique, on avait commencé l'approfondissement général de cette même rigole en vue d'en faire un chenal navigable de 2 mètres de profondeur, ainsi que le

1. On rappelle de nouveau, suivant l'observation déjà mentionnée dans une note précédente, que, par suite d'une décision de l'Administration du 7 février 1866, le profil à grande largeur prévu au marché du 12 décembre 1864 pour la partie du Canal comprise entre les kilomètres 10 et $20^{km},5$ devait être également appliqué à la partie faisant suite à la précédente, de $20^{km},5$ à $38^{km},5$; et que, par une nouvelle décision du 19 juillet 1866, l'application du profil à grande largeur ayant été étendue à toutes les parties du Canal où le terrain n'était pas à plus de 2 mètres au-dessus du niveau de la mer, il était résulté de cette décision que ledit profil devait être appliqué à toute la partie du Canal comprise entre l'origine et le kilomètre 60.5, c'est-à-dire à toute la partie comprise au marché du 12 décembre 1864.

On rappelle également que, sur toute l'étendue de cette partie du Canal, l'élargissement devait se faire entièrement du côté Asie.

creusement de la nouvelle rigole Asie à la limite du profil à grande largeur.

TABLEAU DES NOMBRES DE DRAGUES EN ACTIVITÉ DANS LE COURANT DE L'ANNÉE

ANNÉE 1866	PETITES DRAGUES à couloir de 20 mètres	GRANDES DRAGUES à couloir de 30 mètres	GRANDES DRAGUES à couloir de 60 mètres	NOMBRE TOTAL de dragues
En janvier	7	»	»	7
En février	3	2	»	5
En mars et avril	4	3	»	7
En mai	2	3	»	5
En juin et juillet	3	4	»	7
En août	3	2	2	7
En septembre	2	3	2	7
En octobre et novembre	3	2	2	7
En décembre	4	3	2	9

Création du chenal navigable de 20 à 25 mètres de largeur et de 2 mètres de profondeur. — Pendant la première moitié de l'année 1866, les principaux efforts de l'Entreprise furent employés à créer le plus promptement possible, en exécution de l'une des dispositions du paragraphe 3° de l'article du devis et cahier des charges concernant le mode d'exécution des travaux, un chenal navigable de 2 mètres de profondeur et d'une largeur minimum de 20 mètres. Ce chenal, dit chenal de navigation, devait être établi sur la rive Afrique depuis l'origine du Canal, kilomètre 0,8, jusqu'au kilomètre 20 ; sur la rive Asie, à partir du kilomètre 20.

L'élargissement et approfondissement du chenal Afrique, commencé en janvier, vis-à-vis de Ras-el-Ech, entre les kilomètres 13 et 14, avec deux petites dragues, a été exécuté à partir de février à l'aide seule de grandes dragues à couloir de 30 mètres. En juin et juillet, quatre de ces dragues étaient affectées aux travaux.

Sur la petite portion de Canal faisant partie de la section à partir du kilomètre 20, le creusement du nouveau chenal Asie fut exécuté par une petite drague à couloir de 20 mètres.

Pendant les deux mois de juin et juillet, toutes les dragues ont travaillé jour et nuit avec deux équipes. Le travail de nuit fut supprimé le 20 juillet en raison du prochain achèvement du chenal.

Le chenal de navigation était effectivement terminé le 1er août. Il avait une largeur de 20 à 25 mètres et une profondeur de 2 mètres.

Nous signalerons quelques particularités et incidents des travaux.

Deux des grandes dragues employées à l'amélioration du chenal Afrique, lorsqu'elles se trouveraient installées entre les kilomètres

8 et 10, devant empêcher dans cette partie du chenal la circulation des canots à vapeur, deux petites dragues furent employées à améliorer la rigole Asie entre les kilomètres 7,5 et 10,5, de manière à y créer un chenal navigable provisoire pour lesdits canots.

Pour permettre à une grande drague à couloir de 50 mètres d'aller faire ses essais au kilomètre 3 du chenal Afrique, il fut nécessaire de lui ouvrir un chenal à partir de l'origine du Canal jusqu'au kilomètre 1,3, l'amélioration de cette partie du chenal Afrique n'ayant pas encore été commencée. Ce travail fut exécuté par la drague à couloir de 30 mètres affectée au creusement du chenal de pourtour de la traverse de l'Entreprise dans le port, dont elle fut momentanément détachée (du 23 mai au 6 juin); et, comme il n'existait pas en ce moment de moyen d'enlever les terres, soit en les portant à la mer, soit en les déposant sur berge, les produits des dragages étaient rejetés dans le canal du côté Asie. Le chenal creusé par la drague avait une largeur au plafond de 15 mètres et une profondeur de 3 mètres. La drague, munie de son couloir de 50 mètres, commença ses essais le 18 juin, au kilomètre 3, draguant au milieu du Canal et versant ses produits sur la berge Afrique. Elle débuta par un fond de 2m,50; puis l'élinde fut successivement descendue, à mesure de l'avancement du travail, jusqu'à la profondeur de 8 mètres. La drague dut être momentanément arrêtée, le 9 juillet, pour subir d'importantes réparations et diverses modifications, parmi lesquelles la substitution d'un couloir de 60 mètres au couloir primitif de 50 mètres. Dans le courant d'août, la drague, tout en restant au kilomètre 3, changea de position pour travailler, du côté Asie, à l'attaque du creusement du Canal à toute largeur; l'emplacement qu'elle devait occuper lui avait été préparé par une petite drague déversant ses produits dans le Canal.

La petite drague occupée au creusement du chenal de navigation, rive Asie, sur la partie du Canal comprise entre les kilomètres 20 et 23, sombra en cours de travail par suite de l'usure des tôles de la coque. Elle fut relevée et remise en marche huit jours après l'accident, et elle put continuer son travail.

Pendant les mois de septembre à novembre, une drague à couloir de 30 mètres fut employée à creuser le chenal Afrique entre les kilomètres 0,9 et 1,2 pour fournir les terres nécessaires à l'extension et à l'exhaussement du terre-plein du campement établi au kilomètre 1.

Creusement du chenal Asie. — Les travaux de creusement du chenal Asie à la limite du profil à grande largeur, commencés dès le début de l'année, furent poussés très activement à partir de l'achèvement du chenal navigable de la rive Afrique, en août, jusqu'à la fin de l'année.

Ces travaux étaient exécutés par des dragues à couloir de 30 mètres et de petites dragues à couloir de 20 mètres déversant directement, les unes et les autres, leurs produits sur berge.

Les dragages étaient précédés de l'exécution à bras d'hommes, à la ligne d'eau du profil, d'un nouveau bourrelet en terre destiné à empêcher les déblais versés sur la berge par le couloir des dragues de retomber dans le Canal.

Sur quelques points, en vue de faciliter le travail des dragues appelées à creuser le Canal à toute largeur, des brigades de terrassiers étaient employées à reporter l'ancienne berge Asie à 75 mètres environ de distance dans l'Est. Le travail s'exécutait sur une vingtaine de mètres de largeur et jusqu'à une petite profondeur au-dessous du niveau de l'eau.

Le nouveau chenal Asie était établi avec une largeur de 20 à 25 mètres à la ligne d'eau et une profondeur de 1m,75 à 2 mètres.

A la fin de l'année, il restait encore à exécuter dans l'étendue de la section (de 0km,8 au kilomètre 23) une longueur de chenal d'environ 9 à 10 kilomètres.

Creusement du Canal à toute largeur. — Deux grandes dragues à couloir de 60 mètres, installées du côté Asie, l'une au kilomètre 3, marchant vers le nord, l'autre au kilomètre 13,2, marchant vers le sud, commencèrent en septembre le creusement du Canal à toute largeur. Ces dragues creusaient à une profondeur de 4m,50 à 5 mètres sur une largeur de 40 mètres, s'étendant ainsi un peu au delà de l'axe du Canal.

La drague du kilomètre 3, par suite de l'ouverture d'un boghaz dans la berge, de la rupture de sa chaîne dragueuse et de diverses réparations, ne travailla que quelques jours pendant le premier mois de son fonctionnement. A la fin de décembre, elle était arrivée au point 2km,750, ayant ainsi parcouru 250 mètres.

La drague du kilomètre 13,2, par suite de la nature argileuse du terrain dragué qui ne coulait pas suffisamment dans le couloir, eut son couloir rompu à plusieurs reprises : une première fois pendant le premier mois de son fonctionnement; deux autres fois dans le courant de novembre, la dernière fois avec une partie de la charpente. A la fin de décembre, la drague était arrivée au point 13km,450, ayant ainsi parcouru, comme la précédente, une distance de 250 mètres. En même temps que fonctionnait la drague à long couloir, une petite drague à couloir de 20 mètres avait dragué au milieu du Canal, depuis le kilomètre 14 jusqu'au kilomètre 13,4, en déversant dans l'ancienne rigole Asie ses produits, qui devaient être repris plus tard par la drague à long couloir. Le but de ce travail était d'obtenir promptement une voie de garage sur toute la largeur du Canal devant Ras-el-Ech.

Section du Cap. (*Du kilomètre* 23 *au kilomètre* 43,8.) — Il n'a été employé dans la section, pendant l'année 1866, que des petites dragues à couloir de 20 mètres.

Ainsi qu'on le verra par les explications détaillées ci-dessous, il y a eu en activité sur les chantiers, aux diverses périodes de l'année, savoir :

En janvier, cinq dragues ;

De février à juillet, de dix à treize dragues ;

En août, six dragues.

Pendant les derniers mois de l'année, les travaux consistèrent presque uniquement en terrassements à la brouette.

Au début de l'année 1866, trois petites dragues seulement travaillaient sur la partie du Canal au sud du kilomètre 23, savoir : deux dragues dans l'ancienne rigole Asie, ayant commencé à creuser le chenal de navigation aux kilomètres 27 et 31 en versant leurs produits sur berge ; et, dans la rigole Afrique, une troisième drague qui, partie du Cap (kilomètre 38,9), marchant vers Kantara et déversant ses produits dans l'intérieur du Canal, était arrivée au kilomètre 39,5, ayant ainsi achevé la traversée de l'îlot du Cap.

Pendant le mois de janvier, deux nouvelles petites dragues furent affectées au creusement du chenal de navigation rive Asie entre les kilomètres 23 et 31.

En février, les conditions d'exécution, en ce qui était du chenal de navigation de la rive Asie, à partir du kilomètre 20,5, se trouvèrent modifiées par la décision de l'Administration du 7 dudit mois, déjà mentionnée, portant que le profil à grande largeur serait appliqué jusqu'au kilomètre 38,5. L'Entreprise organisa, en conséquence, ses chantiers de dragages. Indépendamment de la drague travaillant à l'amélioration de la rigole Afrique en marchant vers Kantara et continuant de déverser ses produits dans le Canal, il y eut en ligne pendant le mois, pour le creusement du nouveau chenal Asie à la limite du profil à grande largeur, dix petites dragues échelonnées entre le kilomètre 23 et le kilomètre 34. Sept de ces dragues avaient été livrées à deux tâcherons associés, MM. Ester et Porcelet, chargés du creusement de la portion de chenal s'étendant du kilomètre 23 au kilomètre 31, et quatre desdites dragues étaient déjà en activité. L'Entreprise exploitait directement les trois autres dragues.

Les dragues étaient précédées, dans leur travail, de terrassements à la brouette pour le reculement de l'ancien cavalier à la nouvelle limite correspondant au profil à grande largeur ainsi que pour le creusement du terrain en avant des dragues, jusqu'à une profondeur de 0m.30 à 1 mètre suivant la nature du terrain rencontré.

En mars, une huitième drague fut livrée aux tâcherons. Cinq des dragues précédemment livrées étaient en pleine activité ; les trois autres avaient à peine commencé à travailler. L'Entreprise exploitait directement, comme le mois précédent, quatre dragues, dont deux dans le chenal Asie entre les kilomètres 31 et 34, et deux dans la rigole Afrique. L'une de ces deux dernières dragues, au kilomètre 34, faisait de simples curages dans une partie déjà approfondie précédemment et déversait ses produits sur berge ; l'autre drague, arrivée au kilomètre 41,7, continuait l'amélioration de la rigole en marchant vers Kantara et déversant ses produits dans le Canal. L'Entreprise avait d'ailleurs pris des dispositions pour mettre la berge Afrique à la cote 20m,20 et la préparer ainsi à recevoir les élévateurs ; toutefois les travaux avaient dû être provisoirement ajournés à cause du ripage de la conduite d'eau auquel travaillait alors la Compagnie.

Pendant les trois mois d'avril à juin, il y eut treize dragues en service, dont huit exploitées, côté Asie, par les tâcherons, entre les kilomètres 23 et 31, et cinq exploitées directement par l'Entreprise, dont deux, côté Asie, entre les kilomètres 31 et 38,5, et trois dans la rigole Afrique. Parmi ces dernières se trouvait la drague employée depuis plusieurs mois à l'amélioration de la rigole en marchant vers Kantara; les deux autres dragues étaient occupées à l'amélioration de quelques lacunes existant encore en divers points de la rigole. Une grande activité régna sur les chantiers pendant le mois de juin, principalement sur les chantiers des tâcherons. Après l'achèvement, alors prochain, du chenal navigable de la rive Asie, on devait entreprendre le creusement du chenal Afrique entre le kilomètre 42 et le kilomètre 51 : une passe peu profonde de dragues paraissait d'ailleurs devoir suffire pour mettre le chenal à la profondeur voulue; deux dragues qui avaient achevé leur travail sur les chantiers des tâcherons étaient déjà en mouvement pour aller prendre leur poste dans cette partie du chenal Afrique.

En juillet, les conditions d'exécution du chenal de navigation de la rive Asie à partir du kilomètre 38,5 se trouvèrent, à leur tour, modifiées par la décision de l'Administration du 19 dudit mois portant que le profil à grande largeur serait appliqué jusqu'au kilomètre 60,5, extrémité de la partie du Canal comprise au marché d'entreprise. Les tâcherons Ester et Porcelet avaient terminé, dans le cours de ce mois de juillet, la portion de chenal dont ils avaient été chargés, du kilomètre 23 au kilomètre 31, et, déjà, les dragues dont ils disposaient étaient transportées sur d'autres points. Sur les treize dragues qui fonctionnaient les mois précédents dans la section, dix s'y trouvaient encore, échelonnées sur le nouveau chenal de la rive Asie depuis le kilomètre 31 jusqu'au kilomètre 43,8, extrémité de la Section. Les trois autres dragues étaient affectées, dans la section suivante du Canal (Section des lacs Ballah), à l'amélioration de la rigole Afrique, depuis Kantara (kilomètre 44) jusqu'au kilomètre 51, déversant leurs produits dans le lit du Canal.

La drague qui était employée depuis plusieurs mois à l'amélioration du chenal Afrique avait été, à cause de son mauvais état, mise au rebut ; elle avait pu, finalement, être complètement réparée, et elle fonctionnait de nouveau : la coque avait été enduite de ciment et de briques et l'appareil dragueur à petits maillons avait été remplacé par une chaîne à grands maillons.

Les travaux avaient été poussés très vigoureusement pendant le mois de juillet, les dragues travaillant jour et nuit. La même activité continua de régner pendant une partie du mois d'août. A la fin du mois, six dragues étaient encore échelonnées sur le chenal de la rive Asie entre le kilomètre 31 et le kilomètre 43,8, mais elles ne faisaient plus sur ce parcours que de simples curages.

Les travaux de creusement du chenal Asie dans l'étendue de la section, ainsi que les travaux d'amélioration du chenal Afrique entre l'îlot du Cap et Kantara, étaient presque complètement terminés en septembre.

A partir d'octobre jusqu'à la fin de l'année, les travaux exécutés dans la section consistèrent presque uniquement en terrassements à la brouette pour le reculement, jusqu'à une distance d'environ 60 mètres, du cavalier bordant l'ancienne rigole Asie. Les dragues n'eurent plus guère à faire dans les chenaux que des travaux de curage.

Pendant le mois d'octobre, on fit au kilomètre 29 l'essai d'une grande drague à couloir de 60 mètres. Cet essai permit de constater que, grâce à la forme conique des godets, les terres draguées, même les déblais d'argile plastique, se détachaient bien des godets ; mais il montra en même temps que, malgré la grande quantité d'eau projetée par les pompes de la drague, ces déblais d'argile glissaient difficilement sur le couloir. Au cours de l'essai en question, les terres s'étant amoncelées à la partie antérieure du couloir y produisirent une surcharge qui détermina la séparation du couloir d'avec la drague, en sorte que la drague et son couloir durent être envoyés à Port-Saïd pour réparation de l'avarie. A la fin de l'année, la drague n'avait pas encore été remise en activité.

Section des lacs Ballah. (Du kilomètre 43,8 au kilomètre 60,5.) — Les travaux de dragages dans la section des lacs Ballah ne furent entrepris qu'en juillet, après l'achèvement à peu près complet de ceux qui avaient été entrepris dans la section précédente pour le creusement du chenal Asie et l'amélioration du chenal Afrique.

Ainsi qu'il est dit ci-dessus, pendant ce mois de juillet, trois dragues furent employées à l'amélioration du chenal Afrique entre Kantara (kilomètre 44) et le kilomètre 51. Les dragues déversaient leurs produits dans l'intérieur du Canal.

En août, cinq dragues, travaillant nuit et jour, étaient employées aux mêmes travaux, qui s'étendaient alors jusqu'au kilomètre 56.

Le chenal Afrique, à partir du kilomètre 44, n'avait qu'une largeur de 12 à 13 mètres. Même, pour obtenir cette faible largeur, les dragues avaient creusé tout près de la rive, entamant le profil-type. Il était à craindre que cette faible largeur ne fût encore bientôt diminuée par des éboulements de la berge : des rétrécissements s'étaient déjà produits sur la portion du chenal Asie exécutée par les tâcherons Ester et Porcelet par suite d'éboulements résultant tout à la fois de la forme donnée à la cuvette du chenal et du dépôt des produits du dragage à une trop faible distance du bord de la berge.

Indépendamment des travaux de dragages pour l'amélioration du chenal Afrique entre les kilomètres 44 et 56, qui furent continués plus ou moins activement jusqu'à la fin de l'année, un millier d'ouvriers furent constamment employés (répartis sur les deux sections) à reculer le cavalier limitant l'ancienne rigole Asie.

Dans les derniers jours de décembre, une grande drague à couloir de 60 mètres faisait ses essais au kilomètre 56, et des plates-formes étaient préparées aux kilomètres 46 et 54 pour recevoir des élévateurs.

TRAVAUX EXÉCUTÉS DIRECTEMENT PAR LA COMPAGNIE PENDANT L'ANNÉE 1866 DANS L'ÉTENDUE DU LOT D'ENTREPRISE

Nous croyons devoir accompagner le compte rendu des travaux exécutés par MM. Borel, Lavalley et Cie sur leur lot d'entreprise de la mer Méditerranée au seuil d'El Guisr, de la description sommaire immédiate des travaux exécutés en même temps et directement par la Compagnie dans l'étendue de ce lot d'entreprise.

Port de Port-Saïd. — *Enrochements des quais du port et de l'avant-port.* — Les berges en sable du chenal de l'avant-port et des chenaux de pourtour du grand bassin du port, côté de la ville, étant fortement rongées par les eaux, ont dû être protégées par des enrochements. Les pierres employées à ces enrochements provenaient de la carrière du plateau des Hyènes.

Les travaux d'enrochements exécutés pendant l'année 1866 ont été les suivants :

Enrochements et terrassements du quai de l'avant-port entre la balise 1 (quai Eugénie) et l'entrée du grand bassin et du quai en retour du bassin du Commerce. (Les pierres employées à ce dernier bassin provenaient de Malte.)

Construction, sur la plage Est, d'un épi destiné à protéger la pointe du terrain couvrant le bassin provisoire des opérations de l'entrepreneur de la construction des jetées. Cet épi, qui avait été commencé exactement à la limite de la largeur de 200 mètres du chenal de l'avant-port, fut reporté peu après à 20 mètres plus loin dans l'Est. L'épi avait sa crête au niveau de l'eau et une longueur de 95 mètres ; on avait employé à sa construction 280 mètres cubes d'enrochements. L'ouvrage fut en outre relié à la ligne de palplanches du quai d'embarquement des blocs artificiels par des enrochements qui durent être rechargés à diverses reprises par suite d'affouillements produits lors des forts vents d'Est par faibles marées.

L'enrochement qui se trouvait à l'angle S.-O. du grand bassin devenait inutile par suite du creusement du nouveau bassin du Four-à-Chaux ; il eût d'ailleurs gêné le passage de la drague appelée à creuser le chenal de pourtour du nouveau bassin. Il fut donc enlevé. Une partie des pierres en provenant fut employée à renforcer l'enrochement du quai Sud du grand bassin ; le reste servit aux enrochements du quai de l'avant-port.

Enracinement de la jetée Est en blocs naturels. — Les Entrepreneurs de la construction des jetées en blocs artificiels commencèrent en janvier 1866 l'immersion des blocs à la jetée Est. Les premiers blocs furent immergés par les fonds de 3 mètres, à une distance de 270 mètres de la balise 2 établie sur le rivage et marquant l'origine de la jetée, et l'immersion continua ensuite en marchant vers le large.

La Compagnie, à qui un article du marché d'entreprise avait réservé le droit « de former une partie du noyau des jetées avec des blocs naturels mis en œuvre par elle-même ou par l'intermédiaire de tâcherons », resta chargée de construire en blocs naturels l'*enracinement de la jetée*, c'est-à-dire la partie de la jetée comprise entre le rivage et l'origine des blocs artificiels.

Ces travaux d'enracinement furent commencés dans les premiers jours de septembre et se poursuivirent jusqu'à la fin d'octobre, date à partir de laquelle ils furent provisoirement interrompus jusqu'à la fin de l'année. A la date en question, les enrochements, exécutés sur une hauteur moyenne de $1^m,30$, s'étendaient depuis les blocs artificiels jusqu'à 30 mètres environ de la plage. On y avait employé 473 mètres cubes de pierres provenant de la carrière du plateau des Hyènes.

Travaux divers. — En outre des travaux d'enrochements ci-dessus décrits, la Compagnie a exécuté pendant l'année 1866 les divers travaux suivants :

Démolition de l'appontement en charpente jusqu'au delà de l'emplacement de l'Agence sanitaire, à 185 mètres de distance de la balise 1, et son remplacement par un glacis, limité et défendu du côté du large par une ligne d'enrochements en gros blocs, et formé par un remblai en sable de 4 mètres de largeur arasé extérieurement à $1^m,50$ et du côté du chenal à $0^m,70$ au-dessus du niveau de la mer.

Raccordement de la rampe du débarcadère du quai Eugénie avec le niveau du quai, abaissé en cet endroit d'environ $0^m,45$. Les murs en maçonnerie de soutènement de la rampe étaient établis dans le prolongement des faces latérales du bloc terminant la rampe.

Régalage du terre-plein à l'Est du grand bassin pour nouveau dépôt de charbon. Le travail d'appropriation du terrain ne devait se développer qu'à mesure des besoins. Le remblai dans les parties primitivement submergées était fait jusqu'à 0m,20 au-dessus du niveau des plus hautes eaux du lac.

Construction d'une cale de halage destinée aux canots de la Compagnie

Battage de pieux d'amarrage le long des quais.

Canal maritime. — *Enrochements des berges.* — La berge Afrique du Canal était en divers points tellement rongée par suite des éboulements produits par le clapotis que la stabilité de la conduite d'eau se trouvait sur ces points sérieusement compromise. Des enrochements de défense, avec des pierres provenant de la carrière du plateau des Hyènes, furent faits sur les portions de berge où la situation paraissait le plus menaçante.

Dans la section de Ras-el-Ech, les enrochements de défense ont été exécutés en divers points de la berge comprise entre les kilomètres 10 et 12,5 et entre les kilomètres 14 et 16. Le cube moyen d'enrochements était d'environ 1mc,20 par mètre courant. Plus tard un enrochement général, à raison d'environ 0mc,40 par mètre courant, fut établi à 4 mètres de distance de la ligne d'eau, dans toute l'étendue des deux portions de canal en question, soit sur une longueur de 4.500 mètres. On espérait que le bourrelet ainsi exécuté suffirait pour protéger efficacement la berge et la conduite d'eau jusqu'au moment où l'Entreprise serait en mesure de reconstituer le chemin de halage.

Dans la section des lacs Ballah, des portions de berge avaient également besoin d'être protégées. Un projet dans ce but avait été mis à l'étude, et un accord avait été préparé avec l'entrepreneur chargé de l'exploitation de la carrière pour la fourniture des pierres nécessaires; mais la nécessité, qui se produisit alors, d'affecter à la construction du déversoir du chantier 6 (au débouché de la rigole maritime dans le lac Timsah) toute la production de la carrière, obligea d'ajourner l'exécution des enrochements de défense que l'on avait en vue.

Déplacement de la première conduite d'eau et pose de la nouvelle conduite[1]. — La première conduite d'eau douce avait été posée à une époque où la berge Afrique du Canal dans laquelle elle devait être enfouie n'était encore, sur beaucoup de points, que simplement ébauchée. Mais il fallait la poser quand même pour assurer le plus promptement possible l'alimentation de tous les chantiers jusques et y compris Port-Saïd. Il

---

1. Rappel des marchés passés avec M. Lasseron pour l'établissement d'une distribution d'eau douce entre Ismaïlia et Port-Saïd :

Marché du 11 juillet 1862 pour la construction d'une distribution d'eau douce (avec tuyaux de conduite de 0m,162 de diamètre) capable de débiter 350 mètres cubes d'eau par jour entre Ismaïlia et Port-Saïd. Travaux terminés le 9 avril 1864 ;

Marché du 15 décembre 1864 pour l'établissement d'une seconde conduite d'eau (avec tuyaux de 0m,216 de diamètre) entre Ismaïlia et l'îlot du Cap, capable de débiter, en sus des 350 mètres cubes de la première conduite,

était résulté de cette nécessité de la mise en place de la conduite d'eau, simultanément pour ainsi dire avec la construction de la berge, que, sur beaucoup de points, la conduite n'avait pu être placée à une distance suffisante au delà de la ligne d'eau pour se trouver à l'abri des chances de rupture qui devaient résulter des éboulements et des adoucissements de talus de la berge. A plus forte raison, sur les points en question, la place manquait-elle pour la pose de la seconde conduite. Cette situation obligea à un travail assez considérable de déplacement de la première conduite.

Les travaux de pose de la seconde conduite d'eau étaient en pleine activité pendant les premiers mois de 1866.

A Port-Saïd, le déplacement de la première conduite, établie sur pilotis, fut fait dans le courant d'avril sur une longueur de 860 mètres, et la seconde conduite fut posée immédiatement jusqu'au point $0^{km},940$, retour d'angle de la conduite du lac.

Sur le Canal maritime, on fut obligé de faire, entre les kilomètres 42 et 58, un ripage notable de la première conduite qui, en maints endroits, comme il est dit plus haut, avait été posée trop près de la crête de la berge. (Il en fut de même en quelques points de la traversée du seuil d'El Guisr.)

Finalement, dès la fin de juillet, la double conduite était en place et fonctionnait sans interruption depuis Ismaïlia jusqu'à Port-Saïd. La nouvelle conduite se trouvait maintenant partout établie à 2 mètres, et l'ancienne conduite à $2^m,70$ de distance de la crête du profil normal du Canal.

Renforcement des berges à la traversée des lacs Ballah. — A la traversée des lacs Ballah, les berges du Canal étaient extrêmement faibles, en sorte qu'il se produisait dans ces berges, pendant l'hiver, — les eaux étant alors presque constamment hautes dans le Canal, — des boghaz sans cesse renaissants. Ces ruptures de berges jetaient la perturbation dans la navigation du Canal et occasionnaient des dépenses considérables de réparations. Il était donc d'un très grand intérêt de procéder le plus rapidement possible (de manière à terminer les travaux avant le prochain hiver) à un renforcement des berges dans la portion de Canal en question. Or on ne pouvait espérer que l'Entreprise serait en

---

550 mètres cubes par vingt-quatre heures ; en totalité, pour les deux conduites, 900 mètres cubes ;

Marché du 27 mars 1865, passé avant la complète exécution du marché précédent, pour le prolongement de la conduite de $0^m,216$ de diamètre jusqu'à Port-Saïd et pour l'établissement d'une nouvelle machine hydraulique à Ismaïlia, capable de produire un débit de 1.500 mètres cubes par jour. Toutefois le débit maximum exigible de l'ensemble des deux conduites n'était que de 1.200 mètres cubes.

La double conduite a commencé à fonctionner jusqu'à Port-Saïd à partir de la fin de juillet 1866.

mesure, avant un assez long temps, de mettre de grandes dragues sur cette portion de Canal. La Compagnie prit donc le parti d'exécuter elle-même les travaux de renforcement des berges, en ne faisant pourtant que le strict nécessaire.

Les terres nécessaires pour le renforcement des berges étaient prises en des points convenablement choisis et amenées au lieu d'emploi par des chalands. Le halage de ces chalands se fit d'abord par des animaux ; plus tard, les chalands furent remorqués par un canot à vapeur.

Ces travaux de renforcement des deux berges ont eu lieu sur la partie du Canal s'étendant du kilomètre 48,5 au kilomètre 55,5. Commencés dans le courant de mars, ils étaient dans les premiers jours d'août très avancés sur la rive Afrique et complètement terminés sur la rive Asie où les chantiers de terrassiers furent alors supprimés. Sur cette rive Asie, vis-à-vis du kilomètre 52, on s'était dispensé de renforcer la berge sur une longueur d'environ 1.200 mètres, par cette considération que, lors même qu'une rupture viendrait à se produire dans cette partie de la berge, elle ne pourrait, le lac en arrière étant peu étendu, influer d'une manière bien sensible sur la tenue des eaux dans le Canal.

Dans les premiers jours d'août, par suite de l'achèvement du large chenal de navigation entre les kilomètres 23 et 31, les eaux, dans la région des lacs Ballah, avaient atteint dans le Canal le niveau de la Méditerranée, et même, par les coups de vent du nord, elles montaient jusqu'à la cote 18m,42. A cette époque, les rétrécissements que présentait la rigole maritime dans la traversée du seuil d'El Guisr empêchaient le pertuis-déversoir de l'extrémité de la rigole, même fonctionnant à plein débit, de faire sentir son effet de dénivellation des eaux dans la rigole au delà du kilomètre 60.

Dans cette situation, et pour tâcher d'éviter les ruptures de berges que pourrait produire la trop grande hauteur des eaux dans le Canal à la traversée des lacs Ballah, on créa une sorte de régime factice en pratiquant dans la berge Asie quelques ouvertures permettant aux eaux de s'épandre dans deux des bassins des lacs Ballah. Malgré cette précaution, l'eau ayant un jour monté très rapidement dans le Canal, il y eut sur la rive Afrique, entre les kilomètres 52 et 53, une rupture des conduites d'eau douce. L'avarie fut rapidement réparée. Mais on ne pouvait se dissimuler que de pareils accidents seraient à craindre jusqu'au moment où l'ouverture du chenal à la traversée du Seuil permettrait au déversoir du chantier 6 de produire son effet régulateur jusque dans les lacs Ballah, surtout jusqu'à l'époque où les berges auraient été considérablement renforcées par les produits des dragages.

MARCHE DES TRAVAUX PENDANT L'ANNÉE 1867

Port de Port-Saïd [1]. — *Avant-port.* — Les dragages du chenal de l'avant-port, interrompus depuis plusieurs mois, furent repris à la fin de février.

En mars, il y avait deux dragues en activité, laissant des fonds de 5 mètres à 5^{m},50 ;

D'avril à juin, une seule drague ;

De juillet à octobre, trois dragues ;

En novembre, deux dragues ;

En décembre, une seule drague ;

Toutes ces dragues, desservies par des porteurs et laissant des fonds de 6 à 7 mètres.

A la fin de l'année, le chenal de l'avant-port se trouvait creusé, sur une largeur de 100 mètres au plafond, avec des fonds de 6 à 7 mètres, le plus généralement avec des fonds de 7 mètres.

Grand bassin du port. — Pendant la période de janvier à juillet, il y eut en activité tantôt six, tantôt sept dragues pour le creusement du grand bassin à des profondeurs de 4 mètres à 4^{m},50 ;

Et, pendant la période d'août à décembre, trois ou quatre dragues, laissant des fonds de 6 mètres à 6^{m},50.

Ces dragues étaient généralement desservies par des porteurs ; exceptionnellement elles versaient leurs déblais dans des chalands, soit en vue des remblais de Port-Saïd, soit pour les fournitures de sable aux entrepreneurs de la construction des jetées.

Au commencement de l'année, la situation des dragues était la suivante :

Les trois dragues précédemment employées à creuser dans le grand bassin, respectivement, les trois passes constituant ensemble un chenal de 150 à 160 mètres de largeur et de 5 mètres de profondeur en prolongement du chenal de l'avant-port, continuaient leur travail, qu'elles poursuivirent dans le cours de l'année jusqu'à complet achèvement.

Une quatrième drague avait attaqué la bande de terrain vierge d'environ 60 mètres de largeur qui restait encore entre le grand chenal ci-dessus mentionné et le chenal de délimitation Est du grand bassin.

---

1. Etat d'avancement de la construction des jetées au commencement de l'année 1867.

DÉSIGNATION DES PARTIES DE JETÉES	JETÉE OUEST	JETÉE EST
Partie au-dessus du niveau de l'eau	1.630 mètres	760 mètres
— au-dessous — —	320	140
LONGUEUR TOTALE	1.950	900 mètres
Fonds atteints	7 mètres	4^{m}.50

L'enlèvement de cette bande de terrain fut terminé au mois d'octobre, et la drague, continuant son chemin, pénétra dans le Canal maritime.

Une autre drague travaillait à l'approfondissement, à $5^m,75$, de la partie Nord du bassin du Commerce dont la partie Sud avait déjà été portée à ladite profondeur.

Enfin, une drague travaillait à l'élargissement et à l'approfondissement à 4 ou 5 mètres du chenal longeant la rive Sud de la traverse de l'Entreprise en marchant vers le bassin de l'Arsenal, où elle pénétra dans les premiers jours de mai, y continuant le même travail d'approfondissement.

En avril, une drague à couloir de 30 mètres, arrivant du Canal maritime où elle venait de creuser le long de la nouvelle rive Asie, tracée en prolongement de la rive Est du grand bassin, un chenal de 30 mètres de largeur et de $1^m,50$ à $1^m,70$ de profondeur, entra dans le grand bassin en poursuivant son chemin dans le chenal de délimitation Est pour l'approfondir à 2 mètres.

Vers le milieu de l'année, les dragues attaquèrent les deux îlots de terrain vierge qui existaient encore dans la partie Ouest du grand bassin : l'un, situé au Sud du bassin de l'Arsenal dont il resserrait l'entrée et qui fut attaqué par le Nord (le bassin de l'Arsenal était destiné spécialement par les Entrepreneurs aux navires portant les approvisionnements de charbon) ; l'autre îlot, situé devant l'entrée du nouveau bassin du Four-à-Chaux (dénommé, à partir de juillet, bassin Chérif) et qui fut attaqué par le Sud, afin de créer le plus promptement possible une voie d'accès facile à ce bassin sur la rive Sud duquel devaient s'installer les grandes Compagnies de navigation à vapeur.

Enfin, au commencement de septembre, eut lieu l'attaque de l'îlot de terrain vierge qui occupait le milieu du bassin Chérif, par une drague laissant des fonds de 4 à 5 mètres.

En résumé, à la fin de 1867 :

Le grand bassin ne contenait plus qu'un seul îlot de terrain vierge en face du terre-plein servant de chantier de montage à la Société des Forges et Chantiers de la Méditerranée et occupant la partie de la rive Ouest du grand bassin comprise entre le bassin de l'Arsenal et le bassin Chérif[1]. Cet îlot fut attaqué à son tour dans les derniers jours de l'année.

Toutes les parties draguées avaient au moins 4 mètres de profondeur. Les fonds de 6 mètres à $6^m,50$ régnaient avec une largeur de plus de 100 mètres, depuis le chenal de l'avant-port jusqu'au Canal maritime.

Le bassin du Commerce, livré depuis longtemps à la navigation, était creusé sur toute sa surface à $5^m,50$ de profondeur ; le bassin de

1. Dans le courant de mai, la Société des Forges et Chantiers, afin d'activer le montage des divers appareils qu'elle avait en construction pour l'Entreprise, établit un nouveau chantier de montage sur la berge du bassin du Four-à-Chaux (bassin Chérif).

l'Arsenal, à une profondeur de 5 mètres; enfin, le bassin Chérif, également à une profondeur de 5 mètres, sur un tiers environ de sa surface.

Nous croyons intéressant de mentionner qu'à la fin de juillet est entré pour la première fois dans le port, sans être préalablement allégé, le paquebot-poste *Le Titan*, des Messageries Impériales, faisant le service des côtes de Syrie avec escale à Port-Saïd : c'était un navire de 1.000 tonneaux de jauge, de 103 mètres de long et de plus de 5 mètres de tirant d'eau. Depuis lors, tous les bateaux des Compagnies de navigation à destination de Port-Saïd ou y faisant escale ont mouillé sans difficulté dans le port même.

Canal maritime. — *Section de Ras-el-Ech. (Du kil.* 0,8 *au kil.* 23.)

TABLEAU DES NOMBRES DE DRAGUES EN ACTIVITÉ DANS LE COURANT DE L'ANNÉE

ANNÉE 1867	PETITES DRAGUES à couloir de 20 mètres	GRANDES DRAGUES à couloir de 30 mètres	GRANDES DRAGUES à couloirs de 60 et 70 mètres	NOMBRE TOTAL de dragues
De janvier à mars	5	3	2	10
En avril	4	1	2	7
En mai	3	1	2	6
En juin	3	1	3	7
En juillet et août	3	»	3	6
En septembre	3	»	4	7
En octobre	2	»	4	6
En novembre	1	1	5	7
En décembre	»	1	5	6

Toutes ces dragues déversaient directement leurs produits sur berge.

Les dragages exécutés pendant l'année 1867 ont eu pour objet les travaux suivants :

Continuation du creusement du chenal Asie, dit chenal d'élargissement, à la limite du profil à grande largeur, à l'aide, tout à la fois, de petites dragues à couloir de 20 mètres creusant un chenal de 20 mètres de largeur et de 1m,75 à 2 mètres de profondeur, et de grandes dragues (ancien type) à couloir de 30 mètres, creusant un chenal de 25 mètres de largeur et de 2 mètres à 2m,50 de profondeur. Ce chenal Asie, dans l'étendue de la section, fut complètement terminé dans le courant de novembre ;

Élargissement à 20 mètres et approfondissement à 1m,75 ou 2 mètres, à l'aide d'une petite drague à couloir de 20 mètres, de l'ancienne rigole Afrique, à partir du kil. 20, extrémité du chenal navigable créé l'année précédente sur la rive Afrique, jusqu'au kil. 23, extrémité de la section. Ce travail fut terminé dans le courant de mai;

Creusement du Canal à toute largeur à l'aide de grandes dragues à couloirs de 60 et de 70 mètres, travaillant sur la moitié de la largeur du canal, les unes du côté Afrique, les autres du côté Asie, et commençant par creuser, à travers le terrain vierge existant entre les deux chenaux des rives, un chenal d'une quarantaine de mètres de largeur (dépassant ainsi quelque peu l'axe du Canal) avec des profondeurs de 4 à 5 mètres. A la fin de l'année, indépendamment de notables portions déjà ainsi ouvertes sur moitié de la largeur, soit sur une rive, soit sur l'autre, le Canal était ouvert à toute largeur entre les kil. 10 et 17 avec les susdites profondeurs de 4 à 5 mètres, et, vers le kilomètre 13, il était, à quelques centimètres près, à profondeur;

Enfin, travaux de curages à l'aide de petites dragues sur les chenaux déjà creusés.

Indépendamment des travaux de dragages, des brigades d'ouvriers terrassiers étaient employées, comme l'année précédente, les unes à la confection de bourrelets de terre sur la nouvelle rive Asie pour empêcher le retour dans le Canal des terres déversées sur la berge par les dragues, les autres à l'enlèvement des terres de l'ancienne berge Asie en vue de faciliter le travail des dragues. Une brigade spéciale fut en outre employée au règlement du talus de la berge Asie; à la fin de l'année, ce règlement de talus était fait sur une longueur d'environ 4 kilomètres à partir de l'entrée du Canal.

Nous mentionnerons les quelques rares particularités suivantes qu'ont présentées dans le courant de l'année les travaux de dragages :

Dans le courant de mai, une drague à couloir de 70 mètres, qui avait commencé à fonctionner au kilomètre 13,5, enlevant le terre-plein situé entre les deux chenaux des rives, eut son couloir rompu sous la charge des déblais;

Dans les derniers jours du même mois, une petite drague fut amenée au kilomètre 23, à l'extrémité du chenal Afrique, pour y creuser un bassin de 60 mètres de longueur, 40 mètres de largeur et $1^{m},80$ de profondeur, destiné à recevoir une grande drague à couloir de 70 mètres qui devait commencer à creuser la demi-largeur du Canal en marchant vers Port-Saïd;

Dans le courant de septembre, pendant le travail de creusement du chenal Asie, au point $3^{km},5$, un boghaz se produisit dans la berge, occasionnant une interruption de travail de plusieurs jours.

Les deux chenaux Asie et Afrique se trouvant, en novembre, complètement achevés, les petites dragues étaient devenues inutiles dans la section, et elles furent envoyées dans la section suivante. Il ne restait donc plus, en décembre, dans la section de Ras-el-Ech, que les cinq grandes dragues à long couloir travaillant au creusement du Canal à toute largeur; en plus, la grande drague livrée aux entrepreneurs de la construction des jetées qui fonctionnait à l'entrée du Canal et dont les produits étaient en partie transportés à la mer par les porteurs, l'autre partie transportée par chalands au chantier de fabrication des blocs artificiels.

Le rendement des petites dragues avait été des plus satisfaisants : pendant les mois de janvier à avril, où cinq, puis quatre dragues avaient été en activité, le rendement moyen par drague et par mois avait été d'environ 10.000 mètres cubes, et certaines dragues avaient eu des rendements de 14 à 18.000 mètres cubes; pendant la période de mai à septembre, où il n'y avait plus que trois dragues en activité, les rendements avaient été meilleurs encore, le rendement moyen mensuel par drague ayant atteint environ 16.000 mètres cubes, et, certain mois, les dragues ayant eu, dans des terrains d'argile et de vase, des rendements de 20 jusqu'à 29.000 mètres cubes.

Le montage du matériel de l'entreprise à Port-Saïd, déjà très actif l'année précédente, prit un nouvel essor pendant l'année 1867.

En ce qui est spécialement des dragues, la Société des Forges et Chantiers travailla avec la plus grande activité tout à la fois à l'exhaussement des grandes dragues déjà construites ainsi qu'à la construction et au montage des dragues surhaussées et des couloirs de 70 mètres : elle se trouva ainsi en mesure de livrer à l'Entreprise pendant l'année plusieurs de ces grandes dragues avec leurs longs couloirs. Quant à la maison E. Gouin et Cie, elle avait, de son côté, livré à l'Entreprise, dès le commencement de l'année, les dix-huit grandes dragues qui lui avaient été commandées.

Les Entrepreneurs procédèrent en septembre, dans leurs ateliers, à la modification des élindes de deux de ces dernières dragues pour leur permettre de draguer à 9 mètres et de laisser ainsi derrière elles des fonds de 8 mètres.

Section du Cap. (Du kil. 23 au kil. 43,8.)

Dragages.

TABLEAU DES NOMBRES DE DRAGUES EN ACTIVITÉ DANS LE COURANT DE L'ANNÉE

ANNÉE 1867	PETITES DRAGUES à couloir de 30 mètres	GRANDES DRAGUES à couloir de 60 mètres	NOMBRE TOTAL de dragues
De janvier à mai	5	»	5
En juin et juillet	6	2	8
En août et septembre	6	3	9
D'octobre à décembre.....	6	4	10

On a vu précédemment que, dans l'étendue de la section, à la fin de l'année 1866, le nouveau chenal de la rive Asie était à peu près complètement terminé et n'exigeait plus guère que des travaux de curages, et que le chenal Afrique, de son côté, avait été amélioré sur de notables parties de son parcours.

L'Entreprise désirait pouvoir installer le plus tôt possible, dans la section, des grandes dragues à long couloir pour le creusement du Canal à toute largeur.

Or, d'une part, le chaland flotteur supportant le long couloir des grandes dragues, que l'on avait supposé d'abord devoir caler moins d'un mètre, se trouvait maintenant caler en réalité de $1^m,30$ à $1^m,60$ par suite de l'addition d'une locomobile destinée à faire marcher la pompe rotative lançant de l'eau dans le couloir et du renforcement de toute la charpente en fer du couloir ;

D'autre part, les chenaux de rives n'avaient pas conservé leur profondeur primitive, et, en outre, une certaine baisse des eaux se produisait dans ces chenaux par suite du fonctionnement du pertuis-déversoir de l'extrémité de la rigole servant au remplissage du lac Timsah, de telle sorte que lesdits chenaux ne présentaient sur divers points que $1^m,10$ de profondeur d'eau.

Les petites dragues à couloir affectées à la section furent en conséquence employées à creuser à nouveau les deux chenaux de rives de manière à leur donner une profondeur minimum de $1^m,80$, avec élargissement à 25 mètres sur les points où le terrain de la fouille ne s'éboulait pas, circonstance qui se présentait dans toute la partie Nord de la section.

Pour pouvoir réaliser cette profondeur de 25 mètres avec les petites dragues, celles-ci furent exhaussées de manière à permettre l'adoption de couloirs de 30 mètres de longueur, au lieu de 20 mètres.

Les petites dragues ainsi exhaussées donnèrent un excellent travail, même dans les terrains argileux. Quelques-unes parvinrent à faire régulièrement de 10 à 12.000 mètres cubes par mois ; l'une d'elles atteignit même 14.000 mètres cubes ; le travail moyen était de 7 à 8.000 mètres cubes. Ces dragues travaillèrent pendant toute l'année à l'approfondissement des deux chenaux de rives dans les conditions indiquées ci-dessus ; elles préparaient, d'ailleurs, les bassins où devaient être installées les grandes dragues à long couloir.

Les grandes dragues à long couloir — ainsi qu'il va être expliqué — furent successivement installées, finalement au nombre de quatre, en divers points du Canal :

Deux grandes dragues nouveau type, à couloir de 70 mètres, furent installées, en avril : l'une au kilomètre 29 pour le creusement de la demi-cuvette Afrique ; l'autre au kilomètre 39 pour le creusement de la demi-cuvette Asie ; toutes deux marchant vers le sud. Ces dragues remplaçaient celles qui, l'année précédente, avaient été reconnues trop faibles pour enlever les déblais dans ces parties du Canal où le terrain, d'argile compacte, était très difficile à draguer [1].

Les premiers mois de fonctionnement de ces dragues ne furent en réalité qu'une période d'essais avec longues interruptions de travail dues soit à des modifications successives de la chaîne balayeuse [2] adaptée au couloir des dragues, soit à la réparation des couloirs plusieurs fois rompus.

Les ruptures répétées des couloirs de 70 mètres décidèrent l'Entreprise à supprimer la rallonge de 10 mètres qui avait été ajoutée aux anciens couloirs, et à en revenir ainsi aux couloirs de 60 mètres.

Les deux dragues des kilomètres 29 et 30, avec leurs couloirs de 60 mètres, munis d'une chaîne balayeuse, ne commencèrent guère à fonctionner d'une manière régulière qu'à partir de juillet. Leur production, d'abord médiocre, ne tarda pas à s'améliorer à la suite de diverses améliorations de détail.

Une troisième grande drague installée au kilomètre 29, comme l'une des deux précédentes, et creusant également la demi-cuvette Afrique, mais en marchant vers le nord, commença à fonctionner en août.

Enfin, une quatrième drague, installée au kilomètre 34, commença à fonctionner en octobre, creusant la demi-cuvette Afrique, en marchant vers le nord.

Il y eut donc dans la section, pendant les trois derniers mois de l'année, pour le creusement du Canal à toute largeur, quatre grandes

---

1. Les nouvelles dragues étaient beaucoup plus fortement constituées dans tous leurs éléments.

Le chaland flotteur supportant le grand couloir, au lieu d'être simplement relié à la drague par deux poutres en bois et deux chaînes de traction, avait reçu une addition d'entretoisement en cornières qui paraissait devoir garantir complètement contre les ruptures qui s'étaient produites sur ces points de l'appareil.

Aux lieu et place du système de suspension du grand couloir par une bigue en bois, il y avait maintenant une forte poutre cintrée en tôle formant cadre et entourant le couloir qui servait en même temps de butée aux deux fermes de suspension. Ces différentes pièces constituaient une augmentation de force qui semblait devoir mettre le couloir à l'abri de ruptures, même s'il venait à se remplir complètement de déblais. D'ailleurs, pour éviter ces encombrements de matières dans le couloir, on avait ajouté aux pompes d'injection établies sur toutes les autres grandes dragues un système balayeur à palettes en fer régnant depuis la naissance du couloir jusqu'à 10 mètres environ de son extrémité, et animé, au moyen de la machine même de la drague, d'un mouvement qui poussait en avant le déblai et en facilitait ainsi l'écoulement.

2. Ces modifications de la chaîne balayeuse furent faites sur les indications et sous la surveillance de M. Lecointre, l'ingénieur de la Société des Forges et Chantiers, chargé de la construction de tout le matériel commandé par l'Entreprise, et principal auteur de l'appareil qui se trouvait alors en Egypte.

dragues à couloir de 60 mètres en activité, savoir : trois dragues employées au creusement de la demi-cuvette Afrique, dont deux, parties du kilomètre 29, marchant en sens contraire, et une, partie du kilomètre 34, marchant vers le nord ; et une drague, partie du kilomètre 39, creusant la demi-cuvette Asie et marchant vers le sud.

Ces dragues faisaient généralement une première passe à la profondeur de 3m,50. En décembre, les élindes furent relevées de manière à limiter le dragage à la profondeur de 2m,50, et la production des dragues s'en trouva augmentée d'une manière sensible.

Terrassements à sec. — Les terrassements à sec pour le reculement de l'ancien cavalier de la rive Asie furent continués pendant toute l'année.

Pendant les premiers mois, les efforts furent principalement concentrés au kilomètre 39 (îlot du Cap). Il y avait sur ce point environ 500 ouvriers indigènes.

Tous les déblais à sec au-dessus de la cote 18m,20 pour le reculement de l'ancienne berge, y compris l'enlèvement des dunes à la traversée de l'îlot du Cap, étaient terminés en juin. 250 ouvriers restaient encore sur le chantier pour fouiller le terrain jusqu'à 0m,40 au-dessous du niveau de l'eau, afin de réduire d'autant le travail des petites dragues creusant le chenal Asie entre les kilomètres 39 et 42.

Au commencement d'août, pour achever le travail à bras d'hommes dans la section, il ne restait plus à faire que le reculement de l'ancien cavalier de dépôt sur la partie du Canal comprise entre les kilomètres 42 et 43,8.

Ce dernier travail comportait un cube de déblais d'environ 110.000 mètres cubes. L'Entreprise en confia une tâche importante à un indigène qui comptait, pour l'enlèvement des terres, employer des baudets portant des grands couffins, ainsi que cela se pratiquait avec succès, depuis quelque temps, à Port-Saïd. Ce fut ainsi, en effet, que s'exécutèrent les travaux. Pendant les quatre derniers mois de l'année, 300 ouvriers environ et une centaine de baudets y furent employés. Les baudets, après un certain temps de service, se rendaient d'eux-même à la charge et à la décharge. Le cube exécuté à la fin de l'année était d'environ 86.000 mètres cubes.

Section des lacs Ballah. (*Du kilomètre* 43,8 *au kilomètre* 60,5.)

Dragages. — Au début de l'année, une drague à long couloir continuait ses essais au kilomètre 56. Dans le courant de l'année, ainsi que le montre le tableau ci-dessous, des dragues desservies par des élévateurs et de nouvelles dragues à long couloir furent successivement installées dans la section.

TABLEAU DES NOMBRES DE DRAGUES EN ACTIVITÉ DANS LE COURANT DE L'ANNÉE

ANNÉE 1867	PETITES DRAGUES à couloir de 30 mètres	GRANDES DRAGUES		NOMBRE TOTAL de dragues
		à élévateurs	à couloir de 60 mètres	
En janvier	1	»	»	1
En février	2	2	»	4
De mars à mai	4	2	1	7
En juin et juillet	4	3	1	8
D'août à octobre	3	4	1	8
En novembre et décembre	4	4	3	11

Les petites dragues ont été employées pendant toute l'année à l'ouverture du nouveau chenal Asie, d'une largeur de 20 à 25 mètres et de 1m,80 à 2 mètres de profondeur, destiné à frayer le chemin aux grandes dragues à long couloir. Elles furent aussi employées à ouvrir des communications entre les deux chenaux de rives et à préparer les bassins destinés à recevoir lesdites grandes dragues.

Ces petites dragues, exhaussées et à couloir de 30 mètres, ont produit, ainsi que le fait a déjà été constaté au sujet des dragages de la section du Cap, un très bon travail. Leur rendement moyen mensuel a été de 6 à 7 mille mètres cubes; quelques dragues faisaient de 9 à 10 mille mètres cubes; une d'elles atteignit même 19.000 mètres cubes.

Une des grandes dragues destinées à être desservies par des élévateurs fut pendant plusieurs mois, de février à juillet, en attendant l'installation de ses élévateurs, employée comme les petites dragues au creusement du chenal Asie : elle marchait en avant d'une grande drague à long couloir employée à enlever l'ancienne berge Asie.

Les grandes dragues à élévateurs creusaient, en première passe, le canal à toute largeur; elles avaient débuté par une passe de 5 mètres à 5m,50 de profondeur; pendant les derniers mois, cette première passe fut réduite à une profondeur de 3m,50 à 4 mètres. Chaque drague était desservie par deux élévateurs, un sur chaque rive. Une seule des dragues, fonctionnant au kilomètre 58, avait ses deux élévateurs placés sur la même rive (rive Afrique).

Les premiers mois de fonctionnement des élévateurs ne furent, pour ces appareils, à proprement parler, qu'une période d'essais très peu productifs pendant lesquels se révéla successivement la nécessité d'améliorations de détail. A la suite de ces améliorations, les rendements devinrent meilleurs; mais ce ne fut pourtant qu'au bout de quelques mois que l'on parvint à obtenir des élévateurs un travail à peu près régulier.

Les faibles rendements des chantiers à élévateurs tenaient aux interruptions de travail résultant des nécessités de réparations, soit à la drague, soit aux élévateurs mêmes. Les accidents aux élévateurs étaient fréquents et provenaient tantôt de la rupture des chaînes de suspension des caisses ou des câbles métalliques de traction, qui s'usaient très vite par le frottement, tantôt de la destruction des soudures des tuyaux d'alimentation des chaudières ou des tuyaux de prise de vapeur, résultant des oscillations naturelles du chaland flotteur; en outre, on était quelquefois obligé de s'arrêter pour maintenir par des palplanches le talus intérieur du cavalier de dépôt des terres de dragages qui s'éboulaient sur le chariot de l'élévateur.

Le travail des élévateurs devint assez régulier à partir du mois de juillet, non pas par suite de l'absence d'accidents, car il s'en produisait encore, mais parce que les accidents étaient réparés très vite : on avait toujours sur place les pièces de rechange nécessaires, et le personnel maniait maintenant les appareils avec plus de dextérité. Le travail mensuel des dragues desservies par les élévateurs descendait bien encore parfois à 8 ou 9 mille mètres cubes seulement; mais il était assez normalement de 15 à 20 mille mètres cubes, et il atteignit même 25.000 mètres cubes.

Toutes les grandes dragues à long couloir creusaient la demi-cuvette Asie par une première passe de 3 mètres à 3^{m},50 de profondeur. Leur rendement variait de 12 à 25 mille mètres cubes ; le rendement moyen était d'environ 20.000 mètres cubes.

Les points d'attaque des grandes dragues pour le creusement du canal à toute largeur ont été les suivants :

Au kilomètre 46 : Deux dragues desservies par des élévateurs, l'une ayant commencé à fonctionner en juin, l'autre en août;

Au kilomètre 51 : Une drague à long couloir ayant commencé à fonctionner en novembre ;

Au kilomètre 54 : Deux dragues, dont l'une, desservie par des élévateurs, ayant commencé à fonctionner en février, l'autre drague, à long couloir, ayant commencé à fonctionner en novembre ;

Au kilomètre 56 : Deux dragues, dont l'une, à moyen couloir, creusait le chenal Asie en marchant vers le sud et ayant commencé à fonctionner en février, l'autre drague, à long couloir, ayant commencé à fonctionner en mars ;

Au kilomètre 58 : La drague à moyen couloir employée au creusement du chenal Asie à partir du kilomètre 56 ayant, en juin, rencontré au kilomètre 57,9 un banc de pierre à chaux, avait suspendu provisoirement son travail en attendant que fussent arrêtées les conditions spéciales d'extraction de ce banc rocheux. La drague ne devait recommencer à fonctionner qu'après l'installation, vers le kilomètre 58, des élévateurs qui devaient la desservir et qui étaient attendus ; la plate-forme destinée à ces appareils, tous deux sur la rive Afrique, était déjà prête sur une longueur de 200 mètres ; l'abaissement des conduites d'eau douce, entre les kilomètres

57,9 et 59,6, limites extrêmes de la distance à parcourir par les élévateurs, venait d'être achevé. La drague, desservie maintenant par les deux élévateurs, recommença à fonctionner en octobre, creusant alors le Canal à toute largeur.

Nous signalerons, en passant, que l'enlèvement du banc rocheux ne présenta pas de difficultés sérieuses; le rendement des dragues était peu diminué.

Terrassements à sec. — Les terrassements à sec, dans l'étendue de la section, ont été poussés avec une très grande activité pendant l'année 1867.

Dès les premiers mois, d'importants chantiers, occupant ensemble environ 650 ouvriers, étaient établis aux points suivants :

Au kilomètre 45 pour l'exécution de la gare de Kantara[1] ;

Au kilomètre 47 pour l'enlèvement des dunes existantes sur ce point, indépendamment du reculement des anciens cavaliers de dépôt de la rive Asie ;

Au kilomètre 55 pour le reculement des cavaliers de dépôt.

L'Entreprise s'attachait à faire à sec le plus possible de déblais dans toute l'étendue de la section. Sur les points mêmes où le nouveau chenal Asie était creusé, des ponts volants étaient jetés sur ce chenal afin de permettre d'enlever à bras d'hommes l'ancienne berge Asie et de construire avec les terres de déblais, sur la nouvelle rive Asie, un fort bourrelet destiné à maintenir les produits de la première passe des dragues à long couloir.

En juillet, il y avait sur les trois chantiers ci-dessus mentionnés 750 ouvriers arabes ainsi répartis : 400 à la gare de Kantara, 200 au chantier du kilomètre 47, 150 au chantier du kilomètre 55.

Sur ce dernier chantier, on rencontra au kilomètre 55,6 un banc de grès dur au-dessus du niveau de l'eau d'une épaisseur moyenne de $0^{m},40$. L'extraction de ce banc rocheux fut terminée en septembre. Le cube extrait avait été de 1.540 mètres cubes.

Dans ce même mois de septembre, indépendamment de divers autres chantiers, 600 ouvriers furent employés entre les kilomètres 44 et 48 au reculement de l'ancien cavalier de dépôt et à l'achèvement des déblais à sec pour la construction de la gare.

---

1. Le creusement d'une gare, « dont l'emplacement et les dimensions seraient ultérieurement indiqués », était prévu, on le sait, au marché du 12 décembre 1864.

L'Administration avait décidé, en septembre 1866, que cette gare serait établie à Kantara, et qu'elle aurait une largeur de 22 mètres, ce qui revenait à doubler simplement la largeur du Canal au plafond, et une longueur de 1.000 mètres avec des raccordements de 100 mètres à ses extrémités.

En exécution, on ne donna provisoirement qu'une longueur de 500 mètres à la gare, qui fut établie entre les kilomètres 44,5 et 45, immédiatement au sud du campement de Kantara.

A partir d'octobre jusqu'à la fin de l'année, les déblais à sec continuèrent entre les kilomètres 45 et 48.

Des chantiers secondaires préparaient les plates-formes des élévateurs.

Enfin, dans le courant de décembre commencèrent les règlements de talus. Ces règlements de talus durent naturellement être ajournés sur les parties du Canal où travaillaient les élévateurs, ces appareils manœuvrant sur une plate-forme qui faisait saillie sur le profil et que l'on ne pourrait faire disparaître qu'après l'achèvement des travaux.

TRAVAUX EXÉCUTÉS DIRECTEMENT PAR LA COMPAGNIE A PORT-SAÏD PENDANT L'ANNÉE 1867

Enrochements des quais du port. — Dans le courant d'octobre, une défense en enrochements fut établie au quai Ouest du bassin du Commerce.

Enracinement de la jetée Est en blocs naturels. — Les travaux d'enracinement de la jetée Est en blocs naturels, entrepris au commencement de septembre 1866 et qui avaient été momentanément suspendus à la fin d'octobre, furent repris en janvier 1867. Interrompus pendant le mois suivant à cause du mauvais temps, ils furent repris de nouveau dans les premiers jours de mars et continués alors sans interruption jusqu'à leur complet achèvement.

Les pierres employées provenaient de la carrière du plateau des Hyènes. Pendant quelques mois on employa également des blocs provenant des îles de Grèce.

A la fin de mai, toute la partie de 270 mètres de longueur comprise entre l'origine de la jetée et les premiers blocs artificiels, qui constituait l'enracinement en blocs naturels, était terminée jusqu'au niveau de l'eau, et alors commença l'exécution du couronnement.

Sur la première partie de la jetée en blocs artificiels où le manque de fond ne permettait pas à la mâture d'approcher, le couronnement fut fait également en blocs naturels.

L'immersion et mise en œuvre des blocs naturels furent terminées dans les derniers jours de décembre.

Les blocs naturels s'étendaient jusqu'à 500 mètres de distance de la balise 2, origine de la jetée. Sur cette partie de la jetée, la hauteur moyenne du couronnement au-dessus du niveau de l'eau était de 1 mètre.

On avait employé aux travaux 6.800 mètres cubes de blocs naturels.

Remblais de la ville de Port-Saïd. — A la date du 1er juin 1867, le cube des remblais de la ville de Port-Saïd était de 530.800 mètres cubes.

Dans le courant de juillet, en vue de hâter l'achèvement des remblais dans toute la partie bâtie de la ville, un marché fut passé avec un tâcheron pour l'exécution de 40.000 mètres cubes de remblais au prix de 2 fr. 50 le mètre cube. Le tâcheron s'était engagé à exécuter 4.000 mètres cubes par mois.

Le sable était pris sur la plage et transporté au moyen de couffes chargées sur des baudets. Ceux-ci étaient au nombre de 120.

Les remblais de la partie bâtie se trouvèrent terminés à la fin de décembre, avant le complet achèvement de la tâche. Le cube qui restait encore à exécuter par le tâcheron fut employé à des remblais dans la partie du lac située à l'ouest de la rue de l'Arsenal.

(La tâche fut complètement terminée dans les premiers jours de février 1868.)

MARCHE DES TRAVAUX PENDANT L'ANNÉE 1868

Port de Port-Saïd[1]. — *Avant-port.* — Nombres de dragues en activité dans le cours de l'année :

En janvier et février, une seule drague;

En mars et avril, deux dragues;

En mai et juin, trois dragues;

De juillet à octobre, quatre dragues;

En novembre et décembre, deux dragues.

Pendant les premiers mois de l'année, les dragues furent principalement employées à lutter contre les apports[2].

En avril, à la suite des tempêtes de l'hiver, le chenal de l'avant-port se trouvait ne plus présenter que les profondeurs suivantes :

A partir de la balise 1, origine de la jetée, jusqu'à l'hectomètre 5	6m,50
De l'hectomètre 5 à l'hectomètre 6	6 00
— 6 — 15	5 50
— 15 — 17	6 00
— 17 — 19	6 50
— 19 — 22, extrémité de la jetée, profondeur croissante depuis 6m,50 jusqu'à 8 mètres.	

1. Etat d'avancement de la construction des jetées au commencement de l'année 1868.

DÉSIGNATION DES PARTIES DE JETÉES	JETÉE OUEST	JETÉE EST
Partie au-dessus du niveau de l'eau	2.200 mètres	1.300 mètres
— au-dessous — —	200	200
LONGUEUR TOTALE	2.400 mètres	1.500 mètres
Fonds atteints	8m,20	5m,30

2. Un apport assez considérable, provenant des infiltrations du sable de la plage à travers les interstices des blocs de la jetée, s'était notamment produit entre les hectomètres 3 et 6, formant saillie sur le talus Ouest du chenal de l'avant-port.

La situation s'améliora progressivement pendant les mois suivants :

En juillet, le chenal, dans toute sa longueur et sur toute sa largeur de 100 mètres, présentait des profondeurs d'au moins 7 mètres.

La rive Ouest du fond du chenal était alors une ligne tracée parallèlement à la jetée de l'Ouest à une distance de 50 mètres. Les sables passant à travers les interstices des blocs de la jetée formaient du côté de l'avant-port, à partir de la jetée, un remblai dont le talus tendait constamment à envahir le chenal. Pour remédier à ce constant danger, il fut décidé, en août 1868, que le chenal, tout en conservant sa largeur de 100 mètres, serait reculé vers l'Est, la rive Ouest du plafond étant désormais déterminée par une ligne partant, comme précédemment, d'un point distant de 50 mètres de la jetée au droit de son enracinement, mais dirigée maintenant vers un point distant de 200 mètres de la jetée vis-à-vis le sommet d'angle de ses deux alignements.

Les dragues furent donc employées pendant les derniers mois de l'année à élargir du côté Est le chenal primitivement creusé, en même temps qu'elles avaient à maintenir la profondeur de la partie Ouest du nouveau chenal.

A la fin de l'année, le nouveau chenal présentait une profondeur minimum de 7 mètres sur une largeur qui n'était, en aucun point, inférieure à 50 mètres.

Grand bassin du port et bassins secondaires. — Nombres de dragues en activité dans le cours de l'année :

En janvier, cinq dragues;

De février à juillet, quatre dragues;

D'août à novembre, trois dragues;

En décembre, deux dragues.

Les dragages exécutés dans le grand bassin se faisaient maintenant, presque généralement, à une profondeur de $7^m,50$.

Une des dragues (ancienne drague des Forges et Chantiers) continuait l'attaque de l'îlot de terrain vierge sis en face du terre-plein occupé par la Société des Forges et Chantiers, creusant à une profondeur de 4 mètres à $4^m,50$. C'était cette drague qui fournissait du sable au chantier de fabrication des blocs artificiels. Lorsqu'elle n'eut plus à fournir de sable, en août, la drague cessa de fonctionner pour entrer en réparation et avoir son élinde allongée.

Dès ledit mois d'août, le grand bassin ne présentait plus de terrain vierge sur aucune partie de sa surface; les fonds de $7^m,50$ y dominaient, établissant une large communication entre le chenal de l'avant-port et le Canal maritime. L'îlot de terrain vierge qui se trouvait au milieu du bassin Chérif avait été à son tour attaqué.

A la fin de l'année, la situation était la suivante :

Le grand bassin présentait sur plus des trois quarts de sa surface des fonds de 7 mètres à $7^m,50$. Les fonds de $4^m,50$ ne s'y rencontraient que dans quelques parties du rentrant Ouest, notamment devant le terre-plein de la Société des Forges et Chantiers.

Le bassin du Commerce avait des fonds de 5 mètres à $5^m,50$;

Le bassin de l'Arsenal, des fonds de 5 mètres;

Enfin, le bassin Chérif présentait sur sa moitié Est des fonds variant de 4 mètres à $4^m,50$; sur sa moitié Ouest n'existait encore que le chenal de pourtour à profondeur de 3 mètres.

Canal maritime. — *Section de Ras-el-Ech. (Du kil. 0,8 au kil. 27.)*

(Au commencement de juin, l'Entreprise, en vue d'une meilleure répartition des dragues, changea la limite de la section de Ras-el-Ech, qui s'arrêtait précédemment au kilomètre 23, et qui fut étendue dès lors jusqu'au kilomètre 27.)

Dragages.

NOMBRES DE DRAGUES EN ACTIVITÉ DANS LE COURANT DE L'ANNÉE :

ANNÉE 1868	DRAGUES à porteurs	DRAGUES à long couloir	NOMBRE TOTAL
En janvier et février............	1	5	6
De mars à décembre	1	6	7

En outre des grandes dragues figurant au tableau ci-dessus, deux petites dragues ont été employées, depuis le commencement de l'année jusqu'en août, à améliorer le chenal Afrique sur la partie du Canal (du kil. 23 au kil. 27) ajoutée en juin à la section, et à préparer finalement ledit chenal pour y permettre le fonctionnement d'une drague à long couloir.

La drague à porteurs a été employée à l'entrée du Canal, d'abord à l'enlèvement de l'îlot de terrain vierge qui restait encore entre les deux chenaux de rives, puis à l'approfondissement progressif du Canal à toute largeur jusqu'à la profondeur de 7 mètres.

La plupart des dragues à long couloir travaillèrent d'abord à creuser du côté Afrique un chenal de 60 mètres de largeur; les produits du dragage servaient à consolider la berge, qui présentait des points faibles en beaucoup d'endroits. Les autres dragues creusaient le chenal Asie, enlevant tous les îlots de terrain vierge qui restaient encore au milieu du Canal.

Dès le mois d'avril, le grand chenal Afrique était terminé, avec des profondeurs de $2^m,50$ à $4^m,50$, jusqu'au kilomètre 23.

Un boghaz qui existait au kilomètre 3,6 avait été fermé dans le courant dudit mois. Les berges du Canal étaient maintenant continues dans toute l'étendue de la section.

En mai, on profita de l'arrêt forcé des deux dragues qui avaient besoin de réparations pour modifier le puits de la chaîne à godets de manière à pouvoir draguer à 8 mètres.

A partir du mois de mai, les dragues à long couloir travaillèrent nuit et jour.

Le Canal était alors ouvert à toute largeur sur une longueur d'environ 16 kilomètres. Les dragues qui enlevaient les îlots creusaient d'abord à $2^m,50$ de profondeur; puis elles continuaient le creusement jusqu'à $4^m,50$; les autres dragues laissaient derrière elles des fonds de 5 à 6 mètres.

A partir du mois de septembre jusqu'à la fin de l'année, les six dragues à long couloir furent employées aux travaux suivants, savoir :

Deux dragues, au renforcement de la berge Afrique entre les kilomètres 3 et 5 et entre les kilomètres 14 et 16; elles creusaient à des profondeurs de 5 à 7 mètres ;

Deux autres dragues, au creusement du Canal à toute largeur et à des profondeurs de 5 à 7 et même 8 mètres ;

Enfin, deux dragues, sur la partie du Canal du kilomètre 23 au kilomètre 27, à l'enlèvement de l'îlot de terrain vierge compris entre les deux chenaux Afrique et Asie.

Le rendement des dragues à long couloir, ainsi que l'on peut en juger par le tableau ci-dessous, a été extrêmement remarquable pendant toute l'année, surtout à partir du début du travail de nuit, en mai.

TABLEAU DES RENDEMENTS DES DRAGUES A LONG COULOIR, EMPLOYÉES DANS LA SECTION DE RAS-EL-ECH PENDANT L'ANNÉE 1868

ANNÉE 1868	NOMBRE DE DRAGUES en activité	RENDEMENT TOTAL des dragues	RENDEMENT MOYEN par drague	RENDEMENT MAXIMUM des dragues
		mètres cubes	mètres cubes	mètres cubes
En janvier.....	5	129.774	25.955	34.901
— février.....	—	180.166	36.033	43.834
— mars.....	6	208.080	34.680	52.904
— avril.......	—	229.860	38.310	59.818
— mai........	5	247.923	49.585	72.268
— juin.......	6	302.608	50.438	76.838
— juillet......	—	276.292	46 050	81.620
— août.......	—	294.773	49.130	86.955
— septembre.	—	350.958	58.493	78.056
— octobre....	—	423.654	70.610	127.296 116.974
— novembre..	—	313.628	52.271	88.889
— décembre..	—	378.000	63.000	100.000

Terrassements à sec. — Des chantiers de terrassements à sec, composés de 250 ouvriers pendant les six premiers mois de l'année, de 100 pendant les six derniers mois, ont été employés au règlement des talus des berges sur chacune des deux rives du Canal.

A la fin de l'année, ces travaux de règlement de talus étaient terminés sur une longueur totale de 48.200 mètres. Il ne restait donc plus à exécuter qu'une longueur de 3.580 mètres comprenant les parties des berges sises en face des campements et quelques portions de berges encore trop faibles.

Section du Cap. (Du kil. 27 au kil. 43,8.)

Dragages.

NOMBRES DE DRAGUES EN ACTIVITÉ DANS LE COURANT DE L'ANNÉE

ANNÉE 1868	PETITES DRAGUES	DRAGUES A LONG COULOIR	NOMBRE TOTAL
En janvier...............	3	5	8
En février................	3	6	9
De mars à mai...........	2	6	8
De juin à décembre......	1	6	7

Les petites dragues continuèrent pendant les mois de janvier à mai l'élargissement et le creusement à $1^m,75$ des deux chenaux de rives en vue d'y permettre le fonctionnement des dragues à long couloir. A partir du mois de juin, la seule petite drague qui restait alors dans la section fut occupée d'abord à achever l'amélioration du chenal Asie, qui fut terminée en septembre. En octobre, la drague eut à enlever un terre-plein qui avait été conservé jusqu'alors dans le Canal devant le campement du kilomètre 34 ; puis, jusqu'à la fin de l'année, elle fut employée à élargir le chenal Afrique entre les kilomètres 33 et 38 afin de faciliter le papillonnage du chaland-flotteur du couloir des grandes dragues, de manière à éviter la nécessité pour celles-ci de mordre sur le profil.

Les petites dragues ont eu des rendements moins satisfaisants que l'année précédente : elles étaient déjà fatiguées et elles travaillaient dans de l'argile compacte. Le rendement moyen mensuel, par drague, n'a été que d'environ 5.000 mètres cubes et le rendement maximum n'a pas dépassé 11.000 mètres cubes.

Les dragues à long couloir furent employées à creuser la demi-cuvette du Canal, les unes du côté Asie, les autres du côté Afrique : dans leur première passe, elles creusaient à $2^m,50$; dans la seconde passe, à une profondeur de 5 à 6 mètres.

Dans le courant de mars, une des dragues eut son couloir brisé par suite de la rupture de quelques tirants. Cette drague avait déjà éprouvé semblable accident lors de ses premiers essais ; c'était une des premières dragues construites du nouveau type, et beaucoup de ses pièces n'offraient pas la résistance qui fut reconnue plus tard nécessaire.

A partir du mois de mai, en même temps que semblable mesure était appliquée dans la section de Ras-el-Ech, les équipes des dragues à long couloir furent doublées, et les dragues travaillèrent désormais nuit et jour jusqu'à la fin de l'année : l'Entreprise occupait ainsi environ 360 ouvriers européens pour la conduite des dragues et pour les ateliers de réparations.

Ainsi qu'il a été mentionné précédemment, la limite Nord de la section fut, en juin, reportée du kilomètre 23 au kilomètre 27 ; comme conséquence, une drague à long couloir qui était en activité depuis le mois de mars entre les kilomètres 23 et 27 passa au service de la section de Ras-el-Ech ; ses rendements mensuels, à partir du début de son fonctionnement, en mars, ont été compris précédemment parmi ceux de ladite section.

TABLEAU DES RENDEMENTS DES DRAGUES A LONG COULOIR, EMPLOYÉES DANS LA SECTION DU CAP PENDANT L'ANNÉE 1868

ANNÉE 1868	NOMBRE DE DRAGUES en activité	RENDEMENT TOTAL des dragues	RENDEMENT MOYEN par drague	RENDEMENT MAXIMUM des dragues
		mètres cubes	mètres cubes	mètres cubes
En janvier......	5	79.729	15.946	28.966
— février......	6	136.672	22.779	38.760
— mars	—	119.952	19.992	28.139
— avril........	—	106.594	17.766	32.143
— mai.........	—	191.446	31.905	54.396
— juin	—	157.140	26.190	43.915
— juillet.......	—	185.249	30.875	58.959
— août........	5	176.012	35.202	53.936
— septembre ..	6	204.136	34.023	57.578
— octobre.....	—	190.462	31.743	43.937
— novembre...	—	310.912	51.818	80.401 80.547
— décembre...	—	242.403	40.400	»

Comme le montre le tableau ci-dessus, le rendement moyen des dragues a présenté une très notable amélioration à partir du début du travail de nuit, en mai.

Il y eut diminution de rendement pendant le mois d'octobre, par suite de cette circonstance que, sur plusieurs points, le remblai formé par les dragues avait atteint une hauteur qui ne permettait plus au couloir de se mouvoir facilement ; la passe des dragues ne comportait plus dès lors le cube habituel ; la drague n'extrayait plus que 30 et même 20 mètres cubes par mètre courant ; un plus grand déblai versé sur le cavalier n'aurait pu s'étaler suffisamment et eût gêné le papillonnage du couloir.

Le rendement en novembre fut très remarquable.

Enfin la production devint notablement moindre en décembre, parce que les dragues, ayant été très fatiguées par le travail intense précédent, avaient eu à subir d'assez longs arrêts pour réparation.

Terrassements à sec. — Les travaux de reculement de l'ancien cavalier Asie qui restaient encore à exécuter dans la section furent continués pendant les premiers mois de l'année. Ils étaient complètement terminés en juin.

En même temps, des escouades d'ouvriers procédaient au règlement des talus, travail qui se poursuivit pendant toute l'année.

Des chantiers furent également employés à enlever à la brouette le terre-plein qui restait entre les chenaux de rives ainsi que les terres de dragage qui avaient été déversées à l'intérieur du Canal lors du creusement du chenal de navigation ; on pouvait creuser le terre-plein jusqu'à 0^{m},40 au-dessous de la cote 18^{m},20.

Enfin, pendant les quatre derniers mois de l'année, une équipe composée d'environ 240 ouvriers, 60 chameaux et 140 baudets fut employée à creuser au kilomètre 39 (îlot du Cap), du côté Afrique, une grande fouille, descendue à la cote 20^{m},00 et destinée à recevoir tous les produits des dragages restant encore à faire pour achever le creusement du Canal. Le déblai était fait entre deux parallèles à l'axe du Canal, situées, l'une à 14 mètres, l'autre à 80 mètres de la ligne d'eau; les terres étaient transportées en cavalier à 10 mètres plus loin.

Section des lacs Ballah. (Du kil. 43,8 au kil. 60,5.)

Dragages.

NOMBRES DE DRAGUES EN ACTIVITÉ DANS LE COURANT DE L'ANNÉE

ANNÉE 1868	PETITES DRAGUES	DRAGUES A ÉLÉVATEURS	DRAGUES A LONG COULOIR	NOMBRE TOTAL
En janvier et février.........	5	5	3	13
En mars....................	4	5	4	13
En avril et mai.............	3	5	4	12
De juin à août..............	2	5	4	11
De septembre à décembre....	1	6	4	11

Les petites dragues continuèrent pendant toute l'année le creusement du chenal Asie, qui fut terminé à la fin de décembre. Le creusement du chenal Afrique avait été terminé en 1866. Les deux chenaux de rives se trouvaient maintenant complètement achevés, sans aucune solution de continuité, depuis Port-Saïd jusqu'au kilomètre 60,5, extrémité du lot d'entreprise.

Les petites dragues creusaient le chenal Asie à une profondeur de 1^{m},75.

Comme dans la section du Cap, elles ont eu des rendements moins satisfaisants que l'année précédente : leur rendement moyen mensuel n'a guère été que de 5.500 mètres; deux des petites dragues, pourtant, ont eu un rendement assez régulier de 8 à 10 mille mètres cubes;

l'une de ces dragues a même produit 10.385 mètres cubes dans un terrain contenant des couches dures, 14.380 mètres cubes dans un terrain de sable vaseux.

Les grandes dragues, par une première passe, creusaient à une profondeur de 3 mètres à $3^m,50$; par une seconde passe, à une profondeur de 5 mètres à $5^m,50$.

Les dragues à élévateurs attaquaient à toute largeur le creusement de la cuvette ; les dragues à long couloir creusaient la demi-cuvette, les unes du côté Afrique, les autres du côté Asie.

TABLEAU DES RENDEMENTS DES GRANDES DRAGUES EMPLOYÉES DANS LA SECTION DES LACS BALLAH PENDANT L'ANNÉE 1868

ANNÉE 1868	NOMBRE DE DRAGUES en activité	RENDEMENT TOTAL des dragues	RENDEMENT MOYEN par drague	RENDEMENT MAXIMUM des dragues
		mètres cubes	mètres cubes	mètres cubes
		Dragues à élévateurs		
Janvier	2	33.731	16.865	20.033
Février	4	64.334	16.083	22.137
Mars	3	42.982	14.327	18.698
Avril	5	82.417	16.483	28.853
Mai	3	43.056	14.352	16.591
Juin	5	63.208	12.640	18.193
Juillet	—	74.937	14.987	19.458
Août	—	91.278	18.256	27.310
Septembre	6	44.274	7.380	17.744
Octobre	5	49.776	9.555	16.861
Novembre	6	55.431	9.240	15.505
		Dragues à long couloir		
Janvier	3	28.067	9.355	11.367
Février	2	26.748	13.374	17.776
Mars	4	84.442	21.110	30.238
Avril	—	68.940	17.235	25.932
Mai	—	80.451	20.113	30.058
Juin	—	46.930	11.732	23.662
Juillet	—	65.936	16.484	36.817
Août	—	73.574	18.393	32.400
Septembre	—	117.567	29.392	40.831
Octobre	—	139.088	34.772	53.959
Novembre	—	115.602	28.900	38.334
Décembre	»	»	»	»

Les travaux de dragages dans la section des lacs Ballah ont présenté, pendant l'année 1868, les quelques particularités et ont permis de faire les observations suivantes :

En janvier. — L'une des dragues à long couloir travaillant au kilomètre 57,8 et une des dragues à élévateurs travaillant au kilomètre 58,5, bien que creusant dans un terrain de gypse et argile, eurent des rendements aussi satisfaisants que dans les autres terrains. Les observations faites depuis plusieurs mois montraient que le mélange de gypse, d'argile et de sable constituait un déblai qui coulait très bien dans les longs couloirs.

En février. — Une drague à long couloir installée au kilomètre 50 draguait du sable très fin et n'avait qu'un rendement médiocre. Différents essais avaient été tentés pour faire couler le sable dans le couloir, mais sans résultats satisfaisants. On se décida finalement à donner plus de pente au couloir et à enlever la chaîne balayeuse, qui entravait plutôt qu'elle n'activait l'écoulement du sable ; on laissa seulement la roue du tourteau de transmission placée à la naissance du couloir, laquelle, étant munie de palettes, facilitait beaucoup l'écoulement des sables qui s'accumulent toujours en ce point.

En mars. — Deux seulement des dragues à long couloir étaient munies de la chaîne balayeuse. A l'une de ces dragues, la chaîne balayeuse s'était tellement détériorée qu'on avait dû la renouveler ; les courroies de transmission du mouvement aux treuils occasionnaient beaucoup d'arrêts : elles glissaient ou se rompaient très souvent.

Au chantier d'une drague à élévateurs fonctionnant au kilomètre 43,8, point extrême nord de la section, l'Entreprise appliqua des dispositions nouvelles adoptées par elle pour la plate-forme du chariot des élévateurs, qui fut abaissée de la cote 20 à la cote 18m,65 : la différence de niveau était rachetée par une charpente très solide et très simple qui surmontait l'ancien chariot et sur laquelle reposaient les voies de l'élévateur. Ce changement de la plate-forme permettait à l'Entreprise d'exécuter immédiatement le profil-type, ce qui lui faisait économiser le remblai assez considérable qu'elle était, auparavant, obligée de faire et dont la Compagnie ne lui tenait aucun compte.

En avril. — La drague à élévateurs, fonctionnant au kilomètre 43,8, rencontra, à 2m,50 de profondeur, un banc dur d'environ 70 mètres de longueur qui lui occasionna de fréquents arrêts et l'obligea finalement à passer provisoirement par-dessus.

La drague à long couloir du kilomètre 57,8 et la drague à élévateurs du kilomètre 58,5 (dont il est question plus haut), bien que continuant l'une et l'autre à travailler dans un terrain gypseux, eurent des meilleurs rendements que les autres dragues : la première atteignit un rendement de 25.932 mètres cubes; la seconde, un rendement de 28.853 mètres cubes.

Terrassements à sec. — Les terrassements à sec exécutés pendant l'année dans la section eurent pour double objet la continuation des travaux de reculement de l'ancien cavalier de dépôt de la rive Asie, qui furent terminés vers la fin de juin, et l'exécution des travaux de règlement de talus, commencés le mois de décembre précédent et qui furent poursuivis pendant toute l'année.

Un seul fait particulier est à mentionner : c'est que l'Entreprise, en mars, sur l'invitation de la Compagnie, dut cesser provisoirement le dressement des talus de la rive Afrique à la traversée des lacs Ballah, en raison du danger qu'auraient couru les conduites d'eau, si l'on avait taillé la berge avant qu'elle eût été renforcée du côté du lac par des dépôts suffisants de terres de dragages.

TRAVAUX EXÉCUTÉS DIRECTEMENT PAR LA COMPAGNIE PENDANT L'ANNÉE 1868

Port de Port-Saïd. — En janvier et février. — Continuation et achèvement du remblai commencé les mois précédents sous la conduite d'eau douce au sud du grand réservoir de Port-Saïd.

En mars. — Construction de 24 chevalets à l'angle sud-ouest du bassin Chérif pour la pose de la 2e conduite d'eau douce et remblai de protection de cette conduite à son passage derrière les aires à charbon. Remblai de défense de la première conduite au nord du réservoir, rue de l'Arsenal.

En avril. — Achèvement de l'enrochement de la berge sud du grand bassin commencé le mois précédent.

Canal maritime. — *Section de Ras-el-Ech.* — En janvier. — Déplacement de la maison de relais qui existait au kilomètre 20 pour la reconstruire à Ras-el-Ech. Ce déplacement avait été nécessité par le passage de la drague à long couloir creusant le chenal Afrique par une première passe à 2m,50 de profondeur.

A partir d'avril jusqu'à la fin de l'année. — Travaux d'enrochements de la berge Afrique du Canal à partir du kilomètre 13. Les pierres provenaient de la carrière du plateau des Hyènes. L'enrochement comportait 0mc,40 de pierres par mètre courant; à la fin de l'année, il était terminé jusqu'au kilomètre 23.

Sections des lacs Ballah. — En octobre. — A la suite de la brèche qui s'était produite en août 1866 dans la berge Afrique du Canal, au kilomètre 52,3, on avait ajourné la fermeture de cette brèche afin de réduire ainsi autant que possible la dénivellation entre l'eau du canal et celle du lac et de décharger d'autant, par là, les berges du canal dans toute la traversée des lacs Ballah. L'ouverture laissée dans la berge n'ayant plus de raison d'être, maintenant que les berges du Canal avaient été suffisamment renforcées, la brèche fut complètement fermée en octobre. Toute communication se trouvait donc désormais interrompue, du côté Afrique, entre le Canal et le lac.

Pendant les quatre derniers mois de l'année. — Travaux d'installation des deux bacs définitifs de Kantara, l'un pour les piétons, l'autre pour les caravanes. Ces travaux comprenaient l'appropriation et l'aménagement des nouveaux chalands et la construction des appontements d'accès sur l'une et sur l'autre rive.

MARCHE DES TRAVAUX PENDANT L'ANNÉE 1869

Port de Port-Saïd. — Cinq dragues à porteurs pendant la période de janvier à mai et quatre dragues seulement pendant la période de juin à octobre ont continué les travaux de creusement du chenal de l'avant-port et du bassin du port.

La situation, à la date du 15 octobre, au point de vue des résultats obtenus, était la suivante :

Le nouveau chenal de l'avant-port présentait, sur toute sa longueur, des fonds de 7m,50 à 8 mètres, presque généralement des fonds de 8 mètres;

Le grand bassin était également creusé à 8 mètres sur toute son étendue, sauf dans le rentrant Est et dans une partie du rentrant Ouest où les profondeurs n'étaient que de 6 à 7 mètres;

Le bassin du Commerce avait des fonds de 5 mètres à 5m,50; le bassin de l'Arsenal, des fonds de 5 mètres; enfin, le bassin Chérif présentait sur sa moitié Est des fonds de 4m,50 à 6m,50, mais ne comportait sur sa moitié Ouest qu'un chenal de pourtour de 3 mètres de profondeur.

Le port de Port-Saïd était alors desservi par cinq Compagnies de navigation à vapeur, savoir :

Compagnie des Messageries Impériales de France, dont les bâtiments touchaient à Port-Saïd trois fois par mois se dirigeant sur Alexandrie, et trois fois allant en Syrie;

Compagnie des Messageries Impériales Russes, dont les bâtiments touchaient à Port-Saïd deux fois par mois se dirigeant sur Alexandrie, et deux fois allant en Syrie;

Compagnie Marc Fraissinet père et fils, dont les bâtiments touchaient à Port-Saïd, régulièrement, quatre fois par mois;

Compagnie Égyptienne l'Azizié, touchant à Port-Saïd avec trois navires par mois pour Alexandrie et trois navires pour la Syrie;

Compagnie du Lloyd Autrichien, touchant à Port-Saïd avec deux navires par mois pour Alexandrie et deux navires pour la Syrie.

Depuis le 1er janvier, le port avait reçu dix navires de guerre, dont quatre français, un anglais et cinq égyptiens.

SITUATION DES TRAVAUX DE PORT-SAÏD A LA DATE DU 15 OCTOBRE 1869

Le chiffre du cube total des déblais à exécuter à Port-Saïd (chiffre qui figurait dans les situations mensuelles des travaux) a subi des variations successives qui vont être indiquées.

Dans les situations de février 1867, le chiffre du cube total était établi ainsi qu'il suit :

			Mètres cubes
Chenal de l'avant-port			1.504.582
Bassins du port.	Grand bassin	2.507.018	3.063.302
	Bassin du Commerce	205.867	
	— de l'Arsenal	124.473	
	— du Four-à-Chaux.	225.944	
	Cube total		4.567.884

Pendant les mois suivants, ces différents chiffres furent successivement revisés par l'addition, aux cubes primitivement calculés, des cubes d'apports déjà constatés et de ceux à prévoir jusqu'à la fin des travaux. En août 1868, on eut en outre à ajouter au cube total à exécuter dans le chenal de l'avant-port le cube supplémentaire des déblais que devait exiger le creusement du nouveau chenal. Bref, le chiffre du cube total à exécuter fut alors établi comme suit :

Cube à extraire dans l'avant-port :

			Mètres cubes
Cube extrait dans le chenal primitif à la date du 15 août 1868		1.707.918	2.967.918
Cube à extraire pour l'exécution du nouveau chenal	980.000	1.260.000	
Apports dans ce chenal jusqu'au 15 octobre 1869 : 14 mois à raison de 20.000 mètres cubes par mois	280.000		
Cube à extraire dans les bassins			3.262.346
Cube total			6.230.264

Enfin, en février 1869, le chiffre total à exécuter par l'Entreprise fut établi et arrêté définitivement comme suit :

	Mètres cubes
Chiffre précédemment établi (en nombre rond)..	6.230.270
A retrancher le cube exécuté par la Régie et par l'Entreprise Aiton antérieurement à l'Entreprise Borel, Lavalley et Cie................	220.270
Le cube total qui était à exécuter par l'Entreprise pour le creusement du chenal de l'avant-port et des bassins du port de Port-Saïd s'est donc trouvé ainsi finalement arrêté au chiffre de..	6.010.000
A la date du 15 octobre 1869, le cube exécuté était de................................	5.601.372
Le cube restant à exécuter par l'Entreprise à ladite date était donc de..................	408.628

Canal maritime. — *Section de Ras-el-Ech.* (*Du kil.* 0,08 *au kil.* 30.)

(A partir du mois de juin 1869, en raison de l'excellent rendement des six dragues employées dans la section, celle-ci, qui s'arrêtait précédemment au kilomètre 27, fut étendue jusqu'au kilomètre 30.)

Les six dragues à long couloir précédemment employées dans la section continuèrent le creusement du Canal jusqu'à son complet achèvement, qui eut lieu en septembre.

Le travail de ces dragues est constamment resté aussi satisfaisant que pendant les six derniers mois de l'année précédente; le rendement moyen mensuel par drague a varié de 51.000 à 66.500 mètres cubes; chaque mois, des dragues avaient un rendement de 80 à 90 mille mètres cubes.

Dès le mois de mai, toutes les dragues creusaient à 8 mètres.

En juin, 18 kilomètres du Canal étaient complètement achevés; les 12 autres kilomètres avaient des profondeurs de 7 mètres à 7m,50. Les règlements de talus, à l'achèvement desquels avait travaillé pendant un certain temps une escouade d'une centaine d'ouvriers, étaient entièrement terminés. Les opérations relatives aux réceptions définitives se poursuivirent dès lors activement.

Au commencement d'août, les dragages du Canal dans toute l'étendue de la section (y compris le creusement des deux gares de Ras-el-Ech et du kil. 24) pouvaient être considérés comme étant entièrement terminés. Il ne restait plus alors à faire que quelques retouches pour corriger certaines défectuosités reconnues dans les parties du Canal présentées à la réception.

Ces travaux de retouche eurent lieu pendant le mois d'août, et le 5 septembre toutes les dragues quittèrent la section.

SITUATION DES TRAVAUX DE LA SECTION DE RAS-EL-ECH AU 15 OCTOBRE 1869

Le chiffre du cube total des déblais à exécuter dans la section de Ras-el-Ech a subi les variations successives suivantes :

1° Section s'étendant du kil. 0,8 au kil. 23 :

A la situation des travaux du 15 mai 1868, le cube total à exécuter dans la section se trouvait établi comme suit :

DÉSIGNATION DES TRAVAUX	CUBES calculés	CUBES imprévus	CUBES totaux
Cubes exécutés par la Régie et par l'Entreprise Aiton, antérieurement à l'Entreprise Borel, Lavalley et Cie.......	750.000	572.338	1.322.338
Cubes à exécuter par l'Entreprise :			
Du kil. 0,8 au kil. 8.........	2.473.253	51.942	2.525.195
Du kil. 8 au kil. 23..........	5.648.391	169.473	5.817.864
CUBE TOTAL.........	8.871.644	793.753	9.665.397

2° Section s'étendant jusqu'au kil. 27 :

A la situation du 15 août 1868, le cube total à exécuter, comprenant les cubes imprévus, figurait pour un chiffre de 12.793.016 mètres cubes.

	Mètres cubes
A la situation du 15 juin 1869, le chiffre ci-dessus fut revisé en basant les calculs sur des profils à talus de 2 p. 1 au lieu des talus à 3 p. 1 et se trouva ainsi ramené à ci	11.769.644
Le mois suivant, on retrancha de ce nouveau chiffre le cube exécuté par la Régie et par l'Entreprise Aiton, ci..................	1.367.338
Cube total à exécuter, figurant à la situation du 15 février 1869.......................	10.402.306

Le chiffre ci-dessus comprenait des prévisions pour déblais sur les risbermes et les talus, pour éboulements de talus, apports, etc.

Il a été à son tour, à la situation du 15 avril, revisé de la manière suivante :

	Mètres cubes
Cube total exécuté à la date du 15 mars 1869..	8.149.450
Cube restant à exécuter à la même date, d'après les évaluations des Entrepreneurs (au lieu de 2.252.856 qu'indiquait la situation)....	1.522.772
Cube total.........	9.672.222
3° Section s'étendant jusqu'au kil. 30 :	
A partir de la situation du 15 juin, par suite de l'extension de la section, il a été ajouté au chiffre précédent : ci................	1.213.906
Cube total définitif qui était à exécuter par l'Entreprise dans la section de Ras-el-Ech s'étendant du kil. 0,8 au kil. 30..........	10.886.128

Les travaux de la section, ainsi qu'il est dit plus haut, ont été terminés en septembre, et le cube de déblais réellement exécuté n'a été que de .... 10.626.964^{mc}

La différence en moins de 259.164^{mc} provenait en majeure partie des profils de tolérance.

Section du Cap. (*Du kil.* 30 *au kil.* 43,8.)

(A partir du mois de juin 1869, la section du Cap, qui s'étendait précédemment du kilomètre 27 au kilomètre 43,8, eut désormais sa limite Nord au kilomètre 30.)

Les six dragues à long couloir, employées l'année précédente dans la section, continuèrent le creusement du Canal jusqu'au commencement de septembre, date à laquelle une des dragues passa dans la section des lacs Ballah. Il n'y eut donc plus, pendant les deux mois de septembre et octobre, que cinq dragues employées dans la section.

Le rendement moyen mensuel des dragues a varié de 25.190 à 41.900 mètres cubes; il a donc été à peu près le même que pendant les six derniers mois de l'année précédente. Une des dragues a eu un rendement de 78.000 mètres cubes.

Les moindres rendements constatés tinrent principalement aux diverses causes suivantes :

En mars, à la rupture des arbres moteurs de quatre des dragues;

En avril, à la rupture de l'élinde d'une des dragues et à la rupture du couloir d'une autre drague;

En mai, à la nature du terrain dragué, composé d'argile compacte et collante qui obligeait à de nombreux arrêts pour débourrer les godets;

En juillet, à l'emploi de plusieurs dragues à de simples régularisations de profil.

Le Canal, à la date du commencement de juin, présentait dans toute l'étendue de la section des profondeurs de 5 mètres à $5^m,70$. A partir de cette date toutes les dragues creusèrent à 8 mètres.

En même temps que s'exécutaient les dragages, des escouades d'ouvriers travaillaient au règlement des talus. D'autres escouades comprenant, ensemble, de 300 à 350 ouvriers, furent occupées en mai et juin à reculer les cavaliers pour faire place à de nouveaux déblais de dragages, ainsi que cela avait déjà été pratiqué l'année précédente.

SITUATION DES TRAVAUX DE LA SECTION DU CAP AU 15 OCTOBRE 1869

Le cube total à exécuter dans la section du Cap, alors qu'elle s'étendait du kilomètre 23 au kilomètre 43,8, avait été évalué approximativement à 8.500.000 mètres cubes.

En juin 1868, lorsque la limite Nord de la section fut fixée au kilomètre 27, le nouveau cube calculé s'est trouvé être de 6.878.834 mètres cubes.

En janvier 1869, ce chiffre fut revisé en basant les calculs sur des profils à talus de 2 pour 1 au lieu de 3 pour 1 et en tenant compte de certains cubes provenant des profils de tolérance. Il fut ainsi ramené à 5.824.718 mètres cubes.

	Mètres cubes
En juin 1869, la section ayant de nouveau été réduite par le transport de la limite Nord au kilomètre 30, le cube total à exécuter s'est trouvé réduit à ci.	5.610.812
la différence de 1.213.906 mètres cubes ayant été reportée, ainsi qu'il a été mentionné précédemment, sur la section de Ras-el-Ech........	
Enfin, le mois suivant, une nouvelle réduction a été opérée par suite du relèvement du plafond du Canal dû à un nouveau nivellement, ci, à déduire..............................	77.556

	Mètres cubes
Cube total définitif à exécuter dans la section s'étendant du kilomètre 30 au kilomètre 43,8..	5.533.256
A la date du 15 octobre 1869, le cube exécuté était de ci............................	5.243.686
Il restait donc à exécuter pour la réalisation du profil normal............................	289.570
Mais, par suite de l'adoption du profil de tolérance, il y avait à tenir compte d'une réduction probable de............................	200.000
Le cube restant à exécuter par l'Entreprise, à la date du 15 octobre 1869, était donc d'environ............................	89.570

Section des lacs Ballah. (*Du kilomètre* 43,8 *au kilomètre* 60,5.)

Les cinq dragues à élévateurs et les quatre dragues à long couloir précédemment employées dans la section ont continué le creusement du Canal jusqu'au commencement de septembre, où une cinquième drague à long couloir (provenant de la section du Cap) est venue s'ajouter au matériel de la section pour la continuation des travaux jusqu'au jour de l'ouverture du Canal à la navigation.

Sur les cinq dragues à élévateurs, trois travaillaient entre les kilomètres 43,8 et 47,5, une entre les kilomètres 54 et 56, la cinquième entre les kilomètres 57,9 et 59,6.

Les rendements moyens mensuels des dragues ont varié, savoir :

Pour les dragues à élévateurs, de 13.000 à 18.000 mètres cubes;

Pour les dragues à long couloir, de 26.500 à 34.000 mètres cubes.

Une des causes de moindre rendement était l'obligation pour les dragues de revenir parfois, à diverses reprises, sur les mêmes points pour réaliser la profondeur de 8 mètres.

En juillet, une des dragues à élévateurs eut son rendement notablement diminué par suite de la rencontre d'un banc de pierre au droit de Kantara.

Le Canal, en juin, présentait dans toute l'étendue de la section des profondeurs de 5 à 8 mètres.

En même temps que s'exécutaient les dragages, des escouades, comprenant ensemble de 100 à 150 ouvriers, travaillaient, les unes au règlement des talus, d'autres à un reculement des cavaliers en vue de préparer de la place pour le dépôt des nouveaux déblais de dragages.

SITUATION DES TRAVAUX DE LA SECTION DES LACS BALLAH AU 15 OCTOBRE 1869

Le cube total à exécuter dans la section des lacs Ballah avait d'abord été évalué à 5.567.500 mètres cubes.

	Mètres cubes
En janvier 1869, ce chiffre fut revisé en basant les calculs sur des profils à talus de 2 pour 1 au lieu de 3 pour 1 et en tenant compte de certains cubes résultant des profils de tolérance. Il fut alors fixé à : ci.....	5.997.441
A la situation du 15 juillet, une réduction de 93.859 mètres cubes fut opérée par suite du relèvement du plafond dû à un nouveau nivellement, et une nouvelle réduction de 50.000 mètres cubes sur les déblais prévus pour la gare de Kantara, ensemble........................	143.859
Cube total définitif à exécuter dans la section.	5.853.582
A la date du 15 octobre 1869, le cube exécuté était de : ci..............................	5.465.757
Il restait donc à exécuter pour la réalisation du profil normal...........................	387.825
Mais, par suite de l'adoption du profil de tolérance, il y avait à tenir compte d'une réduction probable d'environ.....................	240.000
Le cube restant à exécuter par l'Entreprise à la date du 15 octobre 1869 était donc d'environ.	147.825

TRAVAUX DE DRAGAGES A LA TRAVERSÉE DU SEUIL D'EL GUISR

(Acte additionnel du 27 mars 1865)

CONDITIONS D'EXÉCUTION DES TRAVAUX

Les travaux de dragages exécutés par l'Entreprise Borel, Lavalley et Cie à la traversée du seuil d'El Guisr, travaux comprenant toute la partie de Canal s'étendant de l'extrémité sud des lacs Ballah, origine du seuil, point 60^{km},500, au débouché du Canal dans le lac Timsah, extrémité du seuil, point 75^{km},400, ont été exécutés en conformité de l'Acte additionnel du 27 mars 1865, modifié en quelques points comme il est indiqué ci-après.

Nous rappellerons que le travail de creusement du Canal à la traversée du seuil d'El Guisr, qui comprenait tout à la fois l'achèvement de la tranchée au-dessus de l'eau commencée par les contingents et l'exécution de dragages, avait été primitivement concédé à M. Couvreux en vertu d'un marché en date du 1er octobre 1863; puis, que, par un nouveau marché en date du 27 mars 1865, l'Entreprise primitive de M. Couvreux fut réduite, d'un commun accord entre cet entrepreneur et la Compagnie, et que la partie retranchée de son Entreprise fut confiée à MM. Borel, Lavalley et Cie en vertu précisément de l'Acte additionnel de la même date du 27 mars 1865.

Nous rappellerons également, au sujet de ce partage de l'Entreprise Couvreux, que ce fut « eu égard à la topographie du terrain » — qui permettait de considérer les déblais restant à faire entre les points 60^{km},500 et 66^{km},720 comme susceptibles d'être enlevés par des moyens et dans des conditions différant peu des procédés d'exécution qui devaient être employés dans plusieurs parties du lot de Port-Saïd,

— qu'il fut décidé : d'une part, que la séparation des deux Entreprises aurait lieu au point $66^{km},720$; d'autre part, que toute la partie nord, considérée comme le prolongement du lot de Port-Saïd, et comprenant des déblais à sec, la rigole préalable et des dragages, était rétrocédée à MM. Borel, Lavalley et Cie ; et que la partie sud, à l'exception des dragages qui seraient ajoutés au lot précédent, restait à M. Couvreux, qui n'avait ainsi à faire que les terrassements à sec et l'amélioration de la rigole maritime entre les points $66^{km},720$ et $75^{km},400$.

Nous rappellerons enfin, ainsi qu'il est expliqué en détail au chapitre concernant les travaux exécutés dans le seuil d'El Guisr par le chantier de régie d'El Ferdane, que, par suite de décisions de l'administration et d'arrangements arrêtés d'accord avec MM. Borel, Lavalley et Cie, les travaux de la catégorie *a* et ceux de la catégorie *b*, mentionnés au paragraphe 1° de l'article de l'Acte additionnel du 27 mars 1865 intitulé *Objet de la soumission des Entrepreneurs et nature des travaux*, — ledit paragraphe concernant les travaux à faire entre les points $60^{km},500$ et $66^{km},720$ — avaient été exécutés directement par la Compagnie au lieu d'être exécutés en régie par les Entrepreneurs. Sur le reste de la longueur du seuil, de $66^{km},720$ à $75^{km},400$, les travaux semblables aux précédents, à savoir : déblais à sec jusqu'à la cote de 18 mètres sur toute la largeur de la tranchée, et travaux d'élargissement et d'approfondissement de la régie maritime, avaient été faits par M. Couvreux.

MM. Borel, Lavalley et Cie, lorsqu'ils ont pris possession des chantiers du seuil pour l'exécution de leur marché du 27 mars 1865, ont donc trouvé les lieux dans la situation suivante : la tranchée, dans toute l'étendue du seuil, était ouverte à toute largeur jusqu'à la cote 18 mètres, et la rigole maritime, établie à la limite rive Asie du profil, présentait généralement une largeur de 20 à 25 mètres à la ligne d'eau avec une profondeur de 2 mètres. Les Entrepreneurs n'avaient donc plus à faire dans le seuil que les dragages nécessaires pour amener le Canal à ses dimensions définitives, conformément au profil-type, c'est-à-dire à une largeur de 58 mètres au niveau de la Méditerranée et à une profondeur de 8 mètres au-dessous de ce même niveau; en d'autres termes, ils n'étaient restés définitivement chargés que des travaux des catégories *c* et *c'* mentionnés à l'article ci-dessus rappelé du marché.

Avant de rendre compte des modes d'exécution et de la marche de ces travaux, nous dirons brièvement, — renvoyant pour plus amples détails au chapitre ci-après intitulé « Remplissage du lac Timsah », — dans quelles conditions ont été réalisées les stipulations faisant l'objet du paragraphe 1° de l'article du marché concernant les charges et obligations de la Compagnie.

Ces stipulations, on les rappelle, étaient les suivantes :

La Compagnie était chargée de faire établir à ses frais, à l'extrémité de la rigole maritime, un déversoir capable d'assurer le remplissage du lac Timsah pour le 1er avril 1866 ;

MM. Borel, Lavalley et Cie acceptaient de se charger de la construction en régie de cet ouvrage et s'engageaient à y procéder dans le plus bref délai ;

Au cas où l'égalité de niveau entre le lac et la rigole n'aurait lieu qu'après le 1er avril 1866, le retard donnerait lieu à une prolongation équivalente du délai d'exécution des travaux de dragages.

Toutefois il n'y aurait lieu à prolongation de délai que tout autant que les Entrepreneurs auraient amené aux dimensions voulues la rigole maritime sur les 60km,500 premiers kilomètres du Canal avant le 1er janvier 1866 et l'auraient ensuite continuellement maintenue auxdites dimensions.

En fait, les difficultés rencontrées par les Entrepreneurs dans l'établissement de la rigole maritime sur les 60m,500 premiers kilomètres du Canal ne leur ont permis que fort tardivement d'amener cette rigole aux dimensions prescrites, en sorte que, malgré le grand retard subi, ainsi qu'il va être expliqué, par le remplissage du lac Timsah, il n'y a pas eu à appliquer, en raison dudit retard, la stipulation relative à une prolongation du délai d'exécution des dragages dans le seuil.

La construction du déversoir pour le remplissage du lac n'a été commencée par MM. Borel, Lavalley et Cie qu'en août 1866; elle était terminée à la fin de novembre suivant. Le déversoir a commencé à fonctionner le 12 décembre. Finalement, la première drague des Entrepreneurs est entrée dans le lac le 20 juin 1867; l'eau du lac était alors à la cote 17^{m},93, la cote du niveau moyen de la Méditerranée étant 18^{m},20.

[Postérieurement à l'acte additionnel du 27 mars 1865 sont intervenus, ainsi qu'il a été mentionné précédemment, deux nouveaux Actes additionnels stipulant respectivement, au sujet de la question du remplissage du lac Timsah, les dispositions suivantes :

Un article du deuxième Acte additionnel, en date du 4 décembre 1865, fixa le délai d'exécution de la partie du Canal comprise entre le point 60^{km},500 et l'extrémité sud de la grande tranchée de Toussoum à un délai de trente mois à partir du jour où les dragues de l'Entreprise pourraient entrer dans le lac Timsah. (En s'en référant à la date ci-dessus citée du 20 juin 1867, à laquelle a eu lieu l'entrée de la première drague dans le lac, le délai d'exécution de la partie de Canal considérée se serait ainsi trouvé fixé au 20 décembre 1869.)]

Plus tard, un article du troisième Acte additionnel, en date du 13 avril 1867, fixa la date de l'achèvement du Canal au 1er octobre 1869 à de certaines conditions parmi lesquelles celle-ci, à savoir : que les dragues de l'Entreprise pourraient entrer dans le lac Timsah pour le 20 mai 1867. (Comme il est dit plus haut, la première drague des Entrepreneurs n'est entrée dans le lac que le 20 juin, c'est-à-dire avec un mois de retard sur la date fixée.)

[On sait que, finalement, par suite de circonstances diverses, l'ouverture du Canal à la navigation n'a eu lieu que le 17 novembre 1869; et nous ferons remarquer de suite que le Canal, à cette date, était loin encore d'avoir ses dimensions définitives.]

Ainsi qu'il est dit ci-dessus, lorsque MM. Borel, Lavalley et Cie ont pris possession de leurs chantiers du seuil, ils n'avaient plus à y exécuter que les dragages nécessaires pour amener le Canal à ses dimensions définitives.

Le prix fixé pour ces dragages était de 2 fr. 70 le mètre cube, prix applicable à toute nature de terrains, excepté aux terrains qui ne pourraient être enlevés par les grandes dragues provenant de la Compagnie et pour lesquels des prix spéciaux seraient établis en cours d'exécution.

Le cube total des dragages à exécuter était évalué comme suit :

	Mètres cubes
Portion de canal de $60^{km},500$ à $66^{km},720$......	1.691.840
— — de $66^{km},720$ à $75^{km},400$......	2.388.160
CUBE TOTAL..............	4.080.000

(On rappelle que l'Acte additionnel avait mentionné un cube approximatif de 4.200.000 mètres cubes.)

A partir du mois d'août 1868, le cube total à exécuter figura dans les situations mensuelles, par suite de nouveaux calculs, comme étant de 4.185.000 mètres cubes; mais, en juillet 1869, ce chiffre fut réduit de 105.000 mètres cubes en raison d'une surélévation du plafond due à un nouveau nivellement, en sorte que le cube total à exécuter fut ramené, à partir de ladite date, au chiffre primitif de 4.080.000 mètres cubes.

PROGRAMME D'EXÉCUTION

Dans une communication faite à la Société des Ingénieurs civils, dans sa séance du 26 juillet 1867[1], M. Lavalley exposa brièvement comme suit le programme que comptait suivre

1. Dans une nouvelle communication à la Société des Ingénieurs civils (séance du 27 novembre 1868), M. Lavalley compléta sa communication pré-

l'Entreprise pour l'exécution des travaux dont elle était restée définitivement chargée à la traversée du seuil d'El Guisr.

Ces travaux (comme il est expliqué ci-dessus) consistaient uniquement en dragages.

Ces dragages devaient se faire au moyen de dragues desservies par des porteurs et des gabares allant décharger les déblais dans le lac Timsah.

A mesure que les dragues qui, pour l'attaque du seuil, partaient du lac Timsah, pénétreraient davantage dans le seuil, les distances de transport des déblais deviendraient de plus en plus grandes ; elles seraient, à la fin, de 15 kilomètres.

L'Entreprise n'avait cependant pas hésité à conserver, même pour cette grande distance, le transport par eau. Sur toute cette portion de Canal, les berges étaient à plusieurs mètres au-dessus de l'eau. On ne pouvait songer à employer, ni les longs couloirs, ni même les élévateurs qui versent directement les déblais à leur place définitive. Il aurait fallu des remaniements au wagon toujours fort dispendieux.

Quelque moyen que l'on eût pris pour la mise à terre des déblais,

---

cédente par les renseignements suivants sur la manière dont l'Entreprise accomplissait son programme d'exécution :

L'Entreprise avait mis la main à l'œuvre (vers le milieu de l'année 1867) en même temps que s'achevaient les travaux de l'Entreprise Couvreux.

Au moyen d'une ancienne petite drague de la Compagnie, munie d'un couloir de 25 mètres et versant sur le plafond de la tranchée, la rigole maritime fut élargie par places. On créa ainsi, dans la traversée du seuil, cinq bassins ayant une cinquantaine de mètres de longueur sur 30 mètres de largeur. Dans ces bassins vinrent se placer de grandes dragues versant leurs déblais dans des gabares à clapets et creusant le Canal à toute largeur sur $3^{m},50$ de profondeur. Les gabares allaient se vider dans le lac Timsah. D'autres dragues, faisant une seconde, puis une troisième, et enfin une quatrième passe, amenaient le Canal à fond.

Le terrain rencontré se composait, pour la plus grande partie, de sable fin plus ou moins aggloméré et qui présentait à la drague une assez grande résistance. Il tenait sous l'eau à une inclinaison de moins de 2 pour 1. Par places, ces sables agglomérés prenaient presque la consistance du grès tendre. Sur quelques points encore, on trouvait des lentilles assez étendues de calcaire tendre, ayant jusqu'à $1^{m},50$ et 2 mètres d'épaisseur. On trouvait aussi des argiles dures collant aux godets. Mais nulle part, jusqu'alors, ne s'étaient rencontrées de roches présentant au dragage de bien sérieuses difficultés.

La dureté assez grande des terrains du seuil avait l'avantage d'assurer la tenue de la cuvette du Canal ; mais elle avait en revanche réduit le rendement des dragues au-dessous des prévisions. L'Entreprise avait heureusement pu, en substituant sur d'autres points les travaux à la brouette ou au wagon au creusement de la drague, augmenter le nombre des appareils primitivement réservés au Seuil, et compenser ainsi, au point de vue de la rapidité d'exécution, la diminution du rendement de chacun d'eux.

il aurait toujours fallu les verser d'abord dans des chalands, leur faire parcourir en naviguant une certaine distance jusqu'au point où auraient été les appareils d'enlèvement. Il avait paru préférable d'allonger beaucoup cette distance, puisque l'on économisait ensuite tous les frais de déchargement et de remaniement.

C'est en conformité de ce programme général que les travaux ont été exécutés.

Toutefois, dans la partie nord du seuil, à partir de l'extrémité, point 60^{km},500, sur 1 kilomètre environ de longueur, les dragages ont été effectués au moyen de dragues à élévateurs, qui ont commencé à fonctionner dans les derniers mois de l'année 1868.

Sur le reste de la longueur du seuil, où ont été employées les dragues à porteurs, on creusa en quelques points, à toute largeur, des bassins dans chacun desquels furent installées deux dragues marchant en sens contraire ou une drague unique. La rigole maritime se trouvait ainsi rester entièrement libre pour la circulation des gabares et porteurs chargés de conduire à la décharge les produits des dragages aussi bien que pour la circulation des nombreuses embarcations de service.

MARCHE DES TRAVAUX ET MODES D'EXECUTION

NOTA. — Depuis la mise en train des travaux, en juillet 1867, jusqu'en juillet 1868, c'est-à-dire pendant une année, les dragages ont eu lieu exclusivement dans la partie sud du seuil, de 66^{km},720 à 75^{km},400. A partir de la dernière date, les dragages se sont étendus sur toute la longueur du seuil.

MARCHE DES TRAVAUX PENDANT LE 2e SEMESTRE DE 1867

Ainsi qu'il a été déjà mentionné à diverses reprises, la première grande drague de l'Entreprise est entrée dans le lac Timsah le 20 juin 1867. Par prudence, elle avait été allégée. Rapidement remontée, elle commença à fonctionner, desservie par des gabares, dès le 2 juillet. Le premier travail exécuté par cette drague consista à ouvrir, en marchant vers le nord, un chenal à toute largeur et à une profondeur de 4 mètres à travers le terrain déclive et le batardeau existant entre le lac et la gare d'extrémité de la rigole maritime. Ce travail s'étendant de $75^{km},500$ à $75^{km},300$, soit sur une longueur de 200 mètres, fut terminé en dix jours, et l'on eut dès lors un large et profond chenal de communication entre la rigole et le lac, non seulement pour le passage du gros matériel de l'Entreprise destiné à pénétrer dans le lac Timsah, mais aussi pour le passage permanent des gabares et porteurs appelés à desservir les dragues qui devaient à bref délai être installées dans le seuil.

Après avoir ouvert le passage, la drague poursuivit son chemin dans le Canal, continuant à creuser un chenal à toute largeur et à la profondeur de 4 mètres.

Dans le courant de novembre, deux nouvelles dragues furent introduites dans le seuil, savoir :

1° Une petite drague à moyen couloir qui fut employée d'abord à creuser au kilomètre 70 un bassin à profondeur de 2 mètres : les produits de cette drague étaient déposés provisoirement sur la plate-forme à la cote $18^{m},00$ pour être repris plus tard par les grandes dragues et être portés par les gabares au lac Timsah. Après ce premier travail, la même drague devait creuser un autre bassin au kilomètre 67; mais, l'emplacement de ce bassin étant encore occupé par des dépôts de déblais provenant des excavateurs, ces déblais durent être d'abord enlevés par la Régie, en sorte que le creusement du nouveau bassin se trouva provisoirement ajourné ;

2° Une grande drague desservie par des gabares, qui fut employée à creuser le canal à toute largeur et à la profondeur de $2^{m},70$ au kilomètre 73 pour la création d'un autre bassin.

En même temps, la première grande drague entrée dans le seuil continuait sa marche vers le nord en creusant le canal à toute largeur et à la profondeur de 3 mètres.

En décembre, il y avait en service quatre grandes dragues à gabares creusant à toute largeur et à une profondeur de $2^{m},70$ à 3 mètres.

A la fin de décembre 1867, le cube dragué était de 86.206 mètres cubes.

Le terrain rencontré jusque-là avait été du sable plus ou moins dur et compact et du sable mêlé d'argile.

MARCHE DES TRAVAUX PENDANT L'ANNÉE 1868

La petite drague à moyen couloir dont il est parlé ci-dessus creusa dès le début de l'année le bassin du kilomètre 67.

Janvier. — Il y avait en service, indépendamment de la petite drague, cinq grandes dragues à gabares.

	Mètres cubes
Cube exécuté dans le mois	58.611
Cube mensuel moyen par drague...........	11.722

L'une des dragues, creusant à 5 mètres, au débouché du Canal dans le lac, perdit plusieurs jours en arrivant près du point 75^{km},320; elle avait rencontré en cet endroit un banc rocheux de grès en formation et calcaire qu'elle n'avait pu entamer; ce banc avait sa surface supérieure à une profondeur de 5^{m},20. La drague passa par-dessus et continua son travail. (Le banc en question n'avait pas été rencontré dans le sondage fait au kilomètre 75 ; la Compagnie entreprit aussitôt de nouveaux sondages très rapprochés pour le bien délimiter.)

La Compagnie eut, en outre, à constater, sur la demande des Entrepreneurs, l'existence de quelques couches dures rencontrées par les dragues, notamment aux kilomètres 73 et 75; mais le cube en était insignifiant et les dragues n'en avaient pas éprouvé des difficultés appréciables. En outre de ces couches de terrains durs, on rencontra de temps en temps, dans les déblais de terrains ordinaires, des blocs calcaires de petites dimensions, analogues à des moellons plus ou moins gros.

Février. — Comme le mois précédent, sur le chantier, cinq grandes dragues à gabares, quatre de ces dragues creusant à une profondeur de 3 mètres à 3^{m},40, celle de l'extrémité du chenal à 5 mètres.

	Mètres cubes
Cube exécuté dans le mois..................	54.367
Cube mensuel moyen par drague............	10.873

Les déblais dragués se composaient toujours pour la très grande partie de sable et d'argile. Cependant on continuait à rencontrer, disséminés dans la masse, une certaine quantité de rognons calcaires et surtout de grès plus ou moins dur, à peu près dans la proportion de 1 centième.

Les sondages exécutés aux abords du kilomètre 75 avaient fait constater que le banc rocheux rencontré au point 75^{km},320 se continuait jusqu'au point 75^{km},100, où il disparaissait à la profondeur de 6 mètres. Ce banc n'était d'ailleurs pas le seul existant dans ces parages : on avait récemment rencontré près du point 75^{km},075 une autre formation très dure dont l'exploration avait été commencée.

Mars. — Comme les deux mois précédents, cinq dragues à gabares, dont quatre creusant à une profondeur de 3 à 4 mètres, la cinquième à 5^{m},30.

	Mètres cubes
Cube exécuté dans le mois..................	53.126
Cube mensuel moyen par drague............	10.625

Terrains rencontrés : sable agglutiné, argile compacte, sable aggluttiné mélangé de rognons rocheux.

L'exploration du banc rocheux rencontré le mois précédent au point 75^{km},075 fit reconnaître que ce banc n'avait qu'une vingtaine de mètres de longueur et ne s'étendait pas sur toute la largeur du Canal.

Avril. — Six dragues à gabares et porteurs.

	Mètres cubes
Cube exécuté dans le mois..................	79.866
Cube mensuel moyen par drague...........	13.311

Terrains rencontrés : argile sablonneuse, sable compacte argileux, sable compacte dur.

Mai et juin. — Sept dragues à gabares et porteurs.

Une huitième drague à porteurs, venant de la section du lac Timsah, fut affectée à partir du 13 juin à l'extraction en régie du banc de rocher du point 75^{km},320.

Nota. — A partir du mois de mai 1868 jusqu'à la fin des travaux, les cubes mensuels renseignés se rapportent à la période écoulée depuis le 15 du mois précédent jusqu'au 15 du mois courant.

	Mai mètres cubes	Juin mètres cubes
Cube exécuté dans le mois.........	105.467	117.076
Cube mensuel moyen par drague...	15.067	16.734

Terrains rencontrés : sable pur, sable argileux, argile sablonneuse, argile compacte.

Le banc rocheux rencontré au point 75^{km},320 ayant été parfaitement délimité dans le courant de mai, dès le mois suivant, — comme il est dit ci-dessus, — une drague amenée de la section du lac Timsah fut employée, en régie, à son extraction. Les résultats obtenus furent satisfaisants. Sauf la lenteur de la marche, l'opération se fit dans de bonnes conditions. L'extraction du banc fut terminée dans le courant d'août, ayant ainsi duré deux mois. La production de la drague avait été en moyenne d'environ 400 mètres cubes par journée de travail.

Juillet et août. — Chantiers nord du seuil, de 60^{km},500 à 66^{km},720 :

Les premiers travaux entrepris sur cette partie du Canal ont consisté en déblais à sec exécutés du côté Asie, entre 60^{km},500 et 60^{km},750, à l'endroit de la courbe de raccordement du profil à grande section du canal avec le profil à petite section de la traversée du seuil.

	Juillet mètres cubes	Août mètres cubes
Cube des déblais à sec dans le mois...	13.930	16.078

En août, une petite drague à moyen couloir fut employée au creusement du chenal Asie pour les flotteurs des élévateurs qui devaient être installés en certains points de cette partie du Canal.

Chantiers sud, de 66^{km},720 à 75^{km},400 :

Sept dragues à gabares et porteurs, comme les deux mois précédents, indépendamment de la drague employée à l'extraction en régie du rocher du point 75^{km},320 et qui termina son travail vers le milieu d'août.

	Juillet mètres cubes	Août mètres cubes
Cube des dragages dans le mois....	119.754	143.534
Cube mensuel moyen par drague...	17.108	20.505

Septembre, octobre et novembre. — En totalité, dix dragues sur les chantiers, réparties comme suit :

Trois dragues sur les chantiers nord, dont une à élévateurs ayant commencé son travail au point 60^{km},500, et deux dragues à porteurs ayant commencé respectivement aux points 63^{km},050 et 64^{km},050.

Sept dragues à gabares et porteurs sur les chantiers sud.

	Septembre mètres cubes	Octobre mètres cubes	Novembre mètres cubes
Cube exécuté dans le mois........	122.904	161.680	163.373
Cube mensuel moyen par drague..	12.290	16.168	16.337

En septembre, on avait continué les déblais à sec à la courbe de raccordement : cube du mois, 4.422 mètres cubes. La faible production des dragues pendant ce mois tint en partie à des mouvements de ces appareils qui firent perdre quelques jours.

En octobre, l'Entreprise fit décaper la banquette Asie jusqu'à 1 mètre au-dessus du niveau de la mer et sur une largeur de 6 mètres, entre les kilomètres 62 et 63, pour constituer ainsi le chemin du chariot des élévateurs destinés à fonctionner sur cette partie du Canal. (Ces déblais étant en dehors du profil ne figurèrent pas dans les situations mensuelles des travaux exécutés.)

Décembre. — Douze dragues, dont une à élévateurs.

	Mètres cubes
Cube exécuté dans le mois................	165.985
Cube mensuel moyen par drague..........	12.768

Situation des travaux à la date du 15 décembre 1868 :

			Mètres cubes
Le cube total des travaux à exécuter était de ci............			4.185.000
		mètres cubes	
Cube exécuté	pendant les derniers mois de 1867.	86.206	1.477.045
	pendant l'année 1868............	1.390.839	
Restait donc à exécuter à la date du 15 décembre 1868.....			2.707.955

MARCHE DES TRAVAUX PENDANT L'ANNÉE 1869

Janvier à mai. — Douze dragues, dont deux à élévateurs.

(Par suite d'accidents survenus à deux des dragues en service et dont il est rendu compte ci-dessous, sur les douze dragues affectées aux travaux, il n'y en eut que 10 en activité pendant les deux mois de février et mars, et onze pendant les mois de janvier, avril et mai.)

En même temps que les dragages, à partir de mars, des terrassiers furent employés à des déblais à sec pour des remaniements de cavaliers en vue de faire place à de nouveaux produits de dragages.

	Janvier m. cubes	Février m. cubes	Mars m. cubes	Avril m. cubes	Mai m. cubes
Cube des déblais à sec dans le mois..................	»	»	5.098	2.034	12.911
Cube des dragages.........	153.349	148.258	135.316	156.809	194.109
Cube mensuel moyen par drague..................	13.941	14.826	13.532	14.255	17.646

Le 6 janvier, une des dragues à porteurs, à El Ferdane, sombra verticalement dans un fond de 3 mètres. Après remise à flot et réparations, elle put reprendre son travail à la fin de février.

Une autre drague à porteurs sombra à son tour le 15 février, au kilomètre 70, près d'El Guisr. La drague avait tourné autour d'une des arêtes inférieures de la coque, en se renversant sur le flanc, vers l'intérieur du Canal, dans un fond de 6 mètres. Il n'était résulté, heureusement, de cet accident, aucune entrave pour la navigation. Après des efforts infructueux pour la remettre à flot, la drague ayant pu pourtant, dans le courant de mai, être redressée, se trouva ainsi debout dans un fond de 5m,70. On s'occupa alors de la soulever pour l'introduire dans un dock flottant. La drague put enfin, au commencement d'août, être conduite dans le lac Timsah. Elle avait, dès le mois de juillet, été définitivement retranchée du nombre des appareils en fonctionnement sur les chantiers du seuil.

Juin et juillet.

14 dragues, dont 2 à élévateurs.

	Juin mètres cubes	Juillet mètres cubes
Cube des déblais à sec dans le mois.	5.550	»
Cube des dragages..................	183.329	281.211
	464.540	
Cube mensuel moyen par drague....	16.591	

Le faible cube renseigné en juin tint uniquement à ce que, trois des dragues sur les quatorze en activité n'étant pas arrivées au piquet kilométrique, leur travail n'avait pu figurer dans la situation. (Les situations mensuelles s'établissaient d'après les profils levés aux piquets hectométriques.) Le cube renseigné en juillet se trouva naturellement renforcé d'autant.

L'état du canal dans le seuil, à la date du 15 juin, était le suivant :

La profondeur de 3 mètres régnait sur environ 6.000 mètres de longueur, divisée en neuf parties de 500 à 700 mètres chacune, séparées par d'autres parties à profondeur de 5 à 6 mètres, d'une longueur ensemble d'environ 7.000 mètres; enfin, à l'extrémité sud du seuil sur une longueur de 1.900 mètres, de 73^{km},500 à 75^{km},400, régnait une profondeur d'environ 7^{m},50, mais qui se remblayait constamment par suite des forts courants qui existaient sur ce point.

A partir du mois de mai, les Entrepreneurs avaient intéressé les patrons des gabares et porteurs par des primes sur le nombre des voyages et sur le cube transporté, et cette mesure avait produit une amélioration sensible dans le service desdits porteurs et gabares.

Août et septembre. — Douze dragues, dont deux à élévateurs.

(Deux des dragues employées précédemment, qui avaient besoin de réparations, avaient été envoyées dans le lac Timsah.)

	Août mètres cubes	Septembre mètres cubes
Cube des déblais à sec dans le mois.	2.520	8.497
Cube des dragages..................	284.692	214.546
	498.238	
Cube moyen mensuel par drague....	20.801	

SITUATION DES TRAVAUX DE LA TRAVERSÉE DU SEUIL D'EL GUISR
A LA DATE DU 15 OCTOBRE 1869

			Mètres cubes
Le cube total à exécuter pour la réalisation du profil normal était de : ci..........			4.080.000
		Mètres cubes	
Cubes exécutés	En 1867..	86.206	
	En 1868..	1.390.839	3.418.331
	En 1869..	1.941.286	
Il restait donc à exécuter pour la réalisation du profil normal....................			661.669
Mais il y avait à tenir compte, par suite de l'adoption du profil de tolérance, d'une réduction probable de cube d'environ, ci.			240.000
Le cube réel restant à exécuter par l'Entreprise à la date du 15 octobre 1869 était donc de ci			421.669

OBSERVATIONS SUR LA PRODUCTION MENSUELLE MOYENNE DES DRAGUES

(Tableau dressé d'après les chiffres mentionnés dans le compte rendu ci-dessus)

	NOMBRE DE DRAGUES en activité	PRODUCTION MENSUELLE moyenne par drague		
		minimum	maximum	moyenne
		m. cubes	m. cubes	m. cubes
Pendant le 1er semestre de 1868..	De 5 à 7	10.625	16.734	13.386
Pendant le 2e semestre de 1868...	De 7 à 12	12.768	20.505	15.665
Pendant l'année 1869............	De 10 à 14	13.532	20.801	16.682
Moyenne de la production mensuelle moyenne pendant la durée totale des deux années 1868 et 1869 (on a négligé la période de début des derniers mois de l'année 1867)				15.803

REMPLISSAGE DU LAC TIMSAH

ARRIVÉE DE L'EAU DE LA MÉDITERRANÉE DANS LE LAC TIMSAH

La rigole maritime de Port-Saïd au lac Timsah, d'une largeur théorique de 15 mètres à la ligne d'eau et de 1m,50 à 2 mètres de profondeur, se trouvait, dans les premiers jours de novembre 1862, à la suite de l'achèvement de la grande tranchée creusée à sec par les contingents égyptiens à travers le seuil d'El Guisr, ouverte sur toute sa longueur; l'eau de la Méditerranée, retenue jusque-là à l'extrémité nord du seuil par un barrage en terre, avait été alors introduite dans la dernière partie de la rigole et l'avait remplie, étant retenue à l'extrémité sud par un massif de terre que l'on avait conservé pour former barrage et isoler ainsi la rigole du lac Timsah.

L'inauguration par le Président de la Compagnie de l'entrée des eaux de la Méditerranée dans le lac eut lieu le 18 du même mois de novembre, en présence de nombreux invités, des chefs de service et employés de la Compagnie et d'une importante population d'ouvriers[1].

---

1. L'introduction des eaux de la Méditerranée dans le lac Timsah, dont la date avait été fixée d'avance par le Président, était un premier très important succès dans l'œuvre du Canal. La cérémonie destinée à fêter ce succès fut d'une imposante solennité.

Dès la veille du jour fixé, les visiteurs étaient arrivés de toutes parts à Ismaïlia : un train spécial avait été mis gracieusement, par le Vice-Roi, à la disposition de M. de Lesseps pour le transport de ses invités du Caire à Zagazig, et le transport jusqu'à Ismaïlia s'était fait ensuite par barques sur le Canal d'eau douce; en même temps de nombreuses barques pavoisées du drapeau turc arrivaient des divers points de l'Isthme et de l'Egypte; Damiette, Port-Saïd et les divers campements de la rigole maritime avaient envoyé leurs embarcations portant les employés qui avaient concouru à l'œuvre et qui étaient appelés à venir jouir du triomphe de leurs efforts.

Parmi les invités du Président se trouvaient les consuls généraux d'Autriche et de Hollande, les consuls de France et d'Italie au Caire, le prince Czartoriski et la princesse, le commandant Mandell, de la marine anglaise, et

Au commandement du Président, des ouvriers postés sur le barrage de retenue des eaux y ouvrirent un simple sillon dans lequel les eaux se précipitèrent avec violence, entraînant avec elles les terres du barrage, élargissant ainsi rapidement le débouché qui leur avait été livré et allant se répandre en nappe immense dans le lac.

La réunion de la Méditerranée au lac Timsah se trouvait donc un fait accompli.

Toutefois le moment n'était pas venu encore — ainsi qu'il sera expliqué ci-dessous — de procéder au remplissage du lac. D'ailleurs, en raison de la section encore trop réduite de la rigole maritime, on ne pouvait laisser couler librement ses eaux dans le lac sous peine d'occasionner, indépendamment de courants nuisibles, une importante dénivellation de l'eau

---

une partie de son état-major, des notables d'Alexandrie et du Caire. Un délégué du Vice-Roi, à la tête d'un groupe d'officiers, représentait Son Altesse dont, jusqu'au dernier moment, on avait espéré la présence.

Une estrade, ornée de drapeaux et de branches de palmiers, avait été préparée au sommet de la tranchée, en avant du kiosque du Vice-Roi, pour recevoir les invités.

Le gouverneur de l'Isthme, le grand muphti d'Egypte, les principaux ulémas du Caire, le Scheik-al-Islam, l'évêque catholique d'Egypte accompagné des Pères de Terre Sainte, les popes grecs, occupaient et entouraient l'estrade, avec les Ingénieurs, l'Intendant général, les médecins, les chefs de chantier qui avaient pris part aux travaux. De nombreuses barques remplies de visiteurs étaient amarrées dans la rigole maritime vis-à-vis de l'estrade. Enfin une multitude d'ouvriers européens, de fellahs et de Bédouins étaient répandus sur les bords et sur les talus de la rigole.

Au moment même où il donnait le signal de rompre la digue de retenue des eaux, le Président prononça ces paroles :

« Au nom de S. A. Mohamed-Saïd, je commande que les eaux de la Méditerranée soient introduites dans le lac Timsah, par la grâce de Dieu. »

Dès que les eaux de la rigole se précipitèrent dans le lac, une profonde émotion s'empara de tous les assistants ; des bravos, des cris d'enthousiasme s'élevèrent en une immense acclamation ; une musique militaire venue du Caire jouait l'air national égyptien : les ulémas, debout, invoquaient Allah à haute voix, et les cheiks lisaient le *fetwa*, sorte de procès-verbal religieux qui constatait le grand fait, et dont il devait être donné lecture dans toutes les mosquées d'Egypte.

Un peu plus tard, un *Te Deum*, auquel assistaient tous les Européens, était chanté dans la chapelle du seuil d'El Guisr, par l'évêque catholique.

Enfin, dans l'après-midi, pour terminer la fête d'inauguration, une table de 150 couverts, dressée sous la tente, à El Guisr, réunissait, avec les invités du Président, les fonctionnaires et employés de la Compagnie, les chefs arabes et les ouvriers européens.

dans la rigole même, dont la profondeur sur bien des points n'était pas encore suffisante pour assurer les libres mouvements du matériel flottant, notamment des petites dragues occupées dans la partie nord de la rigole à réaliser la profondeur voulue.

Aussi, dès le soir même de l'inauguration, le barrage en terre de retenue des eaux fut-il rétabli.

PREMIÈRE PÉRIODE DE REMPLISSAGE DU LAC

Il importait néanmoins de profiter de toutes les circonstances favorables d'une grande hauteur d'eau dans la rigole maritime, telles qu'elles se produisaient lors des fortes marées de la Méditerranée ou de vents du Nord prolongés, pour alimenter progressivement le lac. Dans ce but, on construisit, à l'extrémité de la rigole, sur la rive Afrique, en amont du barrage de retenue des eaux et en dehors de la limite du Canal maritime, un pertuis en maçonnerie de 6 mètres de largeur de débouché, dont le radier était établi à $1^{m},50$ en contre-bas du niveau de la Méditerranée et qui était fermé au moyen de poutrelles.

Le lac se trouvait alors alimenté de la manière suivante : d'une manière continue, par les eaux d'infiltration des rigoles maritimes et d'eau douce qui l'entouraient ; d'une manière intermittente, par le pertuis-déversoir de l'extrémité de la rigole maritime dans les circonstances favorables indiquées ci-dessus et par le déversoir de décharge du Canal d'eau douce (à Néfiche) pendant la période des hautes eaux du Nil.

Il y avait un sérieux intérêt à se réserver la possibilité de faire à sec — comme cela a eu effectivement lieu jusqu'à Toussoum — une notable partie des déblais à effectuer en contre-bas du niveau de la Méditerranée pour l'ouverture du Canal à travers les lagunes du lac et le seuil du Sérapéum. Par ce motif, aussi bien que par la nécessité de ne pas affamer la rigole maritime où, en beaucoup de points, existaient encore, au grand détriment de la navigation, des étranglements qui entravaient le libre écoulement de l'eau de la Méditerranée jusqu'au seuil d'El Guisr, ne fit-on fonctionner le pertuis-déversoir de la rigole que d'une manière restreinte, presque uniquement, pour ainsi dire, dans la mesure nécessaire pour compenser les pertes produites dans le lac par l'évaporation. On dut même, à partir du mois de février 1866, interrompre complètement le fonctionnement du pertuis, et, naturellement, pendant ce temps, le niveau du lac baissa. Ce ne fut qu'au mois d'août suivant, alors qu'à la suite de travaux d'amélioration exécutés sur les points de la rigole maritime où existaient les plus grands étranglements, l'eau se maintenait désormais sur toute l'étendue de la rigole au niveau de la Méditerranée, que l'on put, sans compromettre la navigation, faire fonctionner de nouveau le pertuis d'une manière très efficace. Le débit variait de 3 à 4 mètres cubes par seconde. Il était donc d'environ 300.000 mètres cubes par jour. Le niveau du lac recommença dès lors à monter d'une manière très sensible.

En fait, lors du nouveau nivellement général du Canal fait en 1864, il a été constaté, à la date du 16 mars de ladite année, que le niveau de l'eau dans le lac était seulement à la cote 12^{m},80. Le fond du lac dans sa partie la plus profonde étant à 6 mètres environ au-dessous du niveau de la Méditerranée, soit à la cote d'environ 12^{m},20, on voit que la hauteur de l'eau dans le lac à la date indiquée n'était que d'environ 0^{m},60. Le niveau de l'eau du lac n'avait encore atteint que la cote 13^{m},80 à la fin de 1866, époque à laquelle commença, ainsi qu'il va être expliqué, la véritable opération de remplissage.

MODE DÉFINITIF DE REMPLISSAGE DU LAC

La question du mode définitif de remplissage du lac fut réglée par l'un des articles de l'Acte additionnel passé le

27 mars 1865 avec MM. Borel, Lavalley et Cie, relatif aux travaux de la partie du Canal comprise entre le point $60^{km},500$ et le lac Timsah.

Par ledit article, concernant les charges et obligations de la Compagnie, d'une part, la Compagnie était chargée de faire établir à ses frais, à l'extrémité de la rigole maritime, un déversoir susceptible de remplir, avant le 1er avril 1866, le lac Timsah avec les eaux de la Méditerranée, tout en maintenant dans la rigole un tirant d'eau minimum de $1^{m},50$; et, d'autre part, les Entrepreneurs acceptaient de construire en régie ce déversoir et d'y procéder dans le plus bref délai[1].

La question du remplissage du lac se présentait dans les conditions suivantes :

Une reconnaissance attentive des lieux avait permis de constater que les dépressions du lac, de ses lagunes et des bas-fonds environnants représentaient, pour le remplissage au niveau moyen de la Méditerranée, un volume total de 66.524.000 mètres cubes se répartissant ainsi :

	Mètres cubes
Lac proprement dit	53.589.000
Vallée de Bir-Fawar	4.052.000
Vallée de Toussoum	8.883.000
CUBE TOTAL	66.524.000

(La surface totale du périmètre mouillé, après remplissage, devait d'ailleurs être d'environ 19.196.000 mètres carrés.)

---

1. Postérieurement à l'Acte additionnel du 27 mars 1865, sont intervenus deux autres actes additionnels contenant, relativement à la question du remplissage du lac, les dispositions suivantes :

Article du deuxième Acte additionnel du 4 décembre 1866, relatif aux délais d'exécution, fixant le délai d'exécution de la partie du Canal comprise entre le point $60^{km},500$ (extrémité nord du seuil d'El Guisr) et l'extrémité sud de la grande tranchée de Toussoum, dans un délai de trente mois à partir du jour où les dragues de l'Entreprise pourraient entrer dans le lac Timsah ;

L'eau déjà introduite dans le lac représentait un volume d'environ 10 millions de mètres cubes.

Le nouvel ouvrage à créer aurait donc à débiter, indépendamment du cube absorbé par l'imbibition des terrains et de la perte due à l'évaporation que l'on évaluait ensemble à une moyenne de 100.000 mètres cubes par jour, un volume total d'environ 56.524.000 mètres cubes.

La plus petite section de la rigole maritime à l'époque des études était de 18,37 mètres carrés, et l'on admit une vitesse d'écoulement dans la rigole de 0^{m},30, ce qui correspondait à un débit de 5^{mc},51 par seconde, soit, par jour, d'environ 476.000 mètres cubes. En défalquant les 100.000 mètres cubes correspondant aux pertes par imbibition et évaporation, il resterait donc pour le remplissage proprement dit un volume journalier de 376.800 mètres cubes; et, dans ces conditions, le remplissage devait durer environ cinq mois.

DESCRIPTION DU PERTUIS DE REMPLISSAGE[1]

(PLANCHE XXXIII)

L'ouvrage destiné à satisfaire aux conditions qui viennent d'être indiquées présentait les dispositions suivantes :

Article du troisième Acte additionnel du 13 avril 1867, relatif à une réduction du délai d'exécution, fixant la date de l'achèvement du Canal au 1er octobre 1869, à de certaines conditions, parmi lesquelles celle-ci, que les dragues de l'Entreprise pourraient entrer dans le lac Timsah pour le 20 mai 1867.

1. L'ancien pertuis à poutrelles construit par la Compagnie n'offrait pas un débouché suffisant pour assurer, à partir du moment où il deviendrait possible de le faire fonctionner, même à plein débit, le remplissage du lac dans le court délai assigné par l'Acte additionnel du 27 mars 1865.

Lorsque, à partir du mois d'août 1866, — ainsi qu'il a été expliqué, — on fit fonctionner le pertuis à plein débit, la construction du nouveau déversoir était poussée très activement, et l'on entrevoyait son achèvement à bref délai. Cette circonstance fit peut-être que la surveillance de l'état des enrochements de protection existant à l'aval du radier du pertuis fut un peu négligée, alors qu'elle aurait dû, au contraire, être plus attentive en raison du fonctionnement du pertuis à plein débit. Toujours est-il que l'ouvrage fut emporté dans les derniers jours d'août, c'est-à-dire avant l'achèvement du nouveau déversoir.

Il était construit à une petite distance en dehors du Canal maritime, à l'extrémité d'une rigole d'amenée de 22 mètres de largeur à la ligne d'eau et de 2 mètres de profondeur, ouverte obliquement, à une inclinaison d'environ 45° sur l'axe du Canal, à travers la berge Ouest. Cette rigole occupait ainsi une position intermédiaire entre la rigole de service de la carrière du plateau des Hyènes et le canal de jonction du Canal d'eau douce.

L'ouvrage consistait en un pertuis à poutrelles ou déversoir, construit en charpente avec radier en béton et passerelle de service. Sa largeur totale entre culées était de 19 mètres, comprenant cinq ouvertures ou pertuis de chacun 3 mètres de largeur (ensemble 15 mètres) fermés par des poutrelles de $0^m,25$ d'équarrissage se manœuvrant de dessus la passerelle. Le radier général était arasé à 2 mètres en contre-bas du niveau de la Méditerranée. La fermeture de chaque pertuis se composait donc de huit poutrelles ; et, en supposant toutes les poutrelles levées, le déversoir se trouvait présenter une section de débouché de 15 mètres de largeur sur 2 mètres de hauteur, soit de 30 mètres carrés.

Le radier avait exactement la susdite largeur de 19 mètres et une longueur de 10 mètres. Il était encaissé sur tout son pourtour par une ligne de pieux et de palplanches jointives, respectivement de 4 mètres et $3^m,50$ de longueur. En dedans de ce coffrage, le dessus du radier comportait un grillage en charpente boulonné sur les pieux de l'enceinte et sur les pieux de support de la passerelle, et ce grillage était noyé dans une couche de béton de $1^m,50$ d'épaisseur, avec parafouilles à l'amont et à l'aval descendant $0^m,50$ plus bas ; le mortier employé à la confection du béton était composé de 350 kilogrammes de chaux du Teil pour 1 mètre cube de sable.

La passerelle, d'une largeur de voie de $4^m,30$ et établie à 1 mètre au-dessus du niveau de la Méditerranée, était supportée par trois lignes de pieux distantes de $2^m,40$ d'axe en axe; dans chaque rangée, la distance d'axe en axe des pieux était de 3m,80. Ces pieux avaient, comme ceux de l'enceinte du coffrage du radier, une longueur de fiche de 4 mètres. C'était contre la rangée de pieux d'amont que s'appuyaient les poutrelles de fermeture.

Les culées, à partir de la passerelle, se prolongeaient à l'amont et à l'aval, d'abord en ailes sur une longueur de 5m,20 mesurée dans le sens du pertuis, — ce qui donnait à chaque culée une longueur de 15 mètres, — puis en retour, pour former enracinement dans les massifs de terre des abords, sur une longueur de 4m,80. Elles étaient constituées, chacune, en parement au-dessus du niveau du radier du pertuis, par un masque en madriers s'appuyant sur des pieux de 4 mètres de fiche reliés à des pieux intérieurs par des moises inclinées et en arrière duquel régnait un mur à pierres sèches et un corroi en argile ; au-dessous du radier, il y avait simplement une ligne de palplanches jointives battues entre les pieux et récépées au niveau du radier, cette ligne continuant ainsi à l'amont et à l'aval la ligne de pieux et palplanches du coffrage de la plate-forme en béton.

Les talus de la rigole d'amenée, aussi bien que ceux des remblais en prolongement des murs en retour d'aval des culées, étaient protégés par des revêtements perreyés.

Enfin, des pieux avaient été battus en tête de la rigole d'amenée afin d'empêcher les embarcations qui seraient entraînées par le courant de venir heurter le pertuis-déversoir.

La construction du déversoir, commencée dans le courant d'août 1866, a été terminée à la fin du mois de novembre suivant : on avait, dans les derniers temps, travaillé jour et nuit. A la dernière date susmentionnée, il ne restait plus à achever que les travaux accessoires mentionnés aux deux paragraphes précédents.

FONCTIONNEMENT DU DÉVERSOIR ET MARCHE DU REMPLISSAGE

Le déversoir a commencé à fonctionner le 12 décembre 1866. A cette date, le niveau de l'eau dans le lac était à la cote $13^m,80$. La hauteur restant à remplir était donc de $4^m,40$.

La vitesse d'écoulement, de $0^m,30$ par seconde dans la rigole, n'a pu être constamment réalisée, ou, en d'autres termes, le débit du déversoir a dû, par intervalles, être plus ou moins réduit, parfois même provisoirement interrompu, par suite de la nécessité où l'on se trouvait de maintenir une certaine hauteur d'eau dans la rigole maritime, soit pour ne pas entraver la navigation de transit qui commençait à fonctionner, soit pour permettre le passage des grandes dragues et autres engins expédiés à cette époque par l'entreprise Borel, Lavalley et Cie des ateliers de montage de Port-Saïd aux chantiers de travaux du Sérapéum, de Chalouf et de Suez.

En fait, ce n'est que le 20 juin 1867, le barrage de retenue des eaux de la rigole ayant été détruit, qu'une première drague allégée a pu être introduite dans le lac Timsah. Dès le 1er dudit mois, l'eau avait atteint dans le lac la cote $17^m,93$, et déjà il ne se manifestait plus guère de courant sensible dans le seuil, vers le lac, que quand les eaux de la Méditerranée étaient poussées dans la rigole par un vent persistant du nord.

Au commencement de juillet, l'eau du lac était à la cote $17^m,99$. En tenant compte de la dénivellation qui existait dans la rigole en raison de sa faible section, on pouvait considérer le lac comme étant de niveau avec la Méditerranée. En réalité, ainsi qu'il est dit plus haut, excepté par les vents du nord, il n'existait plus de courant sensible dans le seuil; l'alimentation du lac par la Méditerranée avait alors surtout pour résultat de compenser les pertes produites par l'évaporation.

L'eau du lac n'a atteint définitivement la cote $18^m,20$ du niveau moyen de la Méditerranée que le 15 août 1867. L'opération du remplissage, à en considérer le résultat à un point de vue absolu, avait donc duré huit mois, au lieu du délai de cinq mois primitivement calculé. Mais, si l'on considère que le résultat à atteindre était uniquement la possibilité de faire entrer les dragues dans le lac, on a vu que ce résultat avait été atteint dès le 20 juin, c'est-à-dire après un délai de six mois et huit jours. Les causes du retard, de quelque manière qu'on veuille en calculer la durée, ont été mentionnées ci-dessus.

Quant à la marche du remplissage, elle a présenté les particularités suivantes :

Pendant le premier mois, l'eau n'ayant encore à remplir que la cuvette profonde du lac monta en moyenne de 6 centimètres par jour. Mais, à mesure que l'eau montait dans le lac, elle était appelée à se répandre dans une série de vallées secondaires : c'est ainsi, par exemple, que, dès la fin même du premier mois, l'eau s'était déjà étendue fort avant dans la vallée de Bir-Fawar, en sorte qu'à l'endroit où l'on traversait précédemment cette vallée à pied sec, en se rendant d'Ismaïlia à Toussoum, il y avait alors une hauteur d'eau de $0^{m},60$ qui obligea les Entrepreneurs à faire établir sur ce point un bac pour assurer les communications entre les divers chantiers de leur section du lac Timsah. La montée mensuelle de l'eau diminua donc progressivement par ce motif pendant les premiers mois ; et cette diminution s'accentua naturellement pendant les derniers mois, où, par suite du niveau de plus en plus élevé de l'eau du lac au-dessus du radier du réservoir, le débit de l'ouvrage alla progressivement, par cela même, en décroissant.

La marche du remplissage, à partir du début du fonctionnement du pertuis-déversoir, est d'ailleurs indiquée en détail dans le tableau ci-après :

DATES	COTES du niveau de l'eau dans le lac	MONTÉE mensuelle de l'eau	MONTÉE moyenne par jour	OBSERVATIONS
	mètres	mètres	centimètres	
1866				
Au 12 décembre.	13,80			
Fin décembre...	15,08	1,28	6,4	
1867				
Fin janvier......	15,94	0,86	2,9	Le pertuis dut être fermé pendant quelques jours pour permettre le passage des grandes dragues.
Fin février......	16,70	0,76	2,7	Les eaux remplissent maintenant tout le plafond du lac jusqu'au pied du barrage servant à maintenir l'eau douce dans les bassins du Sérapéum.
Fin mars.......	17,29	0,59	2 »	»
Fin avril........	17,61	0,32	1,1	La montée de l'eau du lac a subi un temps d'arrêt assez long par suite du remplissage de nombreuses vallées latérales, et elle est redevenue ensuite, momentanément, de 2 centimètres par jour.
Fin mai.........	17,93	0,32	1 »	La lenteur du remplissage pendant le mois a tenu à ce que l'on était encore dans la période des eaux basses de la Méditerranée. Il ne se manifestait plus de courant dans le seuil, vers le lac, que quand les eaux de la mer étaient poussées par un vent persistant du nord.
Fin juin........	17,99	0,06	0,2	»
Fin juillet.......	18,09	0,10	0,3	»
15 août.........	18,20	0,11	0,6	»

EXÉCUTION DES TRAVAUX DU LOT DE SUEZ

Marché du 27 mars 1864 et Actes additionnels

Dès l'approbation de leur soumission du 26 mars 1864 pour l'exécution des travaux de terrassements et de dragages entre le seuil d'El Guisr et la mer Rouge, embrassant une longueur de Canal d'environ 87 kilomètres (y compris la traversée des lacs Amers) et comportant un cube total approximatif de déblais de 24.500.000 mètres cubes, les entrepreneurs se sont mis à l'œuvre pour l'organisation de leur Entreprise et pour l'étude de leurs moyens d'exécution. En même temps qu'ils s'occupaient personnellement en France de leurs études et des premières commandes de matériel, ils envoyaient en Égypte un représentant (M. Cotard) et des agents principaux chargés de préparer l'installation des chantiers.

L'Administration centrale de l'Entreprise fut établie à Ismaïlia, siège de la direction générale des travaux de la Compagnie, où, indépendamment de deux maisons mises par la Compagnie à sa disposition, l'une pour le logement personnel de M. Lavalley et de son représentant, l'autre pour les bureaux, l'Entreprise eut naturellement à construire d'autres maisons pour logements d'employés et d'ouvriers.

En outre de l'installation d'Ismaïlia et de l'établissement successif de plusieurs campements secondaires sur la ligne du Canal, l'Entreprise eut à créer deux campements principaux : l'un au Sérapéum, centre des travaux à exécuter sur les portions de Canal comprises entre le lac Timsah et les lacs Amers ; l'autre à Chalouf-el-Terraba, centre des travaux de la portion de Canal comprise entre les lacs Amers et les lagunes de Suez.

Nous rappellerons, suivant une mention déjà faite à l'occasion des travaux du lot de Port-Saïd, qu'au commencement de l'année 1865, l'Entreprise confia le service de son économat à une importante maison de commerce de Port-Saïd, la maison Bazin et Cie. qui s'occupa aussitôt d'organiser le service dans toute l'étendue de l'Isthme; et que la Compagnie, qui avait déjà livré aux Entrepreneurs ses caves de Port-Saïd, leur livra alors également les caves d'Ismaïlia et celles des autres campements.

Le lot de Suez se composait de deux portions de canal bien distinctes dont nous nous occuperons successivement, savoir :

La portion de canal comprise entre le Seuil d'El Guisr et les lacs Amers ;

Et la portion de canal comprise entre les lacs Amers et Suez.

Préambule

RÉGIME DU CANAL D'EAU DOUCE PENDANT LA DURÉE DES TRAVAUX DU LOT DE SUEZ. — PASSAGE DU GROS MATÉRIEL DE L'ENTREPRISE

Avant de présenter l'historique des travaux exécutés par MM. Borel, Lavalley et Cie en vertu du marché du 26 mars 1864, nous croyons utile de faire connaître tout d'abord, par un exposé d'ensemble, les variations de régime par lesquelles a passé le Canal d'eau douce pendant la durée desdits travaux au double point de vue du profil et de l'alimentation. De l'état du Canal d'eau douce sous ce double rapport dépendait en effet la bonne marche des travaux du lot de Suez, notamment en ce qui était des transports du matériel et des approvisionnements à destination des différents chantiers, depuis le Sérapéum jusqu'à Suez.

RENSEIGNEMENTS SUCCINCTS SUR LE CANAL D'EAU DOUCE[1]

Le Canal d'eau douce de Zagazig à Ismaïlia, le bief d'environ 1.600 mètres de longueur compris entre les deux écluses d'Ismaïlia, celles-ci rachetant la différence de niveau de $6^m,60$ existant entre l'eau du Canal d'eau douce et l'eau de la Méditerranée, la dérivation de Suez, d'une longueur d'environ 90 kilomètres, ayant son origine à Néfiche, à 4 kilomètres environ de l'écluse d'amont d'Ismaïlia, enfin les deux branchements du Sérapéum et de Chalouf, ayant respectivement leur origine, l'un au kilomètre 14, l'autre au kilomètre 16 de la dérivation, ont été établis avec une largeur au plafond de 8 mètres, talus de 2 à 3 de base pour 1 de hauteur, et, à $2^m,95$ au-dessus du plafond, banquettes de 3 mètres de largeur formant chemin de halage. La hau-

1. Voir, pour plus amples détails, au chapitre spécial concernant le *Canal d'eau douce*, tome VI.

teur d'eau, en étiage, y était de $1^m,20$; en hautes eaux, de $1^m,95$.

Les grandes dragues de l'Entreprise ayant une largeur de 8 mètres, on avait donné aux deux écluses d'Ismaïlia et aux quatre écluses de la branche de Suez une largeur de $8^m,50$. Les deux écluses d'Ismaïlia et l'écluse de Suez furent terminées en août 1865 ; un service de navigation en transit, sans transbordement, entre Port-Saïd et Suez, fut inauguré le 15 dudit mois.

Les trois écluses intermédiaires de la branche de Suez, situées respectivement aux kilomètres 16, 42 et 68, ne furent terminées qu'en février 1866.

Le Canal de jonction, établi sur la rive nord du lac Timsah pour relier la rigole maritime au canal d'eau douce et achevé en juin 1864, avait une longueur d'environ 2.500 mètres, une largeur au plafond de 10 mètres avec talus à 3 pour 1, et une profondeur de 2 mètres en contre-bas du niveau moyen de la Méditerranée.

En juin 1868, une communication directe fut établie entre l'écluse d'aval d'Ismaïlia et le lac Timsah par un chenal de 150 mètres de longueur, 40 mètres de largeur et $2^m,50$ de profondeur ; et le Canal de jonction, depuis longtemps délaissé d'ailleurs par les embarcations simplement à destination d'Ismaïlia, qui se rendaient directement par le lac jusqu'au débarcadère construit sur le lac même vis-à-vis de l'écluse d'amont, fut alors à peu près complètement abandonné.

OBLIGATIONS DE LA COMPAGNIE RELATIVEMENT AU CANAL D'EAU DOUCE

Les obligations auxquelles était tenue la Compagnie au sujet du Canal d'eau douce résultaient de certaines stipulations, que nous allons rappeler, du marché du 26 mars 1864, du marché postérieur du 12 décembre 1864 concernant le lot des travaux de Port-Saïd du deuxième Acte additionnel en date du 4 décembre 1866, enfin du troisième Acte additionnel en date du 13 avril 1867 :

ARTICLE DU MARCHÉ DU 26 MARS 1864 CONCERNANT LES CHARGES ET OBLIGATIONS DE LA COMPAGNIE

La Compagnie s'engageait à établir ses ouvrages sur le Canal d'eau douce entre la mer à Suez et le branchement le plus éloigné de Suez, vers Néfiche, de manière à permettre le passage dans cette partie du canal, depuis la mer, à des bateaux d'une largeur hors œuvre de 8 mètres ; elle s'engageait aussi à maintenir, autant qu'il dépendrait d'elle, une profondeur d'eau minimum de 1^m,20 dans ceux de ses canaux ou rigoles nécessaires aux Entrepreneurs pour le transport de leur matériel et de leurs approvisionnements entre Suez, Port-Saïd et leurs chantiers. Dans le cas où la profondeur serait inférieure à ce minimum et rendrait le transport plus onéreux ou impossible avec les moyens habituellement employés par les Entrepreneurs, elle aurait le choix ou d'indemniser ces derniers de l'excédent de leurs dépenses ou de faire elle-même les transports en ne taxant les Entrepreneurs qu'aux prix auxquels revenaient à ceux-ci lesdits transports par leurs moyens habituels.

Jusqu'au moment où la Compagnie serait complètement maîtresse de tout le parcours du Canal d'eau douce jusqu'à son origine dans le Nil, les Entrepreneurs ne pourraient élever contre elle aucune réclamation en dommages et intérêts à l'occasion des variations momentanées que le régime du Canal pourrait subir par suite de faits étrangers à la Compagnie.

Par contre, l'exécution des travaux faisant l'objet du marché étant basée sur l'emploi, pendant une certaine période de temps, des eaux tirées du Canal d'eau douce pour le dragage dans des rigoles et bassins fermés et sur l'état actuel du régime du Canal, si les variations de ce régime pendant la période ci-dessus, par suite de circonstances indépendantes de la volonté des Entrepreneurs, entraînaient une diminution d'activité ou une suspension momentanée des travaux, la Compagnie tiendrait compte aux Entrepreneurs du temps perdu et des frais et excédents de dépenses qui en résulteraient pour eux, indépendamment de ce qui était dit ci-dessus pour les transports.

Les Entrepreneurs devraient signaler au Directeur général des travaux, dans le plus bref délai, les faits qui donneraient lieu à l'application de cette clause. L'évaluation des retards et des frais à compter serait réglée immédiatement d'accord entre le Directeur général des travaux et les Entrepreneurs.

ARTICLE DU MARCHÉ DU 12 DÉCEMBRE 1864 CONCERNANT L'ALLONGEMENT DES DÉLAIS D'EXÉCUTION DES TRAVAUX DU LOT DE SUEZ

Le délai d'exécution des travaux du lot de Suez, qui, d'après le marché du 26 mars 1864, avait été fixé à la fin de l'année 1867, était reculé jusqu'au 1er juillet 1868, même date que celle fixée pour l'achèvement des travaux du lot de Port-Saïd.

La Compagnie ne serait tenue de livrer aux Entrepreneurs le passage assuré et permanent de 1m,20 de tirant d'eau stipulé par le marché du lot de Suez, ni dans la longueur du Canal maritime correspondant au lot Couvreux, ni dans le Canal de jonction et le Canal d'eau douce avant le 1er janvier 1866, étant entendu toutefois qu'elle livrerait le plus tôt possible le passage par les écluses d'Ismaïlia.

Au cas où, par suite de circonstances impossibles à prévoir, le passage du matériel des Entrepreneurs pour l'exécution du lot de Suez ne pourrait avoir lieu librement, soit à travers le lot Couvreux, soit dans le Canal d'eau douce, à partir de la date indiquée ci-dessus du 1er janvier 1866, le retard qui en résulterait ne donnerait aux Entrepreneurs aucun droit à réclamation d'indemnité ni de dommage s'il n'excédait pas trois mois; seulement les Entrepreneurs jouiraient alors, dans le délai d'exécution des travaux du lot de Suez, d'une prolongation égale à la durée du retard en question.

ARTICLE DU DEUXIÈME ACTE ADDITIONNEL CONCERNANT LES DÉLAIS D'EXÉCUTION DES DIVERSES PARTIES DU CANAL

Pour la portion du Canal comprise entre Toussoum et Suez, les travaux devraient être terminés dans le plus long des deux délais ci-après, savoir : soit dans un délai de 34 mois à partir du moment où la première drague aurait pu effectuer son passage dans le Canal d'eau douce, étant admis qu'aucun obstacle indépendant des Entrepreneurs ne viendrait s'opposer au passage successif des autres dragues, soit dans un délai de 30 mois à partir du moment où les dragues pourraient pénétrer dans le lac Timsah.

ARTICLE DU TROISIÈME ACTE ADDITIONNEL CONCERNANT UNE RÉDUCTION DU DÉLAI D'EXÉCUTION POUR LE COMPLET ACHÈVEMENT DU CANAL

Eu égard à l'avantage qu'ils retireraient, au point de vue de la rapidité d'exécution de l'ensemble des travaux de leur entreprise, de la possibilité d'affecter aux autres parties du Canal le matériel de dragage et de transport qui devait être employé aux portions destinées à être maintenant faites à sec, les entrepreneurs consentaient à rapprocher d'un mois et vingt jours les délais d'exécution stipulés par le deuxième Acte additionnel en ce qui concernait les deux portions de Canal s'étendant ensemble depuis le kilomètre 60,5 jusqu'à Suez. De telle sorte que, la première drague étant arrivée à Suez le 20 janvier 1867, si les dragues pouvaient entrer dans le lac Timsah pour le 20 mai, — la première drague n'est entrée dans le lac que le 20 juin, — et si d'ailleurs toutes les autres conditions des marchés et actes additionnels qui pouvaient influer sur les délais d'exécution et auxquelles il n'était pas dérogé par la nouvelle convention se trouvaient remplies, la date d'achèvement du Canal tout entier serait celle du 1er octobre 1869.

PRISE DE POSSESSION DU CANAL D'EAU DOUCE PAR LE GOUVERNEMENT ÉGYPTIEN (12 JUILLET 1866)

Par l'un des articles de la Convention du 22 février 1866, la Compagnie avait rétrocédé au Gouvernement Égyptien le Canal d'eau douce du « Ouady Ismaïlia et Suez » aux conditions suivantes :

La Compagnie était tenue de terminer les travaux restant à faire pour mettre le Canal dans les dimensions convenues et en état de réception ;

Le Gouvernement prendrait possession du Canal aussitôt que la Compagnie se croirait en mesure de le livrer dans les conditions indiquées. Cette livraison, qui impliquerait réception de la part du Gouvernement, serait opérée contradictoirement entre les Ingénieurs du Gouvernement et ceux de la Compagnie et constatée dans un procès-verbal relatant en détail les points pour lesquels l'état du Canal s'écarterait des conditions qu'il devait réaliser.

Enfin, le Gouvernement demeurerait, à partir de la livraison, chargé de l'entretien du Canal.

Vers le milieu de l'année 1866, le transit des marchandises à travers l'Isthme devant être prochainement livré au commerce, le moment était venu et il était d'un grand intérêt pour la Compagnie de remettre le plus promptement possible le Canal d'eau douce entre les mains du Gouvernement, qui s'était engagé à le maintenir en bon état d'entretien.

En vue de cette prompte remise, non moins vivement

désirée par le Gouvernement, certaines parties du Canal furent mises à sec pour en faciliter le curage. Mais la rapide exécution du curage général du Canal exigeait des efforts considérables qui ne pouvaient être faits que par le Gouvernement.

La prise de possession du Canal et de ses dépendances par le Gouvernement Égyptien eut lieu le 12 juillet 1866 et fut constatée par un procès-verbal portant ladite date et dressé à la suite d'une visite détaillée des lieux faite de concert par un délégué du Gouvernement et par le Directeur général des travaux.

Le procès-verbal de prise de possession, en ce qui est du Canal proprement dit, énumérait les constatations et mentionnait les dispositions suivantes :

1° Sur la portion du Canal d'Abasseh à Gassassine :

Il restait encore à exécuter un cube de déblais de 54.374 mètres cubes, dont 8.000 mètres cubes en terrains ordinaires et 46.374 mètres cubes en terrain dur.

D'un commun accord il fut décidé que les travaux seraient immédiatement arrêtés pour être repris ultérieurement et terminés en temps opportun par le Gouvernement.

2° Sur la portion du Canal de Gassassine à Ismaïlia :

La Compagnie aurait à profiter de la mise à sec du bief entre les deux écluses d'Ismaïlia pour rétablir la section normale sur les points où elle ne serait pas conservée.

Il fut constaté que la Compagnie, indépendamment des plantations sur les talus et les berges du Canal pour les consolider, avait fait construire sur chacune des rives des haies sèches régnant sur presque toute la longueur du Canal et destinées à arrêter les sables voyageurs; mais que la construction de ces haies sèches ne remontant qu'au précédent hiver, il s'était produit antérieurement dans le Canal des apports assez considérables contre lesquels il avait été impossible de lutter par de simples dragages.

En attendant que la première partie du Canal, du Caire à Abasseh, fût mise en eau, il était indispensable que le Canal de Gassassine à Ismaïlia fût curé et rétabli à son profil primitif; en outre, en prévision du régime futur de l'alimentation du Canal, les berges avaient besoin d'être exhaussées. Ces travaux comprenaient les cubes de terrassements suivants :

	M. cubes
Curages urgents entre Gassassine et Néfiche	192.396
— entre Néfiche et Ismaïlia	22.500
Déblais d'emprunt à exécuter plus à loisir pour l'exhaussement des banquettes	179.809
CUBE TOTAL	394.705

3° Sur la branche de Suez :

Pour ramener la cuvette à son profil normal, on avait à exécuter une série de curages représentant ensemble	345.600
Sur ce cube total, la Compagnie resterait chargée (pour le curage entre les kilomètres 11 et 23) d'un cube de	124.600
En sorte que le cube à exécuter par le Gouvernement ne serait que de	221.000

L'évaluation totale des déblais à exécuter par le Gouvernement, et dont la Compagnie avait à lui tenir compte par une réduction égale sur le prix de cession, du Canal s'élevait au chiffre de 802.240 francs.

La Compagnie aurait d'ailleurs à livrer au Gouvernement pour les travaux de curage 40.000 couffes, 3.000 fass, 1.000 pelles et 1.000 manches de rechange.

RÉGIME DU CANAL D'EAU DOUCE PENDANT LA DURÉE DES TRAVAUX DU LOT DE SUEZ DE L'ENTREPRISE BOREL, LAVALLEY ET Cie. — PASSAGE DU GROS MATÉRIEL DE L'ENTREPRISE

En 1866 :

Dès le mois d'août, le Gouvernement avait dirigé de nombreux contingents d'ouvriers sur le Canal pour procéder aux travaux de curage. Ces ouvriers, qui atteignirent le nombre d'environ 15.000, travaillaient, sous la direction d'un fonctionnaire du Gouvernement Égyptien, de concert avec les ingénieurs de la Compagnie. La partie du curage général confiée aux soins du Gouvernement fut terminée le 19 novembre.

Le curage laissé aux soins de la Compagnie sur la partie du Canal comprise entre les kilomètres 11 et 23 de la branche de Suez fut exécuté en même temps. Toutefois le travail, comme il sera expliqué plus loin, se trouva retardé par suite de la présence d'un banc rocheux entre les kilomètres 20 et 23.

A la fin d'octobre, plusieurs dragues destinées aux travaux

du lot de Suez partirent de Port-Saïd pour Ismaïlia. Il était du plus grand intérêt pour la Compagnie que les dragues à destination de Suez pussent passer par le Canal d'eau douce avant la fin de 1866.

L'extraction du banc rocheux signalé plus haut, du kilomètre 20 à 23, fut poussée le plus vigoureusement possible. Les travaux étaient extrêmement gênés par les eaux que laissaient échapper les portes de l'écluse du kilomètre 16. Pour parvenir à étancher le chantier, on dut construire un barrage au kilomètre 20. Le travail d'extraction comportait l'enlèvement d'environ 2.600 mètres cubes de rocher, à la fois pour un élargissement indispensable de la section du Canal et pour la suppression de quelques seuils. Près de 800 hommes y furent employés, les équipes travaillant une partie des nuits. Le travail fut terminé le 25 décembre.

Au kilomètre 59, sur 4.500 mètres de longueur, les berges étaient formées d'un terrain qui ne tenait pas à l'inclinaison prévue. On dut, après le curage général, mettre sur ce point une escouade de 150 ouvriers pour adoucir les talus.

Enfin, au kilomètre 83, existait un rétrécissement de section dû à la présence d'un banc de rocher. Au moment du curage général, on avait bien réalisé sur ce point, à l'aide d'ouvriers travaillant au compte de la Compagnie, une première amélioration; mais le travail n'avait pu être complètement achevé par suite de la nécessité impérieuse où l'on s'était trouvé de remettre prématurément l'eau dans le bief de Suez, les contingents n'ayant pas été assez nombreux à l'origine pour exécuter le curage du bief dans le délai que l'on s'était assigné. Depuis lors, on avait essayé d'extraire sous l'eau la portion de rocher qui restait encore à enlever; mais, ce mode de travail ne donnant pas de résultat satisfaisant, on se décida à construire un barrage à chacune des extrémités de la partie rocheuse, de manière à pouvoir l'assécher et extraire ainsi le rocher à sec. Ce travail d'extraction fut terminé à la fin de décembre.

On voit, par ce qui précède, qu'aucun effort n'avait été négligé pour assurer le passage de toutes les dragues destinées à la région de Suez pour la date, que l'on s'était assignée, du 31 décembre.

L'introduction progressive de l'eau douce dans les chenaux de l'étage supérieur et dans les bassins artificiels du Sérapéum avait commencé, d'une manière restreinte, dès le mois de novembre 1865. Interrompue pendant la période des eaux basses, l'opération du remplissage fut reprise en novembre 1866 : on profita de la grande abondance des eaux du Canal d'eau douce et de la nécessité où l'on s'était trouvé de construire un barrage au kilomètre 20 de la branche de Suez en vue de l'extraction du banc de rocher existant en aval, pour effectuer le remplissage de deux des bassins artificiels. A la date du milieu de décembre, l'eau des deux bassins était au même niveau que le Canal d'eau douce, soit à $1^m,69$ au-dessus du busc d'amont de l'écluse du kilomètre 16, et, par conséquent, à la cote $22,41 + 1,69 = 24^m,10$. Après avoir été de nouveau interrompue pendant la période des eaux basses, l'opération de remplissage fut reprise encore une fois en octobre 1867. Les chenaux de l'étage supérieur du seuil et les trois bassins artificiels de vidage étaient complètement remplis à la fin du mois de mars 1868. Le Canal d'eau douce n'eut plus dès lors à pourvoir qu'aux dépenses d'eau résultant des pertes par évaporation et par infiltrations.

Ainsi qu'il est dit ci-dessus, à la date du milieu de décembre 1866, l'eau du Canal d'eau douce se trouvait à $1^m,69$ au-dessus du busc amont de l'écluse du kilomètre 16. Elle devait donc monter encore de $0^m,11$ pour atteindre la hauteur de $1^m,80$ que l'on ne pouvait dépasser sans faire courir des risques aux berges du Canal à la traversée de la vallée de Bir-abou-Ballah, mais qu'il importait d'obtenir pour assurer le passage des dragues dans le trajet d'Ismaïlia à Néfiche.

La situation, au point de vue du matériel destiné aux

chantiers du Sérapéum, était, à ce moment, la suivante :

Une vingtaine de gabares à clapets latéraux étaient déjà, en partie, rendues sur les chantiers. Deux trains de 10 chalands en fer portant les pièces d'armement (godets, chaînes, élindes, canots, briques pour foyers, etc.) des cinq dragues destinées aux travaux du seuil étaient en route sur le Canal d'eau douce. Les dragues seules restaient à passer; elles étaient garées dans le Canal de jonction près de l'écluse d'aval d'Ismaïlia. Elles ne pouvaient s'engager dans le Canal d'eau douce avant que le niveau de l'eau y fût relevé, comme il est dit ci-dessus, de 11 centimètres, et ce relèvement de niveau ne pouvait être promptement réalisé dans la partie du canal de Néfiche à Ismaïlia que si l'on parvenait à obtenir pendant un certain temps un notable exhaussement du niveau de l'eau (d'environ 20 centimètres) à Tell-el-Kebir.

Sur la demande de la Compagnie, une démarche fut faite par le Gouverneur de l'Isthme auprès de son collègue de la province de Charkieh (chef-lieu, Zagazig) en vue d'obtenir pendant quelque temps une alimentation plus abondante du Canal d'eau douce. A la suite de cette démarche, la situation s'était quelque peu améliorée : le niveau de l'eau, qui baissait depuis une quinzaine d'une manière très marquée, recommença à monter, mais dans une mesure tout à fait insuffisante.

De nouvelles démarches furent faites, cette fois directement par la Compagnie auprès du Gouvernement Égyptien, pour obtenir un supplément d'alimentation du Canal. Les ingénieurs avaient signalé comme mesures à prendre dans ce but, savoir : d'une part, la fermeture pendant une quinzaine de jours de toutes les prises d'eau et des canaux latéraux susceptibles de diminuer le volume d'eau arrivant jusqu'à Ismaïlia, parmi lesquels, notamment, les canaux de Saft, d'Abou-Lardur, de Koréïne, de Makfar et de Bir-abou-Ballah : en ce qui était des prises d'eau des cultivateurs, ils faisaient remarquer que ceux-ci n'auraient pas de motif de se plaindre de la mesure, puisque leurs terres ayant été surabondamment couvertes d'eau n'exigeaient pas la continuation des arrosages; d'autre part, l'ouverture des barrages dont la suppression momentanée pourrait augmenter le débit du Canal, notamment la suppression du barrage du Cherkaouieh, qui pourrait ainsi fournir au Canal toute l'eau tenue en réserve au moment où l'on avait à craindre des inondations.

A la date du 24 décembre, quatre des cinq dragues destinées au Sérapéum avaient déjà franchi l'écluse d'amont d'Ismaïlia, et deux d'entre elles, qui s'étaient mises en route, trois jours auparavant, pour Néfiche, s'étaient trouvées arrêtées à une distance d'environ 1.500 mètres d'Ismaïlia, sur un point où régnait un rétrécissement de section sur une centaine de mètres de longueur. Si l'eau avait été plus haute de 11 centimètres, les dragues auraient pu passer. On ne pouvait plus attendre le relèvement espéré du niveau de l'eau. L'équipe de conduite des dragues, composée de 40 hommes, et une escouade supplémentaire de 55 hommes furent mises à l'amélioration du passage avec des dragues à main. On rencontra du rocher du côté où s'effectuait le travail de réfection du talus, et cette circonstance expliquait, bien entendu sans la justifier, la moindre section de l'exécution primitive et le maintien du *statu quo*, lors du récent curage. Grâce aux travaux exécutés, les deux dragues purent passer, suivies bientôt des trois autres. Une escouade d'ouvriers fut laissée néanmoins sur le point en question pour en compléter l'amélioration et le maintenir constamment ensuite en bon état, tout au moins jusqu'après le passage de toutes les dragues destinées à la région de Suez.

Il existait encore un autre point douteux, à peu de distance avant Néfiche, où fut installée également une escouade d'ouvriers munis de dragues à main.

Dans la branche de Suez jusqu'au branchement du Sérapéum, on ne rencontrait aucun obstacle.

Finalement, les cinq dragues à destination des travaux du

Sérapéum arrivèrent sur les chantiers à la fin de décembre, et elles purent être mises en activité dès la première quinzaine de janvier 1867.

En 1867 :

Les premières dragues à destination de la région de Suez suivirent de près dans le Canal d'eau douce les cinq dragues du Sérapéum. La première de ces dragues arriva à Suez le 20 janvier 1867. Deux grands remorqueurs à vapeur de l'Entreprise l'avaient précédée de quelques jours. A la date du 22 janvier, quatorze dragues se trouvaient échelonnées sur la ligne du Canal entre le Sérapéum et la mer Rouge. Le Vice-Roi, par des mesures vigoureuses, avait assuré le maintien des hautes eaux dans le Canal. En outre, Son Altesse faisait poursuivre activement des travaux destinés à alimenter le Canal de manière à assurer le maintien de la navigation pendant l'étiage du Nil.

A la date du 1er mai, par un avis au Commerce, la Compagnie fit connaître l'installation d'un service public de transit entre Port-Saïd et Suez et *vice versâ*.

Dans le courant du mois de mars précédent avait eu lieu le passage par le Canal, de Port-Saïd à Suez, du premier navire de commerce en transit, le lougre *Primo*, de 80 tonneaux, appartenant à la Société soufrière d'Égypte, et ayant les dimensions suivantes : longueur, 24 mètres ; largeur, 5^{m},50 ; tirant d'eau, 1^{m},10[1].

Le manque d'eau commença à se faire sentir dans le Canal dès le mois d'avril. En outre, des ensablements importants s'étaient produits, notamment entre Ismaïlia et Néfiche. Un nouveau curage général de cette partie du Canal eut lieu pendant la période des eaux basses.

---

1. Le navire, parti de Port-Saïd le 11 mars à trois heures de l'après-midi, arriva le 13, à deux heures de l'après-midi, à Ismaïlia, où il fit une station forcée par suite de réparations qui s'exécutaient à l'écluse d'aval. Reparti d'Ismaïlia le 14 à six heures du soir, il arriva à Suez le 16, également à six heures. La traversée avait donc duré cinq jours, dont un jour de relâche forcée à Ismaïlia.

Pendant le mois de juillet, l'alimentation du Canal ayant été très insuffisante, des plaintes très vives avaient été adressées à ce sujet au Gouvernement.

La reprise régulière de la navigation sur le Canal n'eut lieu qu'au commencement d'octobre.

Les travaux de curage et d'entretien du Canal pendant le second semestre de l'année présentèrent, dans chacun des différents biefs, les particularités suivantes :

Bief d'Ismaïlia entre les deux écluses. — Le bief d'Ismaïlia était en bon état. Les terres provenant du curage qui avaient été déposées sur les berges furent simplement enlevées.

Bief compris entre l'écluse amont d'Ismaïlia et l'écluse du kilomètre 16 de la branche de Suez. — La partie du Canal comprise entre l'écluse amont d'Ismaïlia et Néfiche avait été également curée d'une manière satisfaisante par les soins du Gouvernement. L'eau fut remise dans le Canal au milieu de septembre. A partir de ce moment, les ouvriers chargés de l'entretien n'eurent plus qu'à relever les terres momentanément déposées sur les banquettes, et cette partie du Canal se maintint en bon état de navigation.

La première partie de la branche de Suez, de Néfiche à l'écluse du kilomètre 16, se maintint de même en bon état. De grands vents, en décembre, ayant enlevé du sable aux digues de Bir-abou-Ballah et produit ainsi dans le Canal des apports assez considérables, notamment au droit du kilomètre 15, une brigade de 40 hommes organisée par les soins du Gouvernement procéda aussitôt à l'enlèvement de ces apports.

On voit, en résumé, que, pendant les derniers mois de l'année 1867, toute la partie du Canal d'eau douce, depuis l'écluse aval d'Ismaïlia jusqu'à l'écluse du kilomètre 16 de la branche de Suez, était et fut maintenue dans des conditions de navigation permettant le facile passage du gros matériel de l'Entreprise.

Mais il n'en était pas de même pour le reste de la longueur du Canal, du kilomètre 16 à Suez, où le passage du gabarit des dragues fit reconnaître l'existence de points nombreux où le Canal n'avait plus son profil normal.

Tous les soins de l'ingénieur en chef du Canal, toutes les ressources en ouvriers dont il pouvait disposer, furent consacrés par lui à l'amélioration de la partie du Canal comprenant les deux biefs intermédiaires, du kilomètre 16 au kilomètre 68. La Compagnie, pour lui venir en aide, se chargea des travaux à faire dans le dernier bief, du kilomètre 68 à l'écluse de Suez.

Bief du kilomètre 16 à 42. — Dans le bief du kilomètre 16 à 42, des hauts fonds avaient été reconnus entre les kilomètres 18 et 19,27 et 28, 30 et 31. Ils étaient, du reste, de peu d'importance, et le cube à enlever était peu considérable ; ils furent successivement enlevés par une escouade d'ouvriers munie de deux dragues à manivelles. Sauf sur les trois points indiqués, la profondeur et la largeur du Canal étaient plus que suffisantes pour assurer le passage du gros matériel.

L'Ingénieur en chef du Canal fit d'ailleurs enlever les pierres qui avaient été déposées sur les berges, tant par les contingents, lors du curage général, que par la Compagnie lors de l'extraction du rocher entre les kilomètres 20 et 23 ; les pierres devaient être employées à la construction d'aqueducs pour le chemin de fer de Zagazig à Ismaïlia.

Immédiatement à l'aval de l'écluse du kilomètre 16, la berge Afrique, qui avait été en partie détruite sur une longueur d'une vingtaine de mètres par suite des remous occasionnés par les embarcations, fut réparée.

Bief du kilomètre 42 à 68. — Dans le bief du kilomètre 42 à 68, à partir du commencement de septembre, 250 ouvriers furent employés, travaillant au moyen de dragues à main et de deux dragues à manivelles. Toutes les parties du Canal où les talus, dans l'argile, avaient été faits à l'inclinaison de 2 pour 1, exigèrent un travail considérable : généralement, dans ces terrains, les tranchées étaient profondes, et les berges, en se dégradant sur toute la hauteur, encombraient promptement le lit du Canal.

Certaines parties du Canal, après avoir été terminées, durent être reprises à nouveau, les élévateurs destinés à la région de Suez, qui ne calaient pourtant que 1 mètre d'eau, ayant eu beaucoup de peine à y passer. Les Agents du Gouvernement faisaient observer à ce sujet que le travail primitif avait été bien fait, mais que le Canal ne se maintenait pas en bon état par suite du passage des chalands. Dans les grands seuils argileux, surtout du kilomètre 56 à 60, après le creusement sur 8 mètres de largeur à 1^m,20 et même 1^m,30 de profondeur, il suffisait du passage de quelques chalands frottant sur les talus ou de quelques grosses vagues produites par le batelage, pour faire tomber des berges de véritables blocs d'argile qui réduisaient immédiatement la largeur au plafond du profil. En attendant l'élargissement de ces parties et la réfection des talus, il fallait un entretien incessant, et cet entretien devait être maintenu jusqu'après le passage de tout le matériel.

Bief du kilomètre 68 à Suez. — Enfin, dans le bief extrême, du kilomètre 68 à Suez, entrepris par la Compagnie, une centaine d'ouvriers furent employés à la mise en état du Canal avec une vingtaine de dragues à main et quatre dragues à manivelles.

La partie la plus mauvaise de ce bief se trouvait entre le kilomètre 68 et Chalouf, où le Canal se trouvait presque entièrement creusé dans l'argile : avec son profil normal, le Canal n'avait guère plus de 1m,30 de profondeur lorsqu'on ne relevait pas le niveau de l'eau, et, pour peu que se produisît un éboulement, le Canal, ainsi que la remarque en a déjà été faite au sujet du bief précédent, devenait impraticable pour des embarcations de 8 mètres de largeur calant 1m,20.

Finalement, moyennant les travaux de curage accomplis sur toute la longueur du canal, on croyait pouvoir, en décembre, considérer le Canal comme prêt à laisser passer les dernières dragues à destination de Suez, en forçant au besoin quelque peu la retenue du bief. Néanmoins, comme il était à présumer que la dernière de ces dragues ne passerait pas avant le milieu de janvier suivant, la Compagnie regardait comme indispensable que le Gouvernement maintînt jusque-là en activité ses équipes d'entretien.

Une drague à long couloir venant d'Ismaïlia et se rendant à Suez, en décembre, fournit par son passage des renseignements très précis sur l'état du Canal. Les eaux étaient très hautes, et l'on avait dû, pour prévenir des ruptures de berges et autres accidents, ouvrir le pertuis de décharge de Néfiche. La navigation était donc généralement facile dans le Canal. Néanmoins, dans le bief du kilomètre 42 à 68, la drague, en certains points, n'avait pu passer qu'en portant sur les deux bords; et ce fut toujours sur les trois kilomètres en aval de l'écluse du kilomètre 42 et sur la partie du kilomètre 56 à 60 que se rencontrèrent les principales difficultés. Dans le bief de Suez, la drague avait également touché sur quelques points en aval du kilomètre 68 et en amont du Canal des Pharaons, dans la courbe. Les équipes de la Compagnie n'étant pas encore licenciées, on avait pu améliorer ces points immédiatement; et comme, à ce moment, le Gouvernement semblait négliger l'entretien du bief supérieur, la Compagnie résolut d'y suppléer avec ses propres équipes afin d'éviter que la prochaine drague y fût inévitablement arrêtée.

Au sujet de l'état du Canal dans le dernier bief, nous mentionnerons encore ce fait que, dans la seconde quinzaine de décembre, l'Entreprise jugea prudent d'alléger et de démonter en partie une drague venant de la Plaine et se rendant à Suez, pour pouvoir la faire passer sûrement dans le Canal. Enfin, au point de vue spécial de la tenue des berges du Canal, nous dirons quelques mots d'une rupture qui s'est produite, le 21 juillet, dans la berge Asie, au kilomètre 70,8. Cette rupture eut lieu à trois heures du matin. L'entreprise Borel-Lavalley et Cie fut immédiatement requise de fournir les ouvriers et le matériel nécessaires à la construction d'un barrage qui fut établi à 300 mètres en aval de la coupure de la berge. Le barrage, commencé à quatre heures du matin, ne fut terminé que pendant la nuit suivante. On procéda aussitôt ensuite à la reconstruction de la berge. Les travaux, y compris la démolition du barrage, durèrent six jours. Les eaux qui s'étaient écoulées par la coupure n'avaient pas causé de dommages sérieux au Canal maritime, très voisin, sur ce point, du Canal d'eau douce. La navigation n'avait pas beaucoup souffert, et il était resté assez d'eau dans la partie inférieure du bief pour l'alimentation des chantiers du Canal maritime et de la ville de Suez. Les berges en remblai de la rigole d'alimentation des chantiers de la section des Petits Lacs avaient été, il est vrai, enlevées sur une longueur de 300 mètres; mais cela n'avait eu d'autre inconvénient que d'obliger les chameaux à aller prendre l'eau un peu plus loin au kilomètre 68. Il avait été fait un relevé de toutes les dépenses occasionnées à la Compagnie par ces accidents, pour le montant en être porté au compte du Gouvernement Égyptien.

En 1868 :

Dans le courant de janvier, les eaux, bien qu'ayant déjà un peu baissé dans le Canal d'eau douce, se sont trouvées pourtant encore à un niveau assez élevé pour permettre le transport à destination du dernier gros matériel de l'Entreprise Borel-Lavalley et Cie.

Le régime du Canal d'eau douce n'importait donc plus désormais au point de vue des engagements qu'avait pris la Compagnie relativement au passage du matériel de l'Entreprise. Mais ce régime était encore d'un intérêt capital pour la Compagnie au point de vue de son service de transit et des transports généraux, parmi lesquels, notamment, les transports de l'Entreprise[1]. A ce titre, nous croyons utile de compléter les renseignements donnés ci-dessus concernant l'année précédente, en signalant encore les principales particularités qu'a présentées le régime du Canal pendant l'année 1868.

Comme il est dit ci-dessus, le Canal, au début de l'année,

---

1. Au sujet des transports de l'Entreprise, nous pouvons, entre autres faits, citer le suivant :

Une drague, affectée précédemment aux travaux de la section de la Quarantaine et qui ne fonctionnait plus depuis les premiers jours de janvier, avait été allégée par l'Entreprise pour pouvoir naviguer de nouveau dans le Canal d'eau douce et aller renforcer le matériel de la section d'El Guisr. Cette drague, même allégée, avait dû attendre plusieurs mois dans le petit port du kilomètre 83 que la hausse des eaux dans le canal lui permît de faire le voyage. Après une attente de neuf mois sans être occupée, la drague, finalement, est restée dans sa section, où elle a pu fonctionner, desservie par des élévateurs.

était dans des conditions satisfaisantes de navigation ; et la situation, malgré une légère baisse progressive des eaux, se maintint encore assez bonne pendant les premiers mois. La Compagnie signalait chaque mois à l'ingénieur en chef du Canal les travaux jugés nécessaires pour le bon entretien du Canal, et ces travaux étaient assez régulièrement exécutés par des équipes d'ouvriers du Gouvernement.

Vers la fin d'avril, une baisse d'eau assez sensible commença à se produire dans le Canal, s'accentuant chaque jour, devenant fort inquiétante pour la régularité et la bonne marche du service de transit de la Compagnie et des transports de l'Entreprise Borel-Lavalley et Cie et pour la navigation en général.

Dès le 28 avril, l'Ingénieur en chef du Canal avait été mis par la Compagnie au courant de la situation; la nécessité lui était signalée d'aviser d'urgence aux moyens d'y remédier.

La situation continuant néanmoins de s'aggraver, le Directeur général des travaux, vers le milieu de mai, appela directement l'attention du Ministre des Travaux publics sur la gêne qu'éprouvait déjà la navigation des chalands de la Compagnie par suite, à la fois, de l'existence de quelques hauts fonds et rétrécissements en certains points du Canal et par suite, surtout, d'une insuffisance d'alimentation. Il signalait donc l'amélioration de l'alimentation comme la mesure la plus urgente à prendre.

La démarche fut renouvelée, à deux reprises, à quelques jours d'intervalle. Le Directeur général des travaux insistait sur la nécessité de forcer suffisamment l'alimentation du Canal pour arriver à obtenir et à maintenir ensuite jusqu'au retour de la crue du Nil une hauteur d'eau de $1^{m},35$ à l'amont de l'écluse amont d'Ismaïlia.

En réponse à ces diverses communications du Directeur général des travaux, le Ministre lui fit savoir que, dès le début des plaintes, il avait donné des instructions à l'Inspecteur général de la Basse-Égypte pour forcer dans la mesure du possible l'alimentation du Canal, et à l'Inspecteur du Canal, pour en soigner particulièrement l'entretien. Quelques jours plus tard, le Ministre annonçait que des ordres pressants émanés de Son Altesse, du Mouffetiche et de lui-même avaient été signifiés à la Mudirieh de Zagazig, qui était invitée à faire fermer toutes les prises d'eau de manière à satisfaire dans la plus large mesure possible à l'alimentation du Canal.

Nonobstant ces dispositions bienveillantes du Gouvernement, dont les ordres sans doute n'étaient pas exécutés, la situation restait toujours aussi mauvaise. Indépendamment de l'insuffisance d'alimentation, l'entretien du Canal laissait, de son côté, beaucoup à désirer. Par suite de cette double cause, on ne trouvait plus dans le Canal, sur certains points, qu'une hauteur d'eau de 0m.50 au lieu du minimum de 1m.20: la navigation était presque complètement arrêtée et la Compagnie éprouvait de cette situation de très grands dommages. Le Président de la Compagnie, dans les premiers jours de juin, intervint de la manière la plus pressante auprès du Président du Conseil. Il rappelait que, par les ordres bienveillants du Vice-Roi, une prise d'eau spéciale avait été faite au Nil pour l'alimentation du Canal, et il faisait remarquer que le Canal ne tirait aucun profit de cette prise d'eau spéciale, cela bien certainement parce que la plus grande partie, sinon la totalité des eaux, était prise au passage par les riverains. C'était là, ajoutait-il, qu'était le mal, et l'on n'y pourrait remédier que par une répression sévère contre les délinquants.

Les mesures prises par le Gouvernement à la suite de cette démarche du Président de la Compagnie eurent pour résultat de faire remonter les eaux, au commencement de juillet, à une hauteur de 1 mètre à 1m.10; mais cela était encore insuffisant. Heureusement la crue du Nil commença à se faire sentir dès le mois d'août; et, au commencement d'octobre, l'eau avait atteint dans le Canal un niveau assurant une bonne navigation.

Les travaux de curage et d'entretien du Canal pendant l'année 1868 ont présenté les particularités suivantes :

Bief d'Ismaïlia entre les deux écluses. — Le bief a été maintenu constamment en bon état.

Sur la partie du quai Mehemet-Ali sise vis-à-vis du quartier grec de la ville, la berge était encombrée de nombreux dépôts faits par les Entrepreneurs et les Commerçants. Les dépôts avaient le double inconvénient de détériorer les berges et de rendre presque impossible la circulation sur le chemin de halage. La compagnie se proposait de les réglementer.

Bief compris entre l'écluse amont d'Ismaïlia et l'écluse du kilomètre 16 de la branche de Suez. — Les forts vents d'ouest produisaient des apports, principalement entre les kilomètres 14 et 16, et dérasaient sur quelques points les berges en remblai. Des équipes permanentes d'ouvriers enlevaient au fur et à mesure les dépôts à l'aide de dragues à main et renforçaient les berges.

Bief du kilomètre 16 à 42. — Les vents d'ouest donnaient lieu à des apports dans ce bief sur divers points compris entre les kilomètres 18 et 30. Ces apports, pendant les premiers mois de l'année, faute d'être enlevés à temps, contribuèrent à aggraver la situation résultant de l'insuffisance d'alimentation.

Des apports se produisaient aussi à l'aval de l'écluse du kilomètre 16, occasionnés par les courants et remous résultant de l'ouverture des vannes des portes.

On eut à procéder sur de notables longueurs à la réfection du chemin de halage qui, établi primitivement à la largeur de 3 mètres, était réduit sur certains points à 1 mètre.

L'attention de l'Ingénieur en chef du Canal fut appelée sur la nécessité de tailler les tamaris existant sur les berges du Canal. Ces tamaris, par la grande hauteur qu'ils avaient atteinte, gênaient beaucoup le halage : les cordes s'engageaient dans les branches, ce qui retardait la marche des embarcations et les faisait parfois chavirer.

Bief du kilomètre 42 à 68. — Ce bief s'est maintenu généralement en bon état.

Sur les parties du Canal en remblai, notamment entre les kilomètres 55 et 56 et entre les kilomètres 60 et 68, des infiltrations plus ou moins abondantes existaient à travers les digues ; mais elles ne présentaient rien d'inquiétant. Parmi ces digues, quelques-unes, qui étaient fort réduites par des adoucissements de talus, furent renforcées et les talus refaits.

Bief du kilomètre 68 à Suez. — Ce bief s'est également maintenu généralement en bon état.

Les digues en remblai entre l'écluse du kilomètre 68 et le kilomètre 76 n'eurent pas trop à souffrir du niveau élevé auquel, pendant le mois de janvier, on avait dû faire gonfler les eaux pour assurer le passage des dragues de l'Entreprise.

Des infiltrations se produisirent à travers ces digues, mais sans présenter rien d'inquiétant. Néanmoins quelques-unes d'entre elles furent renforcées par des contre-banquettes extérieures.

Des pluies survenues en mars produisirent quelques affaissements de la banquette Afrique dans le voisinage des lacs extérieurs situés entre les kilomètres 78 et 81. Ces affaissements furent promptement réparés.

De $82^{km},5$ à $82^{km},6$, où la digue est en remblai, la largeur du chemin de halage, rive Asie, par suite des corrosions du talus intérieur, se trouvait réduite à $1^{m},60$, ce qui rendait difficile le passage des mules de la poste. La digue fut élargie.

Au sud du kilomètre 83, à la traversée du campement de la Plaine de Suez, le chemin de halage dut également être élargi par le reculement du cavalier.

Enfin, au kilomètre 88,6, la digue en remblai de la rive Asie dut être rechargée.

L'attention de l'Ingénieur en chef du Canal fut d'ailleurs appelée sur l'utilité, d'une part, de prendre des mesures pour empêcher les ouvriers des chantiers du Canal maritime d'arracher les tamaris existant sur les berges du Canal ; d'autre part, d'opérer le faucardement des roseaux qui obstruaient presque la moitié de la largeur du Canal du côté Afrique.

Ouvrages d'art. — L'attention de l'Ingénieur en chef avait été également appelée sur la nécessité de procéder aux réparations que nécessitait l'état de plusieurs des écluses du Canal, savoir :

Les portes de l'écluse aval d'Ismaïlia perdaient beaucoup d'eau lorsque le sas était plein ;

L'écluse amont avait besoin de diverses réparations ;

L'un des musoirs de la tête amont de l'écluse du kilomètre 16 de la branche de Suez avait été endommagé par le choc d'une drague ; la maçonnerie était crevassée. La même drague avait également détérioré le pont-levis ; les poutres sur lesquelles repose le tablier avaient besoin d'être remplacées. Enfin une des portes d'amont de l'écluse se manœuvrait difficilement et ne fermait pas bien.

Les portes d'amont de l'écluse du kilomètre 68 laissaient perdre une énorme quantité d'eau, ce qui tenait à ce que les chardonnets de couronnement dans lesquels sont scellés les tirants des colliers s'étaient brisés et avaient légèrement cédé. La manœuvre du vantail Afrique ne se faisait qu'avec la plus grande difficulté.

Enfin, à l'écluse de Suez, les perrés de protection des berges en remblai du chenal en aval de l'écluse étaient terminés; mais il y avait urgence à réparer le radier à l'aval du mur de chute, où de très fortes fissures s'étaient produites.

Après entente, la Compagnie se chargea de faire pour le compte du Gouvernement toutes les réparations nécessaires.

RÉSUMÉ DE L'ÉTAT DE NAVIGABILITÉ DU CANAL D'EAU DOUCE PENDANT LES ANNÉES 1866, 1867 ET 1868, AU POINT DE VUE SPÉCIAL DU SERVICE DE TRANSIT ET DES TRANSPORTS DE LA COMPAGNIE.

Le service du transit ne put commencer à fonctionner régulièrement qu'après le curage général du Canal, qui s'est effectué de septembre au milieu de novembre 1866.

En 1867, le manque d'eau dans le Canal commença à se faire sentir dès le mois d'avril. En outre, des ensablements importants s'étaient produits entre Ismaïlia et Néfiche, qui obligèrent à ne charger les chalands qu'à $0^m,50$. Il y eut interruption de la navigation pendant un mois pour le curage de cette partie du Canal. Pour assurer le service du transit pendant ce temps, on dut installer à la tranchée de Toussoum un plan incliné pour le transbordement des marchandises passant par le lac Timsah. La reprise régulière de la navigation n'eut lieu qu'au commencement d'octobre. Toutefois, même pendant les plus hautes eaux du Nil, la hauteur d'eau dans le Canal ne dépassa pas $1^m,20$ au lieu de $1^m,75$.

En 1868, la baisse des eaux dans le Canal fut signalée au Gouvernement dès les premiers jours de février : le chargement des chalands avait dû être réduit à $0^m,90$. La baisse des eaux continuant à s'accentuer, on dut réduire encore le chargement des chalands et le limiter à $0^m,70$. A la suite de mesures prises par le Gouvernement sur les démarches instantes de la Compagnie, la hauteur d'eau dans le Canal au commencement de juillet était remontée à 1 mètre et $1^m,10$. Enfin, la crue du Nil ayant commencé à se faire sentir en août, le service du transit put, à partir de cette date, fonctionner de nouveau d'une manière régulière.

CANAL DE JONCTION

Le Canal de jonction entre la rigole maritime et le Canal d'eau douce avait été établi, ainsi qu'il est rappelé précédemment, avec une largeur au plafond de 10 mètres et une profondeur de 2 mètres.

Il importait, en vue du passage du gros matériel de l'Entreprise Borel-Lavalley et Cie et pour les transports généraux, de l'entretenir en bon état.

Le Canal se trouvait dans des conditions suffisantes au moment du premier passage de gros matériel, qui eut lieu à la fin de 1866 et au commencement de l'année 1867.

En août 1867, le passage du gabarit ayant fait reconnaître l'existence de hauts fonds et de rétrécissements dans le Canal, notamment vis-à-vis du chantier VI du Seuil et à la première courbe, quatre petites dragues à manivelles furent aussitôt installées pour rendre au Canal une longueur et une profondeur suffisantes. Ce travail fut terminé le 20 septembre. On était parvenu à donner au Canal une section libre de $1^m,40$ de profondeur sur 8 mètres de largeur.

Il existait malheureusement, à mi-chemin environ entre l'écluse aval d'Ismaïlia et le chantier VI, une petite dune qui s'avançait peu à peu dans le Canal et menaçait de l'envahir complètement. En outre les talus du Canal étaient sans cesse profondément dégradés par le batillage, et le chemin de halage, sur beaucoup de points, se trouvait par ce fait réduit à une largeur tout à fait insuffisante, en même temps que les sables éboulés venaient empiéter sur le plafond du Canal. De grandes dépenses eussent été nécessaires pour lutter efficacement contre ces causes de détérioration. Mais le Canal perdait chaque jour de son importance. Dès la date, en effet, du complet remplissage du lac Timsah, en août 1867, les transports de Port-Saïd pour Ismaïlia avaient commencé à se faire par le lac. Au bout de peu de temps, le Canal de jonction ne fut plus guère utilisé que pour les transports qui devaient emprunter ensuite le Canal d'eau douce. La Compagnie renonça dès lors à faire de grandes dépenses d'entretien, se bornant au strict nécessaire pour assurer ces derniers transports jusqu'au moment où elle aurait pu faire établir, comme elle en avait le projet, une communication directe entre l'écluse aval d'Ismaïlia et le lac. Cette communication fut établie en juin 1868. A partir de cette date, le Canal de jonction fut à peu près complètement abandonné par toutes les embarcations, et la Compagnie cessa d'y faire aucune dépense d'entretien.

Exécution de la partie du Canal comprise entre le seuil d'El Guisr et les lacs Amers

Ainsi qu'il sera expliqué ci-après, le principal moyen de transport des terres auquel comptaient recourir les Entrepreneurs, dans les travaux de creusement du Canal à la traversée du Sérapéum, devait consister à utiliser les dépressions des bassins naturels qui se rencontraient sur la ligne du Canal, que l'on remplirait au moyen des eaux fournies par le canal d'eau douce et dans lesquels on irait décharger les terres au moyen de barques à clapets. Les premières études faites sur la ligne par les agents de l'Entreprise permirent de constater que l'on pourrait effectivement utiliser ces bassins suivant les prévisions et qu'ils seraient suffisants pour recevoir la plus grande partie des terres.

Mais, pour la réalisation du programme qui vient d'être sommairement indiqué, il fallait que le matériel fût construit, qu'on pût le transporter et que les eaux du Canal d'eau douce fussent assez abondantes. On devait d'ailleurs et avant tout creuser au préalable dans la portion de Canal considérée, et par des moyens n'exigeant pas l'emploi d'un matériel spécial, la première rigole destinée, après remplissage du bassin, à recevoir le matériel de dragages.

Afin d'utiliser le temps jusqu'à l'époque encore incertaine où une partie de leur matériel pourrait leur être livrée, où l'amélioration de la rigole maritime de Port-Saïd au lac Timsah et l'achèvement des écluses du Canal d'eau douce à Ismaïlia leur permettraient de transporter ce matériel jusqu'à pied d'œuvre et de compter sur la sécurité de leurs approvisionnements, où, enfin, le débit du Canal d'eau douce serait assez abondant pour assurer l'alimentation de la rigole et des bassins de décharge, les Entrepreneurs résolurent d'installer immédiatement des chantiers de terrassements à la brouette, et ils n'hésitèrent pas à faire les plus sérieux efforts pour donner à ces chantiers le plus de développement possible. Dans cet ordre d'idées, et ne croyant pas pouvoir compter sur les ressources locales, ils firent des recrutements à l'étranger : c'est ainsi qu'ils firent venir successivement des Marocains, des Bretons, des Dalmates, des Smyrniotes et des Syriens. Ces essais, malheureusement, réussirent peu. Tous les ouvriers recrutés ainsi, à grands frais, à l'étranger, montrèrent constamment beaucoup d'exigences, et la majeure partie se débandèrent rapidement; en sorte qu'au bout de peu de temps les chantiers ne furent plus guère alimentés que par la population ouvrière flottante de l'Isthme, composée principalement de Grecs et d'Arabes[1].

CONDITIONS D'EXÉCUTION DES TRAVAUX

Les conditions d'exécution des travaux de la portion du Canal comprise entre le seuil d'El Guisr et les lacs Amers

1. Au début, ce furent les Marocains qui ne firent que paraître et disparaître. Puis vinrent les Dalmates, engagés au nombre de 250, et qui, ne voulant pas rester dans le désert, durent, pour la presque totalité et après de longs débats, être envoyés à Port-Saïd, où ils furent affectés à des travaux divers. Ce furent ensuite les Bretons, dont la moitié désertèrent. Enfin les Syriens et les Smyrniotes, parmi lesquels eurent lieu également de nombreuses désertions.

Par contre, un grand afflux d'ouvriers grecs se produisait en même temps à Port-Saïd.

Tout sembla démontrer bientôt que les deux principales sources de ravitaillement des chantiers de l'Isthme seraient, en définitive, parmi les Grecs et les Arabes. Avec ces éléments, du moins, on évitait des frais énormes d'enrôlement et de voyage, et l'on n'était pas soumis à des prétentions et à des exigences excessives.

Sur cette importante question du recrutement d'ouvriers pour les chantiers de terrassements, M. Lavalley, dans une communication sur les travaux du Canal faite par lui à la Société des Ingénieurs civils dans la séance du 21 septembre 1866, donna les renseignements suivants :

Au moment où l'Entreprise prit possession des chantiers, il fallait, pour les premiers travaux, remplacer par des ouvriers venus spontanément les fellahs que le Gouvernement égyptien retirait. (Les contingents égyptiens ont été retirés par le Gouvernement dans le courant de mai 1864.) Les ouvriers

étaient fixées par la soumission des Entrepreneurs et le devis et cahier des charges annexé en date du 26 mars 1864 « pour le creusement du Canal entre le seuil d'El Guisr et la mer Rouge ».

En ce qui était spécialement de la portion de Canal du seuil d'El Guisr aux lacs Amers, les prix convenus pour les différentes natures de déblais étaient, d'après la soumission, les suivants :

Pour les déblais ordinaires, 1 fr. 95 le mètre cube;

Pour les déblais situés au-dessus de la cote 19m,00 qui, à sec, ne seraient exécutables qu'au pic, à la pince, ou à la mine, 3 fr. 50;

Enfin, pour les mêmes déblais au-dessous de la cote 19m,00, les prix devaient être établis contradictoirement en cours d'exécution.

Et, d'après l'un des paragraphes de l'article du devis et cahier des charges concernant l'ordre des travaux des contingents, la Compagnie était tenue d'exécuter dans le délai

---

étaient peu nombreux : c'étaient des Grecs, des Égyptiens, quelques Syriens des environs d'El Arisch et de Gaza. Les émissaires envoyés dans le Delta, en Syrie, dans les îles de l'Archipel, n'amenaient que de bien faibles renforts. On était loin de toutes les populations. La longueur et les frais du voyage, l'incertitude sur les salaires des chantiers de l'Isthme et sur les moyens d'existence retenaient les hommes chez eux. L'Entreprise s'était décidée alors à embaucher des ouvriers dans leur pays même à des salaires élevés, à les conduire sur les travaux, à s'engager à les ramener chez eux après un certain délai.

C'était ainsi qu'elle avait introduit dans l'Isthme des Français engagés sur les côtes de Bretagne, des Marocains, des Smyrniotes, des Syriens, des Calabrais.

L'arrivée de ces hommes fut utile par l'animation qu'ils produisirent sur les chantiers, ce qui attira, de divers points de l'Egypte où ils étaient déjà, des ouvriers grecs, arabes, italiens, maltais.

Mais l'Entreprise n'avait tiré de ses embauchages au loin aucun avantage direct. Les ouvriers ainsi embauchés, de quelque pays qu'ils fussent, tenus au remboursement des avances qui leur avaient été faites, prenaient en dégoût le chantier auquel ils étaient attachés parce qu'ils avaient pris l'engagement d'y rester. Ils eurent bientôt quitté les chantiers de l'Entreprise pour aller gagner souvent moins auprès de quelques tâcherons de la Compagnie, auprès des autres Entrepreneurs, ou bien pour aller chercher fortune dans le Delta.

Ces désertions ne furent pas toujours regrettées. Les salaires s'étaient successivement élevés à mesure que le temps s'avançait, qu'il devenait plus

de six mois au plus, sur le seuil du Sérapéum, une rigole reliant le Canal d'eau douce (branche de Suez) à la tranchée de l'étage supérieur du Canal maritime, et de dimensions suffisantes pour permettre le passage des dragues de l'Entreprise.

En cours d'exécution des travaux, divers Actes additionnels au marché primitif du 26 mars 1864 ont apporté certaines modifications partielles aux prix stipulés par ce marché, savoir :

1° D'après le deuxième Acte additionnel en date du 4 décembre 1866 relatif à l'adoption, pour certaines parties du Canal, de profils à grande largeur devant occasionner un supplément de déblais de 9 millions de mètres cubes sur l'ensemble des cubes qui devaient résulter de l'application

---

urgent de presser les travaux. Les payes se faisaient régulièrement sur tous les chantiers. Le travail à la tâche dispensait d'une discipline sévère.

Ces dispositions favorables furent connues de proche en proche, et l'on vit bientôt les chantiers grossir naturellement.

Réduits comme ils l'étaient par les dispositions qu'avait adoptées l'Entreprise, les travaux de terrassements trouvaient assez de bras.

Les équipages des dragues, des bateaux de toute espèce, se recrutaient assez facilement.

Mais les salaires restaient très élevés. En les abaissant, l'Entreprise s'exposerait à voir s'arrêter le mouvement qui se faisait dans l'Isthme et sur tout le littoral de la Méditerranée et qui entretenait la population ouvrière des chantiers.

Les ouvriers manœuvres étaient des Grecs, et, formant la grande majorité des terrassiers, des Arabes, des Égyptiens et des Syriens; les Arabes devenaient facilement d'excellents riveurs. L'Italie fournissait des maçons, des menuisiers, des charpentiers. Le nord de l'Adriatique envoyait des charpentiers, des forgerons, des ajusteurs, des mécaniciens. La France, outre le personnel d'ingénieurs, de conducteurs, de comptables, d'employés de bureaux et de magasins, fournissait à l'Entreprise les bons monteurs, les mécaniciens, les principaux dragueurs. Parmi les Grecs, tous adroits et habiles marins, se recrutaient tous les équipages des dragues et des bateaux de toute espèce; médiocres terrassiers, les Grecs se formaient vite aux manœuvres de force, à l'emploi des engins de toute espèce; ils composaient la majorité des patrons de dragues.

La langue italienne, ou plutôt le patois italien de tous les ports de la Méditerranée était devenu l'idiome commun à tous les Européens et était vite compris par les Arabes qui étaient employés seuls comme chauffeurs, parce que, seuls, ils supportaient facilement la température élevée des chambres de chauffe.

des profils primitifs, le prix des cubes supplémentaires sur le chiffre de 8.800.000 mètres cubes primitivement prévu pour la portion du Canal du seuil d'El Guisr aux lacs Amers était fixé à 1 fr. 50 au lieu de 1 fr. 95, soit une réduction de 0 fr. 45 par mètre cube ;

D'autre part, un prix de 6 francs par mètre courant de berge était alloué aux Entrepreneurs pour les parties de berges où ils auraient à faire des remaniements de terres pour donner aux profils définitifs les nouvelles formes adoptées;

2° D'après le troisième Acte additionnel en date du 13 avril 1867, il était alloué, pour les déblais à faire à sec au débouché du Canal dans les lacs Amers (du côté du Sérapéum) suivant de nouvelles dispositions adoptées, quelle que fût la nature des terrains, un supplément de prix de 1 franc par mètre cube, ce qui portait le prix à 2 fr. 95;

3° Enfin, d'après le cinquième Acte additionnel en date du 30 octobre 1868, il était alloué, pour tous les déblais au-dessous de la cote 19^{m}.00 entre les kilomètres 87 et 94,1 (seuil du Sérapéum), en raison des terrains durs, un supplément de prix de 1 fr. 45 par mètre cube, ce qui portait le prix à 3 fr. 40.

PROGRAMME D'EXÉCUTION

Avant de décrire le programme d'exécution adopté par les Entrepreneurs, nous rappellerons que, dans les pourparlers qui ont précédé la passation du marché du 26 mars 1864, MM. Borel, Lavalley et Cie avaient annoncé à la Compagnie que leur intention était d'enlever exclusivement au moyen des dragues le cube total des déblais dont ils soumissionnaient l'exécution. Ce moyen, — disaient-ils, — dispendieux en apparence pour les terrains au-dessus de l'eau, leur paraissait, dans l'état d'alors de la pratique des terrassements, et avec l'inexpérience où l'on était encore de la puissance des engins mécaniques (tous d'ailleurs d'invention récente), imaginés pour travailler à sec, le seul qui pût inspirer une sécurité suffisante dès qu'il n'y aurait plus à compter sur le travail des fellahs.

C'est en effet dans l'ordre d'idées qui vient d'être indiqué que les Entrepreneurs arrêtèrent leur programme d'exécution pour la portion du Canal comprise entre le seuil d'El Guisr et les lacs Amers.

Ce programme a été exposé comme suit par M. Lavalley dans la communication, déjà citée, faite par lui à la Société des Ingénieurs civils dans la séance du 21 septembre 1866, sur les travaux du Canal :

CREUSEMENT DU CANAL A LA TRAVERSÉE DU LAC TIMSAH

Le creusement du Canal à la traversée du lac Timsah se ferait tout naturellement, après le remplissage du lac, au moyen de dragues desservies par des porteurs ou des gabares à clapets de fond qui iraient déverser les déblais à droite et à gauche du Canal à des distances suffisantes.

CREUSEMENT DU CANAL A LA TRAVERSÉE DU SEUIL DU SÉRAPÉUM

Dans les travaux de creusement du Canal à la traversée du seuil d'El Guisr, où les déblais au-dessus de l'eau s'exécutaient à sec, le creusement préalable par les contingents égyptiens d'une rigole maritime à travers le Seuil avait notablement facilité le travail d'achèvement de la tranchée sur cette partie du Canal. Cette rigole, en effet, permettait d'attaquer l'élargissement en autant de points qu'il était nécessaire ; c'était une voie navigable qui permettait d'apporter, depuis la mer, tout le matériel, rails, traverses, wagons, machines, etc. En outre, les conduites d'eau douce suivaient la crête de la tranchée et distribuaient l'eau partout.

Au Sérapéum, les circonstances étaient tout autres et ne se prêtaient pas à un travail de terrassements au wagon ; la tranchée de Toussoum, ouverte par les contingents à partir du lac Timsah, sur 3 kilomètres, était à sec, puisque le lac lui-même l'était, et sur le reste du plateau rien n'avait été fait ; le Canal d'eau douce (branche de Suez) étant partout à une distance de 3 à 5 kilomètres du tracé du Canal maritime, l'approvisionnement des chantiers était très difficile et coûteux ; la conduite à pied d'œuvre du gros matériel de terrassement présentait des difficultés considérables.

En outre, le Sérapéum était un plateau plus régulier que le seuil d'El Guisr ; il n'avait pas les dépressions profondes et assez rapprochées dont l'entrepreneur des travaux du seuil avait heureusement tiré parti pour éviter de monter les déblais jusqu'au sommet même du seuil. La disposition des lieux avait permis aux entrepreneurs de substituer au wagonnage d'autres moyens que M. Lavalley décrivait comme suit :

L'examen du profil en long du Sérapéum montrait qu'à partir du point où se terminait la tranchée de Toussoum, sur une longueur d'environ 6 kilomètres, le terrain était à peu près partout à la hauteur du plan d'eau du Canal d'eau douce ; que les parties plus élevées étaient très courtes, les parties plus basses, peu nombreuses et plus étendues.

On reconnaissait sur le terrain que les parties élevées du terrain étaient des dunes ou monticules de sable ; les parties basses, des dépressions assez étendues, moins dans le sens de la longueur du Canal que dans le sens perpendiculaire, plus profondes à droite et à gauche du Canal que sur l'axe même.

Enfin, des opérations faites avec un soin minutieux avaient confirmé l'appréciation qui était résultée d'une première inspection du terrain : ces opérations avaient montré que les dépressions, au nombre de trois, étaient presque complètement fermées au niveau du plan de l'eau douce ; que des levées de faible hauteur, et par conséquent d'un faible cube, suffiraient pour les clore tout à fait ; enfin, que leur capacité pourrait largement contenir les déblais d'une tranchée creusée jusqu'à 2 mètres en contre-bas du niveau de la mer.

Il était donc possible d'employer les dragues dès l'origine. Il suffisait pour cela d'amener, par un branchement du Canal d'eau douce, l'eau dans une rigole creusée à peu de frais sur l'emplacement du Canal maritime. Cette rigole aurait seulement la profondeur nécessaire pour faire flotter les dragues au niveau de l'eau douce. Les dépressions du terrain remplies d'eau feraient des bassin où des gabares à clapets porteraient, avec de très courtes distances de transport, les produits du dragage.

Lorsque les dragues auraient approfondi la rigole et l'auraient convertie en une large tranchée dont le fond serait partout à 8 mètres de profondeur, on barrerait l'embranchement du Canal d'eau douce, on laisserait écouler l'eau douce dans le lac Timsah, et les dragues et tout leur matériel, s'abaissant avec le niveau de l'eau, arriveraient à la hauteur de l'eau salée. Reprenant alors leur travail à peine interrompu, elles creuseraient le second étage jusqu'au plafond définitif du Canal maritime, et leurs gabares iraient se vider dans le lac Timsah.

Ce programme avait pour l'Entreprise bien des avantages : il réduisait au minimum le nombre des bras nécessaires, et l'on n'avait pas à créer, à amener et amortir successivement deux matériels différents.

C'était ce programme que l'Entreprise avait adopté et qui s'exécutait depuis dix-huit mois.

M. Lavalley complétait sa communication par les renseignements suivants sur le mode d'exécution dudit programme pendant les dix-huit premiers mois de son application :

Le premier travail avait consisté à creuser le branchement du Canal d'eau douce et à amener l'eau jusqu'à l'emplacement du Canal maritime.

A l'angle des branchements et du Canal maritime, l'Entreprise avait établi le campement de sa section du Sérapéum, qui communiquait ainsi dès lors par une voie navigable avec Ismaïlia et la mer.

La rigole sur l'emplacement du Canal maritime avait été creusée presque entièrement à bras et à la brouette. Sur trois points seulement, où les hauteurs à traverser étaient plus considérables, on avait employé des wagonnets traînés par des mules. Enfin, pour la traversée d'un assez fort monticule, on avait installé un plan incliné à deux voies de fer, avec petite machine à vapeur et treuil à chaîne pour remonter les wagons jusque sur le cavalier de dépôt.

Tous ces travaux touchaient à leur fin et seraient complètement terminés avant la fin de l'année (1866). L'eau douce remplissait déjà la rigole sur plusieurs kilomètres; un des bassins avait reçu l'eau au printemps; un second attendait pour se remplir la fin de l'agrandissement alors en train du Canal d'eau douce; le troisième et dernier serait rempli avant le prochain étiage du Nil.

Le remplissage du premier bassin avait donné raison aux prévisions des Entrepreneurs, que confirmaient d'ailleurs les ingénieurs de la Compagnie.

Quelques personnes craignaient que ces dépressions dans le sable ne se remplissent difficilement; suivant elles, l'absorption devait être énorme et hors de proportion avec la quantité d'eau que pourrait amener le Canal d'eau douce.

Les Entrepreneurs répondaient que l'expérience du Canal d'eau douce creusé dans le sable depuis l'Ouady jusqu'aux terrains argileux des lacs Amers ne justifiait pas ces craintes : sur bien des points, l'eau était à un niveau supérieur au terrain naturel; nulle part les berges en sable ne laissaient passer l'eau; nulle part les chambres d'emprunt, creusées à plusieurs mètres en contre-bas de l'eau, n'étaient humides; le sable du désert était extrêmement fin; il devait contenir une certaine proportion de terre végétale, ainsi qu'en faisait foi son extrême fertilité dès qu'il était arrosé; son imperméabilité, dès qu'une certaine épaisseur avait été imprégnée, était complète. Il y avait lieu de considérer, en outre, que l'eau du Nil, toujours chargée de limon, colmatait rapidement le fond et rendait promptement étanche un terrain perméable.

C'était pendant l'étiage du Nil, alors que le débit du Canal d'eau douce était au minimum, que l'eau avait été introduite dans le premier bassin. La quantité d'eau absorbée par le fond très plat de cette dépression fut très considérable pendant les premiers jours; puis l'eau commença bientôt à s'élever assez rapidement. Après quelques semaines, on ferma la communication avec le Canal d'eau douce, et l'abaissement journalier du niveau, constaté avec soin, se trouva correspondre seulement à l'évaporation qui, sous ces latitudes basses, avec un air extrêmement sec, est considérable.

Le Canal à travers le Sérapéum avait été attaqué et devait être terminé, suivant le programme indiqué, depuis le lac Timsah jusque vers le kilomètre 94.

A partir de ce dernier point, le terrain s'abaissait brusquement jusqu'au niveau des deux mers, puis il descendait, par une pente insensible, jusqu'au delà du kilomètre 97, où il se trouvait à environ 3 mètres au-dessous de la mer; là se faisait un nouvel abaissement assez rapide, et on arrivait aux grands fonds du lac Amer, plus bas que le plafond du Canal.

On n'attendrait pas pour creuser le Canal entre les kilomètres 94 et 97 que les lacs Amers fussent remplis.

Voici comment on comptait procéder :

On avait commencé le creusement du Canal à bras pour former deux banquettes latérales que l'on prolongerait jusqu'au point où le terrain était à $1^m,50$ au-dessous du niveau de la mer. Là, un barrage transversal réunirait la banquette Asie à la banquette Afrique, et l'on aurait ainsi créé un bassin ayant la largeur du Canal définitif et près de 3 kilomètres de longueur qu'il n'y aurait plus qu'à approfondir.

Lorsque les dragues du Sérapéum, après avoir terminé la tâche qu'elles avaient à faire en flottant sur l'eau douce, auraient été abaissées au niveau de la mer, l'eau de la Méditerranée pénétrerait jusqu'au kilomètre 94. On lui ouvrirait alors un passage pour lui permettre d'aller remplir le bassin dont il vient d'être parlé; les dragues y entreraient, et, au moyen de longs couloirs, viendraient achever l'approfondissement entre les kilomètres 94 et 97, en jetant leurs déblais au delà des banquettes qu'elles consolideraient et mettraient en état de résister plus tard aux lames du grand lac.

Dans deux nouvelles communications faites à la Société des Ingénieurs civils, l'une dans la séance du 26 juillet 1867, l'autre dans la séance du 27 novembre 1868, M. Lavalley donna sur les procédés d'exécution employés pour la réalisation du programme de l'Entreprise et sur la marche des travaux les nouveaux renseignements suivants :

Séance du 26 *juillet* 1867. — C'était au mois de novembre 1866 que, le niveau du Nil étant à son maximum de hauteur, les canaux pouvant amener beaucoup d'eau, l'eau douce avait été admise sur le plateau du Sérapéum.

En moins d'un mois, les tranchées préparatoires qui avaient été faites à bras d'hommes et deux grandes dépressions traversées par le tracé du Canal maritime furent remplies de plus de 3 millions de mètres cubes.

L'événement justifia ainsi et dépassa les prévisions de l'Entreprise : le remplissage s'était fait plus vite qu'on ne l'avait espéré ; les sables fins du désert s'étaient montrés aussi étanches qu'on l'avait jugé d'après ce qui s'était passé le long du Canal d'eau douce. L'exécution du Canal maritime à travers le seuil du Sérapéum se trouvait ainsi assurée, et une des graves incertitudes qui, pour certains esprits, planaient encore sur la possibilité du Canal, disparaissait à son tour.

Les dragues destinées à ce chantier avaient été, comme toutes les autres, complètement montées et essayées à Port-Saïd. Elles furent, pour le transport, allégées par l'enlèvement des chaînes des godets et des fourneaux des chaudières, et soulevées par des soufflages en bois ; leur tirant d'eau fut ainsi ramené à 1^m,20. Elles suivirent le Canal maritime jusqu'à Ismaïlia, franchirent les deux écluses, pénétrèrent dans le Canal d'eau douce, dont le niveau était à 6 mètres au-dessus du niveau de la mer et qu'elles suivirent sur environ 20 kilomètres, puis, enfin, prirent un branchement qui les amena dans les tranchées préparatoires, où elles furent réparties sur la longueur de canal à creuser.

Le plateau du Sérapéum présentait trois dépressions. Afin d'économiser l'eau, on n'en avait d'abord rempli que deux, celle du milieu et celle du nord.

On creusait actuellement la portion du Canal voisine de ces deux bassins, et déjà la tranchée était ouverte sur 5 kilomètres à toute la largeur qu'elle devait avoir en crête, et sur 4 mètres de profondeur au-dessous du niveau de l'eau douce.

Depuis un mois environ, le Nil, qui était arrivé à son niveau le plus bas dans les premiers jours de juin, commençait à remonter, et les eaux arrivaient plus abondamment par les canaux. Sous peu on remplirait le troisième bassin. Les dragues se répartiraient alors sur les 7 kilomètres qui formaient la traversée du plateau. Elles creuseraient toute la section du Canal jusqu'à une profondeur de 9 mètres au-dessous du niveau de l'eau douce, et 3 mètres au-dessous du niveau de la mer.

Le terrain était presque entièrement composé de sable fin et propre. Çà et là se rencontraient quelques lentilles minces d'argile, quelques bancs de calcaire très friable et de quelques centimètres seulement d'épaisseur. Les dragues prenaient ces bancs par-dessous et n'en éprouvaient aucune résistance. La fouille de tout ce terrain était facile, et les dragues montaient très aisément leurs godets pleins de 400 litres de déblai. Aussi arrivait-il souvent qu'une drague enlevait jusqu'à 2.500 mètres cubes dans une journée ; on avait même vu le chiffre de 2.610 mètres cubes.

Malheureusement le sable, très siliceux, très fin, très propre, pénétrait facilement dans tous les organes des chaînes de godets et les usait rapidement. Le temps perdu par l'entretien abaissait le rendement mensuel, qui ne correspondait plus à cet énorme travail journalier, mais le laissait toujours au moins égal à la moyenne générale.

Le sable du Sérapéum descendait difficilement dans les déversoirs des dragues quand les godets étaient montés pleins de déblai, par conséquent sans eau ; pendant quelques minutes, le déversoir s'engorgeait ; il fallait alors arrêter le papillonnage de la drague et laisser monter un certain nombre de godets ne contenant que de l'eau. Aussi les dragueurs s'attachaient-ils à ne pas remplir entièrement les godets ; l'eau qui montait alors au-dessus du déblai suffisait pour l'entraîner.

Des pompes supplémentaires mues par la machine même furent ajoutées à toutes les dragues du Sérapéum. Les godets pouvaient alors travailler à plein et le rendement de la drague augmenter dans une grande proportion sans que l'on pût s'apercevoir de plus d'usure ou d'une plus grande consommation de charbon.

Au Sérapéum, comme partout où l'on trouvait du sable, on avait eu une certaine difficulté à rendre les joints des portes des porteurs assez étanches. Il semblait même que, là, la difficulté était plus grande ; il ne suffisait plus d'ajuster les battements des portes avec le plus grand soin : on avait été jusqu'à recouvrir les joints de bandes de cuir ou de caoutchouc semblables à des clapets de pompe, et ce n'était qu'alors que l'on était arrivé à éviter toute perte de déblais.

Sur les parties du plateau où le terrain se tenait au niveau de l'eau douce, on employait deux dragues à couloir de 70 mètres.

Quand les godets n'amenaient que du sable, la descente des déblais se faisait bien sur une pente de 7 à 8 0/0 ; mais il fallait que les godets et les pompes versassent plus d'eau qu'il ne montait de déblais. Quand les godets traversaient des couches d'argile ou des bancs de calcaire, le mélange de sable et de paquets d'argile ou de pierres descendait beaucoup plus difficilement ; il fallait encore augmenter la pente, encore augmenter la quantité d'eau.

L'Entreprise n'avait pas pensé que les chaînes balayeuses dussent agir utilement sur les déblais de sable; aussi les couloirs du Sérapéum n'en avaient-ils pas encore reçu.

Tout ce chantier du Sérapéum était depuis plusieurs mois en bonne voie. La quantité de travail exécuté, le rendement actuel des dragues, tout donnait la certitude que le travail à faire à l'eau douce serait terminé au mois de mars ou d'avril 1868.

On devait se rappeler qu'au sud du plateau du Sérapéum, le terrain s'abaissait pour former à une petite distance le bassin des lacs Amers dont le fond, actuellement à sec, était à environ 9 mètres au-dessous du niveau de la mer. A partir du bord sud du plateau, on creusait à sec le Canal jusqu'au point où le terrain se trouvait au niveau du plafond. Les terrassements, qui se faisaient au wagonnet sur quelques parties un peu élevées et à la brouette sur tout le reste, seraient terminés pour le moment où les travaux de l'eau douce du Sérapéum le seraient eux-mêmes. On fermerait alors le branchement du Sérapéum et l'on couperait les barrages qui empêchaient l'eau douce de se précipiter dans la tranchée de Toussoum. L'eau s'écoulerait dans le lac Timsah; son niveau s'abaisserait jusqu'à celui de la mer, dont l'eau arriverait alors jusqu'au bord des lacs Amers. Les dragues avec leurs accessoires auraient descendu en même temps que le niveau de l'eau; elles recommenceraient à travailler et leurs déblais seraient portés dans le lac Timsah. C'est à cette époque, aussi, que l'on commencerait à laisser entrer l'eau de la Méditerranée dans les lacs Amers.

Séance du 27 *novembre* 1868. — A la traversée du plateau du Sérapéum, on se le rappelle, le Canal était creusé au moyen de dragues flottant sur l'eau douce, à un niveau supérieur de 6 mètres au niveau de la mer. Les déblais de ces dragues étaient portés par des gabares à clapets latéraux dans les lacs d'eau douce qu'avaient formés les dépressions du terrain.

Avant l'introduction de l'eau douce, l'Entreprise avait relevé avec beaucoup de soin la forme de ces dépressions et calculé leur capacité. La quantité de déblais qu'elles pouvaient contenir dépendait beaucoup des soins qu'apporteraient les pilotes à vider les gabares sur toute la surface, de façon à relever le fond suivant un plan horizontal et sur la hauteur que permettrait le tirant d'eau des gabares.

Les instructions qui avaient été données à ce sujet étaient les suivantes :

Une balise était plantée sur le bord du bassin. La première gabare chargée se dirigeait droit sur cet amer et s'avançait jusqu'à échouer. Comme, naturellement, le fond de la dépression se relevait vers le bord, la gabare s'échouait par l'avant. On ouvrait une ou deux paires de portes de l'avant et les puits correspondants se vidaient. La gabare, ainsi allégée de l'avant, flottait de nouveau; on l'avançait jusqu'à ce qu'elle touchât encore; l'ouverture d'autres portes la soulevait; on l'avançait encore et on vidait enfin les derniers puits, les puits d'arrière.

La gabare suivante faisait la même chose en se plaçant à côté des déblais laissés par la précédente.

On remplissait ainsi le pourtour des bassins, presque jusqu'au niveau correspondant au faible tirant d'eau des gabares vides; puis on remplissait une seconde zone contiguë à la première, et ainsi de suite.

Chacun des bassins était sous la surveillance d'un employé chargé de diriger les pilotes, et qui était fortement intéressé à la quantité de déblais qu'il parviendrait à loger.

Le soin apporté avait été tel que les deux bassins dont l'Entreprise avait, au début, pensé se contenter, avaient reçu beaucoup plus que le cube sur lequel elle avait compté, en laissant une marge suffisante aux irrégularités du travail.

Le travail à l'eau douce avait les deux grands avantages suivants :

La section du Canal était très évasée par le haut, puisque les talus étaient à 2 de base pour 1 de hauteur et que, par conséquent, si le plan d'eau avait 60 mètres au niveau de la mer, il en avait presque 100 au niveau de l'eau douce. Cette grande largeur ajoutait beaucoup à la facilité de manœuvre des gabares, qui, bien qu'ayant 33 mètres de long, gouvernaient assez bien, grâce à leurs deux hélices, pour pouvoir se ralentir et, sans prendre d'amarres, virer de bord dans les 100 mètres. De plus, pour éviter les collisions pendant la nuit, on avait pu, sur ce large chenal, prescrire aux gabares allant dans un sens de se tenir dans la moitié du Canal, rapprochées d'une rive, tandis que les autres se tenaient facilement dans l'autre moitié.

Le second avantage était que, tant que les dragues flottaient au niveau de l'eau douce, les déblais, pour aller se vider dans les dépressions du plateau, n'avaient que de faibles distances à parcourir; tandis que, quand le niveau de l'eau descendrait à celui de la mer, la dépression se trouvant alors à sec, les déblais devraient être conduits dans le lac Timsah.

L'heureux succès de l'emploi des deux premières dépressions avait décidé l'Entreprise à augmenter le dragage à l'eau douce et, pour cela, à utiliser une troisième dépression que traversait également le tracé du Canal. Cette dépression, située vers le sud du plateau, s'ouvrait latéralement au tracé du Canal, vers le bassin des lacs Amers. On avait dû la clore par une levée qui n'avait pas moins de 1 kilomètre de longueur et qui supportait jusqu'à 6 mètres d'eau. Cette levée ou digue avait été construite sur le bord même du Canal maritime, avec les déblais du Canal que l'on commençait pour cela à la brouette. On avait ensuite coupé le barrage laissé entre la partie Nord du Canal et la dépression.

On avait pu ainsi allonger de 2 kilomètres la partie du Canal commencée à l'eau douce, l'étendre jusqu'au bord du plateau du Sérapéum, vers les lacs Amers, et ne laisser faire à la brouette que la portion qui, de ce point, s'étendait à travers les terrains qui s'abaissaient rapidement jusqu'aux grands fonds des lacs Amers.

Le fond de cette troisième dépression était assez bas, son étendue était assez grande pour permettre d'y loger non seulement les déblais de la partie additionnelle du Canal à faire à l'eau douce, mais encore ceux provenant du creusement du Canal, sur la totalité des 7 kilomètres, non plus à la profondeur de 8 mètres en contre-bas de l'eau douce ou 2 mètres en contre-bas de la mer, mais à la profondeur de 12 mètres au-dessous de l'eau douce, de 6 mètres en contre-bas de la mer. Il ne resterait plus alors aux dragues flottant sur l'eau de mer qu'à creuser les deux derniers mètres du fond du Canal, et par conséquent à enlever un cube très restreint.

Pour atteindre à la profondeur de 12 mètres au-dessous de l'eau douce, on avait d'abord modifié les dragues de manière à leur permettre de laisser un fond de 10 à 11 mètres. Au lieu d'allonger les élindes ou échelles à godets, on avait descendu d'une quantité suffisante le point d'attache supérieur de ces échelles.

Dès que les dragues ainsi modifiées auraient creusé à toute la profondeur qu'elles pouvaient atteindre, on fermerait le branchement qui amenait sur le plateau l'eau du Canal d'eau douce. On laisserait descendre de $1^m,50$ le niveau sur lequel flottaient les dragues et on le maintiendrait par une petite prise d'eau conservée dans le barrage. Les dragues ayant ainsi descendu de $1^m,50$ enlèveraient une épaisseur correspondante dans le fond du Canal.

La capacité de la troisième dépression serait, il est vrai, réduite par cet abaissement du niveau d'eau; mais, outre que cette capacité était considérable, comme on aurait, suivant la méthode indiquée, d'abord rempli les parties voisines des bords, la partie centrale, qui était la plus profonde, serait conservée pour le moment où le niveau de l'eau serait abaissé, et elle pourrait contenir encore plus de déblais que l'on en aurait à y verser.

Pour le moment, le Sérapéum était creusé presque partout à 10 mètres en contre-bas de l'eau douce; le premier abaissement du niveau devait être effectué à bref délai; et, six semaines ou deux mois plus tard, les dragues auraient fini leur dernière passe.

On couperait alors les deux barrages qui contenaient l'eau douce : celui qui, au nord du plateau, séparait cette partie du Canal des 87 autres kilomètres aboutissant à la Méditerranée, et celui qui, au sud, la séparait de la portion creusée à la brouette jusque dans les fonds des lacs Amers. L'eau de la Méditerranée serait alors admise dans les lacs Amers.

La portion de Canal comprise entre le seuil d'El Guisr et les lacs Amers a été divisée par l'Entreprise en deux sections, savoir :

I. Section du lac Timsah, comprenant la partie du Canal s'étendant du seuil d'El Guisr, kilomètre 75,5, à l'extrémité de la grande tranchée de Toussoum précédemment exécutée par les contingents égyptiens, kilomètre 86,7, à 2 kilomètres au sud du campement de Toussoum ;

II. Section du Sérapéum, s'étendant du kilomètre 86,7 aux grands fonds des lacs Amers, kilomètre 99,3.

(La même portion de Canal constituait la division de contrôle de la Compagnie, dite division d'Ismaïlia.)

Avant de faire connaître en détail les moyens d'exécution adoptés par les Entrepreneurs et la marche des travaux dans chacune des deux sections, nous croyons utile de reproduire ici tout d'abord les quelques renseignements généraux suivants.

RENSEIGNEMENTS GÉNÉRAUX SUR LA SITUATION DES LIEUX ET SUR LES CONDITIONS TECHNIQUES D'EXÉCUTION

Tracé du canal à la traversée du lac Timsah.

Le tracé du Canal à la traversée du lac Timsah, tel qu'il avait été arrêté en 1859 par le Conseil supérieur des travaux, avait été modifié une première fois en 1862 et présentait alors une courbe unique de 2.000 mètres de rayon.

Dans les derniers mois de l'année 1864, aucun travail n'étant fait encore dans le lac, on songea à rectifier davantage la courbe en reportant le tracé plus à l'est et adoptant un rayon de 4.000 mètres. Un nouveau tracé sur ces bases fut finalement adopté dans le courant de 1866 ; il traversait un terrain qui n'était qu'à 2 à 3 mètres en contre-bas du niveau de la mer et qui même, sur de certaines longueurs, émergeait au-dessus de ce niveau.

C'est suivant ce tracé qu'ont été effectués les travaux de creusement du Canal à la traversée du lac jusqu'en avril 1869, date à laquelle ledit tracé a été complètement abandonné et remplacé, entre les points $75^{km}.5$ et $80^{km},8$, par le tracé définitif qui figure sur les plans d'exécution.

Travaux précédemment exécutés par les contingents.

Avant la mise en train des travaux de l'entreprise Borel-Lavalley et Cie, les ouvriers des contingents égyptiens (qui n'ont été retirés par le Gouvernement que dans le courant de mai 1864) avaient déjà, pendant les deux années 1862 et 1863, exécuté un premier creusement du Canal à la traversée des lagunes du lac et du plateau de Toussoum sur une longueur de 6.300 mètres. Le cube total des déblais exécutés par eux, y compris quelques terrassements sur le seuil du Sérapéum, avait été d'environ 2.103.000 mètres cubes.

Profils à grande largeur.

D'après l'article du deuxième Acte additionnel en date du 4 décembre 1866 relatif à l'adoption de nouveaux profils et au mode d'exécution des travaux, le nouveau profil à grande largeur était applicable, dans la partie du Canal comprise entre le seuil d'El Guisr et les lacs Amers, sur les points où la hauteur moyenne du terrain était comprise entre les cotes $20^{m},20$ et $16^{m},45$, et même au-dessous de cette dernière cote sur les points où les procédés d'exécution permettraient de former, avec des déblais pris dans le profil, des berges d'une hauteur et d'une largeur suffisantes. Ledit profil devait donc s'appliquer à la traversée des lagunes du lac jusqu'à la grande tranchée de Toussoum.

D'autre part, d'après le troisième Acte additionnel, des dispositions spéciales étaient stipulées en ce qui était des digues du Canal à son débouché dans les lacs Amers.

Marche du remplissage du lac Timsah.

Pendant la période du travail des contingents, il n'y avait dans les bas-fonds occupant la partie centrale du lac qu'une très faible hauteur d'eau.

Il fut constaté par un nivellement général du Canal, fait

au commencement de l'année 1864, que le niveau de l'eau dans le lac était à la cote 12^{m},80, c'est-à-dire à 5^{m},40 en contre-bas du niveau de la Méditerranée ; la hauteur d'eau dans les bas-fonds n'était que de 0^{m},60.

A la fin de l'année 1866, date à laquelle commença la véritable opération de remplissage du lac, le niveau de l'eau du lac n'avait encore atteint que la cote 13^{m},80 : jusqu'à ladite date, depuis la fin de 1862 où l'eau de la Méditerranée était arrivée jusqu'au lac, on avait jugé utile de ne pas hâter le remplissage afin de se réserver la possibilité de faire à sec — comme cela a eu effectivement lieu en partie à la traversée des lagunes et au delà, jusques et y compris la grande tranchée de Toussoum creusée par les contingents — une partie des déblais qui restaient encore à exécuter pour amener le Canal à profondeur.

Une première drague venant de Port-Saïd put entrer dans le lac le 20 juin 1867 ; l'eau du lac était alors à la cote 17^{m},93. La cote 18^{m},20 du niveau moyen de la Méditerranée ne fut atteinte que le 15 août suivant.

Partie du lac affectée au dépôt des déblais provenant des dragages.

En prévision du dépôt des déblais à provenir des dragages du seuil d'El Guisr, de la section du lac Timsah et de la section du Sérapéum, lorsque l'eau des bassins de cette dernière section serait descendue au niveau de la Méditerranée, une certaine portion de la région Sud du lac Timsah avait été délimitée pour recevoir les dépôts en question. La totalité des déblais à verser ainsi dans le lac était évaluée à environ 10 millions de mètres cubes. La partie délimitée du lac ne paraissait pouvoir contenir qu'environ 8 millions de mètres. On se réservait de l'agrandir au besoin en reculant les limites, d'une part jusqu'à 200 mètres au delà des terrains réservés à la Compagnie, d'autre part jusqu'à 200 mètres également de distance du tracé du Canal dans la région Nord-Ouest du lac. On aurait aussi comme ressource les bas-fonds de Toussoum.

Lors de l'adoption, en avril 1869, du nouveau tracé pour la traversée du lac, on constata que la partie Ouest du lac, qui avait été réservée pour le déchargement des gabares et des porteurs, avait été à peu près remplie par les déblais provenant du seuil d'El Guisr et de la section du lac; la limite de cette ancienne décharge était à 100 mètres de l'axe du Canal suivant l'alignement de Toussoum. Une nouvelle limite fut fixée dans la partie Est du lac entre l'ancien et le nouveau tracé du Canal.

Branchement du canal d'eau douce sur le seuil du Sérapéum.

Par l'un des paragraphes de l'article du marché du 26 mars 1864 relatif à l'ordre des travaux des contingents, il était stipulé que la Compagnie, dans le cas où elle continuerait à occuper des contingents, devrait les employer, entre autres, à l'exécution, dans le délai de six mois au plus, de deux rigoles reliant le Canal d'eau douce aux tranchées de l'étage supérieur du Canal maritime, l'une établie sur le seuil du Sérapéum, l'autre sur le seuil de Chalouf el Terraba, toutes deux de dimensions telles que les dragues pussent passer d'un Canal dans l'autre.

L'exécution de ces travaux, d'un caractère préparatoire, ne constituait pas une obligation rigoureuse pour la Compagnie, qui ne serait tenue d'y employer que les contingents fournis par le Gouvernement Égyptien, et ceux-ci dans une proportion qui ne pût préjudicier à des travaux plus urgents.

Au cas où tout ou partie de ces travaux ne pourraient pas être effectués par la Compagnie en temps opportun, ceux qui resteraient à exécuter seraient purement et simplement englobés dans l'Entreprise.

Alimentation des bassins artificiels du seuil du Sérapéum à l'aide des eaux du canal d'eau douce.

L'un des paragraphes de l'article du marché du 26 mars 1864 relatif aux « charges et obligations de la Compagnie » contenait les dispositions suivantes :

L'exécution des travaux faisant l'objet du marché étant basée sur l'emploi, pendant une certaine période de temps, des eaux tirées du Canal d'eau douce pour le dragage dans des rigoles et bassins fermés, et sur l'état d'alors du régime du Canal, il était stipulé que si les variations de ce régime, pendant la période en question, par suite de circonstances indépendantes de la volonté des Entrepreneurs, entraînaient une diminution d'activité ou une suspension momentanée des travaux, la Compagnie tiendrait compte aux entrepreneurs du temps perdu et des frais et excédents de dépense qui en résulteraient pour eux.

MODES D'EXÉCUTION ET MARCHE DES TRAVAUX

I. — SECTION DU LAC TIMSAH
(DU KILOMÈTRE 75.5 AU KILOMÈTRE 86,7. — LONGUEUR, 11.200 MÈTRES)

Les travaux de terrassements de la section du lac Timsah n'ont commencé que vers le milieu de l'année 1866.

Pendant une année, ils ont consisté uniquement en déblais à sec.

Une première drague, venant de Port-Saïd, est entrée dans le lac le 20 juin 1867 et a commencé à y fonctionner le 5 juillet.

CAMPEMENTS DE LA SECTION. — En attendant l'ouverture des chantiers de terrassements à sec, les Entrepreneurs procédèrent à l'installation du campement principal de la section, qui fut établi au chantier VI du seuil d'El Guisr.

Dans les derniers mois de l'année 1866, d'importants chantiers ayant été ouverts dans la région des lagunes, un campement secondaire fut établi à Gebel Mariam, comprenant de nombreux abris en planches pour les ouvriers et trois baraques pour atelier, magasin et logements d'employé.

DÉBLAIS A SEC. — Ainsi qu'il a été mentionné précédemment, au début des travaux dans la section, en juin 1866, le lac Timsah ne contenait, dans sa partie la plus basse, qu'une mince couche d'eau ; et comme, pendant plusieurs mois, il ne reçut qu'une faible quantité d'eau venant de la Méditerranée, le niveau de l'eau, à la fin de 1866, — date à laquelle commença la véritable opération de remplissage du lac, — n'y était encore qu'à la cote 13^{m},80, c'est-à-dire à 4^{m},40, au-dessous du niveau de la mer.

Cette période d'eaux basses du lac, d'une durée de six mois, fut mise à profit par les Entrepreneurs pour ouvrir à sec, à travers les dunes et monticules que rencontrait le tracé du Canal dans la partie

Sud du lac et dans les lagunes, un chenal ayant son plafond à la cote 15m,70, c'est-à-dire à 2m,50 en contre-bas du niveau de la mer, ledit chenal, d'une largeur de 22 mètres au plafond, destiné à permettre l'accès et la libre circulation des dragues dans toute l'étendue de la section lorsque lesdites dragues auraient pu pénétrer dans le lac.

D'autres chantiers de terrassements à sec furent en même temps occupés, dans les lagunes, à déplacer, suivant le nouveau profil à grande largeur récemment adopté, les berges qui avaient été précédemment établies par les ouvriers des contingents conformément au profil primitif. Sur certains points, les terres extraites étaient insuffisantes pour arriver à compléter les nouvelles berges, et l'on para en partie à cette insuffisance en approfondissant davantage le chenal des dragues.

Dès le milieu de janvier 1867, le niveau de l'eau du lac avait atteint la cote 15m,70 du plafond du chenal des dragues.

A partir de ce moment, les terrassements à sec eurent pour objet l'enlèvement des terres jusqu'au niveau de la mer (cote 18m,20) sur chaque rive dudit chenal, sur toute la largeur du Canal.

Chantiers du lac Timsah et des lagunes. — De 75km,5 au kilomètre 84. — Dans les chantiers du lac Timsah et des lagunes, partout où le terrain était d'une certaine élévation au-dessus du niveau de la mer, les déblais étaient chargés dans des gabares à clapets de fond ou à clapets latéraux qui allaient les déverser dans la partie Sud du lac (les gabares à clapets latéraux étaient destinées à conduire les déblais à la décharge dans les parties du lac les moins profondes) ; sur les autres points, les déblais servaient d'abord à constituer les banquettes; et, s'il y avait des terres en excès, ou bien, suivant les cas, ces terres étaient transportées à la brouette et déposées en cavaliers au delà des banquettes, ou bien elles étaient conduites en gabares à la décharge soit dans le lac, soit dans les lagunes.

En même temps que s'effectuait l'ouverture du Canal à toute largeur au-dessus du niveau de l'eau, on continuait dans les chantiers des lagunes le travail de déplacement des berges. Les remblais des nouvelles berges s'exécutaient au moyen de wagons traînés par des mules et de chameaux transportant à dos les terres dans des caisses à fond mobile.

Chantiers de Toussoum. — Du kilomètre 84 au kilomètre 87 (la section s'étendait primitivement jusqu'au kilomètre 87). — Les déblais à sec dans la tranchée de Toussoum commencèrent, en mai 1867, sur les points où les contingents n'avaient pas mis le Canal à toute largeur, c'est-à-dire entre 84km,5 et 84km,8, en face du campement de Toussoum.

Ces travaux, interrompus au bout de quelques mois, en attendant l'arrivée des gabares, furent repris au commencement de 1868. Les déblais étaient, en partie, transportés à la brouette et déposés en cavaliers; le reste était chargé en gabares et conduit à la décharge dans les bas-fonds de Toussoum, au droit de la carrière de Mourah, à l'Est du Canal.

En même temps un nouveau chantier était installé à l'extrémité de la section, entre $86^{km},7$ et le kilomètre 87, au barrage dit du Sérapéum. Les terres étaient déposées en cavaliers. Dans ce chantier se trouvait une couche de calcaire en formation déjà entamée précédemment par les contingents. La pierre fournie par cette couche rocheuse, quoique n'étant pas très dure, pouvait pourtant être utilisée pour des enrochements : les moellons les plus durs furent transportés sur berge par les soins de la Compagnie, puis conduits sur la berge Afrique entre $83^{km},5$ et le kilomètre 84, pour protéger cette berge contre les vents qui la décapaient.

Vers le milieu de mai 1868, les déblais restant à faire en face de Toussoum et les travaux d'enlèvement du massif de terre attenant au barrage du Sérapéum furent confiés par les Entrepreneurs à un tâcheron qui exécuta les travaux au moyen de wagons traînés sur voies de fer par des mules et au moyen de chameaux transportant les déblais dans des caisses à fond mobile. Au début, il n'y eut sur les chantiers qu'une centaine d'ouvriers, 17 mules et 14 chameaux ; mais bientôt le chantier comporta, avec le même nombre de mules, 200 ouvriers et 148 chameaux. Les travaux en face de Toussoum furent terminés au milieu d'août ; ceux de l'extrémité, à la fin de septembre. Sur ce dernier point, on avait naturellement laissé subsister le massif de terre destiné à former le barrage de séparation des deux sections jusqu'au moment où cesserait le travail en eau douce dans les bassins de la section du Sérapéum. Dans l'enlèvement des terres attenant au barrage on n'avait pas pu, d'ailleurs, à cause des infiltrations, descendre, comme on se l'était proposé, jusqu'à la cote $18^{m},20$. Ainsi qu'il sera expliqué plus loin, la coupure du barrage de séparation des deux sections eut lieu le 12 mars 1869, et les eaux douces des bassins artificiels se déversèrent alors par le Canal dans le lac Timsah.

Chantiers du nouveau tracé de la traversée du lac Timsah. — C'est dans le courant d'avril 1869, ainsi qu'il est mentionné plus haut, que commencèrent les travaux sur le nouveau tracé définitivement adopté pour la traversée du lac. A partir de ce moment, les travaux à sec reprirent de l'activité pour l'enlèvement des terres jusqu'au niveau de l'eau sur les points où le nouveau tracé se trouvait rencontrer des monticules de sable. Les travaux de dérasement des terrains durèrent de mai à juillet ; pendant les deux derniers mois, les chantiers avaient occupé une centaine d'ouvriers et 150 chameaux. Pendant les mois suivants jusqu'à la date de l'inauguration du Canal, un chantier d'environ 150 ouvriers fut occupé à enlever les terres que déposaient les dragues à long couloir en dedans des berges du profil à grande largeur de la traversée des lagunes.

Dragages. — Ainsi qu'il a été déjà mentionné précédemment, une première drague, allégée, fut introduite dans le lac Timsah le 20 juin 1867. Montée rapidement, elle commença à fonctionner le 2 juillet, desservie par des gabares à clapets. Elle fut employée à ouvrir, marchant vers le nord, un chenal à toute largeur et d'une profondeur de 4 mètres, à travers le terrain déclive de la rive Nord du lac et le batardeau existant entre le lac et la gare d'extrémité de la rigole maritime. Ce travail ne demanda qu'une huitaine de jours. Le cube de déblais avait été d'environ 6.000 mètres. On se trouvait avoir ainsi un large et profond Canal de communication entre le Canal maritime et le lac, non seulement pour l'introduction du gros matériel qui devait pénétrer dans le lac, mais aussi pour le passage permanent des porteurs et gabares appelés à desservir les dragues qui devaient être prochainement installées dans le seuil d'El Guisr.

Au milieu d'octobre, un certain nombre de dragues et de porteurs arrivèrent dans le lac.

Trois de ces dragues commencèrent à fonctionner dans la première quinzaine de novembre. Deux d'entre elles, placées dans la partie Sud du lac, l'une desservie par trois gabares à clapets de fond, l'autre par deux porteurs, draguaient à toute largeur et à la profondeur de 3m,50; l'autre drague, placée dans la partie Nord, à la limite des fonds naturels de 5 mètres, desservie également par deux porteurs, complétait le travail de la drague primitive, marchant comme celle-ci vers le nord, et draguait comme les deux autres dragues à toute largeur, mais à la profondeur de 5 mètres. Cette dernière drague, comme celle qui l'avait précédée, ayant passé à son tour dans le seuil d'El Guisr, fut remplacée par une autre dans la seconde semaine de janvier 1868.

De janvier à juin 1868, les dragages du lac continuèrent de se faire au moyen de trois dragues échelonnées sur le parcours du tracé et creusant à des profondeurs de 3m,50 à 4m,50.

Comme, dans cette partie du Canal, on était en avance au point de vue de la section d'écoulement à réaliser pour l'époque du remplissage des lacs Amers avec les eaux de la Méditerranée, et que l'on pouvait, au contraire, craindre du retard sous ce rapport dans le seuil d'El Guisr, où il importait d'ailleurs de creuser rapidement un chenal assez profond pour y faciliter la circulation des gabares chargées de conduire à la décharge dans le lac les produits des dragages, une des trois dragues du lac fut retirée pour être affectée aux travaux du seuil. Toutefois, au bout d'un mois, le nombre des dragues fut ramené à trois par l'adjonction d'une drague précédemment employée au creusement d'une communication entre le Canal de jonction et le lac au droit de l'écluse d'aval d'Ismaïlia ; mais, après un nouveau mois de fonctionnement, cette troisième drague fut envoyée à son tour au seuil d'El Guisr.

Le chantier de dragages se trouva ainsi réduit de nouveau à deux dragues, et il continua de fonctionner dans ces conditions restreintes jusqu'en mai 1869. Les Entrepreneurs attendaient pour renforcer ce chantier — ainsi qu'ils en reconnaissaient l'impérieuse nécessité au point de vue de l'achèvement des travaux pour la date fixée — le moment où commencerait l'opération de remplissage des lacs Amers avec les eaux de la Méditerranée, ce qui leur permettrait de disposer d'une certaine quantité de matériel.

L'opération de remplissage des lacs Amers commença le 18 mars 1869. (La rupture du barrage de séparation des deux sections avait eu lieu le 12 du même mois.) Il y a lieu de signaler, en passant, que cette opération modifia assez profondément les berges du Canal sur divers points et occasionna d'importants affouillements et transports de sable.

En mai 1869, le chantier de dragages de la section du Lac comportait sept dragues desservies par des porteurs et des gabares à clapets et deux dragues à long couloir destinées à l'exécution des profils à grande largeur. Les dragues à long couloir, par suite des circonstances et de la disposition des lieux, déversaient la majeure partie de leurs déblais en dedans des berges du profil où ils étaient repris à bras d'hommes. Quelques dragages durent être exécutés en dehors du Canal pour créer un chenal permettant à une partie des gabares d'aller décharger dans les bas-fonds de Toussoum.

Les dragages, malgré la gêne résultant des forts courants existant dans le Canal, qui retardaient la marche des porteurs et occasionnaient des arrêts dans le chargement des terres, marchaient assez bien.

Une drague — lors de la rupture du barrage de séparation des deux sections -- ayant coulé dans le Canal au sud de Toussoum et n'ayant pu être relevée que plusieurs mois plus tard, le nombre des dragues à déversoir se trouva réduit à six pendant les mois de juin et juillet.

En août, une drague à déversoir étant entrée en réparation, il n'y eut plus que cinq de ces dragues en activité.

Enfin, en septembre, le chantier de dragages ne comprenait plus, avec les cinq dragues à déversoir, qu'une seule drague à long couloir.

Mais, dans ce même mois de septembre, arrivèrent dans la section six nouvelles dragues provenant de la division de Port-Saïd, et le chantier ainsi renforcé fonctionna jusqu'au jour de la liquidation de l'Entreprise.

En résumé, on voit par ce qui précède qu'en dehors du travail de quelques jours fait par une drague au commencement de juillet 1867 pour l'ouverture d'un chenal de communication entre le Canal maritime et le lac, les chantiers de dragages de la section du Lac ont comporté, aux différentes phases de l'exécution, les nombres de dragues suivants :

De novembre 1867 à juillet 1868 : trois dragues à porteurs ;

D'août 1868 à avril 1869 : deux dragues seulement;

De mai à juillet 1869 : six dragues à porteurs et deux dragues à long couloir;

En août et septembre 1869 : cinq dragues à porteurs et une drague à long couloir;

Enfin, à partir de septembre, adjonction de 6 nouvelles dragues jusqu'à la fin des travaux.

SITUATION DES TRAVAUX DE LA SECTION DE TIMSAH A LA DATE DU 15 OCTOBRE 1869

Le cube total des déblais à exécuter avait été établi finalement comme suit :

Cube calculé suivant l'ancien tracé, mais non compris le cube de 150.000 mètres cubes de la gare primitivement projetée, attendu que ce cube, comme celui de toutes les autres gares, devait trouver sa compensation dans les profils de tolérance.......		Mètres cubes 3.124.281
A ajouter :		
Excédent de cube restant à exécuter par suite de l'adoption du nouveau tracé........................	Mètres cubes 85.431	
Excédent de cube résultant de l'adoption d'une gare plus grande.....	107.850	
		193.281
		3.317.562
A retrancher par contre :		
Réduction de cube par suite du relèvement du plafond résultant d'une erreur de nivellement	309.000	
Dont, à déduire, le cube réservé précédemment comme devant trouver une compensation dans les autres sections du Canal...............	150.000	
		159.000
Cube total définitif des travaux qui étaient à exécuter............................		3.158.562

	Mètres cubes
Comme il est dit ci-contre, le cube total à exécuter était de ci...........................	3.158.562
A la date du 15 octobre 1869, c'est-à-dire un mois avant la date fixée pour l'ouverture du Canal à la navigation, le cube exécuté était de	2.389.083
Il restait donc à exécuter pour la réalisation du profil normal, ci......................	769.479
Mais, par suite de l'adoption du profil minimum de tolérance, il y avait à tenir compte d'une réduction probable d'environ..	220.000
Le cube restant à exécuter par l'Entreprise à la date du 15 octobre 1869 était donc de ci..................................	549.479

II. — SECTION DU SÉRAPÉUM

(DU KILOMÈTRE 86,7 AU KILOMÈTRE 99,3. — LONGUEUR, 12.600 MÈTRES)

Les travaux de la section du Sérapéum ont commencé dès le début de l'année 1865.

Pendant les deux années 1865 et 1866, les travaux de terrassements ont consisté uniquement en déblais à sec.

Les premières dragues ont été introduites dans le seuil à la fin de l'année 1866, mais n'ont commencé à fonctionner que dans les premiers mois de 1867.

Campement principal du Sérapéum. (Planche XXX.) — Ainsi qu'il a été déjà mentionné précédemment, les Entrepreneurs se sont tout d'abord occupés de l'installation, sur le seuil du Sérapéum, de leur campement principal pour la portion de Canal comprise entre le seuil d'El Guisr et les lacs Amers.

Ce campement comprenait un quartier européen composé d'un assez grand nombre de bâtiments, la plupart en maçonnerie, pour le logement de tout le personnel d'employés et d'ouvriers, pour cantine, bureaux, magasins, ateliers, économats, etc., et un quartier arabe constitué par un grand nombre de baraques en planches.

La Compagnie eut, de son côté, à ériger sur le même point d'importantes constructions, à savoir : hôpital et dépendances, logements pour tout le personnel du service de santé, logements et bureaux pour le personnel du service de contrôle.

Travaux de terrassements : Année 1865. — *Déblais à sec.* — Les premiers travaux de terrassements entrepris sur le seuil du Sérapéum, dans les premiers mois de 1865, consistant en déblais à sec, eurent pour objet:

D'une part, le creusement du branchement du Canal d'eau douce, destiné tout à la fois à permettre le passage du matériel d'un Canal dans l'autre, et à amener l'eau du Canal d'eau douce dans les bassins artificiels formés par les dépressions de terrain existant sur la ligne du tracé du Canal maritime à travers le seuil;

D'autre part, le creusement, dans l'étage supérieur du seuil, d'un premier chenal destiné à permettre le remplissage des bassins artificiels et l'installation ultérieure des dragues. Ce chenal devait finalement être ouvert sur toute l'étendue de l'étage supérieur du seuil qui devait être attaquée par les dragues travaillant dans l'eau douce, soit du kilomètre 87 au kilomètre 94, c'est-à-dire sur une longueur de 7 kilomètres.

Le branchement du Canal d'eau douce partait d'un point situé un peu au sud du kilomètre 14 dudit Canal et aboutissait vers le kilomètre 90,5 du Canal maritime. Sa longueur était d'environ 2 kilomètres. Le creusement en fut promptement terminé. Il exigea un cube de terrassements d'environ 91.000 mètres cubes.

Le niveau de l'eau du Canal d'eau douce à l'origine de la dérivation de Suez était, en étiage, à la cote 24^{m},10; en hautes eaux, à la cote 24^{m},85, c'est-à-dire, en moyenne, à 6 mètres environ au-dessus du niveau de la Méditerranée.

Une écluse établie sur la dérivation au kilomètre 16, c'est-à-dire à 2 kilomètres en aval de l'origine du branchement du Sérapéum, permettait de tendre jusqu'aux cotes ci-dessus les eaux pénétrant dans le branchement.

Un massif de terre formant barrage avait été réservé dans le branchement. L'introduction de l'eau douce dans le chenal et les bassins du Canal maritime devait se faire au moyen de coulottes traversant le barrage et permettant de régler à volonté l'opération de remplissage.

Les bassins artificiels de décharge, au nombre de trois, à créer dans le seuil au moyen de l'introduction de l'eau du Canal d'eau douce, étaient situés aux points kilométriques 88, 92,4 et 92,9. Ces bassins furent délimités sur leur pourtour par des digues destinées à empêcher les eaux de s'épandre sur les parties des dépressions du terrain ne présentant pas une profondeur d'eau suffisante pour permettre la circulation des gabares chargées de déblais. Ils se trouvaient avoir ainsi les superficies et capacités suivantes : le bassin du kilomètre 88, une superficie d'environ 80 hectares et une contenance de 1.500.000 mètres cubes; le bassin du kilomètre 92,4, une superficie d'environ 40 hectares et une contenance de 700.000 mètres cubes ; le bassin du kilomètre 92,9, très profond, une contenance d'environ 2 millions de mètres cubes. En outre, un bassin central de manœuvres se trouvait exister au kilomètre 91,3.

Au commencement de l'année 1865, il y avait, sur le seuil du Sérapéum, environ un millier d'ouvriers terrassiers : arabes, syriens, grecs, dalmates, piémontais. Il a été rendu compte précédemment des mécomptes éprouvés par l'Entreprise dans ses essais de recrutement d'ouvriers à l'étranger, et par suite desquels les chantiers de terrassements n'ont plus guère été alimentés, finalement, que par la population ouvrière flottante de l'Isthme, principalement composée de Grecs et d'Arabes.

L'attaque du chenal des dragues, établi sur la rive Afrique, s'étendit d'abord du kilomètre 88,350 au kilomètre 91,750, c'est-à-dire sur une longueur de 3.400 mètres. Pendant les premiers mois, la presque totalité du matériel employé à ces travaux fut fournie par la Compagnie à l'Entreprise.

Les terrassements à sec se ralentirent progressivement, furent presque complètement interrompus à partir de juin et ne reprirent un peu d'activité qu'en octobre, où ils ne comprenaient encore, pourtant, qu'environ 200 ouvriers.

En novembre, afin de profiter des hautes eaux du Canal d'eau douce, on commença à mettre en eau le bassin de manœuvres du kilomètre 91,3. Les Entrepreneurs se proposaient de faire transporter le plus tôt possible dans le bassin quelques gabares à clapets latéraux dans lesquelles les déblais seraient chargés à bras d'homme en attendant l'arrivée des dragues. L'opération de remplissage marchait bien ; mais elle avait le grave inconvénient d'affamer le Canal d'eau douce à un point tel que la navigation sur la dérivation de Suez devenait impossible. Or, à ce moment surtout, la navigation de ce côté était d'une extrême importance à la fois pour l'achèvement des trois écluses de la dérivation et pour l'approvisionnement de l'important chantier de Chalouf. En conséquence l'opération de remplissage, qui n'avait d'ailleurs pas un caractère prononcé d'urgence, fut momentanément interrompue.

Année 1866. — *Déblais à sec.* — Les travaux de creusement à sec du chenal des dragues se sont poursuivis pendant tout le cours de l'année 1866, s'étendant alors sur une longueur de 5.400 mètres, depuis le kilomètre 7, où se trouvait le barrage marquant la limite nord de la section, jusqu'au kilomètre 92,4, où un autre barrage se trouvait également établi.

On procédait, en même temps, à la construction des digues de pourtour des bassins des points kilométriques 88, 92,4 et 92,9. Au cours de la construction des digues de ce dernier bassin, qui avaient une grande hauteur, on reconnut la nécessité de les fortifier pour combattre les infiltrations qui en compromettaient la solidité. Un nouveau type de digue, comportant des contreforts extérieurs, fut en conséquence adopté pour être appliqué à toutes les digues limitant le chenal des dragues et les bassins de décharge.

Vers la fin d'octobre, le chenal des dragues était ouvert sur toute la longueur de 5.400 mètres mentionnée ci-dessus. Ce chenal, projeté avec une largeur de 15 mètres à la cote 21^{m},60, n'était pourtant pas encore, partout, à la profondeur voulue pour permettre l'introduction des dragues. Les Entrepreneurs avaient consacré une partie des forces dont ils disposaient au creusement d'un second chenal parallèle au premier sur la rive opposée du Canal.

L'eau douce fut introduite de nouveau dans le bassin du kilomètre 91,3 au commencement de mars, et le bassin se trouva rempli à la cote de l'eau du Canal d'eau douce dès le commencement d'avril.

L'introduction de l'eau dans les chenaux des dragues eut lieu, jusqu'au barrage du kilomètre 92,4, dans la seconde quinzaine de novembre. D'après les dispositions prises, l'eau de remplissage devait, à l'autre extrémité, s'arrêter au kilomètre 88,8, où un barrage avait été établi ; mais la force du courant, plus considérable qu'on ne l'avait prévu, ayant occasionné la rupture de ce barrage, l'eau envahit la partie comprise entre les kilomètres 88,8 et 87, remplissant les bassins ménagés dans l'intérieur du Canal ainsi que la partie Afrique du bassin artificiel du kilomètre 88. La berge Asie du Canal, destinée à empêcher l'introduction de l'eau dans la partie du bassin située sur la rive Asie, fut renforcée.

Les terrassements à sec exécutés pendant le cours de l'année 1866 sur les différents chantiers ont été exécutés, partie à la brouette, partie au wagonnet.

En avril, un plan incliné avait été installé sur le point culminant du seuil. Ce plan, qui ne produisit au début qu'un rendement journalier de 150 mètres cubes, arriva au bout de peu de temps, en travaillant nuit et jour, à un rendement de 500 mètres cubes par 24 heures.

A partir de la première quinzaine de décembre, dans la partie immergée du Canal s'étendant du kilomètre 87 au kilomètre 90,2, soit sur une longueur de 3.200 mètres, les déblais exécutés à sec pour l'élargissement des chenaux au-dessus du niveau de l'eau furent chargés à la pelle ou amenés à la brouette dans des gabares à clapets, au nombre d'une vingtaine, qui les transportaient aux bassins de décharge : une partie de ces gabares marchaient avec leurs propres propulseurs ; les autres étaient remorquées par des bateaux à vapeur.

Le nombre des ouvriers employés sur les chantiers fut en moyenne d'environ 1.200 pendant la première partie de l'année ; ce nombre s'éleva à 1.700 en septembre et à 1.750 en octobre, pour redescendre à 1.350 pendant les deux derniers mois, après la mise en eau des chenaux des dragues.

Cinq grandes dragues furent introduites dans le Canal à la fin de décembre.

Année 1867. — *Déblais à sec.* — Les terrassements à sec exécutés pendant le premier semestre de l'année ont été les suivants :

Sur la première partie de la portion de Canal immergée, du kilomètre 78 à 90^{km},2 :

Continuation des travaux de déblais au-dessus du niveau de l'eau, avec chargement en gabares à clapets, pour l'achèvement du second chenal rive Asie et l'élargissement des bassins de communication établis entre les deux chenaux en vue de faciliter les mouvements des gabares ; finalement, exécution de tous les déblais restant encore à faire au-dessus du niveau de l'eau entre les deux chenaux ;

Sur la seconde partie de la même portion de Canal, à partir du point 90^{km},2 jusqu'au barrage du point 92^{km},4, limite Sud provisoire des chenaux immergés :

Travaux semblables aux précédents, mais les déblais continuant à se faire, comme par le passé, à la brouette et au wagonnet;

En outre, sur la portion de Canal considérée :

Etablissement de nouvelles digues aux kilomètres 87,7 et 92,4, et renforcement des digues du bassin du kilomètre 88 jusqu'au kilomètre 87,3 ;

Au delà du barrage du kilomètre 92,4 :

Installation de nouveaux chantiers de terrassements à sec s'étendant jusqu'au kilomètre 95, 5, c'est-à-dire jusqu'au delà de la dernière grande butte dominant les lacs Amers située au kilomètre 94,9, et comprenant, savoir : le renforcement entre les points 92^{km},8 et 93^{km},7, soit sur une longueur de 900 mètres, de la digue Afrique du bassin du kilomètre 92,9, jusqu'à mi-hauteur, par un contrefort exécuté au moyen d'emprunts faits en dehors du Canal (le remplissage de ce troisième bassin fut commencé en avril au moyen de trois coulottes, d'un débit moyen, chacune, de 30.000 mètres cubes par vingt-quatre heures, établies dans le barrage du kilomètre 92,4); le creusement du Canal à toute largeur et jusqu'à la cote 16^{m},00 à partir du point 93^{km},7 en marchant vers le Sud ; enfin, l'établissement d'un fort barrage au kilomètre 94,1, point extrême où devaient s'arrêter les dragages en eau douce. Sur ces différents chantiers les transports de déblais se faisaient au moyen de wagonnets traînés par des mules.

Pendant le second semestre de l'année :

Continuation des travaux précédents;

Installation de nouveaux chantiers attaquant le Canal à toute largeur depuis le kilomètre 95,5 jusqu'aux lacs Amers (la rigole d'alimentation en eau douce des chantiers, précédemment arrêtée au kilomètre 95, fut prolongée jusqu'au kilomètre 98);

Installation, dans les derniers mois de l'année, de chantiers spéciaux au kilomètre 91,9, pour l'enlèvement, jusqu'au niveau de l'eau, d'une butte se trouvant au milieu du Canal, et au kilomètre 94,9, pour l'enlèvement de la dernière butte, avec creusement du Canal à toute largeur suivant le profil à grande largeur. Sur l'un et l'autre chantier, les déblais étaient transportés à la brouette et au wagonnet en dehors du Canal.

L'opération de remplissage du bassin du kilomètre 92,9, interrompue pendant la période des eaux basses du Canal d'eau douce, fut reprise en octobre en augmentant progressivement le nombre des coulottes. Lorsque le niveau de l'eau dans le bassin atteignit la cote 23^{m},40, on dut fermer cinq des huit coulottes qui fonctionnaient précédemment, dans la crainte de ruptures que menaçaient d'occasionner les filtrations considérables qui se produisaient dans la digue de 92^{km},8 à 93^{km},7 et dans le barrage du kilomètre 94,1. Les filtrations à travers le barrage avaient été assez abondantes pour immerger jusqu'à la cote 17^{m},00 la portion de Canal à la suite jusqu'au kilomètre 94,8, soit sur une longueur de 700 mètres. Cette immersion entrava naturellement l'exécution des terrassements à sec commencés dans cette partie de Canal et ayant pour objet l'approfondissement jusqu'à la cote 16^{m},00, avec élargissement des deux côtés conformément au type à grande largeur récemment adopté : on dut limiter l'approfondissement à la cote de l'eau d'immersion.

D'importants travaux de terrassements furent continués pour le renforcement de la digue Afrique de 92^{km},8 à 93^{km},7 et du barrage du kilomètre 94,1 ; ces travaux se faisaient à la brouette et au wagonnet.

Au kilomètre 95, jusqu'à 95,150, on était arrivé à la cote 15^{m},00, en se conformant au type de profil à grande largeur, avec établissement de digues en remblai à la cote 20^{m},20.

De 95^{km},150 à 95^{km},650, établissement, également, de digues insubmersibles avec des déblais provenant du creusement du Canal à la cote 16^{m},00.

Au delà, jusqu'au kilomètre 98,2, le Canal était attaqué jusqu'à la cote 15^{m},00.

Enfin, de 98^{km},2 à 99^{km},3, les travaux étaient, à la fin de l'année, complètement terminés.

Le nombre des ouvriers, en décembre, n'était plus que d'environ 550.

Dragages. — Les dragages pendant l'année 1867 ont été effectués dans les conditions suivantes de matériel en activité :

PÉRIODES DE FONCTIONNEMENT DES DRAGUES	NOMBRES DE DRAGUES EN ACTIVITÉ	
	Dragues à porteurs	Dragues à long couloir
En janvier et février	4	»
En mars	5	»
D'avril à juin	6	1
De juillet à novembre	6	2
En décembre	7	2

Les travaux de dragages ont présenté les particularités suivantes :

Dragues à porteurs. — Les dragues à porteurs étaient desservies par des gabares à clapets latéraux.

Les premières de ces dragues mises en activité ont, à l'exception d'une seule, exigé un certain temps pour arriver à un travail normal. Dès le mois d'avril, pourtant, elles étaient parvenues à un rendement journalier moyen rarement inférieur à 1.200 mètres cubes. La drague dont le rendement avait été satisfaisant dès le début était arrivée de son côté à produire certains jours jusqu'à 2.000 et même 2.500 mètres cubes.

Les rendements diminuèrent pendant la période des eaux basses du Canal d'eau douce, en juin, juillet et août, par suite de la baisse des eaux dans les bassins de vidage, qui obligea à réduire le chargement des gabares.

Dès le commencement de septembre, les dragages redevinrent plus faciles, non seulement par suite de la hausse des eaux dans les bassins de vidage où commençait à se faire sentir la crue du Canal d'eau douce, mais aussi par suite de l'élargissement et de l'approfondissement des chenaux et de la disparition de la plupart des buttes qui se trouvaient au milieu du Canal. Les circonstances permettaient aux dragues de travailler plus longtemps sur la même ancre, et, en même temps, rendaient beaucoup plus faciles l'accostage et la circulation des gabares.

Vers la fin de septembre, les dragues étaient arrivées à draguer jusqu'à 6 mètres et $6^m,50$ de profondeur. On allongea alors de 3 mètres l'élinde et la chaîne à godets de quelques-unes des dragues à porteurs pour leur permettre de draguer à une profondeur telle que, lorsque l'eau douce serait évacuée, il restât encore un chenal d'eau de mer capable de contenir les dragues et les gabares.

A la même date de la fin de septembre, le bassin du kilomètre 92,4 se trouvait à peu près complètement comblé avec les déblais qui y avaient été déversés. On commença, alors, ainsi qu'il a été mentionné précédemment, à mettre en eau le bassin du kilomètre 92,9. On comptait, lorsque ce bassin serait rempli, y conduire à la décharge la plupart des gabares qui allaient alors au bassin du kilomètre 88.

Dragues à long couloir. — Les terres coulaient difficilement dans le couloir de ces dragues qu'elles engorgeaient. On était obligé de débarrasser fréquemment celui-ci au grand préjudice du rendement de la drague. On essaya à diverses reprises l'emploi d'une chaîne balayeuse pour le dégorgement du couloir; mais on ne parvint pas à obtenir de bons résultats de cette chaîne balayeuse et on y renonça définitivement : sa manœuvre entraînait avec elle des frottements si considérables et absorbait une telle quantité de travail que la force de la machine se trouvait insuffisante.

L'une des deux dragues à long couloir dut être arrêtée en décembre pour changement de la chaîne à godets. L'autre drague n'était pas parvenue à bien fonctionner depuis son installation au Sérapéum; elle fut arrêtée le 25 novembre pour donner une plus grande pente à son couloir et éviter ainsi son engorgement; l'on devait, en outre, la doter d'une nouvelle chaîne avec des godets de moindre capacité.

Année 1868. — *Déblais à sec.* — Les déblais à sec ont été très importants pendant l'année 1868, ainsi que l'on en peut juger par le tableau suivant indiquant les nombres d'ouvriers et de bêtes de somme qui y ont été employés :

PÉRIODES DE L'ANNÉE	NOMBRES D'OUVRIERS	NOMBRES DE BÊTES DE SOMME	
		Chameaux	Baudets
Janvier	1.000	»	»
Février	1.100	»	»
Mars et avril	1.500	»	»
Mai	1.200	»	»
Juin et juillet	1.000	»	»
Août	*id.*	80	20
Septembre	1.200	100	80
Octobre	*id.*	150	160
Novembre	800	180	330
Décembre	750	220	480

Pendant les premiers mois de l'année, la majeure partie des déblais à sec se faisaient à la brouette, l'autre partie au moyen de wagonnets traînés par des chevaux. Ce dernier mode de transport des déblais fut progressivement réduit, puis totalement abandonné à partir de septembre, où il fut remplacé par des transports à dos de bêtes de somme.

Un chantier permanent d'environ 70 ouvriers fut employé pendant les six premiers mois de l'année à continuer les travaux de renforcement des contreforts destinés à la consolidation de la berge Afrique du canal entre $92^{km},8$ et $93^{km},7$ ainsi que du barrage du kilomètre 94,1. A mesure du remplissage du Canal et du bassin du kilomètre 92,9, les infiltrations avaient augmenté et étaient devenues plus menaçantes pour la solidité de la digue et du barrage.

L'opération de remplissage, momentanément interrompue, à la fois pour ne pas augmenter les infiltrations et pour tenir les eaux du Canal d'eau douce à un niveau assez élevé pour permettre le passage des grandes dragues à destination de Suez, fut reprise en janvier. Le bassin se trouva complètement rempli à la fin de mars. Le barrage provisoire du kilomètre 92,4 qui l'isolait de toute la partie du Canal immergée depuis longtemps fut alors enlevé afin d'établir la communication.

La partie immergée du Canal destinée au travail des dragues en eau douce s'étendait donc dès lors, comme on l'avait projeté, du kilomètre 87 au kilomètre 94, soit sur une longueur de 7 kilomètres.

Sur toute cette longueur, non seulement les deux chenaux de rives étaient en communication, mais encore le Canal était creusé à toute largeur à une cote moyenne inférieure à la cote $18^m,10$ du niveau de la Méditerranée. Quelques hauts fonds de 1 à 3 mètres de hauteur au-dessus de ce niveau subsistaient encore, mais ne devaient pas tarder à disparaître.

Les deux premiers bassins se trouvaient déjà presque complètement remplis par les déblais qui y avaient été transportés.

Les travaux d'enlèvement de la grande butte du kilomètre 94,9, avec creusement du Canal à toute largeur, précédemment commencés, furent continués pendant les deux premiers mois de l'année ; ils étaient terminés à la fin de février.

A partir du barrage du kilomètre 94,1 jusqu'aux lacs Amers, le Canal était attaqué à toute largeur. Les déblais étaient, suivant les cas, ou bien transportés en remblai pour former les digues, ou bien déposés en cavaliers derrière les digues une fois constituées.

Il a été mentionné précédemment que la partie du Canal immédiatement à la suite du barrage du kilomètre 94,1 s'était trouvée inondée par les eaux d'infiltration jusqu'au kilomètre 94,8. Cette partie de Canal ayant été asséchée au moyen de coulottes en bois de 450 mètres de longueur allant déverser les eaux d'infiltration dans les lacs Amers, les terrassements à sec purent y être repris au commencement de mars. A la date du 15 août, l'élargissement du Canal suivant le profil à grande largeur sur la portion de Canal considérée était à peu près terminé du côté Asie; toutefois le talus à 5 pour 1 n'avait pu être complètement achevé à cause de la présence des eaux d'inondation; l'élargissement complet était terminé le mois suivant. En même temps on avait procédé à l'enlèvement du massif qui se trouvait au milieu du Canal entre $94^{km},1$ et $94^{km},3$.

A cette même date du 15 août, l'exécution des terrassements sur la partie du Canal faisant suite à la précédente, de $94^{km},8$ à $95^{km},7$, qui avait dû, depuis quelque temps, être interrompue à son tour, à cause des infiltrations, n'avait pu encore être reprise.

On voit, par ce qui précède, que, sur toute la partie du Canal à la suite du barrage du kilomètre 94,1 jusqu'au kilomètre 95,7, les travaux de creusement s'étaient trouvés constamment gênés par les eaux d'infiltration que l'on n'avait pas encore réussi à bien écouler vers les lacs Amers. Une rigole établie en vue de cet écoulement, dans le Canal même, dans la partie de Canal à la suite de la précédente, n'avait eu d'abord qu'une pente trop faible et une section insuffisante. La situation sous ce double rapport s'étant améliorée, la portion de Canal immergée put être asséchée et les travaux de déblais y furent repris dans le courant d'octobre.

De $95^{km},7$ à $96^{km},7$, l'approfondissement du Canal se continua au-dessous de la profondeur de $3^{m},50$, bien qu'il fût prévu par l'une des dispositions du troisième Acte additionnel que les déblais au-dessous de cette profondeur seraient faits à la drague. Après l'achèvement de la digue insubmersible, côté Afrique, du kilomètre 96 à $96^{km},7$, dont la construction était exigée par le même Acte additionnel, les terres en supplément furent employées à la construction d'une digue semblable du côté Asie, laquelle devait être prolongée jusqu'au barrage projeté au point $96^{km},9$, en vue de la future opération de remplissage des lacs Amers. Ces deux digues avaient pour objet d'amener jusqu'au barrage les eaux provenant de la Méditerranée sans leur permettre de se répandre à droite et à gauche du Canal.

A partir de $96^{km},7$ jusqu'au banc de sel, le Canal, à la fin de l'année 1868, était complètement terminé. On avait eu à enlever dans le lac même, entre $99^{km},3$ et $99^{km},7$, plusieurs buttes de gypse qui, par leur dureté, auraient pu être dangereuses pour la navigation.

Les Entrepreneurs commencèrent en décembre la construction du barrage-déversoir destiné au remplissage des lacs Amers avec les eaux de la Méditerranée.

Dragages. — Les dragages, pendant toute l'année 1868, ont été effectués à l'aide de sept dragues à porteurs et de deux dragues à long couloir. En décembre, le nombre des dragues à porteurs fut porté à huit.

De nouvelles dragues à porteurs eurent leur élinde allongée pour pouvoir draguer à $9^{m},50$. Les dragues dont l'élinde et la chaîne à godets avaient été allongées avaient un rendement moindre que les autres.

Par suite de l'adoption de godets de moindre capacité dans les chaînes à godets des dragues à long couloir, le rendement de ces dragues devint plus satisfaisant ; elles draguaient maintenant, il est vrai, dans des sables fins et coulants.

En avril, le chaland qui supportait le couloir de l'une des deux dragues à long couloir sombra, par suite de la surcharge de celui-ci. L'accident sembla dû à la négligence des ouvriers chargés de faire couler les terres dans le couloir.

En mai, commença le travail de jour et de nuit avec quelques dragues. A partir d'août jusqu'à la fin de l'année, la mesure fut étendue à toutes les dragues.

Le rendement des dragues avait à souffrir de l'insuffisance d'outillage dans les ateliers du Sérapéum pour les réparations. On était souvent obligé d'envoyer des pièces en réparation aux ateliers de Port-Saïd.

En novembre, une partie des dragues n'eurent plus à draguer qu'à la profondeur de $9^m,50$ à 10 mètres. Les Entrepreneurs se décidèrent alors, vers le commencement de décembre, à baisser de $1^m,50$ le niveau de l'eau douce de manière à permettre aux dragues de continuer à creuser sans que l'on eût à allonger encore leurs élindes. A cet effet un barrage fut établi sur le branchement pour intercepter la communication avec le Canal d'eau douce, et la tranche d'eau supérieure du Canal maritime fut déversée, au moyen de coulottes, dans un nouveau bassin situé du côté Asie. Le nouveau niveau de l'eau douce du Canal maritime devait ensuite être entretenu au moyen de coulottes pratiquées dans le barrage du branchement.

Le bassin du kilomètre 92,9, malgré l'abaissement du plan d'eau, était encore vaste et assez profond pour contenir tous les déblais restant à extraire à l'eau douce.

ANNÉE 1869. — Les travaux de terrassements et de dragages, en ce qui est des moyens d'exécution, ont été effectués pendant l'année 1869 dans les conditions indiquées au tableau ci-dessous :

PÉRIODES DE L'ANNÉE	NOMBRES DE DRAGUES EN ACTIVITÉ			NOMBRES D'OUVRIERS	NOMBRES DE BÊTES DE SOMME	
	Dragues à porteurs	Dragues à couloir de 25 mètres	Dragues à long couloir		Chameaux	Baudets
Janvier.....	8	»	2	670	140	590
Février.....	*id.*	»	*id.*	600	50	500
Mars et avril.	*id.*	»	*id.*	800	80	700
Mai........	1	»	»	720	40	300
Juin........	*id.*	»	»	830	70	300
Juillet......	2	»	»	1.200	100	400
Août.......	2	2	»	1.500	200	300
Septembre..	3	2	1	1.250	100	350

A la suite de l'abaissement du niveau de l'eau douce dans la partie immergée du Sérapéum, la production des dragues devint moindre par la double cause suivante : d'une part, de ce que, par suite de l'abaissement du plan d'eau, il n'y avait plus qu'un seul bassin de décharge pouvant être utilisé, celui du kilomètre 92,9, en sorte que la distance moyenne à parcourir par les gabares pour aller à la décharge était devenue notablement plus grande ; d'autre part, de ce que les dragues avaient à creuser à une plus grande profondeur, et, en même temps, de ce que la plus grande dureté du terrain entraînait pour elles de plus fréquentes réparations.

Le barrage nord du Sérapéum fut coupé le 12 mars, et les eaux des bassins artificiels s'écoulèrent par le canal maritime dans le lac Timsah. La violence du courant fit sombrer sur place une drague qui travaillait dans le Canal un peu au sud de Toussoum. Une autre drague, qui se trouvait plus près du barrage, avait eu ses chaînes d'amarrage brisées et s'en était allée à la dérive, heureusement sans accident, jusqu'au lac Timsah, d'où elle fut ensuite ramenée à sa place.

Le barrage sud fut rompu à son tour, le 16, sans accident.

Enfin l'entrée des eaux de la Méditerranée dans les lacs Amers fut inaugurée le 18, en présence de S. A. le Khédive.

Les courants produits dans le Canal par la rupture des deux barrages causèrent des éboulements inévitables de talus : les sables entraînés avaient formé des seuils sur 300 à 400 mètres en deçà du barrage nord. Une drague travailla à l'enlèvement de ces seuils afin de permettre aux gabares à clapets latéraux d'aller à la décharge dans le lac Timsah. Les gabares qui desservaient cette drague, ne pouvant pas passer vers le nord, déversaient leurs déblais au sud dans le Canal même d'où ils devaient être enlevés plus tard lors de la dernière passe des dragues.

Les seuils formés par le courant au delà du barrage sud étaient plus élevés ; mais, de ce côté, ils n'avaient alors d'autre inconvénient que de gêner la marche des embarcations conduisant des visiteurs au déversoir.

A la suite de l'inauguration de l'entrée des eaux de la Méditerranée dans les lacs Amers, il n'y eut plus au Sérapéum qu'une drague à long couloir fonctionnant au droit de l'ancien bassin du kilomètre 92,9 maintenant à sec.

On profita de l'interruption momentanée du travail des dragues pour remonter les élindes que l'on avait précédemment abaissées.

L'opération de remplissage des lacs Amers continua de modifier profondément les berges sur certains points, occasionnant des affouillements et des transports de sable considérables.

Par suite des mouvements de matériel occasionnés par cette opération, il y eut une notable réduction dans le rendement des dragues : la rupture du barrage nord avait amené l'Entreprise à changer la position de ses dragues, qui étaient restées ainsi un certain temps sans travailler. En outre, le courant était tel dans le Sérapéum qu'il fallait prendre des précautions particulières pour le fonctionnement des appareils. (Cette même cause produisit des effets analogues, quoique moins sensibles, jusqu'au delà de Kantara, notamment pour la manœuvre des élévateurs.) Enfin, comme il est mentionné ci-dessus, on avait dû modifier les dispositions des dragues pour leur permettre de travailler dans des fonds réduits de $4^{m},50$.

Les terrassements à sec qui s'exécutaient précédemment entre $91^{km},1$ et le kilomètre 97 cessèrent naturellement au moment de l'entrée des eaux de la Méditerranée dans cette partie du Canal. Les ouvriers employés à ces travaux furent alors répartis sur toute l'étendue de la section pour procéder au règlement des talus avec l'aide de bêtes de somme pour le transport des déblais. Ce travail de règlement des talus fut continué jusqu'à la cessation des travaux de l'Entreprise.

En mai et juin, une seule drague à porteurs avait été conservée dans la section, occupée à élargir et creuser divers passages en vue de faciliter l'arrivée des eaux jusqu'au barrage-déversoir; les déblais étaient versés dans les parties profondes du Canal. Le mois suivant, deux dragues fonctionnèrent dans les mêmes conditions. A partir d'août, le chantier de dragages fut renforcé de deux dragues à couloir de 25 mètres déversant les déblais sur les risbermes d'où ils étaient enlevés à la brouette et déposés en cavaliers. Enfin, en septembre, le chantier de dragages fut de nouveau renforcé par l'arrivée d'une drague à long couloir[1].

SITUATION DES TRAVAUX DE LA SECTION DU SÉRAPÉUM
A LA DATE DU 15 OCTOBRE 1869

	Mètres cubes
Le cube total des déblais à exécuter dans la section du Sérapéum, calculé d'après les profils, était de ci	6.577.235
A la date du 15 octobre 1869, le cube exécuté était de	5.903.574
Il restait donc à exécuter pour la réalisation des profils normaux	673.661
Mais, par suite de l'adoption du profil minimum de tolérance, il y avait à tenir compte d'une réduction probable de	200.000
Le cube restant à exécuter par l'Entreprise à la date du 15 octobre 1869 était donc de ci	473.661

1. Comme on le verra au chapitre concernant la liquidation de l'entreprise Borel, Lavalley et Cie, les apports de sable, dans toute la partie du canal comprise entre le lac Timsah et les lacs Amers, ont été considérables pendant la durée de l'Entreprise.

Dans la section du Sérapéum, ces apports ont atteint le chiffre énorme, en nombre rond, de 960.000 mètres cubes.

La Compagnie a naturellement cherché à lutter contre ces apports de sable, tout au moins pour en diminuer l'importance.

Dans ce but, elle avait fait construire sur la rive Asie environ 5.000 mètres courants de haies sèches ; et sur la rive Afrique, mettant à profit la présence de l'eau douce dans les bassins artificiels et des infiltrations qui s'étaient produites le long du Canal, elle avait fait planter environ 100.000 boutures de saules, de peupliers et de tamaris. Ces plantations, qu'il serait facile d'arroser par une simple rigole lorsque l'eau douce aurait évacué le Canal maritime, paraissaient devoir former, tout au moins dans l'avenir, une barrière efficace pour arrêter en grande partie, sinon complètement, les apports de sable.

Extraction des bancs de rocher du seuil du Sérapéum

(PLANCHE XXXI)

A la date du 15 septembre 1869, il restait encore à exécuter pour le complet achèvement de la cunette du Canal à la traversée du seuil du Sérapéum un déblai de 712.000 mètres cubes. Le matériel de dragages affecté à ces travaux comprenait trois dragues à porteurs, une drague à long couloir et deux dragues à couloir de 25 mètres. Le déblai, d'après l'expérience acquise jusque-là, paraissait devoir consister uniquement en de l'argile plus ou moins compacte mélangée de sable. On espérait donc pouvoir achever les travaux pour le 17 novembre, date fixée pour l'ouverture du Canal à la navigation. Cette espérance fut malheureusement déjouée par le fait de la rencontre, dans les derniers jours d'octobre, de deux bancs rocheux : l'un, de grès, au kilomètre 87 ; l'autre, de rocher gypseux, au kilomètre 93[1]. On essaya en vain d'attaquer à la drague ces bancs rocheux : les godets cassèrent, des chaînes se brisèrent ; on ne parvenait tout au plus qu'à détacher de petits fragments des rochers en faisant racler les godets sur la partie supérieure des bancs. Lorsque l'on eut acquis ainsi la certitude de l'impuissance des dragues pour l'enlèvement des bancs rocheux, il fallut aviser promptement à d'autres moyens d'extraction. Au banc rocheux du kilomètre 87, il n'y avait que 5^{m},50 de profondeur d'eau : en divers points du banc du kilomètre 93, on ne trouvait même qu'une profondeur de 4^{m},50 ; et l'on n'avait plus, alors, que trois semaines avant l'ouverture du Canal.

La situation était critique. Il fallait trouver des modes

1. Le kilomètre 93 du kilométrage de la période de construction correspond à peu près au point 94^{km},550 du kilométrage définitif.

d'extraction efficaces et rapides. Or c'était la première fois que pareille nature de travail se présentait à exécuter au Canal, en sorte que ni la Compagnie ni l'Entreprise ne possédaient de personnel compétent et que l'on manquait totalement du matériel nécessaire pour l'extraction des roches sous l'eau. Aussi ne devra-t-on pas s'étonner si de nombreux essais durent être faits avant d'arriver enfin à un mode de travail donnant des résultats, lents, il est vrai, mais efficaces.

On commença naturellement par se rendre compte aussi exactement que possible de la forme, de l'étendue et de l'épaisseur des bancs rocheux.

Nous rendrons compte successivement des travaux d'extraction entrepris sur chacun des deux bancs rocheux.

EXTRACTION DU BANC ROCHEUX DU KILOMÈTRE 87

Ce banc était de beaucoup le moins important des deux. Il avait une longueur de 17 mètres seulement ; il émergeait du talus Afrique, faisant saillie dans la cunette jusqu'à une petite distance de l'axe du Canal; ainsi qu'il a été dit plus haut, la profondeur d'eau au-dessus du banc n'était que de 5^{m},50.

Le rocher avait été nettoyé et décapé par les dragues.

On se servit pour le disloquer et broyer de bouteilles contenant 5 kilogrammes de poudre. Le courant étant assez fort dans le Canal, ces bouteilles étaient lestées. Une mèche passait à travers le bouchon et pénétrait dans la poudre. Cette mèche était engagée dans un tube en caoutchouc solidement fixé au col de la bouteille qu'il enveloppait et dont l'extrémité supérieure était munie d'un flotteur ; la mèche sortait hors du tube de 20 à 30 centimètres. L'expérience fit reconnaître la double nécessité, d'une part, de mettre deux mèches dans le tube afin d'éviter les ratés qui se produisaient avec une seule mèche lorsque celle-ci était avariée ; d'autre part, de donner un mou suffisant au tube de caoutchouc, c'est-à-dire une longueur plus grande que la profondeur de l'eau, afin de mieux assurer l'action de la poudre sur le rocher et d'éviter que la bouteille ne se détachât du tube.

La bouteille étant prête, la mèche et le tube en caoutchouc en place et fixés au flotteur, on faisait descendre un scaphandrier dans l'eau pour placer la bouteille à l'endroit du rocher qui lui avait été désigné. Lorsque le scaphandrier remontait, l'opérateur qui était dans le canot tenait le flotteur, mettait le feu à la mèche, et tout le monde s'éloignait.

On employait à la fois quatre de ces bouteilles qui étaient disposées en carré sur le rocher à une distance de $3^{m},50$ à $4^{m},00$ les unes des autres.

Le résultat obtenu fut satisfaisant : la roche fut disloquée et brisée en morceaux, et une drague put enlever immédiatement les déblais rocheux.

Le jour de l'ouverture du Canal, on avait la profondeur de 8 mètres sur presque toute la largeur du plafond, en sorte qu'il ne restait plus qu'un faible cube à enlever pour réaliser complètement le profil normal lorsque les travaux, provisoirement interrompus pendant les fêtes de l'inauguration, furent repris le 20 décembre 1869 par le service de l'entretien nouvellement créé en remplacement de la direction générale des travaux.

Dans cette seconde phase des travaux on a eu recours, pour la dislocation du rocher, à l'emploi de trous de mine suivant le système décrit plus loin au sujet de l'extraction du banc de rocher du kilomètre 93.

Le cube de rocher extrait pendant la première période, avant la reprise des travaux, n'a pas été constaté.

Le cube exécuté par le service de l'entretien a été le suivant :

	Mètres cubes
Dans les limites du profil normal	37,50
En dehors du profil	203,50
CUBE TOTAL	241,00

EXTRACTION DU BANC DE ROCHER DU KILOMÈTRE 93

Le banc s'étendait sur une longueur d'environ 150 mètres et occupait toute la largeur du Canal. Il avait, dans le sens de la longueur, la forme d'une cuvette dont les extrémités ne présentaient qu'une profondeur de $4^m,20$, le point bas une profondeur de $6^m,50$. Le rocher était de gypse ou, plutôt, un aggloméré de carbonate de chaux et de sulfate de chaux cristallisé, présentant, comme l'expérience l'a montré, une certaine élasticité, se comprimant sous l'action de la poudre, mais ne se brisant pas. Les dragues avaient nettoyé la surface et entamé quelque peu le banc, en dessous, à ses extrémités.

ESSAIS D'EXTRACTION DU ROCHER PENDANT LA PÉRIODE AYANT PRÉCÉDÉ L'INAUGURATION DU CANAL

Le premier essai d'attaque commença en même temps que l'on attaquait le banc du kilomètre 87 et par le même procédé. Le rocher se trouvait alors recouvert de nouveau d'une couche de sable et de vase de 40 à 50 centimètres d'épaisseur, qui y avait été amenée par le mouvement des dragues et des canots à vapeur, et à travers laquelle le scaphandrier eut à faire pénétrer jusqu'au rocher les bouteilles chargées de poudre. Le résultat obtenu avec un certain nombre de ces bouteilles fut presque insignifiant : à la fois, sans doute, par suite de la présence de la couche de sable et de vase et de la nature élastique du rocher, l'explosion de la poudre ne produisait que très peu d'effet.

Lorsque l'on eut acquis ainsi la certitude que l'emploi des bouteilles de poudre ne pouvait donner que des résultats tout à fait insuffisants, on entreprit une seconde série d'essais consistant à forer des trous de mine dans la masse du rocher et à y introduire des cartouches. L'explosion de la poudre ayant lieu alors dans l'intérieur même du rocher, on espérait qu'elle y produirait la dislocation et la division de la masse en fragments pouvant être enlevés par les dragues.

Les chantiers de forages étaient installés sur des appontements en madriers reposant sur des chalands. Le plancher de l'appontement était percé, tout près de ses bords longitudinaux, de deux rangées de trous parallèles à l'axe du chaland et distantes de 4 mètres; dans chacune des deux rangées, les trous, au nombre de cinq, étaient distants de 2^{m},50. Dans ces trous du plancher venaient s'engager des tuyaux en tôle de 9 à 10 centimètres de diamètre reposant à leur partie inférieure sur le rocher et dont l'extrémité supérieure dépassait le plancher du chaland d'environ 1 mètre. Les trépans qui devaient creuser les trous de mine étaient introduits dans ces tuyaux et guidés par eux pendant leur chute. Enfin, au-dessus de chaque trou du plancher où se trouvait un tuyau de forage était installé un trépied portant à son sommet une poulie autour de laquelle s'enroulait une corde dont l'une des extrémités était fixée à la tige du trépan et dont l'autre extrémité était terminée par deux ou trois tirettes à l'aide desquelles les ouvriers manœuvraient le trépan.

Lorsque le trépan s'était enfoncé d'une certaine profondeur dans l'intérieur de la roche, on le retirait et il était remplacé par une petite pompe à boulet à l'aide de laquelle on enlevait les détritus et débris rocheux laissés dans le trou; puis on recommençait à faire manœuvrer le trépan, et ainsi de suite jusqu'à ce que le trou de mine eût atteint la profondeur voulue, profondeur qui variait de 1^{m},20 à 1^{m},50 suivant l'épaisseur du banc.

Le trou de mine étant arrivé à profondeur, on y introduisait par le tuyau en tôle servant de guide au trépan une cartouche fixée à l'extrémité d'un tube en fer battu de 1 millimètre d'épaisseur fermé à sa partie inférieure et dépassant un peu le tuyau à sa partie supérieure. La poudre occupait la partie inférieure du tube qui était d'un diamètre un peu plus grand que le reste du tube; la charge était d'environ

2 litres; deux mèches y pénétraient et sortaient du tube à la partie supérieure; enfin, au-dessus de la poudre, venait un bourrage en sable.

Ce nouveau mode fut essayé à l'extrémité nord du banc, près de sa paroi à pic, où furent forés une douzaine de trous de mine. L'essai fut loin, malheureusement, de donner les bons résultats qu'on en avait espérés : quelques-uns seulement des coups de mine réussirent; les autres, ou bien ratèrent, ou ne produisirent qu'une faible dislocation.

Pour la distribution des trous de mine, on avait opéré un peu au hasard; on n'avait pu alors se rendre compte du rapport qu'il devait y avoir entre l'épaisseur du rocher à détacher et le poids de poudre à employer; de plus, l'espacement des trous était évidemment trop grand. Le principal souci avait été d'aller vite, car le jour de l'ouverture du Canal était à brève échéance, et l'on avait déjà perdu une semaine en essais infructueux. Il fallait à tout prix creuser un chenal au milieu du banc rocheux pour permettre aux navires de passer le 17 novembre; et l'on était déjà au 2 du mois.

Les quelques déblais rocheux détachés par les coups de mine devaient être enlevés à la drague. Une drague se mit donc en position et commença à fonctionner; mais, au bout de peu de temps, elle eut son élinde brisée dans le bas, et toute la partie inférieure avec son tourteau tomba au fond du Canal.

En présence de l'insuccès du nouvel essai, on prit le parti de revenir au mode d'attaque du banc par simple action de la poudre à la surface; mais, cette fois, au lieu de bouteilles d'une capacité de 4 à 5 litres seulement, on employa une bonbonne d'une capacité de 25 litres; celle-ci, contenue dans un panier pour être à l'abri des chocs et convenablement lestée, fut descendue sur le rocher. Un tuyau en caoutchouc contenant deux mèches était fixé à son col. Ce tuyau, dont l'extrémité supérieure devait sortir de l'eau, se trouva un peu court, en sorte que la bonbonne resta suspendue à l'extrémité inférieure et maintenue verticale. On mit le feu aux mèches; mais celles-ci s'éteignirent sans avoir enflammé la poudre. Quand on voulut remonter la bonbonne, le tuyau en caoutchouc cassa au-dessus du col, et l'eau entra dans la bonbonne. C'était jouer de malheur. On avait encore perdu une journée. Rien ne garantissait le succès si l'on persévérait à essayer les bonbonnes ou des barils. On y renonça donc pour en revenir aux trous de mine, mais cette fois avec des charges plus fortes dans les cartouches; au lieu de 2 litres de poudre, on en mit 5.

Sur les huit premiers trous de mine qui furent creusés par le nouveau chantier de forages, deux mines seulement produisirent un bon effet; les autres ne donnèrent qu'un résultat insignifiant. Mais, enfin, deux des mines avaient réussi; et, en augmentant encore la charge de poudre, en améliorant les mèches, en faisant le bourrage avec plus de soin, et, surtout, en intéressant les ouvriers par une prime pour chaque trou foré, on espérait, avec ce mode d'attaque, arriver à creuser un chenal au milieu du banc de rocher. On continua effectivement de l'employer jusqu'à la veille de l'inauguration du Canal, jour où tout le matériel du Sérapéum dut être garé pour permettre le lendemain le libre passage des navires de la flotte d'inauguration.

On était parvenu à faire forer deux trous et demi et même quelquefois trois trous de mine par jour par chaque groupe d'ouvriers employé à un trépied de forage. Les dragues enlevaient au fur et à mesure les fragments de rocher détachés par les coups de mine. Quelques-uns de ces blocs étaient énormes, cubant parfois jusqu'à 1 mètre cube. Les godets des dragues les enlevaient assez facilement; mais on ne laissait pas monter les blocs jusqu'au haut de l'élinde pour les laisser, de là, tomber sur le couloir, puis du couloir dans le porteur où ils auraient tout brisé. Chaque fois qu'un godet montait un gros bloc, on arrêtait la machine lorsque le bloc était arrivé au-dessus du pont de la drague; on l'enlevait du godet à l'aide d'une petite grue et on le déposait sur le pont du porteur.

Le banc fut attaqué par l'axe du Canal. Le but poursuivi était d'arriver à creuser tout au moins un chenal capable de laisser passer la quille des navires.

Le jour de l'inauguration, on n'était encore parvenu à extraire que très peu de rocher. En un certain point du banc, on n'avait encore qu'une profondeur de $5^{m},80$; partout ailleurs, dans le chenal ouvert à la hâte à la partie nord et à la partie sud de la cuvette que formait la surface du banc, on avait une profondeur plus grande, atteignant, en certains points, 6 mètres. Aussi ne fut-ce pas sans une certaine crainte que l'on vit s'engager dans le Canal, le jour de l'inauguration, des navires tels que *le Péluse*, des Messageries Impériales, calant près de 5 mètres à l'arrière. Tout se passa bien, heureusement ; il n'y eut que deux ou trois navires qui talonnèrent ; tous les autres passèrent sans encombre. Pour les navires ayant un tirant d'eau de 5 mètres à l'arrière, on avait eu soin d'alléger un peu l'arrière et de transporter une partie de la charge à l'avant.

Les travaux de la section du Sérapéum restèrent interrompus pendant quelques jours après l'inauguration du Canal et furent les premiers repris, dans le commencement de décembre, après le retour à Port-Saïd de la flotte d'inauguration. On y continua les travaux d'extraction du banc de rocher par le système des trous de mine. A la date du 20 décembre, — date à laquelle les travaux d'achèvement du Canal furent continués par le service de l'entretien, qui succédait à la direction générale des travaux, — le cube extrait au rocher du kilomètre 93 était d'environ 20.000 mètres cubes.

TRAVAUX D'EXTRACTION DU ROCHER APRÈS L'OUVERTURE DU CANAL

Aussitôt après les fêtes d'inauguration, les travaux d'extraction du rocher du Sérapéum avaient été, ainsi qu'il est dit plus haut, repris les premiers et on les avait poussés avec vigueur. Les ouvriers employés aux forages des trous de mine et à la confection des cartouches, ainsi que les chefs d'atelier, avaient acquis alors une certaine pratique de ces travaux. L'insuccès des premiers essais avait été dû, surtout, à l'inexpérience du personnel. A la date du 20 décembre 1869, où les travaux d'achèvement du Canal passèrent entre les mains du service de l'entretien, les travaux d'extraction du rocher étaient entrés dans une phase normale : on faisait chaque jour un avancement fixé à l'avance, et l'on pouvait déjà indiquer, à quelques jours près, l'époque de la fin des travaux.

Voici quelle était l'organisation des chantiers vers le milieu de janvier 1870 — date à partir de laquelle le mode d'opérer a été un peu modifié — et comment on procédait à l'attaque et à l'extraction du rocher.

Il y avait alors trois chantiers d'attaque ; chaque chantier n'opérait que sur la moitié de la largeur du Canal ; deux des chantiers se trouvaient ainsi aux extrémités de l'une des deux demi-largeurs du Canal, le troisième à l'une des extrémités de l'autre demi-largeur.

Les trous de mine étaient forés pendant la nuit. Il y avait en fonctionnement dix appareils de forage, installés, comme il a été expliqué précédemment, sur des appontements portés par des chalands. Chaque appareil faisait moyennement trois trous de mine ; une prime était accordée par trou de mine percé ; aussi quelques équipes arrivaient-elles à forer quatre trous. En tout on forait pendant chaque nuit de trente à quarante trous. On chargeait et l'on mettait le feu.

La profondeur d'eau aux points culminants de la portion de rocher non attaquée n'était alors que de $5^m,50$. On allait jusqu'à la cote $8^m,00$, ce qui correspondait à une profondeur d'eau de 10 mètres.

Chaque chantier de forages était desservi par une drague.

Le matin, les dragues venaient enlever les débris rocheux détachés pendant la nuit par les coups de mine. Les gros blocs amenés par les godets étaient déchargés sur le pont du chaland-porteur de la manière précédemment indiquée.

A la reprise des travaux, en décembre 1869, on n'avait attaqué le rocher qu'avec deux ateliers de forages installés aux extrémités opposées du banc, respectivement, chacun, sur l'une des deux demi-largeurs du Canal.

Avec la nouvelle installation de trois chantiers de forages, ceux-ci, étant compris dans une portion de Canal d'environ 100 mètres de longueur seulement, se trouvaient très rapprochés les uns des autres, et cela occasionnait de sérieuses difficultés pour la marche des dragues qui ne disposaient pas d'un espace suffisant pour pouvoir librement fixer les amarres et les chaînes de papillonnage ; les chaînes de deux des dragues s'enchevêtraient souvent et entraînaient des pertes de temps.

Quand un navire venait à passer, il fallait garer toutes les dragues, déplacer les chalands de forages. On perdait six heures.

A chaque chantier d'attaque, la disposition des trous de mine était la suivante :

En avant du front d'attaque, d'une largeur de 10 mètres (demi-largeur du plafond du Canal), la fouille à achever présentait une profondeur d'eau de 10 mètres; sur le rocher à attaquer, la profondeur d'eau n'était que de $5^m,50$ à 6 mètres; le front d'attaque, qui était à peu près vertical, avait donc une hauteur de 4 mètres à $4^m,50$. Trois lignes de trous de mine étaient pratiquées sur le rocher : la première ligne placée à $0^m,50$ de distance du front d'attaque, les deux autres à des intervalles de 1 mètre ; dans chaque ligne, les trous de mine étaient distants de 2 mètres; d'une ligne à l'autre, les trous étaient en quinconce. Les deux lignes extrêmes contenaient chacune quatre trous placés vis-à-vis les uns les autres; la ligne intermédiaire n'avait que trois trous placés dans les intervalles des trous des files extrêmes.

Les trous étant forés, on les chargeait et l'on mettait le feu. Toutes les mines n'éclataient pas toujours; parfois certaines mines faisaient long feu; d'autres n'avaient pas été allumées. Il fallait, en pareil cas, reprendre le travail. Pour cela, dans chaque ligne, de chaque côté des mines qui avaient raté, on forait dans les intervalles voisins de nouveaux trous de mine que l'on chargeait et auxquels à leur tour on mettait le feu. La dislocation était alors suffisante pour permettre aux dragues d'enlever les débris rocheux.

La profondeur donnée aux trous de mine variait entre les 2/3 et les 3/4 de la hauteur totale de rocher à détacher.

On employait trois espèces de cartouches contenant des charges de poudre différentes. Ces cartouches étaient toutes cylindriques : le diamètre et la hauteur du cylindre étaient variables d'une espèce à l'autre :

1re espèce. —	Diamètre du cylindre, $0^m,06$;	hauteur de $0^m,40$ à $0^m,50$;
2e espèce. —	— — $0\ ,09$;	— $0^m,80$;
3e espèce. —	— — $0\ ,125$;	— $0^m,60$ à $0^m,80$.

Ces dernières cartouches étaient fixées à l'extrémité de tuyaux en fer de $0^m,09$ de diamètre.

Les dragues employées à l'extraction des déblais rocheux avaient une force de 60 chevaux. Leur rendement, pendant une journée de dix à quatorze heures de travail, n'était guère que de 50 à 75 mètres cubes effectifs [1]. La consommation de charbon était d'environ 3 tonnes.

1. Les dragues ont été assez fréquemment arrêtées par suite d'avaries occasionnées par le rocher. Le mouvement des godets en arrière, qui devenait nécessaire pour se remettre en marche chaque fois que la résistance du terrain avait forcé à stopper, donnait à la chaîne dragueuse un mou qui se faisait immédiatement au-dessus du tourteau inférieur, et, chaque fois, la tôle supérieure du bas de l'élinde était violemment comprimée et ne tardait pas à être crevée et détruite par ces chocs répétés. L'addition de nouveaux rouleaux avait été sans résultat. Une élinde avait été brisée ; d'autres avaient dû être changées.

Une autre avarie se produisait sur les palans inférieurs de suspension de l'élinde, dont les axes se tordaient et se brisaient quand un bloc trop gros était amené par les godets sous le palan.

Le mode d'opérer qui fut suivi à partir du milieu de janvier 1870 et qui fut conservé jusqu'à l'achèvement des travaux d'extraction du rocher, à la fin de mars, ne différa que très peu, au fond, de celui qui était pratiqué précédemment; on faisait journellement profit de l'expérience de plus en plus grande acquise dans ce travail de mines sous-marines.

La principale modification introduite consista en ceci, qu'au lieu d'attaquer directement et successivement les diverses parties du banc suivant le mode décrit ci-dessus, on commença par préparer le terrain par une dislocation préalable au moyen de trous de mine plus grands que ceux ordinairement employés et chargés de grosses cartouches : dans la largeur de 10 mètres du front d'attaque, on forait deux rangées de ces trous distantes de 3 à 4 mètres, les trous dans chaque rangée étant distants également de 3 à 4 mètres. Ces grosses mines avaient pour effet de disloquer le rocher, de le diviser en gros quartiers de roche que des mines ordinaires venaient ensuite casser en fragments pouvant être enlevés par les dragues.

On est parvenu ainsi, finalement, à creuser à travers la masse rocheuse un chenal de 20 mètres de largeur et 10 mètres de profondeur à parois verticales. Il fallut procéder alors à la confection des talus, et l'on utilisa la profondeur excédante du chenal pour y loger les débris rocheux provenant de ces talus et détachés également à la mine.

Sur presque toute la longueur du banc, l'épaisseur du rocher dans les talus était assez faible, en sorte que les déblais rocheux, bien qu'ils ne s'étendissent pas en tombant, sur toute la demi-largeur voisine du chenal, trouvaient pourtant à se loger au pied des talus sans compromettre la profondeur normale de 8 mètres. Mais, sur quelques points, l'épaisseur du rocher dans les talus s'est trouvée trop considérable pour permettre le logement des débris rocheux dans l'excédent de profondeur de 2 mètres. On a paré à la difficulté en creusant, sur les points en question, latéralement, un chenal de 20 mètres, un fossé de 4 à 5 mètres de largeur et d'une profondeur de 14 à 15 mètres, dans lequel ont trouvé à se loger tous les débris rocheux du talus.

Par les procédés qui viennent d'être décrits, on était parvenu finalement, dans les derniers jours de mars 1870, à rétablir, sur toute la longueur de 150 mètres du Canal correspondante à l'étendue de l'ancien rocher du kilomètre 93, un profil dépassant assez notablement le profil normal, présentant notamment, au-dessus des débris rocheux formant le plafond du Canal, une profondeur de plus de 8 mètres[1].

A la date du 4 avril, on put faire passer librement dans la tranchée rocheuse un gabarit ayant 18 mètres de largeur à sa partie inférieure et descendant jusqu'à une profondeur de 7^{m},75.

Le cube extrait par le service de l'entretien, à partir de la reprise des travaux d'extraction, le 20 décembre 1869, a été le suivant :

	Mètres cubes
Dans les limites du profil normal	12.458
En dehors du profil	7.571
CUBE TOTAL	20.029

La dépense s'est élevée, de son côté, au chiffre suivant :

	Francs
Poudre : 10.000 kilog. à 5 fr. le kilog	50.000
Matières diverses	56.485
Main-d'œuvre	352.015
DÉPENSE TOTALE	458.500

Le mètre cube d'extraction du rocher est donc revenu à 22 fr. 90.

1. L'achèvement définitif de la tranchée avait été plus long qu'on ne l'avait pensé d'abord. Le travail fait par les dragues pour enlever les saillies du fond en provoquait souvent de nouvelles, et les mines faites sur les talus étaient loin de produire l'effet sur lequel on comptait. Il avait fallu presque partout le passage de la drague pour assurer l'abatage du rocher que les mines avaient fendu, mais non projeté.

Exécution de la partie du Canal comprise entre les lacs Amers et Suez

CAMPEMENT PRINCIPAL DE L'ENTREPRISE SUR LE SEUIL DE CHALOUF EL TERRABA

(PLANCHE XXX)

Avant la mise en train des travaux de terrassements dans la portion de Canal comprise entre les grands fonds des lacs Amers et la rade de Suez, le premier soin de l'Entreprise fut de construire sur le point culminant du seuil de Chalouf el Terraba, qui se trouvait être à peu près le centre des travaux, un campement principal, destiné à servir de centre de ravitaillement pour toute la région. La Compagnie avait d'ailleurs, déjà, sur ce même point, un important campement établi par elle dans les derniers mois de l'année 1863 en vue de la mise en train — qui était alors prochaine et qui eut lieu en décembre de ladite année — des travaux de déblais du seuil par les ouvriers des contingents égyptiens : les installations de la Compagnie couvraient une surface de 1.170 mètres carrés.

Les installations de l'Entreprise sur le seuil de Chalouf, à la date du 1er mai 1866, comprenaient, indépendamment d'une maison en maçonnerie mise gratuitement à sa disposition, dès le début, par la Compagnie, cinq maisons en maçonnerie pour logements d'employés et quarante-deux baraques en bois, dont vingt spécialement destinées au logement des ouvriers européens et pouvant recevoir 600 hommes, huit pour 300 ouvriers arabes, le reste pour bureaux, magasins et économats, ateliers, écuries, cantines, etc. Quelques mois plus tard, une nouvelle maison en maçonnerie fut construite pour le sous-chef de section de l'Entreprise, et douze nouvelles baraques mobiles furent installées pour les ouvriers arabes.

La Compagnie, de son côté, au cours des travaux, eut à ajouter à ses premières installations un hôpital européen et un hôpital arabe avec leurs annexes, des logements pour le personnel du service de la santé, une chapelle et un presbytère, une grande baraque à usage de cercle.

DIVISION EN CINQ SECTIONS DE TRAVAUX, DE LA PARTIE DE CANAL DES LACS AMERS A SUEZ

La partie de canal des lacs Amers à Suez, d'une longueur totale, y compris le chenal du port de Suez, de 62.100 mètres, fut partagée par l'Entreprise en cinq sections, comme suit :

I. Section du petit lac Amer : du kil. 114 au kil. 132 ; longueur, 18 kilomètres.

II. Section de Chalouf : du kil. 132 au kil. 142 ; longueur, 10 kilomètres.

III. Section de la plaine de Suez : du kil. 142 au kil. 151,3 ; longueur, 9.300 mètres.

IV. Section de la Quarantaine : du kil. 151,3 au kil. 158,7 ; longueur, 7.400 mètres.

V. Port de Suez — chenal du port : du kil. 158,7 au kil. 162,1 ; longueur, 3.400 mètres.

Nous décrirons successivement les modes d'exécution qui ont été employés et la marche des travaux dans chacune de ces sections.

I. — Section du petit lac Amer

(DU KIL. 114 AU KIL. 132. — LONGUEUR, 18 KILOMÈTRES)

CONDITIONS ET PROGRAMME D'EXÉCUTION DES TRAVAUX

D'après la première soumission de MM. Borel, Lavalley et Cie, en date du 26 mars 1864, « pour l'exécution des travaux de terrassements et de dragages entre le seuil d'El Guisr et la mer Rouge », le prix alloué pour les déblais ordinaires sur la partie du Canal comprise entre les grands fonds des lacs Amers et la rade de Suez était de 2 fr. 45 le mètre cube ; et, pour tous les déblais situés au-dessous de la cote 19^{m},00 — comme c'était le cas dans toute la traversée du petit lac — qui ne seraient exécutables à sec qu'au pic, à la pince ou à la mine, les prix devraient être établis contradictoirement.

Les Entrepreneurs avaient d'abord arrêté comme suit le programme d'exécution des travaux entre les grands fonds des lacs Amers et la mer Rouge.

Ils se proposaient de creuser à sec le Canal jusqu'à une profondeur d'environ 3 mètres au-dessous du niveau moyen de la mer, depuis un barrage réservé à cet effet à l'extrémité sud du Canal (à son débouché dans le golfe de Suez) jusqu'au point du petit lac Amer où le terrain naturel se trouvait à ladite profondeur. Le petit lac, étant séparé du grand par un seuil dont le point le plus bas n'était guère qu'à 1^{m},50 environ au-dessous du niveau moyen de la mer, devait être complètement fermé par un barrage de faible importance établi sur le seuil en question. Les premiers travaux de creusement une fois terminés, la partie supérieure du barrage de l'extrémité sud du Canal serait remplacée par un ouvrage à vannes permettant l'introduction dans le Canal des eaux de la mer à marée haute. Le petit lac se remplirait ainsi avec les eaux de la mer Rouge; et l'achèvement du Canal dans toute l'étendue du petit lac se ferait alors (en même temps, d'ailleurs, qu'à la traversée du seuil de Chalouf) avec les dragues ordinaires et des gabares à clapets de fond allant verser leurs produits dans le petit lac[1].

Les travaux n'étaient pas encore commencés dans la section du petit lac Amer lorsque intervint, entre la Compagnie et les Entrepreneurs, le troisième Acte additionnel, du 13 avril 1867, apportant, dans le mode et les conditions d'exécution de certaines portions de la partie du Canal faisant l'objet de la soumission du 26 mars 1864, diverses modifications parmi lesquelles nous rappellerons celles concernant spécialement la section du petit lac Amer et qui étaient les suivantes :

« Depuis les grands fonds du grand lac Amer, kil. 114 du kilométrage général du Canal, jusqu'au kil. 129,5 (partie profonde du petit lac, où l'on n'avait guère à creuser que de 3 à 4 mètres), le Canal serait fait à sec jusqu'à profondeur; sur toute la partie du kil. 123 à $126^{km},2$ (partie à terrain dur paraissant devoir être difficile à draguer plus tard pour l'élargissement du Canal), la cuvette serait établie avec une largeur de 44 mètres au plafond.

« Depuis le point $129^{km},5$ jusqu'au point $133^{km},9$, point extrême sud du petit lac (où le terrain ne se trouvait guère qu'à une profondeur de 2 mètres au plus au-dessous du niveau de la mer), le Canal serait creusé jusqu'à la profondeur d'environ $3^{m},50$, — le reste à faire à la drague aux conditions du marché primitif, — cette profondeur étant admise comme représentant la moyenne des profondeurs nécessaires pour exécuter les digues en remblai nécessaires sur cette partie du Canal.

1. Voir plus loin, pour plus amples détails à ce sujet, les renseignements donnés au chapitre concernant les travaux de la section de Chalouf.

« Trois types de nouveaux profils du Canal à appliquer dans la traversée du petit lac étaient annexés à l'Acte additionnel : l'un avec deux digues évasées insubmersibles ; un autre, avec une seule digue insubmersible ; le troisième profil comportant deux cavaliers submergés.

« Pour tous les déblais à sec mentionnés ci-dessus, il était alloué aux Entrepreneurs (principalement en raison de la modification des profils qui comportait une plus grande distance de transport des terres de déblai) un supplément de prix de 1 franc sur le prix du marché, sauf pour la portion de canal de 118^{km},3 au kil. 120 (seuil de séparation des deux lacs), où le supplément de prix serait de 1 fr. 30. Les nouveaux prix devaient s'appliquer à toute nature de terrains.

« Enfin, depuis le point 136^{km},6 jusqu'au point kilométrique 142, le Canal serait fait à sec jusqu'à profondeur, moyennant l'allocation d'un supplément de prix de 2 francs par mètre cube, le nouveau prix de 4 fr. 45 s'appliquant à toute nature de terrain. »

Comme on le voit par les dispositions qui viennent d'être rappelées, l'Acte additionnel avait encore conservé, dans la section du petit lac Amer, un certain cube de déblais à faire à la drague, celui du terrain qui resterait à enlever après les déblais à sec à la profondeur moyenne de 3^{m},50 sur toute la partie du Canal de 129^{km},5 à 133^{km},9.

Sur cette partie de Canal, la portion de 129^{km},5 à 132^{km},0 appartenait à la section du petit lac, et la portion de 132^{km},0 à 133^{km},9 à la section de Chalouf.

Mais, en cours de travaux, dans les derniers mois de l'année 1867, les Entrepreneurs ayant pris le parti de renoncer aux dragages sur chacune de ces deux portions de canal, les travaux de creusement dans toute la section du petit lac (aussi bien — ainsi qu'on le verra plus loin — que ceux de la section de Chalouf) ont été faits entièrement à sec.

MODES D'EXÉCUTION ET MARCHE DES TRAVAUX

Le personnel de la Section a été d'abord installé à Kabret el Echouch, à peu près au droit du kil. 120.

Le premier soin de l'Entreprise fut d'amener l'eau douce au campement. Elle utilisa pour cela l'ancienne rigole d'alimentation des ouvriers des contingents égyptiens précédemment employés au creusement du Canal d'eau douce, laquelle, partant du kil. 56 de ce canal, allait passer à l'est du monument persépolitain. On avait ainsi réduit de 2.500 mètres, c'est-à-dire d'environ moitié, la longueur de nouvelle rigole à ouvrir. A mesure que les chantiers de terrassements de la Section s'étendirent vers le sud, la rigole, à partir du mamelon de Kabret, fut progressivement prolongée le long du Canal maritime jusqu'aux chantiers de la section de Chalouf. Les chantiers de la section du petit lac furent ainsi toujours abondamment alimentés en eau douce.

Le campement de Kabret prit rapidement de l'extension. En dehors des installations de l'Entreprise et de la Compagnie, il y eut bientôt dans le campement plusieurs industriels ambulants qui avaient été autorisés à s'installer à titre temporaire conformément aux anciens règlements, de sorte que, sans compter la succursale de la maison Bazin et Cie (économat institué par l'Entreprise), le campement se trouva avoir une cantine, un boucher, des boulangers, des marchands de comestibles, ce qui était d'un grand intérêt pour des chantiers si éloignés du campement principal de Chalouf. Le service médical fonctionnait d'ailleurs d'une manière régulière : les hommes malades recevaient les premiers soins au campement même, où avait été installée une ambulance mobile pouvant contenir une vingtaine d'Arabes, et ils étaient ensuite transportés à Chalouf au moyen d'une voiture ou d'un canot (sur le Canal d'eau douce) destinés à cet usage.

A la date du 1er mai 1868, le Canal se trouvant achevé sur une longueur de 12 kilomètres à partir du grand lac et les chantiers de terrassements se trouvant ainsi rapprochés du seuil de Chalouf, le campement central de la section du petit lac Amer fut transporté vers le sud, au point 127^{km},7, à 10 kilomètres seulement de distance environ du campement de Chalouf. Les constructions existantes à Kabret furent démontées et transportées au nouveau campement, lequel comprenait notamment, indépendamment des constructions de la Compagnie, deux maisons en bois de 24 mètres sur 8 mètres, un magasin et une écurie.

Les chantiers de terrassements furent successivement ouverts à partir du grand lac, en marchant progressivement vers le sud. Dans chaque chantier, le travail était divisé en tâches successivement entreprises par les ouvriers à mesure de l'achèvement des tâches précédentes. Enfin, dans chaque tâche, on exécutait sans désemparer le Canal à son profil normal.

Six grands chantiers ont été ainsi ouverts dans la Section occupant les portions de canal suivantes :

Chantier n° 1. — De l'origine de la Section, kil. 114, au kil. 119,7; longueur, 5.700 mètres ;

Chantier n° 2. — En face de Kabret, du kil. 119,7 au kil. 120,7 ; longueur, 1.000 mètres ;

Chantier n° 3. — Du kil. 120,7 au kil. 124,1 ; longueur, 3.400 mètres;

Chantiers n°s 4, 5 et 6. — Au sud du kil. 124,1, jusqu'à l'extrémité sud de la Section, kil. 132 ; longueur ensemble, 7.900 mètres.

Nous étudierons successivement la marche des travaux dans chacun de ces divers chantiers.

CHANTIER N° 1. — *Du kil. 114 au kil. 119,7 ; longueur, 5.700 mètres.*

De l'origine de la section au point 114^{km},8, soit sur une longueur de 800 mètres, le terrain était au-dessous du plafond du Canal.

Les premiers ouvriers, d'abord en petit nombre, arrivés sur les lieux à la fin d'avril 1867, furent aussitôt installés, puis, au fur et à mesure, les nouveaux arrivants, dans la partie la plus voisine du grand lac sur une première tâche de 2.100 mètres de longueur. Le nombre des ouvriers, presque tous arabes, augmenta rapidement. Les Arabes travaillaient à la tâche par escouades d'une dizaine d'ouvriers. Les terrassements se faisaient à la brouette. Comme il a été dit plus haut, le Canal était creusé de suite à toute largeur et à profondeur. A mesure de l'achèvement d'une tâche ou portion de canal, les ouvriers étaient reportés sur la portion de canal suivante.

Les travaux du chantier n° 1 ont été ainsi partagés en tâches successives qui ont présenté les particularités suivantes :

Première tâche : De 114^{km},8 *à* 116^{km},9 ; *longueur,* 2.100 *mètres.* — Le terrain était facile à déblayer. A la partie supérieure se trouvait une couche de sous-carbonate de magnésie cristallisé atteignant jusqu'à 2 mètres d'épaisseur ; au-dessous, sable coulant renfermant des débris de coquillages.

Cette tâche a été rapidement terminée.

Deuxième tâche : De 116^{km},9 *à* 117^{km},8 ; *longueur,* 900 *mètres.* — Terrain facile.

Troisième tâche : De 117^{km},8 *à* 118^{km},6 ; *longueur,* 800 *mètres.* — Terrain facile de sable coquillier et sable pur avec plaquettes d'argile. Toutefois, entre 118^{km},2 et 118^{km},3, rencontre d'assez fortes couches de marne. En outre, entre 118^{km},4 et 118^{km},5, deux couches de pierre, l'une de grès tendre, à une profondeur de 0^{m},50 au-dessous du sol et d'une épaisseur moyenne de 0^{m},40 ; l'autre à 1^{m},50 au-dessous de la première, d'un calcaire assez dur et d'une épaisseur de 0^{m},50.

A la date du 1er janvier 1868, la portion de canal depuis le grand lac, kil. 114, jusqu'au point 118^{km},6, d'une longueur de 4.600 mètres, était terminée. Bien que, pendant les travaux, on n'eût pas rencontré d'eaux d'infiltration gênantes, cette portion du Canal se trouvait, au bout d'un mois, recouverte d'une couche d'eau de 10 à 15 centimètres.

Quatrième tâche : De 118^{km},6 *à* 119^{km},7 ; *longueur,* 1.100 *mètres.* — Cette tâche comprenait le seuil de séparation du grand et du petit lac. La profondeur assez considérable de la tranchée, qui était en moyenne d'environ 6 mètres sur le seuil même, rendait difficiles les transports à la brouette, ce qui occasionna à diverses reprises l'abandon de leurs tâches par les ouvriers arabes. Le terrain, pourtant, sauf quelques couches de marne, s'enlevait facilement ; l'argile prédominait.

En conformité du premier programme d'exécution des Entrepreneurs, on avait laissé d'abord sur la partie culminante du seuil, pour former barrage, un massif de terre de 100 mètres de largeur, de 118^{km},750 à 118^{km},850.

A la date du 1er mai 1868, le Canal était terminé sur toute la longueur du chantier.

CHANTIER N° 2. — *Du kil.* 119,7 *au kil.* 120,7 ; *longueur,* 1.000 *mètres.*

— Les travaux n'ont été entrepris sur ce chantier, sis en face du campement de Kabret, qu'en décembre 1867, c'est-à-dire plusieurs mois après la mise en train des travaux du chantier n° 3, sis immédiatement au sud.

Une première tâche avait d'abord été entreprise vers le milieu du chantier devant le campement même ; mais les infiltrations avaient obligé à l'abandonner momentanément. Pour diminuer l'importance de ces infiltrations, on empêcha l'eau de la rigole d'eau douce d'arriver trop près du Canal.

Le chantier fut bientôt attaqué sur toute sa longueur. Les eaux d'infiltration s'écoulaient par deux rigoles d'assèchement creusées sur chaque rive de la tranchée jusqu'à un barrage réservé à l'extrémité sud du chantier, point 120^{km},7, où des chadoufs les rejetaient dans une partie terminée du Canal, au sud, comprise entre le susdit barrage et un autre barrage établi — ainsi qu'il sera expliqué au sujet du chantier n° 3 — au point 122^{km},4.

Les eaux d'infiltration devinrent peu à peu moins abondantes.

Le terrain, généralement composé de sable argileux peu compacte et d'argile, était facile ; on ne rencontra qu'exceptionnellement du sable compacte exigeant l'emploi du pic.

Le Canal était à peu près complètement terminé dans l'étendue de ce chantier à la date du 1er mai 1868. Il ne restait plus à y exécuter que quelques travaux de parachèvement.

Chantier n° 3. — *Du kil.* 120,7 *au kil.* 124,1 ; *longueur*, 3.400 *mètres.*

Le chantier fut ouvert dans le courant de juillet 1867.

Le nombre des ouvriers y augmenta rapidement.

Comme sur le chantier n° 1, les travaux ont été exécutés par tâches successives; les tâches, d'une longueur de 500 à 700 mètres, ont présenté les particularités suivantes :

Première tâche : De 120^{km},7 *à* 121^{km},2 ; *longueur*, 500 *mètres ;*

Deuxième tâche : De 121^{km},2 *à* 121^{km},9 ; *longueur*, 700 *mètres.*

Dans chacune de ces deux tâches, déblais faciles : La rigole d'eau douce, qui avait été amenée le long du chantier, avait donné lieu d'abord à des infiltrations assez importantes pour faire craindre un moment qu'elles ne gênassent beaucoup les travaux; mais ces infiltrations ne se produisirent, en fait, qu'au droit d'une partie de la rigole tout à fait voisine du Canal, et les travaux n'en furent pas sérieusement entravés.

Troisième tâche : De 121^{km},9 *à* 122^{km},5 ; *longueur*, 600 *mètres :*

Quatrième tâche : De 122^{km},5 *au kil.* 123 ; *longueur*, 500 *mètres.*

Déblais faciles dans les deux tâches comme dans les précédentes.

Un petit barrage avait été établi dans la partie terminée du Canal, au point 122^{km},4, pour retenir en arrière les eaux d'infiltration provenant de la rigole d'eau douce, en sorte que l'on ne rencontra plus l'eau dans la fouille de la quatrième tâche qu'à quelques centimètres au-dessus du plafond.

A la date du 1er janvier 1868, le Canal dans le chantier n° 3 était terminé jusqu'au kil. 123, c'est-à-dire sur une première longueur de 2.300 mètres.

[Des coups de vent, en décembre 1867, donnèrent lieu à quelques apports de sable dans le Canal entre les points $122^{km},5$ et $123^{km},2$. Ces endroits furent d'ailleurs les seuls de la région où eurent lieu de pareils apports.]

Cinquième tâche : De 123 kil. à $123^{km},6$; longueur, 600 mètres.

[On rappellera qu'à partir du kil. 123, en marchant vers le sud, le Canal, en raison de la présence d'un banc de grès, devait être établi à la largeur de 44 mètres au plafond jusqu'au kil. 126,2.]

Les grès, rencontrés à partir du point 123,1, ont été enlevés au pic.

Sixième tâche : De $123^{km},6$ à $124^{km},1$; longueur, 500 mètres.

Les terrains étaient maintenant de l'argile jaune. Quelques difficultés se présentèrent, notamment entre $123^{km},640$ et $123^{km},770$ (longueur, 130 mètres), où l'on rencontra au fond du Canal un banc de gypse de $0^{m},80$ d'épaisseur maximum.

A la date du 1er juin 1868, le Canal était terminé depuis l'origine de la Section, kil. 114, jusqu'au kil. 124,1, sur une longueur de 10 kilomètres 100 mètres.

Chantiers au sud du kil. 124,1. — Sur la partie du Canal sise au sud du kil. 124,1, jusqu'à la limite sud de la Section, kil. 132 (longueur, 7.900 mètres), trois grands chantiers ont été ouverts dans les premiers mois de l'année 1868.

Ces chantiers ont présenté les particularités suivantes :

Dans le premier chantier, les grès rouges très résistants annoncés par les sondages se sont surtout rencontrés sur une longueur de 550 mètres, de $124^{km},300$ à $124^{km},850$. Ces grès s'enlevaient généralement au coin et à la masse ; l'extraction nécessita pourtant parfois l'emploi de la poudre.

Sur le reste des chantiers, le déblai a été généralement facile. Cependant, au point $129^{km},9$, s'est rencontrée une couche de grès en formation atteignant jusqu'à une épaisseur d'environ 2 mètres ; mais le peu de dureté de cette couche a permis de l'enlever sans le secours de la poudre.

Pendant les mois de juillet à septembre 1868, une escouade spéciale d'ouvriers a été occupée au remaniement des cavaliers divergents pour la construction de la digue de protection, côté Afrique, entre la limite de la Section, kil. 132, et l'extrémité des cavaliers.

A mesure que la profondeur des tranchées a augmenté, on a eu recours, en partie, à des transports par baudets et par chameaux.

A la date du 15 avril 1869, les travaux se trouvaient concentrés sur le dernier kilomètre sud. Cette concentration des ouvriers sur un si petit espace rendit les travaux difficiles ; la profondeur de la fouille était en moyenne de 7 mètres et la distance des transports de 100 mètres.

L'eau de remplissage des lacs Amers par la Méditerranée avait, à la date susdite, atteint la cote $9^{m},70$ et se trouvait ainsi peu au-dessous du plafond du Canal (cote $10^{m},00$). Pour mettre le dernier chantier à l'abri des eaux, on construisit un petit barrage au point $128^{km},4$.

A la date du 15 mai, l'eau des lacs avait atteint la cote $10^{m},86$.

Après l'achèvement des travaux du dernier chantier, qui eut lieu dans les derniers jours de mai 1869, le barrage du point $128^{km},4$ fut enlevé, et l'eau des lacs se répandit alors dans le Canal jusqu'au point $133^{km},9$, extrémité sud du petit lac Amer et emplacement d'un ancien barrage construit sur ce point, puis enlevé en grande partie pendant l'exécution des travaux de la section de Chalouf.

Pendant ce même mois de mai, en vue de l'introduction projetée des eaux de la mer Rouge dans les lacs, on entreprit la construction au point $131^{km},9$, extrémité du cavalier insubmersible de la rive Afrique, d'un barrage en terre arasé à la cote $18^{m},00$, s'appuyant, du côté Afrique, audit cavalier et s'étendant, du côté Asie, sur une longueur de 468 mètres à partir de l'axe du Canal[1].

A la date du 15 juin 1869, le seul travail restant encore à faire dans la Section consistait dans le remaniement de quelques cavaliers dont la crête avait été établie à un niveau trop élevé. Les travaux de la Section furent complètement terminés à la fin de juin.

Une seule équipe d'ouvriers travailla en juillet, au kil. 123, sur une longueur de 200 mètres, à l'enlèvement du cavalier submersible Asie, cette coupure ayant pour objet de faciliter l'introduction des eaux de la mer Rouge dans le Canal.

RÉSUMÉ DE LA MARCHE DES TRAVAUX DE LA SECTION DU PETIT LAC AMER

Les travaux de la Section, commencés en avril 1867, ont été terminés en juin 1869.

Ils ont été exécutés à la brouette et n'ont exigé des épuisements que sur la partie du Canal d'un kilomètre de longueur sise vis-à-vis du campement de Kabret el Echouch. Dans la partie sud de la Section où la tranchée était profonde, les chantiers à la brouette ont été renforcés par des transports à baudets et à chameaux.

---

1. Voir, pour détails à ce sujet, au chapitre concernant le remplissage des lacs Amers.

Les contingents journaliers d'ouvriers, parmi lesquels un dixième environ d'ouvriers européens, et les contingents moyens d'animaux employés au transport des terres, ont présenté, pendant la durée des travaux, les variations suivantes :

DATES	CONTINGENT JOURNALIER MOYEN		
	Ouvriers	Baudets	Chameaux
1867			
Au début des travaux, en avril	30	»	»
Mai	280	»	»
Juin	800	»	»
A partir de juillet, progression croissante à peu près régulière.			
1868			
Mars	3.050	»	»
Avril à août	2.600	»	»
Septembre	3.750	35	»
Octobre	3.450	40	60
Novembre	2.920	75	50
Décembre	2.380	55	50
1869			
Janvier	1.670	150	30
Février	1.380	370	90
Mars	970	340	90
Avril	790	210	190
Mai	430	75	190
Juin	225	2	110

Le cube total des déblais a été de 2.323.940 mètres cubes [1].

1. Le cube primitivement calculé s'est trouvé augmenté de 47.511 mètres cubes par suite de l'adoption des profils de tolérance.

II. — Section de Chalouf

(DU KILOMÈTRE 132 AU KILOMÈTRE 142. — LONGUEUR, 10 KILOMÈTRES)

(PLANCHE XXXI)

§ 1er. — TRAVAUX D'EXTRACTION DE DIVERS BANCS DE ROCHER EXÉCUTÉS EN RÉGIE PAR L'ENTREPRISE POUR COMPTE DE LA COMPAGNIE

1° EXTRACTION DU BANC DE ROCHER DE CHALOUF

La soumission de MM. Borel, Lavalley et Cie en date du 26 mars 1864 pour l'exécution des travaux de terrassements et de dragages entre le seuil d'El Guisr et la mer Rouge, après avoir mentionné les prix consentis pour les déblais ordinaires et pour les déblais rocheux au-dessus de la cote 19m,00, stipulait que, pour les déblais rocheux situés au-dessous de cette cote 19m,00, les prix seraient établis contradictoirement en cours d'exécution.

Le cahier des charges annexé à la soumission stipulait d'ailleurs, de son côté, savoir :

Par son article 2, que la Compagnie se réservait le droit de continuer à occuper directement sur les chantiers de l'Entreprise les contingents qu'elle pourrait conserver pour l'exécution des déblais à la partie supérieure des terrains, jusqu'à concurrence d'un chiffre maximum de 5 millions de mètres cubes;

Et, par son article 13, que, dans le cas de travaux accidentels n'incombant pas aux Entrepreneurs, ceux-ci, à la demande de la Compagnie, seraient tenus de les exécuter ou de fournir le matériel nécessaire moyennant des prix à débattre.

Pendant que les Entrepreneurs s'occupaient de leurs installations et de l'étude de leur matériel et des moyens d'exécution des travaux, la Compagnie continua d'employer sur leur lot d'Entreprise les ouvriers des contingents jusqu'en mai 1864, époque à laquelle ceux-ci furent supprimés par le Gouvernement Égyptien. En même temps, elle faisait faire sur toute la ligne de la portion de Canal du lot d'Entreprise de nombreux sondages afin de se rendre mieux compte de la nature des terrains que ne le permettaient les sondages, trop distants les uns des autres, de l'origine des études.

PREMIÈRE PARTIE RECONNUE DU ROCHER

(DE 138km,230 A 138km,530. — LONGUEUR, 300 MÈTRES)

Les nouveaux sondages exécutés sur la partie du Canal comprise entre les lacs Amers et Suez avaient fait reconnaître l'existence, dans la traversée du seuil de Chalouf el Terraba, à peu de distance au nord du point culminant du seuil, d'un banc de roche dure occupant toute la largeur du Canal et s'étendant sur une longueur de 300 mètres, du point 138km,230 au point 138km,530. Ce banc allait en s'inclinant du sud au nord : à son extrémité sud, il affleurait le niveau de la banquette de halage (cote 20m,68, soit 0m,68 au-dessus du niveau des plus hautes mers connues de la mer Rouge), où il n'avait guère que de 0m,50 à 0m,75 d'épaisseur; à son autre extrémité, et après avoir passé par des épaisseurs de 2m,00 à 2m,60, il arrivait jusqu'au plafond du Canal où il se terminait en pointe.

Il y a lieu d'ailleurs de mentionner qu'antérieurement, pendant les travaux de premier dérasement du seuil de Chalouf exécutés par les ouvriers des contingents égyptiens jusqu'à la banquette de halage du profil normal, cote 20m,68, on avait rencontré au-dessus de cette banquette, immédiatement au sud du banc révélé par les nouveaux sondages, un banc de roche occupant également toute la largeur du Canal, d'une longueur d'environ 300 mètres, et qui, partant du niveau de la banquette de halage à son extrémité nord, allait, à son extrémité sud, presque affleurer le terrain naturel. Le banc inférieur révélé par les nouveaux sondages n'était, en réalité, que le prolongement du banc situé au-dessus de la banquette de halage et mis à nu par les contingents. La plus grande partie de ce banc supérieur avait même pu être enlevée par les contingents. Ce qui en restait sur place devait être brisé et enlevé par les Entrepreneurs au prix de leur marché.

Mais l'extraction du banc inférieur constituait un de ces *travaux accidentels* prévus par l'article 13 du cahier des charges comme n'incombant pas à l'Entreprise. Ce banc devait être enlevé avant de songer à employer les dragues. Fort heureusement le travail de déblaiement des terres recouvrant le banc, puis d'extraction du rocher, pouvait être fait à sec au moyen d'épuisements. Par application de l'article 13, ce travail fut confié aux Entrepreneurs, les conditions devant être arrêtées plus tard contradictoirement, en cours d'exécution.

Les Entrepreneurs employèrent une année à préparer leurs moyens d'exécution. Les ouvriers spéciaux et le matériel arrivèrent sur le chantier pendant les derniers mois de 1865[1].

MODE D'EXÉCUTION DES TRAVAUX

L'ensemble des dispositions arrêtées pour l'enlèvement des terres recouvrant le rocher était le suivant :

---

1. Dès le commencement de novembre 1865, une escouade de 240 ouvriers piémontais, embauchés spécialement pour l'extraction du banc de rocher, avait été dirigée sur Chalouf.

Pendant ce mois de novembre, il y avait en tout, sur le chantier, 520 ouvriers, dont la majeure partie furent occupés d'abord aux premiers terrassements indispensables pour l'installation générale du chantier, et ce nombre resta à peu près stationnaire pendant les premiers mois des travaux.

Le 1er mars 1866, les ouvriers s'étant mis en grève quittèrent en assez grand nombre les travaux, et il fallut procéder à une réorganisation du chantier. Par suite des désertions, le nombre des ouvriers pendant ce mois de mars s'est trouvé réduit à 250, dont une cinquantaine de mineurs.

Pendant les mois suivants, jusqu'à l'achèvement, en août, de l'extraction du banc de rocher — sur la longueur primitivement reconnue de 300 mètres — le nombre des mineurs a été constamment de 80 à 90. Les Piémontais (chef de chantier, mineurs et terrassiers) qui étaient partis avaient été remplacés par des Dalmates et des Grecs.

Quatre plans inclinés normaux à l'axe du Canal, portant les numéros 1 à 4, distants entre eux de 60 mètres, placés alternativement côté Afrique et côté Asie, étaient destinés à enlever ces terres[1].

Chaque plan partait d'une plate-forme établie sur les cavaliers créés par les contingents et pénétrait en tranchée à travers la berge du Canal avec une inclinaison de 5 pour 1 devant aboutir finalement à l'arête du plafond du Canal. Le plan incliné était muni de deux voies, l'une pour les wagons montant chargés, l'autre pour les wagons descendant à vide. Les wagons montants et descendants étaient attachés aux extrémités d'une même chaîne passant sur un treuil à deux tambours, avec rouleau de friction sous la plate-forme, et auquel le mouvement était donné par une locomobile de 8 chevaux.

La plate-forme était le centre de la décharge, laquelle devait former à partir de ce point un tronc de cône dont le rayon extrême dépendait de la quantité de déblai à enlever par le plan incliné. La décharge se faisait au moyen de deux voies faisant suite à celles du plan incliné et qui se ripaient à mesure qu'elles atteignaient la limite assignée à la décharge.

La fouille était divisée en quatre attaques: la première descendait la tranchée à la cote 19^{m},68, niveau des infiltrations, c'est-à-dire à 1 mètre au-dessous du niveau réalisé par les contingents; les trois autres attaques, d'environ 3 mètres de hauteur chacune, permettaient d'atteindre la partie inférieure du banc de rocher.

---

1. On rappelle que le banc de rocher s'étendait du point 138,230 au point 138^{km},530. Les plans inclinés ont été établis, en réalité, aux points suivants, en allant du nord au sud :

N° 1.	Côté Afrique, au point	138^{km}.220 ;
N° 2.	— Asie. —	138 ,280 ;
N° 3.	— Afrique, —	138 ,340 ;
N° 4.	— Asie, —	138 ,460.

Un nouveau plan, dont il est parlé plus loin, occupait la position suivante :

N° 5. Côté Afrique, au point........................ 138^{km},500.

Les plans inclinés étaient descendus successivement (en quatre reprises) au niveau de chacune des quatre attaques. Pour chaque attaque, on pratiquait tout d'abord une tranchée faisant suite à celle du plan incliné et traversant le canal perpendiculairement à l'axe. Cette tranchée, destinée à recevoir les voies de charge, était ensuite élargie au moyen du ripage des voies jusqu'à ce que l'on eût ains déblayé un triangle ayant pour sommet le pied du plan incliné et pour base la distance entre les deux plans inclinés de la rive opposée.

On devait arriver ainsi à déblayer au moyen de quatre plans inclinés toute la terre au-dessus du banc de rocher, sauf une petite portion au sud du plan n° 4, qui devait être enlevée par un nouveau plan, n° 5, établi côté Afrique, à 100 mètres de distance. Ce nouveau plan était installé comme les précédents, avec cette seule différence que le treuil et la locomobile étaient placés au niveau du terrain naturel. Il était principalement destiné à monter non seulement la pierre provenant de la partie sud du banc de rocher, mais encore celle qui avait été laissée par les anciennes tâches des contingents entre $138^{km},620$ et $138^{km},920$. Toutes ces pierres pouvaient ainsi être déposées sur le terrain naturel, au droit du campement, sur toute la longueur de la lacune existante sur ce point entre les cavaliers.

Les eaux d'infiltration se rencontraient à la cote $19^{m},68$, c'est-à-dire à 1 mètre en contre-bas de la banquette de halage[1]. Pour pouvoir travailler à sec, deux rigoles longitudinales, situées de part et d'autre de l'axe du Canal, toujours descendant au-dessous de l'attaque en exécution, recueillaient les eaux et les conduisaient à un puisard situé au nord de l'extrémité du banc de rocher, à environ 30 mètres de distance du premier plan incliné, au point $138^{km},170$. De

1. Vis-à-vis de Chalouf, le niveau de l'eau du Canal d'eau douce était à la cote $22^{m},30$.

là elles étaient enlevées au moyen de pompes Coignard (pompes rotatives) mises en mouvement par des locomobiles placées sur le fond de la tranchée supérieure (cote 20^{m},68). Chaque pompe pouvait donner 120 mètres cubes par heure et enlever ainsi en moyenne environ 2.000 mètres cubes par jour en travaillant dix-huit heures effectives. La chambre des pompes était disposée de manière à pouvoir en recevoir six. Les eaux rejetées par le tuyau de refoulement étaient amenées au moyen d'une conduite en bois jusque dans le Canal des Pharaons, à sa sortie du Canal d'eau douce; elles traversaient en tunnel la berge du Canal et allaient alors se perdre dans le bas-fond qui règne le long du Canal maritime entre les points kilométriques 134 et 140.

L'eau douce pour l'alimentation des machines arrivait du Canal d'eau douce par une rigole jusque près du bord du Canal maritime. De là elle était amenée par une conduite en bois dans un réservoir situé auprès des locomobiles actionnant les pompes d'épuisement. On profitait de l'excès de force dépensé inutilement par les locomobiles pour élever l'eau du réservoir à une hauteur de 8 mètres jusqu'à une autre conduite qui, avec une faible pente, allait alimenter, sur les cavaliers, les locomobiles donnant le mouvement aux plans inclinés.

MARCHE DES TRAVAUX

A la date du 15 janvier 1866, la situation des travaux était la suivante :

La première attaque n'était pas encore terminée.

Trois plans seulement fonctionnaient : les plans 1, 3 et 5, situés côte Afrique. Le matériel des plans 2 et 4 n'était pas encore arrivé ; les terrassements de la première attaque au droit de ces plans avaient pourtant été exécutés, partie par les plans 1 et 3, partie par des chantiers à la brouette.

Les plans 1 et 3 en fonctionnement n'avaient monté jusqu'alors qu'un wagon à la fois; mais on prenait des dispositions pour monter deux wagons en diminuant la vitesse.

La rigole d'épuisement du côté Afrique était à 2 mètres seulement au-dessous de la première attaque; mais on descendait la rigole Asie jusqu'au niveau de la seconde attaque, et ces abaissements ne paraissaient pas augmenter notablement l'importance des infiltrations.

Une seule pompe, fonctionnant jour et nuit, et dont le travail effectif était d'environ dix-huit heures sur vingt-quatre, suffisait alors pour les épuisements.

A la date du 1er mars :

Les quatre plans inclinés 1 à 4 étaient en fonctionnement et exécutaient la deuxième attaque. Tous ces plans enlevaient maintenant deux wagons à la fois ; ce résultat avait été obtenu en augmentant le diamètre des poulies de commande sur les treuils.

A certains plans inclinés on avait enlevé jusqu'à cent soixante-quinze wagons par jour. Les bonnes journées étaient de cent soixante wagons, soit de 310 à 320 mètres cubes. Le travail journalier des quatre plans variait de 1.000 à 1.200 mètres cubes.

En même temps que ces plans travaillaient à l'enlèvement des terres, on s'occupait de l'extraction du banc de rocher dans la partie découverte ; les pierres étaient enlevées par le plan 5.

Les épuisements se faisaient par deux locomobiles placées près du puisard, travaillant alternativement et fonctionnant jour et nuit.

A la date du 1er avril :

Malgré la diminution du nombre des ouvriers à la suite de la grève et des désertions qui avaient eu lieu au commencement de mars, la réorganisation du chantier avait permis d'obtenir d'aussi bons résultats que le mois précédent ; pendant la dernière quinzaine du mois on avait monté, en effet, jusqu'à six cents wagons par jour, soit environ 1.200 mètres cubes de terre.

A la date du 1er mai :

Les déblais de la deuxième attaque, arrêtés en moyenne à la cote 17 mètres, étaient terminés ; et, avec les plans 1, 2 et 3, on poursuivait activement la troisième attaque de façon à descendre jusqu'à la cote 13m,68. Le plan 4, momentanément arrêté, devait, à bref délai, recommencer à fonctionner.

La réinstallation des plans pour la troisième attaque et le remaniement du matériel avaient eu pour conséquence de réduire de près de moitié le travail mensuel.

Un nouveau plan incliné avait été installé par les Entrepreneurs, côté Afrique, au point 138km,760, c'est-à-dire à 260 mètres au sud du plan 5, pour permettre de dégager le Canal du déblai de rocher effectué au-dessus de la cote 20m,68, soit par les contingents, soit par l'Entreprise elle-même, et dont le cube total s'élevait à environ 5.900 mètres. Ce travail une fois terminé, le plan, comme les autres plans inclinés, — en dehors de ceux du chantier de régie, — devait descendre jusqu'à la cote 15m,50, niveau général que l'Entreprise, à cette époque, était dans l'intention d'atteindre à sec, au moins sur toute l'étendue du seuil.

A la date du 1er juillet :

Tout le banc de rocher était à découvert, sauf la partie correspondante au plan 1 et à une partie du plan 4.

On travaillait au percement, dans le banc de roche, d'une nouvelle cuvette destinée à permettre de monter les pierres par le plan 3 et de cesser alors la traction par le plan 5, devenue très coûteuse par suite de la distance du plan aux points d'attaque. En outre, afin de se débarrasser des épuisements que l'on était obligé de faire en arrière du banc, on perçait dans l'axe même du Canal, à travers le banc, une autre cuvette devant porter les eaux dans le puisard. Ces cuvettes devaient d'ailleurs permettre d'avoir de nouvelles attaques sur le banc de rocher et d'en hâter ainsi l'extraction.

A la date du 1er octobre :

La rigole ouverte à travers le banc de rocher pour conduire au puisard les eaux d'infiltration ayant été terminée dans les premiers jours de septembre, le banc, à partir de cette date, avait pu être attaqué de tous côtés. Depuis lors, trois des plans inclinés avaient fonctionné régulièrement, savoir : le plan 1, pour achever l'enlèvement des terres de découvert; le plan 3, pour le transport des pierres; enfin le plan 4, qui, au début, enlevait la terre au-dessus du rocher et qui avait fini sa tâche, — après quoi le rocher avait été extrait, — pour l'enlèvement de la terre au-dessus du rocher, travail rentrant dans la catégorie des terrassements ordinaires à la charge de l'Entreprise.

Après l'achèvement du travail d'enlèvement des terres de découvert, le plan 1 a été employé à son tour au transport des pierres provenant de l'extraction du banc de rocher.

A la date du 1er décembre 1866, l'extraction du banc de rocher était terminée depuis près d'un mois.

Les cubes de déblais avaient été les suivants :

	Mètres cubes
Terres de découvert	90.800
Rocher	19.980
CUBE TOTAL	110.780

Le travail d'extraction du banc de rocher avait été généralement exécuté à la tâche par les ouvriers.

DEUXIÈME PARTIE RECONNUE DU BANC DE ROCHER

(DE 138km,145 A 138km,230. — LONGUEUR, 85 MÈTRES)

Au cours des travaux d'extraction du banc de rocher de Chalouf primitivement reconnu, on constata, au nord du puisard, l'existence, que n'avaient pas révélée les précédents sondages (faits en 1864), d'une plaquette de grès, de 30 à 40 centimètres d'épaisseur moyenne, régnant presque au niveau du plafond du Canal, en prolongement de la partie inférieure du banc[1]. Cette plaquette rocheuse se trouvait juste au-dessous du point sur lequel étaient installées les locomobiles et les pompes qu'il fallait déplacer pour permettre l'extraction. De nombreux sondages permirent de bien délimiter le nouveau banc de roche. L'attaque à faire au nord du puisard devait avoir une cinquantaine de mètres de longueur.

Le nouveau travail fut confié, comme le précédent, aux entrepreneurs pour être exécuté par eux en régie au compte de la Compagnie.

Commencé en novembre 1866, il a été terminé dans le courant d'avril 1867.

Les cubes de déblais qu'il a exigés ont été les suivants :

	Mètres cubes
Terres de découvert	20.800
Rocher	120
CUBE TOTAL	20.920

Dès que le travail a été terminé, le plan n° 1 a été démonté pour être utilisé par l'Entreprise sur un autre point des chantiers du seuil de Chalouf. Les trois autres

1. Au puisard du banc de rocher, situé au point 138km,170, c'est-à-dire à 60 mètres au nord de l'extrémité du banc, on avait bien trouvé, à la cote 11m,68, une plaquette de roche d'environ 0m,16 d'épaisseur; mais l'ancien sondage, fait précisément au point qui marqua l'extrémité présumée du banc, et un nouveau sondage fait à une distance de 10 mètres au nord du puisard n'avaient révélé aucune trace de roche.

plans étaient d'ailleurs employés par l'Entreprise à l'enlèvement des terres sous le banc de rocher.

En ajoutant les chiffres des déblais de la plaquette rocheuse à ceux des déblais du rocher principal, on voit que l'extraction du rocher de Chalouf a donné lieu, en définitive, aux cubes de déblais suivants :

	Mètres cubes
Terres de découvert	111.600
Rocher	20.100
CUBE TOTAL	131.700

Quant aux conditions d'exécution en régie par l'Entreprise, au compte de la Compagnie, des travaux d'extraction du banc de rocher, elles avaient été finalement arrêtées d'un commun accord, en octobre 1866, comme suit :

Les Entrepreneurs porteraient en compte toutes les dépenses justifiées pour travaux et acquisitions de matériel ; ils ajouteraient, à ce relevé de leurs dépenses réelles, 10 0/0 pour frais généraux et 15 0/0 pour bénéfice ; ils reprendraient le matériel pour 40 0/0 de sa valeur d'achat, c'est-à-dire avant addition des quantums pour frais généraux et bénéfice ; enfin, dans le cas où, plus tard, ils auraient à utiliser de nouveau ce matériel dans des travaux en régie, ils ne le feraient figurer dans les comptes, à un titre quelconque, pour un prix plus élevé que celui de la rétrocession[1].

2° EXTRACTION DU BANC DE ROCHER DU KIL. 135

Pendant les premiers mois de l'année 1867, de nouveaux sondages avaient été exécutés sur la partie du Canal, de 2.700 mètres de longueur, comprise entre les points $133^{km},9$

1. A l'occasion de l'arrangement relatif à l'extraction du rocher de Chalouf, il a été convenu, en même temps, que, pour les travaux en régie que les Entrepreneurs auraient à exécuter par la suite, les quantums pour frais généraux et pour bénéfice seraient fixés l'un et l'autre à 10 0/0 (quantums qui avaient servi de base générale à tous leurs marchés), sauf à élever le dernier quantum, seulement dans des circonstances exceptionnelles difficiles à fixer, d'accord avec le Directeur général des travaux.

et 136^{km},6, c'est-à-dire entre la limite sud des petits lacs et le pied nord du seuil de Chalouf, partie de Canal où le terrain se trouvait très peu au-dessus du niveau de la mer et où les eaux d'infiltration avaient formé antérieurement un lac ; et ces sondages avaient révélé l'existence, aux environs du kil. 135, de couches de grès gypseux et siliceux très durs, d'une épaisseur variable de 0^{m},20 à 0^{m},60 et s'étendant sur une longueur d'une centaine de mètres.

Aussi, par le troisième Acte additionnel passé le 13 avril 1867 avec MM. Borel, Lavalley et Cie, concernant « diverses modifications apportées dans le mode et les conditions d'exécution de certaines portions du Canal maritime entre le seuil du Sérapéum et Suez », fut-il stipulé que pour la portion susmentionnée du Canal, de 2.700 mètres de longueur, où était maintenu le mode d'exécution par dragages, il n'était dérogé en rien aux conditions et prix du marché primitif, « sauf en ce qui concernait le banc de rocher récemment révélé par les sondages vers le kil. 135, qui serait extrait en régie aux conditions fixées, le 8 octobre 1866, pour l'extraction du banc de rocher de la tranchée de Chalouf ».

Les Entrepreneurs mirent la main à l'œuvre pour l'exécution de ce travail dans les derniers jours du mois de mai.

Le banc de rocher s'étendait, en réalité, sur une longueur de 130 mètres, de 134^{km},800 à 134^{km},930.

Le mode de travail adopté pour son extraction fut le même qu'au rocher de Chalouf, c'est-à-dire au moyen d'un plan incliné, lequel fut installé au milieu de la longueur du chantier, du côté Asie ; des rigoles d'assèchement étaient creusées sur chaque rive du Canal, en contre-bas des attaques, et les eaux, réunies dans un puisard établi au nord du chantier, étaient élevées au moyen d'une pompe rotative mue par une locomobile et rejetées à l'est, dans le lac, au delà des cavaliers.

Le plan devait exécuter le travail en deux attaques d'environ 4 mètres de hauteur chacune.

Pendant que l'on procédait à son installation, des chantiers à la brouette attaquaient l'intérieur du Canal entre les deux rigoles d'épuisement.

Le plan incliné commença à fonctionner le 17 juillet. Peu de jours après, le 21 juillet, son pied fut atteint par les eaux d'infiltration à la suite d'une rupture survenue dans la berge du Canal d'eau douce au kil. 70,800, et la pompe d'épuisement dut marcher nuit et jour[1].

Par suite de l'abondance des eaux d'infiltration pendant toute la durée des travaux, on dut provisoirement renoncer à descendre le plan incliné jusqu'au plafond même du Canal (cote 9^m,68), et l'on s'arrêta à la cote 11^m,00.

Le travail d'extraction était difficile, non seulement par suite de l'abondance des eaux d'infiltration, mais aussi en raison de la nature du terrain constitué par une marne tellement dure qu'elle obligeait parfois à employer la mine.

Des tâches à la brouette distribuées sur toute la surface du chantier venaient en aide au travail du plan incliné. Elles déblayaient jusqu'à la cote 13^m,50, c'est-à-dire jusqu'à environ 4 mètres au-dessus du plafond du Canal.

---

1. La rupture de la berge du Canal d'eau douce s'est produite d'une manière imprévue, le 21 juillet, à trois heures du matin. L'Entreprise fut mise immédiatement en réquisition pour fournir des ouvriers et le matériel nécessaires à la construction d'un batardeau à 300 mètres en aval de la brèche. Ce batardeau, commencé à quatre heures du matin, fut terminé à quatre heures du soir; mais ce ne fut pourtant que dans la nuit que l'on parvint à le rendre tout à fait étanche. Les jours suivants on procéda à la fermeture de la brèche de la berge, qui fut terminée le 27, en même temps que s'achevait l'enlèvement du batardeau.

Les eaux qui s'étaient écoulées par la brèche n'avaient pas causé de dommages au Canal maritime; la navigation sur le Canal d'eau douce n'avait pas beaucoup souffert, et il était resté assez d'eau dans le bief pour l'alimentation des chantiers et de la ville de Suez.

Seules, les berges en remblai de la rigole d'alimentation des chantiers de la Section du petit lac avaient été enlevées sur une longueur de 300 mètres; mais cela n'avait eu d'autre inconvénient que d'obliger les chameliers à aller prendre l'eau un peu plus loin, au kil. 68.

Le Canal d'eau douce étant entre les mains du Gouvernement Égyptien depuis le 12 juillet 1866, il fut fait un relevé de toutes les dépenses occasionnées à la Compagnie par l'accident pour le montant en être porté au compte du Gouvernement.

Les bancs de grès, au nombre de trois, d'une épaisseur assez faible, ne dépassant pas 0m,60, n'étaient pas très résistants. Ils étaient donnés indistinctement à la tâche avec les terres. On les enlevait à la masse et au pic ; la poudre était inutile. En certains endroits, l'argile offrait plus de résistance que les bancs de grès, en raison surtout du peu d'épaisseur de ceux-ci, et exigeait, comme il a été dit déjà, l'emploi de la poudre.

Les bancs de rocher du kil. 135, comme le grand banc de rocher du seuil de Chalouf, allaient en s'inclinant du sud au nord.

Les pierres provenant des bancs rocheux étaient triées et déposées à part pour servir plus tard au revêtement des talus à la traversée du seuil de Chalouf.

Lorsque les deux voies en prolongement de celles du plan incliné, la voie du nord et la voie du sud, qui reposaient sur le terrain déblayé jusqu'à la cote 11m,00, eurent atteint les extrémités du chantier, on procéda à l'enlèvement de la couche restante du terrain jusqu'au plafond du Canal, puis à l'enlèvement des plates-formes elles-mêmes sur lesquelles reposaient les voies, enfin à l'extraction du massif de terre qui avait été laissé contre la rive Asie en vue de se réserver des terres pour remblayer la cuvette du plan incliné.

La voie du nord avait principalement travaillé dans une argile compacte très dure ; la voie du sud, dans le sable et l'argile séparés par les couches rocheuses. Une seule de ces couches rocheuses avait exigé l'emploi de la mine.

Il y a eu, en moyenne, une centaine d'ouvriers sur le chantier.

Le plan incliné était parvenu à faire 180 wagons par jour, soit environ 300 mètres cubes. Il a cessé de fonctionner le 9 février 1868. Les travaux d'extraction du banc de rocher avaient donc duré environ sept mois. Ils avaient donné lieu aux cubes de déblais suivants :

	Mètres cubes
Terres de découvert, y compris des éboulements	39.490
Rocher	1.920
CUBE TOTAL	41.410

3° EXTRACTION DU BANC DE ROCHER DU KIL. 134,150

Les sondages supplémentaires faits sur la partie du Canal comprise entre les points 133km,9 et 136km,6, qui, à l'exception de la portion occupée par les bancs rocheux du kil. 135, devait être creusée à la drague, avaient accusé uniformément, sauf sur un point, un terrain composé d'argile sableuse assez compacte avec plaquettes de gypse. Mais vers le point 134km,150 existait une dune où l'on avait reconnu l'utilité d'une étude spéciale. Effectivement, les sondages sur ce point révélèrent l'existence d'un banc de grès régnant sur toute la largeur du Canal et s'étendant sur une longueur de 70 mètres. Son extrémité sud était à la cote 17m,80 et, à son extrémité nord, il plongeait sous le plafond du Canal. Cette forme inclinée présentait ainsi une grande analogie avec celles du grand rocher de Chalouf et des bancs rocheux du kil. 135. L'épaisseur à l'extrémité sud était de 0m,40 ; à l'extrémité nord, de 1m,40.

Un nouveau chantier de régie était donc encore nécessaire sur ce point.

Les Entrepreneurs ont mis la main à l'œuvre dans les premiers jours de décembre 1867.

Les travaux ont été exécutés à la brouette.

Le banc rocheux était entouré de marne d'une extraction aussi difficile que le rocher. L'extraction s'est faite pourtant presque uniquement au pic et au coin; la mine n'a dû être exceptionnellement employée que pour certaines parties de marne très compacte.

L'enlèvement du banc devait exiger les déblais suivants :

	Mètres cubes
Terres de découvert........................	11.730
Rocher....................................	1.250
Cube total prévu............	12.980

Mais les Entrepreneurs ayant, dans le courant d'avril 1868, suspendu provisoirement leurs travaux sur la portion de Canal comprise entre les points $133^{km},9$ et $136^{km},6$ pour reporter le matériel et les ouvriers sur d'autres chantiers, le travail en régie s'est trouvé en même temps arrêté.

Les terrassements avaient été descendus uniformément à la cote $16^{m},50$; sur deux points, à la cote $14^{m},50$.

Le cube total des déblais exécutés était le suivant :

	Mètres cubes
Terres de découvert........................	5.368
Rocher....................................	373
Cube total exécuté............	5.741

Le travail en régie n'a pas été repris. Lorsque, trois mois après leur arrêt, les chantiers à la brouette ont été réinstallés sur toute l'étendue de la portion de Canal qui avait été provisoirement abandonnée, les déblais qui restaient encore à faire pour l'extraction du banc ont été exécutés par l'Entreprise au prix même de son marché.

[Par l'article 5 d'un cinquième Acte additionnel passé le 30 octobre 1868 avec MM. Borel, Lavalley et Cie, il avait été alloué à ces Entrepreneurs une certaine somme à forfait pour tous les terrains durs en dehors de ceux jouissant d'une plus-value spéciale qui pourraient se rencontrer dans toute l'étendue de leur Entreprise.]

§ 2. — TRAVAUX DE TERRASSEMENTS A L'ENTREPRISE

Avant de décrire les travaux exécutés par l'Entreprise pour le creusement du Canal à la traversée du seuil de Chalouf, nous devons rappeler tout d'abord que les ouvriers des contingents égyptiens, — supprimés en mai 1864 par le Gouvernement, — avaient attaqué la partie la plus élevée du seuil et ouvert la tranchée sur environ 4 kilomètres de longueur jusqu'à la banquette de halage du profil normal, cote 20^{m},68.

CONDITIONS ET PROGRAMME D'EXÉCUTION DES TRAVAUX

A la date où commencèrent les travaux de l'Entreprise dans la section de Chalouf, dans les derniers mois de l'année 1865, l'exécution de ces travaux se trouvait encore sous le régime de la soumission primitive des entrepreneurs en date du 26 mars 1864 « pour l'exécution des travaux de terrassements et de dragages entre le seuil d'El Guisr et la mer Rouge ».

D'après cette soumission, les prix alloués pour les différentes natures de déblais entre les grands fonds des lacs Amers et la rade de Suez étaient les suivants :

Pour les déblais ordinaires : 2 fr. 45 le mètre cube :

Pour tous les déblais situés au-dessus de la cote 19 qui, à sec, ne seraient exécutables qu'au pic, à la pince ou à la mine : 3 fr. 50 ;

Enfin, pour les mêmes déblais au-dessous de la cote 19, les prix devaient être établis contradictoirement.

Et, d'après l'un des paragraphes de l'article du devis et cahier des charges annexé à la soumission, concernant l'ordre des travaux des contingents, la Compagnie était tenue de construire sur le seuil de Chalouf un branchement du Canal d'eau douce aboutissant au Canal maritime et de dimensions permettant le passage des dragues.

Au début, c'est-à-dire alors que les travaux devaient se faire sous le régime de la soumission de 1864, les Entrepreneurs avaient arrêté ainsi qu'il va être expliqué le programme d'exécution de la tranchée du Canal à la traversée du seuil de Chalouf[1] :

1. Extrait d'une communication faite par M. Lavalley à la Société des Ingénieurs civils dans la séance du 21 septembre 1866.

Le niveau de l'eau dans le Canal d'eau douce vis-à-vis du seuil étant à la cote 22m,30, il n'eût pas été impossible, pour l'achèvement du travail commencé par les contingents, d'opérer comme au Sérapéum, c'est-à-dire de creuser une rigole dans le plafond de la tranchée déjà exécutée et de remplir d'eau douce deux dépressions naturelles que traversait le tracé du Canal; des dragues introduites alors avec leurs gabares par l'embranchement du Canal d'eau douce auraient creusé la tranchée jusqu'en contre-bas du niveau moyen de la mer Rouge (cote 18m,36). Mais, si l'une des deux dépressions était peu importante, l'autre, au contraire, était très considérable et eût absorbé une énorme quantité d'eau douce, hors de proportion avec le cube que l'on avait à loger.

Les entrepreneurs avaient donc préféré d'autres dispositions. Ils se proposaient de continuer à sec les terrassements faits par les contingents et de les descendre jusqu'à 3 mètres environ au-dessous du niveau de la mer. On ouvrirait ainsi la tranchée depuis la plaine de Suez jusqu'au point où, dans le petit lac, le terrain naturel se trouvait au niveau ci-dessus. Ce travail serait terminé en même temps que les deux rigoles traversant la plaine de Suez[1]. On couperait alors le barrage conservé entre la grande tranchée de Chalouf et lesdites rigoles et l'on ouvrirait celui qui, à l'extrémité de la plaine, à l'entrée de la mer Rouge, permettait de laisser pénétrer ses eaux pendant la haute mer. L'eau de la mer Rouge arriverait ainsi au petit lac par les canaux dont la largeur et la profondeur avaient été déterminées d'après la condition qu'avec un courant assez faible pour ne pas gêner le chantier de dragage, le remplissage du petit lac se fît assez rapidement.

Le petit lac était presque fermé à son débouché dans les grands lacs par un seuil dont le point le plus bas était à environ 1m,50 au-dessous du niveau moyen de la mer. Sur ce seuil, un barrage de faible importance fermerait complètement le petit lac et permettrait de le remplir avant de laisser entrer l'eau de la mer Rouge dans le grand lac[2].

---

1. Voir plus loin, au sujet de ces rigoles, la description des travaux de la section de la plaine de Suez.

2. Dans une nouvelle communication faite à la Société des Ingénieurs civils, dans sa séance du 26 juillet 1867, et où il est rendu compte d'importantes modifications, — qui seront décrites plus loin, — apportées depuis quelques mois, d'accord avec la Compagnie, dans le mode d'exécution des travaux primitivement prévu, M. Lavalley, au sujet du projet de remplissage du petit lac par les eaux de la mer Rouge que comportait le programme primitif, donna les explications suivantes :

L'Entreprise avait un intérêt de commodité, de facilité de travail, à laisser les dragues dans la plaine de Suez à l'abri de l'action des marées de la mer Rouge. C'est pourquoi elle comptait creuser tout le Canal, dans la plaine de Suez, au moins jusqu'au niveau moyen de la mer, en laissant subsister à son

L'achèvement du Canal à la traversée du seuil de Chalouf et sur toute l'étendue du petit lac se ferait avec les dragues ordinaires et des gabares à clapets de fond qui iraient verser leurs produits dans le petit lac.

C'est d'après ce premier programme d'exécution que les travaux ont d'abord été entrepris au seuil de Chalouf.

Le mode d'exécution des travaux était d'ailleurs le suivant:

L'exécution des terrassements à sec se faisait à bras et à la brouette dans la partie où le terrain était à peu près au niveau de la mer, au wagon partout où le terrain était plus haut.

On employait, pour remonter les wagons, des plans inclinés à deux voies avec treuils à chaîne et machine à vapeur placée sur des cavaliers.

Les plans inclinés étaient placés alternativement sur l'une et l'autre rive perpendiculairement à l'axe du Canal. Chaque plan incliné partait du fond de la tranchée au pied du talus et s'élevait sur une portion de cavalier formée à la brouette.

Les deux voies d'attaque étaient d'abord prolongées en cuvette sur la largeur de la tranchée, puis ouvertes en éventail par des ripements successifs à mesure que s'élargissait la cuvette.

A la décharge, les deux voies étaient également posées en ligne droite sur le cavalier qu'on allongeait perpendiculairement à l'axe du Canal au moyen de wagons déchargeant en bout. Quand un prolongement suffisant avait été obtenu, le déchargement se faisait de côté et les voies étaient également ripées en éventail.

---

extrémité un barrage qui ne serait enlevé que lorsque tout le travail de la plaine serait terminé.

D'après le plan de campagne primitivement adopté, on devait terminer Chalouf et le petit lac à la drague ; il fallait donc remplir ce dernier aussitôt que les travaux préparatoires à sec seraient achevés.

Comme il eût été trop long d'attendre que la Méditerranée eût rempli le grand et le petit lac, on avait dû recourir, pour le remplissage de ce dernier, aux eaux de la mer Rouge.

Pour cette opération de remplissage, on devait remplacer le barrage de la mer Rouge par un ouvrage à vannes, qui se fût ouvert quand la mer aurait été au-dessus de son niveau moyen et qui se serait refermé aussitôt qu'elle aurait commencé à descendre au-dessous de ce même niveau. De cette manière le niveau du Canal dans la plaine de Suez n'aurait varié que d'une quantité bien inférieure à la différence de niveau et de basse mer.

Depuis la décision prise par la Compagnie, sur la proposition des Entrepreneurs, de l'exécution entièrement à sec de toute la portion du Canal depuis les grands fonds des lacs Amers jusqu'à la plaine de Suez, l'Entreprise n'avait plus d'intérêt à remplir à bref délai le petit lac, lequel commencerait à se remplir en même temps que le grand lac par la Méditerranée.

Chaque plan incliné faisait donc un cavalier de dépôt ayant la forme d'un demi-cercle dont le diamètre était parallèle au Canal et du centre duquel partaient les deux voies de fer.

La fouille avait la forme d'un triangle dont le sommet était au pied du plan incliné, la base au pied du talus opposé; et, comme les plans inclinés se succédaient alternativement sur l'une et l'autre rive, la suite de tous ces triangles couvrait tout le plafond de la tranchée.

Chaque plan incliné faisait une longueur d'environ 200 mètres de tranchée ou un cube d'environ 100.000 mètres cubes.

Les rails, la machine, les wagons étaient ensuite reportés plus loin où le terrain avait été préparé pour les recevoir, et là ils recommençaient une nouvelle tâche.

Les wagons, à l'exception des bâtis, étaient complètement en fer. Leur capacité, de 2 mètres cubes.

Chaque plan incliné montait souvent plus de 400 mètres cubes par jour; le rendement moyen pouvait être compté de 350 à 375 mètres cubes.

Les Entrepreneurs estimaient qu'avec des terrassiers plus habiles, des voies bien posées, sous un climat moins fatigant, on arriverait facilement à une moyenne de 500 mètres cubes par jour.

On avait cherché par les dispositions adoptées à réduire au minimum les distances de transport, et aussi les frais d'acquisition du matériel qui, ne devant travailler que très peu de temps, serait amorti par un cube peu considérable.

Les rails, les traverses, n'ayant pas à porter de machines locomotives, n'avaient que la force nécessaire pour porter les wagons, et leur longueur totale était, comme la distance de transport, aussi faible que possible.

Les wagons, n'ayant à parcourir que peu de chemin, étaient peu nombreux. On employait des mulets pour conduire les wagons de l'extrémité du plan incliné à la charge et à la décharge.

Cette traction était malheureusement assez coûteuse. C'était un désavantage de cette disposition du chantier, très séduisante d'ailleurs par sa simplicité, par la facilité de surveillance. On avait bien songé à remplacer les mulets par des treuils à vapeur qui, en bas et en haut du plan incliné, feraient le mouvement des wagons au moyen d'un câble et de poulies de retour facilement attachées aux traverses des voies; mais le temps avait manqué pour exécuter ce complément d'installations, dont l'étude avait montré la complète possibilité.

On sait qu'au sud des lacs Amers le Canal d'eau douce est assez rapproché du Canal maritime. Dans la région, les terrains étaient argileux, contenant quelques bancs, quelques poches de sable; on ne trouvait plus ici les sables imperméables existant sur d'autres points. Aussi la tranchée ouverte recevait-elle d'assez abondantes infiltrations. On s'en débarrassait au moyen d'une rigole creusée du côté du Canal d'eau douce au bord du plafond de la tranchée : des pompes rotatives placées de distance en distance élevaient l'eau et la rejetaient dans une rigole qui la conduisait dans le bassin du petit lac.

Pour l'exécution des déblais à sec que comportait la réalisation de la première partie de ce programme, les Entrepreneurs, indépendamment des ressources que le recrutement des ouvriers indigènes pourrait leur fournir pour les déblais à bras d'hommes, avaient résolu de recourir au mode d'exécution par wagons avec plans inclinés, et ils avaient en conséquence fait une commande importante de ce matériel ainsi que de pompes rotatives pour les épuisements[1].

Mais, au cours des travaux, intervint, à la date du 13 avril 1867, entre la Compagnie et les Entrepreneurs, une nouvelle convention, dite troisième Acte additionnel, apportant dans le mode et les conditions d'exécution de certaines portions du Canal maritime entre le seuil du Sérapéum et Suez, diverses modifications, parmi lesquelles celles concernant spécialement la portion de Canal comprise entre les grands fonds des lacs Amers et la plaine de Suez (comprenant les deux sections de travaux dites du petit lac Amer et de Chalouf) étaient les suivantes :

1° Depuis les grands fonds du grand lac Amer (point 114^{km},0 du kilométrage général du Canal), jusqu'au point 129^{km},5, — partie profonde du petit lac où l'on n'avait guère à creuser que de 3 à 4 mètres, — le Canal serait fait à sec jusqu'à profondeur. Sur toute la partie s'étendant du point 123^{km},0 au point 126^{km},2, — partie à terrain dur paraissant devoir être difficile à draguer plus tard pour l'élargissement du Canal, — la cuvette serait établie avec une largeur de 44 mètres au plafond.

Depuis le point 129^{km},5 jusqu'au point 133^{km},9 (point extrême sud du petit lac), où le terrain ne se trouvait guère

1. C'est la première partie de ce matériel arrivée sur les lieux qui a servi à l'extraction en régie du rocher de Chalouf.

qu'à une profondeur de 2 mètres, au plus, au-dessous du niveau de la mer, — le Canal serait creusé à sec jusqu'à la profondeur d'environ 3m,50 (le reste à faire à la drague aux conditions du marché primitif). Cette profondeur était admise comme représentant la moyenne des profondeurs nécessaires pour exécuter les digues en remblai nécessaires sur cette partie du Canal.

Pour tous ces déblais à sec, il était alloué aux Entrepreneurs un supplément de 1 franc sur le prix du marché, sauf en ce qui concernait la portion du Canal s'étendant du point 118km,3 au point 120km,0, pour laquelle le supplément de prix serait de 1 fr. 30. Les nouveaux prix s'appliqueraient indistinctement à toute nature de terrain.

2° Pour la portion du Canal comprise entre les points 133km,9 et 136km,6, qui serait faite à la drague — partie intermédiaire entre l'extrémité du petit lac et le seuil de Chalouf proprement dit, — où le terrain était au-dessus du niveau moyen de la mer, mais se trouvait pourtant au-dessous de la cote 20m,50 et où, par conséquent, devait être appliqué le profil à grande largeur, il n'était dérogé en rien aux conditions et prix du marché, sauf en ce qui concernait le banc de rocher récemment révélé par les sondages vers le point 135km,0 et qui serait extrait en régie aux conditions déjà fixées pour l'extraction du rocher de Chalouf.

3° Depuis le point 136km,6 jusqu'au point 142km,0 — traversée du seuil proprement dit s'étendant jusqu'à l'origine de la section de la plaine de Suez — le Canal serait fait à sec jusqu'à profondeur, moyennant l'allocation d'un supplément de prix de 2 francs par mètre cube. Le nouveau prix de 4 fr. 45 s'appliquerait indistinctement à toute nature de terrain.

Par l'un des articles de l'Acte additionnel, les Entrepreneurs s'engageaient à avoir terminé tous les déblais à sec faisant l'objet des paragraphes 1°, 2° et 3° ci-dessus pour le 1er juillet 1869.

Dans une seconde communication à la Société des Ingénieurs civils, à la date du 26 juillet 1867 — communication déjà mentionnée dans une note précédente — M. Lavalley expliquait ainsi qu'il suit les circonstances et considérations qui avaient motivé le changement de programme édicté par le troisième Acte additionnel :

Depuis sa précédente communication, — disait-il, — l'excellente marche des chantiers au wagon avec plans inclinés de la section de Chalouf, le nombre croissant des ouvriers, avaient décidé l'Entreprise à proposer à la Compagnie de faire entièrement à sec, à toute profondeur, le Canal, depuis les lacs Amers jusqu'à l'entrée de la plaine de Suez, c'est-à-dire sur 23 kilomètres.

Cette proposition avait été adoptée. Elle avait l'avantage d'utiliser jusqu'à la fin les installations existantes que l'entrée de l'eau et l'emploi des dragues auraient rendues inutiles, et de rendre libres, pour être utilisées dans les parties où les travaux ne pouvaient se faire que par dragages, les dragues primitivement destinées à Chalouf, et par conséquent de raccourcir le délai d'achèvement du Canal.

En outre, des sondages plus rapprochés, des puits ouverts sur les points où la sonde avait indiqué des couches un peu dures, l'ouverture même des tranchées préparatoires de Chalouf, avaient appris que les petites poches de sable rencontrées dans l'argile, qui constituait essentiellement le terrain depuis le Sérapéum jusqu'à Suez, que ces petites poches contenaient souvent des galets de grès assez durs, quelquefois assez gros; qu'elles reposaient même souvent sur une cuvette de ce même grès.

Ces pierres, d'une extraction très facile et peu coûteuse à sec, ne formaient, en totalité, qu'un cube assez faible, mais elles pouvaient présenter certaines difficultés à la drague, entraîner alors des dépenses assez fortes et un retard d'autant plus regrettable que, suivant toute probabilité, le Canal aurait été terminé sur tout le reste de son étendue.

Il fut donc décidé, comme il est dit ci-dessus, de maintenir et de développer les chantiers à sec de Chalouf.

Dans les parties où la tranchée était profonde, c'est-à-dire à travers le seuil même de Chalouf et en allant vers le nord jusqu'au point où le terrain se trouvait à peu près au niveau de la mer, c'était avec des wagons remontés par des plans inclinés avec treuils à chaîne et locomobiles que se faisaient les terrassements. Sur tout le reste de la longueur, c'est-à-dire sur 15 kilomètres, où le terrain était presque partout à 4 mètres au-dessous du niveau de la mer, les terrassements se faisaient à la brouette.

D'après la marche des travaux en cours et le nombre toujours croissant d'ouvriers, ces 23 kilomètres de canal paraissaient pouvoir être certainement terminés pour le printemps de 1869.

On a dû remarquer que l'Acte additionnel du 13 avril 1867 avait, dans la portion de canal considérée, — des lacs Amers à la plaine de Suez, — réservé encore certains déblais à faire à la drague, aux conditions du marché primitif, tandis que M. Lavalley, dans sa communication du 26 juillet suivant à la Société des Ingénieurs civils, annonça que ladite portion de canal serait faite entièrement à sec. C'est effectivement ce qui a eu lieu, l'Entreprise s'étant décidée, en novembre 1867, à modifier dans le sens indiqué par la communication de M. Lavalley, et ainsi qu'il sera expliqué en détail plus loin, le programme qu'elle avait arrêté d'abord pour l'exécution des dragages en question ; c'est-à-dire à renoncer définitivement à ceux-ci et à faire à sec la totalité des déblais.

MODES D'EXÉCUTION ET MARCHE DES TRAVAUX

En même temps que l'Entreprise, dans les derniers mois de 1865, installait le chantier de plans inclinés pour l'extraction en régie du rocher de Chalouf, elle commençait l'exécution de ses propres travaux dans la section.

Nous rappellerons que le rocher de Chalouf, situé au-dessous de la cote 20^{m}.68, que l'Entreprise avait à extraire en régie, s'étendait du point 138^{km},145 au point 138^{km},530, occupant ainsi dans le Canal une longueur de 385 mètres, et que les travaux d'extraction entrepris dans les derniers mois de 1865 n'ont été terminés que dans le courant d'avril 1867[1].

Par suite de la présence du chantier de régie et en raison

1. Nous rappellerons également que le banc de rocher, dans la partie située au-dessus de la cote 20^{m},68, avant l'extraction qui en avait été faite par les contingents, se prolongeait vers le sud sur une longueur de 300 mètres : en sorte qu'en réalité la grande lentille rocheuse qui existait à l'origine sur ce point, affleurant, dans l'état primitif des lieux, le sol naturel à son extrémité sud et plongeant jusqu'au plafond du Canal à son extrémité nord, avait une longueur totale de 685 mètres.

des moyens divers d'exécution des travaux, les chantiers de l'Entreprise dans l'étendue de la section de Chalouf se sont trouvés répartis comme suit :

CHANTIERS AU NORD DU BANC DE ROCHER

I. — Chantiers du petit lac Amer, s'étendant du point $132^{km},0$, origine de la Section, au point $133^{km},9$, extrémité sud du lac; longueur, 1.900 mètres.

II. — Chantiers de la partie du Canal intermédiaire entre le petit lac et le seuil (terrain de peu de relief au-dessus du niveau moyen de la mer), s'étendant du point $133^{km},9$ au point $136^{km},6$; longueur, 2.700 mètres.

III. — Chantiers de la partie nord du seuil, s'étendant du point $136^{km},600$, origine du seuil, au point $138^{km},145$, extrémité nord du banc de rocher ; longueur, 1.545 mètres.

Ces derniers chantiers, pendant la première phase des travaux, formèrent deux groupes séparés par un barrage qui avait été réservé au point $137^{k},150$ pour retenir les eaux au nord.

CHANTIERS AU SUD DU BANC DE ROCHER (Y COMPRIS L'EMPLACEMENT DU BANC)

IV. — Chantiers de la partie sud du seuil, s'étendant du point $138^{km},145$ au point $142^{km},0$, extrémité du seuil et en même temps limite de la Section de Chalouf ; longueur, 3.855 mètres.

Les travaux dans les deux premières séries de chantiers, d'une longueur ensemble de 4.600 mètres, ont été faits presque entièrement à la brouette ; dans les deux autres séries de chantiers, comprenant toute l'étendue du seuil, d'une longueur ensemble de 5.400 mètres, principalement par wagons et plans inclinés plus ou moins aidés par des chantiers à la brouette.

Le point $136^{km},6$, extrémité nord du seuil, marquait ainsi la limite nord des chantiers à plans inclinés. Toutefois, ainsi qu'il sera expliqué plus loin, quelques plans inclinés aidèrent à l'achèvement du creusement à profondeur du Canal sur la partie intermédiaire entre le petit lac et le seuil, de 133^{km},9 à 136^{km},6.

Nous décrirons successivement les modes d'exécution et la marche des travaux dans chacune des quatre séries de chantiers.

I. — CHANTIERS DU PETIT LAC AMER

(DE 132^{km} A 133^{km},9. — LONGUEUR. 1.900 MÈTRES)

D'après le programme primitif d'exécution, on n'avait à creuser dans le petit lac que jusqu'au point où le terrain naturel se trouvait à 3 mètres environ au-dessous du niveau moyen de la mer (en réalité, à la cote 15^{m},50 adoptée pour le fond des rigoles que l'on se proposait d'ouvrir dans toute l'étendue de la section).

Les premiers chantiers à la brouette dans la partie du petit lac dépendant de la section de Chalouf ont été installés en août 1866. Tous les ouvriers étaient arabes; ils se réunissaient par groupes, prenant successivement de petites tâches.

A la fin de janvier 1867, une rigole de 20 mètres de largeur au plafond, creusée à la cote 15^{m},50, était terminée. Les terres extraites avaient été employées à la confection du cavalier Afrique, conformément au profil n° 7 de 1863. La rigole, une fois terminée, servit à écouler dans le petit lac Amer les eaux d'infiltration retenues jusque-là entre les points 133^{km},9 et 135^{km},9, où elles se trouvaient former ainsi dans le Canal même un lac d'une longueur d'environ 2 kilomètres.

Les choses restèrent en l'état jusqu'au moment où intervint l'Acte additionnel du 13 avril 1867, d'après lequel, sur la portion de canal considérée, les déblais devaient être exécutés à sec jusqu'à une profondeur suffisante pour fournir les terres nécessaires à la construction des cavaliers au débouché du seuil dans le petit lac, et suivant les nouveaux profils annexés à l'Acte additionnel, applicables, l'un sur une longueur de 700 mètres, comportant deux cavaliers divergents insubmersibles, l'autre sur une longueur de 1.200 mètres, avec un seul cavalier insubmersible, rive Afrique, et un cavalier immergé, rive Asie.

De nouveaux chantiers à la brouette furent en conséquence installés, en juin 1867, pour l'exécution de ces déblais.

Un barrage, destiné à isoler les nouveaux chantiers de la portion du Canal au sud qui, d'après l'Acte additionnel, devait toujours être creusée à la drague, fut conservé à la limite séparative, au point 133^{km},9.

La rigole primitive ouverte dans le petit lac ayant, comme il est dit ci-dessus, servi pendant un certain temps d'exutoire aux eaux d'infiltration provenant de la portion de canal au sud, les terrains des nouveaux chantiers se trouvaient détrempés; en outre, la rigole d'alimentation d'eau douce des chantiers, qui longeait à peu de distance le Canal, y donnait lieu de son côté à des infiltrations. Pour assécher les terrains, un puisard fut creusé au pied du barrage du point $133^{km},9$, et une pompe rotative en rejetait les eaux du côté Asie, d'où elles s'écoulaient dans des dépressions des environs.

En même temps que l'on exécutait dans le Canal proprement dit les déblais nécessaires pour compléter le cube du cavalier Afrique, les terres de ce cavalier étaient retroussées de manière à donner à celui-ci le nouveau profil adopté pour les cavaliers divergents.

C'est au cours de ces travaux que l'Entreprise se décida à renoncer aux dragages qui avaient été réservés par l'Acte additionnel. Les déblais à la brouette dans les chantiers du petit lac Amer furent dès lors poussés, par tranches successives, jusqu'au plafond du Canal.

Les terres de déblais furent naturellement employées dès lors à la confection des deux cavaliers divergents suivant le nouveau profil. Sur les points où le profil était déjà atteint, on continua néanmoins à recharger les cavaliers, d'environ 40 0/0, de manière à éviter que les tassements qui devaient sûrement se produire à l'arrivée de l'eau ne les fissent descendre au-dessous du profil normal. Plus tard, enfin, les terres excédantes furent déposées extérieurement aux cavaliers en les nivelant à la cote de leur couronnement.

Il y a lieu de noter que la partie nord du cavalier Afrique primitivement construit avait dû être déplacée pour être rétablie suivant la direction divergente.

Vers le milieu de l'année 1868, le barrage du point $133^{km},9$ avait été enlevé, en sorte que les deux groupes de chantiers à la brouette, au nord et au sud de ce barrage, ne formaient plus qu'un seul groupe, où les différents chantiers furent invariablement occupés à creuser le Canal à toute largeur par tranches successives jusqu'au plafond, c'est-à-dire jusqu'au complet achèvement de cette partie du Canal.

En janvier 1869, on commença la construction, entre les cavaliers divergents insubmersibles, de la gare du kil. 133, de 500 mètres de longueur et de 5 mètres de largeur sur chaque rive. Cette gare était terminée au commencement du mois de mai suivant.

Enfin, dans ce même mois de mai 1869, en vue de la prochaine opération du remplissage des lacs Amers avec les eaux de la mer Rouge, on avait, au point $131^{km},9$, à l'extrémité sud du cavalier insubmersible de la rive Afrique, construit un barrage en terre arasé à la cote $18^{m},00$, s'appuyant du côté Afrique audit cavalier et s'étendant du côté Asie sur une longueur de 468 mètres à partir de l'axe du Canal [1].

---

1. Voir, pour détails à ce sujet, au chapitre concernant le remplissage des lacs Amers.

11. — CHANTIERS DE LA PARTIE DU CANAL INTERMÉDIAIRE ENTRE LE PETIT LAC ET LE SEUIL DE CHALOUF PROPREMENT DIT

(DE 133km,9 A 136km,6. — LONGUEUR, 2.700 MÈTRES)

On rappelle que, sur cette partie de canal, le terrain était peu élevé au-dessus du niveau moyen de la mer Rouge; sa cote moyenne était d'environ 18m,60. On rappelle également que cette cote du terrain étant inférieure à 20m,50, on devait, d'après le deuxième Acte additionnel du 4 décembre 1866, appliquer sur ladite partie de Canal le profil à grande largeur.

D'après le programme primitif d'exécution, les déblais sur la portion de Canal considérée devaient se faire à sec sur une profondeur d'environ 3 mètres au-dessous du niveau moyen de la mer, et le creusement être ensuite achevé à la drague. L'Acte additionnel du 13 avril 1867, ayant stipulé que ladite portion de Canal serait faite à la drague aux conditions du marché primitif, n'apporta donc aucune modification aux dispositions de ce programme.

Les déblais à sec, à la brouette, furent entrepris dans les derniers mois de l'année 1866; mais ils ne purent d'abord être poussés avec vigueur en raison des eaux d'infiltration qui formèrent promptement dans la tranchée — ainsi que le fait a déjà été signalé — un lac d'une longueur d'environ 2 kilomètres, du point 133km,9 au point 135km,9. Ce ne fut qu'après l'achèvement de la rigole ouverte dans le petit lac Amer (fin de janvier 1867) que, ces eaux d'infiltration ayant pu être évacuées par ladite rigole vers les lacs, les travaux entrèrent dans une période plus active.

Les terres de déblais étaient employées à la confection des digues de protection en remblai.

Les travaux de terrassements eurent d'abord pour objet l'ouverture, sur chaque rive du Canal, d'une rigole de 25 mètres de largeur descendue jusqu'à la cote 16m,68, cote des risbermes du profil à grande largeur n° 2 *bis* du deuxième Acte additionnel. On devait, après l'achèvement de ces rigoles, y amener l'eau douce et les dragues.

Deux barrages avaient été laissés aux points 133km,9 et 136km,6 pour limiter à ses extrémités la portion de Canal qui devait ainsi être mise en eau[1].

Les deux rigoles étaient terminées en octobre 1867.

---

1. Le barrage du point 133km,9 a été supprimé vers le milieu de l'année 1868. Quant au barrage du point 136km,6, il a été provisoirement conservé, après dérasement jusqu'à la cote 15 mètres, pour être utilisé — ainsi qu'il est expliqué au chapitre traitant du remplissage des lacs Amers — comme modérateur du courant dans l'opération du remplissage avec les eaux de la mer Rouge.

Mais, vers cette époque, les Entrepreneurs — comme il a été dit déjà — modifièrent leur programme, ayant décidé de creuser entièrement à sec la portion de Canal considérée.

La marche des travaux fut, dès lors, la suivante :

On enleva d'abord la plate-forme de terrain laissée entre les deux rigoles latérales ; puis on fonça de nouveau des rigoles ; après quoi, nouvel enlèvement de la plate-forme intermédiaire ; et ainsi de suite, par tranches successives, jusqu'au plafond du Canal.

Les eaux d'infiltration étaient conduites à un puisard établi au pied du barrage du point $133^{km},9$, d'où elles étaient enlevées par une pompe rotative.

Les travaux, momentanément suspendus presque complètement en mai 1868 (les ouvriers ayant été dirigés sur d'autres chantiers), furent repris avec vigueur dès le mois d'août suivant, après l'enlèvement du barrage du point $133^{km},9$ séparant les chantiers de ceux du petit lac Amer. Les deux groupes de chantiers à la brouette — ainsi que la remarque en a déjà été faite, — n'en formèrent donc plus qu'un seul s'étendant, depuis et y compris le débouché du Canal dans le petit lac Amer, jusqu'au seuil proprement dit.

Au cours des travaux, l'Entreprise eut à exécuter en régie, ainsi que l'avait prévu le troisième Acte additionnel, l'extraction d'un banc de rocher situé vers le kil. 135 ; ce travail fut exécuté par un chantier au wagon avec plan incliné normal (rive Afrique) aidé de chantiers à la brouette ; les eaux d'infiltration, réunies dans un puisard établi au nord du chantier de régie, étaient enlevées au moyen d'une pompe rotative ; les travaux, commencés dans les derniers jours de mai 1867, étaient terminés le mois de février suivant. L'Entreprise avait, en outre, dans les premiers jours de décembre 1867, commencé l'extraction, également en régie, d'un banc de grès reconnu tardivement vers le point $134^{km},150$; ce travail était exécuté simplement à la brouette ; il fut interrompu en avril 1868, alors que la tranchée n'était encore descendue qu'à la cote moyenne de $15^{m},50$, et l'extraction fut achevée plus tard directement par l'Entreprise à l'aide d'un plan oblique (rive Asie) [1].

Indépendamment des deux plans inclinés dont il vient d'être parlé, deux autres plans inclinés, obliques tous deux, l'un sur la rive Afrique au point $135^{km},7$, l'autre sur la rive Asie au point $136^{km},3$, ont participé avec les chantiers à la brouette au creusement jusqu'à profondeur de la portion de canal intermédiaire entre le petit lac Amer et le Seuil.

---

1. Il a été rendu compte en détail de ces travaux en régie au chapitre concernant les extractions de rochers dans la section de Chalouf.

III. — CHANTIERS DE LA PARTIE DU SEUIL DE CHALOUF SISE AU NORD DU BANC DE ROCHER

(DE 136km,600 A 138km,145. — LONGUEUR, 1.545 MÈTRES)

Le branchement du Canal d'eau douce sur le seuil de Chalouf, prévu par l'un des articles du cahier des charges annexé à la soumission des Entrepreneurs du 26 mars 1864 et dont la construction constituait une des obligations de la Compagnie, avait été creusé par les contingents. Il fut parachevé en régie par les Entrepreneurs, dès le début de leurs travaux dans la section du seuil, de manière à permettre l'arrivage jusqu'au Canal maritime du matériel et des approvisionnements destinés à l'exécution de ces travaux.

Le branchement aboutissait au Canal vers le point 137km,9, à environ 245 mètres au nord de l'extrémité Nord du banc de rocher.

Les travaux de terrassements sur la partie nord du seuil de Chalouf furent d'abord, comme sur les chantiers précédents, entrepris en conformité du programme primitif d'exécution, d'après lequel les déblais à sec, dans toute l'étendue du seuil, devaient être descendus jusqu'à la cote d'environ 15m,50, l'achèvement du Canal devant se faire ensuite avec des dragues ordinaires desservies par des clapets de fond allant verser leurs produits dans le petit lac Amer.

L'Entreprise commença ses travaux, immédiatement au nord du banc de rocher, dans les derniers mois de 1865, en même temps qu'elle procédait à l'installation du grand chantier de régie pour l'extraction du banc de rocher lui-même.

Les premiers travaux, exécutés à la brouette par des ouvriers arabes, eurent pour objet de terminer jusqu'à la cote 20m,68 les dernières tâches qui avaient été abandonnées par les contingents. Une première rigole, de 15 mètres de largeur, et ouverte sur une longueur de 550 mètres, d'abord établie à ladite cote, fut ensuite descendue jusqu'au niveau des infiltrations. Le terrain dut, en partie, être enlevé au pic.

Mais ce n'étaient là que des travaux préparatoires. C'était surtout à l'aide de plans inclinés que les Entrepreneurs comptaient effectuer le creusement du Canal jusqu'à la cote 15,50. Aussi huit de ces plans, normaux à l'axe du Canal — comme ceux qui étaient employés à l'extraction du rocher de Chalouf — furent-ils, dans le courant de 1866, successivement installés sur la partie de canal considérée, en marchant du sud vers le nord, savoir : six sur la rive Asie et les deux le plus au nord sur la rive Afrique. Ces plans étaient établis à 200 mètres de distance les uns des autres et occupaient ainsi toute ladite portion de Canal.

Le terrain était asséché par des rigoles longitudinales portant l'eau dans des puisards d'où elle était enlevée par des pompes rotatives et rejetée par celles-ci dans le Canal des Pharaons.

En outre des plans inclinés, et en attendant leur complète installation, des tâches à la brouette étaient distribuées dans la partie nord des chantiers.

Le travail qu'avaient à exécuter les plans inclinés était le creusement du Canal, sur la moitié de sa largeur, jusqu'à la cote $15^{m},50$. A mesure que les plans avaient achevé ce premier travail, ils étaient démontés et reportés au sud du banc de rocher, où ils avaient à faire un travail semblable, mais où ils étaient désormais installés obliquement à l'axe du Canal.

Un barrage fut réservé au point $137^{km},150$. Ce barrage était destiné à retenir les eaux que l'on devait faire entrer dans la partie du Canal au nord pour l'achèvement de son creusement à la drague. [Nous rappellerons que, d'après l'Acte additionnel du 13 avril 1867, la portion de Canal à faire à la drague, et qui partait du point $133^{km},9$, s'étendait seulement jusqu'au point $136^{km},6$, origine du seuil proprement dit.]

Vers le milieu de l'année 1867, les trois plans inclinés normaux à l'axe qui existaient sur la portion de 550 mètres de longueur comprise entre le point $136^{km},600$, limite nord des chantiers à plans inclinés, et le barrage du point $137^{km},150$, furent transformés en plans biais : deux sur la rive Asie et un sur la rive Afrique. Ces plans, asséchés par un puisard situé au point $136^{km},150$, étaient destinés à ouvrir le Canal à toute largeur jusqu'à la cote $15^{m},50$; et c'était après l'achèvement de ce travail que l'on devait faire entrer les dragues, par le Canal des Pharaons, dans la portion de Canal mentionnée précédemment, dite « lac de Chalouf ».

Dans le même temps, le chenal ouvert par les plans inclinés sur la portion de Canal comprise entre le barrage du point $137^{km},150$ et le banc de rocher était élargi par des chantiers à la brouette de manière à faire régner, également dans cette partie, l'attaque à la cote $15^{m},50$ sur toute la largeur du Canal.

Comme on le voit par l'exposé qui précède, les travaux avaient été entrepris et poursuivis jusque-là en conformité du programme primitif d'exécution.

Mais, en vertu de l'Acte additionnel de 1867, le creusement du seuil devait maintenant être exécuté entièrement à sec; et, en outre — comme il a été déjà mentionné — les Entrepreneurs prirent, en cours des travaux, la résolution de faire également à sec les portions de Canal au nord du seuil dont le creusement, d'après l'Acte additionnel, était prévu devoir être achevé à la drague.

Les travaux furent en conséquence dirigés dès lors conformément au nouveau programme.

La Compagnie avait d'ailleurs, vers le même temps, adopté une modification du profil du Canal à la traversée du seuil comportant un certain adoucissement des talus. Des chantiers à la brouette furent employés sans relâche, jusqu'à complet achèvement, à ce travail d'adoucissement des talus, qui s'étendait du point 136^{km},6, extrémité nord du seuil, au point 138^{km},6, extrémité sud du banc de rocher.

Le barrage du point 137^{km},150, n'ayant plus de raison d'être avec le nouveau programme, fut enlevé, d'abord par des chantiers à la brouette jusqu'à la cote 18^{m},00, puis par un plan incliné jusqu'au plafond.

Sur la partie du Canal, de 550 mètres de longueur, sise au nord du susdit barrage, de 136^{km},600 à 137^{km},150, les trois plans biais existants continuèrent le creusement jusqu'au plafond.

Sur l'autre partie, de 995 mètres de longueur, sise au sud du barrage, de 137^{km},150 à 138^{km},145, furent installés, sur la rive Asie, en remplacement des anciens plans normaux précédemment supprimés, six plans inclinés biais chargés de descendre le Canal, depuis la cote 15,50, également jusqu'au plafond. Les quatre plans le plus au nord étaient asséchés par un puisard situé au point 137^{km},350, un peu au sud de l'ancien barrage ; les deux autres plans, par le puisard de l'ancien chantier de régie du rocher de Chalouf, au point 138^{km},170.

Pour les quatre premiers plans, le creusement n'a pu, en raison de l'abondance des filtrations et des menaces d'éboulement dans les rigoles d'asséchement, s'effectuer en une seule attaque. Une première attaque s'est donc arrêtée à la cote 12^{m},00 ; et une seconde attaque a terminé le creusement jusqu'au plafond, cote 9^{m},68.

Finalement, le creusement à profondeur du Canal dans la partie de la traversée du seuil sise au nord du banc de rocher, s'étendant du point 136^{km},600 au point 138^{km},145, soit sur une longueur de 1.545 mètres, s'est trouvé terminé en juin 1868. [En ajoutant à ladite longueur celle précédemment occupée par le banc de rocher et également terminée et une autre longueur de Canal immédiatement au sud, où il ne restait plus, au point 138^{km},5, qu'une petite partie de rocher que l'on achevait alors d'enlever, la portion de Canal achevée à la date susdite s'étendait en fait jusqu'au point 139^{km},700 et présentait, par conséquent, une longueur totale de 3.100 mètres.]

A la date du 1er décembre 1868, l'eau d'infiltration qu'on avait laissée remonter dans la partie terminée, depuis le point 136^{km},600 jusqu'à un barrage réservé au point 138^{km},800, s'élevait à 3 mètres au-dessus du plafond.

IV. — CHANTIERS DE LA PARTIE DU SEUIL DE CHALOUF SISE AU SUD DU BANC DE ROCHER (Y COMPRIS L'EMPLACEMENT DU BANC)

(DE 138^{km},145 A 142^{km}. — LONGUEUR, 3.855 MÈTRES)

Les travaux sur les chantiers sud du seuil de Chalouf furent d'abord entrepris, comme l'avaient été ceux des chantiers nord, en conformité du programme primitif d'exécution, d'après lequel les déblais à sec, dans toute l'étendue du seuil, devaient être descendus seulement jusqu'à la cote 15m,50.

Mais, à la suite de l'Acte additionnel du 13 avril 1867, d'après lequel le seuil devait maintenant être creusé entièrement à sec, dès que le matériel supplémentaire de plans inclinés et de wagons, qui avait été commandé en conséquence de la nouvelle convention, arriva sur les chantiers (vers le milieu de l'année 1867), les travaux furent naturellement dirigés désormais en vue du creusement à sec du Canal jusqu'au plafond avec ce matériel, plus ou moins renforcé de chantiers à la brouette.

Les travaux sur les chantiers sud commencèrent en juillet 1866. On rappellera que l'extraction en régie du banc de rocher était en train depuis les derniers mois de 1865.

Portion de Canal de 138km,145 *à* 139km,700. — On procéda d'abord, dans l'emplacement même du banc de rocher, de 138km,145 à 138km,530, à l'aide de l'un des plans qui avaient servi à l'extraction du rocher, à l'enlèvement des terres sises au-dessous de l'ancien banc ; et, immédiatement au sud, à l'aide d'un autre plan incliné établi au point 138km,760 [1], à l'enlèvement des terres et des pierres provenant du rocher supérieur, sur la portion de 370 mètres de longueur, de 138km,530 à 138km,900, laissée inachevée par les contingents au-dessus de la cote 20m,68. Ces deux plans inclinés attaquaient la fouille à toute largeur. Ils ne devaient d'abord la descendre que jusqu'à la cote 15m,50 ; mais ils eurent ensuite à poursuivre le creusement jusqu'au plafond. Ils étaient asséchés par le puisard du chantier de régie situé au point 138km,170.

Cette première portion de Canal sur la partie sud du seuil, y compris l'adoucissement des talus, conformément au nouveau profil adopté en juin 1867 pour toute la partie nord du seuil et applicable jusqu'à l'extrémité sud du banc de rocher, était terminée à la fin d'octobre 1867.

Sur la portion de Canal sise immédiatement au sud de la précédente, et s'étendant jusqu'au point 139km,700, des plans inclinés biais furent successivement installés en marchant vers le sud. Dès le mois de mars 1867, deux de ces plans commençaient à fonctionner, attaquant la tranchée à toute largeur. Ils creusaient dans de l'argile compacte, sans épuisements. En juillet, trois plans étaient en activité ; ils étaient installés sur la rive Afrique, creusant, sans épuisements, jusqu'à la cote 15m,50 ; leur installation ne permettait pas de descendre plus bas, faute d'espace pour développer la rampe ; le reste du travail

1. Ce plan incliné, parmi tous ceux qui furent successivement installés sur la partie sud du seuil, fut le seul établi normalement à l'axe du Canal. Tous les autres plans inclinés ont été des plans biais.

devait être fait par d'autres plans biais disposés sur la rive Asie. Au commencement de novembre, il y avait six plans en activité, travaillant tous dans l'argile compacte, sans infiltrations ; cinq de ces plans attaquaient le Canal jusqu'au plafond ; le sixième plan, seul, le plus au sud, au point 139^{km},600, s'arrêtait provisoirement à la cote 13^{m},00, et ce, à la fois, parce que la partie supérieure de son attaque se trouvait à un niveau plus élevé qu'aux cinq premiers plans, et, aussi, parce que l'on craignait de rencontrer au-dessous de ladite cote des infiltrations dont l'organisation des chantiers eût rendu l'épuisement difficile ; ce sixième plan ne devait poursuivre le creusement jusqu'au plafond qu'après que les autres plans auraient ouvert une communication avec la portion de Canal déjà achevée au nord, de manière à permettre aux eaux de s'écouler vers le puisard du banc de rocher ; et, pour amener ce résultat le plus promptement possible, quatre des plans, de 138^{km},700 à 139^{km},080, travaillèrent jour et nuit ; on associa même, aux plans le plus au nord, des chantiers à la brouette et au couffin, à la fois pour activer leur travail et ouvrir des rigoles d'assèchement. Enfin, en mars 1868, un septième plan était installé.

A la date du 1er juillet 1868, la portion de Canal de 138^{km},330 à 139^{km},700 était terminée. En ajoutant à cette portion de Canal la longueur également terminée au nord jusqu'au point 136^{km},600 (sauf une petite partie de rocher au point 138^{km},500 que l'on achevait d'enlever), on avait à la date susdite, — ainsi que la remarque en a déjà été faite, — une longueur de Canal terminée de 3.100 mètres.

Les derniers plans en activité furent alors démontés, les pompes d'épuisement furent enlevées, et on laissa remonter l'eau sur la partie de 2.200 mètres de longueur s'étendant depuis le point 136^{km},600 jusqu'à un barrage qui avait été réservé au point 138^{km},800 pour garantir des infiltrations la partie sud. Nous rappellerons, suivant une remarque précédente, qu'à la date du 1er décembre 1868, les eaux d'infiltration s'élevaient déjà dans cette partie de Canal à 3 mètres au-dessus du plafond.

Portion de Canal de 139^{km},700 *à* 142^{km}. — Un grand chantier à la brouette fut d'abord installé, en novembre 1867, sur la partie du Canal, de 200 mètres de longueur, de 140^{km},800 à 141^{km}, où le terrain se trouvait au-dessous de la cote 20^{m},68 et où aucun travail n'avait été fait par les contingents. Le chantier, ainsi installé dans la dépression que présentait sur ce point le terrain, était appelé à enlever à sec la plus grande quantité possible de terrain, de manière à créer en cet endroit un puisard destiné à assécher toute la portion de Canal restant à exécuter sur la partie sud du seuil, de 139^{km},700 à 142^{km}.

Le chantier commença par attaquer le Canal à toute largeur jusqu'à la cote 10^{m},00, où se rencontrèrent les infiltrations ; puis, à l'aide d'épuisements, il descendit ensuite la fouille jusqu'au plafond, achevant ainsi, sans le concours de plans inclinés, cette partie de Canal de 200 mètres de longueur.

En même temps que le chantier précédent, d'autres chantiers à la brouette furent installés au nord et au sud pour creuser, rive Afrique, sur toutes les portions de Canal non encore attaquées, une rigole, d'une largeur d'emprise, à la cote $20^{m},68$, de 25 mètres dans la partie nord et de 35 mètres dans la partie sud, destinée à assécher tous les plans inclinés qui devaient être établis sur cette portion de Canal. Les tâches descendirent d'abord, suivant les points, soit à la cote $18^{m},00$, soit à la cote $19^{m},00$. Au sud du point 141^{km}, l'attaque à la cote $19^{m},00$ se fit sur toute la largeur, et elle fut ensuite poussée jusqu'à la cote $16^{m},00$. Plusieurs tâches furent aidées très efficacement par des transports à baudets. Les rigoles d'assèchement furent ensuite progressivement descendues jusqu'au plafond à mesure des attaques des plans inclinés.

Les eaux d'infiltration se réunissaient dans le puisard mentionné ci-dessus, creusé au point $140^{km},900$. Les épuisements purent, pendant un certain temps, se faire simplement au moyen de chadoufs, d'abord au nombre de quatre, puis de cinq, rejetant les eaux derrière le cavalier Asie.

Mais les infiltrations devenaient considérables à mesure que descendaient les attaques, et une pompe rotative fut substituée aux chadoufs en mars 1868.

Indépendamment de la pompe fonctionnant au puisard du point $140^{km},9$, une nouvelle pompe rotative fut installée, en avril, au point $141^{km},6$; elle rejetait les eaux dans le branchement du point 142^{km} au moyen d'une rigole creusée dans le remblai au pied du cavalier Afrique.

En août 1868, un chantier spécial à la brouette fut installé pour la reprise des talus supérieurs de la cuvette du Canal, d'après un nouveau profil adopté en juillet 1868 pour la partie sud du seuil. Ce travail fut continué sans interruption jusqu'à complet achèvement.

L'installation des plans inclinés commença en mars 1868, à la fois au nord et au sud du puisard du point $140^{km},9$.

A la date du 1er septembre, dix plans étaient en fonctionnement, dont cinq au nord du puisard et cinq au sud. Les plans du nord creusaient dans l'argile compacte, sans infiltrations ; les plans du sud, au contraire, avaient à lutter contre de fortes infiltrations ; ils étaient asséchés par les deux puisards des points $140^{km},9$ et $141^{km},6$.

Pour tous ces plans, à l'exception d'un seul qui descendit en une seule attaque jusqu'au plafond, le premier fond d'attaque était à la cote moyenne $14^{m},18$.

Sur certains points, notamment dans la partie basse du point $141^{km},2$, les plans furent aidés par des chantiers à la brouette et à baudets.

A partir du 15 mars 1869 et jusqu'au 15 juillet, il n'y eut plus en fonctionnement que sept plans inclinés.

Finalement, la portion de Canal considérée se trouvait terminée à la date du 15 août, date de l'introduction des eaux de la mer Rouge pour le remplissage des lacs Amers. Il ne restait plus à y faire que quelques travaux accessoires au-dessus de l'eau, tels que l'adoucissement des talus des rampes des plans inclinés et le règlement des cavaliers.

RÉSUMÉ DE LA MARCHE DES TRAVAUX DE LA SECTION DE CHALOUF

Les travaux à l'Entreprise dans la section de Chalouf ont été attaqués vers la fin de 1865, à peu près en même temps qu'avait lieu l'installation et la mise en train du chantier d'extraction en régie du grand banc de rocher du seuil.

Il n'y eut dans les premiers temps sur les chantiers de l'Entreprise qu'un petit nombre d'ouvriers. C'est ainsi qu'en juin 1866 on n'y voyait encore que 300 ouvriers terrassiers et seulement deux plans inclinés. Les travaux étaient alors concentrés sur la partie du seuil sise immédiatement au nord du banc de rocher.

Les chantiers commencèrent à prendre de l'extension à partir du mois de juillet 1866, grâce à l'affluence des ouvriers arabes, dont le recrutement s'opérait alors avec facilité.

Aussi, dès le mois d'août de ladite année, indépendamment du développement des chantiers à la brouette sur la partie du seuil au nord du banc de rocher, d'autres chantiers également à la brouette purent-ils être installés dans la partie du petit lac Amer dépendant de la Section; un peu plus tard, dans les derniers mois de l'année, de nouveaux chantiers sur la partie du Canal intermédiaire entre le petit lac et le seuil.

En même temps se développaient sur le seuil les chantiers de plans inclinés. A mesure que des plans terminaient leur travail sur la partie nord, ils étaient démontés et réinstallés au sud.

Enfin d'importants chantiers à la brouette commencèrent à fonctionner sur la partie extrême sud du seuil dans les derniers mois de l'année 1867.

La presque généralité des ouvriers terrassiers travaillaient à la brouette; quelques-uns seulement au couffin. A partir du mois de mars 1868, un certain nombre de chantiers à la brouette furent renforcés par des transports à baudets, et, un peu plus tard, par des transports à chameaux et par des transports en tombereaux traînés par des mulets.

L'importance de l'ensemble des divers chantiers de la section de Chalouf, à partir de juillet 1866, non compris les chantiers de régie, a présenté les variations suivantes :

Ateliers de réparations du matériel

Nombre à peu près constant de 200 ouvriers.

Chantiers à la brouette et similaires

DATES	CONTINGENT JOURNALIER MOYEN			
	Ouvriers	Baudets	Chameaux	Mulets
Juillet 1866 à septembre 1867.	1.100	»	»	»
Octobre 1867 à janvier 1868.	1.350	»	»	»
Février .... 1868.	1.950	»	»	»
Mars à juin .... 1868.	1.500	190	»	»
Juillet et août .... 1868.	2.200	500	35	70
Septembre et octobre(*). 1868.	4.200	580	90	70
Novembre .... 1868.	2.900	565	85	40
Décembre 1868 à février 1869..	1.800	525	55	»
Mars à juin 1869............	1.070	410	40	»

(*) En septembre 1868, les ouvriers indigènes abondaient à ce point sur les chantiers que l'Entreprise, faute de matériel, se trouvait dans l'obligation de refuser de les embaucher.

Chantiers des plans inclinés

Le nombre des plans inclinés successivement installés dans la section de Chalouf a été de quarante-sept, dont quinze plans normaux à l'axe (comprenant les six plans des deux chantiers de régie du grand rocher de Chalouf et du rocher du kil. 135) et trente-deux plans biais.

Chaque plan était desservi, en moyenne, par 60 ouvriers.

Dès le mois de novembre 1866, sept plans inclinés se trouvaient en activité. Le plus grand nombre de plans en même temps en activité dans les divers chantiers de la Section a été de quinze et a eu lieu pendant les mois d'octobre 1867 à avril 1868. Le nombre des plans en activité s'est trouvé ramené à sept pendant la dernière période des travaux, de février à juin 1869.

A la date du 15 septembre 1869, après l'introduction des eaux de la mer Rouge dans les lacs Amers, il ne restait plus à faire, pour achever complètement le Canal dans toute l'étendue de la Section, que quelques remaniements de terres près des cavaliers, l'enlèvement du barrage séparant le Canal du petit lac Amer et l'enlèvement des restes des deux anciens barrages existant au nord et au sud de l'ancien rocher.

En résumé, le cube total des déblais à exécuter à l'entreprise dans la section de Chalouf pour le creusement du Canal, conformément au profil normal modifié par l'adoption des profils de tolérance était de ci..... 4.665.557^{mc}

Chiffre auquel il y a lieu d'ajouter le cube de la gare du kilomètre 133, qui s'est élevé à 32.825

Cube total .... 4.698.382^{mc}

Sur ce cube total, à la date du 15 octobre 1869, il ne restait plus à exécuter que 11.565 mètres cubes.

1. Le cube primitivement calculé s'est trouvé augmenté de 86.399 mètres cubes, par suite de l'adoption des profils de tolérance.

III. — Section de la plaine de Suez

(DU KIL. 142 AU KIL. 151,3. — LONGUEUR, 9.300 MÈTRES)

CONDITIONS ET PROGRAMME D'EXÉCUTION DES TRAVAUX

Les travaux dans la section de la plaine de Suez ont été entrepris au commencement de l'année 1866.

Leur exécution, jusqu'au commencement de l'année 1868, où est intervenu entre la Compagnie et les Entrepreneurs un quatrième Acte additionnel, « apportant diverses modifications dans le mode et les conditions d'exécution de certaines portions de Canal entre le seuil de Chalouf et Suez », a eu lieu sous le régime de la soumission primitive des Entrepreneurs du 26 mars 1864, d'après laquelle, — ainsi qu'il a déjà été rappelé précédemment, — les prix alloués, sans aucune prescription, d'ailleurs, relativement aux modes et aux conditions d'exécution, étaient les suivants :

Pour les déblais ordinaires : 2 fr.45 le mètre cube;

Pour les déblais situés au-dessus de la cote $19^{m},00$, exigeant l'emploi du pic, de la pince ou de la mine : 3 fr. 50.

Pour les mêmes déblais au-dessous de la cote $19^{m},00$, les prix devaient être établis contradictoirement.

Les Entrepreneurs avaient arrêté, comme suit, leur programme d'exécution[1] :

La plaine de Suez étant sensiblement au niveau des hautes marées d'équinoxe (à la cote moyenne d'environ $19^{m},50$) et l'eau provenant des infiltrations du Canal d'eau douce s'y trouvant presque partout à peu de profondeur au-dessous du niveau du sol, on creuserait d'abord à bras la largeur du Canal jusqu'au niveau de l'eau, et, avec les terres provenant de ce premier déblai, on formerait des bourrelets derrière lesquels les premières dragues verseraient leurs propres déblais.

---

1. Extrait de la communication, déjà mentionnée précédemment, faite par M. Lavalley à la Société des Ingénieurs civils dans sa séance du 21 septembre 1866.

Ces premières dragues, à couloir de 25 mètres, creuseraient à droite et à gauche deux rigoles-bordures, comme dans les marais de la Méditerranée; puis viendraient les grandes dragues à long couloir, et, pour les parties de terrain les plus hautes, les dragues à élévateurs.

Les dragues attaqueraient la plaine, à la fois, par un point situé vers le tiers de sa longueur en partant de Suez, en face du kil. 83 du Canal d'eau douce, et par son extrémité nord, au pied du seuil de Chalouf.

La différence du niveau du Canal d'eau douce et des eaux de la plaine présentait à l'introduction des dragues une difficulté qui serait surmontée comme suit:

On ne pouvait songer à construire des dragues sur place et à créer pour cela, au milieu de ce désert, de nouvelles installations. Il valait mieux concentrer toutes les constructions métalliques sur un seul point, à Port-Saïd, où l'on avait toutes les ressources nécessaires. Les dragues arriveraient donc dans la plaine de Suez après complet montage et essai et allégées seulement des pièces qu'on pouvait, sans peine, remettre en place sur le chantier de dragages; à partir de Port-Saïd, elles suivraient le Canal maritime jusqu'à Ismaïlia, où, par les deux écluses, elles s'élèveraient dans le canal d'eau douce, qui les amènerait alors en face des points choisis pour attaquer le travail.

Il s'agissait de les faire descendre du niveau de l'eau douce au niveau des eaux de la plaine et de les amener sur le tracé du Canal.

La plaine de Suez ne présentait, sur toute son étendue, que des oscillations à peine sensibles; elle se terminait assez brusquement à l'ouest où le terrain se relevait jusqu'au pied du Gebel Géneffé. Le Canal d'eau douce avait été placé naturellement sur la déclivité de cette pente en suivant la courbe de son niveau; au kil. 83 seulement, il coupait une espèce de terre-plein s'avançant en saillie sur la plaine.

C'était sur ce terre-plein que serait établi le chef-lieu de la section de la plaine de Suez, c'est-à-dire le magasin, l'atelier de réparations et les habitations du personnel.

En outre, dans ce terre-plein serait creusé un bassin faisant port du Canal d'eau douce. A la suite, un second bassin creusé jusqu'au niveau des infiltrations servirait comme sas d'écluse.

Établissant d'abord la communication entre les deux bassins, on ferait entrer dans le second les dragues et le matériel nécessaire. Les dragues, munies de leurs couloirs de 25 mètres, approfondiraient ce second bassin jusqu'à 2 mètres en contre-bas des eaux de la plaine; ce travail fait, on fermerait le barrage entre les deux bassins, on laisserait échapper l'eau du second, et les dragues descendraient à leur niveau définitif. La première drague se creuserait un chenal en versant ses déblais sur les bords de la tranchée : les autres dragues la suivraient. Arrivées sur l'emplacement du Canal maritime, deux des dragues se retourneraient vers le nord, creusant, l'une le chenal-bordure côté

Afrique, l'autre le chenal Asie ; deux autres dragues en feraient autant en se dirigeant vers le sud.

A mesure que ces dragues, avanceraient, d'autres, armées de leur couloir de 70 mètres, se placeraient derrière et achèveraient le Canal.

L'introduction des dragues destinées à attaquer la plaine en partant du pied du seuil de Chalouf se ferait d'une façon analogue. En cet endroit, le Canal d'eau douce était très rapproché du Canal maritime ; et le Canal des Pharaons qui, près de là, avait été utilisé pour le Canal d'eau douce, servirait de sas d'écluse.

Le Canal, dans toute la plaine de Suez jusqu'aux lagunes, s'exécuterait d'abord sans qu'il y eût aucune communication avec la mer Rouge ; on éviterait ainsi les variations de niveau des marées, toujours gênantes pour le dragage.

Plus tard, lorsque l'on devrait introduire l'eau dans le bassin du petit lac Amer, — ainsi qu'il est expliqué au programme d'exécution des travaux de la section de Chalouf, — on construirait à l'entrée des lagunes un barrage, établi à peu près au niveau moyen de la mer Rouge et muni de vannes de retenue, qui laisserait entrer l'eau pendant la haute mer. De cette manière, le niveau de l'eau dans la plaine ne varierait que dans des limites que l'on serait maître de fixer.

C'est en conformité de ce programme d'exécution que, dans les premiers jours de l'année 1866, ainsi qu'il est dit plus haut, furent entrepris les travaux de la plaine de Suez et qu'ils furent ensuite poursuivis jusqu'au commencement de l'année 1868, où intervint le quatrième Acte additionnel[1].

Pendant cette période, d'ailleurs, était intervenu, à la date du 4 décembre 1866, le deuxième Acte additionnel, portant

---

1. Dans sa deuxième communication à la Société des Ingénieurs civils, en date du 26 juillet 1867, M. Lavalley donna les renseignements suivants sur la marche des travaux jusqu'à cette date dans la section de la plaine de Suez :

Les travaux, disait-il, avaient continué à s'exécuter suivant le programme exposé l'année précédente.

Sur les 14 kilomètres de la plaine de Suez, le terrain, d'une horizontalité presque parfaite, se trouvait à peu près au niveau des plus hautes mers. Il était, sur une très grande longueur, presque complètement imperméable ; aussi, avait-on pu, en conservant un barrage à l'extrémité du côté de Suez, y creuser le canal à bras, sans épuisements, jusqu'au-dessous du niveau moyen de la mer Rouge. Sur le reste de la longueur, des pompes et des locomobiles avaient été installées ; l'eau des épuisements, déversée dans la plaine, était rapidement évaporée par le soleil et par l'air toujours sec dans ces parages.

La tranchée à bras avait été terminée d'abord sur une certaine longueur à droite et à gauche d'un branchement du canal d'eau douce. Ce branchement,

« adoption de nouveaux profils-types sur de notables longueurs du Canal, notamment l'adoption, dans la partie du Canal comprise entre les grands fonds des lacs Amers et Suez, de profils à grande largeur (au lieu des profils-types de la soumission primitive de 1864) sur les points où la hauteur moyenne du terrain ne dépassait pas la cote $20^{m},50$, ainsi que cela était le cas dans toute la traversée de la plaine de Suez ».

Par le quatrième Acte additionnel, en date du 15 janvier 1868, il fut décidé que les deux portions de Canal comprises, l'une entre les points $143^{km},7$ et $145^{km},1$ (longueur 1.400 mètres), l'autre entre les points $146^{km},1$ et $148^{km},5$ (longueur 2.400 mètres), où de récents sondages avaient révélé la présence de terrains rocheux, seraient exécutées complètement à sec jusqu'à profondeur. Tous les déblais exécutés dans ces deux parties du Canal jusqu'au 15 août 1867 devraient être comptés au prix de 2 fr. 45 du marché primitif. A partir de cette date, il serait alloué par mètre cube de déblais un supplément de prix de 3 fr. 75 jusqu'à concurrence de 1.600.000 mètres cubes ; pour le surplus, s'il y en avait, le supplément de prix ne serait que de 0 fr. 80.

Plus tard, en juillet 1868, intervint entre la Compagnie et les Entrepreneurs un nouvel arrangement d'après lequel les deux parties de Canal comprises, l'une entre les points

---

de 1.200 mètres environ de longueur, se détachait à angle droit du Canal d'eau douce, à 7 kilomètres environ de Suez, et aboutissait au Canal maritime. L'eau douce étant à environ 3 mètres au-dessus du niveau général de la plaine, on avait établi sur le branchement trois pertuis en maçonnerie, à poutrelles horizontales, qui servaient de portes d'écluses en même temps que les biefs entre les écluses servaient de sas.

Au moyen de ces pertuis, l'eau du Canal d'eau douce avait été introduite dans les tranchées préparatoires du Canal maritime, en la tenant à peu près au niveau de la haute mer ou de la plaine. Puis, les dragues et les élévateurs avaient été éclusés.

Le terrain était composé d'argile facile à draguer avec les robustes appareils dont disposait l'Entreprise ; le déblai descendait assez facilement dans le couloir ; il ne pouvait présenter aucune résistance à la chaine balayeuse.

Les premières dragues avaient été amenées sur les chantiers de la plaine en janvier 1867, après l'achèvement du curage du Canal d'eau douce.

142^{km},0 et 143^{km},7 (c'est-à-dire entre le seuil de Chalouf et la première portion de Canal qui devait, d'après le quatrième Acte additionnel, être faite à sec), l'autre entre les points 145^{km},1 et 146^{km},1 (c'est-à-dire entre les deux portions de Canal dont l'exécution à sec était déjà décidée), seraient exécutées également à sec, moyennant une plus-value de 0 fr. 20 par mètre cube, laquelle était estimée devoir s'appliquer à un cube d'environ 1.154.000 mètres cubes. Il était entendu, d'ailleurs, que, s'il se rencontrait du rocher dans les déblais à exécuter, le prix d'extraction en serait débattu au moment de l'exécution, ou bien que l'extraction en serait faite en régie aux conditions habituelles. Cette modification du mode d'exécution dans les deux portions de Canal faisant l'objet du nouvel arrangement avait été motivée par les Entrepreneurs sur le fait des dépenses supplémentaires auxquelles les entraînait l'exécution à la drague de portions de Canal comprises entre d'autres portions s'exécutant à sec.

Enfin, par un cinquième Acte additionnel en date du 30 octobre 1868, il fut décidé que la portion de Canal comprise entre le point 148^{km},5 (extrémité sud de l'ensemble des quatre portions de Canal, à partir du seuil de Chalouf, qui devaient d'après les arrangements précédents être faites à sec) et le point 151^{km},3 (extrémité sud de cette section) serait faite également à sec moyennant l'allocation, en sus du prix de 2 fr. 45 de la soumission primitive, quelle que fût la nature du terrain, d'une somme à forfait de 3.487.500 francs, calculée d'après un supplément de prix de 4 fr. 65 appliqué à un cube approximatif de 750.000 mètres cubes.

On voit, par ce qui précède, qu'à part les dragages exécutés pendant une première période des travaux sur une certaine partie du Canal à la traversée de la plaine de Suez, le creusement du Canal sur toute la longueur de la plaine s'est finalement achevé ou a été même exécuté complètement à sec[1].

1. M. Lavalley, dans une troisième communication faite à la Société des

MODES D'EXÉCUTION ET MARCHE DES TRAVAUX

CAMPEMENT PRINCIPAL DE LA SECTION ET BRANCHEMENT DU CANAL D'EAU DOUCE

Avant la mise en train des travaux de creusement du Canal maritime dans la section de la plaine de Suez, l'Entreprise s'est occupée d'abord de la construction du campement principal de la Section.

Conformément au programme primitif d'exécution, ce campement a été établi sur le bord du Canal d'eau douce, rive droite, un peu au sud du kil. 83. Il comprenait, indépendamment d'un certain nombre de baraques mobiles, cinq maisons en maçonnerie avec annexes. Ces constructions, commencées dans les derniers mois de 1865, étaient terminées à la fin d'avril 1866.

Comme il est expliqué plus haut, l'intention de l'Entreprise était de faire le creusement du Canal maritime avec des dragues qui seraient amenées par le Canal d'eau douce, et les dispositions adoptées pour permettre le transport des dragues jusqu'au Canal maritime étaient les suivantes :

Le Canal d'eau douce, au kil. 83, avait son plafond à la cote $20^{m},30$. Un premier bassin de même cote de plafond devait être creusé vis-à-vis du campement, sur la rive opposée du Canal. Ce bassin, mis, le moment venu, en communication avec le Canal, était destiné à être le port du Canal d'eau douce où se rendraient tous les chalands destinés à approvisionner les chantiers du Canal maritime. A la suite de ce premier bassin, mais séparé de lui par une digue, un second bassin, communiquant avec le Canal

---

Ingénieurs civils, à la date du 27 novembre 1868, annonça comme suit les modifications importantes qui avaient été apportées au programme primitif d'exécution de l'Entreprise :

« Dans la plaine de Suez, qui s'étend sur 14 kilomètres, du plateau de Chalouf jusqu'à la mer Rouge, des sondages avaient fait reconnaître la présence, sur plusieurs kilomètres, de roches tendres en bancs d'assez faible épaisseur et qui n'auraient sans doute pas été inattaquables à la drague, mais qui en auraient probablement réduit le rendement.

« Il avait été décidé que les chantiers à sec, qui commençaient aux grands fonds des lacs Amers, seraient prolongés jusqu'à 4 kilomètres de la mer Rouge. »

maritime par une rigole de 15 mètres de largeur au plafond, et creusé, ainsi que la rigole, à 2 mètres environ au-dessous du niveau moyen de la mer, formerait le port du Canal maritime. Tous les approvisionnements amenés par les chalands du canal d'eau douce seraient débarqués sur la digue de séparation des deux bassins et embarqués ensuite sur d'autres chalands chargés de les conduire aux dragues.

Pour le passage des dragues et le creusement du port maritime et de la rigole de communication à la profondeur voulue, on comptait d'ailleurs procéder ainsi :

Le niveau auquel, dans les tranchées du Canal maritime, on rencontrait les infiltrations de la mer, était à la cote d'environ 18^{m},50 (sensiblement la cote du niveau moyen de la mer), et le niveau auquel les infiltrations du Canal d'eau douce permettaient de descendre à sec variait de la cote 19^{m},00 à la cote 20^{m},00; on pourrait ainsi descendre à sec le port du Canal maritime à la cote d'environ 19^{m},50 et la rigole de communication à la cote 19^{m},00. On laisserait provisoirement une communication entre les deux bassins et l'on fermerait par un batardeau la communication entre le port du Canal maritime et la rigole. Au moment voulu, on introduirait l'eau douce dans les deux bassins et les dragues passeraient alors dans le port du Canal maritime où elles flotteraient. Elles creuseraient à 2 mètres environ au-dessous du niveau des infiltrations de la mer, c'est-à-dire à la cote d'environ 16^{m},50. Ce travail fait, on fermerait la communication entre les deux bassins et l'on enlèverait le batardeau placé en tête de la rigole. Le niveau de l'eau dans le port du Canal maritime baisserait alors jusqu'au niveau des infiltrations de la mer, cote 18^{m},50; mais les dragues, restant encore dans 2 mètres d'eau, continueraient à flotter, et elles feraient leur chemin dans la rigole jusqu'au Canal maritime, n'ayant guère que 0^{m},50 de terre à enlever au-dessus de l'eau. Arrivées au Canal maritime, les unes marcheraient vers le nord, les autres vers le sud.

Dès le mois de mars 1866, les deux bassins se trouvaient creusés à la profondeur qu'ils devaient avoir pour l'introduction de l'eau douce, et la rigole, avec son plafond à la cote d'environ $16^{m}.00$, avait été poussée jusqu'au Canal maritime, où elle aboutissait vers le point $148^{km},5$.

Mais l'arrivage des dragues n'était pas proche encore.

Afin de permettre aux dragues, le moment venu, de parvenir directement au Canal maritime, sans avoir à faire leur chemin devant elles, les Entrepreneurs songèrent à profiter du retard de leur arrivée pour creuser à sec, à l'aide d'épuisements, le port du Canal maritime et la rigole de communication jusqu'à la cote 17 mètres. Les travaux furent effectivement poursuivis dans cette voie et l'approfondissement du port et de la rigole fut poussé jusqu'à la cote $18^{m}.30$. Les chantiers étaient asséchés au moyen d'une pompe rotative actionnée par une locomobile et qui rejetait les eaux dans la partie basse du terrain d'où elles s'écoulaient à la mer.

Vers la fin de 1866, les Entrepreneurs modifièrent les dispositions qu'ils avaient primitivement arrêtées quant au mode de fonctionnement du branchement pour le passage des dragues.

On a vu que, d'après le programme primitif d'exécution, le port du Canal maritime devait servir de sas d'écluse pour le passage des dragues du Canal d'eau douce dans le Canal maritime : la manœuvre des portes eût été simplement remplacée par la coupure et le rétablissement des deux batardeaux qui séparaient le port du Canal maritime, à l'amont, du port du Canal d'eau douce; à l'aval, de la rigole de communication. Une pareille opération eût été longue et coûteuse et n'aurait guère pu se renouveler qu'à de longs intervalles. Pour parer à l'inconvénient, les Entrepreneurs prirent le parti de construire deux pertuis à poutrelles, l'un dans la digue d'amont du port du Canal maritime, l'autre dans la digue d'aval, destinés à permettre le passage facile et rapide, dans le branchement, des engins de gros matériel chaque fois qu'ils se présenteraient.

Pendant la première période des travaux de creusement du Canal maritime à la traversée de la plaine de Suez, le niveau de l'eau dans le Canal et dans le branchement devait être maintenu, au moyen des eaux douces, à la cote $20^{m},50$, c'est-à-dire à $1^{m},50$ environ au-dessus des hautes mers moyennes. L'eau du Canal d'eau douce étant à la cote $22^{m},30$, la chute de $1^{m},80$ serait rachetée par l'écluse que formait le port du Canal maritime ; pour permettre aux dragues venant du canal d'eau douce d'atteindre immédiatement le Canal maritime, dans ces conditions, on avait — ainsi qu'il est expliqué plus haut — descendu à bras, à l'aide d'épuisements, le plafond du port du Canal maritime et du branchement jusqu'à la cote $18^{m},30$, en sorte que les dragues trouveraient dans leur trajet un peu plus de 2 mètres d'eau.

Plus tard, lorsque les dragues auraient descendu le plafond des rigoles de début du Canal maritime au-dessous de la cote $17^{m},00$, on devait se passer de l'eau douce et maintenir les eaux dans le Canal maritime, un peu au-dessous du niveau moyen des hautes mers, à une cote variable entre $19^{m},00$ et $18^{m},60$. Dans ces conditions, pour faire passer une drague du Canal d'eau douce dans le Canal maritime, l'opération obligerait à faire supporter aux pertuis une retenue d'eau de $3^{m},30$ à $3^{m},70$. Une pareille charge serait trop considérable pour la sécurité des ouvrages et exigerait des poutrelles difficiles à manier. Pour la diminuer, un troisième pertuis a été construit dans le branchement, à 450 mètres environ avant son arrivée au Canal maritime. Les trois pertuis permettaient de faire le passage en deux éclusées, avec des charges moyennes de $1^{m},75$, le port du Canal maritime formant un premier sas et le branchement un second sas. C'était pour n'avoir pas à descendre le plafond du branchement tout entier à la cote $17^{m},00$ que le troisième pertuis avait été reporté à l'extrémité du branchement. On se bornait à descendre à cette cote 17m,00 une partie de 150 mètres en amont du pertuis et la portion de 150 mètres en aval s'étendant jusqu'au Canal maritime. Il y avait lieu de remarquer, toutefois, que l'économie que l'on réalisait ainsi sur les terrassements entraînait, par contre, à une dépense d'eau plus grande à chaque éclusée : si l'on suppose que, pour faire l'éclusée, l'eau du branchement soit amenée à la cote 20m,30, l'eau du Canal maritime étant à la cote 19m,00, la dépense d'eau devrait être de 1.300 × 20 × 1,30 ou d'environ 34.000 mètres cubes ; l'opération ne pourrait donc pas être répétée souvent et devrait se faire de préférence à l'époque des hautes eaux du canal d'eau douce.

Le terrain de la plaine sur le tracé du branchement était à la cote moyenne 19m,90.

Les pertuis, construits en maçonnerie, avaient une largeur de débouché de 8m,55 et étaient fermés par des poutrelles de 0m,30 d'équarrissage.

Le pertuis d'amont avait son radier au niveau du plafond du Canal d'eau douce, cote 20m,30 ; le second pertuis, à la cote 18m,30. Le couronnement des bajoyers de ces deux pertuis, à la cote 22m,80 (le niveau de l'eau du Canal d'eau douce, cote 22m,30) ; enfin, le troisième pertuis, voisin du Canal maritime, avait son radier à la cote 17m,00 et le couronnement de son bajoyer à la cote 2m,80 (le plafond du bief étant à la cote 18m,30, et le niveau de l'eau dans le bief étant supposé devoir être généralement à la cote 20m,30).

La construction des pertuis et tous les terrassements du branchement furent terminés dans le courant de février 1867.

A la fin de cette même année 1867, une partie des bureaux, magasins et ateliers du campement du kil. 83 du Canal d'eau douce furent transportés sur le bord du Canal maritime à l'extrémité du branchement. Les bureaux et magasins occupaient dans le nouveau campement une maison en bois à un étage.

L'alimentation en eau douce du nouveau campement fut assurée par un réservoir en tôle relié au Canal d'eau douce par une conduite en fonte.

Indépendamment de ces installations fixes, des baraques mobiles et des hangars durent naturellement, au fur et à mesure du développement des travaux, être installés le long du Canal maritime pour le logement du personnel et des ouvriers, pour écuries (pour les mules employées aux plans inclinés), pour magasins, etc.

TRAVAUX DE TERRASSEMENTS ET DRAGAGES

Le programme primitif d'exécution des travaux de terrassements et de dragages pour le creusement du Canal maritime à la traversée de la plaine de Suez était, comme il a été expliqué ci-dessus, le suivant :

On devait creuser d'abord à bras d'hommes la largeur du Canal jusqu'au niveau des infiltrations, et, avec les terres provenant de ce premier déblai, former des bourrelets derrière lesquels les premières dragues verseraient leurs produits. Ces premières dragues, à couloir de 25 mètres, creuseraient à droite et à gauche deux rigoles-bordures; puis viendraient derrière elles les grandes dragues à long couloir, et, pour les parties de terrain les plus hautes, les dragues à élévateurs. La plaine devait d'ailleurs être attaquée par deux points : dans la partie sud, vis-à-vis du débouché du branchement du Canal d'eau douce ; dans la partie nord, au pied du seuil de Chalouf.

Les travaux, ainsi qu'il est également expliqué plus haut, ont d'abord été entrepris conformément au programme qui vient d'être rappelé, poursuivis ensuite suivant ce même programme jusqu'au commencement de l'année 1868, année au cours de laquelle de notables modifications furent successivement apportées dans le mode et dans les conditions d'exécution des travaux.

Première phase d'exécution des travaux (années 1866 et 1867). — *Travaux exécutés sous le régime de la convention primitive du 26 mars 1864.* — Avant de décrire les travaux accomplis pendant la première phase d'exécution, nous rappellerons que, parmi les profils-types en travers annexés à la soumission du 26 mars 1864, c'était le profil n° 7 qui était applicable à la plaine de Suez et que ce profil comprenait sur chaque rive du Canal des banquettes en remblai arasées à la cote $20^m,08$ et d'une largeur de 7 mètres en couronne, destinées à former chemin de halage, et que la banquette de la rive Asie (comme dans les profils-types n°s 5 et 6 applicables à la traversée du seuil de Chalouf) se trouvait placée à 22 mètres plus loin de l'axe du Canal que la banquette de la rive Afrique.

Nous croyons d'ailleurs utile de rappeler également que la situation des lieux était caractérisée par les principales cotes suivantes :

Niveau de l'eau du Canal d'eau douce au kil. 83......	$22^m,30$
Plafond de la partie du branchement formant bief...	18 ,30
Niveau de l'eau douce à introduire dans le Canal maritime....................................	20 ,50
Niveau des plus hautes marées de la mer Rouge.....	20 ,00
— des hautes mers moyennes de vive eau.......	19 ,25
— moyen de la mer..........................	18 ,30
— des infiltrations de la mer..................	18 ,50
— moyen de la plaine de Suez..................	19 ,50

1° *Travaux dans la partie sud de la plaine (de $143^{km},7$ à $151^{km},3$).* — Les travaux de la plaine de Suez ont été entrepris, au commencement de l'année 1866, dans la partie du Canal sise vis-à-vis du débouché du branchement du Canal d'eau douce, en marchant d'un côté vers le nord, de l'autre côté vers le sud à la rencontre des travaux semblables qui s'exécutaient dans la section de la Quarantaine. Les premiers travaux avaient pour objet, suivant le programme d'exécution, le creusement à sec, jusqu'au niveau des infiltrations, de deux rigoles de 20 mètres de largeur au pied des banquettes de halage du profil normal, les déblais provenant du creusement des rigoles devant servir à la création desdites banquettes. La rigole Asie, par suite du reculement de 22 mètres de la banquette, se trouvait être en dehors du profil normal primitif; elle avait dû être établie ainsi pour permettre le travail futur des dragues à couloir de 25 mètres chargées de renforcer la banquette; les déblais en provenant ne furent, en conséquence, comptés que comme travaux d'installation donnant lieu à de simples avances jusqu'à l'adoption, en conformité du deuxième Acte additionnel du 4 décembre 1866, de profils à grande largeur, dont le type applicable à la plaine de Suez s'est trouvé englober la rigole Asie aussi bien que la rigole Afrique.

A la fin de l'année 1866, les deux rigoles et les banquettes étaient tracées depuis le point 147^{km},5 au nord jusqu'à la limite sud de la section, point 151^{km},3, soit sur une longueur de 3.800 mètres. On s'efforçait de creuser les rigoles sur une profondeur moyenne de 1 mètre, c'est-à-dire jusqu'à la cote d'environ 18^{m},50. Les banquettes devaient, d'après le profil-type primitif, avoir leur couronnement à la côte 20^{m},68; mais, d'après le programme d'exécution, lesdites banquettes se trouvant appelées à contenir l'eau que l'on devait introduire dans les rigoles par le branchement du kil. 83 du Canal d'eau douce, il avait été jugé nécessaire pour le travail des dragues à moyen couloir, que le niveau de l'eau dans les rigoles fût à la cote 20^{m},50; le couronnement des banquettes fut en conséquence relevé jusqu'à la cote 21^{m},50.

Le creusement à sec des rigoles, en marchant vers le nord, avait dû s'arrêter provisoirement au point 147^{km},5, les infiltrations du Canal d'eau douce au delà de ce point ayant formé un lac qui empêchait les terrassements à sec.

En janvier 1867, quatre dragues des Forges et Chantiers, à couloir de 25 mètres, provenant du matériel cédé par la Compagnie à l'Entreprise, se trouvaient en montage dans le port du Canal d'eau douce. Pour permettre leur prochain fonctionnement dans le Canal maritime, des barrages furent construits aux points 147^{km},8 et 149^{km},4, de telle sorte que le champ d'évolution des dragues se trouva avoir d'abord une longueur de 1.600 mètres. En même temps on renforça les banquettes du Canal entre les deux barrages de manière à pouvoir, sans danger pour elles, introduire l'eau dans les rigoles à la cote 20^{m},50 ; l'épaisseur des banquettes à la ligne d'eau fut portée dans ce but à 10 mètres, et le talus extérieur à l'inclinaison de 7 pour 1. L'approfondissement des rigoles nécessitait des épuisements qui étaient faits avec une pompe placée au débouché du branchement.

L'eau ayant été introduite, au commencement d'avril 1867, dans la partie du Canal comprise entre les deux barrages, les quatre dragues ont été alors éclusées au moyen des trois pertuis à poutrelles. Parvenues au Canal, deux de ces dragues ont été dirigées vers le nord, les deux autres vers le sud.

La couche supérieure du terrain était de l'argile compacte qui se draguait bien et se détachait sans difficulté des godets, mais tombait par masses non divisées dans le couloir et y glissait difficilement. Il fallait avoir presque constamment trois ou quatre hommes marchant dans le couloir et poussant le terrain. La faible hauteur des dragues n'avait pas permis de donner aux couloirs une pente suffisante. Toutefois les dragues, qui, au début, faisaient à peine 200 mètres cubes en dix heures, parvinrent assez promptement à faire de 400 à 500 mètres cubes. Les Entrepreneurs prirent néanmoins le parti de renoncer pour cette partie du Canal aux dragues à moyen couloir et d'y installer le plus tôt possible des dragues à élévateurs.

Les quatre dragues à moyen couloir, qui avaient commencé à fonctionner le 2 avril, avaient activé le 1er août leur travail préparatoire consistant à approfondir les rigoles commencées à bras d'hommes et à renforcer les berges avec les déblais en provenant, travail qui se faisait à sec au nord et au sud de la partie en eau. Le dragage avait été descendu jusqu'à la cote 17 mètres, creusant deux rigoles de 20 à 25 mètres de largeur à partir de la banquette laissée au pied des talus intérieurs des banquettes-bordures primitives en remblai. Le cube total dragué avait été d'environ 232.000 mètres cubes.

Deux des dragues furent alors désarmées et modifiées pour marcher avec des élévateurs, et des chantiers à la brouette préparèrent les plates-formes de ces élévateurs. Les deux autres dragues devaient être envoyées à la section de la Quarantaine.

En même temps que s'effectuaient les dragages dont il vient d'être parlé, des chantiers à la brouette étaient installés, en avril 1867, au nord et au sud du bief des dragues.

Le chantier nord, occupant toute la partie du Canal s'étendant du point 143km,7 au barrage du point 147km,8, travaillait au creusement des rigoles et à la confection des banquettes destinées à permettre d'introduire l'eau douce et de continuer le travail des dragues. Ce travail avait dû être précédé d'épuisements considérables qui devinrent plus faciles lorsque la partie supérieure du terrain fut asséchée. Les épuisements étaient faits par une pompe placée auprès du barrage du point 147km,8 et au puisard de laquelle aboutissaient des rigoles d'assèchement, et les eaux étaient rejetées dans la partie du Canal occupée par les dragues. Plus tard, une nouvelle pompe fut installée au point 145km,7, rejetant les eaux d'épuisements, au moyen d'une conduite en bois, à l'ouest, dans l'ancien canal des Pharaons, très rapproché en ce point du Canal maritime.

Les rigoles et les banquettes, dans toute la partie de canal considérée, étaient terminées en novembre 1867.

Le chantier sud, s'étendant du barrage du point 149km,4 à l'extrémité sud de la section, point 151^{km},3, devait, comme le chantier nord, en vue de l'introduction des dragues, descendre les rigoles à la cote 18^{m},00, qui était la cote des risbermes du profil-type n° 2 du deuxième Acte additionnel applicable à la plaine de Suez et qui convenait aussi bien pour les dragues à long couloir que pour les dragues à élévateurs. Pour descendre à cette profondeur, on épuisait au moyen d'une pompe placée près du barrage du point 149^{km},4 qui rejetait l'eau, comme la pompe du 147^{km},8, dans la partie du canal occupée par les dragues.

Les chantiers à la brouette avaient en même temps pour but le remaniement des banquettes primitives en vue de les ramener au nouveau profil-type.

Ils furent employés en outre à creuser, au point 149^{km},7, une gare de manœuvre de 50 mètres sur 50 mètres, à la cote 17^{m},50, pour les futures opérations des dragues, et à déraser le barrage du point 149^{km},4 au niveau des eaux, cote 20^{m},50.

C'est au cours des divers travaux qui s'exécutaient dans la section et qui comprenaient, indépendamment de ceux ci-dessus décrits, relatifs à la région sud, des travaux entrepris en même temps dans la région nord, à la sortie du seuil de Chalouf, et dont il est parlé ci-après, que fut révélée, vers le milieu de l'année 1867, la présence de terrains rocheux sur deux portions de Canal : l'une, d'une longueur de 1.400 mètres, s'étendant du point 143^{km},7 au point 145^{km},1, qui prit désormais le nom de banc calcaire nord ; l'autre, d'une longueur de 2.400 mètres, s'étendant du point 146^{km},1 au point 148^{km},5 et qui fut désignée sous le nom de banc calcaire sud. Il a été expliqué précédemment que, par le quatrième Acte additionnel du 15 janvier 1868, il fut décidé que ces deux portions de Canal seraient faites complètement à sec. Les déblais devaient, comme au seuil de Chalouf, s'exécuter au moyen de plans inclinés.

Dans le courant d'octobre 1867, on construisit au point 148^{km},5, extrémité sud du banc de calcaire sud, qui se trouvait dans la partie en eau occupée par les dragues, un barrage destiné à isoler du chantier de dragages la partie du banc alors recouverte par les eaux.

Les chantiers à la brouette dans la partie du Canal située au sud du bief des dragues furent provisoirement supprimés à la fin d'octobre, date à laquelle on commença à lancer l'eau douce vers la Quarantaine.

Après avoir fermé le pertuis situé à l'extrémité du branchement, on abaissa d'abord le niveau du bief des dragues jusqu'à ce qu'il y eût danger de voir les dragues échouer. Après avoir ainsi abaissé autant que possible le niveau des eaux dans le bief, on termina le barrage du point 148^{km},5 ; puis on laissa arriver l'eau du Canal d'eau douce de manière à élever l'eau dans le Canal jusqu'à la cote 20^{m},30, c'est-à-dire à 2^{m},30 au-dessus du plafond des rigoles.

Enfin, en décembre, une des deux dragues laissées au service du chantier de dragages, et munie encore de son couloir de 25 mètres, fut employée à enlever les restes du barrage du point 149^{km},4, en versant simplement les déblais sur la plate-forme existante entre les rigoles.

Le chantier de dragages s'étendait donc désormais depuis le barrage du point 148^{km},5, extrémité sud du banc de calcaire sud, jusqu'à l'extrémité sud de la section, point 151^{km},3.

2° *Travaux dans la partie nord de la plaine (de 142*^{km},0 *à 143*^{km},7). — Dans le courant de décembre 1866, un chantier de terrassements à sec a été installé à la sortie du seuil de Chalouf, au point 142^{km},0, en vue de préparer, en marchant à la rencontre du chantier sud, provisoirement arrêté à cette époque au point 147^{km},5, et ainsi qu'on l'avait déjà réalisé sur ce chantier, les rigoles et les banquettes destinées à l'attaque des dragues. Les travaux étaient rendus très difficiles par l'abondance des eaux d'infiltrations. Ils furent suspendus pendant quelques mois, puis repris en août 1867 en vue de l'achèvement du travail préparatoire pour les dragues à élévateurs, entre le point 142^{km},0 et le point 143^{km},7, extrémité nord du banc de calcaire nord récemment révélé par les sondages. Une nouvelle pompe, placée au point 143^{km},0 et qui rejetait les eaux dans la plaine, concourut, avec celles depuis longtemps placées aux points 145^{km},7 et 147^{km},8, à l'assèchement complet des chantiers entre les points extrêmes 142^{km}.0 et 147^{km},8. Les rigoles d'assèchement étaient descendues à la cote 17^{m},50. L'eau arrivait dans les tâches en quantité considérable, et il fallait faire marcher les pompes nuit et jour pour en être maître.

Les deux rigoles Afrique et Asie, creusées à la cote 18^{m},00, étaient terminées en novembre sur toute l'étendue des chantiers nord, du point 142^{km},0 au point 147^{km},8.

En même temps que s'exécutaient ainsi sur le Canal, dans la partie nord de la section, les travaux préparatoires destinés à y permettre l'accès et le fonctionnement des dragues, on construisit, conformément au programme primitif d'exécution, un nouveau branchement du Canal d'eau douce, de 10 mètres de largeur au plafond et établi à la cote 18^{m},00. Ce branchement, qui aboutissait au point 142^{km},1 du Canal maritime, empruntait en grande partie le Canal des Pharaons, distant de 140 mètres seulement et qui rejoignait le Canal d'eau douce au kil. 75. Il était destiné à amener les dragues chargées d'exécuter la portion de Canal entre 142^{km},0 et 143^{km},7 en même temps que les plans inclinés, de leur côté, enlèveraient les bancs calcaires situés au sud. Les dragues devaient être éclusées du Canal d'eau douce dans le canal des Pharaons au moyen de digues en terre convenablement placées.

Deuxième phase d'exécution des travaux (années 1868 et 1869). — *Travaux exécutés sous les régimes successifs du quatrième Acte additionnel du 15 janvier, de l'arrangement de juillet et du cinquième Acte additionnel du 30 octobre 1868.* — Par suite de l'existence des bancs calcaires nord et sud, les terrassements et dragages de la section de la plaine de Suez, à partir du commencement de l'année 1868, se sont trouvés répartis en cinq grands chantiers distincts, de la manière suivante :

I. Chantier à la sortie du seuil de Chalouf, de 142^{km},0 à 143^{km},7; longueur, 1.700 mètres;

II. Chantier du banc calcaire nord, de 143^{km},7 à 145^{km},1; longueur, 1.400 mètres;

III. Chantier de la partie de Canal comprise entre les deux bancs calcaires, de 145^{km},1 à 146^{km},1 ; longueur, 1.000 mètres;

IV. Chantier du banc calcaire sud, de 146^{km},1 à 148^{km},5; longueur, 2.400 mètres;

V. Chantier de la partie de Canal au sud du banc calcaire sud jusqu'à l'extrémité sud de la Section, de 148^{km},5 à 151^{km},3; longueur, 2.800 mètres.

Nous étudierons successivement les moyens d'exécution et la marche des travaux dans chacun de ces chantiers.

I. *Chantier à la sortie du seuil de Chalouf, de* 142^{km},0 *à* 143^{km},7; *longueur,* 1.700 *mètres.* — On a vu précédemment que, dans toute l'étendue du chantier, les rigoles Afrique et Asie se trouvaient achevées à la fin de 1867 et que l'on avait construit le branchement du Canal d'eau douce destiné à permettre l'arrivée des dragues sur le chantier.

Dans le désir de soulager le travail des dragues, et aussi, sans doute, en raison des bas prix auxquels les tâcherons consentaient à traiter, les Entrepreneurs avaient résolu de faire le plus possible de travaux à sec. On commença donc à enlever à sec la plate-forme laissée entre les deux rigoles; on se proposait de descendre la fouille jusqu'à la cote 16^{m},18.

Toutefois, pour ne pas retarder l'entrée des dragues dans cette partie du Canal, le programme fut d'abord exécuté, à partir du point 142^{km},0, sur une longueur d'environ 150 mètres, à l'extrémité de laquelle fut construit un barrage. Le bassin ainsi créé était destiné à recevoir les dragues arrivant par le Canal des Pharaons; et, pendant que lesdites dragues termineraient cette partie de Canal, les chantiers à la brouette devaient exécuter au sud du barrage, jusqu'au point 143^{km},7, un travail semblable à celui précédemment exécuté au nord.

Le bassin fut effectivement creusé à sec jusqu'à la cote 17^{m},50 (l'achèvement du creusement devait être fait par deux dragues). En même temps, sur le reste du chantier, on enlevait la plate-forme entre les deux rigoles correspondant aux risbermes horizontales, cote 18^{m},00, du profil à grande largeur.

Mais, dès le mois de février 1868, les Entrepreneurs, modifiant leur programme primitif, prirent les dispositions nécessaires pour faire entièrement à sec toute la portion de Canal considérée. Ce ne fut d'ailleurs qu'un peu plus tard, en juillet, qu'intervint l'arrangement par lequel la Compagnie acceptait le nouveau mode d'exécution avec allocation aux Entrepreneurs d'un supplément de prix de 0 fr. 20 par mètre cube.

D'après le nouveau programme, le creusement du Canal dans toute l'étendue du chantier devait se faire, comme à la traversée du seuil de Chalouf, au moyen de plans inclinés aidés par des chantiers à la brouette.

Le branchement qui avait été creusé entre le Canal des Pharaons et le Canal maritime fut comblé avec les déblais provenant du Canal, descendu sur ce point à la cote 16^{m},18 (cote de la banquette inférieure du profil-type n° 6 de la soumission primitive).

Les chantiers à la brouette ont apporté, dans l'exécution des travaux, un puissant concours aux plans inclinés. Ils ont été principalement affectés aux travaux suivants :

Creusement et approfondissement progressif d'une grande rigole d'assèchement placée à 11 mètres de l'axe, côté Afrique, et occupant toute la longueur du chantier; continuation du creusement de la cuvette du Canal jusqu'à la cote 16^{m},18 entre les risbermes horizontales de la cote 18^{m},00; creusement de la cuvette entre la grande rigole d'assèchement et le talus Afrique; construction des rampes et des plates-formes et préparation des cuvettes d'attaque des plans inclinés; creusement de la cuvette entre les fouilles des plans inclinés, sur divers points, jusqu'à la cote 15^{m},00.

A partir du mois de septembre 1868 jusqu'à la fin des travaux de creusement, en mars 1869, des baudets (à un certain moment au nombre de 160) ont aidé aux transports des terres.

Le matériel des plans inclinés provenait de la section de Chalouf.

Six plans, obliques à l'axe du Canal, distants de 200 mètres, établis tous sur la rive Asie, ont été progressivement installés sur toute la longueur du chantier.

Grâce au creusement déjà effectué par les chantiers à la brouette, trois des plans inclinés purent descendre de suite leur attaque jusqu'au plafond du Canal, cote 9m,68 ; les trois autres plans firent leur première attaque à des cotes variant de 13m,00 à 15m,00.

Le travail mensuel des plans s'est rapidement amélioré. Ainsi, en août 1868, peu de temps après leur mise en fonctionnement, — cinq des plans étant alors en activité, dont trois avec leur cuvette d'attaque à la cote 9m,68, les deux autres faisant leur première attaque à une cote d'environ 15m,00, — chacun des plans n'avait guère monté, en moyenne, que 1.450 wagons correspondant à un cube de déblai d'environ 2.600 mètres cubes; et, deux mois plus tard, en octobre, — les six plans étant en activité, dont cinq avec attaque jusqu'au plafond, — le travail moyen de chaque plan fut de 3.950 wagons correspondant à un cube de déblais d'environ 6.900 mètres cubes.

Toute l'étendue du chantier était asséchée par des pompes installées au puisard du point 143km,0 et actionnées par des locomobiles. Dans les premiers temps, deux pompes ont suffi; plus tard, par suite de l'approfondissement des fouilles, une troisième pompe a dû être ajoutée aux deux premières. Les eaux d'épuisements étaient rejetées, au moyen d'une conduite en bois, dans le canal des Pharaons.

Du point 143km,4 au point 143km,7, origine du banc calcaire nord, on a rencontré, à la cote d'environ 15 mètres, quelques rognons d'agglomérés calcaires disséminés dans la couche d'argile. L'extraction de ces blocs d'agglomérés n'a présenté aucune difficulté.

Le creusement du Canal dans l'étendue du chantier a été terminé en mars 1869. Il ne restait plus alors à exécuter que quelques travaux de règlement des talus et d'adoucissement des coupures des plans inclinés qui, à leur tour, ont été promptement achevés.

A mesure que les plans inclinés avaient achevé leur tâche, ils étaient démontés, et tout le matériel était transporté sur le chantier du banc calcaire sud.

II. *Chantier du banc calcaire nord, de 143km,7 à 145km,1; longueur, 1.400 mètres.* — Comme au chantier précédent, les travaux ont été exécutés au moyen de plans inclinés puissamment aidés par des chantiers à la brouette.

Les deux chantiers étaient organisés de la même manière; les travaux ont été menés parallèlement et ont été terminés en même temps.

Un barrage avait été construit au point 145km,1, extrémité sud du banc calcaire, afin d'empêcher l'accès, dans le chantier, des eaux d'infiltrations qui avaient rempli les rigoles, sur une hauteur d'environ 0m,80, dans toute la partie du Canal s'étendant, à partir du point en question, jusqu'au barrage du point 147km,8.

Une voie ferrée, destinée à faciliter l'arrivage du matériel, fut établie, reliant le Canal maritime au Canal d'eau douce. Elle partait du kil. 80 du Canal d'eau douce et aboutissait au point $144^{km},4$ du Canal maritime. Là, elle traversait le Canal et se dirigeait ensuite au nord et au sud de manière à desservir tous les plans inclinés.

Les divers travaux effectués par les chantiers à la brouette ont été de même nature qu'au chantier nord. Le creusement de la cuvette entre les fouilles du plan incliné entre autres a été poussé jusqu'à la cote $13^{m},50$. Des baudets ont été également employés aux transports.

Les plans inclinés ont été au nombre de sept. Comme au chantier nord, ils étaient biais, à pente de 7 pour 1 (exactement $0^{m},15$ par mètre); à l'exception d'un seul, placé sur la rive Afrique, ils étaient tous établis sur la rive Asie, espacés de 200 mètres.

La première attaque des plans s'est faite jusqu'à la couche dure, cote de 11 mètres à 13 mètres; la seconde attaque, jusqu'au plafond.

Le travail mensuel a rapidement progressé :

En août 1868, — tous les plans étant en activité, les uns attaquant jusqu'à la cote $12^{m},00$ en moyenne, les autres jusqu'au plafond, — chaque plan a monté seulement, en moyenne, 1.765 wagons, correspondant à 3.240 mètres cubes ; le mois suivant, le travail moyen a été de 2.100 wagons correspondant à 3.860 mètres cubes; les faibles rendements pendant ces deux mois s'expliquaient par les difficultés de l'extraction du rocher calcaire et surtout du fonçage des cuvettes pour l'attaque jusqu'au plafond; enfin, en octobre, malgré les difficultés d'extraction, le travail moyen s'est élevé jusqu'à 3.790 wagons correspondant à 6.250 mètres cubes, à peu près autant qu'au chantier nord, mais, il est vrai, avec un nombre double d'ouvriers.

L'extraction du banc rocheux se faisait, en partie au coin et à la masse, en partie à la mine.

Une grande rigole d'assèchement, placée à 11 mètres de l'axe, du côté Afrique, progressivement approfondie jusqu'en contre-bas du plafond, régnait sur toute la longueur du chantier, avec des rigoles transversales y déversant les eaux d'infiltrations des fouilles des plans inclinés. Les épuisements étaient faits au moyen de cinq pompes établies aux points $144^{km},050$ et $144^{km},750$, déversant leurs eaux dans des conduites en bois qui allaient les rejeter dans le Canal des Pharaons.

III. *Chantier de la partie du Canal comprise entre les deux bancs calcaires, de $145^{km},1$ à $146^{km},1$; longueur, 1.000 mètres. — Gare du kil. 146.* — Le creusement des deux rigoles de 20 mètres de largeur, à la cote $18^{m},00$, sur la partie du Canal comprise entre les deux bancs calcaires, était achevé dès le mois d'octobre 1867. A partir de cette date, les travaux sur le chantier furent interrompus pendant plusieurs mois.

En février 1868, les Entrepreneurs commencèrent à prendre leurs mesures pour exécuter à sec, au moyen de plans inclinés et de chantiers à la brouette, la partie de Canal considérée, qui, d'après le programme primitif, devait être exécutée avec des dragues à long couloir. (On a vu précédemment qu'un arrangement intervint, en juillet, entre la Compagnie et l'Entreprise au sujet du nouveau mode d'exécution.)

Pour la réalisation du nouveau programme, un barrage fut construit dans le courant d'avril au point $146^{km},1$, extrémité sud du chantier, destiné à empêcher l'accès dans le chantier des eaux d'infiltrations de la partie de Canal de $146^{km},1$ à $148^{km},5$.

Les chantiers à la brouette furent réinstallés dès le mois suivant sur le chantier, où ils furent principalement affectés aux divers travaux ci-après : d'abord, enlèvement de la plate-forme laissée primitivement entre les deux rigoles latérales creusées à la cote $18^{m},00$; puis, creusement de la cuvette du Canal jusqu'à la cote $15^{m},00$ et enfoncement progressif des rigoles d'asséchement; enfin, terrassements nécessaires pour l'établissement des deux plans inclinés biais, qui furent finalement employés à terminer le creusement du Canal jusqu'au plafond.

Ces deux plans inclinés étaient placés vers le milieu de la longueur du chantier, l'un sur la rive Afrique, l'autre sur la rive Asie.

Le chantier était spécialement asséché par deux pompes installées également vers le milieu de la longueur du chantier, au point $145^{km},6$.

Au cours des travaux fut creusée la gare du kil. 146.

IV. *Chantier du banc calcaire sud, de* $146^{km},1$ *à* $148^{km},5$; *longueur, 2.400 mètres.* — Ainsi qu'il a été expliqué précédemment, un barrage a été construit vers la fin de 1867, au point $148^{km},5$, extrémité sud du banc calcaire sud, destiné à isoler du chantier de dragages provisoirement conservé au sud la partie du chantier du banc calcaire qui se trouvait alors recouverte par les eaux sur une longueur de 700 mètres à partir du point $147^{km},8$, emplacement du barrage ayant limité jusque-là le chantier des dragues.

Sur la partie du chantier du banc calcaire sise au nord de cet ancien barrage, des chantiers à la brouette commencèrent le dérasement de la plate-forme laissée entre les deux rigoles latérales précédemment creusées; mais on ne put alors descendre que jusqu'à la cote $18^{m},80$, niveau des eaux d'infiltrations.

Dans le courant de mars 1868, deux fortes pompes destinées à assécher tout le chantier furent installées immédiatement au nord du nouveau barrage, sur la rive Afrique; elles rejetaient les eaux dans la plaine du côté Asie au moyen d'une conduite en bois établie sur le barrage. En même temps, on creusa des rigoles transversales mettant en communication les rigoles latérales, et l'on commença l'enlèvement de l'ancien barrage.

Dès que le chantier fut asséché, les chantiers à la brouette reprirent le travail de dérasement de la plate-forme entre les rigoles latérales; ils creusèrent ensuite la cuvette du Canal jusqu'à la cote $15^{m},00$, en même temps qu'ils faisaient les terrassements nécessaires pour l'établissement des plans inclinés.

Ces plans, tous biais, ont été au nombre de 10, dont 5 sur chaque rive. La plupart provenaient des chantiers de la partie nord de la section, à mesure que l'achèvement des travaux y rendait successivement les plans disponibles. Le rendement moyen mensuel de ces plans a été de 8.000 à 8.500 mètres cubes de déblais par jour.

Dans les premiers temps, l'assèchement du chantier a pu se faire au moyen des deux pompes installées près du barrage du point $148^{km},5$, qui durent être renforcées bientôt par deux autres pompes établies au point $147^{km},1$. Pendant la dernière phase des travaux, les eaux d'infiltrations étaient recueillies dans six puisards desservis par douze pompes.

V. *Chantier de la partie Sud de la plaine, de* $148^{km},5$ *à* $151^{km},3$; *longueur*, 2.800 *mètres*. — On a vu précédemment, à la description de la marche des travaux pendant la première période d'exécution (années 1866 et 1867) :

D'une part, que les chantiers à la brouette au sud du bief des dragues, après avoir creusé au point $149^{km},7$ une gare de manœuvres ayant son plafond à la cote $17^{m},50$, avaient été momentanément supprimées à la fin d'octobre 1867, date à laquelle on avait commencé à lancer l'eau du bief vers la Quarantaine ;

D'autre part, que, dans le courant de décembre suivant, l'une des deux dragues laissées en service dans le bief, limité alors, au sud, par le barrage du point $149^{km},4$, avait procédé, munie encore de son couloir de 25 mètres, à l'enlèvement de ce barrage, de telle sorte qu'au commencement de l'année 1868, c'est-à-dire au début de la deuxième période d'exécution des travaux, le bief des dragues s'est trouvé occuper désormais toute la partie sud de la plaine, depuis le nouveau barrage du point $148^{km},5$ jusqu'à l'extrémité sud de la Section, point $151^{km},3$.

Pendant cette seconde période d'exécution, la marche des travaux a été la suivante :

L'eau du bief était à la cote d'environ $19^{m},50$.

Comme il vient d'être dit, il ne restait plus en service dans l'ancien bief que deux dragues moyennes, lesquelles, desservies chacune par deux élévateurs, un sur chaque rive, ont été employées au creusement de la cuvette du Canal sur toute la partie nord du bief, depuis le barrage du point $148^{km},5$ jusqu'à la gare de manœuvres du point $149^{km},7$.

En outre, une drague à long couloir, introduite dans la gare de manœuvres, où son montage fut achevé, fut chargée, de son côté, du creusement de la cuvette sur toute la partie sud du bief depuis la gare de manœuvres jusqu'à la Quarantaine.

Celle des deux dragues de la partie nord du bief qui, munie encore de son couloir de 25 mètres, avait commencé l'enlèvement du barrage du point 149km,4, acheva d'abord ce travail, continuant, comme elle l'avait fait dès le début, à verser simplement les déblais sur la plate-forme laissée entre les deux rigoles latérales. Elle eut en outre à faire quelques dragages, en déversant toujours les terres sur la plate-forme centrale, pour faciliter l'accès des points où devaient être établis ses élévateurs.

Des brigades de terrassiers enlevaient au fur et à mesure les terres déposées par la drague sur la plate-forme entre les rigoles. D'autres brigades préparaient les plates-formes pour les voies des élévateurs destinés à desservir la drague en question.

Les deux dragues de la région nord, desservies chacune par deux élévateurs, furent employées à creuser la cuvette du Canal à des profondeurs de 4 à 5 mètres au-dessous du niveau de l'eau. Le terrain rencontré a été tantôt une argile très compacte se détachant difficilement des godets, tantôt de l'argile sableuse mélangée d'agglomérés ne présentant pas de difficultés.

Vers le point 148km,7, l'une des dragues rencontra, à la susdite profondeur de 4 à 5 mètres, des blocs de calcaire coquillier dont la drague ne put qu'effleurer la partie supérieure; l'autre drague, de son côté, rencontra, vers le point 149km,4, des agglomérés de sable et gravier et une couche de calcaire en formation.

La Compagnie ayant décidé alors que des essais de dragages seraient faits pour l'extraction en régie des terrains rocheux, les deux dragues furent remises par les Entrepreneurs aux ingénieurs de la Compagnie pour ces essais, à partir du 1er juin 1868.

La drague destinée à l'extraction du rocher de 149km,4 dut, après quelques jours de fonctionnement, subir une grosse réparation pour se trouver réellement en état d'accomplir le travail que l'on attendait d'elle. Ayant recommencé à travailler vers le milieu de juillet, elle essaya inutilement d'attaquer directement le banc calcaire. Elle fut alors transportée au point 149km,1, origine du banc, où elle creusa un bassin devant lui permettre d'attaquer par-dessous la couche rocheuse et de l'enlever en une seule passe, ainsi que cela avait été pratiqué avec succès au chantier VI dans le seuil d'El Guisr. La drague marcha ensuite de 149km,1 à 149km,4, attaquant et enlevant le massif d'argile au milieu duquel régnaient les blocs rocheux. L'expérience démontra la possibilité d'enlever à la drague les terrains durs; mais, en même temps, elle fut loin d'être concluante quant à la question du rendement, attendu que, la chaîne dragueuse n'étant pas assez forte, les godets se faussaient et restaient finalement presque sans action sur les couches calcaires. On cessa en conséquence les essais en régie, et la drague fut remise au bout d'un mois aux Entrepreneurs, qui ne la firent plus travailler que dans les terrains faciles, après avoir relevé son élinde, lui faisant ouvrir une passe à la cote 12m,50 de 149km,1 à 149km,4. Au point

149^{km},3, la drague creusa jusqu'à la cote 9^{m},68 un puisard destiné à l'assèchement des futurs chantiers à sec dont il sera parlé ci-après.

La drague destinée à l'extraction des terrains rocheux existant au sud du barrage du 148^{km},5 n'étant pas capable de faire des essais analogues à ceux de la drague précédente sans que son élinde fût allongée, fut remise aux Entrepreneurs vers le milieu de juillet. En attendant la modification à la suite de laquelle elle devait être envoyée à la Quarantaine pour l'extraction des terrains durs qui y seraient rencontrés, la drague travailla, dans les terrains ordinaires, entre le point 149^{km},4 et l'extrémité de la section, au creusement de la cuvette du Canal à la cote 14^{m},50; le terrain dragué était argilo-sableux : sur deux points seulement, la drague rencontra quelques rognons d'agglomérés répandus dans un fond vaseux très mobile et des graviers sans cohésion mélangés de sable. Avant de quitter le chantier de la partie sud de la plaine pour se rendre à la Quarantaine, la drague fut employée à creuser un puisard au point 150^{km},1. Enfin, elle eut à creuser un peu les risbermes du Canal près des deux élévateurs, afin de faciliter le chargement de ces appareils sur les chalands qui devaient les transporter à la Quarantaine.

La drague à long couloir qui avait été amenée dans la gare de manœuvres du point 149^{km},7 commença à fonctionner dans les premiers jours d'avril 1868. Elle attaqua d'abord le creusement à la cote 15^{m},50, en se dirigeant vers la Quarantaine, d'un chenal de 25 mètres de largeur, côté Afrique ; elle travaillait dans une argile collante qui se dégageait difficilement des godets. Vers le point 150^{km},450, la drague ayant rencontré quelques agglomérés, son élinde fut remontée, afin de les éviter, jusqu'à la cote 16^{m},50, qui a été ensuite conservée. Arrivée au point 151^{km},250, la drague s'est ouvert un passage à travers la plate-forme laissée entre les rigoles primitives correspondant aux risbermes pour aller exécuter, du côté Asie, un chenal semblable à celui qu'elle venait d'exécuter sur l'autre rive. Dans son parcours, elle ne rencontra qu'un terrain facile à draguer, composé principalement d'argile et de sable argileux. Toutefois, parvenue de nouveau au point 150^{km},450, elle retrouva quelques parties d'agglomérés qui n'eurent néanmoins pour effet que de réduire un peu le rendement. La drague poursuivit la passe Asie à la cote 16^{m},50, jusqu'au 150^{km},3, et elle revint finalement au point 150^{km},840 pour y creuser un puisard à la cote 14^{m},50.

La drague entra en réparation le 25 septembre ; puis elle reprit son travail au point 150^{km},3 en marchant vers le sud dans la section de la Quarantaine.

Ainsi qu'il a été mentionné précédemment, le mode d'exécution par voie de dragages, suivi jusque-là dans le chantier sud de la plaine de Suez, a été modifié par le cinquième Acte additionnel du 30 octobre 1868, d'après lequel l'achèvement du creusement du Canal dans ledit chantier devait être fait à sec.

Les trois dragues qui travaillaient dans ce chantier le quittèrent dans la première quinzaine de novembre 1868 pour se rendre dans la section de la Quarantaine et firent partie désormais du matériel de cette section. Les élévateurs suivirent.

Après le passage de tout ce matériel, un barrage fut construit au point 151^{km},4 pour isoler le nouveau chantier à sec de la section de la Quarantaine, où le creusement du Canal devait continuer de se faire et s'achever par voie de dragages.

A la date du 30 novembre, le chantier était encore en eau. Toutefois des chantiers à la brouette travaillaient déjà aux terrassements nécessaires à l'installation des pompes d'épuisement et aux rampes des plans inclinés. Le chantier s'est trouvé asséché dans la première quinzaine de janvier 1869.

L'achèvement du creusement du Canal dans l'étendue du chantier a eu lieu, comme dans les autres chantiers à sec de la section, au moyen de plans inclinés puissamment aidés par d'importants chantiers à la brouette. Les plans inclinés ont été au nombre de neuf, dont six sur la rive Asie et trois sur la rive Afrique. Ils provenaient des autres chantiers de la section à mesure que les tâches se trouvaient terminées.

RÉSUMÉ DE LA MARCHE DES TRAVAUX DE LA SECTION DE LA PLAINE DE SUEZ

Les travaux de la section, commencés dans les derniers mois de l'année 1865, ont eu d'abord pour objet la construction du campement central de la section établi au kil. 83 du Canal d'eau douce, le creusement du branchement destiné, avec ses bassins annexes, à établir la communication par eau entre le Canal d'eau douce et le Canal maritime, enfin le creusement sur une certaine longueur de Canal, vis-à-vis du débouché du branchement, de rigoles devant permettre l'arrivée et le fonctionnement des dragues.

En dehors des ouvriers européens occupés à la construction du campement, il n'y eut guère sur les chantiers, pendant les premiers mois de 1866, qu'un nombre de 200 à 300 ouvriers arabes. A cette époque les ouvriers arabes préféraient les chantiers de Chalouf et de la Quarantaine.

A partir du moment où furent entrepris les travaux sur le Canal maritime même, le nombre des ouvriers alla assez rapidement en croissant. Mais ce fut surtout à partir des débuts de l'année 1869 que les chantiers prirent un grand développement. On voulait pouvoir terminer le creusement de la cuvette du Canal pour le 15 août, date qui avait été fixée pour l'inauguration de l'entrée des eaux de la mer Rouge dans les lacs Amers, et les plus sérieux efforts étaient nécessaires pour arriver à ce résultat. Pendant les derniers mois, ainsi que le montre le tableau ci-dessous, les chantiers à la brouette ne comprenaient pas moins de 5 à 6.000 ouvriers, aidés pour les transports des terres par près de 3.000 baudets et environ 1.000 chameaux. En même temps vingt plans inclinés étaient en activité, occupant de leur côté, en moyenne, 2.000 ouvriers.

L'importance de l'ensemble des divers chantiers de la Section, à partir du commencement de l'année 1866, non compris le personnel des trois dragues employées dans le chantier sud de la section jusque dans les trois derniers mois de l'année 1868, ni les ouvriers, au nombre de 150 à 200, des ateliers de réparations du matériel, a présenté les variations suivantes :

CHANTIERS A LA BROUETTE ET SIMILAIRES.

DATES	CONTINGENT JOURNALIER MOYEN		
	Ouvriers	Baudets	Chameaux
1866. — Janvier à juin	200		
Juillet à décembre	500		
1867. — Janvier à juin	1.000		
Juillet à décembre	1.500		
1868. — Janvier à août	2.000		
Septembre à décembre	2.500	120	
1869. — Janvier	3.000	170	
Février	5.000	1.000	
Mars	5.400	1.400	50
Avril	5.500	2.700	380
Mai	5.100	2.800	800
Juin	6.200	2.900	1.050
Juillet	6.600	1.900	1.100
Août	2.500	1.500	300

CHANTIERS DES PLANS INCLINÉS

Le nombre des plans inclinés successivement installés dans les divers chantiers de la section de la plaine de Suez a été de trente-quatre, dont vingt-quatre sur la rive Asie e dix sur la rive Afrique. Tous ces plans étaient obliques à l'axe du Canal. Dans les terrains difficiles, chaque plan employait jusqu'à 100 ouvriers.

Le nombre des plans qui, au début, en avril 1868, était de six, a progressivement augmenté. Pendant les derniers mois, vingt plans se trouvaient en même temps en activité sur les différents chantiers.

Il en a été de même des pompes d'épuisements. Pendant l'année 1869, trente pompes étaient employées à l'asséchement des chantiers.

Malgré les énergiques efforts déployés par l'Entreprise pour terminer complètement, pour la date du 15 août, la partie du Canal comprise dans la section de la plaine de Suez, la cuvette proprement dite du Canal, à ladite date, était inachevée sur quelques points du plafond, notamment vers les points $141^{km},0$ et $151^{km},0$ où le plafond ne se trouvait qu'à des cotes de $9^{m},90$ à $10^{m},44$. Le cube restant à exécuter était d'environ 8.000 mètres cubes; il consistait uniquement en terrain ordinaire; on avait eu soin d'enlever, avant tout, les parties rocheuses.

En dehors des 8.000 mètres cubes ci-dessus, il restait encore, à la date du 15 août, pour achever, sur les 5 kilomètres de la partie sud de la section, le règlement des risbermes établies à la cote variable de 17 à 18 mètres et réaliser ainsi le profil normal, à déblayer environ 151.000 mètres cubes. Ce travail de parachèvement devait s'exécuter à sec en profitant de ce que, dans la partie de Canal considérée, le niveau des eaux se maintenait entre les cotes $17^{m},00$ et $17^{m},50$.

Il y a lieu enfin de noter que les courants occasionnés par l'opération de remplissage des lacs Amers avec les eaux de la mer Rouge avaient amené dans la section environ 45.000 mètres cubes de terres provenant de la Quarantaine.

On se proposait naturellement de draguer ces apports, ainsi que les 8.000 mètres cubes de terre qui restaient à enlever pour mettre partout le canal à profondeur, avant la date fixée pour l'ouverture du Canal à la navigation ; mais les circonstances ne permirent pas de détacher des dragues pour exécuter à temps ce travail.

En résumé, le cube total des déblais à exécuter dans la

	Mètres cubes
section de la plaine de Suez pour le creusement du Canal, conformément au profil normal, était de ci	4.434.137
Chiffre auquel il y a lieu d'ajouter le cube de déblais de la gare du kil. 146, ci.............	16.697
Cube total..................	4.450.834

Sur ce cube total, à la date du 15 octobre 1869, indépendamment de l'enlèvement des 45.000 mètres cubes d'apports provenant de la Quarantaine, il ne restait plus à exécuter que 26.512 mètres cubes.

IV. — Section de la Quarantaine

(DU KIL. 151,3 AU KIL. 158,7. — LONGUEUR, 7.400 MÈTRES)

La section de la Quarantaine, d'une longueur totale de 7.400 mètres, comprenait deux parties distinctes : l'une de 5.300 mètres de longueur, s'étendant depuis l'origine de la section, point 151^{km},3, jusqu'à la laisse des hautes marées de la mer Rouge, point 156^{km},6, et qui n'était à vrai dire que le prolongement de la plaine de Suez ; l'autre de 2.100 mètres de longueur, constituée par la presque totalité de la dernière courbe du Canal, dite courbe de sortie, et s'étendant depuis la laisse des hautes mers jusqu'au débouché du Canal dans le chenal du port de Suez, point 158^{km},7.

CONDITIONS ET PROGRAMME D'EXÉCUTION DES TRAVAUX

Les travaux de la section ont été exécutés sous le régime de la soumission primitive des Entrepreneurs du 26 mars 1864 dont les conditions de prix ont été rappelées au début de la description des travaux de la section de la plaine de Suez.

PARTIE NORD DE LA SECTION

Le programme d'exécution arrêté par les Entrepreneurs pour la partie de la section de la Quarantaine formant le prolongement de la plaine de Suez était naturellement le même que celui primitivement adopté pour la section précédente : on devait commencer par creuser le Canal à sec sur toute sa largeur jusqu'au niveau des infiltrations, et, avec les terres provenant de ce premier déblai, constituer sur les deux rives des bourrelets derrière lesquels les premières dragues introduites, le moment venu, dans la section verseraient leurs produits pour le renforcement des bourrelets et la constitution définitive des digues de rives. Ces premières dragues, à couloir de 25 mètres, creuseraient, à droite et à gauche, deux rigoles-bordures; puis viendraient, pour achever le creusement du Canal, les grandes dragues à long couloir et, pour les parties de terrain les plus hautes, les dragues à élévateurs.

L'eau destinée à faire flotter les dragues serait empruntée au Canal d'eau douce par l'intermédiaire du branchement du kil. 83 de ce Canal et des rigoles déjà creusées de la partie sud de la section de la plaine de Suez.

C'était également par cette voie que devaient arriver les dragues destinées à la partie nord de la section de la Quarantaine.

Ainsi qu'il a été expliqué déjà, un barrage établi à l'extrémité de la portion de Canal considérée (à la laisse des hautes mers), en supprimant toute communication de cette portion de Canal avec la mer Rouge, devait permettre l'exécution à sec des premiers déblais et ferait éviter plus tard, pendant la période des dragages, les variations du niveau des marées toujours gênantes pour le travail des dragues.

C'est d'après le programme qui vient d'être rappelé que devait, par voie de dragages précédés de travaux à sec dans la partie supérieure des terrains, s'exécuter le creusement du Canal à la traversée de toute la plaine de Suez, depuis Chalouf jusqu'à la mer Rouge. Mais on a vu, à la description des travaux de la section de la plaine de Suez, que le creusement du Canal a été finalement exécuté à sec dans toute l'étendue de cette section; on a vu notamment, en ce qui concerne la partie sud de ladite section, que l'eau avait été lancée dans la section suivante de la Quarantaine dès le mois d'octobre 1867, et qu'après le passage dans cette section, en novembre 1868, des trois dragues employées jusque-là à la section de la plaine de Suez, un barrage avait été construit à la limite séparative des deux sections au point 151^{km},350, afin d'isoler le nouveau chantier à sec de la Plaine du bief de la Quarantaine où le creusement du Canal devait continuer de se faire et s'achever par voie de dragages.

PARTIE SUD DE LA SECTION

Dans la partie sud de la section de la Quarantaine, constituée par la courbe de sortie du Canal, et qui était en libre communication avec la mer, les travaux devaient s'exécuter entièrement par voie de dragages.

MODES D'EXÉCUTION ET MARCHE DES TRAVAUX

CAMPEMENT DE LA SECTION

Les travaux de la section de la Quarantaine ont été commencés en janvier 1866 et n'ont guère comporté, pendant les cinq premiers mois, qu'une centaine d'ouvriers.

Les Entrepreneurs se sont d'abord occupés de la construction du campement, établi vers le kil. 156 du Canal maritime.

Les premiers travaux ont consisté dans l'enlèvement, vis-à-vis de l'emplacement du campement, de tout ce qui pouvait être attaqué à sec dans le Canal, de manière à fournir les terres nécessaires à l'exhaussement du terrain, côté Afrique, jusqu'à la cote $20^{m},68$ (cote du couronnement des digues dans le profil n° 7 du marché primitif) et à pouvoir établir sur le remblai ainsi constitué les installations légères du campement.

Le campement a comporté les constructions suivantes : 4 maisons en maçonnerie, établies en terre ferme, dont 2 destinées au logement des employés, 1 pour les bureaux et 1 occupée par la cantine et le magasin Bazin; 6 baraques fixes établies sur le bord même du Canal pour les magasins et ateliers; enfin 8 baraques mobiles.

TRAVAUX DE TERRASSEMENTS ET DRAGAGES. — § 1er. — *Bief des dragages en eau douce.* — Les terrassements à sec, entrepris comme il est dit plus haut, au commencement de 1866, ne furent guère attaqués vigoureusement qu'à partir du mois de juin, date à laquelle le chantier comportait environ 400 ouvriers, dont une centaine d'Européens. Ces terrassements à sec furent entrepris sur toute la partie nord de la section s'étendant depuis l'origine de la section, point $151^{km},3$, jusqu'à la laisse des hautes mers, point $156^{km},6$, origine de la courbe de sortie, où un barrage fut établi pour mettre le chantier à l'abri des marées et former ainsi la limite séparative entre le régime des dragages en eau douce et le régime des dragages en mer libre. Ils avaient en vue, comme ceux qui s'exécutaient en même temps dans la section de la plaine de Suez, de permettre l'introduction ultérieure des dragues dans la section, et ils consistaient dans le creusement, sur chaque rive du Canal, d'une première rigole de 20 mètres de largeur, descendue jusqu'à la cote $18^{m},50$, avec banquettes contiguës arasées à la cote $21^{m},50$.

[Suivant la remarque déjà faite à la description des travaux de la section de la plaine de Suez, la rigole Asie, par suite du reculement de 22 mètres de la banquette, se trouvait en dehors du profil normal primitif; elle avait dû être établie ainsi pour permettre le travail futur des dragues à couloir de 25 mètres chargées de renforcer les premières banquettes construites avec les terres fournies par les déblais à sec; ce ne fut qu'après l'adoption du profil à grande largeur, en conformité du deuxième Acte additionnel du 4 décembre 1866, que ladite rigole se trouva englobée dans le profil définitif d'exécution.]

Les deux rigoles, sur toute la portion de Canal considérée, se trouvaient terminées en décembre 1866. On procéda alors à l'enlèvement, jusqu'à la même cote $18^{m},50$, de la plate-forme laissée entre les deux rigoles, afin de se procurer les terres nécessaires pour le renforcement des banquettes en remblai, notamment du côté Afrique, à la traversée des lagunes, sur les points qui pouvaient être attaqués par les hautes marées, où l'on adopta une inclinaison de 5 pour 1 pour le talus extérieur de la banquette.

Pendant les mois d'août à octobre 1866, une jetée avait été construite au sud de la Quarantaine, entre la pointe sud-ouest du plateau et le chenal du port de Suez, dans le but d'éloigner les courants de marées du talus extérieur de la digue Afrique du Canal. Cette jetée, construite en terre, avec revêtement en pierres sèches au talus de 1 1/2 pour 1, avait 225 mètres de longueur et une largeur en couronne de 4 mètres (Voir Planche XXI).

Sur la partie du Canal de $151^{km},3$ à $155^{km},5$, en attendant l'arrivée des dragues, on poussa le creusement du Canal, sur toute sa largeur, jusqu'à la cote $18^{m},00$, en remaniant en même temps les berges d'après le nouveau profil, de manière à permettre le fonctionnement futur des dragues à long couloir et des dragues à élévateurs.

Dans le travail de creusement des rigoles, on avait rencontré à la cote 19^{m},30 vers la laisse des hautes mers, entre 156^{km},6 et 156^{km},8, un banc de roche d'une épaisseur de 0^{m},50 à 0^{m},60, dont les sondages avaient d'ailleurs révélé l'existence et qui régnait dans toute cette région de la côte. Le travail d'extraction de ce rocher, commencé en janvier 1867, était terminé le mois de mai suivant. Le cube extrait a été d'environ 18.000 mètres cubes, dont 14.000 mètres cubes restèrent en approvisionnement aux abords du point 156^{km},6, et le reste fut transporté à l'extrémité de la berge Afrique de la courbe de sortie, où il devait servir pour le revêtement de cette berge.

L'eau du Canal d'eau douce fut lancée dans la section de la Quarantaine à la fin d'octobre 1867. Un barrage avait été préalablement construit au point 155^{km},5, afin d'arrêter provisoirement à ce point le chantier de dragages. L'eau était maintenue dans le bief à la cote 19^{m},80, c'est-à-dire à peu près au niveau des hautes mers.

Une première drague à couloir de 25 mètres, provenant de la section de la plaine de Suez où elle était inoccupée, fut introduite en novembre 1867 dans le bief de la Quarantaine. Elle fut employée d'abord à creuser à la cote 16^{m},50, près du barrage du point 155^{km},5, un bassin de 65 mètres de longueur et de 25 mètres de largeur, destiné à recevoir une drague à long couloir qui était attendue d'Ismaïlia; puis, un autre bassin semblable, au point 153^{km},7, pour recevoir une seconde drague à long couloir également attendue. La drague n'ayant pas un couloir assez long pour rejeter tous les déblais en dehors des berges, une partie de ces déblais avaient dû être versés dans le Canal même où ils furent ensuite repris par la drague pour être enfin rejetés au dehors. Après le creusement des deux bassins, la drague, au commencement de janvier 1868, cessa de fonctionner : les risbermes de la cuvette ayant été faites à sec, la drague, par suite de la longueur insuffisante de son couloir, ne pouvait plus être employée utilement; elle est restée ainsi inutilisée jusqu'en mai, époque où elle fut allégée pour pouvoir naviguer de nouveau sur le Canal d'eau douce et aller renforcer le matériel de la section d'El Guisr; mais finalement la drague fut restituée à la Section, où elle fonctionna, à partir d'octobre, avec des élévateurs.

Les deux dragues à long couloir attendues d'Ismaïlia arrivèrent à la fin de l'année 1867 à la Quarantaine, où l'on procéda de suite à leur montage. L'une de ces dragues commença à fonctionner dans les premiers jours de mars 1868, l'autre le 1er mai suivant. Les deux dragues furent employées d'abord à creuser sur chaque rive, à la cote 16^{m},00, un chenal de 20 mètres de largeur. Elles travaillaient jour et nuit.

En même temps que s'effectuaient les dragages au nord du barrage du point 155^{km},5, des chantiers à la brouette, installés dans la partie sud, jusqu'au barrage de la laisse des hautes mers, achevèrent de descendre à la cote 18^{m},00 les rigoles destinées à recevoir les dragues et d'enlever le massif entre ces rigoles ; d'autres chantiers préparaient les voies des élévateurs destinés à fonctionner sur cette partie du Canal.

En outre des deux dragues à long couloir mentionnées précédemment arrivèrent également dans le bief de la Quarantaine, dans le courant de novembre 1868, la drague à long couloir et les deux dragues à élévateurs provenant du chantier sud de la section de la plaine de Suez où l'achèvement du creusement du Canal devait se faire à sec.

On rappelle que c'est après le passage de ce matériel, et afin d'isoler du bief de la Quarantaine le nouveau chantier à sec de la Plaine, qu'un barrage a été construit au point 141^{km},350, à la limite séparative des deux sections.

En même temps, le barrage du point 157^{km},5 avait été enlevé (provisoirement), en sorte que le bief des dragues en eau douce s'étendait maintenant jusqu'au barrage extrême du point 156^{km},6. Le bief fut désormais alimenté par une rigole spéciale ayant sa prise d'eau au Canal d'eau douce. Le niveau de l'eau dans le bief était maintenu à la cote d'environ 19^{m},80.

A partir de décembre 1868 jusqu'au 15 août 1869, date de l'introduction des eaux de la mer Rouge dans le Canal pour le remplissage des lacs Amers, il y a eu en fonctionnement dans le bief quatre dragues à long couloir et trois dragues à élévateurs.

Enfin, à partir du 15 août 1869, les deux grands chantiers de la section, celui du bief d'eau douce et celui de la courbe de sortie, n'ont plus formé qu'un seul chantier de dragages communiquant librement avec la mer Rouge. On verra plus loin, au résumé de la marche des travaux, quelle était alors la situation de ce chantier.

§ 2. *Courbe de sortie.* — Dans le courant d'octobre 1866, des chantiers à la brouette avaient été installés dans la courbe de sortie, immédiatement au sud du barrage du point 156^{km},6 : on se proposait alors de descendre les terrassements à sec jusqu'au niveau de basse mer ; les déblais étaient transportés par chalands sur le terre-plein au sud du bassin de l'Arsenal pour servir aux remblais nécessités sur ce point par les installations de l'Entreprise. Mais ces travaux à la brouette ne durèrent que quelques mois. En fait, on peut dire que le Canal a été creusé complètement à la drague dans toute l'étendue de la courbe de sortie.

Les dragages ont commencé en janvier 1868 au moyen de deux dragues. L'une de ces dragues, à couloir de 25 mètres, après avoir creusé la passe qui lui était nécessaire pour se rendre près du musoir de la digue de la courbe de sortie, fut employée à exécuter la risberme de la cote 15^{m},50 du profil en déversant ses déblais derrière la digue ; arrivée au point 157^{km},7, à 300 mètres environ du musoir, elle rencontra, à la cote 16 mètres, un banc calcaire en formation de 15 mètres de largeur en moyenne et de 1^{m},50 d'épaisseur, qu'elle parvint à traverser, mais en étant obligée, aussitôt après, d'entrer en réparation. L'autre drague, desservie par des gabares allant décharger à la mer, attaqua une passe de toute la largeur du Canal en partant de l'extrémité de la courbe de sortie et marchant vers le nord.

En juin 1868, le chantier de dragages comportait deux dragues à gabares;

Pendant les mois suivants jusqu'en septembre, il fut renforcé par une drague à porteurs;

En octobre, l'une des deux dragues à gabares fut conduite dans la darse pour être désarmée et expédiée ensuite à Ismaïlia;

En novembre, une drague à couloir, qui travaillait précédemment dans le chenal du port et faisait le remblai du terre-plein, fut amenée à l'entrée de la courbe de sortie. La drague à gabares fut employée, de son côté, à faire une passe dans la partie nord de la courbe pour atteindre le plus tôt possible le barrage : c'était par là, en effet, que devaient arriver à l'avenir les approvisionnements destinés aux dragues travaillant au nord du barrage; la drague, dans les derniers jours d'octobre, avait rencontré au point 156^{km},9 une couche de terrain rocheux qu'elle était parvenue à traverser, mais non sans subir des avaries qui obligèrent à la mettre en réparation. Enfin la drague à porteurs affectée au chantier eut à subir une réparation générale avec allongement de son élinde.

Pendant les mois suivants, jusqu'en août 1869, le chantier fut desservi successivement par deux, trois et quatre dragues à porteurs; il fut d'ailleurs renforcé en juin par une nouvelle drague à long couloir récemment arrivée à Suez.

Le barrage du point 156^{km},6 fut ouvert en juin pour permettre aux dragues à porteurs de s'avancer jusqu'à l'ancien barrage du point 155^{km},5, qui avait été préalablement rétabli.

Enfin, à la veille du 15 août (date fixée pour l'introduction des eaux de la mer Rouge dans le Canal pour le remplissage des lacs Amers), le barrage du point 155^{km},5 fut de nouveau et définitivement enlevé, de telle sorte que toute la section de la Quarantaine, — ainsi que la remarque en a déjà été faite précédemment, — ne forma plus désormais qu'un chantier de dragages en libre communication avec la mer.

RÉSUMÉ DE LA MARCHE DES TRAVAUX

Pendant la période la plus active des terrassements à sec, du milieu de l'année 1866 jusqu'en novembre 1867, date de l'entrée des eaux douces dans la section de la Quarantaine, le nombre des ouvriers occupés dans les chantiers à la brouette a été en moyenne de 400 et n'a jamais dépassé 500.

Le creusement du Canal dans la section s'est fait principalement par voie de dragages.

A la date du 15 août, date de l'introduction des eaux de la mer Rouge dans le Canal, le chantier de dragages, dans toute l'étendue de la Section, désormais en libre communication avec la mer, comportait onze dragues, dont cinq à long couloir, trois à élévateurs et trois à gabares.

La Section était la partie du Canal le plus en retard, ainsi que l'on peut en juger par les chiffres suivants :

Le cube total de déblais à effectuer pour le creusement du Canal, calculé d'après les profils, était de 3.295.393 mètres cubes. Or, à la date du 15 août, il restait encore à faire 961.000 mètres cubes. Même pour ne réaliser que le profil minimum jugé indispensable, consistant en une passe de 17 mètres de largeur à $7^{m},50$ au-dessous de la basse mer, avec des talus à 45° que permettait la nature des terrains, le cube à enlever se trouvait être encore d'environ 400.000 mètres cubes. Pendant les derniers mois qui venaient de s'écouler, en raison tout à la fois de la fatigue des appareils et de la nature difficile des terrains traversés, le rendement des dragues avait été peu satisfaisant ; toutefois, grâce à d'importantes réparations effectuées, on était arrivé à obtenir un rendement moyen par drague d'environ 500 mètres cubes par jour, ou de 15.000 mètres cubes par mois. On estimait donc, si ce rendement pouvait être conservé jusqu'à la fin des travaux, que les onze dragues en activité dans la Section suffiraient pour permettre de réaliser tout au moins le profil minimum pour la date de l'inauguration de l'ouverture du Canal à la navigation. On comptait d'ailleurs renforcer le chantier d'un certain nombre de dragues empruntées aux travaux du port de Suez.

Les espérances que l'on avait conçues au sujet du rendement moyen des dragues ne se sont malheureusement pas réalisées, tant à cause des interruptions dues aux courants occasionnés par l'opération de remplissage des lacs Amers que par suite des nombreuses réparations que les appareils ont continué à exiger et des transformations qu'ont eu à subir quelques-uns d'entre eux. C'est ainsi, notamment, que, dans la période du 15 août au 15 septembre, le cube dragué n'a été que de 83.000 mètres cubes au lieu des 200.000 mètres environ qu'aurait produits pendant le mois un rendement moyen de 15.000 mètres cubes par drague.

Parmi les transformations de dragues, aussitôt après l'introduction des eaux de la mer Rouge dans le Canal, les deux dragues à élévateurs ainsi qu'une des dragues à gabares ont été transformées en dragues à couloir de 25 mètres, destinées à déverser les déblais faits dans la cunette sur les risbermes, d'où des terrassiers les reprenaient à mer basse et les portaient en dehors des cavaliers[1].

En résumé, à la date du 15 octobre 1869, c'est-à-dire un mois avant l'inauguration du Canal, la situation était la suivante :

	Mètres cubes
Sur le cube total de déblais à exécuter, calculé d'après les profils, qui était, comme il est dit plus haut, de 3.295.393 mètres cubes, il restait encore à exécuter	727.897
L'adoption du profil de tolérance produirait une réduction d'environ........	100.000
Le cube restant à exécuter à la date du 15 octobre 1869 était donc, au minimum, de........	627.897

1. Dans la description ci-dessus des travaux de la section de la Quarantaine, il n'a été question que des travaux de terrassements et de dragages. On a eu également à exécuter dans la section des travaux d'empierrements pour la protection de la digue Afrique de la courbe de sortie à la traversée de la lagune. Il est rendu compte plus loin de ces travaux d'empierrements à la description des travaux du port de Suez.

V. — Port de Suez

(CHENAL DU PORT, DU KIL. 158,7 AU KIL. 162,1. — LONGUEUR, 3.400 MÈTRES)

DRAGAGES, REMBLAIS DU TERRE-PLEIN, ENROCHEMENTS

Avant de faire connaître les conditions et modes d'exécution des travaux du nouveau port de Suez (dénommé plus tard port Thewfik) que la Compagnie avait à construire au débouché du Canal maritime dans le golfe de Suez, nous décrirons d'abord succinctement les dispositions qui ont été adoptées pour la création de ce port, renvoyant pour plus amples renseignements au chapitre spécial donnant la description détaillée du port[1].

DESCRIPTION SUCCINCTE DES DISPOSITIONS DU PORT

On a vu, à la description du tracé du Canal maritime, que ce tracé débouchait dans le chenal du port de Suez par une courbe de 3.200 mètres de rayon, dite courbe de sortie, à la suite de laquelle le tracé, empruntant alors le chenal même du port, se prolongeait en ligne droite jusqu'aux fonds de 9 mètres de la rade.

L'extrémité de la courbe marquait l'extrémité du Canal proprement dit. Au delà se trouvait l'arrière-bassin du nouveau port, qui occupait sur le tracé une longueur de 1.700 mètres, et venait ensuite le chenal d'accès, d'une longueur égale ; ensemble, une longueur totale de 3.400 mètres, du point $158^{km}.7$, extrémité de la courbe de sortie, au point $162^{km}.1$, extrémité du tracé dans la rade.

Dans la courbe de sortie devait être appliqué le profil à grande largeur de 1866 comportant, on le sait, une largeur de 100 mètres à la ligne d'eau. Sur les premiers 500 mètres

1. Voir t. IV.

à la suite, la largeur du port allait progressivement en croissant, de 100 mètres à 150 mètres ; venait alors l'arrière-bassin proprement dit, d'une longueur de 1.200 mètres, ayant uniformément la susdite largeur de 150 mètres, dont 110 mètres du côté Afrique de l'axe prolongé du Canal et 40 mètres du côté Asie; enfin, la largeur du chenal d'accès allait en croissant de 150 à 300 mètres.

Le chenal d'accès devait être creusé jusqu'à la cote 8^m,65 correspondant à une profondeur de 9 mètres en contre-bas du niveau des basses mers moyennes de vives eaux, cote 17^m,65; l'arrière-bassin et la courbe de sortie, à la cote 9^m,00.

Au nord de la courbe de sortie, le plafond devait, comme d'ailleurs sur toute l'étendue du Canal, être établi à la cote 9^m,68, correspondant à une profondeur de 8 mètres au-dessous du niveau moyen de la Méditerranée, supposé alors à la cote 17^m,68.

Le chenal de Suez emprunté par l'arrière-bassin du nouveau port se trouvait compris entre deux bancs découvrant à mer basse, l'un, dit banc du nord, l'autre, banc du sud. L'arrière-bassin, de 1.200 mètres de longueur, côtoyait le banc du nord; sa rive Afrique devait être endiguée, et la berge, de ce côté, être établie suivant un profil, peu différent du profil à grande largeur de 1866, laissant une largeur au plafond de 69 mètres jusqu'à l'axe prolongé du Canal; la rive Asie, laissant de son côté une largeur au plafond de 11 mètres à partir de l'axe prolongé du Canal, ne devait pas présenter de berge émergente et comportait simplement un talus à 3 pour 1 jusqu'au terrain naturel. La largeur totale au plafond de l'arrière-bassin se trouvait être ainsi de 80 mètres.

Le Canal dans l'étendue de la courbe de sortie n'était endigué du côté Asie que jusqu'à son débouché dans la lagune, c'est-à-dire jusqu'au point où le sol naturel se trouvait à la cote de la laisse des hautes mers. Du côté Afrique, l'endiguement à la traversée des lagunes s'arrêtait à 550 mètres environ avant la fin de la courbe, ou, ce qui revient au même, avant le débouché du Canal dans le chenal de Suez. La digue à la traversée de la lagune devant être construite avec les terres fournies par les dragues à couloir avait, en raison de la mauvaise nature de ces terres, son talus intérieur protégé par des enrochements; cette défense en enrochements devait d'ailleurs, par suite du mode même d'exécution du massif de la digue, consister dans la construction, avant tous remblais, d'une petite digue établie sur le terrain naturel et ayant son couronnement au niveau des hautes eaux ordinaires; puis, au-dessus, après exécution des remblais, d'un simple perré de revêtement.

L'endiguement côté Afrique de l'arrière-bassin était constitué par un large terre-plein destiné à recevoir tous les établissements de la Compagnie. Le grand alignement de 1.200 mètres de ce terre-plein se prolongeait fictivement à partir de son extrémité nord sur une longueur de 150 mètres destinée à l'entrée de la darse dont il est parlé ci-dessous. Au delà, le terre-plein était prolongé vers le nord, avec son endiguement de rive tracé suivant un nouvel alignement d'une longueur de 500 mètres, épousant le mieux possible la rive même du chenal de Suez.

Dans la portion du banc que devait occuper cette seconde partie du terre-plein, un espace était réservé pour la construction d'un petit bassin, dit darse ou bassin de l'Arsenal, d'une largeur de 150 mètres et d'une longueur de 400 mètres et qui devait être creusé à 6 mètres de profondeur. Cette darse était destinée à remiser le matériel flottant; et, sur son pourtour, devaient être établis les ateliers de réparations de ce matériel.

Les berges du terre-plein, aussi bien celle faisant face à la rade que celles longeant l'arrière-bassin et le chenal de Suez en amont, devaient être protégées par des défenses en enrochements construites suivant le mode décrit précédemment au sujet de la digue Afrique de la courbe de sortie.

Sur les trois côtés sud, ouest et est de la darse, le terrain en avant de l'endiguement de rive devait être creusé d'abord jusqu'à la cote 15^{m},50 (à 1^{m},50 environ en contre-bas du niveau des plus basses mers), de manière à permettre aux petites embarcations de pouvoir toujours accoster. La petite digue inférieure en enrochements des types précédents descendrait jusqu'à la risberme ainsi créée en s'appuyant sur le talus de déblai. Sur le côté nord, destiné à être déplacé au fur et à mesure des besoins, la défense en enrochements serait, conformément aux types précédemment décrits, simplement établie sur le terrain naturel à une certaine distance en arrière de la crête de la fouille.

Les dimensions en largeur du terre-plein se sont trouvées finalement fixées comme suit en exécution de la résolution prise à la date du 19 février 1866 par la Commission de délimitation des terrains réservés à la Compagnie pour le débouché du Canal dans la rade de Suez, résolution d'après laquelle la moitié de la largeur du terre-plein à créer entre la levée formant la rive nord du chenal d'avant-port et le quai du bassin de radoub était réservée à la Compagnie, celle-ci n'ayant à sa charge que la dépense afférente à l'exécution des travaux dans la largeur qui lui était réservée.

La distance entre l'extrémité sud de la rive du terre-plein bordant l'arrière-bassin et la jetée Est du bassin de radoub du Gouvernement Égyptien étant de 420 mètres, les travaux d'enrochements à faire par la Compagnie pour la protection de la berge du terre-plein faisant face à la rade ne comprenaient qu'une longueur de 210 mètres. [Le Gouvernement Égyptien devait, de son côté, fermer également par un enrochement les 210 mètres qui lui étaient réservés.] La largeur du terre-plein à son extrémité sud, mesurée normalement à la rive longeant l'arrière-bassin, se trouvait être ainsi d'environ 160 mètres. Cette largeur allait ensuite en diminuant à peu près jusqu'à mi-distance avant le bassin de l'Arsenal, point où l'intervalle entre la levée du chemin de fer du bassin de radoub et la rive du terre-plein étant seulement de 180 mètres, la largeur du terre-plein se trouvait réduite à 90 mètres. A partir du point en question, le terre-plein avait pour limite ouest une parallèle tracée à 50 mètres de la voie du chemin de fer, et sa largeur se trouvait alors aller en augmentant progressivement jusqu'à l'angle formé par la rencontre des deux alignements des terre-pleins Sud et Nord où elle atteignait 330 mètres. Enfin, le terre-plein Nord, limité à l'ouest, comme le terre-plein Sud, par une parallèle tracée à 50 mètres de la voie du chemin de fer, avait une largeur croissante de 330 mètres à environ 380 mètres.

La darse de l'Arsenal, de 150 mètres de largeur, prise — ainsi qu'il est dit plus haut — sur la superficie du terre-plein, se trouvait, sur sa rive est, séparée du chenal de Suez par un terre-plein, en forme de môle, de 58 mètres de largeur; sur la rive opposée, le terre-plein avait une largeur moyenne de 130 mètres.

Enfin, un brise-lames, dit brise-lames du Sud, établi sur le banc du sud, complétait les ouvrages du nouveau port. Ce brise-lames, enraciné à la pointe dite de la Pyramide, aboutissait à la crête de l'accore du banc, se trouvant ainsi avoir une longueur d'environ 900 mètres et une hauteur, à son musoir, de $3^m,60$. Il était constitué par une digue en enrochements arasée à la cote $20^m,00$ et ayant en couronne une largeur de 3 mètres, avec talus perreyés à l'inclinaison de 2 pour 1 du côté du large et à 45° à l'intérieur.

CONDITIONS D'EXÉCUTION DES TRAVAUX

On voit par la description qui précède que la création du port de Suez comportait à la fois des travaux de dragages, des travaux de remblais et des travaux d'enrochements.

TRAVAUX DE DRAGAGES

Les travaux de dragages ont été exécutés sous le régime de la soumission primitive des Entrepreneurs du 26 mars 1864, dont les conditions de prix ont été rappelées précédemment.

TRAVAUX D'ENROCHEMENTS

Les travaux d'enrochements ont été exécutés par MM. Borel, Lavalley et Cie en vertu d'un marché de tâche passé avec ces Entrepreneurs à la date du 26 mars 1867, dont les principales dispositions étaient les suivantes :

1° Le cube total des enrochements à exécuter était évalué approximativement comme suit :

	m. cubes
Enrochements du terre-plein situé sur le banc Nord du chenal de Suez et autour du bassin de l'arsenal	41.200
Enrochements du brise-lames du Sud	15.400
Enrochements de défense de la berge Afrique de la courbe de sortie	6.100
CUBE TOTAL	62.700

2° Les travaux d'enrochements devaient être exécutés conformément aux profils annexés au marché et les enrochements être formés de moellons d'un poids minimum de 50 kilogrammes ;

3° Le prix convenu était de 20 francs le mètre cube pour les enrochements complètement terminés, c'est-à-dire disposés suivant les profils et revêtus de leurs perrés ;

Les enrochements simplement amenés et déchargés sur place seraient comptés comme travaux terminés à 14 francs le mètre cube.

REMBLAIS DU TERRE-PLEIN DE SUEZ

Les travaux de remblais du terre-plein créé à l'embouchure du Canal sur le banc situé au nord du chenal de Suez ont été exécutés également par MM. Borel, Lavalley et Cie, en vertu d'un marché de tâche du 10 juin 1867, dont les principales dispositions étaient les suivantes :

1° Le cube total des remblais à exécuter était évalué approximativement à 700.000 mètres cubes ;

2° Le terre-plein devait être établi à la cote 20^{m},50 ;

3° Les remblais destinés à la confection du terre-plein autour de la darse seraient fournis par les dragages de cette darse. Ceux destinés à la confection du terre-plein longeant l'arrière-bassin du port seraient formés exclusivement de matières sableuses draguées dans cet arrière-bassin, en dedans du banc; les matières draguées en dehors du banc ne seraient admises que sur l'autorisation de la Compagnie, qui indiquerait les points où les matières pourraient être employées;

4° Le prix convenu était de 2 fr. 55 le mètre cube.

MODES D'EXÉCUTION ET MARCHE DES TRAVAUX

TERRE-PLEIN DE 1.200 MÈTRES DE LONGUEUR BORDANT L'ARRIÈRE-BASSIN DU PORT, CÔTÉ AFRIQUE

Les travaux du port de Suez ont commencé en octobre 1866 par la création d'une première portion de terre-plein au sud du bassin de l'Arsenal, en vue des installations que les Entrepreneurs se proposaient de faire sur ce point pour les divers besoins de leurs services, notamment pour l'installation des ateliers destinés à la mise en état des premières dragues qui arriveraient à Suez.

Afin de pouvoir monter les premières baraques, on établit tout d'abord la digue projetée le long du chenal ou arrière-bassin du port sur une longueur d'une trentaine de mètres à partir du musoir du bassin de l'Arsenal. Les terres pour la confection du terre-plein étaient prises à marée basse, partie dans la courbe de sortie (pendant quelques mois seulement), partie sur l'emplacement de la darse. Ces terres étaient chargées dans des chalands échoués qui les transportaient ensuite et les déchargeaient à marée haute derrière les enrochements. On les empêchait de se répandre et d'être emportées par les courants au moyen de digues transversales construites avec des madrépores recueillis sur le banc même où ils formaient une couche superficielle s'étendant sur la presque totalité du banc.

Ce mode de travail était très coûteux, et l'on se borna provisoirement à faire les remblais indispensables pour soutenir la digue longeant le chenal et constituer le sol sur lequel étaient construites les maisons.

A la date du 30 novembre, 3 baraques ou maisons en charpente, construites sur pilotis étaient déjà montées sur le terre-plein, dont 2 pour les ouvriers et 1 pour les employés. D'autres constructions semblables suivirent. En février 1867, fut montée la maison des bureaux, construite en pans de bois avec remplissage en pierres, et comportant un sous-sol à la cote 20^{m},00 et un premier étage à la cote 22^{m},50.

En même temps que se faisaient les remblais sur l'emplacement des constructions et à l'entour, on prolongeait la digue de protection du terre-plein, laquelle, à la date du 31 janvier 1867, atteignait une longueur de 200 mètres, avec, à son extrémité, une digue provisoire transversale en madrépores. Les pierres de la digue provenaient des bancs existants à la laisse de haute mer sur la rive Asie de la baie, entre le signal du Télégraphe et la Quarantaine; elles étaient chargées sur des chalands que l'on amenait à mer haute près de la digue où ils échouaient à mer descendante; les pierres étaient alors transportées par les hommes des chalands et déchargées sur l'emplacement de la digue. La partie de l'enrochement au-dessus de la cote 17m,65 (basses mers moyennes de vive eau) était ensuite remaniée et dressée avec parement jusqu'à la cote 19m,40.

Ainsi qu'il est mentionné plus haut, la totalité des travaux d'enrochements à exécuter au port a été soumissionnée, le 26 mars 1867, par MM. Borel, Lavalley et Cie. A partir de ce moment, la construction de la digue du terre-plein longeant l'arrière-bassin et de la digue faisant face à la rade a marché avec beaucoup d'activité. Ces digues étaient terminées jusqu'à la cote 19m,40 à la fin de juin.

En même temps on continuait les remblais du terre-plein au moyen de chalands transportant les terres prises sur l'emplacement de la darse, en bornant toujours les terrassements à ce qui était nécessaire pour les installations de l'Entreprise.

Ce n'est qu'à partir de septembre 1867 qu'une drague à couloir de 25 mètres, précédemment employée au creusement de la darse de l'Arsenal, est venue travailler au remblai du terre-plein derrière la digue longeant le chenal, en faisant, dans le banc en avant de la digue, une passe jusqu'à la cote 15m,50 (cote de la risberme du profil). Le terrain dragué était du sable mélangé d'agglomérés existant à la surface du banc. Ces agglomérés engorgeaient parfois le couloir et ajoutaient ainsi aux difficultés naturelles d'écoulement du sable.

La drague ayant achevé cette première passe (en deux reprises), à la fin de janvier 1868, fut remplacée en mars par une drague à long couloir creusant dans le chenal une nouvelle passe qui fut terminée à son tour au commencement d'août. Les travaux de remblai derrière la digue durent alors être momentanément interrompus pour permettre les remaniements de terre que nécessitait la formation du terre-plein, et la drague à long couloir fut provisoirement envoyée dans la courbe de sortie. Elle revint au terre-plein vers le milieu de septembre et fut d'abord menée devant la digue du large, en dehors de la limite du chenal, pour exécuter des dragages devant servir aux remblais derrière la digue pour lesquels les seuls déblais du chenal ne pouvaient suffire. Après l'exécution de ce travail, la drague reprit position le long de la digue bordant le chenal et fit une troisième passe.

Après l'achèvement de cette troisième passe, en novembre 1868, les remblais du terre-plein furent interrompus. Les terres déposées par les dragues furent reportées à bras d'hommes à l'autre limite du terre-plein pour épauler la digue de délimitation dont il sera parlé plus loin, et, en même temps, pour laisser la place libre aux terres que les dragues à long couloir devaient plus tard déposer en creusant une dernière passe.

Les remblais ne devaient être repris que vers l'époque de l'achèvement du Canal, alors qu'il serait possible d'affecter à l'élargissement de l'arrière-bassin des dragues à long couloir qui, toutes, étaient indispensables jusque-là pour hâter les travaux fort en retard de la Quarantaine.

En fait, les remblais n'ont été repris qu'après l'inauguration du Canal.

Pendant les derniers mois des travaux à l'entreprise, les porteurs chargés des déblais provenant des dragages de la Quarantaine déchargèrent les terres dans la passe déjà creusée le long de la digue du terre-plein de manière à permettre plus tard aux dragues à long couloir de reprendre ces terres pour compléter le remblai du terre-plein. La passe du large, de 40 mètres de largeur, côté Asie, était jugée pouvoir suffire aux premiers besoins de l'exploitation.

A mesure que les remblais d'épaulement de la digue du terre-plein bordant l'arrière-bassin et de la digue du large se trouvaient suffisants, on procédait à la construction des perrés supérieurs. Ces perrés étaient terminés en mars 1869.

Au cours des travaux de construction des digues, on a eu à diverses reprises à faire des rechargements à leur pied en réparation d'avaries causées par la mer.

Le Gouvernement égyptien tardant à établir l'enrochement qu'il s'était engagé à construire pour fermer l'intervalle de 210 mètres de longueur compris entre l'extrémité de la digue du large du terre-plein de la Compagnie et le bassin de radoub, la Compagnie s'est trouvée obligée, pour protéger ce terre-plein contre les attaques de la mer entrant par la brèche en question, de construire à la limite séparative des deux terrains une digue en enrochements, dite digue de délimitation, établie sur le même type de profil que les autres digues du terre-plein. Ce travail, qui n'était pas prévu dans le marché de tâche des entrepreneurs, a été exécuté par ceux-ci au même prix que les autres enrochements. Les travaux ont commencé en septembre 1867. Les pierres employées à la construction de la digue, d'un poids de 20 à 25 kilogrammes, provenaient de la carrière dite de la Butte, sise au pied des falaises ouest du golfe, et qui fut reliée au rivage par une petite voie de fer. Le cube total d'enrochements de la nouvelle digue a été de 3.770 mètres cubes.

DARSE OU BASSIN DE L'ARSENAL ET TERRE-PLEIN NORD

Le banc du nord, dans la partie que devaient occuper la darse et le terre-plein Nord, était à la cote moyenne d'environ 18^{m},00.

La construction de la digue extérieure du môle de la darse, établie sur le bord du chenal de Suez, et le creusement de la darse ont commencé en janvier 1867.

Le creusement de la darse a été exécuté au début, savoir :

En partie par des ouvriers chargeant à mer basse, dans des chalands, les sables et agglomérés pris à la partie supérieure du banc et qui étaient ensuite employés comme remblais autour des constructions élevées par l'Entreprise sur le terre-plein au sud de la darse ; ces déblais à sec ont cessé à partir de juillet 1867 ;

En partie par une drague à couloir de 25 mètres déversant sur berge et employée au creusement, sur tout le pourtour de la darse, d'un chenal d'une vingtaine de mètres de largeur descendu jusqu'à la cote 15^{m},50, qui était la cote de la risberme sur laquelle devait reposer la ligne d'enrochements de défense du talus de la fouille. Les déblais versés par le couloir de la drague étaient maintenus par deux petites digues distantes de 50 mètres construites avec des agglomérés pris à la partie supérieure du banc. Le creusement du chenal de pourtour fut exécuté en deux passes de la drague. Le travail était terminé au commencement de septembre ; et, ainsi qu'il a été mentionné précédemment, la drague quitta alors la darse pour aller travailler aux remblais du terre-plein Sud.

A mesure de l'achèvement du creusement du chenal de pourtour de la darse, on plaçait les enrochements de défense de la berge sur le talus naturel de la fouille ; puis on construisait au-dessus la digue de protection arasée à la cote 19^{m},40. Plus tard, dans le courant de l'année 1868, le bourrelet de remblais fait par la drague fut remanié de manière à lui faire épauler le perré supérieur destiné à compléter le profil des digues bordant la darse sur tout son pourtour et de la digue du môle bordant le chenal de Suez.

Les dragages de la darse, interrompus en septembre 1867 par suite du départ de la drague à couloir, ont été repris le mois suivant avec une drague desservie par des gabares allant porter les déblais à la mer. Cette drague, toutefois, n'a guère travaillé que pendant une couple de mois. Elle a été surtout occupée à élargir l'entrée de la darse de manière à faciliter l'entrée et la sortie du matériel amené dans la darse pour réparations.

A partir de la fin de novembre 1867 jusqu'à la date de l'inauguration du canal, il n'a plus été fait de dragages dans la darse, et, par conséquence, plus de remblais pour la confection des terre-pleins du pourtour.

	m. cubes
Le cube total, calculé, des terrassements à exécuter pour le creusement de la darse était de........................	353.159
Sur ce cube total, à la date du 15 octobre 1869, il n'avait été exécuté que..	104.781
Il restait donc à exécuter, à la dite date du 15 octobre 1869, pour l'achèvement du creusement de la darse.............	248.378

ENROCHEMENTS DE LA DIGUE AFRIQUE DE LA COURBE DE SORTIE ET BRISE-LAMES DU SUD

Ces travaux d'enrochements n'ont présenté aucune particularité intéressante à signaler. Indépendamment des pierres de la Quarantaine, on a eu recours, pour le brise-lames du Sud, aux pierres de la carrière dite du Quadrant.

DRAGAGES DU PORT

En outre de la drague à couloir de 25 mètres qui -- ainsi qu'il est expliqué précédemment — fut employée, de septembre 1867 à janvier 1868, au creusement d'une passe à la cote 15^{m},50 le long de la digue du terre-plein Sud, afin de fournir des terres pour le remblai du terre-plein, et de la drague à long couloir qui remplaça la drague précédente, dans le même but, jusqu'en novembre 1868, en élargissant et approfondissant la première passe au delà de la risberme de la cote 15^{m},50, trois dragues desservies par des porteurs ont commencé les dragages du port en mars et avril 1867, en débutant par le creusement du chenal d'accès au sud du terre-plein.

Dans le courant de mai, deux des dragues rencontrèrent les carcasses de deux navires coulés qu'elles durent contourner en attendant que la situation pût être reconnue par des scaphandriers.

Un peu plus tard, une des dragues rencontra les débris d'un troisième bateau entièrement démoli : en un seul jour, les godets enlevèrent environ 15 mètres cubes de bois ainsi qu'une couleuvrine en bronze de 2^{m},20 de longueur et 0^{m},06 de diamètre intérieur, pesant 350 kilogrammes et de forme différente de celles de nos jours; la drague ne subit ni temps d'arrêt, autres que ceux nécessaires à l'enlèvement des bois et de la couleuvrine, ni avaries ; elle put continuer sa marche les jours suivants et ne rencontra plus, par intervalles, que quelques débris isolés.

La reconnaissance par scaphandriers des deux autres navires coulés avait permis de constater, notamment, que l'un de ces navires avait 25 mètres de longueur, 6^{m},50 de largeur au milieu et une hauteur de 5 à 6 mètres, et qu'il était presque entièrement recouvert de sable. L'enlèvement de ces deux navires a été fait en régie, en novembre 1868, par une des dragues en service dont l'élinde avait été précédemment allongée et qui, pour être en état d'entreprendre l'extraction, avait subi au préalable une importante réparation. La drague, conduite avec prudence, parvint sans trop de difficultés et sans grandes avaries à dépecer les coques et à enlever tous les débris.

Dès le mois de septembre 1867, le chenal en rade était creusé presque totalement à 7 mètres au-dessous des basses mers. Les dragues ne pouvant descendre plus bas sans la modification de leurs élindes, tout le travail fut alors concentré sur la partie du chenal longeant le terre-plein. Deux des dragues, marchant à la rencontre l'une de l'autre, furent employées d'abord à couper complètement la partie du banc formant saillie sur la digue du terre-plein par un chenal de 4 mètres de profondeur devant permettre aux porteurs d'entrer et de sortir à toute heure. [Le chenal de Suez, qui se trouvait plus au sud, avait eu son fond exhaussé de 20 à 30 centimètres par les sables mis en suspension par les dragues et que les courants emportaient et déposaient dans les parties plus creuses ou moins rapides; de telle sorte que les bateaux du transit égyptien s'échouaient fréquemment en dedans de la grande bouée marquant l'extrémité sud du banc.]

Après la coupure du banc, les trois dragues à porteurs travaillèrent dans le chenal même ou arrière-bassin du port pendant plusieurs mois.

L'une des dragues fut détachée de la section du port à partir du mois de février 1868 pour aller, dans la courbe de sortie, concourir aux dragages de la section de la Quarantaine qui étaient fort en retard. Cette drague, en faisant son chemin, rencontra, au nord du point $159^{km},4$, un peu au sud de l'extrémité de la courbe de sortie, à la cote $13^{m},50$, des terrains pierreux consistant simplement en quelques agglomérés à peine formés au milieu des sables.

Les deux autres dragues à porteurs — indépendamment de la drague à long couloir employée au remblai du terre-plein jusqu'en novembre 1868 — après avoir eu leurs élindes allongées, restèrent affectées au creusement du port et du chenal d'accès depuis le milieu de l'année 1868 jusqu'à la fin de ladite année.

Dès le début de l'année 1869, l'une des deux dragues restantes fut envoyée à son tour à la courbe de sortie, et il ne resta plus en service au creusement du port qu'une seule drague jusqu'en avril, date à laquelle cette dernière drague fut détachée comme les précédentes pour aller renforcer le matériel de la section de la Quarantaine.

Les dragages du port et du chenal d'accès furent alors, en effet, considérés comme provisoirement terminés. On avait atteint presque partout la cote $9^{m},50$. Les 242.000 mètres cubes que l'on avait encore à draguer pour atteindre la cote $9^{m},00$[1] étaient répartis le long du chenal

---

1. Rappelons que, d'après le profil en long annexé au marché du 26 mars 1864, le chenal du port de Suez devait être creusé à la cote $8^{m},68$, et que c'est par une décision de l'Administration en date du 23 juin 1868, prise

du port, depuis le musoir de la courbe de sortie jusqu'à l'extrémité sud du terre-plein ; mais, sur ce parcours, la passe avait une largeur minimum de 40 mètres à la cote 9m,50, et l'on avait jugé pouvoir s'en tenir là pour le moment[1].

RÉSUMÉ DE LA MARCHE DES TRAVAUX

SITUATION A LA DATE DU 15 OCTOBRE 1869

Remblais du terre-plein. — Le cube des remblais primitivement calculé, dans l'hypothèse de l'établissement du terre-plein à la cote 20m,50, était, pour l'ensemble des deux parties Nord et Sud dudit terre-plein, de ..	703.000mc
En cours d'exécution, il fut décidé que le terre-plein serait provisoirement arrêté à la cote 20m,00 ; d'où une réduction de cube de ...	90.000
Le cube total à exécuter se trouvait ainsi ramené à..............................	613.000
Sur ce cube total, à la date du 15 octobre 1869 (les travaux de remblais étant d'ailleurs interrompus depuis le mois de novembre 1868), il n'avait encore été exécuté que.........	273.430
Il restait donc à exécuter. à ladite date, pour l'achèvement des remblais du terre-plein..	339.570mc

Enrochements. — Le cube primitivement calculé de l'ensemble des enrochements à exécuter au port de Suez, en

sur la demande des Entrepreneurs, que la cote de 9 mètres avait été définitivement adoptée.

1. Dans une communication faite à la Société des Ingénieurs civils, dans sa séance du 26 juillet 1867, M. Lavalley donnait sur les dragages du port de Suez les renseignements suivants :

Les dragages se faisaient au moyen de dragues desservies par des porteurs à vapeur allant verser les déblais dans une anse à environ 4 kilomètres de la rade.

Les dragues rencontraient un terrain très favorable consistant en un sable ardoisé assez gros, mélangé d'argile blanchâtre molle. La fouille était facile, les godets se vidaient bien, les déversoirs ne s'engorgeaient pas, les puits des porteurs se vidaient facilement. De plus les grains de sable étaient trop gros pour entrer dans les articulations de chaînes à godets, et l'argile graissait les surfaces flottantes.

Les marées de la mer Rouge, même en morte-eau, produisaient des courants de travers, tantôt dans un sens, tantôt dans l'autre, qui gênaient les accostages des porteurs et faisaient quelquefois perdre du temps aux dragues. C'était néanmoins à Suez que les dragues et les porteurs donnaient les meilleurs rendements mensuels.

conformité du marché de tâche du 26 mars 1867, était de		64 136^{mc}
Par suite d'une décision prise, en cours d'exécution, d'abaisser de la cote 20^{m},50 à la cote 20^{m},00 la crête des enrochements du terre-plein Nord, il y a eu une diminution de cube de		1.196
Le cube total d'enrochements à exécuter s'est ainsi trouvé ramené à		62.940
Sur ce cube total, à la date du 15 octobre 1869, il avait été exécuté		58.355
Il restait donc à exécuter, à ladite date, pour l'achèvement des travaux d'enrochements (perrés de protection du terre-plein)		4.585^{mc}

Dragages. – Le cube total primitivement calculé des dragages à exécuter était le suivant :

Pour le port proprement dit	1.918.347^{mc}	2.271.506^{mc}
Pour la darse de l'Arsenal	353.159	
Par suite du calcul des profils du chenal du port avec talus à 2 pour 1 au lieu de 3 pour 1, ce qui a produit une diminution de 76.000 mètres cubes, et par suite, également, du relèvement du plafond dans la rade, de la cote 8^{m},68 à la cote 9^{m},00, il y a eu une réduction totale de cube de		179.767
Le cube total de dragages à exécuter s'est trouvé ainsi ramené à		2.091.739
Sur ce cube total, à la date du 15 octobre 1869, il avait été exécuté, savoir :		
Dragages du port	1.496.347^{mc}	1.601.128
Creusement de la darse	104.781	
Il restait donc à exécuter, à ladite date :		
Pour l'achèvement des dragages du port et du chenal d'accès	242.233	490.611^{mc}
Pour l'achèvement du creusement de la darse	248.378	

Remplissage des lacs Amers

Le mode et les moyens d'exécution de l'opération de remplissage des lacs Amers ont été réglés par l'article 6 du cinquième Acte additionnel passé avec MM. Borel, Lavalley et Cie le 30 octobre 1868[1].

Par cet article, les Entrepreneurs étaient chargés du remplissage des lacs Amers moyennant l'allocation d'une somme fixée invariablement et à forfait à 2 millions de francs, ladite somme comprenant, savoir : d'une part, deux sommes de 500.000 francs chacune pour les deux grands ouvrages d'art et travaux accessoires destinés respectivement à régler l'introduction des eaux de la Méditerranée et de la mer Rouge

1. Dans une communication faite à la Société des Ingénieurs civils dans sa séance du 7 septembre 1866, M. Lavalley expliquait ainsi qu'il suit comment il comprenait, alors, que se ferait le remplissage des lacs Amers.

Le lac Timsah, — disait-il, — était depuis environ un mois rouvert à la Méditerranée, et l'Entreprise ne tarderait pas à y faire entrer des dragues. Quant au grand lac Amer, son remplissage serait terminé assez à temps pour que le restant du travail à faire après cette opération fût facilement terminé en même temps que le reste.

En effet, le grand lac recevrait de l'eau de la Méditerranée aussitôt que les dragues du Sérapéum auraient terminé le travail qu'elles avaient à faire en flottant sur l'eau douce, et de la mer Rouge aussitôt que le bassin du petit lac aurait été rempli. — [Voir p. 285, au sujet du mode, alors prévu, de remplissage du petit lac par les eaux de la mer Rouge, le programme primitif du mode d'exécution des travaux de creusement du Canal entre les lacs Amers et la mer Rouge.]

On pourrait, de la manière suivante, se faire une idée de la durée du remplissage.

A l'époque où les dragues du Sérapéum seraient descendues au niveau de l'eau de la mer, le Canal serait ouvert, sur toute la distance qui sépare la Méditerranée des lacs Amers, à une section d'au moins 200 mètres carrés.

Si, sur quelques points, cette section n'était pas tout à fait atteinte, en revanche elle serait dépassée peu de temps après, par suite du travail incessant des dragues.

On pouvait donc considérer la section de 200 mètres carrés comme étant la section moyenne par laquelle l'eau de la Méditerranée arriverait pendant le remplissage.

Cette section donnerait, avec une vitesse moyenne de 30 centimètres à la seconde, un débit de 5.184.000 mètres cubes par jour.

On pouvait compter que l'évaporation enlèverait par jour, en moyenne,

dans les lacs; d'autre part, deux autres sommes également de 500.000 francs chacune pour les dommages qui seraient respectivement causés dans les deux régions du Canal.

BARRAGE-DÉVERSOIR DU SÉRAPÉUM POUR L'INTRODUCTION DES EAUX DE LA MÉDITERRANÉE

(PLANCHE XXXIV)

A la date de la passation du cinquième Acte additionnel, le moment approchait où allait prendre fin la phase d'exécution des dragages du seuil du Sérapéum dans l'eau douce; où, alors, serait rompu le barrage qui, à l'extrémité nord du seuil, séparait du lac Timsah la partie du Canal ainsi exécutée à l'eau douce; où par conséquent, enfin, l'eau de la Méditerranée prendrait à son tour possession de cette partie de Canal jusqu'à la levée en terre la séparant des

---

pendant tout le remplissage, au plus 1.500.000 mètres cubes (la surface du lac entièrement rempli devant être d'environ 170 millions de mètres carrés).

Il arriverait donc, pour le remplissage, environ 3.700.000 mètres cubes d'eau.

La contenance du grand lac pouvait être évaluée à 900 millions de mètres cubes. En ajoutant pour l'imbibition 500 millions (ce qui correspondait à peu près à 3 mètres cubes par mètre carré, chiffre évidemment fort exagéré, attendu que le fond était déjà humide et que le terrain était argileux), on avait un total de 1.400 millions de mètres cubes comme limite supérieure de la quantité totale d'eau nécessaire au remplissage.

Avec le débit ci-dessus, et si l'eau ne venait que de la Méditerranée, le lac serait donc rempli en quatre cents jours au plus.

Mais les rigoles ouvertes à travers la plaine de Suez étaient faites pour amener de la mer Rouge au moins 1.800.000 mètres cubes par jour, ce qui réduirait la durée du remplissage à deux cent cinquante jours environ, délai déjà plus court que le temps nécessaire aux travaux restant à faire sur toute la longueur du Canal au moment où l'eau de mer commencerait à arriver dans le grand lac.

Il n'y avait pas d'ailleurs à se préoccuper, pour le travail des dragues du Sérapéum, de l'abaissement de niveau à produire en ce point pour déterminer la vitesse ci-dessus. Cet abaissement serait bien moindre que ne devaient le faire craindre et la distance qui sépare la Méditerranée des lacs Amers et la grande quantité d'eau que l'évaporation enlèverait à la surface du Canal et du lac Timsah.

Cela tenait à ce que, pendant presque toute l'année, il souffle à travers l'isthme un vent du nord qui, très faible ou nul pendant la nuit, augmente le matin et devient avant midi une brise assez fraîche qui dure jusqu'au soir. C'était par l'effet de ce vent que l'eau était presque constamment plus élevée tout le long du Canal qu'à Port-Saïd.

lacs Amers à l'extrémité sud et pourrait dès lors être utilisée pour commencer le remplissage des lacs.

Les Entrepreneurs s'occupèrent donc sans délai de l'étude d'un barrage-déversoir qu'ils se proposaient d'établir à l'extrémité sud du Sérapéum pour régler l'introduction de l'eau de la Méditerranée dans les lacs Amers. Les travaux purent être mis en train dès le mois de décembre 1868, et la construction de l'ouvrage était complètement terminée à la fin du mois de février suivant.

L'entrée de l'eau de la Méditerranée dans les lacs fut inaugurée en présence de S. A. le Khédive, le 18 mars 1869.

DESCRIPTION DU BARRAGE

Le barrage-déversoir du Sérapéum était établi sur la rive Afrique du Canal, presque parallèlement à l'axe, immédiatement en amont de la levée en terre formant barrage transversal de retenue des eaux à l'extrémité sud, avant le débouché du Canal dans les lacs Amers.

L'ouvrage était enraciné à ses deux extrémités dans deux forts cavaliers en terre dont l'un était la berge même du Canal et l'autre un retour du barrage transversal de retenue des eaux.

Le barrage-déversoir proprement dit était formé par un masque de poutrelles horizontales s'appuyant sur des palées verticales distantes de 4 mètres d'axe en axe, mais laissant à la partie inférieure, immédiatement au-dessus du radier général de l'ouvrage, une hauteur libre de $0^{m},50$ de hauteur fermée au moyen d'aiguilles verticales. La longueur totale de l'ouvrage entre culées était de 108 mètres, partagée en 27 travées. La largeur libre de débouché du déversoir, de 100 mètres.

Les deux premiers pieux de chaque palée supportaient une passerelle de service de $2^{m},50$ de largeur de voie dont le tablier était établi à la cote $18^{m},50$.

Le radier général de l'ouvrage avait, dans le sens de la

lame déversante des eaux, une longueur totale de 21 mètres comptée d'axe en axe des pieux extrêmes de support du plancher et se partageant comme suit : à l'amont du déversoir, une longueur de 6 mètres arasée à la cote $16^m,25$; à l'aval, une longueur de 15 mètres, à la cote $15^m,50$, reliée à la précédente par une partie courbe en forme d'S sur une longueur de $4^m,50$[1]. Le radier était d'ailleurs établi sur le terrain même, préalablement préparé toutefois de la manière suivante : on avait commencé par établir à la cote $13^m,75$ une première couche d'argile fortement pilonnée de $0^m,50$ d'épais-

1. Après la fixation, décidée tout d'abord, d'une largeur libre de débouché de 100 mètres pour le déversoir, la cote $16^m,25$ du radier avait été déterminée par les considérations suivantes :

1° Il fallait pouvoir, depuis le commencement jusqu'à la fin de l'opération de remplissage, régler le débit de manière, tout à la fois, à n'avoir jamais une vitesse capable de dégrader les berges et à maintenir le niveau nécessaire aux manœuvres dans les deux seuils d'El Guisr et du Sérapéum ;

2° Dans la prévision où le remplissage des lacs, par une cause quelconque, ne serait pas encore terminé après le complet achèvement des travaux de la partie nord du Canal, c'est-à-dire alors qu'il n'y aurait plus d'inconvénient à abaisser le niveau dans les seuils, il fallait pouvoir alors donner le maximum de débit que pouvait fournir le Canal à toute section avec la vitesse maxima supposée admissible de $0^m,40$ par seconde ;

Ce débit maximum était d'environ 100 mètres cubes par seconde. Il supposait le niveau de l'eau à l'amont du déversoir abaissé jusqu'à la cote $18^m,20 - 1^m,10 = 17^m,10$, et une perte de charge aux pertuis de $0^m,70$; ce qui supposerait en définitive un radier à la cote maximum de $17^m,10 - 0^m,70 = 16^m,40$;

3° Mais, lorsque le niveau des lacs atteindrait cette cote $16^m,40$, le débit du déversoir ne pourrait plus être maintenu qu'à la condition d'une augmentation, par le bas, de la section de la lame d'écoulement. Le radier du déversoir devait donc être abaissé au-dessous de la cote $16^m,40$;

4° Enfin, lorsque le niveau des lacs aurait atteint le niveau de l'eau en amont du déversoir, c'est-à-dire la cote $17^m,10$, on pourrait couper le barrage sans que la vitesse d'écoulement de l'eau dans le Canal fût augmentée.

Si l'on coupait le barrage dès que le niveau des lacs aurait atteint la cote $16^m,40$, la vitesse maximum d'écoulement de l'eau passerait de $0^m,40$ à $0^m,40\sqrt{\frac{1,80}{1,10}}$, c'est-à-dire à $0^m,51$, et pourrait être dangereuse pour le Canal.

En conséquence de ces diverses considérations, on s'était finalement décidé à établir le radier à une cote inférieure à celle du niveau moyen de la Méditerranée de $1^m,10 + 0^m,70 + 0^m,10$ ou $1^m,90$. Et, comme il résultait des observations faites pendant une année au lac Timsah que le niveau de l'eau y était à la cote $18^m,15$, le radier du déversoir se trouvait devoir être établi à la cote $16^m,25$. Cette cote était précisément celle du terrain dans l'emplacement du déversoir.

Quant à la disposition du radier en gradin, elle avait pour but d'éviter d'avoir à défendre, par des enrochements trop dispendieux, le terrain à l'endroit de la chute de l'eau du déversoir ainsi que le canal de fuite.

seur sur toute la longueur du radier et de l'avant-radier dont il sera parlé ci-après, se prolongeant même de quelques mètres à l'aval du radier sous la première passerelle, dont il sera parlé également ci-après ; au-dessus de cette première couche d'argile compacte venait une couche de terre argileuse pilonnée, puis une seconde couche d'argile pilonnée de 0^m,50 d'épaisseur sous le plancher du radier.

Le plancher du radier, en madriers recouverts de planches, d'une épaisseur ensemble de 12 centimètres, reposait sur un grillage supporté par des lignes transversales de pieux distantes entre elles de 3 mètres d'axe en axe. Dans les lignes transversales, ces pieux étaient distants de 2 mètres d'axe en axe à l'aval du déversoir ; de 1 mètre seulement en amont et même sur les 6 premiers mètres à l'aval. Tous ces pieux, parmi lesquels ceux des palées du barrage-déversoir, descendaient à travers les couches d'argile pilonnée jusqu'à la cote 11^m,75 et se trouvaient ainsi avoir dans la partie amont du radier une longueur de fiche de 4^m.50 ; dans la partie aval, une longueur de 3^m,75.

Le radier, à ses extrémités amont et aval et sous le barrage-déversoir, était muni de parafouilles constitués par des masques en madriers s'appuyant sur les pieds de support des grillages, descendant jusqu'à la couche profonde d'argile pilonnée et étant noyés sur la hauteur comprise entre cette couche et la couche supérieure dans un corroi d'argile également fortement pilonnée. L'imperméabilité sous le radier se trouvait ainsi réalisée dans les trois points susmentionnés jusqu'au-dessous de la couche profonde d'argile, c'est-à-dire à la cote 13^m,75.

L'avant-radier, en amont du radier, avait une longueur de 10 mètres. Il était constitué par un pavage établi sur la couche supérieure d'argile pilonnée.

A l'extrémité aval du radier se trouvait une passerelle de 2 mètres de largeur élevée sur deux rangées de pieux, ayant son tablier à la cote 17^m,00 et destinée à permettre de jeter des enrochements pour combattre les affouillements à l'origine du canal de fuite du déversoir.

Ce canal de fuite, creusé à l'avance, avait 2 kilomètres de longueur et des largeurs de 80 à 100 mètres; son plafond, à l'origine sous la passerelle, était à la cote 15^{m},30 et, à partir de là, il était réglé suivant une pente de 0^{m},0025 par mètre. Il déversait ses eaux dans le grand bassin des lacs en suivant la ligne de thalweg du sol. Il résultait de ces dispositions que le radier courbe du déversoir n'était jamais noyé.

Une deuxième passerelle fut reconnue nécessaire à 150 mètres de la première, destinée également à combattre par des enrochements les affouillements du canal de fuite.

Les palées du barrage-déversoir comprenaient quatre des pieux des lignes longitudinales du radier, parmi lesquels le pieu même sur lequel s'appuyaient les poutrelles. Les deux premiers pieux, dans chaque palée, avaient une longueur de 8 mètres; le troisième pieu, une longueur de 4^{m},50 comme les pieux de la partie amont du radier; le quatrième, simplement la longueur de 3^{m},75, celle du radier d'aval. Tous ces pieux étaient reliés par des moises horizontales et des contre-fiches constituant la palée de support.

Les poutrelles du masque constituant le barrage proprement dit avaient, à partir de la poutrelle inférieure, un équarrissage décroissant depuis 0^{m},20 jusqu'à 0^{m},08 d'épaisseur; elles étaient mobiles dans des rainures de 0^{m},10 de largeur formées par les pieux contre lesquels elles s'appuyaient et des fourrures verticales placées derrière ces pieux; les poutrelles les plus fortes étaient entaillées à leurs extrémités de manière à pouvoir pénétrer dans les rainures.

Les culées en charpente de l'ouvrage avaient, comme le radier général, une longueur de 21 mètres. Sur la longueur de 9 mètres s'étendant depuis la limite amont du radier jusqu'à la rive aval du pont de service établi à la suite du masque à poutrelles, leur couronnement se trouvait à la cote $19^m,00$ (les massifs de terre étant de leur côté à la cote $19^m,50$). Sur les 6 derniers mètres de la longueur du radier, ce couronnement n'était plus qu'à la cote $17^m,00$, c'est-à-dire à $1^m,50$ seulement au-dessus du radier. Enfin, sur les 6 mètres intermédiaires, le couronnement suivait une ligne inclinée allant d'une cote à l'autre.

Dans la construction de la partie des culées située en amont du masque à poutrelles, on avait eu à prendre des précautions spéciales pour empêcher l'eau retenue par le barrage de contourner et de miner leur enracinement dans le massif des berges. On avait, dans ce but, établi la portion de culée en question sous forme d'un coffrage étanche. Sur la paroi de ce coffrage parallèle à l'axe du Canal, d'une longueur de 9 mètres, le coffrage était fixé sur des pieux principaux distants de 2 mètres, descendant comme ceux du radier jusqu'à la cote $11^m,75$, et sur des pieux intermédiaires descendant jusqu'au-dessous de la première couche d'argile pilonnée. Chacune des parois en retour — celle correspondant au barrage à poutrelles formant cloison — avait une longueur de 8 mètres et les pieux sur lesquels était fixé le coffrage étaient au nombre de six, indépendamment du pieu de face. Chaque pieu principal de la paroi faisant face au déversoir était relié par des moises horizontales à deux pieux battus dans le massif de la berge, distants de 4 et 8 mètres. Des moises horizontales reliaient de même le pieu central des parois en retour au pieu intérieur correspondant.

Au delà du barrage à poutrelles, la paroi de face des culées était fixée sur des pieux principaux distants de 3 mètres d'axe en axe, avec deux pieux intermédiaires dans chaque intervalle : sur les trois premiers mètres, les pieux principaux étaient reliés, comme dans la partie amont, à deux pieux intérieurs par des moises; sur le reste de la longueur, il n'y avait plus qu'un pieu intérieur distant de 4 mètres de la paroi de face.

FONCTIONNEMENT DU DÉVERSOIR ET MARCHE DU REMPLISSAGE

Ainsi qu'il a été dit plus haut, l'introduction des eaux de la Méditerranée dans les lacs Amers par le déversoir du Sérapéum a été inaugurée le 18 mars 1869 en présence de S. A. le Khédive. L'introduction des eaux de la mer Rouge par le déversoir de la Plaine de Suez eut lieu le 16 août suivant. Le déversoir du Sérapéum a donc contribué seul au remplissage des lacs pendant la période du 18 mars au 15 août. A cette date du 15 août 1869, l'eau dans les lacs était à la cote 13^{m},30.

La manœuvre du déversoir du Sérapéum consistait à enlever un certain nombre d'aiguilles.

Au début, on dut procéder avec une grande prudence, non seulement par la crainte de produire dans le Canal maritime des courants trop gênants pour le travail des dragues, mais aussi par suite de la nécessité d'arrêter de temps à autre le remplissage afin de pouvoir vérifier la situation de l'ouvrage, d'y exécuter à temps les travaux de consolidation reconnus nécessaires et de parer aux affouillements d'aval par des enrochements. On peut citer à ce sujet les deux faits suivants :

Pendant les premiers temps de fonctionnement du déversoir, de tels courants s'étaient établis dans le seuil du Sérapéum qu'il avait fallu prendre des précautions particulières pour le fonctionnement des engins de dragages dont le rendement avait été ainsi notablement diminué; l'action de ces courants s'était même fait sentir jusqu'au delà de Kantara, influençant la manœuvre des élévateurs.

Peu de temps après la première introduction de l'eau, le radier d'aval de l'ouvrage donna quelques inquiétudes : d'une part, les madriers du plancher, imparfaitement fixés sur le solivage, s'étaient soulevés et tordus sous la double action du soleil et des sous-pressions; d'autre part, sous l'action d'une masse d'eau de 50 à 100 mètres cubes à la seconde s'écoulant d'une manière continue par un chenal ouvert en terrain meuble dans un bassin dont le fond était à 6 mètres en contre-bas du radier de l'ouvrage d'alimentation, des affouillements considérables s'étaient produits à l'aval de ce radier, et le fond et les parois du Canal de fuite avaient été ravinés et entraînés au point de compromettre, par un glissement général des terres, la stabilité de tout l'ouvrage. On dut se hâter de charger les planchers de fers et de grosses pierres pour maintenir les madriers et de garnir de forts enrochements le fond du canal de fuite entre les deux passerelles. Grâce à ces mesures, le remplissage put continuer sans causer trop de dégradations ; mais ce ne fut pourtant que vers le mois de juillet — le niveau de l'eau se trouvant à la cote 12^{m},40 — que cessèrent les affouillements ; et l'on constata alors que l'ouvrage s'était affaissé en moyenne de 5 centimètres.

En fait, les interruptions de fonctionnement du déversoir du Sérapéum, nécessitées par les travaux de réparations et pour autres motifs, ont eu ce résultat que, dans la période de cent cinquante et un jours, du 18 mars au 15 août, pendant laquelle le déversoir a contribué seul au remplissage, il n'a été effectivement ouvert que pendant cent vingt-sept jours.

Pour pouvoir se rendre compte aussi approximativement que possible de la quantité d'eau fournie par le déversoir, la Compagnie avait fait prendre note chaque jour de la hauteur de l'eau dans le canal d'amenée, du nombre d'aiguilles enlevées et du nombre d'heures d'écoulement, et l'on appliquait alors suivant les cas l'une des deux formules suivantes :

Pour un orifice noyé :

$$Q = 0{,}63\,S\,\sqrt{2gH}\,;$$

Pour un orifice à écoulement libre :

$$Q = 0{,}41\,LH\,\sqrt{2gH}.$$

Les calculs ont ainsi donné, pour le cube débité par le déversoir jusqu'à la date du 15 août 1869, le chiffre rond de 421.100.000 mètres cubes.

Ce débit ayant eu lieu en cent vingt-sept jours effectifs, le débit moyen journalier se trouvait donc avoir été de 3.316.000 mètres cubes.

Il importe de remarquer que, pour avoir le cube ayant effectivement servi au remplissage, il faudrait retrancher du chiffre total ci-dessus les pertes supputées dues à l'imbibition des terres et à l'évaporation.

En ce qui concerne spécialement la perte par évaporation, des observations faites pendant une courte période du remplissage, d'une durée de huit jours, du 7 au 15 juillet, avaient permis de constater que cette perte, pendant ladite période, pour une surface mouillée de 113.600.000 mètres carrés (moyenne des surfaces mouillées correspondant aux cotes extrêmes $10^{m},20$ et $13^{m},30$ du remplissage avec les seules eaux de la Méditerranée), avait été en moyenne de 400.000 mètres cubes par jour; ce qui correspondait à une évaporation d'au plus $3^{mm}.5$ par mètre carré. En admettant ce chiffre pour toute la durée de l'opération du remplissage par le déversoir seul du Sérapéum, soit pour cent cinquante et un jours, la perte totale par évaporation aurait donc été d'environ 60.400.000 mètres cubes.

Et, par conséquent, le cube effectif de remplissage, y compris les pertes par imbibition des terrains, aurait été, par l'application des formules de débit du déversoir, de 360.700.000 mètres cubes.

D'un autre côté, avant le début de l'opération de remplissage, lors des études concernant les lacs Amers, on s'était demandé quelle serait la cote de fond à adopter pour le calcul des surfaces des profils du remplissage, et l'on avait admis, par suite des résultats des expériences sur la solubilité du banc de sel, que celui-ci, dont la partie supérieure était à la cote moyenne $10^{m},55$, se dissoudrait sur une épaisseur suffisante pour se trouver finalement au niveau des terrains bas marécageux qui l'entouraient et qui étaient à la cote $8^m,43$, soit sur une épaisseur de $2^m,12$. D'après ces données, le cube de remplissage jusqu'à la cote $13^m,30$ avait été trouvé de 499.186.000 mètres cubes.

Mais les derniers sondages faits le 26 août 1869 avaient montré qu'en réalité le niveau moyen du banc de sel à cette date se trouvait à la cote $10^m,05$; le banc n'avait donc encore été dissous que sur une épaisseur de $0^m,50$. Il y avait par conséquent à retrancher du cube primitivement calculé la partie du banc de sel correspondante à une épaisseur de $1^m,62$. La superficie du banc étant d'environ 65.982.000 mètres carrés, le cube à retrancher était de 65.982.000 $\times$ 1,62 = 106.891.000 mètres cubes.

Le cube réel de remplissage, à la date du 15 août, calculé d'après les profils, était donc en réalité de 392.295.000 mètres cubes.

On voit que ce chiffre présente, par rapport à celui calculé d'après les formules de débit des déversoirs, une différence en plus de 31.595.000 mètres cubes.

BARRAGE-DÉVERSOIR DE LA PLAINE DE SUEZ POUR L'INTRODUCTION DES EAUX DE LA MER ROUGE

(PLANCHE XXXV)

Avant de décrire les différents ouvrages qui ont été construits et les dispositions qui ont été prises pour régler l'introduction des eaux de la mer Rouge dans les lacs Amers, nous rappellerons d'abord dans quelles conditions se trouvait toute la partie du Canal comprise entre les lacs et Suez.

Au point $155^{km},500$, point dit de la Quarantaine, non loin du débouché du Canal dans la mer Rouge, un barrage en terre, ayant son couronnement à la cote $20^m,50$, c'est-à-dire à $0^m,50$ au-dessus du niveau des plus hautes eaux de la mer

Rouge, s'opposait à l'introduction des eaux de la mer dans la partie nord du Canal. La partie au sud du barrage était au contraire en libre communication avec la rade, et les appareils y travaillaient en conséquence en subissant les effets des marées.

Plus au nord, au point $151^{km},350$, un deuxième barrage, ayant également son couronnement à la cote $20^{m},50$, constituait avec le précédent un bief de 4.150 mètres de longueur, qui était maintenu à la cote $19^{m},80$ par une rigole avec prise d'eau au Canal d'eau douce. Dans cette partie du Canal, les dragues et tous les appareils qui les desservaient travaillaient dans l'eau douce, à l'abri des marées.

Dans ces deux parties du Canal, d'ailleurs, il restait encore beaucoup à faire pour amener le Canal à profondeur.

Enfin, à partir du barrage du point $151^{km},350$ jusqu'au petit lac, le Canal avait été exécuté à sec, et le creusement devait être complètement terminé, comme il l'a été effectivement, avant le début de l'opération de remplissage.

Les ouvrages construits par les Entrepreneurs pour régler l'introduction des eaux de la mer Rouge dans les lacs, de manière à éviter la production dans le Canal de courants capables de détériorer les berges et de nuire au travail des dragues occupées à achever le creusement dans les deux sections de la Quarantaine et de la plaine de Suez, ont été les suivants :

1° Construction d'un barrage-déversoir en charpente au point $151^{km},250$ (plaine de Suez), c'est-à-dire à 100 mètres de distance au nord du barrage en terre du point $151^{km},350$, destiné à régler le débit de l'eau de remplissage.

Cet ouvrage, commencé en juin 1869, et auquel on travailla jour et nuit, fut terminé pour la date du 15 août, qui avait été fixée pour l'inauguration de l'entrée des eaux de la mer Rouge dans les lacs Amers, en même temps que se trouvaient achevés les terrassements à sec de la plaine de Suez.

2° Construction, au point 131^{km},900, à l'origine des berges submersibles bordant le Canal à son entrée dans le petit lac, d'un barrage en terre arasé à la cote 18^{m},00, établi en travers du Canal et prolongé sur une certaine longueur au delà de la rive Asie, ledit barrage destiné à détourner les eaux de remplissage et à les faire s'écouler dans le petit lac par le déversoir naturel que formait le terrain de la rive Asie, cote 16^{m},50.

Ce barrage a été construit pendant le mois de mai 1869.

3° Enfin, construction, en deux points convenablement choisis de la portion de Canal de 19.350 mètres de longueur comprise entre les deux ouvrages précédents, de deux barrages en terre destinés à amortir les courants : l'un, établi au point 138^{km},650 et arasé a la cote 15^{m},50 ; l'autre, au point 136^{km},600, arasé à la cote 15^{m},00.

La portion de Canal comprise entre la mer Rouge et le petit lac se trouvait ainsi présenter six biefs dans lesquels l'eau se trouvait aux cotes suivantes :

1° Bief de Suez, au sud de la Quarantaine : niveau variable de la mer ;

2° Bief de 4.150 mètres de longueur, du point 155^{km},500 au point 151^{km},350 : cote 19^{m},80 du niveau de l'eau provenant du Canal d'eau douce ;

3° Bief de 12.700 mètres de longueur, du point 151^{km},350 au point 138^{km},650 : eaux d'infiltrations, cote 10^{m},50 ;

4° Bief de 2.050 mètres de longueur, du point 138^{km},650 au point 136^{km},600 : eaux d'infiltrations, cote 13^{m},28 ;

5° Bief de 4.700 mètres de longueur, du point 136^{km},600 au point 131^{km},900 : eaux d'infiltrations, cote 10^{m},50 ;

6° Bief du petit lac : niveau atteint par les eaux de remplissage provenant de la Méditerranée, cote 13^{m},23.

DESCRIPTION DU BARRAGE-DÉVERSOIR

Au point choisi pour l'établissement de cet ouvrage et où, dans cette prévision, avait été réservé un massif de terre, on avait tout d'abord établi une plate-forme à la cote $16^m,00$, d'une largeur, de chaque côté de l'axe, de $23^m,64$, correspondante à celle du profil normal de la cunette à ladite cote; au-dessus de la plate-forme, sur chaque rive, se trouvait le talus à 2 pour 1 du profil normal jusqu'à la risberme de 16 mètres de largeur à la cote $18^m,00$; enfin, au delà de la risberme venaient le talus de la berge à 5 pour 1 jusqu'à la cote $20^m,50$, puis les cavaliers.

Le barrage, établi en travers du canal, perpendiculairement à l'axe, s'étendait naturellement sur toute la largeur du profil qui vient d'être défini. Il avait ainsi une longueur totale de 110 mètres, soit 55 mètres de chaque côté de l'axe. Le terrain sur lequel il était assis était composé d'argile sableuse mélangée de quelques rognons d'agglomérés.

La partie du barrage destinée à former déversoir occupait de chaque côté de l'axe une largeur de 21 mètres, largeur un peu moindre que celle même de la plate-forme établie à la cote $16^m,00$. Sur la faible largeur restante, puis sur le talus à 2 pour 1 et enfin sur la risberme étaient les culées étanches pénétrant dans les berges au talus de 5 pour 1. Le couronnement, sur toute la longueur de l'ouvrage, était à la cote $20^m,00$, cote des plus hautes eaux de la mer Rouge. Le barrage avait donc, dans la partie formant déversoir, une hauteur de 4 mètres au-dessus du sol de fondation.

Le barrage-déversoir proprement dit était constitué par un masque de poutrelles horizontales s'appuyant sur quinze palées verticales espacées de 3 mètres d'axe en axe et laissant à la partie inférieure des ouvertures de $1^m,50$ de hauteur fermées, à l'amont au moyen d'aiguilles, à l'aval au moyen de vannes automobiles à charnière supérieure, celles-ci destinées, pendant la dernière phase de remplissage, à empêcher le retour de l'eau pendant les basses mers.

Chaque palée se composait de cinq pieux de $7^m,50$ de longueur et de $3^m,50$ de fiche; la distance d'axe en axe entre les deux pieux d'amont était de 4 mètres; entre les autres pieux, y compris le deuxième pieu d'amont, elle était de 3 mètres seulement. Les pieux sur lesquels s'appuyait le masque en charpente avaient un équarrissage de 0,30/0,30 les autres de 0,22/0,22.

Le radier du déversoir était constitué par un plancher en madriers recouverts de planches, d'une épaisseur ensemble de 12 centimètres, et fixés sur des solives formant grillage en charpente relié aux pieux des palées et à des petits pieux intermédiaires de $0^{m},18$ d'équarrissage. Ces pieux intermédiaires, de 3 mètres de longueur et recépés au niveau du grillage, étaient au nombre de trois dans chaque intervalle entre les pieux principaux dans les deux premières lignes d'amont des pieux des palées; il n'y avait qu'un seul pieu intermédiaire dans chacune des trois autres lignes; enfin, il y avait un pieu intermédiaire entre les deux premiers pieux de chaque palée.

Des rails Vignole de 19 kilogrammes étaient vissés sur le plancher dans des directions obliques, de manière à contre-venter les madriers et à augmenter la résistance du plancher au soulèvement.

Ce plancher du radier avait 42 mètres de largeur sur 13 mètres de longueur, dont 4 mètres en amont du masque en poutrelles et 9 mètres à l'aval.

Les deux premières files transversales de pieux des palées étaient pourvues, chacune sur une profondeur de 2 mètres en contre-bas du radier, de cloisons étanches constituées par des madriers jointifs noyés dans un corroi en argile pilonnée de 1 mètre d'épaisseur et formant ainsi para-fouilles du barrage. [Avant le battage des pieux, on avait pratiqué des tranchées de 1 mètre de largeur descendues jusqu'à la cote $14^{m},00$; puis, les pieux une fois battus dans ces sillons et ensuite moisés entre eux, on avait établi les cloisons en madriers et rempli finalement les sillons avec de l'argile grasse pilonnée.]

Le radier se raccordait avec le fond du bassin d'amont,

cote $15^{m},00$, par un talus perreyé à l'inclinaison de 3 pour 1, suivi d'un pavage de 1 mètre seulement de largeur sur le fond horizontal. Il était prolongé à l'aval par un couloir incliné supporté par des lignes transversales de pieux faisant suite à ceux des palées et formant contreforts. Ce couloir allait en se rétrécissant de manière à rejeter l'eau dans le milieu de la cuvette du Canal et à éviter ainsi la dégradation des talus à l'endroit de la chute d'eau tombant du couloir. Le fond de la cuvette et le pied des talus étaient protégés par des perrés sur une certaine longueur.

La charpente de chaque culée, établie, comme il est mentionné précédemment, sur les talus et la risberme de la partie du profil normal sise au-dessus de la plate-forme de la cote $16^{m},00$, comprenait d'abord trois palées semblables à celles du barrage-déversoir, formant avec la palée de rive de celui-ci trois travées, les deux premières, comme celles du déversoir, d'une largeur de 3 mètres d'axe en axe des pieux, la troisième d'une largeur de 4 mètres : cette première partie de la culée avait donc une longueur de 10 mètres. Au delà, la deuxième et la troisième lignes transversales de pieux étaient seules prolongées sur une longueur de 24 mètres de manière à pénétrer dans la berge à talus à 5 pour 1 jusqu'au point de ce talus correspondant à la cote $20^{m},00$. (Ce talus à 5 pour 1 se prolongeait jusqu'à la cote $20^{m},50$, après quoi venait le talus à 45° du cavalier.) Les pieux dans chaque ligne étaient distants de 4 mètres d'axe en axe.

La charpente de chaque culée, à partir de la palée de rive du barrage-déversoir, avait donc une longueur totale de 34 mètres, ce qui, en définitive, ainsi qu'il est dit plus haut, portait la demi-longueur de l'ouvrage, de chaque côté de l'axe, à 55 mètres.

Les pieux constituant la charpente des culées avaient dans le terrain même longueur de fiche que ceux des palées du déversoir; leurs extrémités inférieures formaient donc des redans correspondant à la forme du profil au-dessus de la plate-forme de la cote $16^m,00$.

Le masque en poutrelles de la partie de l'ouvrage constituant le déversoir était remplacé, sur toute l'étendue de chaque culée, par une paroi en madriers jointifs s'appuyant, comme lui, sur la seconde ligne transversale des pieux des palées, renforcés par des pieux intermédiaires de moindres dimensions au nombre de trois dans chaque intervalle, et pénétrant de 2 mètres dans le sol de manière à former parafouilles.

La partie du radier du déversoir de 4 mètres de longueur située en amont du masque en poutrelles et formant ainsi avant-radier se prolongeait, suivant le même type de construction, le long de la face amont de chaque culée sur une longueur de 10 mètres, embrassant ainsi les trois premières travées de la culée.

A l'aval du masque en poutrelles, le radier du déversoir et le couloir à la suite étaient bordés sur leurs rives par des parois verticales en madriers s'appuyant sur les pieux des palées extrêmes du déversoir renforcés par des pieux intermédiaires au nombre de deux dans chaque intervalle; ces parois verticales étaient arasées sur la longueur du radier à la cote $17^m,80$ et sur la longueur du couloir à la cote $17^m,50$.

En terminant la description ci-dessus, il y a lieu de signaler qu'avant le battage des pieux de toute la charpente de l'ouvrage, la plate-forme, les talus et les risbermes avaient été sillonnés de tranchées de 1 mètre de largeur et de 2 mètres de profondeur, qui avaient été ensuite remplies d'argile pilonnée.

BARRAGE EN TERRE DU POINT $131^{km},900$

Ainsi que le mentionne le tableau de la répartition des profils en travers des divers types sur le parcours du Canal maritime[1], la cuvette du Canal au débouché dans le petit

---

1. Voir tome IV, chapitre des *Profils en travers*.

lac, à la sortie du seuil de Chalouf, se trouvait, du point $133^{km},900$ au point $133^{km},100$, comprise entre deux cavaliers insubmersibles divergents ; venait ensuite une partie de Canal de 1.200 mètres de longueur, du point $133^{km},100$ au point $131^{km},900$, n'ayant plus de cavalier insubmersible que sur la rive Afrique et où le terrain naturel, avec des cotes décroissantes de $17^{m},30$ à $16^{m},30$ (cote moyenne $16^{m},80$), formait la rive Asie ; enfin, à partir du point $131^{km},900$, en allant vers le grand lac, la cuvette se trouvait comprise entre des digues submersibles assez éloignées de l'axe du Canal et ayant leur crête à la cote $16^{m},25$.

Cette disposition des lieux avait été utilisée de la manière suivante :

A l'extrémité du cavalier insubmersible de la rive Afrique, au point $131^{km},900$, on avait, dès le mois de mai 1869, construit en travers du Canal un barrage en terre arasé à la cote $18^{m},00$, s'appuyant du côté Afrique audit cavalier et s'étendant du côté Asie sur une longueur de 468 mètres à partir de l'axe du Canal, de manière à réduire d'autant la largeur de débouché dans le petit lac des eaux de remplissage que devait débiter le barrage-déversoir du point $151^{km},250$.

Par cette disposition, non seulement on évitait l'introduction des eaux de remplissage dans la partie du Canal à endiguements submersibles où elles auraient pu occasionner des rentrées de terres dans la cuvette, mais encore, et dans les mêmes vues, le courant de remplissage était rejeté vers les dunes limitant à l'Est le petit lac. En outre, et c'était là une circonstance très heureuse au point de vue du succès de l'opération de remplissage, les eaux, pour pénétrer dans la partie Est du bassin du petit lac, se trouvaient avoir à franchir un déversoir naturel de 1.200 mètres de longueur arasé à la cote moyenne $16^{m},80$. On verra plus loin le rôle extrêmement important joué par le barrage du point $131^{km},900$ au milieu des péripéties qui ont accompagné les débuts de l'opération de remplissage.

Le barrage, construit en terre pilonnée et arasé, comme il est dit plus haut, à la cote 18m,00, avait une largeur en couronne de 4 mètres avec talus à 3 pour 1 à l'amont et talus à 5 pour 1 à l'aval. Au travers de la cuvette du canal, dont le plafond était à la cote 10m,00, sa hauteur était de 8 mètres; sur le terrain de la rive Asie, cote 16m,30, sa hauteur n'était plus que de 1m,70.

OPÉRATION DU REMPLISSAGE DES LACS AMERS PAR LES EAUX DE LA MER ROUGE

L'inauguration de la mise en fonctionnement du barrage-déversoir de la plaine de Suez pour l'introduction des eaux de la mer Rouge dans les lacs Amers avait été fixée au 15 août 1869. Les dispositions avaient été prises, dès le 11, pour régler l'opération de manière qu'elle n'entravât pas la marche des appareils fonctionnant, ainsi qu'il a été expliqué précédemment, dans la portion du Canal sise au sud du barrage.

A cette date du 11 août, la rigole d'alimentation du bief d'eau douce, où l'eau se trouvait à la cote 19m,80, fut fermée, et, en même temps, fut pratiquée dans la berge Afrique du Canal maritime une saignée qui permit d'abaisser le plan d'eau à la cote 18m,50, cote voisine de celle que devait atteindre le niveau de la haute mer du lendemain.

Effectivement, le 12 août, le niveau de la haute mer atteignit la cote 18m,96. Ce même jour, à trois heures de l'après-midi, on coupa le barrage de la Quarantaine, point 155km,500, et l'eau de la mer pénétra alors librement jusqu'au barrage en terre du point 151km,350, situé à 100 mètres en amont du barrage-déversoir.

Le 15 août, à six heures du soir, moment de l'inauguration, le niveau de l'eau en amont du barrage en terre dont il vient d'être parlé se trouvait à la cote 18m,80. Une coupure fut faite dans ce barrage, destinée à permettre le remplissage de l'espace de 100 mètres précédant le barrage-déversoir; on estimait que l'action du courant achèverait ultérieurement l'élargissement de la brèche; on devait ensuite ouvrir le déversoir, et le remplissage eût commencé, dès le lendemain, d'une façon régulière. Vers neuf heures du soir, la coupure du barrage en terre avait une largeur de 15 mètres, et le niveau de l'eau était descendu à la cote 18^m,00. Des affouillements se produisirent dans la berge Asie du Canal à l'aval du barrage et contre la face amont du déversoir, amenant la chute d'une grande partie de la risberme, et un courant violent s'établit en ce point. Le même effet se reproduisit peu après du côté Afrique. Sous l'action du fort courant qui en fut la conséquence en amont, la brèche en terre du barrage s'élargit rapidement jusqu'à 35 mètres, et un énorme cube d'eau se précipita sur le déversoir, augmentant les affouillements et les éboulements des risbermes. Les extrémités des culées de l'ouvrage se trouvèrent peu à peu découvertes; la paroi étanche, contournée, et les massifs de terre laissés entre les sillons pratiqués pour le battage des pieux et la confection des corrois d'argile, délayés et entraînés; enfin l'eau, faisant siphon au-dessous de la grande paroi étanche, enleva rapidement le massif sur lequel reposaient les culées.

Dès le 16 au matin, le barrage de terre précédant le déversoir s'était éboulé et avait occasionné la chute des talus et des risbermes du Canal sur une largeur de 13 mètres et une longueur de 40 mètres; l'eau à l'amont du déversoir était à la cote 18^m,00. La rupture du barrage avait produit en quatre heures un débit d'environ 3 millions de mètres cubes. Par suite de l'énorme vitesse du courant, il s'était produit des tourbillons qui avaient occasionné, côté Asie, un affouillement de 10 mètres de profondeur. Le barrage-déversoir s'était néanmoins maintenu dans sa position.

Le même jour, à onze heures du matin, l'eau, dans le bief compris entre le déversoir et le barrage en terre du point 138^{km},650, atteignait la cote 15^m,80, et, comme le couronnement de ce barrage était à la cote 15^m,50, l'eau se déversait par-dessus dans le bief suivant, s'étendant jusqu'au barrage en terre du point 136^{km},600; elle y atteignait, à midi, la cote 15^{m},50, se déversait par-dessus ce dernier barrage, dont le couronnement était à la cote 15^{m},00, dans le dernier bief, s'étendant jusqu'au grand barrage du point 131^{km},900, et y atteignait à cinq heures du soir la cote 13^{m},00. A minuit, tous les biefs au nord du déversoir étaient remplis jusqu'à la cote 17^{m},10.

Le Canal avait été rempli en vingt-quatre heures. Plus de 5 millions de mètres cubes d'eau avaient été fournis par la mer Rouge, non compris les eaux d'infiltration qui se trouvaient déjà dans le Canal.

Les dégradations du barrage-déversoir ne permettaient plus de se servir de cet ouvrage pour régler le débit. Les eaux passant par-dessous et à ses extrémités, le déversoir était devenu inutile. Pour en éviter la rupture complète, tous les orifices furent ouverts de manière à laisser les eaux couler librement.

Les eaux de la mer Rouge, arrivées le 16 août au dernier barrage du point 131^{km},900, se répandirent à neuf heures du soir sur le terrain naturel de la rive Asie, cote 16^{m},50, jusqu'au droit du point 130^{km},700 du Canal maritime où se trouvait un seuil à la cote 17^{m},00; leur niveau s'élevait progressivement, et, le 17, à six heures et demie du matin, atteignait la cote 17^{m},10. L'écoulement au delà, dans les parties basses du petit lac, était gêné par le seuil; les eaux se rejetèrent alors sur la digue submersible Asie, dont le couronnement avait une cote variable de 17^{m},00 à 17^{m},60, la coupèrent en deux points, l'un un peu au delà du barrage, l'autre un peu au delà du seuil, et pénétrèrent dans le Canal par ces deux coupures, sans causer pourtant à la digue de sérieuses dégradations. A midi, l'eau s'était élevée à la cote 17^{m},54; elle se creusa à travers le seuil, au pied et derrière la digue Asie, un passage de 37 mètres de largeur et put alors se répandre le long de cette digue sur une longueur de plus de 6 kilomètres ; ce nouveau débouché ramena le niveau de l'eau à la cote $17^m,10$, ce qui permit de fermer les deux brèches de la digue ; le déversement par-dessus la digue cessa en même temps, empêchant ainsi de plus graves dégradations du Canal.

Au moment de leur arrivée au barrage en terre du point $131^{km},900$, les eaux avaient été d'abord absorbées en partie par le terrain sur lequel reposait l'ouvrage. Cette imbibition dans des terrains meubles et imprégnés de sel avait été considérable et avait occasionné un affaissement général du barrage de $0^m,30$ dans la journée du 17 août. On s'empressa de remédier à cet affaissement. Notamment sur toute la largeur de la cuvette du Canal jusqu'à la digue submersible d'Asie, le barrage fut exhaussé et son couronnement porté à la cote $19^m,50$. On eut en même temps à parer à un autre danger : le remblai était fait en terre argilo-gypseuse, de sorte que, sous la double action des infiltrations de l'eau dans cette masse argileuse et de la forte pression exercée par l'eau sur la face amont, on avait à redouter que tout le massif du barrage ne vînt à glisser sur le fond du Canal, auquel cas un véritable désastre aurait pu se produire. Pour empêcher un pareil glissement, on battit une double file de pieux et palplanches en aval du barrage, immédiatement au pied du talus, et l'espace compris entre ces deux files de pieux, distantes de 3 mètres et s'élevant jusqu'à la cote 15 mètres, fut rempli de terre pilonnée ; les remblais ajoutés au barrage pour son exhaussement vinrent alors s'appuyer sur la face postérieure de cette espèce de mur de soutènement. On arriva ainsi à assurer le pied du barrage et à empêcher tout glissement ultérieur, en même temps que, par le fait de l'exhaussement, on donnait plus de solidité au barrage et on le mettait à même de résister à la pression de l'eau.

Enfin, pour éviter que les eaux de remplissage ne vinssent choquer directement le barrage et pour éloigner du pied de l'ouvrage les courants se dirigeant vers le déversoir naturel formé par les terrains de la rive Asie, on avait construit sur la face amont du barrage plusieurs épis obliques enracinés dans le talus.

Grâce à ces divers travaux de consolidation, le barrage put résister; il n'y fut constaté ni affaissement ni corrosion; on put donc, sans inconvénient, maintenir l'ouvrage pendant la première moitié de la durée de l'introduction des eaux de la mer Rouge.

Il importe de signaler que l'eau, après avoir franchi tumultueusement le barrage-déversoir du point 150^{km},250, s'était trouvée successivement arrêtée par les deux barrages en terre des points 138^{km},650 et 136^{km},600, et que le choc de l'eau contre le dernier barrage du point 131^{km},900 s'était trouvé ainsi considérablement amorti. Sans cette heureuse action des deux barrages intermédiaires, le dernier barrage eût été probablement incapable de résister au choc et à la pression rapidement croissante de l'énorme masse d'eau venant du déversoir.

Peu de temps après les avaries survenues au barrage-déversoir, on avait procédé à la démolition de cet ouvrage.

A la date du 24 septembre, le niveau de l'eau dans les lacs ayant atteint la cote 16^{m},30, c'est-à-dire la cote même du déversoir naturel précédant le barrage en terre du point 131^{km},900, cet ouvrage devenait inutile, et il fut coupé, puis enlevé définitivement.

A partir du 18 août, date à laquelle les eaux de la mer Rouge rejoignirent celles de la Méditerranée dans le petit lac, les eaux des deux mers contribuèrent ensemble au remplissage des lacs.

Le 24 octobre 1869, le niveau s'établit entre les deux mers; il indiquait la cote 18^{m},20. A la date du 19 août, date du début de l'introduction des eaux de la mer Rouge dans le petit lac, la cote du niveau de l'eau fournie par la Méditerranée dans le grand lac était, ainsi qu'il a été mentionné précédemment, de 13^{m},30. La montée de l'eau fournie par les deux mers avait donc été de 4^{m},90; la seconde période de remplissage avait duré soixante-dix jours; la montée moyenne de l'eau pendant cette période avait donc été de 7 centimètres par jour.

La capacité totale des lacs Amers jusqu'à la cote 18^{m},20 a été reconnue finalement être de 1.446.300.000 mètres cubes; or le cube d'eau déjà existant dans les lacs à la date du 16 août était de 499.186.000 mètres cubes; il est donc entré pendant les soixante-dix jours de la seconde période de remplissage 947.114.000 mètres cubes, soit un cube moyen de 13.530.000 mètres cubes par jour.

Il est utile, en terminant cet exposé de la participation des eaux de la mer Rouge au remplissage des lacs Amers, de faire remarquer que la rupture du barrage-déversoir du point 151^{km},250 n'a pas eu, grâce à l'existence du barrage en terre du point 131^{km},900, de conséquences fâcheuses; qu'elle a uniquement contribué à hâter le remplissage des lacs.

Si le barrage du point 131^{km},900 ne s'était pas maintenu — et les deux barrages intermédiaires avaient certainement été fort utiles, de leur côté, pour empêcher sa destruction, — un courant d'une extrême violence se serait produit de la mer Rouge aux lacs Amers, avec écoulement d'une énorme masse d'eau, et le Canal en eût certainement beaucoup souffert. En outre, le matériel qui se trouvait travaillant dans la Section de la Quarantaine n'aurait pas pu se maintenir contre le courant, les dragues auraient eu leurs chaînes brisées, auraient été entraînées et auraient sombré. Ces désastres ont pu heureusement être évités grâce aux sages dispositions qui avaient été adoptées à l'aval du barrage-déversoir. En fait, le Canal n'a subi que de légers dégâts, et les dragues, de leur côté, n'ont subi aucune avarie et n'ont eu à interrompre leur travail que pendant un temps très court, ce qui était d'un intérêt capital au point de vue de la date rapprochée qui avait été arrêtée pour l'inauguration de l'ouverture du Canal à la navigation.

RÈGLEMENT DES COMPTES DE L'ENTREPRISE

L'Entreprise Borel-Lavalley et Cie a pris fin le 20 décembre 1869, un peu avant le complet achèvement des travaux.

Le Président de la Compagnie, dans son rapport à l'Assemblée générale des actionnaires du 30 mars 1870, fit connaître à l'Assemblée, dans les termes suivants, les motifs qui l'avaient décidé à faire cesser, à la date susdite du 20 décembre 1869, les travaux de l'Entreprise :

Le 17 novembre, jour de l'ouverture du Canal à la navigation, l'état du Canal pouvait se résumer ainsi :

Longueur totale d'une mer à l'autre		164 kil.
Traversée des grands lacs Amers sur laquelle il n'y avait pas eu à creuser		16
Longueur sur laquelle l'Entreprise avait dû travailler		148
Laquelle pouvait se diviser ainsi :		
1° Parties terminées	91 kil.	
2° Parties dans lesquelles il y avait plus de 7m,50 et moins de 8 mètres	34	
3° Parties dans lesquelles il y avait plus de 7 mètres et moins de 7m,50	19	
4° Parties dans lesquelles il y avait moins de 7m	4	
TOTAL	148	

Les 4 derniers kilomètres étaient répartis sur un très grand nombre de points ou hauts-fonds très courts. Ils comprenaient une assez grande longueur des chantiers de la Quarantaine, où les bâtiments trouvaient à la mer moyenne plus de 6m,50; en passant à mer haute, ils pouvaient trouver plus de 7 mètres. Sur le rocher du Sérapéum (dont l'existence n'avait été révélée que tardivement et où les travaux d'extraction avaient présenté des difficultés exceptionnelles), on pouvait passer avec une profondeur d'eau de 5 mètres.

Les Entrepreneurs avaient enlevé 56.068.000 mètres cubes. Ce qui restait à faire pour terminer le canal équivalait à environ 1.500.000 mètres cubes[1].

A cela près, les Entrepreneurs arrivaient à l'achèvement de leur

1. D'après la situation générale des travaux de l'Entreprise à la date de la cessation des travaux, telle qu'elle a été définitivement établie (voir plus

gigantesque travail, le plus grand qui eût jamais été confié à une seule entreprise.

Ce résultat, auquel nul ne voulait croire d'avance, avait été acquis au prix d'efforts que l'on devait hautement reconnaître.

Quelques jours avant l'achèvement du Canal dans la section de la plaine de Suez, avant l'ouverture du barrage qui devait laisser se réunir l'eau de la mer Rouge à celle de la Méditerranée, le chef de la section était emporté par un accès de fièvre cérébrale. A quelques semaines de là, M. Edmond Lavalley (l'un des principaux collaborateurs de son frère, M. Alexandre Lavalley) était embarqué presque mourant pour être ramené en France. Enfin, le 17 octobre, l'Entreprise perdait un de ses deux chefs, M. Borel.

Les marchés passés avec MM. Borel, Lavalley et Cie donnaient à la Compagnie le droit d'exiger l'achèvement du Canal avant l'inauguration.

Après l'inauguration, fallait-il les obliger à exécuter immédiatement le cube qui restait à creuser, en leur laissant employer, comme ils en avaient le droit pour terminer le plus promptement possible, un nombre de dragues qui aurait suspendu la navigation pendant un certain temps?

Ou bien, était-il préférable de confier directement pour compte de la Compagnie, à M. Lavalley, ingénieur en chef de l'exécution, l'organisation du service d'entretien, de manière à ne pas interrompre un seul jour le transit des navires et à permettre d'effectuer, en janvier, le licenciement du personnel des services de construction pour entrer dans la période d'exploitation?

On était dans la légalité en choisissant l'un ou l'autre des deux partis; mais le second a été considéré comme étant le plus favorable aux intérêts de la Compagnie, et il a été adopté sous réserve de l'examen, et, s'il y a lieu, du jugement de toutes les questions contentieuses restant à régler avec les Entrepreneurs. Le Président, sans donner aucun quitus et en maintenant toutes les clauses des contrats, avait pris, le 14 décembre, d'accord avec M. Lavalley, la décision suivante, qui avait été approuvée par le Conseil d'administration [1] :

---

loin), le cube total réellement exécuté a été de 56.794.000 mètres cubes.

Quant au cube qui restait à exécuter, le chiffre donné ici se rapportait à la simple réalisation du profil minimum de tolérance. Pour l'exécution du profil normal, avec la tolérance admise, le cube restant à exécuter était d'environ 2.803.000 mètres cubes.

1. La décision du Président, indépendamment des dispositions concernant le règlement de comptes de l'Entreprise, édictait en même temps les autres dispositions suivantes portant organisation des futurs services de l'exploitation :

Les employés de la Compagnie qui ne restaient pas dans les nouveaux cadres devraient être licenciés autant que possible le 31 décembre 1869.

Les nouveaux services étaient :

ARTICLE PREMIER. — *Tous les chantiers de MM. Borel, Lavalley et Cie sur l'Isthme seraient fermés le 20 décembre, et l'entreprise de leurs travaux prendrait fin à partir de cette époque.*

ART. 2. — *La Direction générale des travaux s'occuperait de régler, d'accord avec les Entrepreneurs, tous les comptes de leur entreprise.*

ART. 3. — *Le Conseil d'administration statuerait sur les questions litigieuses pendantes entre la Direction générale des travaux et l'Entreprise et sur toutes celles qui pourraient surgir de part et d'autre jusqu'à l'établissement définitif des comptes. Dans le cas où un accord amiable ne pourrait s'établir, toute question contentieuse serait jugée dans les conditions stipulées aux marchés.*

Les travaux de l'Entreprise ayant été, en conformité de la décision prise d'un commun accord à ce sujet, arrêtés à la date du 20 décembre 1869, la Direction générale des travaux fit dresser les situations des travaux à ladite date. Ces situations, que l'on trouvera plus loin comme pièces annexes du compte général financier de l'Entreprise en date du 16 août 1870, furent acceptées par les Entrepreneurs sous réserve de quelques réclamations que la Direction générale n'avait pas jugé pouvoir accueillir et ayant trait aux chiffres d'apports, aux cubes exécutés en dehors du profil maximum de tolérance et aux décomptes des cubes supplémentaires.

En prenant pour base les chiffres des situations, la Direction générale des travaux dressa, à la date du 10 janvier 1870, un premier compte financier qui présentait un solde, au débit de l'Entreprise, de 634.553 fr. 62[1].

Mais, indépendamment des réserves faites sur les situations, il existait entre la Direction générale des travaux et l'Entreprise un certain nombre de points litigieux qui

Pour la Compagnie :

Transit et navigation, avec le télégraphe ; travaux, ateliers et magasins ; agence supérieure, avec les caisses.

Pour le Gouvernement Égyptien et la Compagnie :

Commission du Domaine.

Pour le Gouvernement Égyptien :

Prisons : municipalité ; services médicaux.

1. Les éléments de ce premier compte financier se trouvent reproduits dans le compte général financier du 16 août 1870, déjà mentionné ci-dessus.

n'avaient pu encore être résolus, parmi lesquels, entre autres, la fixation du chiffre de la prime d'achèvement.

L'accord n'ayant pu se faire, la Compagnie et l'Entreprise, « pour régler définitivement leurs comptes et statuer sur leurs prétentions respectives », déférèrent la solution de leurs différends à un tribunal arbitral composé de :

MM. Onfroy de Bréville, Inspecteur général des Ponts et Chaussées en retraite ;
Rumeau, Inspecteur général des Ponts et Chaussées;
Sauvage, Ingénieur en chef des Mines ;
Lefébure de Fourcy, Ingénieur en chef des Ponts et Chaussées ;
Krantz, Ingénieur en chef des Ponts et Chaussées.

Le Tribunal arbitral se constitua le 3 juin 1870 ; et, « après avoir étudié les faits de la cause et reçu les communications écrites et verbales des parties », rendit sa sentence le 16 août suivant.

Une analyse de cette sentence est donnée ci-après.

A la suite, se trouvent :

Le compte général financier de l'Entreprise définitivement arrêté à la date du 16 août 1870 ;

Une situation générale de l'Entreprise à la date de la cessation des travaux ;

Un relevé général des sommes payées à l'Entreprise pour les travaux ;

Enfin, un résumé de la situation générale de l'Entreprise mettant en regard les travaux exécutés et les dépenses, et faisant connaître les prix moyens de revient du mètre cube de déblais.

ANALYSE DE LA SENTENCE DU TRIBUNAL ARBITRAL DU 16 AOÛT 1870

[Nota. — Nous jugeons inutile de rappeler ici les demandes de l'une et de l'autre partie qui ont été rejetées par la sentence arbitrale.]

MONTANT DE LA PRIME D'ACHÈVEMENT

Chiffre arrêté par la sentence, 1.800.000 francs.

L'article 7 du cinquième Acte additionnel stipulait que

la prime qui serait due aux Entrepreneurs, s'ils achevaient les travaux pour la date du 1er octobre 1869, était fixée d'un commun accord, compte tenu de toutes les causes de retard qui s'étaient produites jusqu'alors, à la somme de 2.800.000 francs ; mais, d'autre part, il était dit à l'article 8 qu'en cas de retard dans la livraison du Canal les Entrepreneurs subiraient sur le chiffre de la prime une réduction de 500.000 francs par mois de retard.

Or le Canal n'avait pas été livré à la date fixée, et le chiffre du montant de la prime due à l'Entreprise était, entre les Entrepreneurs et la Compagnie, l'un des points litigieux soumis au Tribunal arbitral.

Le Tribunal, dans les considérants de sa sentence, fit remarquer :

En premier lieu, que la date d'achèvement du Canal, d'après une déclaration faite par le Président de la Compagnie à l'Assemblée générale des actionnaires du 2 août 1869, avait été reportée au 17 novembre et que, dès lors, il n'était plus permis d'assigner une autre date au terme *convenu* de l'achèvement des travaux ;

En second lieu, qu'il résultait des explications données et des déclarations faites par les parties qu'un délai de deux mois à partir du terme en question eût suffi à l'Entreprise pour terminer les travaux.

Le Tribunal fixa en conséquence à deux mois la durée du retard à laquelle était applicable la retenue de 500.000 francs par mois et arrêta, par suite, le montant de cette retenue à 1 million de francs.

ESPÈCES AVANCÉES A LAVALLEY

Montant de ces avances, 1.340.000 francs.

Le Tribunal,

Considérant que les avances en question avaient reçu leur destination, c'est-à-dire l'exécution des travaux du Canal ;

Que, la sentence devant avoir pour résultat d'établir la Compagnie débitrice de l'Entreprise pour une somme supérieure au montant desdites avances, rien n'empêchait qu'il fût fait compensation jusqu'à due concurrence,

Déclara que la somme de 1.340.000 francs serait retranchée du total définitif à payer par la Compagnie à l'Entreprise et que Lavalley en serait par là personnellement complètement exonéré.

FACTURES DE LOCATION DE MATÉRIEL DE LA COMPAGNIE
(AU DÉBIT DE L'ENTREPRISE)

Montant arrêté par la sentence, d'accord avec les parties, 88.607 fr. 69,

Suivant le détail ci-dessous :

	Francs
Location de matériel divers	30.645,64
Location de rails	57.942,05
TOTAL...	88.607,69

FACTURES DE TOUAGE, DE LOCATION DE MATÉRIEL FLOTTANT, ETC.
(AU DÉBIT DE L'ENTREPRISE)

Montant arrêté par la sentence, d'accord avec les parties, 49.289 fr. 17.

RELEVÉ DU SOLDE DES ENTREPRISES ACCESSOIRES
(AU CRÉDIT DE L'ENTREPRISE)

Montant arrêté par la sentence, d'accord avec les parties, 34.755 fr. 90,

Suivant le détail ci-dessous :

Remblais du terre-plein de Suez :	Francs	Francs	Francs
Situation définitive des travaux	709.114,43		
Retenue de garantie	10.000,00		
		719.114,43	
Montant des paiements effectués		712.015,56	
Somme restant à payer			7.098,87

Report			7.098,87
Digues et jetées de Suez :	Francs		
Situation définitive des travaux	1.187.987,33		
Retenue de garantie	10.000,00	Francs	
		1.197.987,33	
Montant des paiements effectués		1.172.599,55	Francs
Somme restant à payer			25.387,78
Digue de délimitation :			
Situation définitive des travaux	55.503,15		
Retenue de garantie	2.000,00		
		57.503,15	
Montant des paiements effectués		55.233,90	
			2.269,25
Solde créditeur des entreprises accessoires			34.755,90

CONFECTION ET POSE DE BALISES PAR L'ENTREPRISE

Montant arrêté par la sentence, d'accord avec les parties, 168.647 fr. 87,

Suivant le détail ci-dessous :

Confection de 88 balises	146.729,93
— *id.* — de 8 balises	18.655,81
Déplacement de balises	2.645,99
id.	616,14
TOTAL	168.647,87

MATÉRIEL ACCESSOIRE ET APPROVISIONNEMENTS CÉDÉS A LA COMPAGNIE

Montant arrêté par la sentence, 2.587.945 fr. 19.

Le Président de la Compagnie avait décidé que le matériel en service serait repris par la Compagnie à 50 0/0 de sa valeur d'inventaire, et les objets en magasin pouvant être utilisés au service du Canal repris aux prix de revient; les factures produites par l'Entreprise avaient été établies en conséquence; tout le matériel faisant l'objet desdites factures avait été inventorié et reçu dans les magasins de la Compagnie.

FACTURES PRODUITES PAR L'ENTREPRISE

	Francs
Chalands-pontons, bigues, chalands en bois, citernes complètes, canots à l'aviron, canots à vapeur, réservoirs, grues et bigues fixes, gros matériel des ateliers...............	789.999,29
Marchandises diverses : aciers, fers, tôles, cornières, plomb, bois, quincaillerie, etc......................	169.205,07
Outils de forgerons, ajusteurs, mécaniciens, charpentiers, terrassiers et autres; marchandises diverses d'approvisionnements : rivets, boulons, etc..................	484.063,37
Marchandises diverses se trouvant au magasin des ateliers généraux à Port-Saïd et servant aux besoins courants..	91.690,67
Menu outillage se trouvant en service aux ateliers généraux de Port-Saïd.................................	52.913,62
Livraison de 11 pompes à incendie, de 4 pompes Letestu et de mobilier	9.007,73
Pièces de rechange pour appareils de tout genre.......	991.065,44
TOTAL.....	2.587.945,19

CHARBONS VENDUS A LA COMPAGNIE

Montant arrêté par la sentence, d'accord avec les parties, 310.094 fr. 56.

FOURNITURES FAITES A LA COMPAGNIE, POSTÉRIEUREMENT AU 4 JANVIER 1870

Montant arrêté par la sentence, 45.211 fr. 79.

La facture produite par l'Entreprise n'était pas discutée par la Compagnie pour son chiffre.

Le Tribunal, considérant que les dépenses et objets que comprenait cette facture étaient sans conteste destinés à l'extraction du rocher du Sérapéum ; qu'ils avaient été utilisés par la Compagnie après la résiliation de l'Entreprise ; déclara que le montant de ladite facture serait, comme les autres dépenses faites postérieurement à la résiliation et en vue de l'extraction du rocher, laissé au compte de la Compagnie.

RÈGLEMENT DE COMPTE DE FACTURES DE LA COMPAGNIE ET DE L'ENTREPRISE

Chiffre arrêté par la sentence, d'accord avec les parties, au crédit de l'Entreprise, 933 fr. 89,

Suivant le détail ci-dessous :

	Francs
Au crédit de l'Entreprise....................	4.371,41
Au crédit de la Compagnie	3.437,52
Différence au crédit de l'Entreprise...........	933,89

DÉPENSES DE GARAGE ET DE GARDIENNAGE DU MATÉRIEL DE L'ENTREPRISE A L'OCCASION DE L'INAUGURATION DU CANAL

Montant arrêté par la sentence, 120.000 fr. 00.

L'Entreprise réclamait une somme de 186.684 fr. 50. Le Tribunal a jugé qu'une partie de la dépense lui incombait.

INDEMNITÉ POUR L'EXTRACTION DU ROCHER DU SÉRAPÉUM

Montant arrêté par la sentence, 431.815 fr. 83.

L'Entreprise réclamait 531.815 fr. 83.

Le Tribunal avait considéré : d'une part, que le cinquième Acte additionnel constituait un véritable forfait dont le caractère était expressément indiqué par les termes très précis de l'article 9 et par les déclarations des contractants; mais, en même temps, d'autre part, que les frais d'extraction du rocher du Sérapéum s'étaient trouvés très notablement augmentés par suite des troubles et de la précipitation dans l'exécution du travail qui avaient été occasionnés par l'approche de l'ouverture du Canal à la navigation.

RÉCLAMATION AU SUJET D'APPORTS ENTRE PORT-SAID ET LE KILOMÈTRE 60km,500.

Somme allouée par la sentence, 274.993 fr. 40.

Le Tribunal avait évalué le supplément d'apports dont il y avait lieu de tenir compte à l'Entreprise comme suit :

		Mètres cubes
De 0km,800 à 17km,000 (déblais à 1f,45)........................		43.740
De 17km,000 à 60km,500 (déblais à 1f,98) :		
1° Dans les parties où le Canal traverse les lacs et les terrains bas...	19.980	123.980
2° Dans les autres parties.........................	104.000	
TOTAL........		167.720

Dont il y avait à déduire les déblais déjà comptés dans les situations définitives, savoir :

		Mètres cubes
De 0km à 8km (déblais à 1f,45)		7.000
De 8km à 30km (déblais à 1f,98)	2.000	12.000
De 30km à 60km,5 — —	10.000	
Cube a déduire		19.000

D'où, supplément d'apports restant à payer à l'Entreprise :

	Francs
36.740 mètres cubes à 1f,45	53.273
111.980 — à 1,98	221.720,40
Somme a payer	274.993,40

APPORTS DANS LE SEUIL D'EL GUISR ET A TOUSSOUM

Somme allouée par la sentence, 12.159 fr. 54.

En ce qui concerne les apports dans le seuil d'El Guisr, le Tribunal avait estimé qu'il n'y avait pas lieu de revenir sur le chiffre desdits apports tel qu'il figurait dans la situation des travaux. (Ce chiffre avait été établi sur les mêmes bases que celui qui avait été attribué à l'entreprise Couvreux, soit à raison d'un demi-mètre cube par mètre courant de canal et par mois.)

En ce qui concerne les apports dans la région de Gebel Mariam et de Toussoum, le Tribunal avait admis, sur le cube figurant dans la situation, un supplément de 8.106mc,36 à 1 fr. 50.

APPORTS SALINS DANS LA PLAINE DE SUEZ

Somme allouée par la sentence, 47.471 fr. 27.

L'origine des apports faisant l'objet de la réclamation de l'Entreprise était la suivante :

Lors de la passation du quatrième Acte additionnel, le 15 janvier 1868, les rigoles de la plaine de Suez étaient en eau, du point 148km,2 au point 145km,1. Ce quatrième Acte additionnel décida que les portions de Canal du point 148km,5 au point 146km,1 et du point 145km,1 au point 143km,7 seraient faites à sec. Tous les déblais exécutés dans ces deux parties du Canal jusqu'au 15 août 1867 devaient être comptés au prix du marché primitif; pour tous les déblais postérieurs, il était alloué un supplément de prix de 3 fr. 75. La portion intermédiaire de Canal, du point 146^{km},1 au point 145^{km},1, devait continuer d'être faite à la drague.

Les Entrepreneurs n'avaient repris leurs travaux de déblais dans la portion de Canal primitivement en eau, du point 148^{km},2 au point 145^{km},1, que dans le courant de septembre 1868. Dans le long intervalle d'une année qui s'était écoulé depuis le mois d'août précédent, des eaux d'infiltrations chargées de sel étaient venues se joindre en quantité assez considérable aux eaux primitives provenant du Canal d'eau douce, et une couche de sel, d'une épaisseur moyenne de 0,167, s'était déposée dans le fond de la rigole. Les Entrepreneurs avaient demandé, dès l'établissement de la situation du mois d'octobre 1868, et ils persistaient à demander, que cette couche de sel leur fût comptée comme apports.

Le Tribunal,

Considérant que l'origine et le volume des apports salins étaient nettement établis ;

Que les Entrepreneurs n'auraient pu, qu'en troublant sur ce point l'économie de leur entreprise, éviter ces apports qui devaient être considérés comme une conséquence de la nature des lieux traversés et du mode de travail adopté et qui devaient par suite, comme les autres apports, donner lieu à paiement;

Dit que le déblai de ces apports devait être payé à l'Entreprise et en fixa le montant à 47.471 fr. 27.

(Si lesdits apports ont été évalués à 2 fr. 45 le mètre cube, leur importance aurait été de 19.376$^{m^3}$,03.)

AMORTISSEMENT DU MATÉRIEL DU SEUIL D'EL GUISR

(L'indemnité était réclamée en raison de la portion non exécutée du cube primitif.)

Montant arrêté par la sentence, 432.375 fr. 28.

Le Tribunal,

Considérant que l'inachèvement des travaux du Seuil paraissait avoir été indépendante de la volonté des Entrepreneurs et n'avait pas placé, au moment de l'ouverture du Canal, la portion de Canal en question dans de moins bonnes conditions que le reste de la ligne ;

Que le prix affecté aux déblais dits primitifs se composait de deux éléments dont l'un représentait la valeur du travail effectué, l'autre la valeur du matériel à amortir;

Que, si l'Entreprise ne pouvait prétendre à la première partie du prix pour les déblais qu'elle n'avait pas effectués, elle avait droit à la seconde, qui était destinée à payer le matériel qu'elle livrait à la Compagnie ;

Qu'en retenant cette fraction de l'amortissement et recevant le matériel de l'Entreprise, la Compagnie se trouverait avoir reçu à la fois en nature et en argent la valeur du matériel non amorti, ce qui n'était pas admissible,

Déclara, en conséquence, que la Compagnie devait rembourser à l'Entreprise le montant de la valeur du matériel qui restait à amortir.

Le Tribunal établit d'ailleurs comme suit le cube des déblais sur lesquels devait porter la prime d'amortissement à restituer :

Il y avait à considérer que les déblais d'apports dans le seuil d'El Guisr ayant été payés à l'Entreprise au prix des déblais primitifs et ayant ainsi concouru à l'amortissement du matériel, il y avait lieu d'en retrancher le cube de celui des déblais primitifs restant à effectuer;

D'où :

	Mètres cubes
Cube primitif non effectué	554.667,52
A retrancher le cube des déblais d'apports	122.292,24
Cube des déblais sur lesquels portait la prime d'amortissement à restituer	432.375,28

Enfin, le Tribunal, en l'absence d'indication précise dans les traités au sujet du quantum d'amortissement du matériel, estima qu'il y avait lieu d'arrêter ce quantum en prenant en considération les notes et déclarations des parties ainsi que la période d'exécution à laquelle on était parvenu, et le fixa à 1 franc par mètre cube.

RÉSUMÉ DE LA SENTENCE

DÉBIT DE L'ENTREPRISE

	Francs
Solde débiteur du compte général de l'Entreprise arrêté le 10 janvier 1870	634.553,62
Réduction sur le chiffre de la prime d'achèvement	1.000.000, »
Espèces avancées à Lavalley	1.340.000,00
Factures de location de matériel	88.607,69
Factures de touage et de location de matériel flottant	49.289,17
TOTAL	3.112.450,48

CRÉDIT DE L'ENTREPRISE

Solde créditeur des entreprises accessoires	34.755,90
Confection et pose de balises	168.647,87
Matériel accessoire et approvisionnement cédés à la Compagnie	2.587.945,19
Charbons vendus à la Compagnie	310.094,30
Fournitures diverses faites à la Compagnie	45.211,79
Règlement de compte de factures	933,89
Dépenses de garage et de gardiennage du matériel	120.000, »
Extraction du rocher du Sérapéum	431.815,83
Apports entre Port-Saïd et le kilomètre 60km,500	274.993,40
Apports à Toussoum	12.159,54
Apports salins dans la plaine de Suez	47.471,27
Amortissement du matériel du seuil d'El Guisr	432.375,28
TOTAL	4.466.404,26

BALANCE

Crédit de l'Entreprise	4.466.404,26
Débit	3.112.450,48
Solde ou restant à payer par la Compagnie à l'Entreprise	1.353.953,78

Compte général financier de l'Entreprise Borel, Lavalley et Cie

(16 AOUT 1870)

CRÉDIT DE L'ENTREPRISE

1° SUIVANT LE COMPTE DRESSÉ PAR LA DIRECTION GÉNÉRALE DES TRAVAUX, LE 10 JANVIER 1870, CONCERNANT L'ENTREPRISE DES TRAVAUX DE TERRASSEMENTS ET DRAGAGES.

	Francs
Situation de la Division de Port-Saïd (Annexe n° 1)...	31.389.557,27
Situation de la Division d'El Guisr (Annexe n° 2).....	24.572.665,37
	9.803.752,07
Situation de la Division d'Ismaïlia (Annexe n° 3).....	23.240.632,89
Situation de la Division de Suez (Annexes n°s 4 et 5).	55.611.456,43
Situation de la Comptabilité générale (Annexe n° 6)..	2.719.400, »
Retenues de garantie d'après les contrats............	1.200.000, »
Cautionnement..	300.000, »
Prime d'achèvement (question litigieuse quant au chiffre total)..	2.800.000
TOTAL.........................	151.637.464,03

2° SOMMES PORTÉES AU CRÉDIT DE L'ENTREPRISE PAR LA SENTENCE DU TRIBUNAL ARBITRAL DU 16 AOUT 1870

Allocations concernant spécialement l'Entreprise des travaux de terrassements et dragages :

	Francs	
Extraction du rocher du Sérapéum....	431.815,83	
Apports entre Port-Saïd et le kilomètre 60k,500.....................	274.993,40	
Apports à Toussoum.................	12.159,54	
Apports salins dans la plaine de Suez..	47.471,27	
Amortissement du matériel du seuil d'El-Guisr.........................	432.375,28	
		1.198.815,32

Dépenses diverses :

Dépenses de garage et de gardiennage du matériel...	120.000 »

Sommes dues à l'Entreprise pour travaux divers :

	Francs	
Solde créditeur des entreprises accessoires............................	34.755,90	
Confection et pose de balises..........	168.647,87	
		203.403,77

Sommes dues à l'Entreprise pour cessions de matériel et approvisionnements :

	Francs	
Cession de matériel accessoire et approvisionnements.....................	2.587.945,19	
Charbons vendus à la Compagnie......	310.094,30	
Fournitures diverses faites à la Compagnie..................................	45.211,79	
Règlement de compte de factures......	933,89	
		2.944.185,17
TOTAL DU CRÉDIT...............		156.103.868,29

DÉBIT DE L'ENTREPRISE

1° SUIVANT LE COMPTE DRESSÉ PAR LA DIRECTION GÉNÉRALE DES TRAVAUX, LE 10 JANVIER 1870, CONCERNANT L'ENTREPRISE DES TRAVAUX DE TERRASSEMENT ET DRAGAGES.

		Francs
Par deux mandats sur situation du 15 octobre 1869..		55.503.836,51 89.432.367,41
Par mandats d'avances du 11 septembre 1869........		4.075.296,53
	Francs	
Par trois mandats d'avances sur situation du 15 novembre 1869....................	228.000 234.000 138.000	600.000, »
Solde du compte d'avances sur matériel et installations.		2.169.993,15
Solde du compte d'avances pour bois et charbons....		490.524,05
TOTAL.........................		152.272.017,65

NOTA. — En comparant le chiffre du débit de l'Entreprise à celui du crédit, on voit qu'il en résulterait un solde, au débit de l'Entreprise, de 634.553f,62.

2° SOMMES PORTÉES AU DÉBIT DE L'ENTREPRISE PAR LA SENTENCE DU TRIBUNAL ARBITRAL DU 16 AOUT 1870

Réduction sur le chiffre de la prime d'achèvement...		1.000.000, »
Espèces avancées à Lavalley.........................		1.340.000, »

Factures produites par la Compagnie :

	Francs	
Factures de location de matériel........	88.607,69	
Factures de touage et de location de matériel flottant..........................	49.289,17	
		137.896,86
TOTAL DU DÉBIT..................		154.749.914,51

BALANCE

	Francs
Crédit de l'Entreprise	156.103.868,29
Débit	154.749.914,51
SOLDE AU CRÉDIT DE L'ENTREPRISE.	1.353.953,78

(Chiffre conforme à celui de la sentence arbitrale.)

ANNEXE N° 1 DU COMPTE GÉNÉRAL FINANCIER DE L'ENTREPRISE

DIVISION DE PORT-SAÏD. — SITUATION DES TRAVAUX A LA DATE DU 20 DÉCEMBRE 1869

INDICATION DES OUVRAGES		QUANTITÉS	PRIX de l'unité	DÉPENSES Partielles	DÉPENSES Totales
		Mètres cubes	Francs	Francs	Francs
I. — AVANT-PORT.	Mètres cubes				
Cube définitif suivant calculs	2.681.963,75				
A décomposer comme suit :					
1° Cube prévu		1.700.000, »	1,65	2.805.000, »	
2° Cube supplémentaire		981.963,75	1,45	1.423.847,44	
					4.228.847,44
II. — BASSINS.					
Cube définitif suivant calculs	2.920.380,81				
Se décomposant comme suit :					
1° Cube prévu		2.500.000, »	1,65	4.125.000, »	
2° Cube supplémentaire		420.380,81	1,45	609.552,18	
					4.734.552,18
III. — DRAGAGES DU CANAL.					
a) De $0^k,82$ (exactement $0^k,81996$) *à* 8^k :					
Cube définitif suivant calcul des profils de réception, y compris les cubes des terres versées côté Asie avant l'élargissement et draguées deux fois et les cubes des terres sur les talus des berges avant l'Entreprise	2.547.875,04				
Rectification de ce cube pour augmentations dans les longueurs entre les piquets hectométriques ($7.189^m,29$ au lieu de $7.180^m,04$)	3.282,41				
	2.551.157,45				

ANNEXE N° 1 DU COMPTE GÉNÉRAL FINANCIER DE L'ENTREPRISE

DIVISION DE PORT-SAÏD. — SITUATION DES TRAVAUX A LA DATE DU 20 DÉCEMBRE 1869

INDICATION DES OUVRAGES		QUANTITÉS	PRIX de l'unité	DÉPENSES Partielles	DÉPENSES Totales
		Mètres cubes	Francs	Francs	Francs
I. — Avant-port.	Mètres cubes				
Cube définitif suivant calculs	2.681.963,75				
A décomposer comme suit :					
1° Cube prévu		1.700.000, »	1,65	2.805.000, »	
2° Cube supplémentaire		981.963,75	1,45	1.423.847,44	4.228.847,44
II. — Bassins.					
Cube définitif suivant calculs	2.920.380,81				
Se décomposant comme suit :					
1° Cube prévu		2.500.000, »	1,65	4.125.000, »	
2° Cube supplémentaire		420.380,81	1,45	609.552,18	4.734.552,18
III. — Dragages du canal.					
a) De 0k,82 (exactement 0k,81996) à 8k :					
Cube définitif suivant calcul des profils de réception, y compris les cubes des terres versées côté Asie avant l'élargissement et draguées deux fois et les cubes des terres sur les talus des berges avant l'Entreprise	2.547.875,04				
Rectification de ce cube pour augmentations dans les longueurs entre les piquets hectométriques (7.189m,29 au lieu de 7.180m,04)	3.282,41				
	2.551.157,45				
A déduire :					
1° Cube exécuté directement par la Compagnie (1867) 2.000, » ; 2° Pertes des porteurs au vidage (1869) 883,15	2.883,15				
Reste à compter	2.548.274,30				
Se décomposant comme suit :					
1° Cube prévu		1.900.000, »	1,65	3.135.000, »	
2° Cube supplémentaire		648.274,30	1,45	939.997,74	4.074.997,74
b) De 8k à 30k :					
Cube définitif suivant calcul des profils de réception, y compris.... (comme ci-dessus)	Mètres cubes 8.166.846,18				
Rectification, comme ci-dessus (22.072m,92 au lieu de 22.000m)	27.069,38				
	8.193.915,56				
Se décomposant comme suit :					
1° Cube prévu		6.742.500, »	2,25	15.170.625, »	
2° Cube supplémentaire		1.451.415,56	1,98	2.873.802,81	18.044.427,81
c) Règlement des talus des berges, conformément à l'art. 3 du 2e Acte additionnel (prix convenu de 5f par mètre courant, la plate-forme des banquettes n'étant pas dressée à la traversée du lac Menzaleh).					
Longueur totale entre l'origine du Canal (ancien 0k,81996) et le kil. 30 suivant le nouveau chaînage : 29.262m,21		m. l. 58.524,42	5,00		292.622,10
Total pour les travaux terminés					31.375.447,27
Rappel des apports de sable occasionnés par le vent dans l'ancien chenal navigable. — Décision du Directeur général du 3 août 1869.					
1° De 0k à 8k		7.000, »	1,45	10.150, »	
2° De 8k à 30k		2.000, »	1,98	3.960, »	14.110
Total général					31.389.557,27

ANNEXE N° 2 DU COMPTE GÉNÉRAL FINANCIER DE L'ENTREPRISE

DIVISION D'EL GUISR. — SITUATION DES TRAVAUX A LA DATE DU 20 DÉCEMBRE 1869

INDICATION DES OUVRAGES		QUANTITÉS	PRIX de l'unité	DÉPENSES Partielles	DÉPENSES Totales
		Mètres cubes	Francs	Francs	Francs
SECTION DE KANTARA.					
Cubes exécutés :	Mètres cubes				
Du kil. 30,000 au kil. 43,650	5.259.610,50				
— 43,650 — 51,500	3.012.311,10				
— 51,500 — 60,500	2.626.556,20				
	10.898.477,80				
A ajouter :					
Pour différence résultant du kilométrage définitif qui a fait ressortir un allongement de 59m,04 sur la longueur totale de 30k,500 ; suivant conventions avec l'Entreprise	21.418,19				
Cube remanié deux fois entre 30k et 38k,500	34.073,55				
Cube total à compter	10.954.369,54				
Se répartissant ainsi par application des dispositions du 2e Acte additionnel concernant les cubes supplémentaires, savoir		9.347.500, » 1.607.069,54	2,25 1,98	21.031.875, » 3.181.997,69	24.213.872,69
Apports :					
Du kil. 30 au kil. 60,500 (suivant décision du Directeur général)		10.000, »	1,98		19.800, »
Confection des berges :		m. l.			
Du kil. 30 au kil. 43,800 (plate-forme non dressée)		27.720,60	5,00	138.633, »	
Du kil. 43,800 au kil. 60,500		33.393,28	6,00	200.359,68	338.992,68
TOTAL pour la section de Kantara (travaux non terminés).					24.572.665,37
SECTION D'EL GUISR.					
Déblais exécutés :					
Cube total	3.518.621,23				
Se répartissant ainsi :					
1° Entre les points 60k,700 et 75k,400		3.495.332,48	2,70	9.437.397,70	
2° Entre les points 75k,400 et 75k,500		23.288,75	1,50	34.933,13	9.472.330,83
Enlèvement d'apports :					
(Les apports sont évalués à raison de 0mc,50 par mois et par mètre courant de Canal.)					
Cube compté à la date du 15 octobre 1869	111.969,50				
A ajouter, pour apports survenus du 15 octobre au 1er décembre 1869, cette dernière date étant la date moyenne du lever des profils	11.250, »				
	123.219,50				
A diminuer, pour une longueur en moins de 12m,88 trouvée dans la vérification du kilométrage, entre les points 60k,500 et 75k,400	105,80				
Cube à compter	123.113,70				
Se décomposant de la manière suivante :					
1° Entre les points 60k,500 et 75k,400		122.292,24	2,70	330.189,05	
2° Entre les points 75k,400 et 75k,500		821,46	1,50	1.232,19	331.421,24
TOTAL pour la section d'El Guisr (travaux non terminés).					9.803.752,07

ANNEXE N° 3 DU COMPTE GÉNÉRAL FINANCIER DE L'ENTREPRISE

DIVISION D'ISMAÏLIA. — SITUATION DES TRAVAUX A LA DATE DU 20 DÉCEMBRE 1869

INDICATION DES OUVRAGES		QUANTITÉS	PRIX de l'unité	DÉPENSES Partielles	DÉPENSES Totales
		Mètres cubes	Francs	Francs	Francs
PREMIÈRE PARTIE. — DU KIL. 75,500 AU KIL. 100.					
1° TERRASSEMENTS :					
Apports :	Mètres cubes				
Section du lac Timsah { 1re partie	32.254,85				
Section du lac Timsah { 2e partie	134.280,13				
	166.534,98				
Section du Sérapéum. — Du point 87k,025 au point 95k,7.	909.861,44	1.076.396,42	1,95	2.098.973,02	
Section du Sérapéum. — Au sud du point 95k,7		50.052,08	2,50	125.130,20	
					2.224.103,22
Déblais du Canal maritime :					
I. Déblais à 1f,95 :					
Section du lac Timsah :	Mètres cubes				
1re partie { Nouveau tracé	563.632,20				
1re partie { Ancien tracé	578.532,08				
2e partie { Parties inscrites dans le profil maximum	1.560.956,35				
2e partie { Parties circonscrites au profil maximum (déplacement des berges de Gebel Mariam)	8.737,50				
	2.711.858,13				
Section du Sérapéum	3.521.218,99				
		6.233.077,12	1,95	12.154.500,38	
II. Déblais à 2f,95 (3e Acte additionnel) :					
Section du Sérapéum :					
Déblais du Canal proprement dit	467.646,78				
Enlèvement de buttes de tamaris en dehors du Canal	1.770,19				
		469.416,97	2,95	1.384.780,06	
III. Déblais à 3f,40 (5e Acte additionnel) :					
Section du Sérapéum		2.134.114,50	3,40	7.255.989,30	
IV. Déblais à 3f,50 (terrains durs constatés au 15 octobre 1868) :					
Section du lac Timsah { 1re partie	32.042,01				
Section du lac Timsah { 2e partie	8.037, »				
	40.079,01				
Section du Sérapéum	11.219,07				
		51.298,08	3,50	179.543,28	
					20.974.813,02
		10.014.355,17			23.198.916,24
A déduire pour le cube supplémentaire qui ne doit être compté qu'à 1f,50 au lieu de 1f,95 (2e Acte additionnel) :					
Excès du cube total extrait sur le cube de 8.800.000m³ porté au deuxième Acte additionnel		1.214.355,17	0,45		546.459,83
Reste à compter					22.652.456,41
2° RÈGLEMENT DES BERGES (2e Acte additionnel) :					
Section du lac Timsah { 1re partie	3.321,28				
Section du lac Timsah { 2e partie	6.274,80				
	9.596,08				
Section du Sérapéum	5.100, »				
		14.696,08	6,00		88.176,48
3° DÉVERSOIR NORD DES LACS AMERS (5e Acte additionnel) :					
Somme totale à forfait					500.000
TOTAL GÉNÉRAL de la situation définitive					23.240.632,89
DEUXIÈME PARTIE DE LA DIVISION. — AU DELA DU KIL. 100.					
Néant.					

ANNEXE N° 4 DU COMPTE GÉNÉRAL FINANCIER DE L'ENTREPRISE

DIVISION DE SUEZ. — SITUATION DES TRAVAUX A LA DATE DU 20 DÉCEMBRE 1869

INDICATION DES OUVRAGES		QUANTITÉS	PRIX de l'unité	DÉPENSES Partielles	DÉPENSES Totales
		Mètres cubes	Francs	Francs	Francs
TRAVAUX TERMINÉS :					
1° *Déblais exécutés en vertu du marché du 26 mars 1864 :*					
Terrains ordinaires :	Mètres cubes				
Chantiers de la plaine de Suez........................	826.723,82				
— de Chalouf....................................	1.546.094,64				
— du petit lac Amer..........................	44.093,86				
		2.416.912,32	2,45	5.921.435,18	
Terrains durs au-dessus de la cote 19m,00 :					
Chantiers de Chalouf..		49.260,45	3,50	172.411,58	
					6.093.846,76
2° *Déblais exécutés en vertu du 3e Acte additionnel du 13 avril 1867 :*					
Entre les points 142k et 136k,6	2.286.672,33				
— 133k,9 et 131k,9	567.382,32				
— 131k,9 à 120k et 118k,3 à 114k	1.981.275,06				
— 120k et 118k,3	306.100,76				
		5.141.430,47	2,45	12.596.504,65	
Plus-value :					
Sur les déblais de 142k à 136k,6..................................		2.286.672,33	2,00	4.573.344,66	
Sur les déblais de 133k,9 à 131k,9, moins un cube de 281.286,67 exécuté en plus de celui nécessaire à la confection des cavaliers insubmersibles..		279.598,58	1,00	279.598,58	
Sur les déblais de 131k,9 à 120k et 118k,3 à 114k, moins 204.696,02 exécutés entre 131k,9 à 120k,5 à plus de 3m,50 de profondeur...............		1.776.579,04	1,00	1.776.579,04	
Sur les déblais de 120k à 118k,3..................................		306.100,76	1,30	397.930,99	
					19.623.957,92
3° *Déblais exécutés en vertu de la convention du 28 juin 1867 :*					
Adoucissement du talus au-dessus de la cote 15m,68 entre 138k,6 et 136k,7..		137.596,10	3,50		481.586,35
4° *Déblais exécutés en vertu de la convention du 10 juillet 1868 :*					
Adoucissement du talus entre les points 142k et 138k,6..............		43.350,11	3,50		151.725,39
5° *Déblais exécutés en vertu du 4e Acte additionnel du 15 janvier 1868 :*					
Déblais entre les points 144k,950 et 143k,7........................		520.438,96	2,45	1.275.075,45	
Plus-value sur ces déblais..		520.438,96	3,75	1.951.646,10	
					3.226.721,55
6° *Plus-value sur les déblais exécutés depuis le 15 août 1867 :*					
Entre les points 143k,7 et 142k (Décision du Comité du 16 septembre 1868)..		810.750,39	0,20		162.150,08
7° *Confection des berges, conformément à l'article 3 du 2e Acte additionnel :*					
Longueurs développées de berges simples :					
Entre les points 144k,950 et 142k..........................	5.897,54				
— 136k,6 et 133k,9..........................	5.138,06				
		11.035,60	6,00		66.213,60
MONTANT TOTAL des travaux terminés.............					29.806.201,65

INDICATION DES OUVRAGES		QUANTITÉS	PRIX de l'unité	DÉPENSES Partielles	DÉPENSES Totales
		Mètres cubes	Francs	Francs	Francs
TRAVAUX NON TERMINÉS :					
1° *Déblais exécutés en vertu du marché du 26 mars 1864 :*					
Terrains ordinaires :	Mètres cubes				
Chantiers de la Darse	104.780,90				
— du Chenal de Suez	888.522,02				
— de la Quarantaine	2.834.236,40				
— de la plaine de Suez	1.268.737,02				
	5.096.276,43				
A déduire : Apports dans les sections de la plaine de Suez et de Chalouf, et provenant de la Quarantaine	107.860,81				
Reste à compter	4.988.406,62				
Dragages en rade de Suez entre les points 151k et 149k,3 : Cube compté au porteur 630.895,66; A déduire 1/10e pour foisonnement 63.089,57	567.806,09				
		5.556.212,71	2,45		13.612.721,14
2° *Déblais exécutés en vertu du 4e Acte additionnel du 15 janvier 1868 :*					
Des points 148k,5 à 146k,1 et 145k,1 à 144k,950 — Cube exécuté		1.005.374,77	2,45	2.463.168,19	
Des points 148k,5 à 146k,1 et 145k,1 à 144k,950 — Plus-value		1.005.374,77	3,75	3.770.155,39	
3° *Plus-value sur les déblais exécutés depuis le 15 août 1867 :*					6.233.323,58
Entre les points 146k,1 et 145k,1 (Décision du Comité du 16 septembre 1868)		419.881,40	0,20		83.976,28
4° *Déblais exécutés en vertu du 5e Acte additionnel du 30 octobre 1868 :*					
Du point 151k,3 au point 148k,5		773.068, »	2,45	1.894.016,60	
Indemnité pour l'exécution à sec				3.487.500, »	5.381.516,60
5° *Allocation pour le déversoir Sud des lacs Amers*					500.000, »
6° *Confection des berges, conformément à l'article 3 du 2e Acte additionnel :*					
Longueurs développées des berges :					
Entre les points 144k,950 et 151k,350	12.798,12				
— 151k,350 et 154k,8	7.134,86				
— 154k,8 et 153k,4 (rive Afrique)	730, »	20.662,98	6,00	123.977,88	
Berges non complètement terminées :					
Entre les points 151k,350 et 154k,8		3.370, »	5,00	16.850, »	140.827,88
MONTANT TOTAL des travaux non terminés					25.952.365,48
RÉCAPITULATION :					
Travaux terminés					29.806.201,65
Travaux non terminés					25.952.365,48
TOTAL					55.758.567,13
A déduire : Suivant décompte ci-après des cubes supplémentaires : Récapitulation des cubes exécutés :					
Marché du 26 mars 1864 — Terrains ordinaires	7.973.125,03				
Marché du 26 mars 1864 — Terrains durs	49.260,45				
3e Acte additionnel	5.141.430,47				
4e Acte additionnel	1.525.813,73				
5e Acte additionnel	773.068				
Cube d'après les profils primitifs	15.462.697,08				
Cube à porter en déduction	15.200.000, »	262.697,08	0,56		147.110,70
MONTANT DE LA SITUATION DÉFINITIVE					55.611.456,43

Indemnité pour l'exécution à sec				3.487.500, »	5.381.516,60
5° *Allocation pour le déversoir Sud des lacs Amers*					500.000, »
6° *Confection des berges, conformément à l'article 3 du 2e Acte additionnel :*					
Longueurs développées des berges :					
Entre les points 144k,950 et 151k,350	12.798,12				
— 151k,350 et 154k,8	7.134,86				
— 154k,8 et 153k,4 (rive Afrique)	730, »				
		20.662,98	6,00	123.977,88	
Berges non complètement terminées :					
Entre les points 151k,350 et 154k,8		3.370, »	5,00	16.850, »	
					140.827,88
MONTANT TOTAL des travaux non terminés					25.952.365,48
RÉCAPITULATION :					
Travaux terminés					29.806.201,65
Travaux non terminés					25.952.365,48
TOTAL					55.758.567,13
A déduire :					
Suivant décompte ci-après des cubes supplémentaires :					
Récapitulation des cubes exécutés :					
Marché du 26 mars 1864 { Terrains ordinaires	7.973.125,03				
Marché du 26 mars 1864 { Terrains durs	49.260,45				
3e Acte additionnel	5.141.430,47				
4e Acte additionnel	1.525.813,73				
5e Acte additionnel	773.068				
Cube d'après les profils primitifs	15.462.697,68				
Cube à porter en déduction	15.200.000, »				
		262.697,68	0,56		147.110,70
MONTANT DE LA SITUATION DÉFINITIVE					55.611.456,43

ANNEXE N° 6 DU COMPTE GÉNÉRAL FINANCIER DE L'ENTREPRISE

COMPTABILITÉ GÉNÉRALE DES TRAVAUX. — SITUATION DES TRAVAUX A LA DATE DU 20 DÉCEMBRE 1869

NDICATION DES OUVRAGES	DÉPENSES	
	Partielles	Totales
	Francs	Francs
EXÉCUTION DE L'ARTICLE 5 DU 5° ACTE ADDITIONNEL :		
Du 15 octobre 1868 au 15 août 1869, il a été payé aux Entrepreneurs 11 mensualités de 140.000f chacune, ensemble........	1.540.000, »	
Et la dernière mensualité figure dans le décompte de la situation au 15 septembre 1869.	179.400, »	1.719.400, »
Il a donc été entièrement satisfait aux dispositions de l'art. 5.		
EXÉCUTION DE L'ARTICLE 6 DU 5° ACTE ADDITIONNEL :		
Déversoir nord :		
L'introduction des eaux ayant été commencée le 18 mars 1869, il a été payé aux Entrepreneurs, à la date du 15 septembre 1869, 6 mensualités à $\frac{500.000^f}{6^{mois},40}$ (du 18 mars au 1er octobre 1869) = 78.125f ; ensemble........	468.750, »	
Il est donc dû à ce jour pour la dernière mensualité, égale aux 0,40 de 78.125f........	31.250, »	500.000, »
Déversoir sud :		
L'introduction des eaux ayant été commencée le 15 août 1869, et le laps de temps compris entre cette date et celle de la situation au 15 septembre 1869 étant égal aux 2/3 de toute la période de temps comprise entre le 15 août et le 1er octobre 1869, il a été payé aux Entrepreneurs, à la date du 15 septembre 1869, une première mensualité égale aux 2/3 de 500.000f, ci........	333.333,33	
Il est donc dû à ce jour la deuxième et dernière mensualité égale au 1/3 de 500.000f, ci.	166.666,67	500.000, »
RÉCAPITULATION : Francs		
Exécution de l'article 5 du 5° Acte additionnel........ 1.719.400, »		
— de l'article 6........ 1.000.000, »		
TOTAL........ 2.719.400, »		

Situation générale des travaux de l'entreprise Borel-Lavalley et Cie à la date de la cessation des travaux (20 décembre 1869)

I. — TRAVAUX DE TERRASSEMENTS ET DRAGAGES

1° TRAVAUX EXÉCUTÉS EN CONFORMITÉ DES DEUX MARCHÉS PRIMITIFS DES 26 MARS ET 12 DÉCEMBRE 1864 ET DES CINQ ACTES ADDITIONNELS DES 27 MARS 1865, 4 DÉCEMBRE 1866, 13 AVRIL 1867, 15 JANVIER ET 30 OCTOBRE 1868.

(Voir, précédemment, les situations définitives des travaux à la date du 20 décembre 1869)

EMPLACEMENT des Travaux	CUBES primitifs (Article 4 du 2e acte additionnel)	CUBES SUPPLÉMENTAIRES			CUBES TOTAUX	
		Modifications de profils	Apports	Totaux	par Section	par Division
	Mètres cubes	Mètres cubes	Mètres cubes	Mètres cubes	Mètres cubes	Mètres cubes
Division de Port-Saïd						
Port de Port-Saïd :						
Avant-port	1.700.000, »	»	981.963,75	981.963,75	2.681.963,75	
Bassins	2.500.000, »	»	420.380,81	420.380,81	2.920.380,81	
Section de Ras-el-Ech :						
Canal : De 0^k.8 à 8^k	1.900.000, »	648.274,30	7.000, »	655.274,30	2.555.274,30	
— De 8^k à 30^k	6.742.500, »	1.451.415,56	2.000, »	1.453.415,56	8.195.915,56	
Division d'El Guisr						16.353.534,42
Section de Kantara :						
De 30^k à 60^k.5	9.347.500, »	1.607.069,54	10.000, »	1.617.069,54	10.964.569,54	
Section d'El Guisr :						
De 60^k.5 à 75^k.4	4.050.000, »	−554.667.52	122.292.24	−432.375.28	3.617.624,72	
De 75^k.4 à 75^k.5	23.288,75	»	821,46	821,46	24.110,21	
Division d'Ismaïlia						14.606.304,47
Section du lac Timsah :						
De 75^k.5 à 86^k.7	8.776.711,25	111.195,42	166.534,98	1.237.643,92	2.918.472,12	
Section du Sérapéum :						
De 86^k.7 à 100^k			959.913,52		7.095.883,05	
Division de Suez						10.014.355,17
Section des Petits Lacs :						
De 114^k à 132^k	15.200.000, »	262.697,68	»	262.697,68	2.331.469,68	
Section de Chalouf :						
De 132^k à 142^k					4.449.409,74	
Section de la plaine de Suez :						
De 142^k à 151^k.3					4.340.407,66	
Section de la Quarantaine :						
De 151^k.3 à 158^k.7					2.780.301,50	
Port de Suez :						
De 158^k.7 à 162^k.1					1.561.109,10	
						15.462.697,68
TOTAUX	50.240.000, »	3.525.984,98	2.670.906,76	6.196.891.74		56.436.891,74
2° TRAVAUX EXÉCUTÉS EN VERTU DES DEUX CONVENTIONS DES 26 JUIN 1867 ET 18 JUILLET 1868						
Adoucissement des talus du Canal à la traversée du seuil de Chalouf						180.946,21
3° CUBES SUPPLÉMENTAIRES D'APPORTS ACCORDÉS PAR LA SENTENCE ARBITRALE DU 16 AOUT 1870						
Apports entre Port-Saïd et le kilomètre 60^k,500					148.720, »	
— à Toussoum					8.106,36	
— salins dans la plaine de Suez					19.376,03	
						176.202,39
CUBE TOTAL des terrassements et dragages exécutés par l'Entreprise						56.794.040,34

TABLEAU DES CUBES DE TERRASSEMENTS ET DRAGAGES QUI RESTAIENT A EXÉCUTER AU MOMENT DE LA CESSATION DES TRAVAUX

D'après le 2e Acte additionnel, le cube supplémentaire de déblais devant résulter de l'adoption des nouveaux profils à grande largeur était évalué à 9.000.000 de mètres cubes, et le cube qui serait résulté de l'application des profils primitifs était évalué de son côté à 50.240.000 mètres cubes. Le cube total à exécuter par l'Entreprise, en vertu des marchés, était donc de ci.... 59.240.000 mc, »

Or, comme on le voit par le tableau précédent, le cube total exécuté n'a été que de.......... 56.436.891 mc,74

Le cube restant à exécuter au moment de la liquidation de l'Entreprise était donc de.......... 2.803.108 mc,26

Ce cube paraissait devoir être réparti conformément aux indications du tableau ci-dessous :

DESIGNATION des parties du Canal	OBJET DES TRAVAUX	CUBES APPROXIMATIFS restant à exécuter		
		Cubes	Prix	Dépenses
		Mètres cubes	Francs	Francs
Port de Port-Saïd et Canal jusqu'au kil. 8............	Élargissement et mise à profondeur du chenal du port, et achèvement du bassin Chérif..................	450.000	1,45	652.500
Du kil. 8 au kil. 60k,5......	Achèvement du profil normal, avec la tolérance admise, et achèvement des garages..........................	300.000	1,98	594.000
Du kil. 60k,5 au kil. 75k,4..	*id.*	300.000	2,70	810.000
Du kil. 75k,4 au kil. 100....	*id.*	400.000	1,50	600.000
		200.000	2,95	590.000
Des lacs Amers à Suez et Port de Suez...........	Enlèvement, dans les sections de la plaine de Suez et de Chalouf, d'apports provenant de déplacements de terres de la Quarantaine. 108.000mc Achèvement du profil normal avec tolérance à la Quarantaine .... 552.000 Achèvement du chenal de Suez.................. 490.000	1.150.000	1,89	2.173.500
	TOTAUX..................	2.800.000		5.420.000

La situation des travaux de terrassements et dragages à la date du 15 octobre 1869 était celle indiquée au tableau ci-dessous :

DESIGNATION des Sections	CUBES TOTAUX à exécuter d'après les calculs des profils	CUBES exécutés	CUBES restant à exécuter pour la réalisation des profils	RÉDUCTION probable par suite de la tolérance de $0^m,30$ sur la profondeur	CUBES MINIMUM restant à exécuter par l'Entreprise
	Mètres cubes	Mètres cubes	Mètres cubes	Mètres cubes	Mètres cubes
Port de Port-Saïd..........................	6.010.000	5.601.372	408.628	»	408.628
Ras-El-Ech. — De 0k,8 à 30k.............	10.626.964	10.626.964	»	»	»
Le Cap. — De 30k à 43k,8................	5.533.256	5.243.686	289.570	200.000	89.570
Lacs Ballah. — De 43k,8 à 60k,5..........	5.853.582	5.465.757	387.825	240.000	147.825
El Guisr. — De 60k,5 à 75k,5.............	4.080.000	3.418.331	661.669	240.000	421.669
Lac Timsah. — De 75k,5 à 86k,7.............	3.158.562	2.389.083	769.479	220.000	549.479
Sérapéum. — De 86k,7 à 99k...............	6.577.235	5.903.574	673.661	200.000	473.661
Petit Lac. — De 114k à 132k..............	2.323.941	2.323.941	»	»	»
Chalouf. — De 132k à 142k.................	4.698.382	4.686.817	11.565	»	11.565
Plaine de Suez. — De 142k à 151k..........	4.450.834	4.379.322	71.512	»	71.512
Quarantaine. — De 151k à 159k.............	3.295.393	2.567.496	727.897	100.000	627.897
Port de Suez..............................	2.091.739	1.601.128	490.611	»	490.611
TOTAUX................	58.699.888	54.207.471	4.492.417	1.200.000	3.292.417

II. — ENTREPRISES ACCESSOIRES

REMBLAIS DU TERRE-PLEIN ET ENROCHEMENTS DU PORT DE SUEZ

1° *Remblais du terre-plein (marché du 10 juin 1867)* :

	Francs
278.084^{mc},09 de remblais à 2^{f},55 le mètre cube.........	709.114,43

2° *Digues et enrochements (marché du 26 mars 1867)* :

Digues dont le perré supérieur était exécuté...............	42.579^{mc},49 à 20^{f} le m. c.	831.589,80
Digues dont le perré supérieur n'était pas exécuté.........	16.612^{mc},28 à 20^{f} —	332.245,60
26 escaliers..................		1.811,43
Digues dont les talus de revêtement étaient inachevés.....	33^{mc},25 à 14^{f} —	465,50
Cube total des enrochements.	59.225^{mc},02.	
Murettes sur le pourtour de la darse : 375^{mc} à 5^{f} le mètre cube......................................		1.875, »
Montant total des dépenses.		1.187.987,33

3° *Digue de délimitation :*

3.964^{mc},51 d'enrochements à 14^{f} le mètre cube.........	55.503,15

TABLEAU DES TRAVAUX RESTANT A EXÉCUTER A LA DATE DE LA LIQUIDATION DE L'ENTREPRISE

CUBES à exécuter d'après les projets	CUBES exécutés par l'entreprise (en nombres ronds)	CUBES RESTANT A EXÉCUTER		
		Cubes	Prix	Dépenses
Remblais du terre-plein de Suez :				
613.000^{mc}	278.000^{mc}	335.000^{mc}	2^{f},55	854.250^{f}
Digues et enrochements du port de Suez :				
62.940^{mc}	59.220^{mc}	3.720^{mc}	20^{f}, »	74.400^{f}
DÉPENSE TOTALE RESTANT A FAIRE...............				928.650^{f}

Relevé général des sommes payées à l'Entreprise Borel-Lavalley et Cie par la Direction générale des travaux, pour les travaux de terrassements et dragages exécutés en vertu des marchés, et pour les travaux accessoires.

(Voir, précédemment, le compte général financier)

I. — TRAVAUX DE TERRASSEMENTS ET DRAGAGES

	Francs	Francs
Division de Port-Saïd :		
Situation de la Division	31.389.557,27	
Apports supplémentaires (sentence arbitrale) : 36.740 ^{mc} à 1 fr. 45	53.273, »	31.442.830,27
Division d'El Guisr :		
Situation de la section de Kantara...	24.572.665,37	
Apports supplémentaires (sentence arbitrale) : 111.980 ^{mc} à 1 fr. 98 ...	221.720,40	24.794.385,77
Situation de la section d'El Guisr ...	9.803.752,07	
Amortissement du matériel (sentence arbitrale)	432.375,28	10.236.127,35
Division d'Ismaïlia :		
Situation de la Division............	23.240.632,89	
Apports supplémentaires (sentence arbitrale) : 8.106^{mc},36 à 1 fr. 50 ..	12.159,54	
Indemnité pour l'extraction du rocher de Sérapéum (sentence arbitrale) .	431.815,83	
	23.684.608,26	
A retrancher :		
Le prix du déversoir Nord des lacs Amers.........................	500.000, »	23.184.608,26
Division de Suez :		
Situation de la Division............	55.611.456,43	
Apports supplémentaires (sentence arbitrale) : 19.376^{mc},03 à 2 fr. 45.	47.471,27	
	55.658.927,70	
A retrancher :		
Le prix du déversoir Sud des lacs Amers	500.000, »	55.158.927,70
		144.816.879,35

		Francs
Somme forfaitaire :		
Somme allouée par l'article 5 du 5e Acte additionnel.		1.719.400, »
Prime d'achèvement :		
Articles 7 et 8 du 5e Acte additionnel et sentence arbitrale		1.800.000, »
TOTAL pour les travaux de terrassements et dragages.		148.336.279,35

II. — TRAVAUX ACCESSOIRES

	Francs	
Remplissage des lacs Amers (art. 6 du 5e Acte additionnel) :		
Construction des deux déversoirs ...	1.000.000, »	
Indemnité pour dommages causés dans les deux régions du Canal par l'opération du remplissage	1.000.000, »	
		2.000.000, »
Travaux de remblais et d'enrochements au port de Suez :		
Remblais du terre-plein	709.114,43	
Digues et jetées	1.187.987,33	
Digue de délimitation	55.503,15	
		1.952.604,91
Confection et pose de balises		168.647,87
Dépenses de garage et de gardiennage de matériel à l'occasion de l'inauguration du Canal		120.000, »
TOTAL des sommes payées à l'Entreprise figurant au compte général financier du 16 août 1870		152.577.532,13[1]
A ajouter :		
Somme allouée par l'article 1er du 5e Acte additionnel du 30 octobre 1868 pour règlement définitif de tous les comptes litigieux antérieurs (ladite somme payée à Paris)		1.400.000, »
TOTAL GÉNÉRAL		153.977.532,13

NOTA. — Nous mentionnerons, simplement comme mémoire, l'allocation à l'Entreprise, par décision du 8 octobre 1866, d'une indemnité de 119.423 fr. 19, à raison des

1. Concordance avec les chiffres du compte général financier.

		Francs
Total général ci-dessus des dépenses pour travaux		152.577.532,13
A ajouter :		
Retenues de garantie	1.200.000 »	
Cautionnement	300.000 »	
Réduction sur la prime d'achèvement	1.000.000 »	
Somme due à l'Entreprise pour solde des Entreprises accessoires	34.755,90	
Somme due à l'Entreprise pour cessions de matériel et approvisionnements	2.944.185,17	
	5.478.941,07	
A déduire :		
Montant des Entreprises accessoires (Travaux de remblais et d'enrochements au port de Suez)	1.952.604,91	
Différence à ajouter		3.526.336,16
Total égal à celui du compte financier		156.103.868,29

dépenses exceptionnelles qui lui avaient été occasionnées par l'épidémie de choléra de 1865 : ladite somme devant naturellement être classée parmi les frais généraux de la Compagnie.

MATÉRIEL MIS GRATUITEMENT PAR LA COMPAGNIE A LA DISPOSITION DE L'ENTREPRISE

(La part d'amortissement de ce matériel afférente aux travaux de terrassements et dragages exécutés par l'Entreprise Borel-Lavalley et Cie est venue grever d'autant la dépense de ces travaux.)

I. — *Matériel affecté à la portion du canal de Port-Saïd au kilomètre* 60km,500.

1° En vertu du marché du 12 décembre 1864.

		Francs	Francs	Francs
18 petites dragues..	(au lieu de 20)	à 35.000	630.000	
20 grues à déblais..	—	à 30.000	600.000	
120 chalands en tôle	—	à 7.440	892.800	
600 caisses à déblais	—	à 474	284.400	
			2.407.200	
A déduire 50 0/0 pour premier amortissement par les travaux de la Régie intéressée et de la Régie directe et par l'Entreprise Aiton...			1.203.600	
Reste à compter..........................				1.203.600
10 dragues moyennes des Forges et Chantiers.....................		à 220.000	2.200.000	
10 dragues moyennes de la Maison Gouin......................		à 200.000	2.000.000	
10 porteurs à déblais............		à 148.000	1.480.000	
Ensemble................................				5.680.000
2° Décision du 8 octobre 1866.				
Indemnités accordées à l'Entreprise :				
D'une part, en remboursement des sommes dépensées par elle pour approprier et mettre en bon état de fonctionnement les 18 petites dragues...........................			689.050	
D'autre part, pour création d'un matériel nouveau destiné à suppléer à l'insuffisance desdites dragues...........................			2.178.000	
Ensemble................................				2.867.050
Valeur totale au moment de la remise à l'Entreprise				9.750.650

II. — *Matériel affecté à toute la longueur du canal en vertu du 2e Acte additionnel.*

	Francs	Francs
6 dragues à long couloir.....................	à 681.000.	4.086.000
Exhaussement de 8 dragues et allongement des couloirs................................	à 298.000.	2.384.000
Valeur totale au moment de la remise à l'Entreprise......		6.470.000

AUGMENTATION DES PRIX DE REVIENT DU MÈTRE CUBE DE DÉBLAIS EN RAISON DES ALLOCATIONS DE NUMÉRAIRE EN DEHORS DE L'APPLICATION DES PRIX UNITAIRES STIPULÉS AUX MARCHÉS ET EN RAISON DES ALLOCATIONS DE MATÉRIEL.

I. — *Augmentation des prix en raison des allocations de numéraire.*

Ces allocations, édictées par le 5e Acte additionnel du 30 octobre 1868, ont été les suivantes :

	Francs
Art. 1er de l'Acte additionnel. — Somme allouée pour le règlement définitif de tous les comptes litigieux antérieurs.	1.400.000
Art. 5. — Somme forfaitaire pour tous terrains durs en dehors de ceux jouissant d'une plus-value spéciale......	1.719.400
Art. 7 et 8, et sentence arbitrale. — Prime d'achèvement..	1.800.000
Montant total des allocations	4.919.400

Le cube total des déblais exécutés par l'Entreprise a été, en nombre rond, de 56.794.000 mètres cubes ;

D'où :

Augmentation des prix du mètre cube de déblais s'appliquant à toute la longueur du Canal :

$$\frac{4.919.400}{56.794.000} = 0^{f},0866.$$

II. — *Augmentation des prix en raison des allocations de materiel* [1]

1° Sur la partie du Canal de Port-Saïd au kilomètre 60km,500.

	Francs
Valeur du matériel au moment de la remise à l'Entreprise.	9.750.650
— — à la fin des travaux, approximativement 10 0/0..	975.065
Différence, représentant l'amortissement à la charge des travaux...	8.775.585

1. On voit, par les chiffres qui figurent à ce paragraphe, qu'en fin de travaux, la valeur du matériel, qui avait été mis gratuitement à la disposition de l'Entreprise, a été évaluée approximativement comme suit :

	Francs
Matériel affecté à la partie du Canal de Port-Saïd au kilomètre 60km,500.....	975.065
— — à toute la longueur du Canal..............................	647.000
VALEUR TOTALE.........................	1.622.065

En fait, tout le matériel provenant de l'Entreprise, aussi bien celui qui avait été fourni par les Entrepreneurs eux-mêmes et dont l'amortissement se trouvait compris dans les prix des marchés, que le matériel mis gratuitement par la Compagnie à la disposition de l'Entreprise, a été pris en charge, en 1871, par le service de l'Entretien sur une évaluation de 4.935.959,99, cette somme étant ainsi venue augmenter d'autant, au profit du chiffre des dépenses de construction proprement dites, le montant de l' « actif suivant estimation » figurant au compte général des dépenses de premier établissement. Mais, par suite de moins-values constatées ultérieurement, l'évaluation du matériel pris en chargé par le service de l'Entretien a été finalement ramenée au chiffre, en nombre rond, de 2.353.000 francs.

Le cube total des déblais exécutés a été, en nombre rond, de 27.467.000 mètres cubes ;

D'où :

Augmentation du prix de revient du mètre cube :

$$\frac{8.775.585}{27.467.000} = 0,3195.$$

2° Sur toute la longueur du Canal.

	Francs
Valeur du matériel au moment de la remise à l'Entreprise.	6.470.000
— — à la fin des travaux, approximativement 10 0/0	647.000
Différence, représentant l'amortissement à la charge des travaux	5.823.000

D'où :

Augmentation du prix de revient du mètre cube :

$$\frac{5.823.000}{56.794.000} = 0,1025.$$

3° Augmentation moyenne sur toute la longueur du canal :

$$\frac{8.775.585 + 5.823.000}{56.794.000} = \frac{14.598.585}{56.794.000} = 0,2570.$$

TABLEAU RÉCAPITULATIF DES DÉBLAIS EXÉCUTÉS ET DES DÉPENSES ET PRIX MOYENS DE REVIENT DU MÈTRE CUBE DE DÉBLAIS

CUBES EXÉCUTÉS (Voir la situation générale des travaux)			DÉPENSES PAR APPLICATION des prix des marchés (V. le relevé général des dépenses).	PRIX DE REVIENT MOYENS DU MÈTRE CUBE DE DÉBLAIS			
D'APRÈS LES SITUATIONS	APPORTS supplémentaires	CUBES TOTAUX		D'APRÈS LES SITUATIONS	Augmentation en raison des indemnités en numéraire	Augmentation en raison des allocations de matériel	PRIX MOYENS TOTAUX
Mètres cubes	Mètres cubes	Mètres cubes	Francs	Francs	Francs	Francs	Francs
Division de Port-Saïd. — **De 0km à 30km.**							
16.353.534,42	36.740, »	16.390.274,42	31.442.830,27	1,9184	0,0866	0,4220	2,4270
Division d'El Guisr. — Section de Kantara. — **De 30km à 60km,5.**							
10.964.569,54	111.980, »	11.076.549,54	24.794.385,77	2.2384	0,0866	0,4220	2,7470
Section d'El Guisr. — **De 60km,5 à 75km,5.**							
3.641.734,93	»	3.641.734,93	10.236.127,35	2,8108	0,0866	0,1025	2,9999
Division d'Ismaïlia. — **De 75km,5 à 100km.**							
10.014.355,17	8.106,36	10.022.461,53	23.184.608,26	2,3133	0,0866	0,1025	2,5024
Division de Suez. — **De 114km à 162km.**							
15.462.697,68	19.376,03 adoucist de talus 180.946,21	15.663.019,92	55.158.927,70	3,5216	0,0866	0,1025	3,7107
56.436.891,74	357.148,60	56.794.040,34	144.816.879,35	2,5499	0,0866	0,2570	2,8935

ÉTAT RÉSUMÉ DES TRAVAUX EXÉCUTÉS PAR L'ENTREPRISE BOREL-LAVALLEY ET Cie ET DES DÉPENSES DE CES TRAVAUX

TRAVAUX DE TERRASSEMENTS ET DRAGAGES

EMPLACEMENT DES TRAVAUX	CUBES EXÉCUTÉS	PRIX MOYENS	DÉPENSES	
			PARTIELLES	TOTALES
	Mètres cubes	Francs	Francs	Francs
De Port-Saïd au kil. 30	16.390.274,42	2,427	39.779.196,02	
Du kil. 30 au seuil d'El Guisr.....	11.076.549,54	2,747	30.427.281,59	
Traversée du seuil d'El Guisr	3.641.734,93	3,000	10.925.204,79	
Du seuil d'El Guisr aux lacs Amers.	10.022.461,53	2,502	25.076.198,75	
Des lacs Amers à Suez.............	15.663.019,92	3,711	58.125.466,92	
Appoint pour couvrir les différences résultant de l'application des prix moyens en chiffres ronds........			1.516,28	
TOTAUX.............	56.794.040,34	2,894	164.334.864,35	164.334.864,35 [1]

TRAVAUX ACCESSOIRES

	Francs	
Barrages-déversoirs pour le remplissage des lacs Amers et indemnité de dommages..........................	2.000.000, »	
Travaux de remblais et d'enrochements au port de Suez .	1.952.604,91	
Confection et pose de balises	168.647,87	
		4.121.252,78

INDEMNITÉS DIVERSES

Dépenses exceptionnelles occasionnées par l'épidémie de choléra de 1865	119.423,19	
Dépenses de garage et de gardiennage du matériel à l'occasion de l'inauguration du Canal	120.000, »	
		239.423,19
MONTANT TOTAL des dépenses..................		168.695.540,32 [2]

1. Ce chiffre de dépenses se compose des éléments suivants :

Travaux exécutés aux prix des marchés..............................	144.816.879,35
Allocations en numéraire...	4.919.400, »
Part d'amortissement du matériel mis gratuitement à la disposition des Entrepreneurs pour l'exécution des travaux de la partie de Canal de Port-Saïd au kil. 60.5, à la charge desdits travaux	8.775.585, »
Part d'amortissement du matériel supplémentaire alloué à l'Entreprise pour l'exécution de l'ensemble des travaux..........................	5.823.000, »
TOTAL................................	164.334.864,35

2. Ce chiffre ne comprend pas les dépenses des travaux exécutés en régie par l'Entreprise pour compte de la Compagnie, notamment les dépenses d'extraction de terrains rocheux en dehors de ceux faisant l'objet de stipulations spéciales dans les marchés.

Renseignements sur le matériel employé aux travaux

I. — NOMENCLATURE DU MATÉRIEL

1° MATÉRIEL COMMANDÉ ET PAYÉ PAR L'ENTREPRISE

NOTA. — Les prix unitaires indiqués sont ceux arbitrés par le Directeur général des travaux en vu des avances sur matériel.

DÉSIGNATION DES APPAREILS	NOMS DES FOURNISSEURS	NOMBRE d'appareils	PRIX UNITAIRES	VALEUR TOTALE
			Francs	Francs
Dragues à déversoir	Gouin	18	296.890	5.344.020
(treuils d'élinde)	»	18	8.080	145.440
— à couloir de 35 mètres	Forges et Chantiers	8	382.860	3.062.880
— à couloir de 70 mètres	»	8	463.620	3.708.960
Couloirs de 35 mètres	»	4	90.270	361.080
— de 70 mètres	»	4	213.975	855.900
— de 70 mètres renforcés	»	8	223.630	1.789.040
Bateaux porteurs	»	15	182.400	2.736.000
— —	Claparède et Commartin	6	168.000	1.008.000
— —	Chantiers de l'Océan	6	168.000	1.008.000
Gabares à clapets de fond	Gouin	6	83.530	501.180
— —	»	6	79.860	479.160
— —	»	30	105.660	3.169.800
— à clapets latéraux	»	30	53.000	1.590.000
Appareils élévateurs	Forges et Chantiers	18	157.960	2.843.280
Chalands pour les élévateurs	»	24	17.600	422.400
— flotteurs pour les élévateurs	Gouin	90	8.350	751.500
— citernes à vapeur	»	10	36.980	369.800
— transports à vapeur	»	5	31.130	155.650
— de transport en fer	»	30	24.480	734.400
Plans inclinés		3	26.030	78.090
Treuils et chaînes		5	8.590	42.950
Pompes rotatives : Coignard		2	2.940	5.880
— — Neut et Dumont		2	2.720	5.440
Grues roulantes	Gouin	4	10.920	43.680
— —	»	1	7.960	7.960
— —	»	4	7.760	31.040
— à pivot	»	6	7.760	46.560
— à godets	»	10	1.375	13.750
Locomobiles	»	6	8.730	52.380
—	»	4	9.600	38.400
— de 14m de surf. de chauffe	»	10	10.740	107.400
— de 18m — —	»	10	13.600	136.000
Wagonnets	Marc Voisine et Touchard	640	850	544.000
Chaloupes	Gouin	10	2.980	29.800
—	Forges et Chantiers	2	2.865	5.730
Bateau à vapeur *Louise et Marie*	»	1	243.560	243.560
Canot à vapeur *Julien*	»	1	25.960	25.960
Canots à vapeur	»	5	40.032	200.160
— —	Gouin	3	16.970	50.910
— —	(rechanges)		4.230	4.230
— —	Claparède	3	18.160	54.480
— —	»	4	57.380	229.520
Total à reporter				33.034.370

DÉSIGNATION DES APPAREILS	NOMS DES FOURNISSEURS	NOMBRE d'appareils	PRIX UNITAIRES	VALEUR TOTALE
			Francs	Francs
	Report.........			33.034.370
Canots de chefs de section...........	Gouin	12	1.780	21.360
— de service..................		1	300	300
— —		1	940	940
— —		12	350	4.200
— —		4	1.020	4.080
— de transport................		12	1.450	17.400
— —		13	640	8.320
— —		15	310	4.650
— —		15	270	4.050
Réservoir à niveau constant.........	Gouin	1	13.760	13.760
Réservoirs des sections.............	»	5	9.060	45.300
Jeux de flotteurs....................	Forges et Chantiers	2	5.060	10.120

Le tableau précédent ne comprend pas la totalité du matériel acquis par l'Entreprise. C'est ainsi que, dans le procès-verbal de remise du matériel à la Compagnie, au moment de la liquidation, on voit figurer, en plus, les objets suivants, dont le nombre, compte tenu des objets détruits, est évidemment un minimum. Il y a évidemment lieu d'ajouter ces objets à la nomenclature.

Désignation	Nombre	Prix unitaires	Valeur totale
Treuils à vapeur de plans inclinés (19 au lieu de 5)........	14	8.080	113.120
Chaînes de plans inclinés de 200 mètres de longueur......	31	1.500	46.500
Pompes rotatives (9 au lieu de 4).........................	5	2,940	14.700
Galets de plans inclinés...................................	127	20	2.540
Traverses en sapin..	25.248	3,60	90.870
Rails, longueur : 14.841 mètres...........................	237t,056	220	52.240
Caisses à eau en tôle......................................	21	300	6.300
			33.495.120

Mais, par contre, il y a lieu de retrancher du tableau le matériel secondaire dont la dépense constituait simplement une partie des frais généraux de l'Entreprise et n'avait pas le caractère de matériel spécial destiné à l'exécution des travaux, dont l'amortissement était compris dans les prix bruts du mètre cube de déblais et qui, à ce titre, devait faire retour à la Compagnie.

On a vu précédemment, à l'analyse de la sentence du Tribunal arbitral, que le Tribunal avait admis la facture présentée par l'Entreprise pour la cession à la Compagnie de ce matériel secondaire comprenant : chalands-pontons, bigues, chalands en bois, citernes complètes, canots à l'aviron, canots à vapeur, réservoirs, grues et bigues fixes, gros matériel des ateliers. Ladite facture montait à 789.999,29, moitié du prix d'inventaire. La partie du matériel en question mentionnée au tableau, et qu'il y a lieu d'en retrancher, y figurait pour une somme approximative de ci.. 1.495.120

Montant approximatif de la valeur du matériel spécial acquis par l'Entreprise pour l'exécution des travaux de terrassements et de dragages...............	32.000.000

2° MATÉRIEL MIS GRATUITEMENT PAR LA COMPAGNIE A LA DISPOSITION DE L'ENTREPRISE

(Voir les renseignements donnés précédemment au sujet de ce matériel)

DÉSIGNATION DES APPAREILS	NOMBRE d'appareils	PRIX UNITAIRES	VALEUR TOTALE
		Francs	Francs
Petites dragues........ (Le prix unitaire des petites dragues se compose de la moitié du prix d'achat, 17.500 francs, plus la dépense d'appropriation, 38.300 francs, couverte par l'indemnité allouée à cet effet à l'Entreprise.)	18	55.800	1.004.400
Grues à déblais (comptées à moitié du prix d'achat)..........	20	15.000	300.000
Chalands en tôle — —	120	3.720	446.400
Caisses à déblais — —	600	237	142.200
Dragues moyennes des Forges et Chantiers..................	10	220.000	2.200.000
— de la maison Gouin........................	10	200.000	2.000.000
Porteurs à déblais..	10	148.000	1.480.000
Dragues à long couloir des Forges et Chantiers................	6	681.000	4.086.000
Exhaussement de 8 dragues et allongement des couloirs.......	8	298.000	2.384.000
Montant total.............			14.043.000

RÉCAPITULATION

Montant de la valeur du matériel acquis par l'Entreprise.	32.000.000
Montant de la valeur du matériel fourni par la Compagnie.	14.000.000
Valeur totale primitive du matériel affecté aux travaux..	46.000.000
Valeur à la fin des travaux : 1/10......................	4.600.000[1]
Amortissement à la charge des travaux................	41.400.000

La dépense totale des travaux de terrassements et dragages ayant été de 164.334.864 fr. 35,

Les frais d'acquisition du matériel spécial employé auxdits travaux se trouvent figurer dans cette dépense dans la proportion suivante :

$$\frac{41.400.000}{164.335.000} = \text{en nombre rond, } 25\ 0/0.$$

1. Ainsi que la remarque en a déjà été faite dans une note précédente, tout le matériel provenant des travaux de l'Entreprise Borel, Lavalley et Cie a été pris en charge, en 1871, par le service de l'Entretien, sur une évaluation de 4.935.959 fr. 99. Cette somme était ainsi venue augmenter d'autant, au profit du chiffre des dépenses de construction proprement dites, le montant de l'*actif suivant estimation* figurant au compte général des dépenses de premier établissement.

TABLEAU RÉSUMÉ SOMMAIRE DU PRINCIPAL MATÉRIEL EMPLOYÉ AUX TRAVAUX

18 petites dragues provenant de la Compagnie.

20 grandes dragues provenant également de la Compagnie (dont 10 fournies par la maison E. Gouin et Cie et 10 par la Société des Forges et Chantiers de la Méditerranée).

18 autres grandes dragues commandées par l'Entreprise à la maison E. Gouin et Cie.

22 grandes dragues à couloir de 70 mètres, fournies à l'Entreprise par la Société des Forges et Chantiers de la Méditerranée.

37 porteurs de déblais, à vapeur, pouvant tenir la mer.

42 gabares à clapets de fond, à vapeur.

30 gabares à clapets latéraux, à vapeur.

18 élévateurs, avec 90 chalands flotteurs et 600 caisses.

35 grues à vapeur.

10 chalands-citernes, à vapeur.

5 chalands-transports, à vapeur.

150 chalands de transport en fer.

15 canots à vapeur de différentes grandeurs.

30 locomobiles employées à des travaux divers.

Matériel de 20 plans inclinés comprenant : treuils et chaînes, voies de fer, wagons, pompes rotatives d'épuisement.

L'ensemble des machines à vapeur de tous ces appareils présentait un total de plus de 10.000 chevaux-vapeur.

II. — DESCRIPTION DE QUELQUES APPAREILS

(Extraits des communications faites par M. Lavalley à la Société des Ingénieurs civils dans les séances des 7 et 21 septembre 1866, 26 juillet 1867 et 27 novembre 1868 [1].)

(PLANCHES XXXVI A XXXVIII)

PETITES DRAGUES [2]

Les anciennes petites dragues — comme on l'a vu précédemment — étaient à haute pression, avec détente, presque toutes sans condensation. Les machines étaient horizontales, de la force de 16 à 18 chevaux de 75 kilogrammètres, et transmettaient par des courroies les mouvements aux engrenages de commande des arbres des tourteaux. Les coques avaient 21 mètres de longueur et une largeur de 7 mètres; leur creux était de 2m,30 à 2m,50, et le tirant d'eau, de 1 mètre. La capacité des godets était de 100 à 150 litres. Il passait environ 20 godets par minute. La hauteur de l'axe du tourteau supérieur au-dessus du niveau de l'eau était de 6 à 7 mètres.

A l'aide de ces petites dragues, munies de couloirs, la Compagnie avait ouvert, sur les vingt premiers kilomètres du Canal, les premières rigoles latérales en déversant directement leurs déblais sur les rives. Grâce à l'addition de contrepoids flottants qui, suspendus à une chèvre du côté opposé au couloir, équilibraient celui-ci et limitaient les oscillations de la drague, les couloirs avaient pu être allongés jusqu'à 18 mètres, ce qui avait permis de donner aux premières rigoles une largeur de 18 à 20 mètres. En draguant de façon à faire amener par les godets, à la fois ou alternativement, des déblais et de l'eau, les sables et la vase descendaient facilement sur une pente ne dépassant pas 10 centimètres par mètre.

Lorsque l'Entreprise prit possession des chantiers (en avril 1865), elle avait eu tout d'abord, afin de permettre plus tard le passage du gros matériel, à élargir et approfondir ces rigoles de la première partie du canal ainsi que celles de dimensions moindres qui, depuis le kilomètre 20 jusqu'à El Ferdane, avaient été creusées à bras d'hommes par les ouvriers des contingents égyptiens.

---

1. Les renseignements complémentaires sur les appareils, qui figurent en notes au bas des pages suivantes, ont été puisés dans un très intéressant journal de mission rédigé par deux élèves ingénieurs des Ponts et Chaussées, MM. A. Picard et Agnellet, qui, sur la demande du Directeur général des travaux, avaient été, dans l'été de 1867, envoyés en mission sur les travaux du Canal par le Ministre des Travaux publics.

2. Voir Tome VI, pour plus amples détails au sujet des petites dragues.

Pour cela, il fallait donner aux couloirs une longueur plus grande, par suite une pente plus faible que précédemment.

Dans ce but, la stabilité de la drague avait été augmentée par l'addition à chaque bord de la coque, en place de l'ancienne disposition, d'un chaland en bois de 3 mètres de largeur et de 12 mètres de longueur fortement assujetti à la drague.

Les nouveaux couloirs étaient en tôle ; ils avaient une largeur de $1^{m},20$ et une section demi-elliptique dont le grand axe était horizontal. Leur longueur variait de 20 à 22 mètres et leur inclinaison de 8 à 6 0/0.

Sur deux dragues seulement avaient été installées des pompes pour verser de l'eau dans le couloir.

GRANDES DRAGUES [1]

Les grandes dragues de la Compagnie, au nombre de 20, dont 10 commandées à la maison E. Gouin et Cie et 10 à la Société des Forges

---

1. DESCRIPTION DÉTAILLÉE DES DRAGUES COMMANDÉES PAR L'ENTREPRISE A LA MAISON E. GOUIN ET Cie

Description d'ensemble :

La drague était complètement en fer : elle était à une seule élinde située dans l'axe même de la drague. L'extrémité inférieure de l'élinde dépassait l'avant de la coque, de manière à permettre à la drague, au besoin, de se frayer un passage à travers le déblai.

L'élinde était supportée à la partie supérieure par un bâti très solide composé de deux poutres à double T verticales réunies au sommet par un arc en tôle sous lequel passaient les godets. Chacune des poutres était consolidée par deux contrefiches. Les contrefiches latérales aidaient à supporter l'axe du tourteau supérieur.

A la partie inférieure, l'élinde était retenue par une potence qui s'appuyait sur l'avant de la coque. La suspension se faisait au moyen d'un palan dont la chaîne venait s'enrouler sur un treuil spécial situé à tribord. Dans les dragues primitives, ce treuil empruntait son mouvement au tourteau supérieur. Cette disposition avait été modifiée : le treuil avait été fait indépendant et avait reçu un petit cheval.

La traction, à cause de la longueur de l'élinde, et pour éviter toute flexion, se répartissait également au moyen de deux fléaux et quatre tirants, en deux points de l'âme suffisamment éloignés.

Les produits du dragage tombaient dans un puits central qui les déversait tantôt à droite, tantôt à gauche, suivant la position que l'on assignait à un registre spécial, nommé papillon, situé à l'origine commune des deux déversoirs dans l'axe du puits.

Avec ces deux modes de déversement, il n'y avait pas de temps perdu pour les manœuvres des porteurs affectés à la drague : tandis que l'un se remplissait, par exemple, l'autre accostait à tribord et se trouvait tout prêt à recevoir le déblai quand le premier était plein. On n'avait qu'à faire tourner le papillon.

La machine était à deux cylindres actionnant un arbre coudé pourvu d'un volant particulier et transmettant par un pignon le mouvement au tourteau

et Chantiers de la Méditerranée, furent exécutées en vertu de marchés de commandes stipulant les principales dispositions suivantes :

Les dragues, dans toutes leurs parties, seraient entièrement en fer. L'appareil moteur se composerait de deux cylindres verticaux accouplés, de 0m,50 de diamètre et de 0m,80 de course, dimensions qui, pour une vitesse de 50 tours par minute, correspondaient à une force nominale de 34 chevaux de 225 kilogrammètres. Les machines marcheraient avec détente et condensation. Les chaudières, réparties en trois corps égaux dans les dragues Gouin, et en deux corps égaux dans celles des Forges et Chantiers, représenteraient ensemble une surface de chauffe de 81 mètres carrés; elles seraient timbrées à 2atm,75. Le mouvement serait transmis de la machine au tourteau supérieur par des engrenages. Ce tourteau était carré et ses angles

---

supérieur. La force totale mesurée sur le piston était de 35 chevaux de 225 kilogrammètres. On marchait à moyenne pression et à condensation.

La distribution de la vapeur était faite par une coulisse de Stephenson susceptible de faire varier la détente suivant la profondeur attaquée et la dureté du terrain, et de renverser le mouvement pour dégager l'élinde lorsque la résistance l'emportait sur la puissance de la machine.

Les chaudières étaient au nombre de deux, capables chacune d'assurer l'alimentation de la machine et se servant réciproquement de rechange. Ces chaudières, ainsi que les soutes à eau et à charbon, étaient rejetées à l'arrière de la coque pour faire équilibre au poids de l'élinde à l'avant et aussi pour contre-balancer l'effet du puits de l'élinde qui, en diminuant la poussée, tendrait à faire plonger l'avant. Les logements de l'équipage étaient relégués de chaque côté du puits de l'élinde.

Les treuils de papillonnage, d'avancement et de recul étaient situés sur le pont et à l'arrière. Ils recevaient le mouvement de l'arbre coudé au moyen d'une série d'engrenages qui seront décrits plus loin.

L'épaisseur de la coque variait de 9 à 10 et à 11 millimètres.

Un peu au-dessus de la flottaison régnait une ferrure en bois de chêne maintenue par deux cornières, et conçue dans le but de protéger la coque dans les manœuvres d'accostage des gabares ou des porteurs.

Enfin, à l'avant, était placée une petite grue tournante destinée à faciliter les chargements et les déchargements.

Voici quelques dimensions :

Longueur de la coque hors tôle	30 mètres
Largeur — —	8 —
Hauteur de l'axe du tourteau supérieur au-dessus de l'eau.	5m,70
Tirant d'eau	1m,50
Capacité des godets	400 litres

Chaîne dragueuse :

La chaîne dragueuse était une chaîne sans fin composée de deux cours de maillons, alternativement mâles et femelles, réunis entre eux par des godets.

Dans les premières dragues livrées à la Compagnie, les maillons étaient assemblés par des boulons en fer ou en acier doux de 5 centimètres de diamètre. Par suite de l'usure rapide de ces boulons, qui obligeait à de fréquents remplacements et entraînait ainsi à des chômages grevant le dragage de frais considérables, on avait pris le parti d'augmenter le diamètre des boulons, et, en même temps, la dimension des maillons.

Le diamètre des boulons avait été porté à 7 centimètres. Les nouveaux boulons seraient garnis de bandes d'acier. L'appareil dragueur devait être disposé de manière à permettre de draguer à toute profondeur jusqu'à celle de 8 mètres. La chaîne à godets serait composée de maillons simples et de maillons doubles réunis par des boulons : les trous de ces maillons seraient garnis de bagues en acier. Les godets, pour cinq des dragues de chaque commande, auraient une contenance de 330 litres; pour les cinq autres dragues, une contenance de 220 litres; les becs des godets seraient en acier. Enfin les dragues devraient, en travaillant sur un terrain d'alluvion, sauf l'argile, produire au moins 120 mètres cubes par heure de marche et réaliser ce travail pendant huit jours consécutifs de dix heures chacun, la consommation de charbon ne dépassant pas 160 kilogrammes par heure.

Voici quelques-unes des dimensions qui furent adoptées en exécution :

---

avaient une tête triangulaire. Les maillons femelles portaient à côté de l'œil un renflement sur lequel venait porter la tête du boulon, ce qui rendait celui-ci fixe dans le maillon femelle; le maillon mâle, seul, tournait sur lui et éprouvait la plus grande partie de l'usure : aussi avait-on garni l'œil d'une bagüe en acier trempé très dur, d'abord de 7, puis de 20 millimètres d'épaisseur.

Après une certaine usure, on retirait les boulons et on les remettait en place aprés leur avoir fait subir un tiers de tour.

Le maillon mâle avait une épaisseur de 6 centimètres et une largeur de 18 à 19 centimètres; chaque partie du maillon femelle était de même largeur et avait une épaisseur de 3 centimètres seulement; comme pour le maillon mâle, l'œil avait été garni d'une bague en acier, d'abord de 7, puis de 20 millimètres d'épaisseur, et ce, par le motif suivant : l'usure des maillons n'était pas seulement due au frottement du boulon; elle était due encore aux chocs répétés que subissait la chaîne de godets surtout en arrivant sur le tourteau supérieur, et ces chocs auraient eu pour effet d'élargir l'œil et d'écrouir le métal en très peu de temps sans l'emploi des bagues d'acier.

Les boulons à tête triangulaire avaient le grand avantage de diminuer l'usure sur les maillons femelles, ce qui était très important puisqu'ils portaient les godets. Les maillons mâles pouvaient sans grand inconvénient s'user davantage, parce qu'on pouvait les remplacer beaucoup plus facilement.

La chaîne, telle qu'elle vient d'être décrite, avait rendu de bons services. Cependant l'expérience avait montré que les boulons s'usaient inégalement sur toute leur surface dans les retournements successifs.

Pour éviter cet inconvénient, on avait eu recours à des boulons à tête ronde pouvant, en conséquence, se mouvoir à la fois dans les deux maillons. La portée du maillon femelle avait été doublée afin d'assurer à celui-ci une durée plus grande que celle du maillon mâle : le frottement du boulon se répartissant également sur le maillon mâle et sur l'ensemble des deux demi-maillons femelles, la durée de ces derniers était doublée.

Les boulons de 7 centimètres de diamètre étaient formés au centre d'une tige de fer et à la surface d'une couche de 2 centimètres d'épaisseur d'acier de cémentation fondu et fortement trempé.

Les godets étaient en tôle de 12 millimètres d'épaisseur et étaient armés d'un bec en acier d'une épaisseur de 30 millimètres. On était arrivé à leur donner une capacité de 400 litres, avec une forme presque circulaire et fortement conique. Les premiers godets avaient été percés de trous sur leur

La coque des dragues avait 30 mètres de longueur et une largeur de 8 mètres ; le creux était de 3 mètres et le tirant d'eau de 1m,35. La longueur du puisard au pont était de 13 mètres ; la largeur, de 1m,70. La hauteur de l'axe du tourteau supérieur au-dessus du niveau de l'eau était de 8m,50, la longueur de l'élinde de 19m,25, la longueur des maillons de 0m,90. La chaîne à godets contenait 25 godets. Il devait passer sur le tourteau 12 godets par minute. Le tourteau inférieur était pentagonal.

L'Entreprise commanda plus tard, à son tour, à la maison E. Gouin et Cie, 18 nouvelles grandes dragues semblables, dans leurs dispositions générales, aux dragues précédemment commandées par la Compagnie. Le tirant d'eau des nouvelles dragues était de 1m,50 ; la hauteur de l'axe du tourteau supérieur au-dessus du niveau de l'eau, de 8m,70.

---

fond et leurs parois latérales, en vue de laisser échapper l'eau ; mais on avait reconnu les inconvénients de cette disposition : la presque totalité des trous avait été bouchée avec des tampons en bois, et les nouveaux godets avaient été faits en tôle pleine sur toute leur surface.

L'usure des boulons et des maillons avait pour conséquence un allongement rapide de la chaîne dragueuse. Cet allongement diminuait la tension de la chaîne et facilitait le décapelage sur le tourteau inférieur. Il était donc nécessaire de pouvoir resserrer la chaîne. On y parvenait en supprimant un maillon mâle et un maillon femelle et en les remplaçant par un maillon de forme particulière. Sur beaucoup de dragues, notamment sur les dragues à long couloir des Forges et Chantiers, on n'avait pas besoin de recourir à cet artifice : au lieu de raccourcir la chaîne, on allongeait l'élinde au moyen d'une disposition spéciale décrite ci-après.

Elinde :

L'élinde, ayant, on le sait, pour double but de maintenir les deux tourteaux à une distance invariable et de supporter la portion chargée de la chaîne dragueuse, consistait en une poutre métallique dont la section transversale se composait de deux longrines à section double T convenablement contreventées.

Pour permettre le dragage à différentes profondeurs, l'élinde était articulée à la partie supérieure, et elle était soutenue à la partie inférieure par un palan qui permettait de l'élever et de l'abaisser.

L'axe d'articulation ne se confondait pas avec celui du tourteau supérieur. Il y avait pour cela deux raisons :

La première, c'est qu'il importait, pour diminuer l'usure, de ne pas faire peser sur l'axe du tourteau supérieur un trop grand poids : avec les axes séparés, l'arbre du tourteau était pressé sur ses paliers par la résultante de la tension de la chaîne vide et des composantes parallèles à l'élinde du poids de la chaîne chargée et de la résistance du sol ; avec les axes confondus, viendraient s'adjoindre aux précédentes le demi-poids de l'élinde et de la composante perpendiculaire du poids de la chaîne chargée.

La seconde raison était la difficulté d'agencer convenablement la double articulation.

Il est dit précédemment que, dans les nouvelles dragues, on pouvait, pour resserrer la chaîne, allonger l'élinde. Cet allongement s'obtenait au moyen d'une vis pouvant tourner dans un écrou fixé sur l'élinde et dont la tête, traversée par l'axe d'articulation, était soutenue par deux fortes glissières

OBSERVATIONS DIVERSES AU SUJET DES DRAGUES ET DE LEUR FONCTIONNEMENT

Communications de M. Lavalley à la Société des Ingénieurs civils dans les séances des 9 et 21 novembre 1866

Toutes les dragues employées par l'Entreprise étaient à une seule élinde dont le pied dépassait l'avant de la coque de manière à permettre à la drague d'ouvrir son chemin devant elle dans le terre-plein.

Les godets (en 1866) avaient une capacité de 400 litres.

Des travaux de renforcement de berges, de creusement de rigoles aux abords de Port-Saïd, avaient été faits au moyen des grandes dragues provenant de la Compagnie auxquelles avaient été adaptés

---

boulonnées sur les tables supérieure et inférieure de l'élinde. Il y avait deux vis semblables : une pour chaque âme de longrine.

Pour supporter la chaine, sur toute la longueur de l'élinde était disposée une série de galets espacés de 1^{m},20 d'axe en axe. (Primitivement les galets ou rouleaux de l'élinde étaient fixés sur leur arbre et tournaient avec lui ; l'usure était alors très grande. On avait rendu les galets fous sur leur arbre, et l'usure avait beaucoup diminué. L'arbre des galets reposait sur des coussinets en bois.)

De chaque côté de l'élinde, une fourrure en bois fixée par des cornières sur l'âme de la longrine venait frotter sur une fourrure semblable disposée sur la coque pour atténuer les chocs et subir les frottements.

Dans toutes les dragues, à l'exception des dragues à long couloir construites en dernier lieu, la longueur des élindes s'était trouvée insuffisante pour permettre le dragage à une profondeur d'environ 9 mètres, nécessaire pour assurer derrière les dragues des fonds de 8 mètres On aurait pu réaliser ladite profondeur sans modifier les élindes en rognant simplement le papillon : mais alors une partie des déblais fût retombée dans la fouille, les godets n'ayant plus le temps de se vider complètement pendant leur passage sur un puits devenu trop étroit. On avait préféré la mesure plus radicale consistant à allonger les élindes et la chaine dragueuse sans modifier le papillon.

Tourteaux :

Les tourteaux supérieur et inférieur étaient en fonte et garnis primitivement d'équerres en acier supportant l'effort du maillon.

Ces équerres s'usaient et s'arrachaient promptement. Pour les remplacer, percer les nouvelles équerres et les boulonner, il fallait souvent trois et quatre jours ; et cette perte de temps se reproduisait jusqu'à deux fois par mois. On avait fait alors des tourteaux dans lesquels les équerres étaient remplacées par des barres à section carrée en acier trempé simplement enfilées dans un trou de même forme ménagé dans la fonte du tourteau. L'usure était moins prompte ; et, quand l'angle était émoussé, on n'avait qu'à retirer la barre pour la remettre en place après lui avoir fait subir un quart de tour. Entre ces barres carrées, les maillons s'appuyaient sur des plaques d'acier simplement vissées sur le tourteau.

Le nouveau système avait été généralement employé pour le tourteau supérieur : on avait pu facilement le substituer au système primitif. On avait laissé le tourteau inférieur tel quel, dans les dragues primitives, parce que le

des couloirs de 25 mètres et ajoutées des pompes supplémentaires.

L'Entreprise n'avait qu'un temps très limité pour exécuter les travaux. Chaque jour était grevé de frais considérables d'amortissement des appareils. Elle ne pouvait pas congédier les ouvriers employés sur ses dragues et les reprendre. Il fallait donc éviter le plus possible le chômage des dragues. Aussi l'Entreprise examinait-elle attentivement les organes des dragues qui s'usaient le plus et cherchait-elle à les améliorer sans cesse, sachant que toute amélioration rendrait au centuple la dépense qu'elle aurait entraînée.

Par exemple, les premières dragues livrées à la Compagnie avaient leurs boulons de chaînes à godets, les uns en fer, les autres en acier doux.

Or, dans les sables de Port-Saïd, un boulon de 5 centimètres de

---

changement eût entraîné une modification de l'élinde. Dans les nouvelles dragues on avait eu grand soin de tout agencer pour un emploi exclusif des tourteaux perfectionnés.

Le calage, sous l'action des chocs répétés, prenait très facilement du jeu, ce qui entraînait à des réparations assez longues et assez difficiles en raison du très grand poids des pièces ; il demandait donc à être fait avec beaucoup de soin.

Le tourteau inférieur des premières dragues se composait de deux flasques en fonte à jante pentagonale munie d'un rebord extérieur pour retenir la chaîne dragueuse. L'élinde était démaigrie à la partie inférieure de telle sorte que les deux flasques ne fissent pas saillie. Indépendamment des inconvénients inhérents aux équerres de protection appliquées sur la jante, ce genre de tourteau permettait d'assez fréquents décapelages quand la chaîne dragueuse s'était allongée par l'usure. Il devenait alors difficile de soulever la chaîne pour la remettre en place.

Dans les dragues à long couloir, dites exhaussées, qui avaient été livrées en dernier lieu à l'Entreprise, et qui avaient reçu tous les perfectionnements, le tourteau inférieur, comme le tourteau supérieur, était de section carrée avec garniture aux angles, de barres d'acier susceptibles de retournement. L'élinde n'avait plus besoin de démaigrissement à sa partie inférieure ; le tourteau venait s'insérer entre les deux longrines latérales, et toute crainte de décapelage était disparue.

Transmission du mouvement au tourteau supérieur :

La transmission du mouvement de rotation de l'arbre coudé, sur lequel agissaient les pistons, à l'arbre du tourteau supérieur, se faisait au moyen d'un pignon et d'une roue d'engrenage. Les diamètres avaient été calculés de telle sorte qu'un godet se versait toutes les cinq secondes, ce qui arrivait lorsque le tourteau faisait six tours par minute.

La résistance qu'éprouvait la chaîne dragueuse variait dans d'assez grandes limites, quelle que fût la vigilance de l'agent chargé du papillonnage. En effet, c'était seulement lorsqu'il voyait émerger des godets trop peu remplis, c'est-à-dire lorsque la résistance avait déjà diminué, que cet agent pouvait commander le papillonnage pour faire mordre davantage les godets. Dans de telles conditions, la présence d'un volant assez puissant était indispensable ; mais elle n'était pas sans danger. On devait prévoir, en effet, et il arrivait souvent des accroissements subits et exagérés de résistance : c'était tantôt un changement brusque de nature de terrain, tantôt un éboulement qui

diamètre était promptement usé; on marchait jusqu'au moment où un premier boulon, en se cassant, avertissait qu'il fallait s'arrêter, car si un second boulon en regard venait également à casser, la chaîne tombait dans l'eau. On arrivait à user les boulons complètement après 12 à 15.000 mètres cubes, et, malgré l'adresse qu'acquéraient les ouvriers, il fallait trois ou quatre jours pour remplacer ces boulons ; or trois jours représentaient d'abord 90 à 100 francs par jour pour les salaires de l'équipage de la drague, plus 120 à 150 francs pour ceux de l'équipage des porteurs affectés à son service : c'était donc de 200 à 250 francs perdus par jour en salaire seulement. L'amortissement représentait une somme double. Et, pendant ces trois jours, la drague aurait fait au moins 3.000 mètres cubes.

Il fallait donc à tout prix diminuer cette usure.

---

ensevelissait toute la partie inférieure de la chaîne dragueuse. Lorsque ces faits se produisaient, tout mouvement devenait impossible, et la force vive que possédait le volant ne pouvait se traduire que par des ruptures dans les engrenages ou dans la chaîne dragueuse. Il existait cependant un moyen de prévenir ces accidents : c'était de ne pas caler le pignon sur l'arbre moteur, mais de le faire entraîner par le volant au moyen d'un collier de friction assez serré pour vaincre les résistances habituelles, trop peu serré, en même temps, pour ne pas céder devant les résistances exceptionnelles.

Dans la plupart des dragues, on avait adopté la disposition suivante : le volant, calé sur l'arbre coudé, entraînait le pignon fou sur le même arbre au moyen de la seule pression d'une série de vis convenablement serrées ; s'il survenait une résistance trop grande, le volant continuait à tourner et n'entraînait plus le pignon ; le seul point délicat était le serrage ; avec un peu de pratique et quelques tâtonnements, on arrivait cependant à le régler suffisamment.

Plus rarement on employait un collier de friction, calé sur l'arbre moteur, composé de quatre secteurs réunis par des écrous dont on pouvait faire varier le serrage. Dans ce système, le volant était rejeté à l'autre extrémité de l'arbre.

Le tourteau était commandé par une roue d'engrenage de 4 mètres de diamètre. En raison de cette grande dimension, et surtout des efforts considérables qu'elle avait à subir, cette roue devait présenter des garanties toutes spéciales de solidité. Tout en obtenant une fonte parfaitement irréprochable, on était arrivé à donner aux différentes parties de la roue les fortes dimensions jugées nécessaires. Eh bien, nonobstant ces fortes dimensions, à l'attaque par une drague d'une mince couche de calcaire dans le seuil d'El Guisr, les bras de la roue s'étaient brisés à leur naissance sur le moyeu, la jante s'était rompue et cette masse énorme de fonte s'était écroulée sur le pont, fort heureusement sans atteindre personne de l'équipage, mais non sans produire de grandes avaries.

Déversoirs :

Chaque drague possédait deux déversoirs, l'un à bâbord, l'autre à tribord. A leur intersection était la plaque de tôle, appelée papillon, qu'on pouvait à volonté placer dans le prolongement de l'un ou l'autre pour changer le côté du déversement des déblais. La pente allait en décroissant du haut en bas et était en moyenne de 35 à 40 degrés.

Lorsque la drague était desservie par des gabares à clapets latéraux, il

On avait remplacé toutes les chaînes des anciennes dragues en faisant les maillons plus forts, les boulons plus gros, les godets plus grands.

Les boulons en fer avaient été remplacés par des boulons en acier trempé le plus dur possible. Ils avaient 7 centimètres de diamètre et étaient à tête triangulaire; les maillons femelles portaient à côté de l'œil un renflement; la tête du boulon venait porter contre le maillon femelle.

Le maillon mâle recevait donc toute l'usure. On y avait mis des bagues que l'on cherchait à faire le plus dures possible. Il était à remarquer que ces boulons ne s'usaient que sur une portion de leur circonférence, le tiers environ.

Après une certaine usure, on retirait les boulons et on les remettait en place après leur avoir fait faire un tiers de tour.

était nécessaire de faire varier la longueur du déversoir pour conduire les déblais dans les différents puits séparés par la chambre à air longitudinale occupant l'axe du bateau. Dans ce but, l'extrémité du déversoir était articulée et pouvait être soulevée par un palan. Lorsque la gabare était remplie, l'ensemble du déversoir était lui-même soulevé par un second palan. Le remplissage successif d'un puits à droite et d'un puits à gauche de la chambre à air était sans inconvénient pour les gabares en raison de la faible capacité de chacun. L'inclinaison que prenaient les gabares était toujours très faible.

Pour les porteurs, munis d'une seule chambre à air longitudinale placée dans l'axe, les puits, au nombre de quatre seulement, avaient une capacité assez grande pour faire prendre au bateau une inclinaison dangereuse si on les remplissait successivement. On se servait, dans ce cas, de déversoirs qui, par une disposition spéciale, conduisaient en même temps les déblais dans deux puits en regard.

Treuils de papillonnage :

Les treuils de papillonnage avaient pour mission de faire osciller la drague perpendiculairement à sa longueur. Quatre chaînes, amarrées sur des ancres enfoncées dans les berges, venaient s'enrouler sur des treuils spéciaux qui étaient mis en mouvement par la machine de la drague. L'enroulement se faisait tantôt dans un sens, tantôt dans l'autre, de telle sorte que, le treuil étant en marche, les deux chaînes de bâbord par exemple se raccourcissaient, tandis que les deux de tribord s'allongeaient de la même quantité.

Afin de ne pas gêner la circulation des embarcations, chalands, etc., tout autour de la drague, on faisait passer les chaînes dans des écubiers en fonte situés aux quatre angles de la drague. On obtenait ainsi un tirant d'eau libre égal à celui de la drague, soit d'environ 1m,80. Mais ces écubiers s'usaient très promptement, et ils avaient été remplacés plus tard par une nouvelle disposition décrite plus loin à la description des dragues à long couloir.

Au sortir des écubiers, la chaîne passait sur une poulie de renvoi et arrivait au treuil sur lequel elle faisait deux ou trois tours pour se rendre ensuite dans le puits aux chaînes.

Le treuil devait satisfaire à deux conditions :

1° Il devait pouvoir, à volonté, s'embrayer, se débrayer et se renverser pour permettre l'oscillation de la drague;

2° La transmission du mouvement de la machine au treuil ne devait pas

On était arrivé déjà à faire avec le même quantum de boulons et sans les retourner jusqu'à 37.000 mètres cubes, et l'on espérait faire mieux encore et avoir des boulons faisant jusqu'à 50.000 mètres cubes dans le sable.

Autre exemple :

Les tourteaux supérieurs des dragues étaient en fonte, garnis d'équerres en acier qui supportaient l'effort des maillons.

Pour remplacer les équerres des tourteaux, les percer, les boulonner, il fallait trois ou quatre jours; et cette perte de temps se reproduisait jusqu'à deux fois par mois. L'Ingénieur en chef de la Société des Forges et Chantiers était arrivé à faire pour l'Entreprise des tourteaux dans lesquels les équerres étaient remplacées par de simples barres carrées en acier trempé, simplement enfilées dans des trous carrés du

---

être rigide, en prévision des résistances exagérées que le terrain, naturellement ou accidentellement, pouvait opposer aux chaines de papillonnage.

Pour réaliser ce programme, deux dispositions avaient été adoptées : celle des dragues Gouin, et celle des dragues des Forges et Chantiers.

Treuil Gouin. — Un arbre A était animé d'un mouvement continu de rotation emprunté à l'arbre coudé de la machine par une série de roues d'angle et d'engrenages. Cet arbre portait une roue d'angle, folle sur lui, laquelle engrenait avec une seconde roue d'angle, qui, elle-même, était en rapport avec une troisième roue d'angle de même axe que la première. Cette dernière roue était calée sur un arbre creux en fonte B portant un pas de vis chargé de faire mouvoir les tambours par l'intermédiaire d'une roue dentée. Au centre de l'arbre creux était un arbre plein A' dans le prolongement de l'arbre A, et portant à son extrémité un manchon avec trous de cône de friction calé sur l'arbre A, mais susceptible de se mouvoir parallèlement à l'axe. En agissant par l'arbre A' sur ce manchon, on pouvait, à volonté, mettre ses trous de cône en rapport avec des cavités de même forme ménagées dans les roues d'angle, et communiquer ainsi à l'arbre creux B un mouvement de rotation toujours de même vitesse, mais tantôt de sens identique, tantôt de sens opposé à celui de l'arbre A. En ramenant le manchon dans sa position moyenne, on produisait l'arrêt.

Lorsqu'une résistance exceptionnelle se manifestait, les trous de cône, trop peu serrés contre leurs fourrures, continuaient à tourner sans essayer, au risque de les rompre, d'entraîner les tambours et les chaînes.

On pouvait, en changeant les engrenages de transmission, faire varier la vitesse de l'arbre A et, par suite, la vitesse de papillonnage; et tel était l'objet de roues de diamètres décroissants calées sur un arbre intermédiaire.

Le chef dragueur, placé en avant de la drague, au point où les godets sortent de l'eau, avait sous sa main une manivelle horizontale qui lui permettait, lorsque le besoin s'en faisait sentir, de commander le manchon d'embrayage. Le mouvement de rotation qu'il produisait était transformé en translation, par un écrou denté, à une longue tige qui la transmettait à un levier en rapport avec l'arbre A', c'est-à-dire au manchon lui-même.

Treuil des Forges et Chantiers. — Le changement de marche était produit par un système de deux roues d'angle A et B de même axe mis en rapport avec une troisième qui conduisait les vis sans fin. La roue A et un tambour A' étaient calés sur l'arbre; la roue B et un tambour B' étaient calés sur un manchon en fonte fou sur le même arbre; enfin un troisième tambour C'

tourteau. L'usure était bien moins prompte et le remplacement se faisait en quelques heures.

Le sol dragué à Port-Saïd était en général du sable fin légèrement limoneux. A 5 ou 6 mètres de profondeur, on rencontrait par places des argiles assez dures. Le dragage se faisait partout dans d'assez bonnes conditions.

Les principales difficultés que l'on avait à vaincre venaient de l'adhérence de ce sable fin et limoneux aux godets et aux déversoirs, et, en même temps, de l'extrême facilité avec laquelle il passait par les joints des portes des bateaux-porteurs.

Les dragues dont on se servait à Port-Saïd sortaient des ateliers de la maison E. Gouin et Cie. Les godets avaient une capacité de 400 litres; ils étaient très évasés et n'étaient percés de trous ni sur les côtés, ni dans le fond.

Malgré cela, lorsque les godets, après le passage sur le tourteau supérieur, se renversaient, le déblai ne les abandonnait qu'après un temps assez long; il sortait peu à peu, et la dernière portion ne se détachait souvent qu'après que le godet avait dépassé le déversoir; cette dernière portion de déblai retombait alors dans la fouille, réduisant d'autant le travail utile. On n'avait trouvé d'autre remède que de faire marcher la drague assez lentement pour que chaque godet restât le plus longtemps possible au-dessus du déversoir.

Ce sable fin descendait, en outre, difficilement dans les déversoirs qui, bien qu'ils fussent inclinés presque à 45°, bien que leur section ne fût pas rétrécie vers l'orifice, s'engorgeaient souvent quand on draguait à godets pleins. Il suffisait d'une assez faible quantité d'eau pour em-

---

était fou. La transmission du mouvement se faisait par courroies. En mettant la dernière en rapport avec les tambours A', C' et B', on obtenait tour à tour la mise en marche, l'arrêt et le renversement.

La présence des courroies donnait à la transmission toute l'élasticité désirable.

La manœuvre se faisait de l'avant par l'entremise d'une transmission qui permettait de faire osciller un levier chargé de commander la courroie.

Ce dernier treuil était, en général, préféré au premier. A la vérité, il embarrassait davantage le pont par suite des bâtis nécessaires pour supporter les arbres ; mais, par contre, il était beaucoup plus facilement visité, graissé et réparé, et c'était là le point capital.

Treuil d'avancement :

Ce treuil déterminait l'avancement de la drague en enroulant une chaine amarrée à une ancre située à l'avant. Il pouvait servir en même temps de treuil de recul lorsqu'on jugeait à propos de diminuer la largeur d'attaque. Aussi portait-il deux tambours. Une ancre et une chaine à l'arrière de la drague servaient au recul.

Le treuil d'avancement était exactement semblable aux treuils de papillonnage et se manœuvrait par les mêmes procédés.

Le plus souvent on produisait le recul par un treuil volant à main placé à l'arrière.

pêcher cet engorgement; aussi, en ne remplissant pas le godet entièrement de déblais, l'eau qui se trouvait sur le sable suffisait pour déterminer la descente dans le déversoir.

Il valait mieux sous tous les rapports lancer un jet d'eau sur le déversoir au moyen d'une pompe rotative mue par la machine de la drague. Le rendement de la drague augmentait aussitôt dans une proportion très grande, et l'on avait bientôt amorti la valeur de la pompe et payé le petit excédent de charbon qu'exigeait le travail supplémentaire de la pompe.

DRAGUES A LONG COULOIR [1]

Ces dragues étaient, comme les autres, à une seule élinde dont le pied dépassait l'avant de la drague.

Les coques avaient 33 mètres de longueur sur 8^{m},26 de largeur et un tirant d'eau maximum de 1^{m},80.

L'axe du tourteau supérieur était à 14^{m},70 au-dessus du niveau de l'eau.

L'arbre de la machine à vapeur portait un tambour commandant successivement les deux pompes rotatives placées sur la drague et qui se servaient réciproquement de rechange.

La longueur du couloir, mesurée de l'axe de la drague, était de 70 mètres. Sa section était celle d'une demi-ellipse ; il avait 0^{m},60 de profondeur sur 1^{m},50 de largeur.

La largeur du puits vertical dans lequel les godets laissaient tomber

---

1. Les dragues surhaussées destinées à recevoir les longs couloirs ne différaient pas des autres dragues dans leurs dispositions essentielles.

Le bâti de la drague était composé de quatre poutres creuses flanquées, chacune, de deux contreforts de section analogue, et rendues solidaires par des treillis.

La machine était verticale, à deux cylindres, d'une force de 35 chevaux de 225 kilogrammètres mesurée sur le piston, et actionnait un arbre coudé situé à 4^{m},30 au-dessus du pont.

Cet arbre communiquait le mouvement à quatre appareils :

1° A la chaine dragueuse par le tourteau supérieur. Cette transmission se faisait au moyen d'une roue d'angle non calée sur l'arbre coudé, mais simplement entraînée par un volant à pression, comme dans les autres dragues, afin d'éviter les ruptures que pourraient occasionner les accroissements exagérés de résistance. La roue d'angle communiquait le mouvement à un arbre presque vertical maintenu contre le bâti par trois paliers. Cet arbre était lui-même en rapport avec un arbre horizontal par le moyen de roues d'angle. Parallèle à l'axe du tourteau, cet arbre n'avait d'autre but que de ralentir assez la vitesse, tout en restant pour les roues d'engrenages dans des dimensions acceptables, ce qui était d'une grande importance ;

2° Aux pompes rotatives. Ces pompes, dont l'une servait de rechange à l'autre, fournissaient, dans le déversoir même, l'eau nécessaire à la descente des produits du dragage. La transmission se faisait au moyen de courroies et d'un axe intermédiaire destiné à augmenter suffisamment la vitesse ;

leurs déblais étant plus grande que la largeur du couloir, le raccordement se faisait par un rétrécissement graduel aussi long que possible.

Le couloir était raidi dans sa longueur par deux cours de poutres à large treillis reposant, à environ le tiers de leur longueur, sur un chaland en fer. Afin que la stabilité de ce dernier fût complète, l'arcade qui supportait le montant du couloir reposait sur le fond même du chaland. Il y était fixé non pas d'une manière invariable, mais par un gros essieu dont l'axe, dirigé suivant la longueur du chaland, passait en plan par l'axe de figure ou centre de déplacement de ce dernier.

L'attache du couloir à la drague n'était pas non plus rigide dans le sens vertical. Elle se faisait par une forte charnière horizontale, qui permettait de faire varier l'inclinaison du couloir.

Le couloir mobile et le fond du déversoir venaient se toucher bout à bout; leur joint était recouvert et rendu étanche au moyen d'une bande de cuir protégée et serrée par une bande de tôle sur laquelle passait le déblai. Cuir et tôle étaient boulonnés au déversoir seulement.

Afin de faire varier l'inclinaison du couloir, les deux montants de l'arcade de support étaient à coulisses verticales.

Deux petites presses hydrauliques à main, faisant verrins, permettaient de soulever le couloir. Quand il était amené à la hauteur convenable, des cales d'épaisseur correspondante étaient rapportées dans les coulisses, le tout était boulonné de nouveau et reprenait la rigidité nécessaire.

Le transport des couloirs, de Port-Saïd aux divers chantiers, et d'un

---

3° A la chaîne sans fin, dite chaîne balayeuse. Quand la nature des terrains nécessitait le fonctionnement de cette chaîne balayeuse, la transmission se faisait d'abord par une courroie, puis par une série de trois axes horizontaux transmettant la rotation, suffisamment réduite, à une roue d'angle qui, elle, la communiquait à une roue dentée placée sur le couloir;

4° Aux treuils de papillonnage et d'avancement. Le système reposait sur l'emploi de la vis sans fin, comme dans les autres dragues. Le treuil d'avancement présentait cependant une particularité : il servait à la fois pour l'avancement et le recul, et cela au moyen d'une seule et même chaîne s'enroulant à la manière d'un câble de moufle sur deux séries de trois poulies de même diamètre animées de rotations égales et de même sens. La transmission se faisait par courroies comme dans les autres dragues. Les treuils étaient d'une solidité à toute épreuve, étaient parfaitement condensés, n'encombraient nullement le pont tout en étant facilement visités et graissés, enfin obéissaient avec docilité à l'embrayage, au débrayage et au renversement. Sous ce rapport, la drague paraissait supérieure à toutes les précédentes.

On avait à sa disposition deux manières de disposer les chaînes de papillonnage : ou bien on pouvait, comme dans les dragues précédentes, les faire passer par des écubiers placés aux quatre angles de la coque et permettre ainsi aux embarcations, chalands, etc., de passer à côté de la drague sans qu'il fût nécessaire de mollir les chaînes; ou bien, et c'était là un perfection-

chantier à l'autre, se faisait facilement grâce à l'addition suivante :

L'arcade d'appui du couloir était, au-dessus des coulisses, coupée en deux par une séparation dans un plan horizontal. Lorsque l'on avait retiré les boulons qui, dans l'état de fonctionnement, réunissaient les deux parties de l'arcade, on pouvait faire tourner autour d'un axe vertical et sur une espèce de plaque tournante le couloir préalablement détaché de la drague. On l'amenait ainsi dans le sens de la longueur du chaland ; on faisait reposer son extrémité libre sur un bateau *ad hoc*, et le tout devenait facilement transportable.

Il était nécessaire que la drague, dans son mouvement de papillonnage, entraînât son chaland. Pour cela, des étais horizontaux perpendiculaires aux axes des coques, des chaînes parallèles aux étais, et d'autres réunissant l'avant d'une coque à l'arrière de l'autre, les unes et les autres munies de ridoirs, rendaient la drague et le chaland tout à fait solidaires dans le sens horizontal. La solidarité dans le sens vertical était obtenue par des charpentes en fer qui, fixées à la drague, s'appuyaient et s'attachaient au chaland du couloir.

Toutes les parties de ces charpentes et du couloir avaient été calculées de façon à résister facilement dans toutes les hypothèses de charges. On avait notamment supposé le couloir entièrement rempli de déblais sur toute sa longueur, puis seulement dans la partie en porte-à-faux en dehors du chaland.

Dans les différents cas du couloir vide, puis différemment rempli, le chaland du couloir s'enfonçait plus ou moins, mais avec des variations assez faibles, grâce à sa très grande surface. Rendu solidaire de la

---

nement, maintenir les chaînes assez au-dessus de l'eau pour laisser circuler au-dessous d'elles, ce que l'on réalisait au moyen de quatre potences disposées aux quatre angles de la drague. Des poulies de renvoi convenablement orientées correspondaient à ces deux dispositions de chaînes.

Le relèvement de l'élinde, à l'avant, se faisait au moyen d'un treuil mû par un petit cheval.

Les chaudières, au nombre de deux, étaient à basse pression et à foyer intérieur. Chacune d'elles pouvait, au besoin, suffire à l'alimentation de la machine. Chacune avait une surface de chauffe de 50 mètres carrés.

Les chaudières, les soutes à eau et à charbon étaient à l'arrière, pour faire équilibre à l'élinde qui s'appuyait à l'avant, et à la diminution de poussée correspondant au puits de l'élinde. A l'avant se trouvaient les logements de tous les hommes d'équipage.

La consommation de charbon était naturellement variable avec la nature du terrain. Elle était d'environ 3.000 kilogrammes en moyenne par journée de douze heures.

Couloir :

Le couloir, à 10 mètres de son extrémité, portait une articulation qui permettait de verser les déblais, soit à 60 mètres, soit à 70 mètres de distance de l'axe de la drague.

Les deux poutres à treillis supportant le couloir portaient chacune, à leur partie supérieure, un des bords du couloir, puis elles allaient en s'écartant à

drague, il donnait à celle-ci, dans ses oscillations, des inclinaisons toujours extrêmement faibles, tantôt sur un bord, tantôt sur l'autre. En revanche, il l'aidait à résister aux causes d'instabilité propres à la drague, qui étaient, entre autres, l'inégalité de remplissage des soutes, l'état de vidange d'une des chaudières quand l'autre fonctionnait, et surtout l'action énergique des chaînes de papillonnage.

Afin de parer à toutes les éventualités qu'il avait été possible de prévoir, les couloirs avaient été munis de chaînes sans fin de même longueur qu'eux et portant de distance en distance des palettes ou traverses en bois. Le brin inférieur reposait sur le fond du couloir. La chaîne recevait de la machine de la drague un mouvement continu, et, en cas de besoin, aidait le déblai d'argile à descendre. Cet organe grossier, d'une simplicité extrême, remplaçait les hommes poussant le rabot.

Enfin, pour le cas où les pompes rotatives installées sur la drague ne donneraient pas, pour certains déblais, assez d'eau, le chaland du couloir recevait une locomobile qui faisait mouvoir une pompe donnant 150 mètres cubes à l'heure. L'eau de cette pompe était conduite presque en haut du couloir par un tuyau qui en suivait toute la longueur. Ce tuyau était percé, de distance en distance, de trous qui permettaient de jeter de l'eau en différents points du couloir.

L'éloignement des ateliers d'Europe, la nécessité de terminer rapidement les travaux, avaient fait accumuler toutes les précautions. Plusieurs seraient certainement inutiles, mais c'étaient comme des primes d'assurance qu'il était toujours sage de payer.

---

leur partie inférieure pour donner une plus large assiette à toute la construction et contribuer ainsi à sa stabilité.

Les points d'appui du couloir sur le chaland spécial étaient à 20 mètres de l'axe de la drague, en sorte que le porte-à-faux était de 50 mètres. Pour soutenir ce porte-à-faux, on avait disposé plusieurs tirants en fer (et non pas un seul comme l'indique le dessin) convenablement répartis sur toute sa longueur. Ces tirants, attachés au sommet d'une solide charpente en fer en forme d'arcade, transmettaient leurs tractions combinées en pressions sur les points d'appui.

De chaque côté du couloir était disposée en encorbellement une passerelle munie d'une main courante, ce qui permettait aux ouvriers de circuler sans danger tout le long du couloir pour pousser le déblai avec leurs rabots, toutes les fois que des engorgements tendaient à se produire.

L'appui du couloir sur le chaland avait été combiné de manière à permettre les variations de pente et à assurer la stabilité. Les dispositions adoptées étaient les suivantes :

Trois arbres ayant un même axe dirigé suivant la longueur du chaland, et passant en plan par le centre de gravité de la coque, supportaient, savoir : les deux extrêmes, deux montants passant dans des coulisses boulonnées sur la base de l'arcade; celui du centre, un montant jouant le rôle de corps de pompe et contenant un piston de presse hydraulique. Ces trois montants étaient reliés par une poutre horizontale qui recevait, par l'intermédiaire de

La stabilité de ces dragues à long couloir était absolue. Malgré leur grande hauteur et la grande longueur du couloir, l'amplitude des oscillations était à peine sensible, ce qui tenait au mode de réunion de la drague et du chaland qui supportait le trottoir. Cette réunion établissait une solidarité complète entre toutes les parties de l'appareil qui, dès lors, reposait sur une très large base. Quant aux porte-à-faux considérables du couloir au delà du chaland, les mouvements d'oscillation qui pouvaient en résulter étaient annulés par les tirants qui reliaient l'extrémité du couloir aux deux extrémités du chaland.

Les craintes que l'on avait conçues que le papillonnage fût rendu plus difficile par le poids à entraîner, par le vent soufflant sur ces grands appareils et agissant au bout d'un très long bras de levier, ne s'étaient nullement réalisées. Les dragues à long couloir s'entraînaient aussi facilement que les dragues qui versaient en porteurs.

La manœuvre de papillonnage se faisait au moyen de chaînes partant des quatre coins de la drague et dont les extrémités étaient fixées à des ancres à pattes extrêmement fortes et larges appropriées à la résistance du terrain dans lequel on les fixait. Ces chaînes passaient à 1 mètre ou $1^{m},50$ au-dessous du niveau de l'eau par le moyen d'écubiers fixés aux dragues, ce qui laissait un tirant d'eau suffisant aux embarcations fréquentant le Canal. Malheureusement ces écubiers s'usaient très rapidement par le frottement des chaînes. (On y a substitué plus tard la nouvelle disposition décrite dans la note.)

Il n'y avait qu'un type de godets, à section circulaire et d'une forme très conique afin de faciliter le vidage. On n'avait pas trouvé d'utilité

---

la base de l'arcade et de cales. la pression due au poids total du couloir et la transmettait aux arbres de rotation. Le centre de pression ou de déplacement étant au-dessus de ces arbres, il s'ensuivait que le chaland était en équilibre stable. en tant seulement, bien entendu, que le couloir restait immobile par suite de ses liaisons avec la drague. Cette articulation permettait au couloir de prendre différentes inclinaisons. Il suffisait pour cela de mettre en mouvement la pompe à main : le couloir était soulevé et guidé dans son ascension par les montants à coulisse; lorsqu'il était arrivé à la hauteur voulue. on mettait les cales, et l'ensemble de l'appareil reprenait sa rigidité.

Les dispositions adoptées pour permettre le transport des couloirs de Port-Saïd aux divers chantiers, ou d'un chantier à un autre. étaient les suivantes :

La base de l'arcade d'appui du couloir portait deux galets et le chaland était pourvu d'une couronne de roulement. Lorsqu'il s'agissait de transporter le couloir, on commençait par le soulever; puis, après avoir enlevé les cales, on le laissait s'abaisser. et les galets venaient alors s'appuyer sur la couronne de roulement. A ce moment on enlevait les boulons qui rattachaient les coulisses à la base de l'arcade, et, dès lors, le couloir débarrassé de ses guides pouvait, après avoir été détaché de la drague, tourner comme sur une plaque tournante. On l'amenait à avoir son axe suivant la longueur du chaland. Dans cette position, l'instabilité du couloir était trop grande pour permettre le transport et il fallait lui donner un second point d'appui. Pour cela, on

à varier les types des godets, attendu que ceux que l'on employait se vidaient très bien ; ce qui tenait à leur grande capacité. Il était à noter, en effet, que, quand les godets des dragues dépassent certaines dimensions, ils se vident toujours très bien, même quand ils travaillent dans des argiles collantes, parce que la surface d'adhérence des déblais est simplement proportionnelle aux carrés des dimensions, tandis que le volume et, par conséquent, le poids de ce déblai sont proportionnels aux cubes des mêmes dimensions. Le poids croît donc plus vite que l'adhérence, et par conséquent cette dernière est toujours vaincue au delà d'une certaine limite.

Sur une question qui lui fut posée, à savoir si l'Entreprise n'avait pas rencontré des inconvénients à avoir des dragues très hautes, M. Lavalley répondit qu'il n'hésiterait pas, quant à lui, à élever les godets plus haut encore, à élever encore les dragues de 1 ou 2 mètres.

Si l'on craignait de diminuer ainsi la stabilité de la drague, on pouvait sans inconvénient parer à cette crainte en élargissant la coque.

D'autre part, quel danger pouvait-il y avoir à allonger les élindes? Celui d'avoir des chaînes à godets très longues, par conséquent très lourdes, très tendues? On en serait quitte pour diminuer un peu la capacité des godets, ou, mieux, pour augmenter les boulons d'articulation et les dimensions des maillons.

---

avait recours à un chaland sur lequel on élevait un bâti en charpente, qu'on lestait, et qui était amené sous l'extrémité du couloir; le lest était alors retiré, et la charpente, en se soulevant avec le chaland, venait donner au couloir son second point d'appui. Dans ces conditions, la stabilité était parfaite : le couloir, soutenu par son propre chaland et le chaland additionnel, se transportait avec la plus grande facilité.

Le chaland du couloir avait une longueur de 22 mètres, une largeur moyenne d'environ 7 mètres et un tirant d'eau de $1^{m},10$ seulement, afin d'avoir un accès facile au-dessus de la banquette du Canal creusée à $1^{m},75$ au-dessous du niveau de l'eau.

Lorsque la drague devait se frayer un passage à travers une portion de canal dont le tirant d'eau était insuffisant pour la recevoir, ou bien lorsqu'il s'agissait de creuser un chenal le plus rapproché possible de la berge, il y avait nécessité de guider le papillonnage de manière à faire osciller la drague autour d'un axe vertical passant en plan par le centre de figure. En prévision de cette manœuvre, on avait donné à la paroi du chaland de support du couloir faisant face à la berge la forme d'un arc de cercle.

Liaison de la drague avec le couloir :

La liaison de la drague avec le couloir devait satisfaire à trois conditions : elle devait assurer la solidarité de la drague et du couloir dans le sens horizontal; l'assurer également dans le sens vertical; enfin, elle devait permettre la variation de l'inclinaison du couloir :

1° La nécessité de la solidarité dans le sens horizontal se concevait facilement : il fallait, en effet, que la drague, dans son mouvement de papillonnage, entraînât avec elle son auxiliaire indispensable, le couloir. Pour obtenir cette solidarité, on empêchait le rapprochement du chaland du couloir par deux poutres horizontales suffisamment écartées, et l'éloignement ainsi

L'Entreprise pensait avoir fait les articulations très fortes. L'expérience avait montré que les boulons étaient assez forts, mais que les bagues des maillons étaient trop minces, que les maillons femelles, ceux dans lesquels, pourtant, les boulons étaient fixes, étaient également trop minces. On avait épaissi sans inconvénient les uns et les autres, et on pourrait les épaissir encore davantage.

Le seul point réellement difficile était de trouver une attache du godet au maillon suffisamment solide, et cela était indépendant de la longueur de la chaîne, du nombre des maillons qui la composeent.

L'Entreprise s'était arrêtée provisoirement aux dimensions et aux dispositions suivantes pour les articulations :

Les boulons avaient 7 centimètres de diamètre, les maillons mâles 6 centimètres d'épaisseur et chacune des moitiés des maillons femelles également 6 centimètres. Les bagues avaient 2 centimètres d'épaisseur. Les boulons étaient à tête ronde et libres de tourner dans l'un et l'autre maillon.

Comme la portée dans le maillon mâle n'avait que 6 centimètres, tandis qu'elle en avait 12 dans le maillon femelle, celle-ci s'userait évidemment beaucoup plus lentement que dans le maillon mâle ; et c'était le maillon femelle qu'il fallait protéger, c'était celui sur lequel le godet était attaché et dont il fallait éviter le remplacement.

---

que le déplacement longitudinal par des chaines disposées obliquement :

2° La solidarité dans le sens vertical était surtout nécessitée par l'instabilité propre de la drague due à sa hauteur inusitée. On y avait remédié au moyen de deux treillis solidement reliés, d'un côté aux montants verticaux de la drague, de l'autre au chaland du couloir. De cette manière, toute rotation de la drague autour d'un axe parallèle à sa longueur, — la seule d'ailleurs qui fût à craindre, — se trouvait empêchée puisque, pour l'accomplir, la drague devrait entraîner le chaland ;

3° L'attache du couloir à la drague n'était pas rigide dans le sens vertical : une charnière à axe horizontal permettait de faire varier l'inclinaison du couloir. Cette charnière, placée au-dessous du déversoir, ne gênait nullement l'évacuation. Elle n'était soumise à aucun effort, le couloir étant équilibré sur son axe d'appui.

Deux haubans réunissaient l'extrémité du couloir avec le chaland : leur but était de lutter contre l'effort du vent sur le porte-à-faux et d'augmenter en même temps la liaison de tout le système. Ces haubans, placés dans le plan de l'axe de rotation du couloir, n'empêchaient d'aucune manière son changement d'inclinaison.

Avec les dispositions qui viennent d'être décrites, la solidarité de la drague et du couloir était parfaite. La drague participait, à la vérité, aux variations de tirant d'eau du chaland du couloir dues à la charge variable de celui-ci; mais l'inclinaison qu'elle prenait était très faible par suite de la surface du chaland qui dépassait 150 mètres carrés. Réciproquement le chaland tendait à résister aux nombreuses causes d'instabilité de la drague, parmi les plus énergiques desquelles on pouvait citer la traction des chaînes de papillonnage, l'inégalité de remplissage des soutes à eau et à charbon, l'état de vidange d'une chaudière pendant que fonctionnait l'autre.

Quant aux attaches des godets sur les maillons, quelque solides qu'on eût cru les faire, elles prenaient du jeu dans les rivures. Les rivets, une fois ébranlés, mâchaient les trous des tôles. Quand il fallait les changer, on devait augmenter leur diamètre pour qu'ils pussent à peu près remplir les trous agrandis. Ils devenaient alors difficiles à écraser, et l'on savait que les rivets mal mis prenaient vite du jeu.

CHAINE BALAYEUSE DES LONGS COULOIRS

La chaîne balayeuse était formée de deux chaînes sans fin de 18 à 20 millimètres passant sur deux tourteaux ou tambours placés l'un vers l'origine du couloir, au bas de la courbe de raccordement du déversoir avec le couloir, l'autre à 10 mètres de l'extrémité inférieure du couloir.

Les deux chaînes étaient réunies à des distances égales entre elles par des traverses dont un des côtés horizontaux était profilé suivant la section du fond du couloir.

Des palettes rapportées sur le tambour du haut, et ayant la forme de grandes dents d'engrenages, appuyaient dans la rotation du tambour sur les traverses et donnaient le mouvement aux chaînes sans fin.

Le brin inférieur appuyait par ses traverses ou rabots sur le fond du couloir; le brin supérieur était porté de distance par des galets.

La machine de la drague donnait le mouvement au tambour supérieur. La vitesse pouvait, au moyen d'engrenages de rechange, être variée. L'Entreprise s'était arrêtée à une vitesse de $0^m,50$ par seconde, qui paraissait satisfaire à toutes les conditions du travail. Avec cette vitesse, le contenu d'un godet mettait 140 secondes à parcourir la longueur du couloir, et, comme la drague versait un godet toutes les cinq secondes, douze par minute, il se trouvait à la fin que le couloir portait, uniformément réparti sur sa longueur, le contenu de 28 godets, plus l'eau que, pendant le même temps, avaient donnée les pompes. Les couloirs étaient assez forts pour supporter facilement cette charge, et, avec même une très faible pente, il suffisait d'un très petit effort de la chaîne pour imprimer au déblai cette vitesse.

Lorsque l'on avait mis la première chaîne balayeuse en marche, la drague amenait de l'argile dure, la pente du couloir était d'environ 7 pour 100; deux pompes rotatives, conduites, l'une par la machine de la drague, l'autre par une locomobile sur le chaland du couloir, versaient environ 100 mètres cubes d'eau à l'heure. Dès la mise en marche, le tout avait fonctionné si facilement que l'on avait fait arrêter successivement les deux pompes. Alors, et bien que les godets, montant très pleins, ne continssent que la petite quantité d'eau qui emplissait les vides des morceaux d'argile, cette eau suffisait pour lubrifier le couloir et l'on n'avait constaté qu'un très faible accroissement de la tension des chaînes.

Le travail dépensé pour le transport des déblais n'était donc que peu augmenté. L'expérience était concluante. On avait voulu la pousser plus loin et l'on avait fait relever le couloir au moyen de la presse hydraulique intercalée dans l'arcade par laquelle il s'appuyait sur son chaland. Le couloir, tout à fait horizontal à vide, ne devait avoir, sous la charge du déblai qui faisait enfoncer le chaland, qu'environ 2 pour 100 de pente. On avait remis en marche, et l'appareil avait fonctionné avec facilité, soit avec, soit sans eau additionnelle dans le couloir. L'absence d'eau augmentait assez notablement le travail de la chaîne balayeuse et eût exposé à avoir un cavalier de déblai à talus assez raide et peut-être trop élevé malgré la grande hauteur à laquelle l'absence de pente amenait l'extrémité du couloir.

Aussi, dans le travail normal, faisait-on toujours fonctionner la pompe mue par la locomobile du chaland. L'eau versée dans le couloir diminuait de son poids le poids du déblais et en facilitait ainsi le transport; elle avait en outre le grand avantage d'étendre au loin le déblai sur la berge.

La mise sur berge des déblais du Canal au moyen des couloirs réalisait exactement le transport des déblai dans le même profil transversal. Les déblais étaient donc déposés sur des terrains de même nature qu'eux: les déblais sablonneux sur du sable, les déblais argileux sur l'argile.

Si le terrain était dur, les déblais étaient en morceaux; les cavaliers s'étendaient peu, étaient hauts et chargeaient le terrain, mais sans danger, vu sa dureté. Si, au contraire, le terrain était peu consistant, le déblai, par cela même, se délayait plus facilement, l'eau du couloir l'étendait au loin, le cavalier était large et peu haut et chargeait peu les berges.

OBSERVATIONS GENERALES SUR LE FONCTIONNEMENT DES DRAGUES

Répartition des dragues. — Pour la partie du Canal, d'environ 90 kilomètres de longueur, où le terrain se trouvait à moins de 2 mètres au-dessus du niveau de la mer, et comportant un cube d'environ 40 millions de mètres, les divers appareils se répartissaient le travail à peu près comme suit:

Dragues à porteurs allant en mer	10.000.000
Dragues à élévateurs	5.000.000
Dragues à long couloir	25.000.000

Sur la durée de la journée de travail des dragues. — Les dragues n'étaient jamais arrêtées, ni par les fortes chaleurs, ni par les coups de vent.

L'Entreprise n'avait jamais compté sur les travaux de nuit; mais elle était persuadée que, par les nuits toujours belles qu'il faisait en Egypte, ses dragues pourraient travailler. Elle en avait fait travailler accidentellement pendant 24 heures consécutives : pour cela, il fallait deux équipages complets, ce qui était assez difficile à organiser et à faire bien marcher. Mais on pouvait travailler dix-huit heures sans interruption avec une très faible addition à l'équipage normal.

Avec les dragues, où tous les mouvements étaient produits par la machine à vapeur, les chauffeurs seuls fatiguaient ; les matelots de la drague n'avaient presque rien à faire ; ils étaient nécessaires, mais seulement pour déplacer de temps en temps les ancres, les amarres. Le patron avait deux leviers à la main : avec l'un, il embrayait, débrayait ou renversait le treuil de papillonnage ; avec l'autre, le treuil d'avance; il n'avait pas plus d'efforts à exercer que le mécanicien d'une locomotive sur son levier de changement de marche. Par conséquent, avec un équipage ordinaire, on travaillait facilement dix-huit heures. Les dragues étaient couvertes en entier d'une tente qui abritait tous les hommes du soleil. Les hommes, beaucoup plus nombreux que ne l'exigeait le travail courant, se reposaient alternativement ; le second relayait le chef dragueur; le second mécanicien relevait le premier ; et même pendant les mois les plus chauds, les dragues ne s'arrêtaient pas un instant.

La durée du travail des dragues par vingt-quatre heures dépendait du genre des appareils qui les desservaient et de l'époque de l'année.

Les dragues de Port-Saïd travaillaient du jour au jour, et, encore, cela n'était pas tout à fait exact. Les porteurs ne pouvaient pas sortir après une certaine heure ; il fallait qu'un porteur plein eût devant lui au moins une heure de jour pour sortir, sans quoi il attendait au lendemain. Quand donc, vers le soir, une drague avait rempli ses deux porteurs, elle était forcément arrêtée, tandis que, si les choses s'étaient combinées autrement, et si les porteurs vides étaient revenus tard de leur dernier voyage, la drague travaillait pour les remplir quelque temps après le coucher du soleil.

On pouvait compter que les dragues à long couloir travaillaient de quatorze à quinze heures, les autres dragues de douze à quatorze heures.

L'Entreprise avait toujours trouvé de la difficulté à mettre deux équipages successifs sur une drague. Elle préférait faire travailler ses hommes un peu plus longtemps, aller au besoin jusqu'à seize heures.

Afin d'intéresser les hommes au cube fait, elle avait déterminé un certain minimum mensuel pour chaque drague. Quand ce minimum était dépassé, elle donnait pour chaque 1.000 mètres cubes en plus, à chaque homme de l'équipage, une prime proportionnelle à sa position. Quand, dans une section, un équipage avait fait plus que les autres, sa prime était augmentée de 50 0/0 ; et le chantier qui, dans toute l'Entreprise, avait dépassé tous les autres, recevait encore une nouvelle prime. On excitait ainsi une grande émulation.

Sur le rendement des dragues. — Les différents chantiers étaient arrivés à la période de leur fonctionnement régulier dans les derniers mois de l'année 1867; le cube mensuel atteignait alors 1.200.000 mètres cubes. Le rendement avait continué ensuite à croître assez rapidement. A partir du milieu de l'année 1868, le cube mensuel total avait dépassé 2 millions de mètres cubes.

Sur ce cube, 1.500.000 mètres étaient enlevés par les dragues.

Chacune des 60 dragues en service faisait donc par mois, en moyenne, 25.000 mètres cubes; mais le rendement variait beaucoup avec la nature des appareils qui desservaient les dragues:

Les dragues à long couloir, celles du moins qui étaient dans un terrain facile et coulant, comme les argiles molles, atteignaient et dépassaient 70.000 mètres cubes; une d'elles avait même fait 100.000 mètres cubes; le rendement moyen des 22 dragues à long couloir était de 36.000 mètres cubes. Celui des dragues à porteurs ou à gabares atteignait 25.000 mètres cubes. Enfin, les dragues desservies par des élévateurs donnaient une moyenne de 15.000 mètres et un maximum de 20.000 mètres cubes.

Il était à noter que toutes ces dragues avaient des machines de même force et des chaudières de même surface de chauffe.

La consommation moyenne de charbon était de $5^{kg},6$ par mètre cube pour l'ensemble de l'entreprise; de $6^{kg},20$ pour les dragues à porteurs; de 6 kilos pour les dragues à élévateurs; d'un peu plus de $3^{kg},20$ pour les dragues à couloir.

Le travail de ces différentes dragues (novembre 1868) n'avait rien signalé de nouveau. L'entretien était arrivé à l'état normal, et l'expérience avait appris que si les coques, les charpentes, les machines, n'avaient donné lieu qu'à des frais d'entretien insignifiants, il n'en était plus de même pour l'appareil dragueur; et, par là, il fallait entendre l'ensemble des pièces depuis et y compris les essieux coudés des machines jusqu'aux godets.

Et cependant il semblait à l'Entreprise qu'elle avait, au commencement, exagéré les dimensions de toutes les pièces. Mais l'irrégularité de la résistance faisait subir à tous les organes en mouvement des chocs qui ne tardaient pas à les disloquer, à les rompre. Après quelques mois de marche, les engrenages, les tourteaux, ébranlaient leurs clavetages; les clavettes, sans cesse renfoncées à grands coups de marteau, fendaient leurs moyeux, puis les essieux se cassaient.

L'Entreprise, effrayée (fin de 1867) de la rapidité de l'usure des maillons des chaînes dragueuses, de la dislocation des attaches des maillons aux godets, avait pris le grand parti de refondre les 2.800 godets qui armaient ses dragues. Cette modification était urgente; les ateliers ne pouvaient suffire à l'entretien; plusieurs dragues étaient arrêtées faute de godets. Il avait donc fallu, en quelques mois, faire sur cette énorme quantité de godets un travail dont la dépense avait dépassé 2 millions de francs. Après de grands et coûteux efforts, l'Entreprise était parvenue à transformer jusqu'à quinze godets par jour, ce qui avait exigé le perçage de plusieurs milliers de trous, la pose de plus de 2.000 rivets.

L'Entreprise était enfin parvenue à sortir de cette période de transformation. L'expérience lui avait indiqué plus exactement le nombre de pièces de rechange de chaque espèce dont ses divers magasins devaient être pourvus. Les ajusteurs, les monteurs, avaient appris à faire mieux et plus vite. Aussi le fonctionnement des divers appareils avait-il continué à s'améliorer, et l'Entreprise croyait-elle pouvoir compter (novembre 1868) que, pendant bien des mois encore, l'énorme rendement mensuel de plus de 2 millions de mètres cubes se maintiendrait.

Les chiffres suivants permettaient de se rendre compte de l'importance des travaux, de la grandeur des chantiers :

L'Entreprise consommait par mois 26.000 kilogrammes d'huile, 10.000 tonnes de charbon. Les feuilles de paye et de marchandage portaient plus de 20.000 hommes. La valeur des objets et pièces de rechange de toute nature nécessaires à l'entretien des chantiers atteignait 500.000 francs par mois; leur tonnage mensuel était d'environ 1.000 tonneaux.

Sur la question du rendement des dragues suivant la profondeur (novembre 1868). — Les bassins de Port-Saïd, plusieurs parties du Canal à la traversée du lac Menzaleh et des lacs Ballah, étaient creusés à 8 mètres ; au Sérapéum, les dragues flottant sur l'eau douce faisaient plus de 10 mètres de fond ; dans la rade de Suez, les dragues creusaient à plus de 10 mètres au-dessous du niveau de la mer. Or l'Entreprise n'avait trouvé nulle part que le dragage à ces grandes profondeur eût diminué; le rendement avait été en croissant à mesure que l'on avait dragué plus profondément. Ce résultat d'expérience s'expliquait assez facilement et était dû à plusieurs causes :

La première cause était que, par suite de la disposition des dragues, on ne pouvait augmenter ou diminuer la profondeur du dragage qu'en abaissant ou relevant l'extrémité inférieure de l'élinde ou échelle à godets, fixée par son extrémité supérieure au bâti de la drague. Il en résultait que, quand on draguait à de petites profondeurs, l'élinde était dans une position assez rapprochée de l'horizontale, tandis qu'elle était près de la verticale pour le dragage à de grandes profondeurs. Et, comme les godets avaient été taillés de façon que le bord fût horizontal quand l'élinde avait la position correspondante au dragage à 6 mètres environ de profondeur, ce bord n'était plus horizontal quand on draguait à une profondeur moins considérable, et alors, si le terrain dragué avait une certaine fluidité, les godets ne se remplissaient plus complètement.

Au fur et à mesure donc que la profondeur des dragages augmentait, la capacité utile des godets augmentait, et cela jusqu'à environ 6 mètres de profondeur; elle diminuait ensuite, mais très peu, par suite des abaissements ultérieurs de l'extrémité de l'élinde.

Cette augmentation du rendement des dragues n'entraînait aucune augmentation, perceptible du moins, du travail dépensé. On ne trouvait pour le dragage à de grandes profondeurs, ni accroissements de consommation de charbon, ni augmentation d'usure.

Le travail nécessaire pour vaincre les frottements, pour fouiller le sol, pour produire le déplacement de la drague, était très considérable et beaucoup plus grand que celui qu'absorbait l'élévation des déblais du fond de la fouille au point très élevé où les godets versaient leur contenu sur les déversoirs. L'augmentation de la profondeur de fouille ne pouvait donc influer que très faiblement sur le travail total dépensé.

L'usure, aussi, restait constante. Toujours très considérable à cause de la nature du travail des dragues, elle portait presque entièrement sur l'appareil dragueur : maillons, boulons d'articulations, tourteaux supérieur et inférieur, rouleaux d'élinde. Elle devait être à peu près proportionnelle aux efforts exercés sur les différentes parties frottantes, c'est-à-dire à la tension de la chaîne dragueuse. Cette tension, comme il était facile de le voir, était d'autant plus grande que l'on draguait à de moindres profondeurs, parce qu'alors, l'élinde étant plus près de l'horizontale, la flèche de la chaînette que formait la partie de la chaîne dragueuse au-dessous de l'élinde était plus considérable. Le calcul montrait que la partie de la tension qui provenait de cette chaînette était beaucoup plus grande que celle due au travail de la drague et décroissait beaucoup plus rapidement que n'augmentait cette dernière quand l'élinde se redressait.

Dans l'opinion de M. Lavalley, les meilleures dispositions à donner aux dragues pour faire varier la profondeur de la fouille seraient les suivantes :

Lorsque l'Entreprise avait dû modifier ses dragues du Sérapéum pour draguer à 10 et 11 mètres au-dessous du niveau de l'eau douce, au lieu d'allonger les élindes, elle avait préféré abaisser d'autant le point d'attache au bâti de la drague. Elle avait trouvé à cette disposition l'avantage de ne pas alourdir encore les élindes déjà trop lourdes. Si elle avait à faire de nouvelles dragues, elle emploierait cette même disposition pour faire varier la profondeur de fouille. Le point d'attache supérieur de l'élinde glisserait sur des contre-fiches de la charpente parallèles à l'inclinaison normale de l'élinde. Les godets seraient alors toujours dans la position correspondante à leur maximum de capacité, et les élindes seraient beaucoup plus légères.

Il y avait pour l'augmentation du rendement des dragues, depuis qu'elles creusaient à des profondeurs plus grandes, encore un autre motif:

Lorsque l'Entreprise faisait la première passe, elle ne creusait qu'à 2m,50 et à 3 mètres, parce qu'elle avait intérêt à avancer le plus rapidement possible afin de donner promptement au transport de ses appareils, de ses approvisionnements de toutes sortes, un large chenal d'une profondeur strictement suffisante. Alors, quand la couche de terrain comprise dans cette profondeur était peu favorable au dragage, on n'avait pas la ressource d'aller chercher, en creusant plus profondément, une couche dont le mélange avec la première facilitait ou le vidage des godets ou la descente dans les couloirs. Cette ressource était utilisée fréquemment, au contraire, quand on exécutait les passes suivantes. Ainsi, à la seconde passe, qui laissait ordinairement de 4 à 5 mètres, si l'on rencontrait de l'argile collant aux godets, on cherchait et l'on trouvait presque toujours, en augmentant la profondeur de la fouille, soit de l'argile molle qui lubrifiait en quelque sorte l'argile dure, ou du sable qui empêchait son adhérence aux godets. Souvent aussi, on rencontrait des sables agglomérés que les dragues attaquaient péniblement quand elles ne pouvaient les prendre par-dessous. Presque toujours, à la seconde passe et aux suivantes, on pouvait employer ce moyen de faciliter le travail.

En résumé, on pouvait dire que les dragages à grandes profondeurs marchaient aussi rapidement, et, à égalité de difficultés de terrain, sans plus de dépenses qu'à des profondeurs moindres.

Sur la durée de service des dragues (juillet 1867). — Les coques étaient en tôle de 9, 10 et 11 millimètres. Elles étaient donc en état de tenir la mer pendant plusieurs années.

Les charpentes en fer se conserveraient évidemment dans le même état pendant la durée des travaux.

Les chaudières marchaient presque toutes à l'eau douce. Toutes les dragues avaient d'ailleurs deux systèmes de générateurs dont chacun pouvait suffire à la machine. Ces générateurs étaient simples de construction. On n'avait été gêné pour eux ni par le poids ni par la place.

On pouvait en dire autant des machines qui, pour les mêmes raisons, avaient été construites dans les meilleures conditions et absolument comme des machines de terre.

Enfin, les engrenages, les élindes, se maintiendraient certainement, comme les charpentes, en bon état, pendant toute la durée des travaux.

ÉLÉVATEURS

Ainsi qu'il a été expliqué à l'occasion de la description des dragues à long couloir, ces dragues devaient permettre de creuser la section entière du Canal dans toute l'étendue de la traversée du lac Menzaleh et des lacs Ballah, de la plaine de Suez et des abord des grands lacs, à l'exception seulement de quelques parties assez courtes où le relief du terrain était un peu plus prononcé, et pour lesquelles une autre solution était nécessaire.

On avait espéré, à l'origine, trouver cette solution dans l'emploi de grues roulantes et tournantes desservies par un système de wagonnage ordinaire.

Ces grues, d'une volée de 10 mètres, portées par les berges du Canal, devaient enlever des caisses chargées de déblais par les dragues et amenées dans des chalands : leur portée ne permettant de loger immédiatement en cavalier qu'un cube très faible, le surplus des déblais devait être emmené par un wagonnage ordinaire, à distance convenable. Ce système exigeait d'abord que le sol formé par les berges eût une résistance suffisante ; que les talus de ces berges tinssent à l'inclinaison de 2 pour 1 pour permettre l'approche des chalands chargés des caisses ; que le remblai formé par le wagonnage fût assez compact pour porter les voies et les wagons chargés ; enfin, et surtout, il exigeait une main-d'œuvre considérable et beaucoup d'ouvriers. On l'avait pourtant essayé ; mais, après des tentatives de quelques mois sur les parties les plus favorables du Canal, l'adoucissement des talus des berges par l'action des eaux du Canal, la résistance insuffisante de ces berges pour le poids des grues, le peu de résistance des remblais mouillés provenant du dragage, enfin la dépense excessive de fonctionnement, n'avaient pas tardé à montrer les défauts du système. Enfin il devenait inapplicable pour l'exécution du profil élargi avec berges à faible pente.

Les Entrepreneurs avaient cherché alors à combiner un appareil qui, mobile dans le sens longitudinal, mais fixe dans le sens transversal, permît de loger du premier coup en cavalier, et sans reprise ni wagonnage, un cube égal à la moitié au moins du cube à extraire par mètre courant du Canal élargi selon le dernier profil adopté. Il suffisait alors d'employer un appareil sur chaque rive.

Des indications précieuses, dit M. Lavalley dans sa communication à la Société des Ingénieurs civils, leur avaient été données dans ce sens par le Directeur général des travaux, qui étudiait de son côté la question.

Ils étaient arrivés, en définitive, à l'appareil décrit ci-dessous, nommé élévateur.

Le premier appareil essayé (novembre 1866) avait bien fonctionné, et les Entrepreneurs comptaient que, malgré son prix élevé, il offrirait une économie importante sur le travail par les grues, et, surtout, sur la quantité de main-d'œuvre et le nombre d'ouvriers à employer.

Description de l'élévateur[1]. — L'appareil élévateur consistait essentiel-

1. Chacune des deux poutres de l'élévateur présentait à sa partie inférieure une sorte de crochet très solide faisant fonction de tampon d'arrêt et pouvant supporter le choc violent du chariot chargé descendant du sommet du plan

lement en deux poutres en fer (d'une longueur de 47 mètres) portées en leur milieu (par l'intermédiaire d'un chariot roulant) sur la banquette bordure et placées perpendiculairement au Canal.

Ces poutres supportaient une voie de fer inclinée à environ 23 centimètres par mètre.

L'extrémité inférieure était à 3 mètres de la surface de l'eau, l'extrémité supérieure à 14 mètres au-dessus de ce même niveau.

Les poutres étaient en fer à treillis à larges mailles. Leur milieu reposait sur un chariot roulant parallèlement à l'axe du Canal sur la banquette élevée à 2 mètres au-dessus de l'eau.

La moitié des poutres du côté de l'eau s'appuyait sur un chaland dont l'axe était placé à environ 8 mètres de son extrémité. L'autre moitié, du côté de la terre, était complètement en porte-à-faux.

Ces deux poutres étaient réunies entre elles par des contrevents

---

incliné par suite de rupture du câble. A la partie supérieure se trouvait un tampon plus petit.

L'ensemble des deux poutres reposait sur le chariot par l'intermédiaire d'un axe unique muni de quatre galets dont les plus éloignés étaient distants de 4 mètres. Cet axe permettait aux poutres de s'incliner plus ou moins.

Au moyen de galets extrêmes se mouvant sur un fragment de plaque tournante, on pouvait faire prendre aux poutres une légère inclinaison, par rapport à la perpendiculaire à l'axe du Canal, soit dans un sens, soit dans l'autre, de manière à allonger le cavalier de dépôt sans déplacer le chariot d'appui. Les deux galets intermédiaires avaient une plaque tournante complète permettant de monter commodément l'appareil dans l'axe de la voie et de le faire passer ensuite dans la position perpendiculaire pour le mettre en fonctionnement. Pour que cette manœuvre pût avoir lieu, il fallait au préalable équilibrer les poutres autour de l'appui sur le chariot.

Le joint à la Cardan formant l'attache de l'élévateur proprement dit au chaland était complété par un troisième axe de rotation concourant à son centre, de telle sorte que le chaland pouvait prendre relativement à l'élévateur tous les mouvements de pivotement possibles autour du point fictif de rencontre des trois axes de rotation. C'était donc le joint universel dans la plus large acception du mot. Celui des axes de rotation qui était dirigé suivant l'axe longitudinal du chaland reposait sur deux varangues solides destinées à répartir la pression. On avait eu soin de placer le centre du joint le plus bas possible, afin de le tenir assez au-dessous du centre de pression ou de déplacement du chaland pour que la stabilité de celui-ci fût complètement assurée.

Le chaland pouvant prendre, par rapport à l'élévateur, toutes sortes de positions différentes, il avait été nécessaire de placer les treuils de manœuvre et la machine motrice sur l'élévateur lui-même. La chaudière y eût été embarrassante, et on l'avait laissée sur le chaland.

L'espèce de pyramide renversée par laquelle l'élévateur reposait sur son joint d'attache au chaland se terminait par deux montants verticaux et deux contre-fiches correspondant aux deux poutres. Les montants verticaux avaient reçu chacun un cylindre. Une pièce horizontale reliant le montant vertical à la contre-fiche supportait l'axe du tambour du treuil.

La machine ayant à faire un service à chaque instant interrompu et renversé, on n'avait pu songer à recourir à un volant pour franchir les points

verticaux (au nombre de sept) et par un contreventement placé dans les plans des tables inférieures des poutres.

Les consoles extérieures placées au milieu des poutres se réunissaient en arcades au-dessus des rails, tandis qu'à leur partie inférieure elles s'élargissaient et venaient reposer par leurs bords extérieurs sur le chariot.

Les deux poutres étaient ainsi portées par deux points écartés de 4 mètres, ce qui leur donnait une stabilité transversale suffisante, tout en leur permettant d'osciller dans le sens de leur longueur et de prendre des inclinaisons variables avec la hauteur de l'eau (et la position variable de la charge).

L'attache sur le chaland avait dû être combinée de façon à laisser toute facilité à ces oscillations ainsi qu'aux petits mouvements de tangage et de roulis imprimés au chaland par le clapotis. Cette attache se faisait au moyen d'une pièce de fonte à deux tourillons, dont les axes étaient horizontaux et perpendiculaires l'un à l'autre. Cette pièce, en un mot, faisait joint de Cardan.

---

morts, et il avait fallu employer deux cylindres actionnant un arbre portant deux manivelles à angle droit.

Au-dessus du chaland, et pour protéger le mécanisme de la boue que les caisses laissaient toujours échapper, la partie inférieure des poutres était revêtue d'une tôle continue. En outre, en vue des sables charriés par l'air, les cylindres et leurs accessoires avaient été complètement enveloppés d'une caisse en tôle : le levier de changement de marche était seul en dehors.

Une aiguille, mise en mouvement par le treuil, par l'intermédiaire d'un système d'engrenages, indiquait sur un cadran la marche et la position de la caisse sur le plan incliné : de telle sorte que le mécanicien, une main sur le régulateur, l'autre main sur le levier de changement de marche, n'avait qu'à jeter les yeux sur le cadran placé à côté de lui pour savoir ce qu'il avait à faire.

La chaudière était disposée de manière à pouvoir être soulevée par la machine même, à la manière d'une caisse, ce qui facilitait l'enlèvement et la pose dans les cas de réparations ou de remplacement.

Les soutes à eau et à charbon étaient placées symétriquement à la chaudière pour équilibrer le chaland.

La machine était de la force de 35 chevaux de 225 kilogrammètres. Elle consommait environ 800 kilogrammes de charbon et 1.500 litres d'eau douce par douze heures de marche.

Quatre haubans réunissaient le chaland à l'appareil élévateur. Ils n'étaient pas assez tendus pour établir la solidarité, mais ils l'étaient assez pour empêcher, en plan, la trop grande déviation du chaland autour de l'axe vertical sous l'action des chaînes de manœuvre ancrées sur la rive.

Le point d'appui principal de l'appareil élévateur était le chariot placé sur la berge.

Ce chariot était muni de huit roues, et ce, dans le but de répartir l'énorme poids dont il était chargé sur un plus grand nombre d'essieux afin d'éviter les ruptures de rails, et sur une plus grande surface de sol pour éviter les affouillements.

La voie avait $4^{m},20$ de largeur. Elle était formée de rails reposant, soit directement sur les traverses à coussinets, soit par l'intermédiaire de fortes longrines auxquelles ils étaient fixés. Ce dernier système était plutôt employé que le premier, parce qu'il simplifiait le travail de pose et de dépose de la voie.

De cette pièce, sur laquelle elles étaient solidement fixées, partaient les quatre jambes de force qui, formant comme les arêtes d'une pyramide renversée, allaient deux à deux se river sous les poutres.

Sur la voie inclinée roulait un chariot à roues extérieures au bâti. Un des essieux était calé sur ses roues et tournait dans des boîtes à graisse, tandis que l'autre était mobile dans ses roues et aussi dans le bâti du chariot.

Ce dernier essieu portait auprès et en dedans de chacun des bâtis deux cylindres de diamètres différents, fondus d'une seule pièce. Sur le petit cylindre s'enroulait une chaîne à laquelle devaient être accrochées les caisses; sur le grand cylindre s'enroulait en sens inverse un câble en fer. Le câble passait sur une poulie de renvoi au haut du plan incliné, puis venait s'enrouler sur un tambour fixé aux pièces d'appui des poutres sur le chaland.

Une machine à deux cylindres donnait le mouvement à ce tambour.

La chaudière était posée dans le chaland qui contenait en outre des soutes pour l'eau douce et le charbon.

Comme la machine était fixée aux poutres, tandis que la chaudière l'était au chaland et participait à ses mouvements d'oscillation par rapport aux poutres, on faisait passer le tuyau de vapeur par l'intérieur du joint universel qui réunissait les poutres au bateau.

La manœuvre était facile à comprendre : le treuil roulant était, par exemple, au bas du plan incliné, par conséquent en dehors du chaland. Au-dessous se trouvait un bateau portant les caisses pleines de déblais. On accrochait aux deux côtés d'une caisse les chaînes du treuil roulant. La machine était mise en marche, les câbles en fer se tendaient, se déroulaient en faisant tourner les cylindres du treuil et enroulaient les chaînes de suspension de la caisse. Cette dernière était soulevée jusqu'à ce que, venant toucher le treuil, elle arrêtait l'enroulement des chaînes qui la supportaient, et par conséquent le déroulement des câbles. La machine à vapeur continuant à agir, les câbles entraînaient le treuil et le faisaient monter avec la caisse jusqu'au sommet du plan incliné où le versement du déblai se faisait automatiquement.

Pour cela, à l'arrière et au fond de la caisse étaient adaptés deux galets, qui, au moment de l'ascension, venaient s'engager entre deux paires de guides ou rails parallèles au plan incliné. Ces guides, pendant la montée, maintenaient la caisse horizontale. Quand la caisse était sur le point d'arriver en haut du plan incliné, les guides, se relevant suivant une courbe assez rapide, soulevaient l'arrière de la caisse et l'amenaient à être presque verticale.

La machine à vapeur était alors arrêtée pendant le temps nécessaire au vidage de la caisse, puis, son mouvement étant renversé, le treuil et la caisse vide redescendaient.

Les caisses avaient une capacité de 3 mètres cubes. Leur forme était analogue à celle des wagons de terrassement à bascule; seulement la charnière était à la partie supérieure de la porte. Afin de faciliter la chute du déblai, la caisse n'était pas tout à fait rectangulaire; elle était plus large à l'arrière que du côté de la porte; de plus, le fond était garni de tôle mince.

On n'employait pas, pour porter les caisses à déblais, des bateaux qu'il aurait fallu sans cesse débarrasser de l'eau que devaient amener les godets pour faciliter la descente des déblais sablonneux dans les déversoirs, mais des espèces de flotteurs.

Chacun de ces flotteurs portait sept caisses à déblais. Les flotteurs se composaient de deux longues boîtes rectangulaires en tôle ayant 17^{m},50 de longueur et 1^{m},10 de largeur sur 1^{m},25 de hauteur. Les deux boîtes étaient maintenues à la distance de 3 mètres, un peu supérieure à la largeur des caisses, par huit cloisons à claire-voie entre lesquelles venaient se placer les caisses à déblais, qui, lorsqu'elles étaient pleines, étaient presque entièrement plongées dans l'eau. Cette disposition débarrassait de l'eau qu'amenaient les godets; elle abaissait autant que possible les caisses et réduisait au minimum la largeur du bateau. On pouvait ainsi avoir des déversoirs courts et très inclinés sans que la drague fût très haute.

Sur questions posées à M. Lavalley. — Les élévateurs avaient une hauteur telle que le cavalier qu'ils faisaient contenait, avec le talus que prenaient naturellement les terres tombant des caisses, la moitié de tout le cube du Canal en regard. Si, sur certains points, très courts, le cube des cavaliers, à cause de la hauteur du terrain, se trouvait trop faible, on pourrait toujours l'augmenter en versant de l'eau sur le talus extérieur: l'eau entraînerait le déblai, adoucirait le talus et augmenterait ainsi le volume du cavalier.

L'emploi de l'eau était un moyen de transport très économique.

L'appareil, qui avait plus de 40 mètres de long, fonctionnait avec une grande docilité. Il était en équilibre sur le chariot lorsqu'il ne soulevait pas de caisse chargée; mais, quand il enlevait une caisse du flotteur, le bas de l'appareil appuyait sur le chaland et l'enfonçait de 8 à 10 centimètres; lorsque la caisse était en haut, le chaland se trouvait au contraire soulevé d'une quantité égale.

BATEAUX-PORTEURS DE DÉBLAIS OU HOPPER-BARGES [1]

Les bateaux destinés à porter en mer les déblais venaient en partie d'Angleterre et de Belgique, en partie de France.

---

1. Les bateaux-porteurs de déblais étaient au nombre de 37, dont 10 provenant de la Compagnie, les 27 autres commandés par l'Entreprise.

Sur les 10 porteurs provenant de la Compagnie, 8 avaient été commandés

Les premiers portaient environ 166 mètres cubes. Leur machine à vapeur à deux cylindres était de la force d'environ 50 chevaux de 225 kilogrammètres et marchait à moyenne pression avec condenseur à surface. Il n'y avait qu'une seule hélice.

La forme de ces bateaux, leur construction, la simplicité et la bonne conception de tout le mécanisme, faisaient de ces appareils d'excellents modèles à imiter.

Les porteurs commandés en France étaient à haute pression, sans condensation. Les chaudières marchaient à l'eau douce. Les bateaux portaient 200 mètres cubes.

Les porteurs destinés aux travaux de dragages du port de Suez et de la courbe de sortie, construits par la Société des Forges et Chantiers de la Méditerranée et semblables à ceux employés à Port-Saïd, étaient en deux morceaux réunis par des boulons. Ces deux parties étaient séparées avant le départ de Port-Saïd : la partie d'avant avait environ 7 mètres de longueur, l'autre en avait moins de 32. Elles pouvaient ainsi, convenablement soutenues par des flotteurs construits *ad hoc*, passer par les écluses du Canal d'eau douce. La disjonction et la réunion des deux parties se faisaient facilement dans l'eau, sans qu'on fût obligé de les tirer à terre.

---

en Angleterre, dont 4 à la maison Henderson Coulborn et Cie, de Renfrew, près Glascow, et 4 à la Société Thomas B. Seath, de Rutherglen, également près Glascow, et 2 en Belgique, à la Société John Cockerill, de Seraing.

Sur les 27 porteurs commandés par l'Entreprise, 15 avaient été fournis par la Société des Forges et Chantiers de la Méditerranée, 6 par la maison Claparède et Caumartin, et 6 par les Chantiers de l'Océan.

Les marchés de commandes passés par la Compagnie avec les constructeurs anglais et avec les constructeurs belges avaient stipulé que les bateaux-porteurs devraient contenir 300 tonnes de sable humide, et que, pour la forme, les dimensions, les machines, les chaudières, le bordé, les agrès et les fournitures, ils devraient être en tous points semblables au bateau n° 4 appartenant aux syndics de la rivière Clyde.

Hopper-barges anglais :

Ces hopper-barges contenaient deux puits. L'espace réservé à ces puits était compris entre deux chambres à air longitudinales et deux cloisons étanches, l'une à l'avant, l'autre à l'arrière. La machine mettait en mouvement l'hélice par connexion directe. La chaudière était tubulaire. La coque était en tôle de 93 millimètres d'épaisseur et avait les dimensions suivantes : longueur, 41 mètres ; largeur, 7 mètres ; creux, 2m,25. Les puits avaient une longueur de 15m,25, une largeur de 5m,80 au niveau du pont et de 2m,50 au fond. La coque était entourée d'une ceinture en chêne fixée entre deux cornières. Chaque chaîne maîtresse était manœuvrée par un treuil spécial à déclic.

Bateaux-porteurs belges :

Les porteurs belges présentaient les mêmes dispositions générales que les hopper-barges anglais, mais la tôle de la coque n'avait que 6 centimètres d'épaisseur et toutes les autres pièces du bateau étaient également plus faibles.

Bateaux-porteurs français :

Les machines de ces bateaux étaient à haute pression, sans condensation. Les

Il a déjà été mentionné précédemment que les principales difficultés qu'avait eu à vaincre l'Entreprise dans les dragages de Port-Saïd avaient tenu à l'adhérence du sable fin limoneux aux godets et aux déversoirs, et en même temps à l'extrême facilité avec laquelle cette nature de déblai passait par les joints des portes des bateaux-porteurs ; si, en effet, la finesse du sable et la présence d'une petite quantité de limon le rendaient adhérent quand il n'était qu'humide, elles facilitaient par contre sa suspension dans l'eau.

Lorsqu'un pareil déblai, mélangé d'eau, tombait dans les puits des porteurs, au lieu qu'il se fît un départ rapide des matières solides qui, tombant au fond, calfateraient de suite les joints des porteurs, le sable et le limon restaient en suspension dans l'eau et sortaient avec elle, par les joints des portes, dans l'espèce de barbotage ou de mouvement alternatif d'entrée et de sortie que produisait le roulis ; et cela durait jusqu'à ce que les parties les plus grossières des déblais restants, prises dans les joints, les eussent bouchés.

Il était essentiel d'avoir des portes bien faites.

L'expérience avait appris à l'Entreprise qu'on ne pouvait apporter trop de soin dans leur construction.

Les meilleures portes de ses porteurs étaient en bois de chêne d'une

---

dimensions des coques ne s'éloignaient pas beaucoup de celles des bateaux anglais : seulement l'épaisseur du bordé n'était que de 6 centimètres. Les puits étaient un peu plus grands et portaient environ 200 mètres cubes.

Les porteurs de la Société des Forges et Chantiers présentaient les mêmes dispositions principales que les porteurs anglais, mais le mode de fermeture des portes était différent. Dans le fonctionnement de ce mode de fermeture, il arrivait quelquefois, par suite d'un certain incident de manœuvre, que les portes ne pouvaient être fixées dans la position de fermeture ; il fallait alors les rouvrir en grand et recommencer la manœuvre, ce qui faisait perdre du temps au déchargement.

Dans la description générale donnée ci-dessus des bateaux-porteurs, il est dit que ceux de ces appareils destinés au port de Suez étaient en deux morceaux réunis par des boulons, ce qui permettait de séparer ces morceaux pour rendre possible leur passage par les écluses du Canal d'eau douce. La disposition adoptée était la suivante :

La cloison étanche de l'avant se composait de deux tôles réunies, l'une à l'avant du bateau, l'autre au puits, par des cornières ; le bordé était coupé suivant le plan de contact des deux tôles. On n'avait qu'à enlever un certain nombre de boulons pour séparer les deux parties. Après la séparation, la partie de l'avant, en raison de sa forme même, plongeait vers la proue ; la partie de l'arrière, en raison du poids de la machine, plongeait vers la poupe. On remédiait à ces effets au moyen de flotteurs en tôle venant s'appuyer exactement sous la carène, suivant une de leurs faces convenablement courbée. De cette façon la largeur de chacune des deux parties du bateau n'était nullement augmentée, et celles-ci pouvaient dès lors passer par les écluses.

Les bateaux-porteurs des autres constructeurs différaient peu des précédents, à la fois par leur machine, qui était à deux hélices et à deux cylindres indépendants, et par leur mode de fermeture.

épaisseur totale de 12 à 15 centimètres, formée de deux cours superposés de planches de 6 à 8 centimètres. Le cours inférieur débordait le cours supérieur de façon à former feuillure de 8 à 10 centimètres de largeur. Cette feuillure entrait dans une feuillure en sens contraire formée par les bords du puits. Dans la plupart des porteurs de l'Entreprise, les différents puits ne sont pas séparés en deux par une cloison longitudinale suivant l'axe du bateau. On avait dû faire battre les portes sur une pièce de bois placée dans le puits comme une fausse quille. Cette pièce de bois, très solidement assujettie, devait avoir une largeur égale à celle des feuillures des deux portes, de façon à remplir l'espèce de large rainure qu'elles formaient.

Il fallait, en un mot, que, pour pouvoir se perdre par le joint des portes, le déblai eût à passer par un espace aussi étroit que possible, assez long et coudé à angle droit.

On n'avait réussi à avoir des portes étanches qu'en ajustant très exactement ces feuillures. Mais cela n'avait suffi qu'à la condition que les quatre chaînes qui agissaient deux à deux sur chaque battant fussent bien également tendues au moment de la fermeture.

Pour cela, au lieu de réunir tout simplement ces quatre chaînes sur le dernier maillon de la chaîne du treuil de fermeture des portes, on avait suspendu à cette dernière un fléau à chaque extrémité duquel était suspendu un autre fléau. C'était au bout de ces deux derniers qu'étaient attachées les chaînes des portes. Ces fléaux avaient $0^{m},40$ de longueur et étaient faits avec soin. De cette façon la tension de la chaîne unique se répartissait bien exactement, et les portes étaient, à leurs deux extrémités, également appuyées sur leur feuillure.

Dans presque tous les porteurs de l'Entreprise, les charnières, les pitons des portes, n'étaient pas assez forts. On avait dû les remplacer par des pièces plus fortes. On ne saurait trop recommander d'en exagérer les dimensions. Leur poids et leur valeur étaient insignifiants comparés au poids et à la valeur du bateau. La moindre avarie qui leur arrivait exigeait la plupart du temps que le porteur fût remis sur cale, opération longue, difficile, et qui coûtait bien des fois ce que l'on avait cru, à tort, économiser.

GABARES A CLAPETS DE FOND [1]

Ces gabares étaient destinées au transport, à la décharge, dans le lac

1. Les gabares à clapets de fond exigeaient une hauteur d'eau d'environ 3 mètres pour la décharge.

Les coques étaient à fond plat dans toute la longueur et à parois latérales verticales.

La machine était de la force d'environ 16 chevaux.

C'est parce que le faible tirant d'eau des gabares ne permettait pas l'emploi

Timsah, des déblais provenant des dragages du seuil d'El Guisr et de la dernière phase des dragages du Sérapéum.

Ces bateaux avaient 33 mètres de longueur et 7 mètres de largeur. Ils portaient 125 mètres cubes de déblais avec un tirant d'eau de 1m,50.

Ils avaient deux hélices. Leur machine était à deux cylindres indépendants horizontaux, adossés l'un à l'autre ; elle marchait à haute pression, sans condensation. La chaudière était tubulaire ; timbrée à 8 atmosphères, elle fonctionnait à l'eau douce ; elle avait 22 mètres carrés de surface de chauffe.

Ces gabares, chargées ou non, marchaient à raison de 5 à 6 kilomètres à l'heure. Elles avaient été, pendant plusieurs mois, employées à Port-Saïd, où leur faible tirant d'eau permettait d'attaquer le chenal maritime par l'intérieur du bassin, tandis que les grands porteurs ne pouvaient l'attaquer qu'en venant du large. Quoique faites exclusivement pour les lacs, elles tenaient assez bien la mer.

La construction en était simple et économique. On avait, pour ces bateaux, donné la préférence aux machines à haute pression, parce que, plus simples et plus légères, elles étaient d'un entretien plus facile que les machines à moyenne pression et qu'elles étaient, par suite, exposées à beaucoup moins de chômages.

GABARES A CLAPETS LATÉRAUX [1]

Pour les gabares destinées à porter les déblais dans les bassins d'eau

---

d'une hélice de grandes dimensions que l'on avait adopté deux petites hélices, à deux branches disposées de chaque côté du gouvernail. Chaque hélice était commandée par un seul piston et munie d'un petit volant pour franchir les points morts.

Les chaudières tubulaires étaient à foyer intérieur.

Le puits à déblais occupait le centre du bateau ; il avait 16m,56 de longueur et était divisé par une cloison transversale en deux compartiments égaux. De chaque côté régnait une chambre à air de forme trapézoïdale.

Chaque compartiment du puits était fermé par trois paires de portes commandées chacune par une chaîne. Les trois chaînes du compartiment d'avant étaient commandées par trois treuils placés à l'avant : les trois chaînes du compartiment d'arrière, commandées par trois treuils placés à l'arrière.

Chaque treuil de manœuvre se composait simplement d'un arbre sur lequel étaient calés un tambour pour l'enroulement de la chaîne et une roue à rochet.

La manœuvre de fermeture se faisait au moyen d'une ou de deux manivelles volantes.

Dans les premières gabares construites, la chaîne de manœuvre se divisait en quatre chaînes secondaires s'attachant aux portes. Avec cette disposition, lors de la fermeture, ces chaînes prenaient des tensions inégales et il arrivait fréquemment que les portes n'étaient pas en contact avec leur feuillure sur toute la longueur, ce qui amenait des pertes de déblai. Il avait été remédié à cet inconvénient, comme dans les bateaux-porteurs, par l'emploi de fléaux de suspension.

1. La longueur de 32m,50 donnée à ces gabares (au lieu de la longueur de

douce du Sérapéum, les Entrepreneurs avaient dû chercher une disposition qui permît d'utiliser les plus petits fonds. La maison E. Gouin et Cie avait proposé et construit des gabares à clapets latéraux satisfaisant très bien à cette condition.

Ces bateaux, entièrement en fer, avaient 32m,50 de longueur et 6 mètres de largeur. Ils portaient de 80 à 90 mètres cubes de déblais avec un tirant d'eau de 1m,20.

Le puits à déblais, divisé en six compartiments, occupait au milieu du bateau une longueur de 19 mètres.

Le fond du bateau était plat; mais, dans toute la longueur du puits, régnait une chambre à air de section triangulaire dont le fond du bateau formait le grand côté; le sommet du triangle était à peu près au niveau du plats-bords. Cette chambre à air partageait ainsi le puits en deux parties d'un bord et de l'autre.

Les côtés du bateau étaient légèrement renversés vers le dehors. Dans ces côtés, étaient pratiquées les portes dont la longueur égalait celle de chaque compartiment. Elles avaient 1m,20 de hauteur; leur charnière était placée à la partie supérieure.

Les treuils de manœuvre des portes étaient placés à l'intérieur de la chambre à air. On y arrivait par les compartiments extrêmes du bateau.

Le compartiment de l'arrière comprenait une machine à deux cylindres, la chaudière, les soutes à eau douce et le charbon.

La machine et les chaudières étaient les mêmes que celles des gabares à clapets de fond.

---

33 mètres des gabares à clapets de fond) avait été adoptée pour leur permettre de passer par les écluses du Canal d'eau douce.

Chaque treuil de manœuvre des portes commandait deux portes au moyen de quatre chaînes passant sous le déblai par des conduits spéciaux et allant s'attacher à la partie inférieure des portes.

Le treuil se composait d'un simple pignon actionné par deux manivelles et engrenant avec une roue non calée sur l'arbre du tambour d'enroulement des chaînes. Pour la fermeture des portes, un embrayage à redans calait la roue du treuil, et l'effort exercé sur les manivelles se transmettait aux chaînes. Pour l'ouverture, on débrayait simplement, et alors, les portes, n'étant plus retenues, cédaient à l'action de leur propre poids et à la poussée des déblais. Ces manœuvres étaient des plus simples et permettaient d'effectuer le déchargement dans un temps très court, au plus un quart d'heure.

III. — TABLEAUX DU RENDEMENT MOYEN MENSUEL DES DRAGUES DES DIFFÉRENTS TYPES

PENDANT L'ANNÉE DE DÉCEMBRE 1867 A NOVEMBRE 1868

NOTA. — Le travail normal des dragues était de 12 à 14 heures par jour.

A partir du mois de mai 1868, le travail de nuit a été organisé pour la plus grande partie des dragues à long couloir.

Légende

—

V. Vase, argile molle, sable vaseux.
S. Sable, sable argileux.
A. Argile, argile sableuse.
a. agglomérés.

Rendements des dragues à po

(DE DÉCEMBRE

(Les cubes mensuels figurant au tableau sont l

NUMÉROS des dragues	1867 — Décembre	A					
		Janvier	Février	Mars	Avril	Mai	
	Mètres cubes	Mètres cubes	Mètres cubes	Mètres cubes	Mètres cubes	Mètres cubes	Mèt.
						PORT DE PORT	
7	17.924 S	8.756 S	»	2.660 S	26.672 S	27.142	20
8	»	1.066 S	24.191	15.817 A	19.593 AV	16.273	19
9	20.705 SV	11.991 S	»	»	»	27.845	36
10	10.924 S	»	7.405	22.664 A	19.577 AV	33.736	26
11	9.225 S	21.510 S	22.134 S	11.186 S	10.680 S	34.636	11
12	23.496 SA	8.919 S	23.034 SV	20.782 SV	22.228 V	12.910	25.
60	2.203 S	17.334 S	12.406 S	12.274 S	12.058 S	15.375	18.
							SE
2	Lac Timsah 30.923 S	Lac Timsah 25.456 S	Lac Timsah 28.609 S	Lac Timsah 6.498 S	»	9.754 S	27
4	Lac Timsah 20.574 SAa	7.990 Sa	6.702 Sa	6.360 Sa	10.050	10.734 S	6
43	»	3.073 Sa	15.385 Sa	12.168 Sa	8.386 S	20.006 S	19.
44	11.846 S	13.967 Sa	14.994 Sa	»	22.632 Sa	15.179 A	6.
46	»	14.865 S	»	7.945 Sa	10.836 A	10.388 Sa	18.
48	14.015 S	18.717 Sa	17.286 Sa	12.754 A	12.547 A	12.881 A	8
51	»	»	»	»	15.415 A	25.625 S	27
55	»	»	Lac Timsah 11.706	6.792 Sa	»	»	
							SE
1					18.674 S	13.299 SV	9.
3	20.285 S	21.909 S	7.410 S	36.307 SV	31.818 SV	28.342 S	26.
5					6.087 S	26.401 Sa	25.
							SE
6	28.656 S	25.355 S	29.951 S	12.893 S	16.392 Sa	16.976 S	6
13	»	2.369 S	13.692 S	18.001 S	7.599 Sa	20.603 Sa	31
14	20.555 S	»	5.235 S	11.460 SA	8.137 SA	13.736 S	27.
18	22.668 SA	28.218 SA	13.759 SA	9.650 S	25.089 S	20.886 S	
45	26.019 S	643 S	13.451 S	26.546 S	25.713 S	35.146 S	42
47	19.177 SA	23.110 S	31.802 S	24.122 S	11.257 Sa	8.584 Sa	30
56	6.357 S	20.644 SA	18.068 SAa	13.162 SA	8.828 SAa	9.997 SA	23.
							SE(
52	Port de Suez 7.420 S	Port de Suez 12.075 S	9.342 V	9.000 Va	2.043 Va	»	20.
57	»	Port de Suez 6.180 V	20.010 V	23.520 V	41.445 V	27.404 V	19.
59		»	»	»	»	»	
15	19.090	31.320 S	16.470 V	24.700 V	23.200 V	12.321 V	39.
16	23.000	1.660	21.280 V	14.960 V	19.540 VA	22.268 V	30.
17	23.296	29.120 S	9.000 S	19.800 S	19.536 S	27.716 S	29.
Cubes totaux......	378.458	356.247	393.322	382.411	456.032	557.063	637.
Nombres de dragues .	28	29	29	29	31	31	
Cubes moyens mensuels	13.516	12.284	13.563	13.176	14.711	17.969	20.

Légende

V. Vase, argile molle, sable vaseux.
S. Sable, sable argileux.
A. Argile, argile sableuse.
a. agglomérés.

Rendements des dragues à porteurs ou gabares pendant une année

(DE DÉCEMBRE 1867 A NOVEMBRE 1868)

(Les cubes mensuels figurant au tableau sont les cubes exécutés du 15 de chaque mois au 15 du mois suivant)

NUMÉROS des dragues	1867 — Décembre	ANNÉE 1868 Janvier	Février	Mars	Avril	Mai	Juin	Juillet	Août	Septembre	Octobre	Novembre	RENDEMENT TOTAL par drague pendant une année	[illegible] de chaque drague	[illegible] par drague dans chaque section
	Mètres cubes	Mètres cubes	Mètres cubes	Mètres cubes	Mètres cubes	Mètres cubes	Mètres cubes	Mètres cubes	Mètres cubes	Mètres cubes	Mètres cubes	Mètres cubes	Mètres cubes	Mètres cubes	Mètres cubes
PORT DE PORT-SAÏD ET SECTION DE RAS-EL-ECH															
7	17.925 S	8.756 S	»	2.440 S	26.672 S	27.142	20.898 SA	20.061 S	23.390 S	25.343 SA	20.887 SA	»	193.703	16.142	
8	»	1.066 S	24.191	15.817 A	19.553 AV	16.273	19.109 A	23.028 A	22.920 V	24.082 V	14.016 V	13.211 V	197.016	16.4[illegible]	
9	20.555 SV	11.981 S	»	»	»	27.845	30.865 V	37.096 V	45.780 V	16.772 S	20.849 V	25.556 V	212.459	20.[illegible]	
10	10.925 S	»	7.465	22.064 A	19.577 AV	33.736	29.858 A	17.764 A	» V	28.641 V	10.5[illegible] V	26.011 S	205.164	17.011	
11	5.955 S	21.540 S	22.134 S	11.182 S	16.080 S	35.036	11.705 S	3.881 V	37.064 V	40.876 V	20.119 V	28.080 A	261.295	21.[illegible]	15.6[illegible]
12	21.496 SA	8.949 S	23.035 SV	20.782 SV	22.728 A	42.910	25.545 V	47.402 V	56.401 V	24.806 V	13.716 SA	30.706 AV	309.965	25.8[illegible]	
60	2.204 S	17.334 S	12.406 S	12.274 S	12.058 S	15.375	18.035 S	19.803 S	16.274 S	9.313 S	»	»	135.075	11.2[illegible]	
SECTION D'EL GUISR															
[illegible]	Lac Timsah 30.39[illegible] S	Lac Timsah 25.556 S	Lac Timsah 28.030 S	Lac Timsah 5.398 S	»	9.754 S	27.111 S	33.950 S	18.502 Sa	6.545 Sa	688 Sa	20.227 SAa	208.[illegible]	17.388	
3	Lac Timsah 29.[illegible] SAa	7.990 Sa	6.702 Sa	[illegible] Sa	16.[illegible]	10.734 S	6.634 A	24.485 S	16.456 S	11.789 Sa	22.424 S	1.517 Sa	145.414	12.118	
33	»	3.062 Sa	15.368 Sa	12.168 Sa	8.386 S	20.906 S	19.068 S	15.398 Sa	22.187 Sa	15.929 Sa	19.480 Sa	24.665 S	176.365	14.7[illegible]	
34	11.890 S	17.967 Sa	11.403 Sa	»	22.677 Sa	15.179 A	6.654 A	27.772 SA	2.064 S	2.082 A	15.817 A	15.963 A	139.314	12.[illegible]	14.1[illegible]
36	»	14.865 S	»	7.954 Sa	10.896 A	16.368 Sa	18.507 S	9.300 SA	14.910 Sa	22.216 Sa	21.501 Sa	18.154 Sa	151.612	12.[illegible]	
38	15.015 S	18.717 Sa	17.296 Sa	12.774 A	12.547 A	12.881 A	8.228 S	10.106 Sa	9.265 SAa	20.170 Sa	22.670 Sa	20.317 SA	179.102	14.9[illegible]	
51	»	»	»	»	15.415 A	25.625 S	27.029 S	23.065 S	26.064 S	17.191 SA	34.049 S	28.584 Sa	197.551	16.4[illegible]	
[illegible]	»	»	Lac Timsah 11.706	6.792 Sa	»	»	»	Sérapéum 6.475 S	Sérapéum 11.902 Sa	5.515 Sa	5.708 S	3.929 S	52.027	[illegible]	
SECTION DU LAC TIMSAH															
1	36.285 S	21.909 S	7.540 S	35.795 SV	18.624 S	14.296 SV	9.894 Sa	16.855 S	19.761 Sa	20.467 Sa	14.455 Sa	20.715 Sa	134.928	16.[illegible]	
4					21.818 SV	38.312 S	26.700 SAa	25.845 S	19.966 Sa	14.877 Sa	13.502 Sa	12.325 Sa	259.415	21.618	18.[illegible]02
5					6.087 S	26.401 Sa	25.202 SAa	El Guisr 8.000 SAa	El Guisr 17.456 SAa	El Guisr 7.002 SA	El Guisr 9.505 SA	El Guisr 13.817 SAa	113.229	15.1[illegible]	
SECTION DU SÉRAPÉUM															
6	28.640 S	25.455 S	29.951 S	12.892 S	16.292 Sa	16.576 S	6.974 Sa	42.317 S	1.512 SAa	»	»	14.581 SA	194.558	16.213	
13	»	2.920 S	13.092 S	18.601 S	7.599 Sa	20.003 Sa	31.600 Sa	9.148 SAa	7.058 SA	»	11.518 SAa	23.025 SAa	142.243	11.854	
14	20.155 S	»	5.235 S	11.501 SA	8.137 SA	14.736 S	27.829 S	1.120 SAa	12.987 SA	12.685 SAa	25.615 SAa	10.775 S	149.040	12.420	
18	22.958 SA	28.218 SA	13.750 SA	5.120 S	25.080 S	20.886 S	»	23.296 S	21.095 SAa	19.149 SAa	18.272 SAa	17.027 SAa	220.618	18.38[illegible]	17.[illegible]
[illegible]	25.019 S	622 S	13.551 S	26.556 S	25.214 S	35.146 S	42.750 SA	33.067 SA	50.502 SA	21.600 SA	»	15.878 S	291.415	24.28[illegible]	
37	19.177 SA	25.110 S	31.802 S	25.412 S	11.257 Sa	8.584 Sa	30.094 S	40.110 S	37.321 S	25.728 S	28.250 S	36.775 Sa	316.261	26.3[illegible]	
56	6.377 S	20.634 SAa	18.098 SAa	12.162 SA	8.828 SAa	9.997 SA	23.900 SA	15.232 AS	7.542 SA	23.700 Vs	29.549 SAa	18.275 SAa	195.281	16.274	
SECTION DE LA QUARANTAINE															
52	Port de Suez 7.150 S	Port de Suez 12.075 S	9.412 V	9.450 Va	2.613 Va	»	20.894 Sa	11.700 S	28.180 SA	15.200 Sa	24.800 Sa	9.550 Sa	150.010	12.501	
57	»	Port de Suez 6.181 V	20.010 V	23.523 V	41.445 V	27.304 V	19.107 Sa	23.712 Sa	14.110 Sa	19.020 Sa Élévateurs	3.500 SAa Élévateurs	» Élévateurs	197.901	21.789	16.872
59	»	»	»	»	»	»	»	»	»				»	»	
PORT DE SUEZ															
15	15.080	31.720 S	16.470 A	25.700 V	24.200 V	12.321 V	29.829 V	21.400 V	»	27.100 V	20.500 S	20.500 SV	256.430	21.3[illegible]	
16	23.000	1.050	21.286 V	15.260 A	19.750 VA	22.268 V	30.450 A	37.550 V	21.523 V	36.840 V	20.415 SV	23.200 S	277.696	24.1[illegible]	23.0[illegible]
17	23.296	29.120 S	9.000 S	19.800 S	10.536 S	27.716 S	29.540 V	30.200 Va	21.130 A	32.000 SA	12.700 SA	2.800 S	295.098	23.651	
Cubes totaux	378.458	356.257	404.392	382.111	356.0[illegible]	537.063	617.258	665.711	606.078	560.604	517.825	595.442	5.985.240		
Nombre de dragues	28	29	[illegible]	[illegible]	31	31	31	31	31	30	30	30	400		
Cube moyen mensuel	13.516	12.285	13.943	14.135	14.711	17.969	20.557	21.478	19.615	18.223	17.261	19.840	16.651		

Rendements des dragues à long couloir pendant une année

(DE DÉCEMBRE 1867 A NOVEMBRE 1868)

(Les cubes mensuels figurant au tableau sont les cubes exécutés du 15 de chaque mois au 15 du mois suivant)

Légende

V. Vase, argile molle, sable vaseux.
S. Sable, sable argileux.
A. Argile, argile sableuse.
a. agglomérés.

NUMÉROS des dragues	1867 — Décembre	ANNÉE 1868 Janvier	Février	Mars	Avril	Mai	Juin	Juillet	Août	Septembre	Octobre	Novembre	RENDEMENT TOTAL par drague pendant une année	RENDEMENT MOYEN MENSUEL de chaque drague	par drague dans chaque section
	Mètres cubes	Mètres cubes	Mètres cubes	Mètres cubes	Mètres cubes	Mètres cubes	Mètres cubes	Mètres cubes	Mètres cubes	Mètres cubes	Mètres cubes	Mètres cubes	Mètres cubes	Mètres cubes	Mètres cubes
							SECTION DE RAS-EL-ECH								
22	»	17.076 V	54.181 V	52.904 V	44.306 V	67.226 V	36.807 S	51.225 V	86.955 A	78.056 V	127.296 A	88.880 V	724.981	60.415	44.468
23	20.950 S	27.255 S	31.026 S	43.121 S	36.910 S	20.470 S	29.277 S	23.780 S	38.057 S	51.574 S	21.971 S	50.736 S	401.133	33.427	
24	29.902 S	25.536 S	12.775 S	38.087 S	22.010 S	»	70.838 S	81.020 S	32.060 S	64.288 AS	60.532 S	40.868 S	499.025	41.585	
27	29.585 V	25.000 SA	38.880 A	40.597 V	27.576 A	62.271 V	55.644 V	40.806 V	15.927 V	73.304 A	116.974 A	65.310 V	591.880	49.323	
34	21.115 V	34.901 V	43.834 V	20.152 V	30.818 A	72.268 V	48.026 V	42.890 V	54.708 V	45.192 A	60.959 A	36.834 A	543.779	45.315	
40				Cap 18.219 A	Cap 39.180 A	Cap 25.668 A	36.014 A	35.081 A	40.967 A	38.541 A	35.922 A	30.901 A	307.476	34.164	
							SECTION DU CAP								
19	37.527 V	28.066 V	29.185 V	27.809 V	32.040 V	54.390 V	35.991 A	58.969 V	36.248 A	28.340 A	27.328 A	40.278 A	436.628	36.385	28.327
20	27.020 A	15.124 A	30.585 AS	13.023 S	5.843 V	37.807 V	22.486 V	19.638 A	33.070 S	17.360 A	36.706 A	21.386 A	281.778	23.481	
28	17.068 A	22.173 A	10.038 A	27.935 V	32.143 V	42.829 V	16.802 A	28.952 V	17.007 V	47.841 V	43.025 V	80.401 V	386.214	32.185	
32	13.710 A	6.361 A	20.164 A	6.870 A	12.452 A	12.409 A	29.478 A	27.709 V	58.985 V	57.578 V	43.937 V	80.547 V	350.133	29.028	
35		7.122 A	7.940 A	10.006 SA	13.201 SA	19.467 S	14.318 S	21.618 S	»	23.168 S	24.055 A	53.094 S	202.792	18.435	
36			38.700 V	28.139 V	8.906 A	24.588 A	43.915 A	28.378 A	35.752 A	29.843 A	14.751 S	35.011 S	287.093	23.799	
							SECTION DES LACS BALLAH								
26	25.249 Sa	11.307 SAa	»	30.238 S	25.992 Aa	18.303 Aa	4.200 SAa	7.099 SA	13.451 Aa	40.881 Aa	39.008 A	18.856 A	228.714	19.059	20.392
31	18.484 Sa	7.646 A	17.776 A	21.073 A	11.690 SA	5.612 Sa	11.320 S	8.011 S	14.059 S	27.505 Sa	18.181 S	38.333 S	200.490	16.707	
33	20.548 S	9.054 Sa	8.972 S	24.039 S	15.995 S	26.418 Aa	23.062 Aa	30.817 SAa	32.400 Sa	32.081 S	33.880 A	20.280 SA	290.166	24.180	
38				9.072 S	15.323 Sa	30.058 V	7.488 A	13.409 S	13.604 S	17.150 S	53.059 V	38.133 A	198.250	22.028	
							SECTION DU SÉRAPÉUM								
21	3.900 SA	10.520 SA	22.200 S	10.245 S	900 A	11.835 AS	15.650 S	31.412 S	34.507 S	29.450 SA	13.911 SA	23.507 SAa	207.437	17.286	19.650
25	1.400 S	4.800 S	23.020 S	13.910 S	10.290 S	24.540 S	4.980 SA	37.153 SAa	28.220 S	21.055 S	40.211 SAa	46.728 SAa	264.157	22.013	
							SECTION DE LA PLAINE DE SUEZ								
37					7.200 A	28.383 A	17.883 Aa	20.068 Aa	25.408 AS	43.971 A	10.000 A	18.850 A	178.373	22.271	22.271
							SECTION DE LA QUARANTAINE								
29				4.800 S	9.900 A	4.980 A	14.619 A	13.486 A	10.580 SA	17.700 S	36.771 V	52.682 V	71.608	7.956	14.802
39						13.146 A	30.568 A	28.690 A	37.789 SA	40.800 S	5.876 Aa	11.300 A	162.560	23.238	
							PORT DE SUEZ								
30					33.550 S	63.000 S	43.374 VAa	37.945 V	24.750 VA	5.000 ASa	15.030 VSa	16.880 VSa	239.540	29.943	29.943
Cubes totaux	282.433	252.890	389.706	441.429	473.194	665.204	633.702	697.821	711.613	831.587	874.523	910.069	7.104.231		
Nombres de Dragues	14	15	16	19	21	22	22	22	22	22	22	22	230		
Cubes moyens mensuels	20.174	16.860	24.356	23.233	22.533	30.237	28.809	31.696	32.346	37.797	39.751	41.368	29.976		

Rendements des dragues à élévateurs pendant une année

(DE DÉCEMBRE 1867 A NOVEMBRE 1868)

(Les cubes mensuels figurant au tableau sont les cubes exécutés du 15 de chaque mois au 15 du mois suivant)

Légende

V. Vase, argile molle, sable vaseux.
S. Sable, sable argileux.
A. Argile, argile sableuse.
a. agglomérés.

NUMÉROS des dragues	1867 — Décembre	ANNÉE 1868 Janvier	Février	Mars	Avril	Mai	Juin	Juillet	Août	Septembre	Octobre	Novembre	RENDEMENT TOTAL par drague pendant une année	RENDEMENT MOYEN MENSUEL de chaque drague	RENDEMENT MOYEN MENSUEL par drague dans chaque section
	Mètres cubes	Mètres cubes	Mètres cubes	Mètres cubes	Mètres cubes	Mètres cubes	Mètres cubes	Mètres cubes	Mètres cubes	Mètres cubes	Mètres cubes	Mètres cubes	Mètres cubes	Mètres cubes	Mètres cubes
SECTIONS DES LACS BALLAH ET D'EL GUISR															
41	14.714 S	13.698 A	22.187 V	»	5.000 Sa	12.397 Sa	11.739 S	15.007 S	13.710 S	2.967 S	11.537 S	15.505 S	138.481	11.530	11.884
42	16.569 AS	»	12.264 A	10.781 A	10.728 SA	»	12.065 S	13.610 S	17.488 S	5.101 SA	8.707 S	13.090 Sa	120.463	10.038	
48		»	»	13.503 AS	17.813 AS	14.501 S	18.193 A	19.458 S	27.310 S	7.021 S	16.861 S	13.059 S	150.409	13.672	
50	8.000 A	»	15.543 SA	»	20.029 S	14.008 SA	13.106 S	18.172 S	22.537 S	10.841 S	12.611 A	9.907 A	144.810	12.067	
54	15.827 A	20.093 Aa	14.388 Sa	18.098 Sa	28.853 A	»	8.085 S	8.690 A	10.238 Aa	17.744 S	»	3.870 A	146.421	12.202	
59										8.839 Sa	13.539 S	13.800 S	36.277	12.092	
SECTION DE LA PLAINE DE SUEZ															
53	»	»	8.300 A	12.551 A	16.290 A	22.067 A	1.334 A	710 a	à gabares	3.056 Aa	7.725 A	8.401 A	76.264	6.983	8.546
58	4.173 A	8.242 A	9.840 A	14.737 A	12.480 Aa	14.331 AS	8.924 Aa	6.824 a	à gabares	18.409 A	11.873 A	1.800 A	111.743	10.158	
Cubes totaux	50.283	41.973	82.474	70.290	111.187	79.484	73.666	82.471	91.278	75.268	82.913	74.531	924.818		
Nombres de dragues	6	7	7	7	7	7	7	7	5	8	8	8	84		
Cubes moyens mensuels	9.880	5.996	11.782	10.041	15.888	11.355	10.524	11.781	18.255	9.408	10.364	9.316	11.010		

Tableaux récapitulatifs du rendement des dragues

RELEVÉ DES CUBES DE DRAGAGES EXÉCUTÉS PENDANT UNE ANNÉE

(De décembre 1867 à novembre 1868)

MOIS	DRAGUES A PORTEURS Nombre de dragues	DRAGUES A PORTEURS Cube	DRAGUES A LONG COULOIR Nombre de dragues	DRAGUES A LONG COULOIR Cube	DRAGUES A ÉLÉVATEURS Nombre de dragues	DRAGUES A ÉLÉVATEURS Cube	ENSEMBLE Nombre total de dragues	ENSEMBLE Cube total
Décembre 1867	28	378.458	14	282.433	6	59.283	48	720.174
Janvier 1868	29	356.247	15	252.890	7	41.973	51	651.110
Février	29	393.322	16	389.706	7	82.474	52	865.502
Mars	29	382.111	19	441.429	7	70.290	55	893.830
Avril	31	456.032	21	473.194	7	111.187	59	1.040.413
Mai	31	537.063	22	685.204	7	79.484	60	1.301.751
Juin	31	637.258	22	633.792	7	73.666	60	1.344.716
Juillet	31	665.711	22	697.821	7	82.471	60	1.446.003
Août	31	608.078	22	711.613	5	91.278	58	1.410.969
Septembre	30	546.693	22	831.637	8	75.268	60	1.453.498
Octobre	30	517.825	22	874.523	8	82.913	60	1.475.261
Novembre	30	495.442	22	910.089	8	74.531	60	1.480.062
CUBES TOTAUX		5.994.240		7.164.231		924.818		14.083.289

RENDEMENTS MOYENS MENSUELS DES DRAGUES PENDANT UNE ANNÉE

(De décembre 1867 à novembre 1868)

DÉSIGNATION DES SECTIONS	DRAGUES à porteurs	DRAGUES à long couloir	DRAGUES à élévateurs
Port-Saïd	18.329	»	»
Ras-el-Ech	»	44.468	»
Le Cap	»	28.327	11.884
Lacs Ballah	»	20.392	
El Guisr	13.127	»	»
Lac Timsah	18.092	»	»
Sérapéum	17.977	16.650	»
Plaine de Suez	»	22.271	8.546
Quarantaine	10.872	14.892	»
Port de Suez	23.050	29.943	»
ENSEMBLE DES SECTIONS	16.631	20.970	11.010

›vateurs pendant une année

›VEMBRE 1868)

›s du 15 de chaque mois au 15 du mois suivant)

let	Août	Septembre	Octobre	Novembre	RENDEMENT TOTAL par drague pendant une année	RENDEMENT MOYEN MENSUEL de chaque drague	RENDEMENT MOYEN MENSUEL par drague dans chaque section
cubes	Mètres cubes	Mètres cubes	Mètres cubes	Mètres cubes	Mètres cubes	Mètres cubes	Mètres cubes
LAH ET D'EL GUISR							
7 S	13.710 S	2.967 S	11.537 S	15.505 S	138.431	11.536	11.884
› S	17.488 S	5.101 SA	8.767 S	13.090 Sa	120.463	10.038	
› S	27.310 S	7.621 S	16.861 S	13.059 S	150.409	13.673	
› S	22.537 S	10.841 S	12.611 A	9.907 A	144.810	12.067	
› A	10.233 Aa	17.744 S	»	3.870 A	146.421	12.202	
		8.839 Sa	13.539 S	13.899 S	36.277	12.092	
INE DE SUEZ							
› a	à gabares	3.656 Aa	7.725 A	3.401 A	76.264	6.933	8.546
. a	à gabares	18.499 A	11.873 A	1.800 A	111.743	10.158	
	91.278 5 18.255	75.268 8 9.408	82.913 8 10.364	74.531 8 9.316	924.818 84 11.010		

›endement des dragues

RENDEMENTS MOYENS MENSUELS DES DRAGUES PENDANT UNE ANNÉE

(De décembre 1867 à novembre 1868)

DÉSIGNATION DES SECTIONS	DRAGUES à porteurs	DRAGUES à long couloir	DRAGUES à élevateurs
›rt-Saïd	18.329	»	»
›s-el-Ech	»	44.468	»
Cap	»	28.327	11.884
es Ballah	»	20.392	
Guisr	13.127	»	»
c Timsah	18.092	»	»
rapéum	17.977	16.650	»
›ine de Suez	»	22.271	8.546
›arantaine	10.872	14.892	»
›t de Suez	23.030	29.943	»
ENSEMBLE DES SECTIONS	16.651	29.976	11.010

NOTE SUR LES PLANS INCLINÉS EMPLOYÉS A L'EXÉCUTION DES DÉBLAIS A SEC DANS LES DEUX SECTIONS DE CHALOUF ET DE LA PLAINE DE SUÉZ.

(PLANCHES XXXI ET XXXII)

Il a été expliqué précédemment, au chapitre concernant les travaux de la section de Chalouf, que, par suite du succès de l'emploi des plans inclinés à l'exécution des déblais du banc de rocher, et vu les modifications apportées au programme d'exécution de la section du Petit lac et de la section de la Plaine de Suez, l'Entreprise s'était décidée, pour les travaux de la section de Chalouf, à s'en tenir exclusivement au mode d'exécution par plans inclinés (exception faite pourtant de quelques chantiers de faible importance où les déblais furent exécutés à la brouette et au couffin).

L'extraction du banc de rocher avait été faite au moyen de quatre plans inclinés, normaux à l'axe du Canal, qui, par des attaques successives, avaient enlevé, d'abord, le massif de terre existant au-dessus du banc, puis, le rocher, et, enfin, le massif de terre inférieur jusqu'au plafond du Canal.

Ce travail spécial, en régie, commencé à la fin de 1865 et terminé en mai 1867, avait ainsi servi de champ d'expériences aux Entrepreneurs.

Dès le mois d'avril 1865, on avait commencé l'installation d'autres plans normaux, au nord et au sud du banc de rocher. On devait descendre en deux attaques jusqu'à la cote $15^{m},50$. Le mois suivant, un premier plan était en marche et produisait un cube journalier, mesuré au profil, de 150 à 200 mètres cubes, tandis qu'au début le rendement des plans n'atteignait pas 100 mètres cubes. En décembre, en dehors du banc de rocher (où — comme il est dit ci-dessus — 4 plans étaient installés), 8 autres plans normaux, espacés de 200 mètres les uns des autres, commençaient leur première attaque, de la cote $20^{m},50$ à la cote $18^{m},50$, dans un terrain argileux ; ils faisaient 180 à 200 wagons par jour, soit environ 280 mètres cubes mesurés au profils (La contenance des wagon était de $2^{m3},20$, et l'on admettait un foisonnement d'environ 30 0/0, ce qui réduisait le cube effectif par wagon à $1^{m},50$.)

La plate-forme des plans était établie à des hauteurs variables : de la cote $27^{m},00$ à la cote $32^{m},00$, suivant la hauteur du terrain naturel, qui variait de la cote $21^{m},00$ à la cote $27^{m},00$, ce qui permettait d'avoir 5 à 6 mètres de hauteur de décharge.

Le prix de revient du mètre cube de déblais, y compris un dixième pour frais d'outils, puis un dixième pour frais généraux et 0 fr. 30 pour épuisements, pouvait être évalué à 2 fr. 30.

En février 1867, trois plans terminaient leur attaque à $15^{m},50$. (Cette attaque fut reprise plus tard jusqu'au plafond par des plans biais.) Ces plans avaient fait de 200 à 250 wagons, soit environ 300 mètres cubes par jour. On les installa ensuite au sud du banc de rocher, mais en biais. C'est donc dans les premiers mois de l'année 1867 que commença l'installation de plans inclinés obliques sur l'axe du Canal ou plans biais. La direction des plans faisait avec l'axe du Canal un angle de 35°.

La nouvelle disposition présentait les avantages suivants :

Économie dans le cube des déblais pour la préparation des rampes ; au lieu de l'inclinaison de 5 pour 1 des plans normaux, inclinaison de 7 pour 1 qui permettait de monter les wagons chargés avec un effort notablement moindre ; diminution, en même temps, des ruptures de chaînes : avec les plans normaux ou droits, une chaîne était considérée comme usée au bout de quinze jours, tandis qu'avec les plans obliques ou biais elle pouvait servir un mois et plus ; les machines pouvant monter des poids plus lourds, on avait mis des hausses aux wagons ; enfin les plans biais faisaient

300 wagons par jour, et leur rendement atteignit même, par la suite, 400 wagons, soit 560 mètres cubes.

Si pour les plans biais on n'avait pas adopté une pente plus douce encore, c'était à cause de la hauteur du terrain naturel qui, en allongeant le plan, eût entraîné à des déblais trop considérables.

Le prix de revient d'un plan droit était d'environ 65.000 francs ; celui d'un plan biais, de 67.000 francs ; mais le plan biais économisait au moins 0 fr. 15 par mètre cube sur le plan droit.

Dans la section de Chalouf, le rendement moyen mensuel des plans droits avait été de 8.000 mètres cubes ; celui des plans biais, de 10.000 mètres cubes. (Dans la section de la Plaine de Suez, où n'ont été employés que des plans biais, le rendement de ces plans, par suite de la nature rocheuse du sol, a été moindre que dans la section de Chalouf.)

La durée moyenne de la journée de travail était de douze heures.

Sur les parties attaquées avec des plans droits jusqu'à la cote $15^m,50$, furent ensuite installés des plans biais qui descendirent en une seule attaque jusqu'au plafond.

Les nouveaux plans biais installés ont attaqué, tantôt jusqu'à la cote $12^m,00$, sur les points où les infiltrations empêchaient de foncer la rigole d'épuisement, tantôt jusqu'au plafond, là où les eaux étaient rares.

Il y a eu en fonctionnement, en même temps, dans la section de Chalouf, à la fin de 1867 et au commencement de 1868, au plus 15 plans, tous biais.

A l'origine, on avait disposé les plans biais de chaque rive presque en prolongement les uns des autres, avec un simple intervalle d'une dizaine de mètres ; mais, au bout de peu de temps, on en était venu à l'emploi des voies de rebroussement, système exclusivement adopté à la Plaine de Suez, non pas comme une amélioration, mais bien comme un moyen de suppléer à la charge dans les mauvais terrains.

La majeure partie des plans avait d'ailleurs été reportée en Asie, tout à la fois parce que, généralement, le terrain y était moins élevé, et aussi dans le but d'éviter de restreindre l'espace réservé au campement.

On avait toujours cherché à amener le sommet de chaque plan au point le plus bas du terrain; c'est ce qui faisait que les plans n'étaient pas tous parallèles et que les uns étaient tournés vers le sud, d'autres vers le nord.

L'écartement plus ou moins grand des plans entre eux tenait tout à la fois à l'importance du cube à enlever et à l'existence de chantiers intermédiaires de terrassements à la brouette et aux baudets.

D'une manière générale, chaque plan était chargé de faire environ 200 mètres de Canal, soit environ 100.000 mètres cubes. Puis tout le matériel était reporté plus loin sur le terrain.

Au fur et à mesure de l'achèvement de leur tâche, les plans de Chalouf furent transportés et remontés à la Plaine de Suez où le premier plan incliné commença à fonctionner le 4 mars 1868.

Pendant les six premiers mois de 1869, il y eut en tout 27 plans en fonctionnement dans les deux sections.

Une description détaillée d'un plan incliné biais ou oblique à l'axe est donnée plus loin. Tous les détails de construction des plans droits ou normaux à l'axe sont les mêmes que pour les plans biais. On se contentera ici de présenter quelques observations au sujet de l'un et de l'autre type.

La rampe des plans droits, inclinée à $0^m,20$ par mètre, partait de l'arête du plafond, cote $9^m,68$. Comme il est dit plus haut, ces plans devaient exécuter le Canal en deux attaques successives : pour la première attaque, le pied du plan se trouvait à 40 mètres de l'axe, ce qui donnait relativement beaucoup de facilité pour développer les huit voies de la charge; mais, pour la deuxième attaque, on était extrêmement gêné, le trop faible rayon des courbes causant de fréquents déraillements. C'est ce qui avait donné l'idée des plans en écharpe, lesquels, rencontrant l'arête du plafond sous un angle très aigu, étaient très faciles à raccorder avec les voies de charge. Mais ces plans biais n'attaquaient le Canal que dans une seule direction. On les avait donc accouplés deux à deux, en les disposant chacun sur une rive, presque en face l'un de l'autre. Enfin, dans les terrains durs, on avait reconnu qu'un plan biais, disposé comme il vient d'être dit, ne pouvait charger assez de wagons pour répondre à la puissance de la machine élévatoire, et c'est alors qu'on avait installé des voies de rebroussement qui doublèrent le nombre des wagons chargés dans un temps donné.

En résumé, des plans biais, attaquant la tranchée dans une seule direction, avaient été substitués aux plans droits primitivement employés et qui attaquaient dans les deux directions, mais dans des conditions difficiles; puis, plus tard, on avait adopté des plans biais plus espacés, avec voies de rebroussement selon la nature du sol et les exigences de la charge.

Ces améliorations successives, réalisées dans les travaux de la section de Chalouf, avaient servi de point de départ pour l'organisation des chantiers de la Plaine de Suez, à l'exception toutefois des voies de rebroussement qui furent imaginées dans l'exécution des travaux de cette dernière section et qui furent ensuite appliquées également dans la section de Chalouf.

DESCRIPTION DES PLANS INCLINÉS BIAIS DE LA PLAINE DE SUEZ (PLANCHE XXXII)

Le système de déblais par plans inclinés comprenait deux parties distinctes :

1° Un ensemble de voies de charge établies dans le fond de la tranchée et permettant d'amener les wagons chargés des terres de déblai jusqu'au pied de la rampe du plan incliné;

2° Un appareil élévatoire (constituant le plan incliné proprement dit) servant à monter les wagons chargés sur une rampe à double voie de fer jusqu'à une plate-forme supérieure à partir de laquelle d'autres voies les conduisaient à la décharge.

La traction sur les voies de charge et de décharge se faisait au moyen de mules.

Les wagons étaient élevés jusqu'au sommet du plan incliné au moyen d'un treuil sur lequel s'enroulait la chaîne de traction et qui était mis en mouvement par une machine à vapeur.

La machine et le treuil étaient installés sur la plate-forme du sommet du plan incliné, laquelle, en vue de créer ainsi un champ de décharge des déblais, était établie en cavalier d'une hauteur de 5 à 6 mètres au-dessus du terrain naturel.

Machine à vapeur.

La machine à vapeur était une locomobile de la force de 10 à 14 chevaux et de 15 à 18 mètres carrés de surface de chauffe, abritée dans une baraque en planches contre les dégâts que pourrait causer au mécanisme le sable en suspension dans l'air. Elle remorquait aisément deux wagons chargés. Le nombre de tours était de 100 à 130 par minute. Le volant avait $1^{m},40$ de diamètre et 25 centimètres de largeur de jante. Dans la période normale de fonctionnement, la consommation de charbon était de $2^{kg},50$ par cheval et par heure et la consommation d'eau d'environ 1.800 litres par jour.

Ces locomobiles étaient facilement transportables lorsque les plans avaient achevé leur œuvre.

Treuil.

Le treuil, en vue de laisser toute liberté de circulation sur les voies, était logé entièrement au-dessous de la machine et se trouvait entouré de toutes parts par les remblais du cavalier.

Il se composait essentiellement d'un bâti horizontal en

fonte servant d'assiette à l'arbre moteur, perpendiculaire aux voies du plan incliné et à trois arbres parallèles aux voies et situés dans le même plan que l'arbre moteur. Sur les arbres extrêmes du groupe des trois arbres parallèles étaient calés deux tambours en fonte, d'égal diamètre, à cannelures et tournant dans le même sens; l'arbre intermédiaire servait simplement à communiquer par engrenages aux deux tambours un mouvement égal à celui qu'il recevait lui-même de la machine à vapeur par l'intermédiaire d'une roue d'angle calée sur l'arbre moteur, lequel, de son côté, était en communication avec la machine par une courroie.

Dans les cannelures des tambours venait s'enrouler la chaîne de traction. Deux arcades en fonte, boulonnées sur le bâti, supportaient deux poulies de renvoi pour la chaîne, situées dans l'axe de chacune des deux voies de la rampe du plan incliné. La chaîne, ainsi convenablement dirigée par les deux poulies de renvoi, était attachée à l'une de ses extrémités aux wagons pleins, à l'autre extrémité aux wagons vides. En donnant un sens convenable à la rotation, les wagons pleins se trouvaient remorqués, tandis que les wagons vides descendaient à la fouille, diminuant de leur propre poids le travail imposé à la machine.

L'arbre moteur portait un frein à lame d'acier serré par un système de leviers qui permettait la manœuvre dans des conditions faciles à une hauteur convenable au-dessus des rails, ce qui était surtout utile, en cas de rupture de la chaîne, pour empêcher au moins les wagons vides de descendre trop rapidement à la fouille.

Les cannelures des tambours étaient cylindriques. Cette forme des cannelures, adoptée dans les derniers treuils construits, avait réduit dans une proportion notable l'énorme usure qui, avec les cannelures primitives, creusées en forme de tores, mettait en peu de temps hors de service les tambours, et, ce qui était plus grave, la chaîne de traction.

Lorsque les tambours avaient fait un certain service, on les faisait passer sur le tour, en ayant soin de leur conserver des diamètres rigoureusement égaux afin d'éviter tout glissement de la chaîne. Ils avaient une épaisseur suffisante pour supporter deux ou trois réparations de ce genre; mais ils étaient ensuite hors de service et il fallait les remplacer.

Chaque tambour était serré entre deux flasques en forme de roues, l'une munie de dents d'engrenage, l'autre lisse. En enlevant les boulons de serrage, on pouvait remplacer le tambour tout en conservant les flasques, dont l'usure était moins rapide.

L'arbre intermédiaire portait deux roues semblables aux flasques ci-dessus, mais sans tambour.

Les trois roues dentées portées par les arbres engrenaient entre elles. Les engrenages étaient en partie en saillie, en partie en creux par rapport aux jantes, de telle sorte que les portions restées lisses sur une roue roulaient sur les portions analogues de la roue adjacente.

Les roues à jante lisse roulaient également l'une contre l'autre.

Grâce à ces dispositions, les arbres ne tendaient pas à se rapprocher sous la traction du câble et les paliers se trouvaient ainsi à l'abri d'une cause importante d'usure, en même temps que le parallélisme des arbres se trouvait beaucoup mieux assuré.

L'ensemble du treuil reposait sur le remblai et y prenait son point d'appui par une charpente très solide formant une chambre oblongue. Sur cette charpente étaient cloués des planchers pour soutenir les terres et augmenter l'assiette en répartissant les pressions sur de grandes surfaces.

Chaîne de traction et supports.

La chaîne de traction était en *fer câble extra* de 20 millimètres de diamètre, et pesait 10 kilogrammes par mètre courant. Elle était formée de maillons soudés de 10 centimètres de longueur et de 6 centimètres et demi de largeur, au nombre moyen de 25 par mètre courant. Elle était essayée sous une traction d'épreuve de 10 tonnes, bien qu'elle n'eût à supporter qu'un effort de 3 tonnes. Malheureusement, malgré ce surcroît de force, les ruptures étaient néanmoins assez fréquentes, entraînant, en outre des dégâts au matériel, la désorganisation dans les chantiers d'attaque composés d'une centaine d'ouvriers.

La chaîne était supportée tout le long du plan incliné par des galets en fonte portés par des supports également en fonte fixés sur les traverses des voies de fer et espacés de 8 mètres les uns des autres. Primitivement ces galets, comme les rainures des tambours du treuil, avaient leur gorge en forme de tore, d'où résultait une usure rapide pour le galet lui-même et pour la chaîne; une notable amélioration avait été réalisée sous ce rapport par la substitution aux anciens galets de galets à gorge cylindrique.

Des galets munis d'un seul bourrelet étaient placés aux points voulus pour permettre les changements de voie.

Wagons.

Les wagons, d'une contenance primitive de 1mc,70, consistaient en caisses en bois ou en tôle de forme trapézoïdale portées sur des châssis en bois à quatre roues. Les derniers wagons construits avaient une contenance de 2mc,50 et pesaient de 1.300 à 1.400 kilogrammes.

Les caisses en tôle étaient entièrement en tôle de 3 millimètres d'épaisseur renforcée par des fers cornières et à T.

Le châssis en charpente était consolidé par une croix de Saint-André et des tirants en fer.

Les wagons en bois étaient destinés au travail dans le rocher; ceux en tôle, au travail dans les terrains ordinaires. On avait pu pourtant utiliser les wagons en tôle dans les déblais de rocher en renforçant leur fond au moyen d'une garniture en madriers et en consolidant les parois par l'adjonction extérieure de montants en bois alternant avec les cornières. Toutefois, malgré ces doublages, les wagons étaient souvent brisés par de gros blocs de rocher détachés par les mines.

Le vidage des wagons s'effectuait par un mouvement cycloïdal, disposition qui permettait une grande inclinaison de la caisse, favorable à la sortie de déblais, sans cependant exagérer la hauteur de la caisse au-dessus des rails au détriment de la stabilité.

Les wagons étaient d'une construction simple et économique et exigeaient, en travail normal, peu de réparations. Malheureusement, en dehors des avaries signalées plus haut provenant de chutes de blocs de rocher, ils étaient sujets à d'autres avaries assez fréquentes, par suite de ruptures de la chaîne de traction. Lorsque le fait se produisait, les wagons chargés redescendaient avec une vitesse souvent très grande — comme cela avait lieu lorsque la rupture se produisait dans le voisinage du sommet du plan incliné — et, après avoir déraillé, venaient s'abîmer au fond de la fouille en subissant des avaries plus ou moins graves : les châssis, surtout, souffraient beaucoup ainsi que les caisses en bois, et la réparation en était très coûteuse ; les caisses en tôle se réparaient plus facilement ; au lieu de se disloquer et de se briser, elles se faussaient seulement, et il était assez aisé de les remettre en état de fonctionnement.

Voies de fer.

Les deux voies de fer du plan incliné — comme, du reste, toutes les autres voies de fer du chantier — étaient constituées par des rails Vignole (petit matériel) supportées par des traverses en chêne ou en sapin sur lesquelles ils étaient fixés au moyen de crampons. L'écartement intérieur des champignons des rails était de 1 mètre et l'écartement d'axe en axe des deux voies de 3 mètres.

Les rails avaient de 4 à 6 mètres de longueur et étaient du poids de 16 kilogrammes par mètre courant. Ils étaient réunis entre eux au moyen d'éclisses et de boulons de 16 millimètres de diamètre.

[Les éclisses donnaient à peu de frais des voies très bonnes, qui ménageaient beaucoup le matériel, surtout lorsque le sol était sujet à des affaissements, comme cela arrivait pour les voies de décharge ; et, en établissant la solidarité entre les rails tout en conservant à la voie une certaine flexibilité, elles facilitaient le ripage.]

Les demi-lunes des voies consistaient en une disposition particulière de voie en courbe se reliant par ses extrémités à la voie principale et destinée à servir de garage à un certain nombre de wagons en des points déterminés.

Freins; — Buttoir.

Le mouvement des wagons sur les rails était réglé, et, par exemple dans le cas d'une rupture de chaîne, pouvait être arrêté ou du moins ralenti au moyen de freins en bois de la forme ordinaire à sabot.

Au sommet du plan, pour empêcher l'accès de la rampe aux wagons vides prêts à descendre, était placé un buttoir en bois mobile autour d'un pivot.

ÉTABLISSEMENT D'UN PLAN INCLINÉ BIAIS

L'établissement d'un plan incliné, droit ou biais, comportait la construction préalable d'une rampe le long de laquelle devaient monter les wagons chargés et d'une plate-forme sur laquelle devaient être établis la machine à vapeur et le treuil destiné à opérer la traction.

Il a été expliqué précédemment que, dans les chantiers de la section de Chalouf, on avait généralement adopté des plans inclinés droits à la pente de $0^{m},20$ par mètre, laquelle se rapprochait de la pente générale des berges du Canal dans cette section et réduisait ainsi au minimum le cube des terrassements inutiles.

Nous ne nous occuperons ici que des plans inclinés biais.

Rampe.

L'inclinaison à donner à la rampe du plan incliné dépendait de trois éléments : de la force de la machine, de la force de résistance des chaînes de traction et du poids à remorquer. Ce dernier élément dépendait lui-même de la rapidité des moyens de chargement dont on disposait, combinée avec la vitesse de transport qui ne pouvait, sans inconvénient, dépasser 60 à 70 mètres par minute, et compte tenu des temps d'arrêt rigoureusement nécessaires pour les manœuvres. On s'était arrêté à la pente de 15 centimètres par mètre. L'expérience avait montré que, sur une pareille rampe, avec des machines de la force de 12 à 15 chevaux et avec les chaînes de traction employées, on pouvait, sans occasionner de trop fréquentes ruptures de chaînes, remorquer à la montée deux wagons chargés contre-balancés en partie par deux wagons vides à la descente.

La rampe avait une largeur de 6 mètres.

La direction à lui donner par rapport à l'axe du Canal dépendait des diverses conditions suivantes : d'abord, d'obtenir qu'une des arêtes de la rampe s'appuyât sur le talus définitif de la tranchée de manière à réduire au minimum le déblai à extraire lorsque l'on ferait disparaître la rampe ; puis de permettre le facile développement des courbes à partir du pied de la rampe ; enfin, d'arriver à avoir le moins possible de remblais à faire en dedans de la ligne des cavaliers placés à la cote 20^{m},50 à 56 mètres de distance de l'axe du Canal. Ces diverses conditions mises en épure avaien conduit à donner à la rampe une direction faisant avec l'axe du Canal un angle de 31°.

La rampe était tracée de manière à aboutir finalement à la rive du plafond du Canal de manière à permettre d'enlever la totalité des déblais. A partir de son extrémité inférieure, elle était en déblai par rapport au talus de la cuvette du Canal jusqu'à la hauteur de la risberme sise à la cote 18^{m},00 du profil ; puis, arrivée là, elle gravissait en remblai jusqu'à gagner la hauteur de la plate-forme établie en cavalier. Comme il s'agissait de travaux temporaires, les talus de déblai étaient faits aussi raides que le permettait la nature du terrain, en vue de diminuer autant que possible le terrassement inutile, et les talus de remblai ne dépassaient pas 1 pour 1.

Plate-forme.

On donnait à la plate-forme les dimensions strictement nécessaires pour l'installation de la machine, du treuil et des demi-lunes. Elle avait le plus ordinairement une longueur de 14 mètres et une largeur de 12 mètres. Son altitude pour la Plaine de Suez avait été fixée à la cote uniforme de 25m,00, c'est-à-dire à environ 5m,50 en contre-haut de la cote moyenne du terrain. Le cube à extraire par un plan devait être logé dans un secteur dont le rayon, pour remplir les conditions avantageuses d'une traction maximum par les mules conduisant les wagons à la décharge, en même temps que pour obtenir le travail maximum de l'appareil élévateur, avait été trouvé devoir être de 115 mètres. Il n'y avait nul avantage à diminuer le transport en rampe par la machine en faveur de la traction par les animaux, l'expérience ayant prouvé que les machines ne faisaient jamais attendre.

MODE DE FONCTIONNEMENT D'UN PLAN INCLINÉ

Après l'établissement de la plate-forme, effectué à la brouette au moyen de déblais pris dans la tranchée et la construction de la rampe en remblai jusqu'à la risberme horizontale de la cote 18m,00; après, également, l'installation du treuil, de la machine et de la double voie, on prolongeait la rampe, en s'avançant en cuvette, au moyen de wagons. On descendait ainsi en cuvette aussi profondément que le permettait la tenue du terrain, afin d'avoir une grande hauteur d'attaque, et par suite une vitesse de chargement en rapport avec la rapidité du transport. Arrivé à cette limite de profondeur sur toute la largeur de la tranchée, chacune des deux voies du plan incliné se bifurquait en deux autres voies de manière à former un faisceau de quatre voies réparties sur toute la largeur du plafond de la tranchée et permettant de déblayer tout le profil jusqu'à la profondeur déjà atteinte. On prolongeait alors le plan incliné en cuvette sur une nouvelle profondeur, et, en procédant comme précédemment, on enlevait une nouvelle tranche de profil. Et ainsi de suite jusqu'au plafond définitif.

Au déchargement, les voies étaient d'abord poussées en avant au moyen de wagons déchargeant en bout; puis on les ripait successivement, les unes à droite, les autres à gauche en éventail, grâce à des wagons se déchargeant de côté et élargissant le terre-plein de la voie. Chaque plan incliné faisait ainsi un cavalier ayant la forme d'une espèce de demi-tronc de cône.

La traction mécanique ne s'effectuait que sur le plan incliné proprement dit. Sur les voies de charge et de décharge, les wagons étaient traînés par des mules.

Les voies d'attaque étaient en pente douce vers la base du plan incliné, afin de diminuer le travail imposé aux mules : cette pente était calculée de manière que trois mules conduisant deux wagons chargés au plan incliné n'eussent pas plus d'effort à développer qu'une seule mule conduisant les deux wagons vides au chargement. La pente ainsi calculée était d'environ 1 centimètre par mètre.

Les voies de déchargement commençaient par une pente de 3 millimètres par mètre sur une longueur d'une trentaine de mètres pour le stationnement et l'aiguillage; puis la pente, par la même raison qu'à l'attaque, devenait de 1 centimètre par mètre.

Après ces indications générales, nous entrerons maintenant dans quelques détails.

Creusement de la cuvette.

Le creusement de la cuvette se faisait au moyen d'un wagon par voie et de la disposition en S d'une voie de creusement établie sur la rampe même.

Dès que l'on arrivait au point où commençaient les croisements de la demi-lune établie au pied du plan, on mettait en charge deux wagons par voie au lieu de fermer la demi-lune, on continuait l'attaque en patte d'oie jusqu'à ce que l'on eût l'emplacement nécessaire à l'établissement complet des demi-lunes; et les wagons chargés montaient alors par les courbes comme par les voies. Cette disposition de l'S sur la rampe et des demi-lunes au pied des plans avait donné dès son installation un rendement triple de celui qu'on obtenait précédemment.

C'est qu'en effet, quand on fonçait la cuvette et qu'un wagon était en charge, l'autre se trouvant au sommet de la rampe, il fallait, pour que celui-ci pût descendre, que le wagon chargé fût monté, et il résultait de là une perte de temps considérable pour l'équipe qui attendait le wagon vide. Au moyen de l'S, on avait pu faire passer le wagon descendant sur la voie de celui qui montait à la décharge et permettre ainsi aux équipes de ne suspendre l'extraction que pendant un temps très court. Les demi-lunes du pied du plan avaient permis ensuite le facile croisement des wagons allant indistinctement de l'une à l'autre voie.

Voies de la décharge.

A l'origine, les voies de la décharge étaient disposées suivant une direction unique, ce qui exigeait un travail très long au wagon déchargeant en bout avant de pouvoir se servir des wagons déchargeant de côté et de pouvoir ainsi décharger deux wagons à la fois. Dans ces conditions, on avait des cubes considérables de terres à remuer à la pelle pour faciliter l'avancement. Une amélioration de ce mode d'opérer était nécessaire; elle devait être conçue en vue de permettre de recourir le plus promptement possible aux déchargements de côté; en d'autres termes, d'arriver le plus vite possible à l'extrémité de la digue primitive à construire.

L'idée était naturellement venue de construire de prime abord des digues ayant les moindres dimensions possibles, et de chercher en conséquence à déterminer le rapport nécessaire entre le nombre de wagons de bout et le nombre de wagons de côté pour arriver rapidement à ce résultat. Les expériences pour déterminer ce rapport avaient été faites dans les chantiers de Chalouf. Le rapport avait été trouvé de 1 à 4; il permettait de construire les digues en vingt jours.

La digue-type qui avait servi aux expériences avait 6 mètres de largeur en couronne et comportait deux voies avec des accotements de 1 mètre. Le rapport indiqué ci-dessus avait constamment permis de former les talus de côté dans le même temps que mettaient les wagons de bout à faire l'avancement. Ces résultats furent d'ailleurs confirmés ensuite, en général, dans le travail des plans inclinés de la Plaine de Suez.

Le ripage des voies se faisait à droite et à gauche et exigeait chaque fois la reconstitution d'une partie des courbes de raccordement. Ce travail était long et dispendieux, et l'on reconnut la possibilité de l'éviter, en partie, en déchargeant les déblais dans un secteur dont on construirait de suite les rayons extrêmes et que l'on remplirait par le déchargement des terres en ripant successivement les voies suivant les tangentes des courbes établies et dont le développement augmenterait régulièrement sans qu'il fût nécessaire de retoucher les parties déjà construites.

Secteur de déchargement.

La formation la plus rapide des digues étant trouvée, il suffisait de déterminer, dans chaque cas, les dimensions à donner au secteur capable de loger tous les déblais que devait fournir le plan incliné. On déterminait ensuite de la manière suivante les limites extrêmes et la position intermédiaire de la direction à donner respectivement à chacune des trois digues primitives à construire, le remplissage devant s'opérer au fur et à mesure de l'avancement par le ripage des voies, lesquelles devaient être établies, savoir : deux voies sur la digue centrale, une voie sur chacune des deux digues extrêmes. La direction primitive de la voie étant donnée par celle du plan incliné jusqu'au point où étaient installés les aiguillages, on avait tracé en ce point deux courbes du rayon minimum de 30 mètres qu'il était possible d'employer. Deux lignes menées tangentiellement à ces courbes, l'une parallèle à l'axe du Canal, l'autre perpendiculaire, donnaient les limites extrêmes de déchargement et figuraient ainsi les axes des deux digues primitives extrêmes. Du point susmentionné comme centre, on traçait alors une circonférence de 115 mètres de rayon et l'on obtenait ainsi un secteur capable de loger tous les déblais montés par un plan incliné. Enfin la circonférence du secteur était divisée en deux parties égales et le rayon correspondant figurait la direction de la digue intermédiaire. La seule partie variable de ces dispositions était donc, pour la Plaine de Suez, la longueur des digues primitives, puisque le secteur dont les dimensions viennent d'être indiquées était susceptible de loger un cube notablement supérieur à celui que chaque plan avait à extraire.

Les déplacements successifs des voies de la décharge s'opéraient, comme il est dit ci-dessus, par ripages à droite et à gauche pour la digue centrale, d'un seul côté pour chacune des deux digues extrêmes. Les lignes de ripage, à partir de la position primitive, étaient les tangentes successives des circonférences du rayon minimum de 30 mètres. Le déplacement moyen des voies était généralement de 50 centimètres ; il avait lieu lorsque la direction du déversement du wagon, cessant d'être parallèle à l'inclinaison du talus, venait couper ce dernier.

Pour la construction des digues primitives, on avait également adopté la disposition suivante : après avoir déterminé les directions des deux limites extrêmes du déchargement et tracé la direction centrale, on avait choisi les deux directions intermédiaires divisant le secteur en quatre parties égales, pour l'établissement de deux digues primitives portant chacune deux voies, au lieu des trois digues de la combinaison précédente. Le ripage des voies se faisait alors à droite et à gauche de chacune des deux digues.

Écartement des plans.

Il ne pouvait y avoir rien d'absolu au sujet de la distance à laisser entre les plans inclinés. Cette distance dépendait, en effet, de diverses considérations qui pouvaient varier pour chaque plan, parmi lesquelles notamment la considération du cube à extraire, cube qui était limité par la distance maximum précédemment indiquée pour la décharge, et, comme il sera expliqué plus loin, la considération du nombre de mules affecté dans chaque chantier à la traction des wagons.

Il n'y avait donc pas de longueur absolue à adopter pour les chantiers à plans inclinés. Le rayon de 115 mètres de la décharge donnait un cube maximum de 80.000 mètres cubes à faire extraire par un plan pour un travail exécuté dans de bonnes conditions.

Il était d'ailleurs aisé de concevoir que, lorsqu'il était possible — ainsi que cela avait eu lieu à la Plaine de Suez — d'alléger le travail du plan incliné par des transports à la brouette ou à l'aide de chameaux ou de baudets, on pouvait augmenter d'autant la longueur de l'attaque.

La longueur normale d'attaque d'un plan dépendait, en résumé, des diverses conditions suivantes : la première de ces conditions était que tous les éléments du travail fussent déterminés de manière à ne laisser les hommes que le moins longtemps possible sans wagons ; une seconde condition était naturellement la hauteur de l'attaque ; une autre condition était le temps pendant lequel le plan devait être appelé à fonctionner ; enfin on avait à tenir compte du nombre de mules qui pourrait être affecté aux travaux du chantier.

A la Plaine de Suez, les plans inclinés avaient à enlever

en général le cube compris entre le plafond du Canal et la cote moyenne 16m,00, c'est-à-dire 246 mètres cubes par mètre courant. La longueur d'attaque pour chacun des plans avait été fixée à 200 mètres. Le plan devait donc extraire en totalité 49.200 mètres cubes, en chiffre rond ; avec le travail de la cuvette, 50.000 mètres cubes. Le creusement de la cuvette avait exigé en moyenne un travail de deux mois et le cube extrait pendant ce temps avait été d'environ 6.000 mètres cubes. Il était donc resté 44.000 mètres à extraire en travail normal du plan. L'expérience avait donné comme rendement moyen mensuel 7.000 mètres cubes. Le plan devait par conséquent marcher en tout pendant neuf mois. Ce délai s'était trouvé possible à la Plaine de Suez ; mais, s'il n'avait pu être accordé, il aurait nécessairement fallu, ou bien réduire la longueur de l'attaque, ou bien augmenter le nombre de mules.

Temps moyen à la charge.

Dans les chantiers de plans inclinés de la Plaine de Suez, le nombre des mules affectées au service de chaque plan était de huit. Sur ce nombre, quatre mules étaient nécessaires à la décharge (deux des mules conduisant les wagons pleins à la décharge pendant que les deux autres ramenaient les wagons vides). On ne disposait donc que de quatre mules pour l'attaque, soit une mule pour chaque voie de charge.

Le temps employé au chargement et au transport, jusqu'au pied du plan incliné, d'un convoi de deux wagons, sur chacune des quatre voies d'un chantier d'attaque de 200 mètres de longueur, dont le plan incliné élevait 400 wagons, soit 200 convois de 2 wagons par journée de 10 heures, était de $\frac{36.000''}{50} = 720''$ ou 12 minutes. Or, sur ce temps total de 12 minutes, la durée du transport par mule du convoi, aller et retour, y compris le temps de l'accrochage et du décrochage des wagons au pied du plan incliné pouvait s'évaluer comme suit : une mule parcourant en moyenne 1 mètre par seconde, il lui fallait 400 secondes pour conduire les wagons pleins au pied du plan et ramener les wagons vides; l'expérience montrait d'ailleurs qu'il fallait compter 30 secondes pour le décrochage et l'accrochage des wagons au pied du plan; c'était donc, pour chaque voyage sur une voie, un arrêt de travail à la charge de 430 secondes ou d'environ 7 minutes; le temps de travail effectif des hommes à la charge était ainsi réduit de plus de moitié[1].

Pour éviter les arrêts de la machine du plan incliné, la nécessité avait été reconnue d'augmenter notablement le nombre des hommes à la charge de manière à réduire le plus possible le temps du chargement des wagons. Le chiffre minimum donné par l'expérience avait été de 25 hommes par voie, soit de 100 hommes par attaque. Comme conséquence, il avait fallu augmenter en même temps le nombre des wagons à l'attaque, afin que les équipes n'en pussent manquer, et le nombre des mules pour que la traction ne fût pas en retard.

Temps moyen à la décharge.

Au début de l'installation des plans inclinés, il n'avait pas été établi de demi-lunes à la décharge, et l'on éprouvait alors des pertes de temps considérables par suite des aiguillages nombreux qu'on était obligé de faire pour desservir toutes les voies. La première modification apportée consista à placer des demi-lunes sur la plate-forme en arrière de la machine : cette disposition augmentait encore les frais

1. En augmentant le nombre des mules à la charge, on aurait pu augmenter la longueur des chantiers d'attaque en établissant des demi-lunes sur lesquelles se trouveraient garés des wagons. Mais on n'avait jamais songé à ce moyen qui eût été très coûteux : peut-être aussi parce que les distances de transport et le nombre des courbes se trouvant augmentés, il y aurait eu beaucoup plus de chances de déraillement, et, par suite, plus de perte de temps pour les hommes qui, obligés d'abandonner leur travail à la charge pour aller remettre les wagons sur voie, auraient eu à subir des arrêts plus fréquents et à parcourir des trajets plus longs pour opérer cette manœuvre.

de main-d'œuvre, les hommes ayant à pousser les wagons vides à une assez grande distance jusqu'au sommet de la rampe du plan. L'idée était venue ensuite d'imiter ce que l'on avait fait au pied du plan et de placer les demi-lunes de la décharge à cheval sur la rampe et sur la plate-forme. La nouvelle disposition avait augmenté d'une manière notable le rendement des plans; elle avait permis d'arriver souvent à décharger 400 wagons par jour; toutefois elle présentait encore des inconvénients, parmi lesquels le plus fâcheux consistait en ce que l'on ne pouvait accrocher les wagons vides à la chaîne descendante qu'après que les wagons pleins avaient complètement dépassé la demi-lune; et comme les mules mettaient une certaine lenteur soit à démarrer, soit à entraîner les wagons pleins, la descente se faisait nécessairement attendre.

Le système des demi-lunes pour garer les wagons n'était pas possible à la décharge à cause du mode de ripage des voies qui nécessitait un changement continuel de leur direction. Il avait donc fallu s'en tenir à la distance maximum qu'il était possible de faire parcourir aux mules pour qu'elles ne fissent pas attendre les wagons au sommet du plan incliné. Or les mules parcouraient 150 mètres en 150 secondes ou deux minutes et demie. Les machines, de leur côté, montaient le convoi de deux wagons dans le même temps, y compris 30 secondes pour la durée du décrochage et de l'accrochage au pied du plan. Mais, en ce qui était de la première opération, il y avait à tenir compte, en plus, du temps nécessaire à l'accrochage et au décrochage au sommet du plan, qui était au minimum de 30 secondes par montée de convoi. La durée de l'arrêt en résultant dépassait d'ailleurs toujours ce minimum, car elle était augmentée du temps que mettaient les mules à démarrer les wagons pleins et du temps que mettaient aussi les hommes à transporter la chaîne de la voie sur la voie de la demi-lune pour y accrocher les wagons vides descendants. Il était d'ailleurs impossible, ainsi que la remarque en a été faite précédemment, de mettre la descente en marche avant que les wagons pleins eussent été entraînés, puisque, sans cette précaution, la chaîne de la descente serait venue battre les roues des wagons pleins, produisant des chocs capables de la briser et pouvant produire des déraillements, surtout pendant la marche sur la demi-lune.

On voit, par ce qui précède, que toutes autres conditions de bonne marche étant remplies, il y avait toujours nécessairement, par suite des pertes de temps à la décharge, des arrêts au sommet de la rampe, et, par suite, des causes d'attente à la charge.

Rendement des plans.

Le rendement maximum des plans pouvait être évalué comme suit :

Il a été dit précédemment que le temps de la montée d'un convoi de deux wagons, y compris la durée de l'accrochage et du décrochage au pied de la rampe, était de 150 secondes. D'après cette donnée, le nombre de convois montés dans une journée de 10 heures serait de $\frac{36.000}{150} = 240$; d'où, un chiffre théorique de 480 wagons.

Mais l'expérience n'avait réalisé au plus, même rarement, qu'un chiffre de 420 à 450 wagons comme rendement d'un plan fonctionnant dans les meilleures conditions.

On devait admettre, par suite de la nature assez compacte des terrains, même de ceux considérés comme terrains ordinaires, qu'un chiffre moyen de 350 wagons par journée de 10 heures constituait un rendement très satisfaisant.

Attaque en rebroussement.

L'emploi de l'attaque en rebroussement était destiné à suppléer à l'insuffisance de la charge pour le travail de montée que pouvait produire la machine.

On vient de voir que le nombre maximum de wagons que pouvait monter la machine était de 480 par journée de

10 heures; et que, dans la pratique, le nombre de wagons chargés fournis au plan incliné était très inférieur à ce chiffre. On devait donc chercher à utiliser le chômage forcé de la machine; et, naturellement, comme on ne pouvait placer plus de quatre voies sur le plafond du Canal, on fut conduit à installer une attaque en arrière du plan.

Dans les bons terrains, comme ceux du découvert de la Plaine de Suez et comme on en avait rencontré à Chalouf, où l'on avait chargé jusqu'à 400 wagons par jour et par attaque, il y aurait eu évidemment désavantage à installer le rebroussement, puisque la machine n'aurait pu suffire à la montée de tous les wagons chargés; mais assez généralement, et en particulier à la Plaine de Suez, au-dessous du découvert, la deuxième attaque avait été nécessaire pour suppléer à l'insuffisance de l'attaque directe.

En principe, dans un plan bien attaqué, la longueur du rebroussement devrait être égale à celle de l'avancement. Pour parvenir à ce résultat, il faudrait, à mesure du travail de creusement de la cuvette, travailler en même temps, au moyen de brouettes, de baudets ou de chameaux, à l'enlèvement d'un premier massif de terre situé en arrière du plan, de manière à permettre d'installer le rebroussement avec ses quatre voies aussitôt que fonctionneraient les quatre voies marchant à l'avancement. Sans l'enlèvement préalable du massif de terre en question, — massif s'étendant depuis le point de départ de la voie de rebroussement sur la voie extrême d'avancement jusqu'à l'endroit du terrain situé en arrière du plan à partir duquel les voies et les divergences du rebroussement arrivaient à former également de ce côté un faisceau de quatre voies, — ledit massif ne pouvait être attaqué au wagon qu'à partir du moment où la voie extrême d'avancement parvenait jusqu'au point où elle devait se raccorder avec la voie de départ du rebroussement; de là, un retard du travail de rebroussement sur le travail à l'avancement.

Ce retard s'est produit sur tous les plans de la plaine de Suez; en sorte que, dans la pratique, la longueur de l'attaque en rebroussement a toujours été moindre que la longueur à l'avancement.

Plans alternatifs.

Au début de l'installation des plans, ceux-ci avaient tous été placés, successivement, les uns à la suite des autres sur la même rive.

Pour une pareille disposition, il était nécessaire de préparer le travail du plan en asséchant au préalable le terrain dans lequel il devait fonctionner. Il fallait donc, vu d'ailleurs la nécessité de desservir deux plans avec chaque puisard, afin de réduire les frais d'épuisements, creuser une rigole dans toute l'étendue de l'attaque de chaque plan, — en général, comme on l'a vu, d'une longueur de 200 mètres. — Or, pour obtenir la pente nécessaire à l'écoulement de l'eau dans les rigoles, on était obligé de creuser celles-ci à de grandes profondeurs, ce qui en rendait l'exécution extrêmement coûteuse. Ce fut cette considération qui fit penser à l'installation de plans placés alternativement sur chacune des rives avec des directions diamétralement opposées. Par ce moyen il suffisait de préparer d'abord quelques mètres d'une rigole dont le creusement se prolongeait ensuite au fur et à mesure de l'avancement de l'attaque pour chacun des deux plans.

Les premiers plans alternatifs ainsi établis n'étaient séparés les uns des autres que de quelques mètres, et cette condition était essentielle, puisqu'il n'y avait pas alors de rebroussement qui pût enlever le massif laissé entre eux. Cette faible distance séparatrice des plans avait, entre autres inconvénients, celui très grave, en cas de rupture de chaîne ou de tout autre accident à l'un des plans, de causer de grands dommages dans les voies du plan voisin, de tuer ses mules et quelquefois des ouvriers. L'installation du rebroussement des plans eut donc le très sérieux avantage de permettre d'éviter de pareils désastres en donnant la possibilité d'éloigner autant qu'on le voulait le pied d'un plan de celui des plans voisins. On en était quitte pour préparer une longueur un peu plus grande de rigole.

Causes les plus fréquentes d'arrêts et de déraillements sur les plans.

Les arrêts qui se produisaient pendant la marche des plans devaient être attribués aux principales causes suivantes :

1° A la traction par les mules, soit à la charge, soit à la décharge ;

2° A la disposition générale des voies et surtout des courbes;

3° Au matériel.

Les arrêts fréquents dus à la traction par les mules tenaient surtout à la difficulté qu'éprouvaient ces animaux à démarrer les wagons pleins.

En ce qui était des arrêts produits par la disposition des voies des plans, on devait mentionner en première ligne l'extrême courbure des courbes, qui avaient dû être tracées dans des espaces restreints tant au pied de la rampe du plan qu'à l'origine de la plate-forme. Les déraillements qui se produisaient sur ces points étaient dus non seulement à cette forte courbure des courbes, mais aussi à la forme du wagon qui avait son centre de gravité très élevé et une grande partie de son coffre en porte-à-faux sur le chariot, double disposition ayant pour effet, au passage des courbes, d'augmenter l'effort de la force centrifuge à faire sortir le wagon de la voie.

Une autre cause de fréquents déraillements tenait aux voies en rails Vignole : au passage des convois dans les courbes, les rails, simplement fixés sur les traverses au moyen de crampons, se trouvaient très facilement écartés et même arrachés.

Certains accidents, notamment la rupture des chaînes de traction, amenaient aussi des déraillements :

La rupture des chaînes, quand elle n'était pas simplement la conséquence de la mauvaise qualité du fer employé à leur confection, était souvent due à l'usure des maillons sur les cannelures, inégalement usées, des tambours des treuils. Aussi la plus grande attention était-elle apportée sur l'état desdites cannelures et avait-on soin de faire passer de nouveau au tour les tambours lorsque l'usure avait atteint 2 à 3 millimètres.

On avait également grand soin de vérifier le parallélisme des arbres des treuils et d'éviter toute espèce de jeu dans les paliers de ces arbres, le jeu des paliers produisant des battements à secousses qui amenaient promptement la rupture des chaînes.

Des ruptures fréquentes de chaînes se produisaient encore dans les circonstances suivantes : lorsque les wagons vides étaient poussés sur le haut de la rampe par les hommes, s'il arrivait à la machine de marcher trop vite, elle déroulait une longueur de chaîne plus grande que le parcours du wagon, et celui-ci se précipitait alors avec chute sur la rampe, produisant une secousse qui faisait souvent rompre la chaîne.

A défaut du parallélisme des arbres du treuil, la chaîne ne s'enroulant pas dans la cannelure symétrique de celle dans laquelle elle se déroulait, il y avait torsion, relâchement avec secousse et rupture. En tout cas, si même il n'y avait pas rupture, les treuils éprouvaient de la difficulté à se mouvoir lorsque l'enroulement et le déroulement ne se faisaient pas d'une manière parfaite.

On se demandera peut-être pourquoi l'on n'avait pas cherché à employer des câbles en fil de fer au lieu de chaînes? Outre que les câbles coûtaient très cher, l'enroulement du câble sur les treuils employés eût été insuffisant. On comptait d'ailleurs sur le réemploi, par les dragues, des chaînes à maillons avec une usure de 3 à 4 millimètres seulement. Cette usure était celle qui avait été prévue ;

mais le réemploi par les dragues n'ayant pas eu lieu dans les sections voisines, contrairement à ce que l'on avait pensé, les chaînes avaient été usées jusqu'à la dernière limite, c'est-à-dire jusqu'à réduction à moitié de l'épaisseur des anneaux.

La durée moyenne des chaînes dépendait naturellement du nombre des wagons montés, de la soudure des anneaux, etc.

En moyenne, une chaîne de bonne qualité, qui avait travaillé pendant quinze jours, était usée, c'est-à-dire qu'il convenait de compter une chaîne pour un nombre de 4.500 wagons représentant, en moyenne, un cube de 7.650 mètres cubes.

Emploi des chameaux pour la traction :

Pendant les derniers mois du fonctionnement des plans inclinés à la plaine de Suez, les mules manquant pour les plans installés sur la partie sud de la Section, on avait essayé de les remplacer par des chameaux, et l'on avait obtenu les résultats suivants :

Six chameaux employés à la décharge avaient traîné 340 wagons par jour et n'avaient jamais fait attendre. Ils avaient donc fait, sans fatigue, le même travail que quatre mules. Bien conduits, ils eussent probablement fait, à nombre égal, le même travail que les mules.

Les Arabes n'avaient jamais voulu faire travailler leurs chameaux à la charge à cause des eaux d'infiltration et des accidents que pouvaient occasionner la rupture des chaînes, les coups de mines, etc.

L'emploi des chameaux à la décharge n'avait pas coûté plus cher que celui des mules : les chameaux étaient payés à raison de 7 francs par jour, conducteur compris ; le prix de la journée des mules revenait à 10 francs.

RÉSUMÉ

Les premiers plans inclinés établis pour l'exécution des terrassements à sec de la section de Chalouf étaient disposés normalement à l'axe du Canal avec une rampe de $0^{m},20$ par mètre.

Ils avaient l'inconvénient d'exiger, sur le plafond de l'attaque, des courbes très raides qui étaient cause de fréquents déraillements.

Avec ces plans on n'avait d'abord monté qu'un wagon à la fois, et la production journalière était de 50 wagons. Le wagon n'avait pas de hausse et correspondait à un cube à la fouille d'environ $1^{mc},36$ dans les terrains ordinaires d'argile. Pendant les premiers temps de la marche, on ne pouvait établir pour l'attaque que deux voies.

Plus tard, on avait monté deux wagons à la fois et le rendement avait atteint 80 wagons par jour.

En marchant à quatre voies d'attaque, on parvenait à monter 170 wagons.

La première modification, réalisée à Chalouf, avait consisté dans la substitution, aux plans droits, de plans biais ou en écharpe avec une rampe de $0^{m},15$ par mètre. Ces plans qui, au début, n'avaient pas de demi-lunes, montaient de 250 à 270 wagons ; la capacité des wagons avait été augmentée au moyen de hausses en bois et correspondait à un cube de $1^{mc},75$ à la fouille dans les terrains argileux.

Les mêmes plans, avec adjonction de demi-lunes au pied de la rampe, étaient parvenus à produire, à Chalouf, jusqu'à 420 wagons par journée de 10 heures.

Enfin, ces derniers plans, munis en outre de demi-lunes à cheval sur la rampe et la plate-forme, avaient produit jusqu'à 480 wagons.

La seule modification apportée à l'installation générale des ponts biais dans la section de la Plaine de Suez avait consisté dans l'emploi de l'attaque en rebroussement pour venir en aide à l'insuffisance de l'attaque à l'avancement.

PRIX D'ÉTABLISSEMENT D'UN PLAN INCLINÉ BIAIS

	Francs
Terrassements préalables pour la construction de la plate-forme supérieure et de la rampe, en moyenne	2.500
Locomobile grand modèle, de 15 mètres carrés de surface de chauffe	15.000
Treuil cannelé	8.000
20 wagons en tôle, y compris toutes pièces de rechange nécessaires, à 850 francs l'un	17.000
1.400 mètres courants de rails Vignole du poids de 16 kilog. par mètre courant	4.840
1.500 traverses en sapin	5.400
Crampons, éclisses, boulons d'éclisses	1.640
50 galets munis de leurs supports	1.060
8 mules, à 850 francs l'une	6.800
Baraque pour abri de la locomobile et boisage de la chambre du treuil	1.050
Somme à valoir pour courroies, outillage et petit matériel	3.710
Prix total d'établissement d'un plan incliné biais.	67.000

RENDEMENTS MOYENS DES PLANS INCLINÉS BIAIS DANS LES DIFFÉRENTES NATURES DE TERRAIN DE LA PLAINE DE SUEZ

Nota. — Les rendements moyens indiqués dans le tableau ci-après résultent d'attachements pris pendant toute la durée du travail des plans inclinés dans les différents chantiers de la plaine de Suez, du 4 mars 1868 au 15 août 1869. Ils représentent, pour chaque nature de terrain, le rendement moyen d'un plan par journée de travail de 10 heures, y compris les arrêts inférieurs à un jour et la période d'installation pendant laquelle le travail du plan est considérablement réduit.

Des expériences faites en différents points de la Section ainsi que dans les chantiers de Chalouf ont d'ailleurs permis de fixer, pour chacune des différentes natures de terrain, le cube approximatif moyen de déblai mesuré à la fouille correspondant à la capacité d'un wagon à hausses complètement chargé.

TABLEAU DES RENDEMENTS MOYENS D'UN PLAN INCLINÉ
PAR JOURNÉE DE 10 HEURES

NATURE DES TERRAINS	CONTENANCE d'un wagon à hausses en déblais mesurés à la fouille	NOMBRE de wagons montés par un plan	CUBE TOTAL produit mesuré à la fouille
	mètres cubes		mètres cubes
Terrains rocheux	1,30	150	200
Sables argileux et argiles sableuses	2,00	150	300
Sable pur	2,20	150	330
Argile compacte	1,70	240	400
Ensemble des terrains	1,60	155	250

FIN DU TOME V.

TABLE DES MATIÈRES

ENTREPRISE BOREL-LAVALLEY ET Cie

ERRATA DU TOME IV

PAGES	ENDROITS DES ERRATA	AU LIEU DE	LIRE
32	8ᵉ ligne du 1ᵉʳ alinéa	ce qui, à raison de	On pouvait admettre qu'au moment de l'ouverture du Canal à la navigation, la totalité des échanges atteindrait environ 4 millions de francs, ce qui, à raison de...
185	Titre du tableau	(Longueur du banc de sel, 11ᵐ,80)	(— 11ᵏᵐ,80)
193	Tableau : Report à la colonne Rayons	4.329,78.	»
194	10ᵉ ligne	(Voir le tableau de la page 50)	(— de la page 49)
	22ᵉ ligne	(Voir le tableau ci-dessus)	(— de la page 192)
259	14ᵉ ligne		
261	7ᵉ ligne du 1ᵉʳ alinéa	gabarres	gabares
263	7ᵉ ligne		
268	2ᵉ ligne du 4ᵉ alinéa	septembre 1886	— 1866
305	6ᵉ ligne du 3ᵉ alinéa	au commerce loca	— local
360	Renvoi : 2ᵉ ligne du 2ᵉ alinéa	pendant un	— une
378	Renvoi : Composition de la Commission	Vicomte Excelmans	— Exelmans

Voir, ci-après, l'Errata du Tome V.

ERRATA DU TOME V

PAGES	ENDROITS DES ERRATA	AU LIEU DE	LIRE
15	1re ligne du 2e alinéa	M. Ayton	M. Aiton
30	Renvoi : 1re ligne du 3e alinéa	dument autorisé	dûment —
47	6e ligne du 1er alinéa	du Canal avant	du Canal, avant
82	2e ligne du 8e alinéa	pour avances ou acompte	— ou à-compte
98	Renvoi : 6e ligne du 2e alinéa	des situation	des situations
118	3e ligne	des planchers, faisant passerelle	des planchers faisant passerelles
124	Renvoi : 7e ligne	Bâtiments divers en planches : 1.263	— : 1273
128	4e ligne	La drague	La drague,
131	Renvoi : 3e ligne du 4e alinéa	la portion de Canal, faisant	la portion de Canal faisant
216	15e ligne	de cession, du Canal	de cession du Canal
223	3e ligne du 2e alinéa	par la Compagnie lors	par la Compagnie, lors
298	Renvoi : 1re ligne	du point 138,230	— 138km,220
331	Dernière ligne du 2e alinéa	de tolérance était	de tolérance, était
334	1re ligne du 1er alinéa	que ces dragues, avanceraient	que ces dragues avanceraient
397	3e ligne	un équarrissage de 0,30/0,30	— de 0,30/0,30,
400	11e ligne	ayant leur crête	— crête
427	Avant-dernière ligne du tableau	Au dela du kil. 100	au delà —
465	3e ligne du 2e alinéa	le poids du déblais	— du déblai
486	2e colonne du tableau supérieur	Drague 54 : 15.827 A	— : 15.827 a
489	3e ligne	mesurés au profils	— au profil
	4e ligne	la contenance des wagon	— des wagons

TOURS
IMPRIMERIE DESLIS FRÈRES
6, rue Gambetta, 6

Les canaux, par DEBAUVE. Construction et alimentation, écluses, digues, réservoirs. In-8° avec un atlas de 82 planches....... 18 fr.

L'achèvement du canal de Panama, par C. SONDEREGGER, ingénieur. Grand in-8° de 200 pages avec 88 figures et 3 cartes en couleurs.. 9 fr.

Les ports maritimes, Construction, entretien, outillage, par DEBAUVE, ingénieur en chef des Ponts et Chaussées. Grand in-8° et 1 atlas de 71 planches.................................... 26 fr.

Profils-types des travaux maritimes de la Russie, par V. PASTAKOFF, ingénieur des voies de communication. Album de 5 planches in-folio. En feuilles.............................. 6 fr.

Môles : *Vindau, Pétrovsk, Odessa, Novorosiisk, Batoum, Poti, Touapsé.* Digues : *Marioupol, Libau, Saint-Pétersbourg, Reval, Odessa, Poti.* Quais : Saint-Pétersbourg, Guénitchesk, Reval, Riga, Nicolaïev, Libau. Jetée métallique : Soukhoum.

Les ports maritimes de l'Amérique du Nord sur l'Atlantique, par le baron QUINETTE DE ROCHEMONT, inspecteur général des ponts et chaussées, et VÉTILLART, ingénieur en chef.

Tome I. — **Les ports canadiens.** In-8° avec 1 atlas de 13 grandes planches en couleurs.. 18 fr.

Ports de Montréal, de Québec, d'Halifax et de Saint-John : Situation géographique et hydrographique, importance commerciale, administration, travaux d'amélioration. Description du port, outillage, exploitation. Tarifs des droits, taxes et frais divers. Chemins de fer pour navire de Chignecto. *Renseignements généraux sur les ports et voies navigables du Canada :* Rôle du Gouvernement. Travaux des ports maritimes, lacs et rivières. Dragages. Estacades et glissières pour le flottage des bois. Canaux. Éclairage et balisage des côtes.

Tome II. — **Voies navigables et ports aux États-Unis,** Régime administratif. In-8° de 589 pages........................ 15 fr.

Notions sur les institutions politiques et administratives des États-Unis. Régime légal de la navigation et des eaux navigables d'après la *common law.* Régime de la navigation et des eaux navigables sous l'autorité des États-Unis. Régime de la navigation et des eaux navigables sous l'autorité de l'État. Annexes.

Tome III. — **Voies navigables et ports aux États-Unis.** In-8° de 607 pages, avec 1 atlas in-4° oblong de 48 planches, dont 34 en couleurs... 40 fr.

Situation géographique et hydrographique, importance commerciale. Administration, travaux d'amélioration, description, outillage, exploitation, tarifs des droits, taxes et frais divers des ports de *Portland, Sandy-Bay, Boston, New-York, Philadelphie, Baltimore, Newport news, Norfolk, Portsmouth, Charleston et Savannah.*

L'ouvrage complet, 3 volumes in-8° avec un atlas de 61 grandes planches en carton.. 65 fr.

Tours, imprimerie DESLIS FRÈRES, 6, rue Gambetta

www.ingramcontent.com/pod-product-compliance
Ingram Content Group UK Ltd.
Pitfield, Milton Keynes, MK11 3LW, UK
UKHW020255230726
13925UKWH00001B/66